EUL VERLAG

Rechnungslegung und Wirtschaftsprüfung

Herausgegeben von Prof. (em.) Dr. Dr. h. c. Jörg Baetge, Münster, Prof. Dr. Hans-Jürgen Kirsch, Münster, und Prof. Dr. Stefan Thiele, Wuppertal

Band 42
Stephan G. Schön
Praxis der IFRS 7-Berichterstattung bei Nicht-Finanzdienstleistern
Lohmar – Köln 2012 • 540 S. • € 75,- (D) • ISBN 978-3-8441-0182-9

Band 43
Lena Schoo
Umsatzrealisierung nach IFRS – Entscheidungsnützlichkeit der Regelungen des Revenue-Recognition-Projektes versus der geltenden Regelungen
Lohmar – Köln 2013 • 288 S. • € 58,- (D) • ISBN 978-3-8441-0268-0

Band 44
Dirk Stöppel
Die kaufmännische Lageberichterstattung von Hochschulen
Lohmar – Köln 2013 • 324 S. • € 62,- (D) • ISBN 978-3-8441-0280-2

Band 45
Fabian Graupe
Die Bilanzierung von Leasingverhältnissen beim Leasinggeber in der Internationalen Rechnungslegung
Lohmar – Köln 2013 • 304 S. • € 59,- (D) • ISBN 978-3-8441-0281-9

Band 46
Irg Müller
Der Einfluss der Ergänzungsbilanz auf den Unternehmenswert der Personengesellschaft
Lohmar – Köln 2014 • 280 S. • € 58,- (D) • ISBN 978-3-8441-0297-0

Band 47
Timo Hesse
Debt Restructuring – Eine Untersuchung der Abbildung finanzieller Sanierungsmaßnahmen nach HGB unter Berücksichtigung der IFRS
Lohmar – Köln 2014 • 332 S. • € 63,- (D) • ISBN 978-3-8441-0351-9

JOSEF EUL VERLAG

Reihe: Rechnungslegung und Wirtschaftsprüfung · Band 47

Herausgegeben von Prof. (em.) Dr. Dr. h. c. Jörg Baetge, Münster, Prof. Dr. Hans-Jürgen Kirsch, Münster, und Prof. Dr. Stefan Thiele, Wuppertal

Dr. Timo Hesse

Debt Restructuring

Eine Untersuchung der Abbildung finanzieller Sanierungsmaßnahmen nach HGB unter Berücksichtigung der IFRS

Mit einem Geleitwort von Prof. Dr. Hans-Jürgen Kirsch, Westfälische Wilhelms-Universität Münster

EUL VERLAG

Bibliografische Information der Deutschen Nationalbibliothek

Die Deutsche Nationalbibliothek verzeichnet diese Publikation in der Deutschen Nationalbibliografie; detaillierte bibliografische Daten sind im Internet über <http://dnb.d-nb.de> abrufbar.

Dissertation, Westfälische Wilhelms-Universität Münster, 2014

D 6

ISBN 978-3-8441-0351-9
1. Auflage September 2014

JOSEF EUL VERLAG GmbH
Brandsberg 6
53797 Lohmar
Tel.: 0 22 05 / 90 10 6-6
Fax: 0 22 05 / 90 10 6-88
E-Mail: info@eul-verlag.de
http://www.eul-verlag.de

Bei der Herstellung unserer Bücher möchten wir die Umwelt schonen. Dieses Buch ist daher auf säurefreiem, 100% chlorfrei gebleichtem, alterungsbeständigem Papier nach DIN 6738 gedruckt.

Geleitwort

Nahezu jede Unternehmenschronik enthält Phasen mit nachteiligen Wachstums- oder Ertragsentwicklungen, die im Extremfall und ohne den Einsatz adäquater Sanierungsmaßnahmen zum Untergang des Unternehmens, zumindest jedoch zu einer ernsthaften Bedrohung des Unternehmensfortbestands führen können. Vor diesem Hintergrund bilden die Sanierung von Unternehmen im Allgemeinen, sowie – nicht zuletzt vor dem Hintergrund der jüngsten Finanzmarktkrise(n) – speziell finanzielle Sanierungsmaßnahmen ein ständig aktuelles Untersuchungsgebiet der betriebswirtschaftlichen Forschung. Ein Schwerpunkt dieser Untersuchungen bildet die Suche nach einem institutionellen Rahmen, der geeignet ist, in der von Informationsasymmetrien geprägten Realität volks- und betriebswirtschaftlich unerwünschte Marktaustritte von Unternehmen zu verhindern.

Dieser institutionelle Rahmen umfasst einerseits ein sanierungsfreundliches Insolvenzrecht, welches der Gesetzgeber bspw. durch das jüngst in Kraft getretene ESUG zu etablieren versucht (hat). Andererseits konstatieren Stimmen aus der Theorie und der Praxis übereinstimmend, dass die Erfolgsaussichten einer Sanierung mit Fortschreiten der Krise sukzessive abnehmen und die entscheidenden Sanierungsmaßnahmen nicht erst unter dem Regime der Insolvenzordnung, sondern vielmehr im Vorfeld der Insolvenzauslösung ergriffen werden sollten. Dies berücksichtigend untersucht der Verfasser, inwieweit die handelsrechtliche Rechnungslegung für die vorinsolvenzlichen Sanierungsbemühungen der relevanten Stakeholder eine zweckgerechte Informationsbasis bereitzustellen vermag. Er konzentriert sich dabei auf die in der Unternehmenskrise besonders relevante handelsrechtliche Bilanzierung der in der Praxis am weitesten verbreiteten finanziellen Sanierungsmaßnahmen. Konkret untersucht der Verfasser nicht nur die bestehende bilanzielle Abbildung finanzieller Sanierungsmaßnahmen, sondern erarbeitet zusätzlich – unter Berücksichtigung der jüngsten insolvenz- und bilanzrechtlichen Reformen sowie der einschlägigen IFRS-Regelungen – verschiedene Vorschläge zur verbesserten Berichterstattung über diese Maßnahmen im Anhang und im Lagebericht.

Der Verfasser untergliedert seine Arbeit in fünf Kapitel. Im **ersten Kapitel** schildert er die Problemstellung der Arbeit und verdeutlicht den Gang der Untersuchung. Im Anschluss daran führt er im **zweiten Kapitel** in die Grundlagen der Rechnungslegung und der Sanierung ein. Hierbei geht er auf die Bedeutung der Rechnungslegung zur Lösung von Prinzipal-Agent-Konflikten sowie auf die speziellen Rechnungslegungspflichten in der Unternehmenskrise ein. Ferner grenzt er den Untersuchungsbereich seiner Arbeit ab. Dabei identifiziert er in zeitlicher Hinsicht die vorinsolvenzliche Sanierungsphase sowie unter sachlichen Gesichtspunkten die finanziellen Sanierungsmaßnahmen als den Schwerpunkt der Arbeit. Am Ende des zweiten Kapitels formuliert der Verfasser schließlich die (handels-)rechtliche Würdigungsgrundlage für die im vierten Kapitel vorgenommene Analyse der Abbildung von Sanierungsmaßnahmen nach HGB.

Im **dritten Kapitel** skizziert der Verfasser einleitend die grundlegenden Möglichkeiten der Unternehmensfinanzierung und damit zusammenhängend die generellen Eigenschaften von Kapitalüberlassungsverhältnissen. Darauf aufbauend identifiziert er das bestehende Fremdkapital als optimales Restrukturierungsobjekt und Mittelpunkt der nachfolgenden Untersuchungen, da dessen Restrukturierung potenziell die größtmöglichen Sanierungswirkungen impliziert. Ausgehend von dieser Erkenntnis leitet er auf die finanzwirtschaftlichen Charakteristika von Bank- und Lieferantenverbindlichkeiten sowie von Pensionsrückstellungen über und schildert allgemein mögliche Ansätze zur Restrukturierung dieser Fremdkapitalpositionen. Schließlich legt er prägnant die Bilanzierung dieser Schuldpositionen außerhalb der Unternehmenskrise dar. Hierbei thematisiert der Verfasser nicht nur die bilanzielle Abbildung von Verbindlichkeiten und Pensionsrückstellungen, sondern erläutert in Bezug auf diese Fremdkapitalpositionen auch die Berichterstattung im Anhang und im Lagebericht. In Zuge der Darstellung der für den Anhang bzw. den Lagebericht einschlägigen Vorschriften entwickelt er zudem ein Untersuchungsschema, welches er im Hauptteil der Arbeit einsetzt, um die Berichterstattung über finanzielle Sanierungsmaßnahmen zu analysieren.

Den Hauptteil der Arbeit bildet das **vierte Kapitel**. In diesem gibt der Verfasser einleitend einen kurzen Überblick über die von ihm behandelten Sanierungsmaßnahmen. Dabei betont er, dass sämtliche Maßnahmen im Rahmen der Restrukturierung von Bank- und Lieferantenverbindlichkeiten zum Einsatz kommen, während für die Restrukturierung von Pensionsrückstellungen bzw. -zusagen insbesondere dem unbedingten Verzicht erhebliche Relevanz zukommt.

Als erste konkrete Sanierungsmaßnahme untersucht der Verfasser den **Zahlungsaufschub**. Hierzu erläutert er einleitend die Anwendbarkeit und die verschiedenartigen Arten des Zahlungsaufschubs. Dabei thematisiert er nicht nur die rechtlich z. T. divergierenden Eigenschaften der unterschiedlichen Formen des Zahlungsaufschubs, sondern erörtert auch dezidiert die in der Unternehmenskrise besonders relevante Sanierungskreditvergabe. In diesem Zusammenhang stellt er heraus, dass diese Kreditierung aufgrund ihrer (im Vergleich zur normalen Kreditgewährung) strengen Kündigungsbeschränkungen als implizite Form des Zahlungsaufschubs gelten kann. Im Anschluss daran schildert der Verfasser die derzeitigen Implikationen eines Zahlungsaufschubs für den Jahresabschluss und den Lagebericht. Auf Basis dieser Ausführungen unterbreitet er zum einen Vorschläge für eine verbesserte Berichterstattung über diese Sanierungsmaßnahme im Anhang und Lagebericht. Darüber hinaus untersucht der Verfasser insbesondere die Frage nach dem belastungsgerechten Ausweis von in ihrer Zahlung aufgeschobenen Verbindlichkeiten. Zu diesem Zweck verdeutlicht er zunächst den finanzmathematischen Gehalt dieser Verbindlichkeiten und stellt die Vorteile ihrer Abzinsung vor. Konkret diskutiert er, inwieweit der durch den Zahlungsaufschub verringerten Belastung aus der zu Grunde liegenden Verbindlichkeit de lege lata oder zumindest de lege ferenda durch eine Abzinsung des entsprechenden Passivpostens Rechnung getragen werden könnte. In der de lege lata Betrachtung analysiert er dabei v. a. den Bedeutungszusammenhang, in den die Abbildung von Zahlungsaufschüben einzuordnen ist. In diesem Zusammenhang geht er neben der Bilanzierung von Ratenkaufverbindlichkeiten und Rentenverpflichtungen speziell auf die, im Rahmen des BilMoG mit genereller Reichweite eingeführte, Diskontierungspflicht von Rückstellungen ein. Vor dem Hintergrund, dass die klaren Vorgaben des derzeitigen § 253 Abs. 1 S. 2 HGB einer Abzinsung de lege lata jedoch entgegenstehen, untersucht er, ob eine Abzinsungspflicht zumindest de lege ferenda verankert werden sollte. In diese Untersuchung integriert er nicht nur finanzwirtschaftliche und handelsrechtliche Argumente, sondern berücksichtigt auch sehr anschulich die Abbildung von Zahlungsaufschüben nach IFRS. Zwar stellt er in diesem Kontext gewichtige Vorteile des international kodifizierten Grundkonzepts zur Behandlung von Sanierungsmaßnahmen und speziell von Zahlungsaufschüben heraus. Allerdings werden auch signifikante Schwächen der einschlägigen IFRS-Regelungen deutlich, die v. a. den bilanzpolitischen Spielraum des Bilanzierenden unzweckmäßig ausweiten. Auf Basis dieser sowie der finanzwirtschaftlichen und handelsrechtlichen Erkenntnisse entwickelt der Verfasser schließlich ein schlüssiges Gesamtkonzept zur Bilanzierung von in ihrer Zahlung aufgeschobenen Verbindlichkeiten. Dieses ermöglicht im Ergebnis eine objektivierte und gleichzeitig stärker rechenschaftsorientierte Bilanzierung dieser Passivposten.

Im Anschluss an die Analyse des Zahlungsaufschubs geht der Verfasser auf die Vereinbarung von **Rangrücktritten** ein. Er schildert zunächst die Anwendbarkeit und den wirtschaftlichen Charakter von Rangrücktritten. Dabei betont er insbesondere, dass Rangrücktritte (im Unterschied zu Zahlungsaufschüben) ihre Sanierungswirkung in aller Regel nicht für einen exakt abgegrenzten Zeitraum, sondern in Abhängigkeit bspw. der (schwerer prognostizierbaren) Gewinnentwicklung entfalten. Daran anknüpfend erläutert er ausführlich die insolvenz- und steuerrechtlichen Vorschriften bzw. die steuerrechtliche Rechtsprechung, die der Bilanzierende im Rahmen der Abgabe von Rangrücktrittserklärungen zwingend und exakt zu berücksichtigen hat. Dies gilt speziell mit Blick auf die steuerlich potenziell nachteiligen Folgen bestimmter Rangrücktrittsvereinbarungen. Nach der Erläuterung der insolvenz- und steuerrechtlich geprägten Arten von Rangrücktritten erörtert der Verfasser die handelsrechtliche Bilanzierung dieser Rangrücktritte nach geltendem Recht. Auf Basis dieser Ausführungen würdigt er schließlich die Zweckmäßigkeit der Abbildung von Rangrücktritten im Jahresabschluss und im Lagebericht. Er gelangt dabei einerseits zu der Erkenntnis, dass in der Sanierungssituation bestimmte zusätzliche Lageberichtsangaben geboten sind. Andererseits erarbeitet er in Bezug auf die bilanzielle Abbildung von Rangrücktritten ein Modell zur realitätsgerechteren Bilanzierung von im Rang zurückgetretenen Verbindlichkeiten. Dieses Modell ist an das bereits für die Abbildung von Zahlungsaufschüben entwickelte Konzept angelehnt, ergänzt dieses jedoch, vor dem Hintergrund des unsichereren Tilgungszeitpunkts von im Rang zurückgetretener Verbindlichkeiten, um bestimmte zusätzliche Objektivierungen. Das vom Verfasser vorgestellte Konzept erscheint v. a. deshalb gelungen, da es geeignet ist, die Rechenschaftsfunktion des handelsrechtlichen Jahresabschlusses zu stärken ohne den Kapitalerhaltungszweck einzuschränken.

Als dritte Möglichkeit der sanierenden Restrukturierung der bestehenden Kapitalbasis thematisiert der Verfasser den **unbedingten Verzicht**. Vor dem Hintergrund, dass der unbedingte Verzicht auf Bank- und Lieferantenforderungen aus Sicht des zu sanierenden Unternehmens keine wesentlichen bilanzrechtlichen Fragen aufwirft, stellt der Verfasser folgerichtig die Restrukturierung von Pensionsrückstellungen respektive den (teilweisen) Verzicht auf Pensionszusagen in den Mittelpunkt dieses Abschnitts. Zu diesem Zweck erläutert er zunächst die speziellen arbeitsrechtlichen Rahmenbedingungen für diese Restrukturierungsmaßnahmen. Konkret skizziert er die Vorgaben nach der sogenannten Drei-Stufen-Theorie sowie die Regelungen gem. § 16 BetrAVG. Im Anschluss daran widmet sich der Verfasser den Auswirkungen dieser unbedingten Verzichtsmaßnahmen auf den Jahresabschluss und den Lagebericht nach HGB. Ferner beschreibt er die entsprechende Berichterstattung über Pensionsrückstellungen gem. IAS 19. Dies erscheint v. a. deshalb sachgerecht, als dass zum Verständnis bilanzierter Pensionsrückstellungen (als Konglomerat diverser zu schätzender Parameter) bestimmte, erläuternde Anhangangaben erforderlich sind und IAS 19 diesbezüglich konkretere Vorgaben kodifiziert als das HGB. Auf Basis dieser Ausführungen erarbeitet der Verfasser im Ergebnis einen handelsrechtlich zweckmäßigen Katalog zusätzlicher Anhangangaben, der letztlich die (in der Sanierung besonders entscheidungserhebliche) Abschätzung der Fälligkeitsstruktur der Pensionsrückstellungen zu verbessern vermag.

Als weitere Maßnahme der finanziellen Sanierung geht der Verfasser auf den **Verzicht mit Besserungsabreden** ein. Vergleichbar mit dem bisherigen Vorgehen, erörtert er auch hier zunächst die Anwendbarkeit, den wirtschaftlichen und den im Detail umstrittenen rechtlichen Charakter dieser Sanierungsmaßnahme. Daran anschließend widmet er sich der Abbildung des Verzichts mit Besserungsabreden im Jahresabschluss und im Lagebericht nach HGB. Im Rahmen seiner Analyse untersucht der Verfasser nicht nur dezidiert die bisherigen Ansätze hinsichtlich der Passivierung der an künftige Jahresüberschüsse geknüpften Besserungsverpflichtung. Vielmehr entwickelt er einen eigenen, schlüssigen Vorschlag zur zweckmäßigen Lösung dieses Bilanzierungssachverhalts. Das vorgestellte Konzept basiert primär auf der (im Vergleich zur aktuell herrschenden Meinung) stringenteren Auslegung der Wesentlichkeits- und der Alimentationstheorie sowie auf dem Bedeutungszusammenhang analog zur Bilanzierung aktiver latenter Steuern auf Verlustvorträge. Die Umsetzung dieser konsequent am handelsrechtlichen Zweck- und GoB-System ausgerichteten Ansatz- und Bewertungskonzeption erscheint dazu geeignet, die langwierigen Diskussionen um die Passivierung der besagten Besserungsverpflichtung zu beenden.

Abschließend geht der Verfasser auf die Bedeutung der **Kreditbesicherung** im Rahmen der Unternehmenskrise ein. Dabei erörtert er zunächst die Rolle der Kreditbesicherung als Teil der sanierenden Restrukturierung der bestehenden Fremdkapitalbasis. Ferner geht er auf die unterschiedlichen Arten der Kreditbesicherung – namentlich auf Realsicherheiten, Personalsicherheiten, Patronatserklärungen und Covenants – ein. Daran anknüpfend diskutiert er die aktuell gesetzlich wie auch vom Schrifttum nicht oder nur in geringem Umfang geforderte Berichterstattung über jene Kreditsicherheiten, die für (eigene) Verbindlichkeiten des zu sanierenden Unternehmens bestellt wurden. Vor dem Hintergrund, dass die Kreditbesicherung speziell in der Sanierungssituation die Gläubigerstruktur entscheidend beeinflussen kann und dieser Gläubigerstruktur sowohl für die Sanierungschancen des Unternehmens wie auch als Information für die involvierten Gläubiger signifikante Bedeutung zukommt, schlägt der Verfasser diesbezüglich erweiterte Offenlegungspflichten vor. Konkret stützt er diese Forderung in sachgerechter Weise auf eine (extensive) Auslegung von § 285 Nr. 3 HGB oder alternativ auf § 289 Abs. 1 S. 4 HGB, der im Ergebnis u. a. verlangt, dass im Lagebericht die künftige Entwicklung der Kapitalstruktur zu adressieren ist.

Im abschließenden **fünften Kapitel** fasst der Verfasser schließlich die Ergebnisse seiner Untersuchung zusammen und wagt einen Ausblick auf die künftige Entwicklung der Bilanzierung der von ihm analysierten Sanierungsmaßnahmen.

Insgesamt wird in der vorgelegten Arbeit durchweg stringent und differenziert argumentiert. Der Verfasser hat dabei das komplexe Gebiet seines Betrachtungsobjektes inhaltlich überzeugend und mit viel Liebe zum Detail umfassend aufgearbeitet. Die Diskussion der verschiedenen Sanierungsmaßnahmen ist dabei insofern ausgesprochen gelungen, als sie nicht nur für die (sehr gut) ausgewählten Sanierungsmaßnahmen überzeugt, sondern sich auch auf andere, hier nicht behandelte

Maßnahmen übertragen lässt. Besonders hervorzuheben ist darüber hinaus die fundierte Analyse der juristischen Grundlagen und Rahmenbedingungen, von der aufgrund der zeitlichen und räumlichen Beschränkungen des Promotionsvorhabens nur die wesentlichen Ergebnisse in der Arbeit selbst aufscheinen können. Zusammenfassend unterbreitet der Kandidat stets ausgesprochen fundiert begründete Vorschläge für die (verbesserte) Bilanzierung der, in der Unternehmenspraxis besonders relevanten Sanierungsmaßnahmen. Insofern wünsche ich der Arbeit eine weite Verbreitung sowohl in der theoretischen Diskussion als auch in der praktischen Umsetzung.

Münster, im Juli 2014

Prof. Dr. Hans-Jürgen Kirsch

Vorwort des Verfassers

Die vorliegende Arbeit entstand während meiner Tätigkeit als wissenschaftlicher Mitarbeiter am Institut für Rechnungslegung und Wirtschaftsprüfung (IRW) der Westfälischen Wilhelms-Universität Münster und meiner Tätigkeit als fachlicher Mitarbeiter bei der Pricewaterhouse-Coopers AG WPG, Niederlassung Hannover. Sie wurde von der Wirtschaftswissenschaftlichen Fakultät der Westfälischen Wilhelms-Universität Münster im Juli 2014 als Dissertation angenommen und berücksichtigt den Rechtsstand und das Schrifttum bis Ende Juli 2014.

An dieser Stelle möchte ich denjenigen danken, die mich während der Anfertigung dieser Arbeit unterstützt haben. Zuvörderst gilt dies für meinen geschätzten akademischen Lehrer und Doktorvater, Herrn Prof. Dr. Hans-Jürgen-Kirsch. Ihm danke ich neben der Möglichkeit der Promotion, für die Offenheit für meinen Auslandsaufenthalt an der Harvard University (Boston, USA), für die stete Diskussionsbereitschaft und für die wertvollen fachlichen Hinweise, die erheblich zum Gelingen dieser Arbeit beigetragen haben. Für die Unterstützung von Seiten der PricewaterhouseCoopers AG WPG bedanke ich mich stellvertretend und sehr herzlich bei den Herren WP/StB Thomas Stieve sowie Prof. Dr. WP/StB Mathias Schellhorn, denen ich den notwendigen praktischen Input für diese Arbeit zu verdanken habe. Weiterhin gilt mein Dank Herrn Prof. Dr. Christoph Watrin für die Übernahme des Zweitgutachtens und Frau Prof. Dr. Theresia Theurl für ihre Mitwirkung in der Promotionskommission.

Großer Dank gilt auch Herrn Prof. Dr. Dr. h. c. Jörg Baetge und den Mitarbeitern seines Forschungsteams für die stets gute Zusammenarbeit und die fachlichen Diskussionen in zahlreichen Doktorandenseminaren, wobei ich insbesondere Herrn Dipl.-Kfm. Peter Dittmar für den fachlichen und überfachlichen Gedankenaustausch danken möchte. Gleichermaßen ist es mir ein gewichtiges Anliegen, meinen (ehemaligen) Kollegen für die inhaltlichen und die darüber hinausgehenden Diskussionen sowie für die an gebotener Stelle erforderliche Ablenkung von meinem Promotionsprojekt zu bedanken. Namentlich erwähnen möchte ich hier Herrn Michael Alkemeier, M. Sc., Frau Dr. Yasmine Bassen, Frau Dr. Corinna Ewelt-Knauer, Herrn Dipl.-Kfm. Florian Gallasch, Herrn Nils Gimpel-Henning, M. Sc., Herrn Dr. Matthias Knabe, Frau Ariane Kraft, M. Sc., Frau Dr. Kathrin Köhling, Herrn Dr. Gerrit Lütkeschümer, Herrn Christoph Pier, M. Sc., Herrn Dr. Alexander Olbrich, Frau Dr. Lena Schoo, Herrn. Dr. Daniel Siegel und Herrn Dr. Christian Weber. Ein ganz besonderer Dank gilt ferner meinen (ehemaligen) Promotionskollegen Herrn Dr. Dominik Dettenrieder und Herrn Dr. Tim Hoffmann. Durch ihre wertvollen fachlichen Anmerkungen und ihre zu jedem Zeitpunkt uneingeschränkte Diskussionsbereitschaft hat die vorliegende Arbeit erheblich an Qualität gewonnen. Ferner danke ich den wissenschaftlichen Hilfskräften des Instituts für ihre liebe Unterstützung bei der – im Einzelfall nicht ganz einfachen – Literaturbesorgung.

Schließlich möchte ich mich bei meiner Familie für die vielschichtige und grenzenlose Unterstützung meines bisherigen Lebenswegs bedanken. Neben meinem Vater Herrn StB Heinz Hesse sowie meinen Brüdern Marc und Lars gilt dieser Dank v. a. meiner viel zu früh verstorbenen lieben Mutter Frau Dipl.-Päd. Andrea Hesse. Der Gutteil meines Wesens und meine Zuversicht verdanke ich dem Bewusstsein an ihr waches Auge, welches mich auf meinem bisherigen Pfad stets geleitet und beschützt hat. Darüber hinaus möchte ich meiner Oma Edith, meiner Tante Karin, meinem Onkel Frank sowie meinen Cousins Nikolai und Alexander für ihren mannigfaltigen Beistand danken. Großer Dank gebührt schlussendlich meiner lieben Freundin Christiane. Ohne ihren bedingungslosen Zuspruch und ihr unerschütterliches Verständnis in sämtlichen Lebenslagen wäre das Schreiben dieser Arbeit nicht möglich gewesen. Ihnen allen ist diese Arbeit gewidmet.

Münster, im Juli 2014 Timo Hesse

Inhaltsübersicht

Inhaltsverzeichnis

Abbildungsverzeichnis

Abkürzungsverzeichnis

A

a. A./A. A.	anderer Auffassung
Abs.	Absatz
Abschn.	Abschnitt(e)
Abt.	Abteilung
abzgl.	abzüglich
ADS	Adler/Düring/Schmaltz
a. F.	alte Fassung
AG	Die Aktiengesellschaft (Zeitschrift)
AG	Aktiengesellschaft
AG	Arbeitsgericht
AGB	Allgemeine Geschäftsbedingungen
AK	Anschaffungskosten
AKEIÜ	Arbeitskreis „Externe und Interne Überwachung der Unternehmung" der Schmalenbach-Gesellschaft für Betriebswirtschaft
AktG	Aktiengesetz
ArbRB	Der Arbeitsrechtsberater (Zeitschrift)
Art.	Artikel
Aufl.	Auflage
Ausl.	Auslassungen
AWV	Arbeitsgemeinschaft für wirtschaftliche Verwaltung e.V.

B

BAG	Bundesarbeitsgericht
bAV	betriebliche Altersvorsorge
BB	Betriebs-Berater (Zeitschrift)
BBK	Zeitschrift für Buchführung, Bilanzierung, Kostenrechnung
BC	Zeitschrift für Bilanzierung, Rechnungswesen und Controlling
Bd.	Band
BDI	Bund Deutscher Industrie e. V.
BeBiKo	Beck´scher Bilanzkommentar
BetrAV	Betriebliche Altersvorsorge (Zeitschrift)
BetrAVG	Gesetz zu Verbesserung der betrieblichen Altersversorgung (Betriebsrentengesetz)
BFH	Bundesfinanzhof
BFuP	Betriebswirtschaftliche Forschung und Praxis (Zeitschrift)
BGB	Bürgerliches Gesetzbuch
BGBl.	Bundesgesetzblatt
BGH	Bundesgerichtshof
BilMoG	Bilanzrechtsmodernisierungsgesetz

BilReG	Bilanzrechtsreformgesetz
BilRUG	Bilanzrichtlinie-Umsetzungsgesetz
BKR	Zeitschrift für Bank- und Kapitalmarktrecht
BMF	Bundesministerium der Finanzen
BMJ	Bundesministerium der Justiz
BR	Deutscher Bundesrat
bspw.	beispielsweise
BStBl.	Bundessteuerblatt
BT	Deutscher Bundestag
BT-Drucks.	Bundestag-Drucksache
BuW	Betrieb und Wirtschaft (Zeitschrift)
bzgl.	bezüglich
bzw.	beziehungsweise

C

c. p.	ceteris paribus (unter sonst gleichen Bedingungen)
CF biz	CORPORATE FINANCE biz (Zeitschrift)
CF law	CORPORATE FINANCE law (Zeitschrift)

D

DAV	Deutsche Aktuarvereinigung e.V.
DAX	Deutscher Aktienindex
DB	Der Betrieb (Zeitschrift)
DBW	Die Betriebswirtschaft (Zeitschrift)
DCF	Discounted Cash-Flow
DGB	Deutsche Gewerkschaftsbund
d. h.	das heißt
DIHK	Deutscher Industrie- und Handelskammertag e. V.
DPR	Deutsche Prüfstelle für Rechnungslegung e. V.
DRS	Deutscher Rechnungslegungsstandard
DRSC	Deutsches Rechnungslegungs Standards Committee e. V.
DStR	Deutsches Steuerrecht (Zeitschrift)
DStRE	Deutscher Steuerrecht-Ergebnisdienst
DStZ	Deutsche Steuer-Zeitung (Zeitschrift)
DVFA	Deutsche Vereinigung für Finanzanalyse und Anlageberatung e. V.
DZWIR	Deutsche Zeitschrift für Wirtschafts- und Insolvenzrecht

E

ED	Exposure Draft
E-DRS	Entwurf eines Deutschen Rechnungslegungsstandards
EG	Europäische Gemeinschaft
EGHGB	Einführungsgesetz zum Handelsgesetzbuch

Einf.	Einführung
EK	Eigenkapital
Erg.	Ergänzung(en)
ESMA	European Securities and Markets Authority (Europäische Wertpapier- und Marktaufsichtsbehörde)
EStG	Einkommensteuergesetz
ESUG	Gesetz zur weiteren Erleichterung der Sanierung von Unternehmen
ERS	Entwurf einer Rechnungslegungsstellungnahme des IDW
et al.	et alii (und andere)
EURIBOR	Euro Interbank Offered Rate
e. V.	eingetragener Verein
F	
f.	folgende (Paragrafen, Randnummer, Seite, Textziffer)
FAR	Fachausschuss Recht des IDW
FAS	Financial Accounting Standard
FASB	Financial Accounting Standards Board
FAZ	Frankfurter Allgemeine Zeitung
FB	Finanz-Betrieb (Zeitschrift)
ff.	folgende (Jahre)
FK	Fremdkapital
FMStG	Gesetz zur Umsetzung eines Maßnahmenpakets zur Stabilisierung des Finanzmarktes (Finanzmarktstabilisierungsgesetz)
Fn.	Fußnote(n)
FR	Finanzrundschau (Zeitschrift)
G	
GAAP	Generally Accepted Accounting Principles
GE	Geldeinheit(en)
GenG	Genossenschaftsgesetz
gem.	gemäß
ggf.	gegebenenfalls
GKV	Gesamtkostenverfahren
GmbH	Gesellschaft mit beschränkter Haftung
GmbH & Co. KG	Gesellschaft mit beschränkter Haftung & Compagnie Kommanditgesellschaft
GmbHG	Gesetz betreffend die Gesellschaften mit beschränkter Haftung
GmbHR	Die GmbH-Rundschau (Zeitschrift)
GmbH-StB	Die GmbH-Steuerberater (Zeitschrift)
GoB	Grundsätze ordnungsmäßiger Buchführung
GuV	Gewinn- und Verlustrechnung
GWR	Gesellschafts- und Wirtschaftsrecht (Zeitschrift)

H

HdB	Handbuch der Bilanzierung
HdJ	Handbuch des Jahresabschlusses
HdR	Handbuch der Rechnungslegung
HdR-E	Handbuch der Rechnungslegung-Einzelabschluss
HFA	Hauptfachausschuss des IDW
HGB	Handelsgesetzbuch
HK	Herstellungskosten
Hs.	Halbsatz
Hervorh.	Hervorhebungen
h. M.	herrschende(n, r) Meinung
Hrsg.	Herausgeber
hrsg. v.	herausgegeben von

I

IAS	International Accounting Standard(s)
IASB	International Accounting Standards Board
i. d. R.	in der Regel
IDW	Institut der Wirtschaftsprüfer in Deutschland e. V.
IDW FN	IDW Fachnachrichten (Zeitschrift)
i. e. S.	im engeren Sinne
IFRS	International Financial Reporting Standard(s)
IRZ	Zeitschrift für internationale Rechnungslegung
i. H.	in Höhe
i. H. d.	in Höhe der
i. H. v.	in Höhe von
inkl.	inklusive
insb.	insbesondere
InsO	Insolvenzordnung
i. S.	im Sinne
i. S. e.	im Sinne einer/eines
i. S. d.	im Sinne der/des
i. S. v.	im Sinne von
i. V. m.	in Verbindung mit

J

JuS	Juristische Schulung (Zeitschrift)

K

Kap.	Kapitel
KapCoRiLiG	Das Kapitalgesellschaften- und Co.-Richtlinie-Gesetz
KG	Kommanditgesellschaft

KGaA	Kommanditgesellschaft auf Aktien
KonTraG	Gesetz zur Kontrolle und Transparenz im Unternehmensbereich
KoR	Zeitschrift für internationale und kapitalmarktorientierte Rechnungslegung
Komm.	Kommentar
KSI	Krisen-, Sanierungs- und Insolvenzberatung (Zeitschrift)
KStG	Körperschaftsteuergesetz
KTS	Zeitschrift für Insolvenzrecht

L

LAG	Landesarbeitsgericht
LIBOR	London Interbank Offered Rate
lit.	litera (Buchstabe)

M

M&A	Mergers and Acquisitions
m. E.	meines Erachtens
MoMiG	Gesetz zur Modernisierung des GmbH-Rechts und zur Bekämpfung von Missbräuchen
MüKo	Münchener Kommentar
m. w. N.	mit weiteren Nachweisen

N

NB	Neue Betriebswirtschaft und betriebswirtschaftliche Datenverarbeitung (Zeitschrift)
NJOZ	Neue Juristische Online-Zeitschrift
NJW	Neue Juristische Wochenschrift (Zeitschrift)
Nr.	Nummer
NWB	Neue Wirtschafts-Briefe (Zeitschrift)
NZA	Neue Zeitschrift für Arbeitsrecht
NZA-RR	Neue Zeitschrift für Arbeitsrecht – Rechtsprechungs-Report
NZG	Neue Zeitschrift für Gesellschaftsrecht
NZI	Neue Zeitschrift für das Recht der Insolvenz und Sanierung

O

OCI	Other comprehensive income
OK	Online-Kommentar
Orig.	Original

P

PiR	Praxis der internationalen Rechnungslegung (Zeitschrift)
PSVaG	Pensions-Sicherungs-Verein, Versicherungsverein auf Gegenseitigkeit
PUCM	projected-unit-credit-method (Methode der laufenden Einmalprämien)

R

RdA	Recht der Arbeit (Zeitschrift)
RefE	Referentenentwurf
RegE	Regierungsentwurf
RGBl.	Reichsgesetzblatt
Rn.	Randnummer
RückAbzinsV	Rückstellungsabzinsungsverordnung

S

S	Standard des IDW
s.	siehe
S.	Satz
S.	Seite(n)
SABI	Sonderausschuss Bilanzrichtlinien-Gesetz (des Instituts der Wirtschaftsprüfer in Deutschland e. V.)
SFAS	Statement of Financial Accounting Standards
sog.	sogenannte(m, n, r)
Sp.	Spalte
StuB	Unternehmensteuern und Bilanzen (Zeitschrift)
s. u.	siehe unten

T

Tz.	Textziffer

U

u. a.	unter anderem
Ubg	Die Unternehmensbesteuerung (Zeitschrift)
UKV	Umsatzkostenverfahren
u. U.	unter Umständen
u. v. m.	und viele mehr
US	United States

V

v.	von
v. a.	vor allem
Verf.	Verfasser
VersRiLiG	Versicherungsbilanzrichtlinie-Gesetz
VG	Verwaltungsgericht
vgl.	vergleiche
VMEBF	Vereinigung zur Mitwirkung an der Entwicklung des Bilanzrechts für Familiengesellschaften e.V.
vs.	versus

W

WiST	Wirtschaftswissenschaftliches Studium (Zeitschrift)
WM	Zeitschrift für Wirtschafts- und Bankrecht
WPg	Die Wirtschaftsprüfung (Zeitschrift)

Z

z. B.	zum Beispiel
ZBB	Zeitschrift für Bankrecht und Bankwirtschaft
ZfB	Zeitschrift für Betriebswirtschaft
ZfgK	Zeitschrift für das gesamte Kreditwesen
ZGR	Zeitschrift für Unternehmens- und Gesellschaftsrecht
ZHR	Zeitschrift für das gesamte Handelsrecht und Wirtschaftsrecht
ZInsO	Zeitschrift für das gesamte Insolvenzrecht
ZIP	Zeitschrift für Wirtschaftsrecht
z. T.	zum Teil
zugl.	zugleich
zzgl.	zuzüglich

1 Problemstellung und Gang der Untersuchung

„Ein Wissen, das nicht in die Zukunft reicht, ist kein Wissen.“[1]

Unternehmenskrisen und die darauf folgenden Sanierungs- bzw. Restrukturierungsmaßnahmen werden im Schrifttum zutreffend als ständig aktuelles Dauerthema des Unternehmensalltags bezeichnet.[2] Obgleich Krisen insofern fester Bestandteil des Lebenszyklus eines Unternehmens sind,[3] implizieren sie stets die Gefahr der volks- und betriebswirtschaftlich nachteiligen Schädigung der Kapitalgeber (bzw. primär der Gläubiger).[4] Um diese Schädigung zu verhindern, hat der Gesetzgeber im Rahmen diverser Insolvenzrechtsreformen – zuletzt durch das ESUG[5] – versucht, die zeitliche Reichweite des Insolvenzverfahrens zu erweitern. Mit dem Ziel der möglichst frühen Insolvenzauslösung wurde jüngst auch das so genannte Schutzschirmverfahren geschaffen (§ 270b InsO),[6] welches die Verfügungsgewalt über das Unternehmen grundsätzlich beim Schuldner belässt[7] und gleichzeitig den Einfluss der Gläubiger bzw. des vorläufigen Gläubigerausschusses (§ 270b Abs. 4 Nr. 2 InsO) stärkt.[8] Während sich der Gesetzgeber insofern mit Verve der Verbesserung der Sanierungschancen unter dem Regime der InsO widmet, kann dies für die vorinsolvenzliche Sanierung nur eingeschränkt festgestellt werden. Wie im Folgenden noch eingehender analysiert wird, kann eine – allseits gewünschte – frühzeitig ergriffene vorinsolvenzliche Sanierung nur gelingen, sofern die beteiligten Parteien über alle (wesentlichen) entscheidungserheblichen Informationen verfügen.

In der Unternehmenskrise beziehen sich diese Informationsinteressen primär auf die Informationsvermittlung hinsichtlich der künftigen Finanz- und Liquiditätslage des Unternehmens, die ihrerseits regelmäßig entscheidend durch verschiedene Sanierungsmaßnahmen geprägt ist. Wie die Erfahrungen aus diversen Unternehmenskrisen[9] (und nicht zuletzt auch aus der jüngsten Staatsschuldenkri-

---

1 Hans-Peter Dürr (†2014), deutscher Physiker, erhielt im Jahr 1987 den alternativen Nobelpreis und im Jahr 1995 als Mitglied von Pugwash International den Friedensnobelpreis.

2 Vgl. Hoffmann, W.-D./Lüdenbach, N., Bilanzielle Sanierungsmaßnahmen, S. 1671; Evertz, D./Krystek, U., Restrukturierung, S. V; David, S., Krisenmanagement, S. 1.

3 Vgl. bspw. Seefelder, G., Unternehmenssanierung, S. V, der betont, dass es kaum Unternehmen gibt, die „über Jahrzehnte Bestand haben und nicht einmal in eine Krise gelangt wären“.

4 Vgl. bspw. Brandstätter, J., Prüfung der Sanierungsfähigkeit, S. 11 f. sowie Abschn. 21.

5 Vgl. hierzu die Ausführungen in Abschn. 23 und speziell die Fn. 75.

6 Vgl. zum Schutzschirmverfahren die Nachweise in Fn. 75. Der „Schutz“ bezieht sich dabei auf die Möglichkeit beim Insolvenzgericht die vorläufige Untersagung bzw. Einstellung von Zwangsvollstreckungsmaßnahmen zu beantragen, vgl. Wellensiek, J./Schluck-Amend, A., § 23 GmbH in der Krise, Rn. 312.

7 Zu beachten ist in diesem Zusammenhang jedoch, dass der Schuldner während der Erstellung des Sanierungsplans unter dem Regime des Schutzschirmverfahrens von einem (vom Schuldner vorgeschlagenen) vorläufigen Sachverwalter beaufsichtigt wird, vgl. §§ 270b Abs. 2 i. V. m. 270a Abs. 1 InsO sowie zur Stärkung der Eigenverwaltung durch das Schutzschirmverfahren bspw. Deutscher Bundestag (Hrsg.), BT-Drucks. 17/5712, S. 40 und S. 58-60; Riggert, R., in: Nerlich/Römermann, InsO II, § 270b InsO, Rn. 1; Wellensiek, J./Schluck-Amend, A., § 23 GmbH in der Krise, Rn. 296.

8 Vgl. weiterführend die Nachweise in Fn. 74.

9 Vgl. jüngst bspw. der Zahlungsaufschub für Schuldverschreibungen der Strenesse AG, vgl. bspw. o. V., FAZ, 22.02.2014, S. 15 oder die Maßnahmen zur Sanierung der Alno AG, die u. a. die Vereinbarung von Zahlungsaufschüben und Forderungsverzichten (z. T. mit Besserungsabrede) vorsahen, vgl. Alno AG, Geschäftsbericht 2012, S. 53 und S. 111 f. Mit Blick auf die Restrukturierung von Pensionszusagen ist bspw. der im Rahmen der Sanierung der Loewe AG beschlossene Sanierungstarifvertrag mit Besserungsschein zu nennen, vgl. Loewe AG, Geschäftsbericht 2012, S. 5; o. V., FAZ, 22.03.2013, S. 21.

se[10]) belegen, bildet die Restrukturierung der bestehenden Verpflichtungen (debt restructuring) einen zentralen und im Vergleich zur Zuführung frischen Kapitals z. T. zeitlich früher gesetzten,[11] Schwerpunkt dieser finanziellen Sanierungsmaßnahmen. Daraus ergibt sich das Untersuchungsziel der vorliegenden Arbeit: Es gilt zu analysieren, wie die Bilanzierung dieser Sanierungsmaßnahmen nach HGB ausgestaltet sein muss, um den Adressaten, innerhalb der Grenzen des handelsrechtlichen Zweck- und GoB-Systems, ein den tatsächlichen Verhältnissen entsprechendes Bild v. a. der Finanz- und Liquiditätslage des Unternehmens zu vermitteln. Im Rahmen der Beantwortung dieser Fragestellung werden einerseits die jüngsten handels- und insolvenzrechtlichen Reformen umfassend berücksichtigt um den Kapitalgebern des Unternehmens letztlich eine breite Informations- und Entscheidungsgrundlage zur Verfügung zu stellen. Andererseits wird sich speziell in Bezug auf die Restrukturierung bestehender Pensionszusagen zeigen, dass eine derart ausgestaltete Informationsvermittlung zwingend auch bestimmte arbeits- und betriebsrentenrechtliche Aspekte berücksichtigen sollte. Darüber hinaus wird nachfolgend ebenso offensichtlich, dass an verschiedenen Stellen die einschlägigen IFRS-Vorschriften, zumindest in (eng) begrenztem Umfang, zur Konkretisierung und Verbesserung der handelsrechtlichen Abbildung von Sanierungsmaßnahmen herangezogen werden können bzw. werden sollten.

Der Untersuchung liegt dabei die folgende Struktur zu Grunde:

Im Anschluss an diese Einleitung gilt es im **zweiten Kapitel** zunächst die Frage zu beantworten, welchen Zielen die Rechnungslegung allgemein dient bzw. welche Rechnungslegungserfordernisse in der zeitlich zu definierenden Unternehmenskrise konkret bestehen. In diesem Zusammenhang ist auch zu untersuchen, zu welchem Zeitpunkt respektive unter welchem Rechtsregime (HGB vs. InsO) eine Sanierung idealerweise stattfinden sollte. Vor dem Hintergrund der in der Unternehmenspraxis stark einzelfallabhängig umgesetzten Sanierungsstrategien, ist im Anschluss an diese zeitliche Abgrenzung des Untersuchungsgegenstands das Feld möglicher Sanierungsmaßnahmen dezidierter abzustecken. Diesen Ausführungen folgt die Erläuterung der Grundlagen der Rechnungslegung nach HGB. Dabei ist zum einen zu verdeutlichen, welchen Zwecken die handelsrechtliche Rechnungslegung allgemein dienen soll. Daneben ist es für die weitere Analyse erforderlich in die Grundsätze ordnungsmäßiger Buchführung (GoB), die als Mittel zur Erreichung der handelsrechtlichen Jahresabschlusszwecke gelten, einzuführen. Darüber hinaus ist im zweiten Kapitel schließlich die sogenannte Hermeneutik zu erläutern, die ihrerseits die Grundlage für die Auslegung der im Folgenden untersuchten Rechtsvorschriften bildet.

Im **dritten Kapitel** wird der Untersuchungsgegenstand der Arbeit in sachlicher Hinsicht definiert. Zu diesem Zweck sind eingangs die Grundlagen der Unternehmensfinanzierung darzustellen. Daran anschließend werden die verschiedenen Kapitalpositionen mit Hilfe eines allgemeinen Konzepts zur

---

[10] Vgl. in Bezug auf die Maßnahmen des zweiten Griechenland-Hilfspakets bspw. die Berechnungen des IFO INSTITUT, Impliziter Schuldenschnitt, S. 1-3, das feststellt, dass neben weiteren Sanierungsmaßnahmen allein die Zinssenkung und die Stundung der bereits (bilateral oder durch den EFSF) gewährten Kredite zu einem impliziten Schuldenerlass i. H. v. 43,8 Mrd. Euro führen, da durch diese Maßnahmen der Barwert der entsprechenden Verpflichtungen bzw. Forderungen um diese Summe sinkt. Vgl. zu dieser Barwertbetrachtung v. a. auch die Ausführungen in Abschn. 423.

[11] Vgl. hierzu bspw. NATUSCH, I., Wirtschaftliche Grundlagen, Rn. 90.

Analyse von Kapitalüberlassungsverträgen auf ihr Restrukturierungspotenzial untersucht. Dies dient dem Ziel, jene Fremdkapitalpositionen zu identifizieren, deren Restrukturierungen die größten Sanierungsbeiträge versprechen. Obgleich die Wahl der Restrukturierungsobjekte stets auch durch die im Vorfeld der Sanierung konkret gegebene Finanzierungsstruktur des Unternehmens determiniert wird, erscheinen auf Basis der Untersuchungen in diesem Abschnitt einerseits die Bank- und Lieferantenverbindlichkeiten (aufgrund ihrer Omnipräsenz) und andererseits die Pensionsrückstellungen (aufgrund ihres betraglichen Umfangs) als besonders geeignete Restrukturierungsobjekte. Den Abschluss des dritten Abschnitts bildet schließlich die prägnante Erläuterung der handelsrechtlichen Bilanzierung von Bank- und Lieferantenverbindlichkeiten sowie Pensionsrückstellungen außerhalb der Unternehmenskrise.

Den Hauptteil der Arbeit bildet schließlich das **vierte Kapitel**. An dieser Stelle werden die in der Unternehmenspraxis relevantesten Maßnahmen zur sanierenden Restrukturierung der im dritten Kapitel identifizierten Passivposten dezidiert analysiert.

Als erstes wird der **Zahlungsaufschub** untersucht. Zunächst gilt es in die Anwendbarkeit und die (rechtlich) divergierenden Formen des Zahlungsaufschubs einzuführen. Daran anschließend werden die derzeitigen Implikationen von Zahlungsaufschüben für die Bilanz, die GuV, den Anhang und den Lagebericht erörtert. Darauf aufbauend werden schließlich gebotene Verbesserungen für die Abbildung dieser Sanierungsmaßnahme vorgestellt und diskutiert. Obgleich sich diese Vorschläge auf die handelsrechtliche Bilanzierung beziehen, wird hier gleichwohl deutlich, dass neben der handelsrechtlichen Perspektive zwingend auch finanzwirtschaftliche Aspekte und Argumente aus der IFRS Rechnungslegung zu berücksichtigen sind.

Den zweiten Schwerpunkt der Analyse bildet die Sanierungsmaßnahme des **Rangrücktritts**. Als Basis der Untersuchung werden einleitend die Anwendbarkeit sowie der wirtschaftliche und rechtliche Charakter der verschiedenen Rangrücktrittsvereinbarungen erläutert. Unter Bezugnahme auf die einschlägigen steuerrechtlichen und insolvenzrechtlichen Vorschriften wird im Anschluss daran die Zweckmäßigkeit der Bilanzierung von im Rang zurückgetretener Verbindlichkeiten nach HGB diskutiert.

Im weiteren Verlauf des vierten Kapitels werden außerdem die Bilanzierung des **Verzichts** und der **Verzicht mit Besserungsabreden** analysiert. Analog zum bisherigen Vorgehen werden auch hier zunächst die Anwendbarkeit und die (wirtschaftlichen und rechtlichen) Charakterzüge dieser Sanierungsmaßnahmen erläutert. Die weiteren Untersuchungen beschränken sich in Bezug auf den (unbedingten) Verzicht primär auf die Restrukturierung von Pensionsrückstellungen, während der Verzicht mit Besserungsabreden anhand der Restrukturierungsobjekte der Lieferanten- bzw. Bankverbindlichkeiten diskutiert wird. Wie bereits in den vorherigen Abschnitten wird neben den einschlägigen handelsrechtlichen Argumenten auch auf die entsprechend vorgeschriebene Bilanzierung dieser Sanierungsmaßnahmen nach IFRS Bezug genommen.

Der letzte Abschnitt des Hauptteils adressiert schließlich die Bedeutung der (Restrukturierung der) **Kreditbesicherung** – als wesentliches Element der untersuchten Kapitalüberlassungsverträge – im Rahmen der Unternehmenskrise. Dabei werden zu Beginn die in der Unternehmenspraxis relevantesten Kreditsicherungsarten erläutert. Im Anschluss daran werden die (signifikanten) Schwächen der derzeitigen Bilanzierungs- und Berichterstattungspraxis hinsichtlich dieses Elements der finanziellen Sanierung erarbeitet. Als Reaktion auf diese identifizierten Unzulänglichkeiten werden schlussendlich Vorschläge für eine verbesserte handelsrechtliche Abbildung der Kreditbesicherung entwickelt.

Die Arbeit schließt im **fünften Kapitel** mit einer Zusammenfassung der wesentlichen Erkenntnisse und einem kurzen Ausblick auf die Umsetzung der erarbeiteten Vorschläge zur Verbesserung der Bilanzierung finanzieller Sanierungsmaßnahmen.

2 Grundlagen der Rechnungslegung und der Sanierung

2.1 Rechnungslegung als Lösung von Prinzipal-Agent-Konflikten

In einer arbeitsteiligen[12] Unternehmung treffen eine Vielzahl z. T. divergierender Interessen verschiedener Koalitionsteilnehmer[13] aufeinander. Die hieraus erwachsenden Auftragsbeziehungen „under which one or more persons (the principal(s)) engage another person (the agent) to perform some service on their behalf which involves delegating some decision making authority to the agent"[14], sind Gegenstand der Prinzipal-Agent-Theorie.[15] Diese unterstellt, dass der Agent (Manager bzw. Kapitalnehmer) über bessere Informationen als der Prinzipal (Gläubiger bzw. Kapitalgeber) verfügt und diesen Informationsvorsprung, auch zu Lasten des Prinzipals, zur eigenen Nutzenmaximierung einsetzt.[16] Der Schwerpunkt der vorliegenden Arbeit liegt vorrangig auf **Prinzipal-Agent-Konflikten** (Agency-Konflikten)[17] zwischen internen Entscheidungsträgern und externen (Fremd-)Kapitalgebern.[18] Die mit diesen Agency-Konflikten einhergehenden Gläubigerrisiken werden typischerweise in das Informations-, das Insolvenz- und das Ausfallrisiko unterteilt.[19] Das Informationsrisiko wird im Vorfeld einer Kapitalüberlassungsentscheidung[20] relevant und betrifft das Risiko, dass der Gläubiger die künftig „an ihn fließenden Zahlungen"[21] auf Basis unvollständiger oder verzerrter Informationen abschätzen muss.[22] Das Insolvenzrisiko manifestiert sich in einer, während des Kreditverhältnisses durch die verschlechterte wirtschaftliche Lage i. V. m. schädigen-

---

12 Vgl. grundlegend hierzu SMITH, A., Wealth of Nations, S. 9-12; GROSSEKETTLER, H./HADAMITZKY, A./LORENZ, C., Volkswirtschaftslehre, S. 77-84.

13 Vgl. zum Koalitionsansatz die Ausführungen zu den Rechnungslegungsadressaten in Abschn. 251.2 sowie die Nachweise in Fn. 142.

14 JENSEN, M. C./MECKLING, W. H., Theory of the Firm, S. 308.

15 Vgl. JENSEN, M. C./MECKLING, W. H., Theory of the Firm, S. 305-357; FISCHER, T., Agency-Probleme, S. 28 f.; EWERT, R., Agency-Probleme, S. 8-23; ALPARSLAN, A., Prinzipal-Agent-Theorie, S. 11-47.

16 Vgl. ALPARSLAN, A., Prinzipal-Agent-Theorie, S. 17-28; STREIM, H., Grundzüge der Bilanzierung, S. 11 f.; EGGER, F., Insolvenzauslösung, S. 10 f.; GÖBEL, E., Institutionenökonomik, S. 98-104; MILLER, G. J., Solutions to Principal-Agent Problems, S. 349; FISCHER, T., Agency-Probleme, S. 28-37; FRANKE, G./HAX, H., Finanzwirtschaft, S. 460 f.; KÖHRMANN, H., Rechnungslegung kommunaler Gebietskörperschaften, S. 22 f.; MÜLLER, W. A., Bankenaufsicht, S. 53; BERENTZEN, C., Finanzielle Vermögenswerte, S. 11-14.

17 Vgl. ausführlich zu den verschiedenen Agency-Konflikten FISCHER, T., Agency-Probleme, S. 11-14; EWERT, R., Agency-Probleme, S. 10-23; KÜHN, M., Insolvenzindikatoren, S. 20-33; WAGENHOFER, A./EWERT, R., Unternehmensrechnung, S. 182-231; EGGER, F., Insolvenzauslösung, S. 10-13.

18 Wie in Abschn. 251.2 gezeigt wird, gereicht die handelsrechtliche Informationsgabe zur Reduzierung dieser Agency-Konflikte auch den Eigenkapitalgebern zum Vorteil. Zudem werden die Kapitalgeber insgesamt als zentrale Adressaten der (handelsrechtlichen) Rechnungslegung angesehen, vgl. hierzu ebenso Abschn. 251.2. Vgl. zu einer ähnlichen Fokussierung FISCHER, T., Agency-Probleme, S. 13 f.; EGGER, F., Insolvenzauslösung, S. 7-15; SCHMIDT, R. H., Grundformen der Finanzierung, S. 190-192.

19 Vgl. zu dieser Einteilung bspw. RAUSCH, W., Gläubigerschutz, S. 11-15; BITZ, M./HEMMERDE, W./RAUSCH, W., Reformvorschläge zum Gläubigerschutz, S. 7-12; HEMMERDE, W., Insolvenzrisiko, S. 19-21, ähnlich kategorisiert DRUKARCZYK, J., Unternehmen und Insolvenz, S. 21-23.

20 Diese Entscheidungen umfassen bspw. die Gewährung, die Prolongation und andere (sanierende) Modifikationen des ursprünglichen Kapitalüberlassungsvertrags, vgl. LUCKAN, E./SCHACHT, K., Gläubigerschutz, S. 1450; RAUSCH, W., Gläubigerschutz, S. 11.

21 RAUSCH, W., Gläubigerschutz, S. 11.

22 Vgl. RAUSCH, W., Gläubigerschutz, S. 11-13; HEMMERDE, W., Insolvenzrisiko, S. 19; DRUKARCZYK, J., Unternehmen und Insolvenz, S. 22; EGGER, F., Insolvenzauslösung, S. 16.

dem Agenten-Verhalten[23] gestiegenen, Gefahr des vollständigen oder teilweisen Ausfalls der Forderung.[24] Da der Schwerpunkt dieser Arbeit auf der vorinsolvenzlichen Sanierung liegt,[25] wird das Ausfallrisiko, welches aus den gläubigerschädigenden Auswirkungen einer ineffizienten Verwertung und Verteilung des Schuldnervermögens im Insolvenzverfahren erwächst,[26] im Folgenden nicht weiter thematisiert. Neben diesen Risiken können Agency-Konflikte in realen Sanierungssituationen sogar wahrscheinlich erfolgreiche (vorinsolvenzliche) Sanierungen vollends verhindern.[27] So mag zwar eine Sanierung durch kooperativen Verzicht insgesamt erfolgversprechend sein, die einzelnen Parteien können indes durchaus divergierende Sanierungsstrategien präferieren, um den Wert ihrer Position zu maximieren.[28] Bspw. wird der gesicherte gegenüber dem – im Übrigen i. d. R. schlechter informierten[29] – ungesicherten Gläubiger regelmäßig einen geringeren Anreiz zur vorinsolvenzlichen Sanierung haben,[30] da er (auch) im Insolvenzfall den Sicherungsgegenstand verwerten kann.[31] Neben privatrechtlichen und gesetzlichen Schutz- und Sanktionsmöglichkeiten dient v. a. die Anhebung des Informationsniveaus des Prinzipals durch die (handelsrechtliche) **Rechnungslegung**[32] der Lösung bzw. dem Abbau der angesprochenen Risiken bzw. Agency-Konflikte. Sie soll den Prinzipal letztlich in die Lage versetzen, fundierte Entscheidungen zur Wah-

23 Nach Abschluss des Kapitalüberlassungsvertrags hat der Agent insbesondere Anreize zur Steigerung der Verschuldung und zu einer riskanteren Geschäftspolitik, vgl. hierzu DRUKARCZYK, J., Unternehmen und Insolvenz, S. 22; RAUSCH, W., Gläubigerschutz, S. 13; STREIM, H., Grundzüge der Bilanzierung, S. 11-15.

24 Vgl. HEMMERDE, W., Insolvenzrisiko, S. 19; RAUSCH, W., Gläubigerschutz, S. 13.

25 Vgl. hierzu die Ausführungen in Abschn. 22.

26 Vgl. RAUSCH, W., Gläubigerschutz, S. 14 f.; HEMMERDE, W., Insolvenzrisiko, S. 19; DRUKARCZYK, J., Unternehmen und Insolvenz, S. 61-64.

27 Im Gegensatz dazu wird in einer modellhaften Welt mit vollständigen und gleichverteilten Informationen stets diejenige Alternative (Fortführung innerhalb und außerhalb der Insolvenz vs. Liquidation) realisiert, die den höchsten Unternehmensgesamtwert generiert, vgl. hierzu FISCHER, T., Agency-Probleme, S. 25; EGGER, F., Insolvenzauslösung, S. 7-10.

28 Vgl. hierzu FISCHER, T., Agency-Probleme, S. 12; GROß, P. J., Sanierung durch Fortführungsgesellschaften, Kap. III, Rn. 1-9; VOLK, G., Informationsinteresse, S. 727 sowie ZIRENER, J., Sanierung in der Insolvenz, S. 59-63, der betont, dass insofern insbesondere „über die Interessen der Beteiligten Klarheit bestehen [muss], um den bestehenden Handlungsspielraum abschätzen zu können" (ebenda, S. 61, Erg. durch den Verf.), vgl. hierzu auch EIDENMÜLLER, H., Unternehmenssanierung, S. 351.

29 Vgl. FISCHER, T., Agency-Probleme, S. 25.

30 Insofern wird er damit tendenziell weniger zu den in Kapitel 4 erläuterten Sanierungsbeiträgen bereit sein.

31 Vgl. zu diesen Agency-Konflikten zwischen gesicherten und ungesicherten Gläubigern (vor und in der Insolvenz) FISCHER, T., Agency-Probleme, S. 108-203; DRUKARCZYK, J., Unternehmen und Insolvenz, S. 119-161; DRUKARCZYK, J./DUTTLE, J./RIEGER, R., Mobiliarsicherheiten, S. 24-28; BRETZKE, W.-R., Wann insolvent?, S. 409-412; WITT, P., § 3 Finanzierung, Rn. 35; GUTENBERG, E., Finanzierung und Sanierung, Sp. 1780; KUDLA, R., Finanzierung in der Sanierung, S. 120-122, hierzu auch UHLENBRUCK, W., Sanierung durch Insolvenz, S. 267; SERVATIUS, W., Covenants, S. 16 f. Ein ähnliches Gefangenendilemma kann sich bspw. auch bei einem Forderungsverzicht ergeben, der zwar aus kollektiver indes nicht aus individueller Sicht erstrebenswert ist („Trittbrettfahrer"-Problematik), vgl. hierzu RUDOLPH, B., Unternehmensfinanzierung, S. 567; PORTISCH, W., Sanierung und Insolvenz, S. 210; EIDENMÜLLER, H., Unternehmenssanierung, S. 345-349 m. w. N.; EIDENMÜLLER, H., Gefangenendilemma, S. 343-373; UNDRITZ, S.-H., Sanierung in der Insolvenz, Rn. 9 f.

32 Vgl. hierzu statt aller BAETGE, J./LIENAU, A., Gläubigerschutzgedanke, S. 67; PELLENS, B., ET AL., Internationale Rechnungslegung, S. 4; BUSSE VON COLBE, W., Rechnungslegungsziele, S. 490; LUCKAN, E./SCHACHT, K., Gläubigerschutz, S. 1450; RAUSCH, W., Gläubigerschutz, S. 17; ACHLEITNER, A.-K., Normierung der Rechnungslegung, S. 36; SCHÄFER, H., Unternehmensfinanzen, S. 136-139; BITZ, M./HEMMERDE, W./RAUSCH, W., Reformvorschläge zum Gläubigerschutz, S. 56-70; BALLWIESER, W., Informationsfunktion, S. 24-40 sowie unter Berücksichtigung der Anreize bei der Erstellung des Abschlusses durch den Agenten BAETGE, J./THIELE, S./MATENA, S., Prüfungsqualität, S. 204.

rung seiner Rechte zu treffen (Selbstschutz).[33] Wie in Abschn. 251.2 gezeigt wird, hat die handelsrechtliche Rechnungslegung den Adressaten in der hier einschlägigen Sanierungssituation v. a. Informationen über die künftige Finanzlage respektive die künftige Liquidität des Unternehmens zu vermitteln – denn dieses „Wissen ist Macht und [...] Schutz vor Ausbeutung"[34].

22 Pflichten zur Rechnungslegung in der Unternehmenskrise

Nachdem im vorherigen Abschnitt die generelle Relevanz der Rechnungslegung betont wurde, werden im Folgenden die konkreten Anforderungen zur Rechnungslegung in der (zeitlich) zu definierenden Unternehmenskrise thematisiert. Allgemein bezeichnet der inzwischen allgegenwärtige[35] **Begriff** der **Krise** eine Zeit, die den entscheidenden Höhe- und Wendepunkt einer gefährlichen Entwicklung darstellt.[36] Während die Rechtswissenschaft die (Unternehmens-)Krise regelmäßig an konkrete Vorschriften, wie z. B. die Pflicht zur Einberufung der Hauptversammlung in Folge des hälftigen Grundkapitalverlusts (§ 92 Abs. 1 AktG),[37] die Kapitalersatzvorschriften aus § 32a GmbHG a. F.[38] oder die Existenz der Insolvenztatbestände (§ 17-19 InsO) knüpft,[39] wird sie betriebswirtschaftlich i. d. R. (zeitlich) weitreichender abgegrenzt. Als Extrakt diverser Definitionen manifestiert sich die Unternehmenskrise demnach in einer „unbeabsichtigt und unerwartet"[40] entstehenden, „existenzbedrohende[n]"[41] Unternehmenslage, die auf verschiedensten Ursachen beruhen kann[42] und bis zu ihrem ambivalenten Ausgang sukzessive weniger von der Unternehmenslei-

---

33 Vgl. RAUSCH, W., Gläubigerschutz, S. 17; HEMMERDE, W., Insolvenzrisiko, S. 7; MÜLLER, W. A., Bankenaufsicht, S. 53. Die Rechnungslegung dient insofern der Kontrolle und Überwachung des Verhaltens des Agenten, vgl. BAETGE, J./THIELE, S./MATENA, S., Prüfungsqualität, S. 202-205; BUSSE VON COLBE, W., Jahresabschluss als Informationsinstrument, S. 18 f.

34 DRUKARCZYK, J., Unternehmen und Insolvenz, S. 24, Ausl. durch den Verf., vgl. hierzu auch COENENBERG, A. G./ HALLER, A./SCHULTZE, W., Jahresabschluß, S. 1249-1251; KÖHRMANN, H., Rechnungslegung kommunaler Gebietskörperschaften, S. 28 f.

35 Vgl. KRYSTEK, U./MOLDENHAUER, R., Krisenbewältigung und Restrukturierung, S. 24; HAUSCHILDT, J., Unternehmenskrise, S. 5; ZÖLLER, M., Begriff der Krise, Rn. 1; ZIRENER, J., Sanierung in der Insolvenz, S. 15.

36 Vgl. DUDENREDAKTION, Duden, zum Stichwort „Krise", sowie zur Etymologie und zur Verwendung des Begriffs in verschiedenen Wissenschaften BAETGE, J./SCHMIDT, M./HATER, A., Determinanten einer Unternehmenskrise, Rn. 12; KRYSTEK, U./MOLDENHAUER, R., Krisenbewältigung und Restrukturierung, S. 24 f.; DAVID, S., Krisenmanagement, S. 21-23.

37 Vgl. analog hierzu § 49 Abs. 3 GmbHG und § 33 Abs. 3 GenG.

38 Diese, im Rahmen des MoMiG gestrichene bzw. in die InsO verlagerte (vgl. DEUTSCHER BUNDESTAG (Hrsg.), BT-Drucks. 16/6140, S. 42) Vorschrift, diente als Grundlage für die Feststellung der Kreditunwürdigkeit des Unternehmens, vgl. hierzu HEIDINGER, A., in: Michalski, Komm. GmbHG, 2. Aufl., § 32b GmbHG, Rn. 43-57; SCHAUB, B., Überschuldung, S. 1487-1489; HATER, A., Fortbestehensprognose und Fortführungsprognose, S. 64 f.

39 Vgl. BAUER, J., GmbH in der Krise, Rn. 6-8; IDW, WP-Handbuch 2014, Band II, Kap. L, Rn. 25; HATER, A., Fortbestehensprognose und Fortführungsprognose, S. 63-65; HEIDINGER, A., in: Michalski, Komm. GmbHG, 2. Aufl., § 32b GmbHG, Rn. 43-61; MÜLLER, S./REINKE, J., Unterstützungspotenzial, S. 101 f.

40 BAETGE, J./SCHMIDT, M./HATER, A., Determinanten einer Unternehmenskrise, Rn. 17, im Orig. mit Hervorh., vgl. auch IDW, WP-Handbuch 2014, Band II, Kap. L, Rn. 25.

41 HAUSCHILDT, J./GRAPE, C./SCHINDLER, M., Typologien von Unternehmenskrisen, S. 7, Erg. durch den Verf., vgl. auch IDW, WP-Handbuch 2014, Band II, Kap. L, Rn. 25; BAETGE, J./SCHMIDT, M./HATER, A., Determinanten einer Unternehmenskrise, Rn. 11.

42 Vgl. zu möglichen Krisenursachen statt aller KRYSTEK, U./MOLDENHAUER, R., Krisenbewältigung und Restrukturierung, S. 40-76; KRYSTEK, U., Krisenarten und Krisenursachen, S. 51-64; BRANDSTÄTTER, J., Prüfung der Sanierungsfähigkeit, S. 155-246; BAETGE, J./SCHMIDT, M./HATER, A., Determinanten einer Unternehmenskrise, Rn. 47-80; HAUSCHILDT, J./GRAPE, C./SCHINDLER, M., Typologien von Unternehmenskrisen, S. 10-23; MAYR, A., Insolvenzursachenforschung, S. 166-169; GLESS, S.-E., Unternehmenssanierung, S. 21-28.

tung beeinflusst werden kann.[43] Um dieser Krise adäquat zu begegnen, ist zunächst das erreichte Krisenstadium zu identifizieren.[44]

Das IDW nennt die Stakeholder-, Strategie-, Produkt- und Absatz-, Erfolgs- und die Liquiditätskrise sowie die Insolvenzreife als idealtypische[45] Krisenstadien.[46] Obgleich eine nachhaltige Sanierung in aller Regel auch leistungswirtschaftliche Maßnahmen erfordert,[47] setzen Sanierungsbemühungen in der Unternehmenspraxis häufig erst zu spät ein[48] und umfassen entsprechend der Dringlichkeit regelmäßig zunächst finanzielle Sanierungsmaßnahmen zur Wiederherstellung des finanziellen Gleichgewichts.[49] Diese Sanierungsmaßnahmen werden innerhalb der idealtypischen Krisenstadien i. d. R. frühestens in der Erfolgskrise ergriffen, in der das Eigenkapital und damit die Kreditwürdigkeit des Unternehmens in Folge operativer Ergebnisrückgänge oder Verluste sukzessive abnehmen.[50] Werden in dieser Phase keine oder unzureichende (finanzielle) Sanierungsmaßnahmen ergriffen, droht spätestens mit der Liquiditätskrise[51] der Eintritt der Insolvenztatbestände der §§ 17-19 InsO.[52] Aufgrund der angespannten Liquiditätslage und der „krisenverschärfenden Finanzie-

---

43 Die Krise kann grundsätzlich entweder in der nachhaltigen Sanierung bzw. Wiedergesundung (siehe hierzu Abschn. 23) oder in der Liquidation des Unternehmens enden, vgl. KRYSTEK, U./MOLDENHAUER, R., Krisenbewältigung und Restrukturierung, S. 24; IDW, WP-Handbuch 2014, Band II, Kap. L, Rn. 25; BAUSCH, A./MATTHES, M., Unternehmenssanierung als Managementaufgabe, Rn. 4.

44 Vgl. HFA DES IDW, S 6, Tz. 20-22; BECK, M., Sanierung und Krisenstadium, S. 267-272; BECK, M./STANNEK, R., Ausgewählte Einzelfragen, Rn. 32; FACHAUSSCHUSS SANIERUNG UND INSOLVENZ DES IDW, IDW S 6, S. 1413 f.; HOMMEL, U./KNECHT, T. C./WOHLENBERG, H., Sanierung, S. 34; BUTH, A. K./HERMANNS, M., Sanierungskonzepte, S. 291 f.

45 Diese Krisenstadien müssen nicht zwingend in der genannten Reihenfolge ablaufen, vgl. HFA DES IDW, S 6, Tz. 62; BECK, M./STANNEK, R., Ausgewählte Einzelfragen, Rn. 34; BECK, M., Sanierung und Krisenstadium, S. 264 f.; SEEFELDER, G., Unternehmenssanierung, S. 89.

46 Neben dieser Einteilung gem. HFA DES IDW, S 6, Tz. 62-80 finden sich im Schrifttum diverse weitere Krisenprozessmodelle, auf die hier nicht im Einzelnen eingegangen werden kann, vgl. hierzu v. a. KRYSTEK, U./ MOLDENHAUER, R., Krisenbewältigung und Restrukturierung, S. 32-39; MÜLLER, R., Krisenmanagement, S. 53-56; BAETGE, J./SCHMIDT, M./HATER, A., Determinanten einer Unternehmenskrise, Rn. 20-45; BAUSCH, A./ MATTHES, M., Unternehmenssanierung als Managementaufgabe, Rn. 4-6; HOMMEL, U./KNECHT, T. C./ WOHLENBERG, H., Sanierung, S. 34-36; BECK, M./STANNEK, R., Ausgewählte Einzelfragen, Rn. 35; BAUER, J., GmbH in der Krise, Rn. 10-12; RÖDL, H., Strukturen, Ursachen und Phasen, S. 1230 f.

47 Vgl. HFA DES IDW, S 6, Tz. 97-113; FREIHERR VON PERFALL, E./UHLENDORF, J., Umsetzungsbarrieren, S. 1195-1197; BECK, M./STANNEK, R., Ausgewählte Einzelfragen, Rn. 65-72; STEFFAN, B., Unternehmensbestand, S. 276-279; FRIEDRICH, M. G./FLINTROP, B., Sanierungsprüfung, S. 227 f.

48 Vgl. hierzu die Ausführungen in Abschn. 23.

49 Vgl. HFA DES IDW, S 6, Tz. 12, Tz. 21, Tz. 100 und Tz. 103; BILSTEIN, J., Finanzielle Restrukturierung, S. 229 f.; HAUSCHILDT, J./GRAPE, C./SCHINDLER, M., Typologien von Unternehmenskrisen, S. 21; KRUMBHOLZ, M., Restrukturierung, Rn. 1; BAUSCH, A./MATTHES, M., Unternehmenssanierung als Managementaufgabe, Rn. 61 und Rn. 63; BECK, M./STANNEK, R., Ausgewählte Einzelfragen, Rn. 3 f.; BECK, M., Sanierung und Krisenstadium, S. 267; STEFFAN, B., Unternehmensbestand, S. 273; KRYSTEK, U./MOLDENHAUER, R., Krisenbewältigung und Restrukturierung, S. 179; BÖCKENFÖRDE, B., Unternehmenssanierung, S. 132; EISOLT, D., Sanierungskonzepte, S. 431 sowie zum Begriff des finanziellen Gleichgewichts auch Fn. 502.

50 Vgl. HFA DES IDW, S 6, Tz. 74 f.; EISOLT, D., Sanierungskonzepte, S. 430; ZÖLLER, M., Begriff der Krise, Rn. 11-13; STEFFAN, B., Unternehmensbestand, S. 274; SEEFELDER, G., Unternehmenssanierung, S. 95; LIEBIG, M./WITT, P., Unternehmenssanierung, S. 1929.

51 Manche Autoren konstatieren, dass schon in der Erfolgskrise die Überschuldung droht bzw. sogar bereits unbemerkt eintritt, vgl. HOMMEL, U./KNECHT, T. C./WOHLENBERG, H., Sanierung, S. 35; BAUER, J., GmbH in der Krise, Rn. 11.

52 Vgl. HFA DES IDW, S 6, Tz. 77; HOMMEL, U./KNECHT, T. C./WOHLENBERG, H., Sanierung, S. 35; BECK, M./ STANNEK, R., Ausgewählte Einzelfragen, Rn. 49; BAETGE, J./SCHMIDT, M./HATER, A., Determinanten einer Unternehmenskrise, Rn. 34.

rungsstruktur"[53] befindet sich das Unternehmen in der Liquiditätskrise in „akuten Zahlungsschwierigkeiten"[54], die es vorrangig durch unmittelbar auf diese Schwierigkeiten ausgerichtete und damit schnell greifende finanzielle Sanierungsmaßnahmen beseitigen muss.[55] Nutzt die Unternehmensleitung den verbliebenen (geringen[56]) Handlungsspielraum nicht, ist sie in der Phase der Insolvenzreife schließlich regelmäßig verpflichtet, einen Insolvenzantrag zu stellen.[57] Ist das Unternehmen demnach nicht in der Lage seine fälligen Verpflichtungen zu erfüllen und liegt nicht bloß eine Zahlungsstockung vor,[58] besteht gem. § 17 InsO der allgemeine Eröffnungsgrund der Zahlungsunfähigkeit.[59]

Daneben ermöglicht § 18 InsO die (praktisch indes wenig relevante[60]) Insolvenzantragstellung bereits bei drohender Zahlungsunfähigkeit.[61] Darüber hinaus verpflichtet § 19 InsO den Schuldner grundsätzlich zur Beantragung der Insolvenz, sofern sein Vermögen die bestehenden Verbindlichkeiten nicht mehr deckt.[62] Auch diesem Tatbestand kommt allerdings, spätestens seit der Entfristung des, durch das FMStG vom 17.10.2008 eingeführten[63] Überschuldungsbegriffs,[64] durch die eine vorliegende Überschuldung nunmehr mit einer positiven Fortbestehensprognose „beiseite [ge]wisch[t]"[65] werden kann, bestenfalls eine untergeordnete Rolle zu. Die geringe Bedeutung des Überschuldungstatbestands, die sich auch in dem seit Jahren geringen Anteil der durch ihn ausge-

---

53 BECK, M., Sanierung und Krisenstadium, S. 266, vgl. auch HFA DES IDW, S 6, Tz. 78; EISOLT, D., Sanierungskonzepte, S. 430.

54 ZÖLLER, M., Begriff der Krise, Rn. 14, vgl. auch BECK, M., Sanierung und Krisenstadium, S. 266 sowie ausführlicher zum Verlauf der Liquiditätskrise SEEFELDER, G., Unternehmenssanierung, S. 95 f.; EXLER, M. W./SITUM, M., Früherkennung, S. 164 f.

55 Vgl. neben den Nachweisen in Fn. 49 BECK, M., Sanierung und Krisenstadium, S. 269.

56 Vgl. HAUSCHILDT, J./GRAPE, C./SCHINDLER, M., Typologien von Unternehmenskrisen, S. 8; RÖDL, H., Strukturen, Ursachen und Phasen, S. 1230 f.; BAETGE, J./SCHMIDT, M./HATER, A., Determinanten einer Unternehmenskrise, Rn. 44 m. w. N.

57 Vgl. HFA DES IDW, S 6, Tz. 79 f.; HOMMEL, U./KNECHT, T. C./WOHLENBERG, H., Sanierung, S. 35; UHLENBRUCK, W., Sanierung durch Insolvenz, S. 262 f.

58 Vgl. hierzu HFA DES IDW, PS 800, Tz. 8-12 und Tz. 23-29; THIERHOFF, M., Operative und Strategische Sanierung, Rn. 31-33; UHLENBRUCK, W., Sanierung durch Insolvenz, S. 262 und jeweils die dort zitierten (Rechtsprechungs-)Nachweise.

59 Vgl. HFA DES IDW, PS 800, Tz. 7, Tz. 13-15 und Tz. 17-45; HFA DES IDW, S 6, Tz. 106 f.; THIERHOFF, M., Operative und Strategische Sanierung, Rn. 30-48; MÜLLER, S./REINKE, J., Unterstützungspotenzial, S. 102; ZÖLLER, M., Begriff der Krise, Rn. 18; PLATE, G., Indikatoren für Insolvenzreife, S. 218-220.

60 Vgl. statt aller SEEFELDER, G., Unternehmenssanierung, S. 282; BAUER, J., GmbH in der Krise, Rn. 119; SCHMIDT, K., Stärken, S. 28; UNDRITZ, S.-H., Sanierung in der Insolvenz, Rn. 1 und jüngst STATISTISCHES BUNDESAMT, Insolvenzverfahren 2013, S. 20, wonach im Jahr 2013 lediglich 0,7 % der Insolvenzverfahren ausschließlich aufgrund von drohender Zahlungsunfähigkeit eröffnet wurden.

61 Vgl. HFA DES IDW, PS 800, Tz. 16 und Tz. 49-51; ZÖLLER, M., Begriff der Krise, Rn. 19.

62 Vgl. FAR (Hrsg.), FAR 1/1996, S. 22; THIERHOFF, M., Operative und Strategische Sanierung, Rn. 49-63; ZÖLLER, M., Begriff der Krise, Rn. 20; SCHULZ, D., Risiken und Insolvenz, S. 9-54.

63 Vgl. DEUTSCHER BUNDESTAG (Hrsg.), BT-Drucks. FMStG, S. 1988 f. (Art. 5 i. V. m. Art. 7 Abs. 2 und Art. 6 Abs. 2).

64 Vgl. hierzu DEUTSCHER BUNDESTAG (Hrsg.), BT-Drucks. 17/11385, S. 19 f.; HFA DES IDW, S 6, Tz. 13 (Fn. 12); BITTER, G./HOMMERICH, C./REIß, N., Zukunft des Überschuldungsbegriffs, S. 1201-1209; SCHMIDT, K., Überschuldung, S. 2467-2471; THIERHOFF, M., Operative und Strategische Sanierung, Rn. 50-56.

65 MÖHLMANN-MAHLAU, T./SCHMITT, J., Überschuldung, S. 24, Erg. durch den Verf., so auch HATER, A., Fortbestehensprognose und Fortführungsprognose, S. 32-34; SIKORA, K., Überschuldungsbegriff, S. 3288-3291; THIERHOFF, M., Operative und Strategische Sanierung, Rn. 55; DRUKARCZYK, J./SCHÖNTAG, S., § 3 Außergerichtliche Sanierungsentscheidungen, Rn. 95.

lösten Verfahren widerspiegelt,[66] basiert v. a. auf den signifikanten Schwierigkeiten der Überschuldungsmessung.[67] Aufgrund dieser Schwierigkeiten finden sich im Schrifttum folgerichtig auch gewichtige Stimmen, welche die Abschaffung des Überschuldungstatbestands vorschlagen oder diese zumindest ernsthaft erwägen.[68]

Die Feststellung der genannten Insolvenztatbestände trennt nicht nur formal das Insolvenzverfahren von den zeitlich vorgelagerten Krisenstadien, sie führt auch dazu, dass neben die (externe) handelsrechtliche, zusätzlich[69] die (interne) insolvenzrechtliche **Rechnungslegung** tritt. Auch wenn es Ansätze zur Harmonisierung dieser Rechnungslegungswerke gibt,[70] ist die insolvenzrechtliche Rechnungslegung, die sich v. a. aus §§ 151-153 InsO ergibt,[71] strikt von der handelsrechtlichen zu trennen, die, wie im folgenden Abschnitt begründet wird, im Fokus der Arbeit steht.

23 Zeitpunkt der Sanierung in der Unternehmenskrise

Aufgrund der bereits angesprochenen sukzessiven Abnahme der Handlungsmöglichkeiten im Verlauf der Unternehmenskrise wird gemeinhin gefordert, eine Sanierung so früh wie möglich einzuleiten.[72] Während diese Aussage für die frühen Phasen der Unternehmenskrise wohl zweifelsohne gilt, stellt sich für das Unternehmen mit zunehmender Insolvenznähe die Frage, ob die Sanierung außerhalb des Insolvenzverfahrens[73] (und damit nach obiger Systematik spätestens in der Liquiditätskrise) oder unter dem Regime der InsO, sprich im Stadium der Insolvenzreife, durchgeführt werden soll. Zwar versucht(e) der Gesetzgeber im Rahmen verschiedener Insolvenzrechtsreformen[74] in der Tendenz stets die Auslösung des gerichtlichen Insolvenzverfahrens in zeitlicher Hinsicht vorzuver-

66 Vgl. jüngst STATISTISCHES BUNDESAMT, Insolvenzverfahren 2013, S. 20, wonach im Jahr 2013 lediglich 1,6 % der Insolvenzverfahren ausschließlich aufgrund von Überschuldung eröffnet wurden.

67 Vgl. statt aller GIEBELER, N., Feststellung der Überschuldung, S. 187-196; BRETZKE, W.-R., Wann insolvent?, S. 406-412; HIRTE, H., Vorinsolvenzliches Sanierungsverfahren, S. 26; JACOBY, F., Vorinsolvenzliches Sanierungsverfahren, S. 29.

68 Vgl. FENSKE, R., Unbrauchbarkeit, S. 558 f.; EGNER, H./GERHARDT, W., Überschuldungstatbestand, S. 105 f.; GROß, P. J., Sanierungskonzept, S. 40; VALLENDER, H., Reformbedarf, S. 32 f.; MÖHLMANN-MAHLAU, T./ SCHMITT, J., Überschuldung, S. 24.

69 Auch im Insolvenzverfahren ist das Unternehmen, respektive der Insolvenzverwalter, zur handelsrechtlichen Rechnungslegung verpflichtet (§ 155 Abs. 1 InsO), vgl. hierzu nur HFA DES IDW, RH 1.012, Tz. 1-45; KLEIN, T., Rechnungslegung in der Insolvenz, S. 43-386; MAILER, J., Rechnungslegung, S. 156-172; FISCHER-BÖHNLEIN, K./ KÖRNER, S., Insolvenzverfahren, S. 194-197.

70 Vgl. HENI, B., Interne Rechnungslegung, S. 21-30; FÖRSCHLE, G./WEISANG, A., in: Budde/Förschle/Winkeljohann, Sonderbilanzen, 4. Aufl., R. Rechnungslegung im Insolvenzverfahren, Rn. 105, jeweils m. w. N.

71 Vgl. zur insolvenzrechtlichen Rechnungslegung nur HENI, B., Interne Rechnungslegung, S. 52-235; PINK, A., in: Hofbauer/Ammann, Bonner HdR, 2. Aufl., Rechnungslegungspflichten des Insolvenzverwalters, Rn. 21-136.

72 Vgl. statt aller BAETGE, J./SCHMIDT, M./HATER, A., Determinanten einer Unternehmenskrise, Rn. 45; BAUSCH, A./ MATTHES, M., Unternehmenssanierung als Managementaufgabe, Rn. 16; SEEFELDER, G., Unternehmenssanierung, S. 119; HAUSCHILDT, J./GRAPE, C./SCHINDLER, M., Typologien von Unternehmenskrisen, S. 8; SCHMIDT, K., Stärken, S. 28; KÜTING, K./STRAUß, M., Krisenstrategien im Profifußball, S. 2613; EULER HERMES, Ursachen der Insolvenz, S. 8-12; EULER HERMES, Rettung aus Insolvenz, S. 10.

73 Diese Sanierungsart wird auch als vorinsolvenzlich, frei oder außergerichtlich bezeichnet.

74 Als vergangene Schritte sind insbesondere das Insolvenzplanverfahren und die drohende Zahlungsunfähigkeit anzuführen, die zum 01.01.1999 eingeführt wurden und wie der Überschuldungstatbestand eine frühere Insolvenzauslösung implizieren soll(t)en, vgl. VALLENDER, H., Insolvenzkultur, S. 839-842; UHLENBRUCK, W., Sanierung durch Insolvenz, S. 263; UHLENBRUCK, W., Gerichtlich oder außergerichtlich?, S. 1641; MÜLLER, R./ LIEBSCHER, M., Rahmenbedingungen, Rn. 34-36.

lagern,[75] die Abwägung zwischen der freien und der gerichtlichen Sanierung hängt jedoch von diversen Determinanten ab, die es im Folgenden zu erläutern gilt.[76]

Die wesentlichen **Vorteile** – und wie später gezeigt wird auch einige Nachteile – der gerichtlichen Sanierung basieren auf dem speziellen Handlungsrahmen der InsO, der die bestmögliche Gläubigerbefriedigung sicherstellen soll (§ 1 InsO).[77] So führt der Insolvenzantrag zu einem Verwertungsstopp,[78] der den „Wettlauf der Gläubiger"[79] und damit den Entzug betriebsnotwendigen Vermögens verhindert[80] sowie die Gleichbehandlung der Gläubiger (par conditio creditorum, § 226 InsO)[81] vorschreibt. Darüber hinaus können im Rahmen der InsO Dauerschuldverhältnisse leichter gekündigt werden[82] und durch die Vorfinanzierung des Insolvenzgeldes die Liquiditätslage „in einem wesentlichen Stadium und in erheblichem Ausmaß"[83] geschont werden.[84] Neben diesen „harten" gesetzlich normierten Vorteilen bietet das Insolvenzverfahren auch den psychologischen Vorteil, dass die Einbindung eines unabhängigen, in Insolvenzangelegenheiten erfahrenen (vorläufigen) Insolvenzverwalters bessere Vermittlungschancen zwischen den Parteien verspricht.[85] Da der Einsatz eines Insolvenzverwalters indes, v. a. in der Anfangsphase, auch mit dessen Rüstkosten ver-

---

75 So soll das am 01.03.2012 bzw. 01.01.2013 in Kraft getretene ESUG u. a. durch die neu eingeführten Instrumente des vorläufigen Gläubigerausschusses (§ 22a InsO) und des Schutzschirmverfahrens (§ 270b InsO) die Chancen einer frühzeitigeren Sanierung erhöhen, vgl. zu diesen Instrumenten FUHST, C., Neues Insolvenzrecht, S. 419-422; FRIND, F., Gläubigerausschuss, S. 265-270; COMMANDEUR, A./SCHAUMANN, M., Entwicklungen im Insolvenzrecht, S. 620-622; HUBER, H., Großer Wurf, S. 2-10; WUSCHEK, T., Eigenverwaltung, S. 110-115; BUCHALIK, R., Schutzschirmverfahren, S. 349-357; DESCH, W., Schutzschirmverfahren, S. 841-846; HÖLZLE, G., Eigenverwaltung nach ESUG, S. 160-164; SCHIENSTOCK, A./MENTZER, N., Gläubigerausschuss, S. 274-277.

76 Im Folgenden werden indes nur diejenigen Vor- und Nachteile erläutert, die einen Bezug zu den hier behandelten Sanierungsinstrumenten haben, vgl. zu einem Überblick über weitere (rechtliche) Vor- und Nachteile der Sanierungsalternativen BAUER, J., GmbH in der Krise, Rn. 1402 f. und Rn. 1405 f.; UHLENBRUCK, W., Sanierung durch Insolvenz, S. 263-267; EIDENMÜLLER, H., Unternehmenssanierung, S. 371-402.

77 Zu diesem Zweck der InsO HEMMERDE, W., Insolvenzrisiko, S. 30-40; LEFFSON, U., GoB, S. 41-59; RAUSCH, W., Gläubigerschutz, S. 15-20.

78 Dieser ergibt sich neben den Unpfändbarkeitsregeln der ZPO insbesondere aus § 21 Abs. 2 Nr. 3 und Nr. 5 sowie §§ 88-90, 166 InsO.

79 EHLERS, H., Frühzeitige Insolvenzverfahren, S. 1541, so auch UNDRITZ, S.-H., Sanierung in der Insolvenz, Rn. 6; LIEBIG, M./WITT, P., Unternehmenssanierung, S. 1932; UHLENBRUCK, W., Gerichtlich oder außergerichtlich?, S. 1645.

80 Vgl. hierzu EIDENMÜLLER, H., Unternehmenssanierung, S. 354-356; UHLENBRUCK, W., Sanierung durch Insolvenz, S. 267; DRUKARCZYK, J., Unternehmen und Insolvenz, S. 125; DRUKARCZYK, J., Reorganisation, S. 374 f.; EHLERS, H., Mit oder ohne Insolvenz, S. 258.

81 Vgl. zu dieser, unter dem Regime der InsO strikt vorgeschriebenen, Gleichbehandlung aller Angehörigen einer bestimmten Gläubigergruppe bspw. BRAUN, E., in: Nerlich/Römermann, InsO II, § 226 InsO, Rn. 1-10; STÜRNER, R., in: Kirchhof/Eidenmüller/Stürner, MüKo InsO, 3. Aufl., § 226 InsO, Rn. 62 f.; DRUKARCZYK, J., Reorganisation, S. 375 f.

82 Vgl. LIEBIG, M./WITT, P., Unternehmenssanierung, S. 1932 f.; EHLERS, H., Frühzeitige Insolvenzverfahren, S. 1541; EIDENMÜLLER, H., Unternehmenssanierung, S. 370; UNDRITZ, S.-H., Sanierung in der Insolvenz, Rn. 5.

83 LIEBIG, M./WITT, P., Unternehmenssanierung, S. 1932.

84 Vgl. SEEFELDER, G., Unternehmenssanierung, S. 287-289; EHLERS, H., Frühzeitige Insolvenzverfahren, S. 1541; KRYSTEK, U./MOLDENHAUER, R., Krisenbewältigung und Restrukturierung, S. 170; EULER HERMES, Rettung aus Insolvenz, S. 13, die das Insolvenzgeld als „größte Hilfe" im Insolvenzverfahren einstufen.

85 Vgl. EHLERS, H., Frühzeitige Insolvenzverfahren, S. 1542; FRANKE, G./HAX, H., Finanzwirtschaft, S. 521 sowie ausführlich und m. w. N. zu den psychologischen Phänomenen, die eine Sanierung sogar verhindern können EIDENMÜLLER, H., Unternehmenssanierung, S. 359-364.

bunden ist und er daher zu erheblichen Reibungsverlusten führen kann,[86] scheint eine eindeutige Vorteilhaftigkeit der Einbindung eines Insolvenzverwalters insgesamt nicht gegeben zu sein.

Im Gegensatz dazu werden als eindeutige **Nachteile** der gerichtlichen Sanierung die direkten Kosten, v. a. für das gerichtliche Verfahren, den Insolvenzverwalter und den Gläubigerausschuss,[87] sowie die z. T. „ökonomisch noch wichtiger[en]"[88] indirekten Insolvenzkosten angeführt. Die letztgenannten Kosten erwachsen aus den wirtschaftlichen Folgen des „allseitigen"[89] Vertrauens- und Reputationsverlustes in Folge des Insolvenzantrags.[90] Neben der Ersparnis dieser Kosten kann die außergerichtliche Sanierung innerhalb eines bekannten und gegenüber der InsO flexibleren Rechtsrahmens durchgeführt werden.[91] Zwar können außerhalb der InsO die sogenannten Akkordstörer schwerer in die Sanierung eingebunden werden.[92] Andererseits ist es möglich – im Zweifel auch entgegen der genannten par conditio creditorum[93] – mit den Parteien einvernehmlich flexible Sanierungsmaßnahmen zu beschließen, die „*per definitionem* (Pareto-)effizient" sind, da sich kein rational handelnder Gläubiger mit ihnen in Relation zur gerichtlichen Sanierung schlechter stellt bzw. stellen würde.[94] Zwar ist die Abwägung zwischen gerichtlicher und außergerichtlicher Sanierung am Ende stets einzelfallabhängig zu treffen.[95] Dennoch ist festzuhalten, dass eine außergerichtliche Sanierung tendenziell „schneller, geräuschloser und billiger"[96] ist. Die außergerichtliche Sanierung wirkt dabei nicht nur schneller respektive frühzeitiger, da sie vor der gerichtlichen Sanierung eingeleitet werden kann (bzw. typischerweise wird), sondern auch weil sich die bisherigen Versuche, die

---

[86] Vgl. EIDENMÜLLER, H., Unternehmenssanierung, S. 339; SEEFELDER, G., Unternehmenssanierung, S. 282; NEUHOF, R., Sanierungsrisiken, S. 3225.

[87] Vgl. zu den direkten Kosten SEEFELDER, G., Unternehmenssanierung, S. 333-336; EIDENMÜLLER, H., Unternehmenssanierung, S. 331-337; FRICK, R., Vertragstheoretische Analyse, S. 325 m. w. N. sowie in diesem Kontext auch KNABE, M., Insolvenzrisiken, S. 12-19.

[88] LIEBIG, M./WITT, P., Unternehmenssanierung, S. 1934, Erg. durch den Verf., so auch FRANKE, G./HAX, H., Finanzwirtschaft, S. 521; SEEFELDER, G., Unternehmenssanierung, S. 336.

[89] UNDRITZ, S.-H., Sanierung in der Insolvenz, Rn. 12.

[90] Als wirtschaftliche Folgen können bspw. die Abwanderung von Leistungsträgern oder die Verschärfung von Lieferbedingungen eintreten, vgl. zu den indirekten Insolvenzkosten LIEBIG, M./WITT, P., Unternehmenssanierung, S. 1934; EIDENMÜLLER, H., Unternehmenssanierung, S. 331-337; SEEFELDER, G., Unternehmenssanierung, S. 336 f.; UHLENBRUCK, W., Gerichtlich oder außergerichtlich?, S. 1641; UHLENBRUCK, W., Sanierung durch Insolvenz, S. 265 f.; KRYSTEK, U./MOLDENHAUER, R., Krisenbewältigung und Restrukturierung, S. 167-170.

[91] Vgl. DRUKARCZYK, J., Unternehmen und Insolvenz, S. 96 f.; MOXTER, A., Bilanzlehre II, S. 35; HATER, A., Fortbestehensprognose und Fortführungsprognose, S. 178; SERVATIUS, W., Covenants, S. 15 f.; BÖCKENFÖRDE, B., Unternehmenssanierung, S. 167; EIDENMÜLLER, H., Unternehmenssanierung, S. 338-340.

[92] Vgl. UHLENBRUCK, W., Sanierung durch Insolvenz, S. 267; EIDENMÜLLER, H., Unternehmenssanierung, S. 345-354; HÖLZLE, G., Unternehmenssanierung, S. 207; STREIT, G., Sanierung – am besten vor der Insolvenz, S. 32; HIRTE, H., Vorinsolvenzliches Sanierungsverfahren, S. 26; LIEBIG, M./WITT, P., Unternehmenssanierung, S. 1934 f.; PAULUS, C. G., Berufskläger, S. 1556-1558.

[93] So ist es außerhalb des Insolvenzverfahrens bspw. möglich und üblich Kleingläubiger weiter zu bedienen, vgl. EIDENMÜLLER, H., Unternehmenssanierung, S. 340; GROß, P. J., Sanierung durch Fortführungsgesellschaften, Kap. XIV, Rn. 3; WEIß, D. M., Schuldscheindarlehen, S. 66; MÜLLER, R., Krisenmanagement, S. 232.

[94] Vgl. EIDENMÜLLER, H., Unternehmenssanierung, S. 341 (auch Zitat).

[95] Vgl. KRYSTEK, U./MOLDENHAUER, R., Krisenbewältigung und Restrukturierung, S. 170; UHLENBRUCK, W., Sanierung durch Insolvenz, S. 263; UHLENBRUCK, W., Gerichtlich oder außergerichtlich?, S. 1643; EHLERS, H., Frühzeitige Insolvenzverfahren, S. 1539; EIDENMÜLLER, H., Unternehmenssanierung, S. 329; UNDRITZ, S.-H., Sanierung in der Insolvenz, Rn. 14.

[96] EHLERS, H., Frühzeitige Insolvenzverfahren, S. 1547, so auch COOGAN, P., Discussion, S. 171; UHLENBRUCK, W., Sanierung durch Insolvenz, S. 266 und SCHMIDT, K., Stärken, S. 28; GROß, P. J., Sanierung durch Fortführungsgesellschaften, Kap. XIV, Rn. 2; MÜLLER, R., Krisenmanagement, S. 231.

Insolvenzauslösung zeitlich vorzuziehen wohl als gescheitert[97] oder sogar bereits als im Ansatz unmöglich erwiesen haben.[98] Daneben ist die außergerichtliche Sanierung geräuschloser, da (zunächst) nur die wesentlichen Gläubiger in die Sanierung eingebunden werden müssen bzw. können und damit neben den direkten auch die indirekten Insolvenzkosten größtenteils vermieden werden können.

Letztlich ist daher festzuhalten, dass zunächst die Möglichkeiten der außergerichtlichen Sanierung als „unschlagbar[es]"[99] und „wünschenswerte[s] Szenario"[100] – auch mit Verweis auf die Drohkulisse der Insolvenz[101] – genutzt werden sollten, bevor „die Flucht in die Insolvenz zum Zwecke der Sanierung"[102] ergriffen wird.[103] Aus diesem Grund wird in der vorliegenden Arbeit die freie Sanierung und damit die Frage im Vordergrund stehen, wie die handelsrechtliche Rechnungslegung[104] zu gestalten ist, um die (Prinzipal-Agent-)Konflikte zwischen den beteiligten Parteien in der Erfolgs- und Liquiditätskrise zu entschärfen. Denn nur auf Basis einer zweckgerechten[105] Rechnungslegung bzw. speziell einer derartigen Abbildung finanzieller Sanierungsmaßnahmen können fundierte Entscheidungen mit Blick auf eine nachhaltige Sanierung getroffen werden. Konkret stellt insofern der bilanzanalytisch zu untersuchende Jahresabschluss (und Lagebericht) das wichtigste (und einzige) vorinsolvenzliche Instrument zur zusammenfassenden Beurteilung der wirtschaftlichen Lage und speziell der Finanz- und Liquiditätslage sowie zur Krisenfrüherkennung dar.[106] Abschließend sei noch darauf hingewiesen, dass die in dieser Arbeit vorgenommene Beschränkung auf die außergerichtliche Sanierung keinesfalls ausschließt, dass eine zweckgerechte handelsrechtliche Rech-

97 Vgl. bereits die Nachweise in Fn. 60 und Fn. 98. Abzuwarten bleibt, ob die Neuerungen des ESUG und hier v. a. das Schutzschirmverfahren diesbezüglich eine Veränderung bewirken können, vgl. hierzu die Nachweise in Fn. 74.

98 So ist m. E. FRANKE, G., Rechtzeitige Auslösung, S. 162 f. und VORMBAUM, H./BAUMANNS, J., Rechtzeitige Auslösung, S. 1971-1975 zuzustimmen, die herausstellen, dass eine optimal gläubigerschützende Insolvenzauslösung in der realen Welt nicht realisierbar ist (in der modelltheoretischen Welt vollkommener Informationen existiert das Insolvenzauslösungsproblem nicht, vgl. statt aller FRANKE, G., Rechtzeitige Auslösung, S. 160-162; EGGER, F., Insolvenzauslösung, S. 24-27; SCHMIDT, R., Ökonomische Analyse des Insolvenzrechts, S. 104-109). Der ideale Insolvenzauslöser müsste nämlich, im Gegensatz zur objektiven, aber zu spät greifenden Zahlungsunfähigkeit, stets auf prognostischen Elementen basieren, die jedoch ex definitionem mit Unsicherheit und einer geringen Justitiabilität behaftet sind und daher in der Praxis nicht zu einer frühen Insolvenzauslösung führen.

99 EHLERS, H., Frühzeitige Insolvenzverfahren, S. 1547.

100 FREIHERR VON PERFALL, E./UHLENDORF, J., Umsetzungsbarrieren, S. 1191.

101 Vgl. DRUKARCZYK, J., Unternehmen und Insolvenz, S. 59-64; EGGER, F., Insolvenzauslösung, S. 22; SEEFELDER, G., Unternehmenssanierung, S. 17; JACOBY, F., Vorinsolvenzliches Sanierungsverfahren, S. 29.

102 SEEFELDER, G., Unternehmenssanierung, S. 16, der vor dieser Flucht explizit auch unter Berücksichtigung der Änderungen durch das ESUG warnt.

103 Vgl. auch BUTH, A. K./HERMANNS, M., Sanierungskonzepte, S. 291; UHLENBRUCK, W., Gerichtlich oder außergerichtlich?, S. 1647; SEEFELDER, G., Unternehmenssanierung, S. 17.

104 Nicht thematisiert werden insofern erstens die Pläne zur Etablierung eines separaten Sanierungsrechts (vgl. hierzu v. a. SCHMIDT, K., Sanierungswelt, S. 2088; HÖLZLE, G., Unternehmenssanierung, S. 207-214; UHLENBRUCK, W., Eigenständiges Sanierungsgesetz, S. 201-206; VALLENDER, H., Insolvenzkultur, S. 843; BEISSENHIRTZ, V., Vorinsolvenzliche Sanierung, S. 57-71). Außerdem werden diejenigen Ansätze, welche die handelsrechtliche Rechnungslegung u. U. auch entgegen dem ihr zugrundeliegenden Zweck- und GoB-System erweitern (vgl. hierzu DRUKARCZYK, J., Unternehmen und Insolvenz, S. 95-97; MOXTER, A., Bilanzlehre, S. 375-397) nicht behandelt, sondern stattdessen basieren die hier diskutierten Lösungsansätze strikt auf eben diesen Systemen.

105 Vgl. hierzu die Ausführungen im folgenden Abschn. 251.

106 Vgl. BAETGE, J./SCHMIDT, M./HATER, A., Determinanten einer Unternehmenskrise, Rn. 155 m. w. N. und KRYSTEK, U./MOLDENHAUER, R., Krisenbewältigung und Restrukturierung, S. 129-132.

nungslegung u. U. Informationen über (Konsequenzen von) Sanierungsmaßnahmen im Risikoextremfall der Insolvenz[107] enthalten kann oder sollte.[108]

24 Maßnahmen der Sanierung in der Unternehmenskrise

Nach der zeitlichen Abgrenzung der in dieser Arbeit untersuchten **finanziellen Sanierungsmaßnahmen** sind diese nun **inhaltlich** zu definieren. Mit Bezug zum oben erläuterten Krisenbegriff umfasst die im Schrifttum nicht einheitlich definierte Sanierung[109] alle Maßnahmen, die geeignet sind, die Lebensfähigkeit des Unternehmens zu erhalten oder wiederherzustellen.[110] Ausgehend von dieser gemeinsamen Zielsetzung lassen sich die folgenden Arten von (in dieser Arbeit behandelten) Sanierungsmaßnahmen unterscheiden:

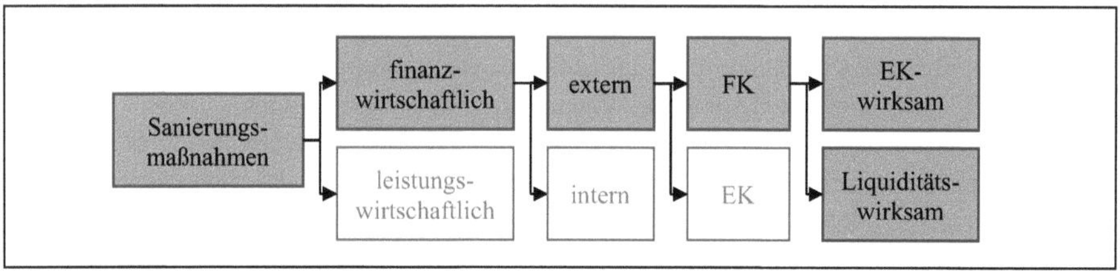

Abbildung 2-1: Abgrenzung der behandelten Sanierungsmaßnahmen

Zunächst ist zwischen finanziellen bzw. finanzwirtschaftlichen und leistungswirtschaftlichen Maßnahmen zu unterscheiden. Während leistungswirtschaftliche Sanierungsmaßnahmen an sämtliche Bestandteile des unternehmerischen Wertschöpfungsprozesses ansetzen können (bspw. Straffung der Einkaufs- und Verkaufsprozesse) und die Lage des Unternehmens somit u. U. nur mittelbar positiv beeinflussen,[111] zielen die hier relevanten finanziellen Maßnahmen in aller Regel auf die unmittelbare Verbesserung der Finanz- und Liquiditätslage des Unternehmens. Diese finanziellen Maßnahmen[112] sind wiederum nach dem Grad der erforderlichen Einbindung unternehmensexterner Interessengruppen in solche interner und solche externer Natur zu differenzieren.[113] Als interne Maßnahmen kommen so bspw. der (verstärkte) Einsatz von sale-and-lease-back- oder Factoring-Transaktionen in Betracht. Die externen Maßnahmen umfassen ihrerseits neben Eigenkapitalmaßnahmen (v. a. Kapitalerhöhungen) besonders auch die im Folgenden behandelten Fremdkapital-

107 Vgl. hierzu die Ausführungen in Abschn. 251.2.

108 Vgl. hierzu v. a. Abschn. 465.

109 Vgl. zu den diversen Sanierungsbegriffen nur HOMMEL, U./KNECHT, T. C./WOHLENBERG, H., Sanierung, S. 34; DAVID, S., Krisenmanagement, S. 31-33, jeweils m. w. N.

110 Vgl. HOMMEL, U./KNECHT, T. C./WOHLENBERG, H., Sanierung, S. 34; SEEFELDER, G., Unternehmenssanierung, S. 28; BFH (Hrsg.), 26.11.1980 - I R 52/77, S. 182.

111 Vgl. zu den verschiedenen leistungswirtschaftlichen Maßnahmen neben den Nachweisen in Fn. 47 bspw. BAUSCH, A./MATTHES, M., Unternehmenssanierung als Managementaufgabe, Rn. 7.

112 Manche Autoren definieren diese finanziellen Maßnahmen als Sanierung i. e. S., vgl. BAUSCH, A./MATTHES, M., Unternehmenssanierung als Managementaufgabe, Rn. 7; BÖCKENFÖRDE, B., Unternehmenssanierung, S. 7; ZIRENER, J., Sanierung in der Insolvenz, S. 31.

113 Vgl. WINNEFELD, R., Bilanz-Handbuch, 4. Aufl., Kap. N, Rn. 640-679; EIDENMÜLLER, H., Unternehmenssanierung, S. 300; BÖCKENFÖRDE, B., Unternehmenssanierung, S. 132 f. und S. 151 f., die die Maßnahmen indes divergierend bezeichnen.

maßnahmen,[114] „von denen bestenfalls liquiditäts- wie auch eigenkapitalerhöhende Effekte“[115] ausgehen.

Im Gegensatz zur dergestalt abgegrenzten Sanierung werden unter dem Begriff der Restrukturierung im Folgenden jene Maßnahmen subsumiert, welche die finanziellen Charakteristika einer Finanzierungsposition respektive eines bilanzierten Passivpostens zum Zwecke der Sanierung verändern.[116] Insofern umfasst die Sanierung neben dem Ziel der „Wiedergesundung“[117] des Unternehmens sämtliche Maßnahmen zur Erreichung dieses Ziels, während die Restrukturierung (der Kapitalpositionen) lediglich einen Teil dieser Maßnahmen darstellt.[118] Zusammenfassend wird in der vorliegenden Arbeit die handelsrechtliche Abbildung jener externen, finanzwirtschaftlichen bzw. finanziellen Maßnahmen thematisiert, welche die bestehenden Fremdkapitalpositionen[119] derart restrukturieren, dass eine Erhöhung bzw. vereitelte Verringerung des Eigenkapitals und/oder der Liquidität des Unternehmens erreicht wird,[120] um somit eine solide Basis für die leistungswirtschaftliche Sanierung zu schaffen.[121]. Wie später gezeigt wird, ermöglichen diese Maßnahmen zwar teils erhebliche Sanierungswirkungen,[122] jedoch werden sie tendenziell erst zum Einsatz gelangen, wenn interne, bilanzpolitische Maßnahmen und die Einbindung der Eigenkapitalgeber für eine erfolgreiche Sanierung nicht mehr hinreichend sind.

25 Grundlagen der Rechnungslegung nach HGB

251. Zwecke der Rechnungslegung nach HGB

251.1 Einleitung und Dokumentationszweck

Der Gesetzgeber verpflichtet in § 238 Abs. 1 HGB grundsätzlich jeden Kaufmann zur Buchführung. Dies betrifft folglich auch große, nicht kapitalmarktorientierte Kapitalgesellschaften, von denen im

---

114 Vgl. zu dieser Unterteilung KRUMBHOLZ, M., Restrukturierung, Rn. 1-83; WINNEFELD, R., Bilanz-Handbuch, 4. Aufl., Kap. N, Rn. 655-679; BRANDSTÄTTER, J., Prüfung der Sanierungsfähigkeit, S. 253; KALL, F., Turnaround-Controlling, S. 127.

115 KRUMBHOLZ, M., Restrukturierung, Rn. 1, im Orig. mit Hervorh.

116 Vgl. hierzu auch die Ausführungen in den Abschn. 32, 332., 333. und 41.

117 BÖCKENFÖRDE, B., Unternehmenssanierung, S. 7, so auch FÖRSCHLE, G./HEINZ, S., in: Budde/Förschle/Winkeljohann, Sonderbilanzen, 4. Aufl., Q. Sanierungsmaßnahmen, Rn. 1 und HÄUSER, F., § 85. Sanierungsdarlehen, Rn. 1 m. w. N.

118 Vgl. zu weiteren, z. T. abweichenden Abgrenzungen des Restrukturierungsbegriffs nur BÖCKENFÖRDE, B., Unternehmenssanierung, S. 9; DAVID, S., Krisenmanagement, S. 30 f. Auf den hier gewählten Restrukturierungsbegriff stellt bspw. HÄUSELMANN, H., Finanzverbindlichkeiten, S. 944 f. ab.

119 Vgl. ausführlich zur Sinnhaftigkeit der Restrukturierung der verschiedenen, bereits bestehenden Fremdkapitalpositionen in der Unternehmenskrise die Abschn. 32 und 33.

120 Und insofern die Insolvenztatbestände (§§ 17-19 InsO) bekämpft werden (vgl. Abschn. 22), vgl. BRANDSTÄTTER, J., Prüfung der Sanierungsfähigkeit, S. 253 und S. 282 f.; BÖCKENFÖRDE, B., Unternehmenssanierung, S. 132; LÜTHY, M., Unternehmenskrisen, S. 88-91.

121 Vgl. neben den Nachweisen in Fn. 47 BRANDSTÄTTER, J., Prüfung der Sanierungsfähigkeit, S. 253; BILSTEIN, J., Finanzielle Restrukturierung, S. 232 f.; ANDERSCH, T./PHILIPP, S., Sanierungskonzepte, S. 206; LESCHKE, T./ROST, J., Sanierungskonzepte, S. M1; KRYSTEK, U./MOLDENHAUER, R., Krisenbewältigung und Restrukturierung, S. 158 m. w. N. Obgleich insofern im Folgenden korrekterweise stets von Restrukturierungsmaßnahmen gesprochen werden müsste, werden die Begriffe Restrukturierungs- und Sanierungsmaßnahmen in der vorliegenden Arbeit synonym verwandt.

122 EIDENMÜLLER, H., Unternehmenssanierung, S. 299 weist den hier besprochenen Restrukturierungsmaßnahmen sogar die Rolle des „juristische[n] Rückgrat[s]“ der freien Sanierung zu.

Rahmen der nachfolgenden Untersuchung – sofern nicht anders vermerkt – grundsätzlich ausgegangen wird.[123] Die Rechnungslegung stellt indes „keinen Selbstzweck dar, sondern ist Mittel zur Zweckerreichung“[124]. Zwar werden die Zwecke der handelsrechtlichen Rechnungslegung im HGB nicht explizit genannt, jedoch lassen sich mit Hilfe der juridischen Methodenlehre[125] die Zwecke Dokumentation, Rechenschaft und Kapitalerhaltung aus der „Gesamtheit der Rechtsvorschriften“[126] ableiten.[127] Im folgenden Abschn. 251. sollen die Zwecke der Rechenschaft und der Kapitalerhaltung nun im Hinblick auf die Rechnungslegung während der Unternehmenskrise dezidiert erläutert werden. Als Voraussetzung für die Erfüllung dieser Zwecke und damit als (unkritischer) Basiszweck gilt dabei die Dokumentation.[128] Das betriebliche Geschehen und die Geschäftstransaktionen sollen mittels (handelsrechtlicher) Rechnungslegungsvorschriften in klarer, vollständiger und systematischer Weise festgehalten (bzw. dokumentiert) werden.[129]

251.2 Rechenschaftszweck

Historisch gesehen wird Rechenschaft als der erste Rechnungslegungszweck angesehen.[130] Er resultiert aus der Trennung von Eigentum und Geschäftsführung[131] und zielt nach LEFFSON auf die „Offenlegung der Verwendung [des] anvertrauten Kapitals in dem Sinne, daß dem **Informationsberechtigten** – das kann auch der Rechenschaftslegende selbst sein – ein so vollständiger, klarer und zutreffender **Einblick** in die Geschäftstätigkeit **gegeben** wird, daß dieser sich ein eigenes Urteil über das verwaltete Vermögen und die damit erzielten Erfolge bilden kann“[132]. Dies legt die zentralen Fragestellungen im Zusammenhang mit dem Rechenschaftszweck[133] offen: Da die Rechnungs-

123 Zur diesbezüglichen Befreiungsvorschrift aus § 241a HGB nur PWC, BilMoG-Kommentar, Kap. A, Rn. 1-17.

124 STREIM, H., Grundzüge der Bilanzierung, S. 8. So auch statt aller BAETGE, J./THIELE, S., Gesellschafterschutz versus Gläubigerschutz, S. 11 m. w. N.

125 Vgl. hierzu Abschn. 252.

126 MOXTER, A., Sinn und Zweck, S. 363.

127 Vgl. zur Herleitung dieses, auf den Intentionen des Gesetzgebers beruhenden Zwecksystems BAETGE, J./KIRSCH, H.-J./THIELE, S., in: Küting/Pfitzer/Weber, HdR-E, 5. Aufl., Kap. 4, Rn. 18-51; COENENBERG, A. G./HALLER, A./SCHULTZE, W., Jahresabschluß, S. 16 f. und S. 1247; BALLWIESER, W., in: Böcking et al., Beck HdR, B 105, Rn. 2; LEFFSON, U., GoB, S. 41; MOXTER, A., Sinn und Zweck, S. 364; BÖCKING, H.-J., Gewinnrealisierung, S. 494.

128 Vgl. BITZ, M./SCHNEELOCH, D./WITTSTOCK, W., Der Jahresabschluss, S. 41; BUSSE VON COLBE, W., Rechnungslegungsziele, S. 489; COENENBERG, A. G./HALLER, A./SCHULTZE, W., Jahresabschluß, S. 18.

129 Vgl. WAGENHOFER, A./EWERT, R., Unternehmensrechnung, S. 17 (Abbildung 1); COENENBERG, A. G./HALLER, A./SCHULTZE, W., Jahresabschluß, S. 20 und die Nachweise in Fn. 321.

130 Vgl. BUSSE VON COLBE, W., Jahresabschluss als Informationsinstrument, S. 18 und S. 22 f.; COENENBERG, A./STRAUB, B., Rechenschaft versus Entscheidungsunterstützung, S. 17. Zu einer Darstellung der historischen Entwicklung der Rechnungslegung(szwecke) COENENBERG, A. G./HALLER, A./SCHULTZE, W., Jahresabschluß, S. 9-16 sowie zur Terminologie der Rechenschaft LEFFSON, U., GoB, S. 63-66.

131 Vgl. BAETGE, J., FS Leffson, S. 15; BITZ, M./SCHNEELOCH, D./WITTSTOCK, W., Der Jahresabschluss, S. 42 f.; COENENBERG, A./STRAUB, B., Rechenschaft versus Entscheidungsunterstützung, S. 17; LEFFSON, U., GoB, S. 56 sowie grundlegend Abschn. 21.

132 LEFFSON, U., GoB, S. 64, Hervorh. durch den Verf. Vgl. zur Herleitung des Rechenschaftszwecks BAETGE, J./KIRSCH, H.-J./THIELE, S., Bilanzen, S. 95-97.

133 Neben dem Begriff Rechenschaft wird im Schrifttum teilweise auch der Begriff Information verwandt, vgl. BUSSE VON COLBE, W., Rechnungslegungsziele, S. 488-492; KÜTING, K./LAUER, P., Polarität oder Konvergenz, S. 1985; MOXTER, A., Bilanzlehre, S. 423-427. Auch der Gesetzgeber spricht in der Regierungsbegründung zum BilMoG von einer Stärkung der „Informationsfunktion“ (DEUTSCHER BUNDESTAG (Hrsg.), BT-Drucks. 16/12407, S. 1). Im Folgenden werden diese Begriffe gleichgesetzt (so auch HATER, A., Fortbestehensprognose und Fortführungsprognose, S. 37; PFITZER, N./OSER, P./LAUER, P., in: Küting/Pfitzer/Weber, HdR-E, 5. Aufl., Kap. 2, Rn. 7-9), vgl. zur Abgrenzung der Begriffe BAETGE, J., FS Leffson, S. 16; BAETGE, J./KIRSCH, H.-J./THIELE, S., Bilanzen, S. 98.

legung im Sinne der Prinzipal-Agent-Theorie Informationsbedürfnisse befriedigen soll,[134] ist zunächst zu klären, wer unter die Gruppe der „Informationsberechtigten“[135] zu subsumieren ist.[136] Außerdem stellt sich die Frage, welche Informationen diese Adressaten für ihren Einblick benötigen und inwiefern diese Informationen im handelsrechtlichen Jahresabschluss[137] oder Lagebericht gegeben werden können bzw. sollten.[138]

Als wesentliche (Informations-)Adressaten[139] werden im Schrifttum der Kaufmann selbst, (potenzielle) Anteilseigner, (potenzielle) Gläubiger, Arbeitnehmer und die allgemeine Öffentlichkeit genannt.[140] In Bezug auf die Abgrenzung des Adressatenkreises wird v. a. zwischen dem Shareholder-Ansatz, der die Anteilseigner als zentrale Adressatengruppe anführt,[141] und dem Stakeholder-Ansatz, der neben den Anteilseignern auch die eben genannten Gruppen als relevante Rechnungslegungsadressaten identifiziert,[142] sowie zwischen unternehmensinternen und unternehmensexternen Adressaten[143] differenziert. Mit Blick auf diese divergierenden Ansätze wird bereits deutlich, dass eine allgemeingültige Definition des Adressatenkreises kaum möglich ist.[144] Um eine adressatenorientierte Rechnungslegung[145] dennoch zu erreichen und vor dem Hintergrund, dass die hier behandelten Sanierungsmaßnahmen die Unternehmensfinanzierung betreffen, werden im Folgenden mit LEFFSON die unternehmensexternen Eigenkapital- und Fremdkapitalgeber als „Prototyp[en] de[r] Rechenschaftsberechtigten“[146] angesehen.[147] Dies bedeutet indes selbstverständlich nicht, dass die in dieser Arbeit entwickelten Vorschläge zur Bilanzierung von Sanierungsmaßnahmen nicht auch anderen Adressatengruppen zum Vorteil gereichen können. So können bspw. die Arbeitnehmer des sanierungsbedürftigen Unternehmens oder auch der Kaufmann bzw. die Geschäftsleitung selbst, die

---

134 Vgl. ausführlich hierzu Abschn. 21.

135 LEFFSON, U., GoB, S. 64.

136 Vgl. MOXTER, A., Bilanzlehre, S. 418; MOXTER, A., FS Leffson, S. 94 f.; BITZ, M./SCHNEELOCH, D./WITTSTOCK, W., Der Jahresabschluss, S. 39 f.; KÜTING, K./LAUER, P., Polarität oder Konvergenz, S. 1985.

137 Unter Jahresabschluss wird im Folgenden die Bilanz, die Gewinn- und Verlustrechnung (§ 242 Abs. 3 HGB) sowie der von Kapitalgesellschaften zu ergänzende Anhang (§ 264 Abs. 1 S. 1 HGB) subsumiert.

138 So formuliert auch BALLWIESER in diesem Kontext „wem warum welche Informationen wie zu geben sind“, BALLWIESER, W., Nutzen handelsrechtlicher Rechnungslegung, S. 1.

139 Vgl. zur Abgrenzung der hier relevanten Gruppe der Informationsadressaten von Informationsinteressenten und Informationsempfängern MOXTER, A., Bilanzlehre, S. 418 f.; MOXTER, A., FS Leffson, S. 95 f.; SPRENGER, R., Gewissenhafte und getreue Rechenschaft, S. 41 f.; BALLWIESER, W., Informations-GoB, S. 115.

140 Vgl. BAETGE, J./THIELE, S., Gesellschafterschutz versus Gläubigerschutz, S. 12-14; BUSSE VON COLBE, W., Jahresabschluss als Informationsinstrument, S. 17 f.; BITZ, M./SCHNEELOCH, D./ WITTSTOCK, W., Der Jahresabschluss, S. 42-45; GÖBEL, S./KORMAIER, B., Adressaten und deren Anforderungen, S. 519-528; MOXTER, A., Bilanzlehre, S. 419-422; PFITZER, N./OSER, P./ LAUER, P., in: Küting/Pfitzer/Weber, HdR-E, 5. Aufl., Kap. 2, Rn. 7 m. w. N. Als weitere Adressaten kommen z. B. Konkurrenten, Aufsichtsbehörden u. v. m. in Frage, vgl. WAGENHOFER, A./EWERT, R., Unternehmensrechnung, S. 5; BALLWIESER, W., Informations-GoB, S. 115 f.

141 Der Shareholder-Ansatz geht zurück auf RAPPAPORT, A., Shareholder value, S. 1-239.

142 Vgl. zum Stakeholder-Ansatz, der in der deutschen Literatur häufig auch „Koalitionsansatz“ genannt wird BAETGE, J., Gesellschafterorientierung, S. 106; VOLK, G., Informationsinteresse, S. 723-728; COENENBERG, A. G./ HALLER, A./SCHULTZE, W., Jahresabschluß, S. 1258-1261.

143 Vgl. ACHLEITNER, A.-K., Normierung der Rechnungslegung, S. 38-41; COENENBERG, A. G./HALLER, A./ SCHULTZE, W., Jahresabschluß, S. 3; EGGER, F., Insolvenzauslösung, S. 98-101.

144 So auch METH, D., IFRS für mittelständische Unternehmen, S. 13.

145 Siehe zur Notwendigkeit der Adressatenorientierung die Nachweise in Fn. 136.

146 LEFFSON, U., GoB, S. 57, Erg. durch den Verf.

147 Vgl. zu einer derartigen Konzentration neben den Ausführungen in Abschn. 21 z. B. auch WINKELJOHANN, N./ SCHELLHORN, M., in: Förschle et al., BeBiKo, 9. Aufl., § 264 HGB, Rn. 36; METH, D., IFRS für mittelständische Unternehmen, S. 13-16.

inzwischen aufgrund ihrer umfangreichen internen Informationsmöglichkeiten eines Schutzes durch die (handelsrechtliche) Rechnungslegung nicht (mehr) unmittelbar bedarf,[148] von einer verbesserten Bilanzierung der hier behandelten Sanierungsmaßnahmen profitieren.

Nach der Abgrenzung des Adressatenkreises sind nun die Informationsbedürfnisse der Kapitalgeber zu evaluieren. Allgemein sollen Informationen den Kapitalgebern als „Dispositionshilfe"[149] im Rahmen ihrer Entscheidungsfindung dienen.[150] Die Fremdkapitalgeber müssen in diesem Zusammenhang über die Fortsetzung oder Beendigung ihrer Kreditgewährung und über die, im Krisenfall regelmäßig durch verschiedene Sanierungsmaßnahmen angepassten oder anzupassenden, Bedingungen der Kreditgewährung entscheiden.[151] Das Entscheidungskalkül der Eigenkapitalgeber umfasst typischerweise die Bewertung der Geschäftsleitung sowie Entscheidungen über den Kauf, das Halten oder den Verkauf[152] von Unternehmensanteilen.[153]

Vor dem Hintergrund dieser Entscheidungserfordernisse benötigen die Gläubiger, denen regelmäßig unabhängig von der Unternehmenslage ein zeitlich und betraglich fixierter Anspruch zusteht,[154] einerseits Informationen über die Wahrscheinlichkeit der fristgerechten Bedienung ihrer Ansprüche und andererseits über die Auswirkungen des „Risikoextremfall[s]"[155] auf ihre Rechtsposition. Insofern interessieren den Gläubiger die **künftige** Zahlungsfähigkeit[156] sowie im Extremfall das damit zusammenhängende **künftige** „Schuldendeckungspotential"[157] des Unternehmens(-vermögens), zusammenfassend also „das Ausmaß der Fähigkeit zum künftigen Ausgleich der betrieblichen Ein- und Auszahlungen"[158] oder kurz gefasst die künftige („potentielle"[159]) Liquidität des Unterneh-

148 Vgl. hierzu VOLK, G., Informationsinteresse, S. 724; BAETGE, J./THIELE, S., Gesellschafterschutz versus Gläubigerschutz, S. 14; BALLWIESER, W., Informations-GoB, S. 115; BUSSE VON COLBE, W., Jahresabschluss als Informationsinstrument, S. 28, wohl noch a. A. BEISSE, H., FS Beusch, S. 87 und S. 89 f.

149 BITZ, M./SCHNEELOCH, D./WITTSTOCK, W., Der Jahresabschluss, S. 46. Vgl. hierzu auch FRANKE, G./HAX, H., Finanzwirtschaft, S. 50 und S. 53-55; LEFFSON, U., GoB, S. 426 f.; BAETGE, J./COMMANDEUR, D., Vergleichbar, S. 326-335.

150 Vgl. BUSSE VON COLBE, W., Jahresabschluss als Informationsinstrument, S. 18 f.; BITZ, M./SCHNEELOCH, D./ WITTSTOCK, W., Der Jahresabschluss, S. 46 f.; WAGENHOFER, A./EWERT, R., Unternehmensrechnung, S. 5.

151 Vgl. BAETGE, J./THIELE, S., Gesellschafterschutz versus Gläubigerschutz, S. 15; BUSSE VON COLBE, W., Jahresabschluss als Informationsinstrument, S. 13; COENENBERG, A. G./HALLER, A./SCHULTZE, W., Jahresabschluß, S. 1259; LEFFSON, U., GoB, S. 57; METH, D., IFRS für mittelständische Unternehmen, S. 15.

152 Neben diesen Kapitalvergabeentscheidungen eröffnen sich Eigenkapitalgebern mit einem hohen relativen Anteil am Unternehmen auch direkte(re) Einflussmöglichkeiten (z. B. die Bestellung der Aufsichtsratsmitglieder nach § 101 AktG), vgl. hierzu METH, D., IFRS für mittelständische Unternehmen, S. 14 f.; VOLK, G., Informationsinteresse, S. 724.

153 Vgl. BAETGE, J./THIELE, S., Gesellschafterschutz versus Gläubigerschutz, S. 15; BALLWIESER, W., Informations-GoB, S. 116; BUSSE VON COLBE, W., Rechnungslegungsziele, S. 489-491; BUSSE VON COLBE, W., Jahresabschluss als Informationsinstrument, S. 13 f. und S. 18; LEFFSON, U., GoB, S. 57; SCHRUFF, W., Cashflow-Prognose und Rechenschaft, S. 857.

154 Vgl. METH, D., IFRS für mittelständische Unternehmen, S. 15 und KOELEN, P., Bewertungskalküle, S. 8.

155 LEFFSON, U., GoB, S. 75, vgl. auch BIEG, H./KUßMAUL, H., Finanzierung, S. 125.

156 Vgl. BUSSE VON COLBE, W., Jahresabschluss als Informationsinstrument, S. 19 f.; BUSSE VON COLBE, W., Rechnungslegungsziele, S. 492; WAGENHOFER, A./EWERT, R., Unternehmensrechnung, S. 5; LEFFSON, U., GoB, S. 72-75; METH, D., IFRS für mittelständische Unternehmen, S. 15; wohl auch BUDDE, W. D./STEUBER, E., Rechnungslegung im Spannungsfeld, S. 544.

157 LEFFSON, U., GoB, S. 75. So auch MOXTER, A., Sinn und Zweck, S. 369, der den Begriff „Schuldendeckungsmöglichkeiten" verwendet.

158 RÜCKLE, D., Finanzlage, S. 174.

159 LEFFSON, U., GoB, S. 74; LEFFSON, U., Kapitaldispositionsnachweis, S. 2.

mens.[160] Auch wenn die Interessen der Eigenkapitalgeber und der Fremdkapitalgeber häufig divergieren,[161] ist doch festzuhalten, dass sie ähnliche Informationsbedürfnisse besitzen. Wie die Fremdkapitalgeber benötigen auch die Eigenkapitalgeber neben einer vergangenheitsorientierten Daten zur Kontrolle der Geschäftsleitung,[162] gleichermaßen zukunftsorientierte Informationen zur Schätzung des künftigen Ertragspotenzials[163] des Unternehmens.[164] Die gemeinsamen Informationsbedürfnisse werden in der Unternehmenskrise noch evidenter: So rücken diejenigen Gläubiger, die bereits Sanierungsbeiträge geleistet haben, von ihrem Festbetragsanspruch (teilweise) zu Gunsten eines Residualanspruches[165] ab und werden sozusagen zu Quasi-Eigenkapitalgebern.[166] Zusammenfassend benötigen sämtliche Kapitalgeber Informationen über die künftige wirtschaftliche Lage und als Teil davon über die künftige, in der Krise regelmäßig durch Sanierungsmaßnahmen beeinflusste, Finanzlage des Unternehmens. So betont auch BUSSE VON COLBE, dass die gemeinsame finale Grundlage aller Kapitalgeber Informationen über die wirtschaftliche Lage des Unternehmens sind.[167] Ähnlich argumentieren BUDDE/STEUBER, die den „Dualismus zwischen Gläubigerschutz und Aktionärsschutz [für] nicht recht nachvollziehbar" halten, da sowohl Gläubiger als auch Investoren Gläubiger der Unternehmung sind.[168] Für die Beurteilung der Finanzlage sind die Kapitalgeber in der Krise nach der hier vertretenen Auffassung v. a. an Informationen über die künftige Liquidität[169] des Unternehmens interessiert. In diesem Sinne fordern u. a. WINKELJOHANN/SCHELLHORN, dass die Darstellung der Finanzlage Auskunft darüber geben soll, wie liquide das jeweilige Unternehmen ist und ob bzw. in welchem Maße es seinen Verpflichtungen in der überschaubaren Zukunft nachkommen kann.[170] Im Rahmen dieser Beurteilung sind sämtliche „Aspekte, die sich auf die Finanzierung einer Gesellschaft beziehen, wie etwa Finanzstruktur, Deckungsverhältnisse, Fristigkeiten,

---

160 Vgl. zu dieser ganz überwiegenden Literaturmeinung neben den Nachweisen in den Fn. 156 und Fn. 157 BAETGE, J./COMMANDEUR, D./HIPPEL, B., in: Küting/Pfitzer/Weber, HdR-E, 5. Aufl., § 264 HGB, Rn. 36; BITZ, M./SCHNEELOCH, D./WITTSTOCK, W., Der Jahresabschluss, S. 47; COENENBERG, A. G./HALLER, A./SCHULTZE, W., Jahresabschluß, S. 1259; LEFFSON, U., GoB, S. 72-78; RÜCKLE, D., Gestaltung und Prüfung externer Prognosen, S. 438; STÜTZEL, W., Bilanztheorie, S. 27 und S. 32.

161 Vgl. BAETGE, J./KIRSCH, H.-J./THIELE, S., Bilanzen, S. 103; BAETGE, J., FS Leffson, S. 24.

162 Vgl. KÜTING, K./LAUER, P., Polarität oder Konvergenz, S. 1986; LEFFSON, U., GoB, S. 64.

163 Vgl. BAETGE, J./THIELE, S., Gesellschafterschutz versus Gläubigerschutz, S. 15; BITZ, M./SCHNEELOCH, D./WITTSTOCK, W., Der Jahresabschluss, S. 47; BUSSE VON COLBE, W., Jahresabschluss als Informationsinstrument, S. 19 f.; BUSSE VON COLBE, W., Rechnungslegungsziele, S. 492; BUDDE, W. D./STEUBER, E., Rechnungslegung im Spannungsfeld, S. 543.

164 Vgl. zusätzlich zu den Nachweisen in Fn. 163 WAGENHOFER, A./EWERT, R., Unternehmensrechnung, S. 5; STÜTZEL, W., Bilanztheorie, S. 29 und S. 32; METH, D., IFRS für mittelständische Unternehmen, S. 14; VOLK, G., Informationsinteresse, S. 727.

165 Vgl. zum Residualanspruch der klassischen Eigenkapitalgeber FRANKE, G./HAX, H., Finanzwirtschaft, S. 4 f.; HARTUNG, S., Anhang und Lagebericht, S. 17 f.

166 Zur Stellung und Interessenlage dieser mit Mezzanine-Kapitalgebern vergleichbaren Quasi-Eigenkapitalgeber VOLK, G., Informationsinteresse, S. 727; BAETGE, J./THIELE, S., Gesellschafterschutz versus Gläubigerschutz, S. 19. Ähnliche Informationsbedürfnisse sollten im Übrigen diejenigen Gläubiger haben, die etwaige Sanierungsbeiträge in nächster Zukunft in Erwägung ziehen.

167 Vgl. BUSSE VON COLBE, W., Jahresabschluss als Informationsinstrument, S. 14.

168 Vgl. BUDDE, W. D./STEUBER, E., Rechnungslegung im Spannungsfeld, S. 545 (auch Zitat, Erg. durch den Verf.) sowie zur gemeinsamen Interessenlage auch COENENBERG, A. G./HALLER, A./SCHULTZE, W., Jahresabschluß, S. 18; VOLK, G., Informationsinteresse, S. 727; HARTUNG, S., Anhang und Lagebericht, S. 20 f.

169 Vgl. weiterführend zum Liquiditätsbegriff die Ausführungen am Ende des Abschn. 31.

170 Vgl. WINKELJOHANN, N./SCHELLHORN, M., in: Förschle et al., BeBiKo, 9. Aufl., § 264 HGB, Rn. 37. Diese Zukunftsorientierung bestätigen bspw. auch WITTE, E., Liquiditätspolitik, S. 15; SCHÄFER, H., Unternehmensfinanzen, S. 32 und S. 35-40; STÜTZEL, W., Liquidität, Sp. 2520.

Finanzierungsspielräume“[171] zu berücksichtigen. Im Schrifttum wird die Finanzlage in die Aspekte Finanzierung und Liquidität unterteilt.[172] Zwar wird dieser Einteilung hier gefolgt, es ist jedoch zu konstatieren, dass die unter dem Begriff Finanzierung subsumierten, eben genannten Aspekte (Finanzstruktur, Fristigkeiten etc.) letztlich der Einschätzung der Fähigkeit des Unternehmens zum künftigen Ausgleich von Ein- und Auszahlungen dienen.[173] Insofern ist für die Beurteilung der Finanzlage primär auf die künftige Liquiditätssituation des Unternehmens und damit auf „*liquiditätsorientierte* Informationen“[174] abzustellen. Im Folgenden Abschnitt ist nun (zunächst allgemein) zu klären, inwiefern die handelsrechtliche Rechnungslegung diese Informationsbedürfnisse erfüllen kann.

Der handelsrechtliche Jahresabschluss bildet als grundsätzlich retrospektives Berichtsinstrument die Vermögens-, Finanz- und Ertragslage des Unternehmens zum Abschlussstichtag ab.[175] Neben prospektiven Elementen z. B. in Form von Forderungsausfallerwartungen, die jeder periodischen Rechnungslegung innewohnen,[176] wurden in der Vergangenheit insbesondere durch MOXTER[177] und BUSSE VON COLBE[178] Konzepte für eine stärkere Zukunfts- und Zahlungsorientierung der handelsrechtlichen Rechnungslegung forciert.[179] Am weitreichendsten ist hierbei wohl der Vorschlag von MOXTER anzusehen, der die Bilanz und die GuV durch ein „finanzplanorientiertes Tableau“[180] ersetzen möchte. Mit Hilfe dieses Instruments, welches konsequent auf (geplanten) Zahlungsströmen basiert und sich somit von der „zwar verlässlich[en] aber nutzlos[en]“[181] vergangenheitsorien-

---

171 SABI, Stellungnahme 3/1986, S. 670; vgl. auch BAETGE, J./FEIDICKER, M., Vermögens- und Finanzlage, Sp. 2093.

172 So z. B. BAETGE, J./COMMANDEUR, D./HIPPEL, B., in: Küting/Pfitzer/Weber, HdR-E, 5. Aufl., § 264 HGB, Rn. 34-36; BAETGE, J./FEIDICKER, M., Vermögens- und Finanzlage, Sp. 2093 f.; HINZ, M., in: Böcking et al., Beck HdR, B 106, Rn. 20; NIEHAUS, H.-J., Früherkennung, S. 30-34.

173 Vgl. bereits Fn. 158.

174 OSSADNIK, W., Finanzlage, S. 813, ähnlich auch PERRIDON, L./STEINER, M./RATHGEBER, A. W., Finanzwirtschaft, S. 12 f.

175 Vgl. zum grundsätzlich retrospektiven bzw. vergangenheitsorientierten Charakter der handelsrechtlichen Rechnungslegung statt aller KÜTING, K./PFITZER, N./WEBER, C.-P., IFRS oder HGB?, S. 207-215 und S. 223 f.; BUSSE VON COLBE, W., Jahresabschluss als Informationsinstrument, S. 18; LEFFSON, U., GoB, S. 63 f. und S. 80 f.; MAYER, S., Fortentwicklung des Jahresabschlusses, S. 132; SCHRUFF, W., Cashflow-Prognose und Rechenschaft, S. 857.

176 Vgl. hierzu BAETGE, J., Objektivierung, S. 21 f. und S. 167-173; KÜTING, K./PFITZER, N./WEBER, C.-P., IFRS oder HGB?, S. 223; SCHRUFF, W., Cashflow-Prognose und Rechenschaft, S. 857; WAGENHOFER, A./EWERT, R., Unternehmensrechnung, S. 8 f.

177 Vgl. MOXTER, A., Stand der Bilanztheorie, S. 51 f.; MOXTER, A., GoB, S. 251-265.

178 BUSSE VON COLBE stellt ebenso wie MOXTER auf Zahlungsströme ab und regt sowohl retro- als auch prospektive Kapitalflussrechnungen als Ergänzung zur Bilanz und GuV an, vgl. BUSSE VON COLBE, W., Kapitalflußrechnungen, S. 96-114; BUSSE VON COLBE, W., Unternehmenskontrolle, S. 53 f. sowie in diesem Kontext auch STÜTZEL, W., Bilanztheorie, S. 28 f.

179 Ähnliche, hier nicht thematisierte, Ansätze zur stärkeren Zukunfts- bzw. die Zahlungsorientierung finden sich bei KÜTING, K., Zukunftsbilanzen, S. 268-274; BITZ, M./HEMMERDE, W./RAUSCH, W., Reformvorschläge zum Gläubigerschutz, S. 60-70 und bei LEFFSON, U., Kapitaldispositionsnachweis, S. 1-16, der die retrospektiven Berichtsinstrumente gar um eine prospektive Bilanz und eine prospektive Kapitalflussrechnung ergänzen möchte.

180 MOXTER, A., Stand der Bilanztheorie, S. 51; MOXTER, A., Bilanzlehre I, S. 151-155, vgl. zu diesem Ansatz neben den Nachweisen in Fn. 177 BITZ, M./SCHNEELOCH, D./WITTSTOCK, W., Der Jahresabschluss, S. 92-95; ENGELS, W., Bilanztheorien, S. 39-48.

181 RÜCKLE, D., Gestaltung und Prüfung externer Prognosen, S. 439 (Erg. durch den Verf.), der diese Position als extremste Gegenposition zur streng vergangenheitsorientierten (und damit ex definitione verlässlichen) Rechnungslegung anführt. Neben dem einleitenden Zitat betonte so bereits SCHMALENBACH ähnlich pointiert, dass der Kaufmann für das Gewesene nichts gibt, vgl. SCHMALENBACH, E., Werte von Anlagen, S. 11 i. V. m. MÜNSTERMANN, H., Wert und Bewertung, S. 21.

tierten Rechnungslegung entfernt, wäre theoretisch auch eine umfassendere Befriedigung der oben herausgearbeiteten Informationsbedürfnisse möglich.[182] Da die stärkere Zukunftsorientierung indes stets mit einer verringerten Verlässlichkeit der bereitgestellten Informationen einhergeht,[183] gebietet der handelsrechtliche Kapitalerhaltungszweck[184] eine Beschränkung der Zukunftsorientierung[185] im Sinne einer Interessenregelung.[186] Während dies vorrangig für die Bilanz und die GuV gilt,[187] ermöglichen v. a. der Anhang und der Lagebericht[188] eine weiterführende, stärker rechenschaftsorientierte Berichterstattung.[189] Von zentraler Bedeutung ist in diesem Zusammenhang die Generalnorm des § 264 Abs. 2 S. 1 HGB, die fordert, dass der Jahresabschluss ein den tatsächlichen Verhältnissen entsprechendes Bild der Vermögens-, Finanz- und Ertragslage zu vermitteln hat. Auch wenn die Bedeutung der Generalnorm umstritten ist,[190] bleibt festzuhalten, dass der Anhang mit seiner Erläuterungs-, Ergänzungs-, Entlastungs- und Korrektur- bzw. Relativierungsfunktion[191] und insbesondere der Lagebericht mit seiner Verdichtungs- und Ergänzungsfunktion[192] stärker als die quantitativ geprägte Bilanz und GuV qualitative, zukunfts- und rechenschaftsorientierte Informationen bereitzustellen vermögen.[193] Den Schwerpunkt der vorliegenden Arbeit bildet neben der Verortung der Informationsbereitstellung v. a. die Erarbeitung und Würdigung möglichst zweckmäßiger „Anhaltspunkte“[194] für die Beurteilung der künftigen und durch Sanierungsmaßnahmen geprägten Finanzla-

182 Vgl. neben den Nachweisen in Fn. 177 und Fn. 180 auch BALLWIESER, W., Nutzen handelsrechtlicher Rechnungslegung, S. 16 f.

183 Vgl. grundlegend zum diesbezüglichen Zielkonflikt zwischen ökonomischer Brauchbarkeit und Verlässlichkeit bei der Informationsbereitstellung v. a. BAETGE, J., Objektivierung, S. 167-173; LEFFSON, U., GoB, S. 81; SCHRUFF, W., Cashflow-Prognose und Rechenschaft, S. 857.

184 Vgl. ausführlich hierzu die Abschn. 251.3 und 253.6.

185 Vgl. BITZ, M./SCHNEELOCH, D./WITTSTOCK, W., Der Jahresabschluss, S. 93 f. Daneben findet selbstverständlich jede zukunftsorientierte Berichterstattung ihre Grenzen, wenn ein „Mindestgrad an Zuverlässigkeit“ (WAGENHOFER, A./EWERT, R., Unternehmensrechnung, S. 6) nicht erreicht wird und die beschriebene Entscheidungsfindung der Adressaten nicht unterstützen kann, so auch LEFFSON, U., GoB, S. 89 f.

186 Diese wird als Folge der divergierenden Interessen v. a. der Anteilseigner und der Gläubiger erforderlich, vgl. BAETGE, J./KIRSCH, H.-J./THIELE, S., Bilanzen, S. 103 f. und Abschn. 251.3.

187 Dies basiert auf der Anspruchs- und Vertragsgestaltungsfunktion der Bilanz und der GuV, vgl. BALLWIESER, W., in: Böcking et al., Beck HdR, B 105, Rn. 52 f.; BUSSE VON COLBE, W., Rechnungslegungsziele, S. 492; HINZ, M., in: Böcking et al., Beck HdR, B 100, Rn. 35-52.

188 Vgl. auch SCHRUFF, W., Cashflow-Prognose und Rechenschaft, S. 857, der für eine weitergehende Rechenschaft den Lagebericht, die Kapitalflussrechnung und die Segmentberichterstattung, indes weniger den Anhang, heranziehen will.

189 Vgl. BAETGE, J./KIRSCH, H.-J./THIELE, S., Bilanzen, S. 715 f.; LEFFSON, U., GoB, S. 65 und S. 78-80; STÜTZEL, W., Bilanztheorie, S. 30; BUSSE VON COLBE, W., Jahresabschluss als Informationsinstrument, S. 19.

190 Vgl. hierzu v. a. BAETGE, J./COMMANDEUR, D./HIPPEL, B., in: Küting/Pfitzer/Weber, HdR-E, 5. Aufl., § 264 HGB, Rn. 39-49; MOXTER, A., Bilanzlehre II, S. 67; BALLWIESER, W., in: Böcking et al., Beck HdR, B 105, Rn. 53 f.; SCHELLHORN, M., Rückstellungen für ungewisse Verbindlichkeiten, S. 316-320.

191 Vgl. zu diesen Funktionen RUSS, W., Anhang, S. 19-23; ARMELOH, K.-H., Anhang, S. 25-28; FISCHER, T. R./PASKERT, D., Inhalt und Struktur, S. 293.

192 Vgl. zu diesen Funktionen BAETGE, J./FISCHER, T. R./PASKERT, D., Der Lagebericht, S. 8-10; BAETGE, J./KIRSCH, H.-J./THIELE, S., Bilanzen, S. 754-760 m. w. N. sowie zur Abgrenzung der Funktionen des Anhangs von denen des Lageberichts LANGE, K. W., in: Schmidt/Ebke, MüKo HGB, 3. Aufl., § 289 HGB, Rn. 15-21.

193 Vgl. HARTUNG, S., Anhang und Lagebericht, S. 47-49; BEISSE, H., FS Beusch, S. 90; COENENBERG, A. G./HALLER, A./SCHULTZE, W., Jahresabschluß, S. 853 f. und S. 925 f.; MOXTER, A., GoB, S. 295-298; BAETGE, J./KIRSCH, H.-J./THIELE, S., Bilanzen, S. 755 f.; BUCHHEIM, R./KNORR, L., Lagebericht nach DRS 15, S. 421 f.; HALLER, A./DIETRICH, R., Intellectual Capital, S. 1047; KÜTING, K./KAISER, T., Liquiditätsanalyse (Teil II), S. 1183 f.; KIRSCH, H.-J./SCHEELE, A., Prognose- und Risikoberichterstattung, S. 1149.

194 MOXTER, A., Sinn und Zweck, S. 370.

ge[195] des Unternehmens. Dies resultiert daraus, dass die Bilanz und die GuV weder das „Effektivvermögen“ noch die „(wirklich interessierende) Zahlungsfähigkeit“ abbilden.[196] Stattdessen kann (und sollte) die handelsrechtliche Rechnungslegung auch nach der hier vertretenen Auffassung lediglich Anhaltspunkte für „eigene Berechnungen des Zielerreichungsgrades“[197] bzw. für die hier relevante künftige Liquidität bereitstellen. Stehen dabei verschiedene Rechnungslegungsalternativen zur Verfügung, ist diejenige zu präferieren, die, ggf. begrenzt durch den Kapitalerhaltungszweck, die „reale wirtschaftliche [und als Teil davon die finanzielle] Lage des Unternehmens am besten zum Ausdruck“[198] bringt.

251.3 Kapitalerhaltungszweck und Beziehungen innerhalb des Zwecksystems

Die Kapitalerhaltung[199] soll bewirken, dass jener Periodenerfolg ermittelt wird, der – auch bei vollständiger Ausschüttung – nicht zu einer Verringerung des nominellen Eigenkapitals[200] und damit nicht zu einer reduzierten „Sicherung des Unternehmensbestandes“[201] führen würde.[202] Die rechtsformunabhängige Kapitalerhaltung aufgrund von Informationen[203] über diesen „entziehbaren“[204] Gewinn zeigt sich insbesondere im Imparitäts-, Vorsichts- und Realisationsprinzip.[205] Daneben wird die Kapitalerhaltung bei Kapitalgesellschaften durch Ausschüttungsregelungen,[206] wie z. B. die Ausschüttungsbeschränkungen in §§ 30 Abs. 1 S. 1 GmbHG, 57 Abs. 1 S. 1 AktG oder die, in Abschn. 453.233. noch ausführlicher behandelte, Ausschüttungssperre für aktive latente

195 Auch wenn im Folgenden auf die Finanzlage fokussiert wird, soll nicht unerwähnt bleiben, dass zwischen der Vermögens-, Finanz- und Ertragslage viele „Überschneidungen und Wechselwirkungen“ (ADS, § 264, Rn. 61, so auch BAETGE, J./FEIDICKER, M., Vermögens- und Finanzlage, Sp. 2089; KÜTING, K./KAISER, T., Liquiditätsanalyse (Teil I), S. 1145) existieren, von denen im Folgenden jedoch nach Möglichkeit abstrahiert wird.

196 Vgl. MOXTER, A., Sinn und Zweck, S. 370 (auch Zitate); KRUMBHOLZ, M., Qualität publizierter Lageberichte, S. 86.

197 COENENBERG, A. G./HALLER, A./SCHULTZE, W., Jahresabschluß, S. 20. So auch SCHILDBACH, T., Handelsrechtlicher Jahresabschluss, S. 5-7 und HEINEN, E./KUPSCH, P. U., Rechnungslegung, S. 1331. KÜTING, K./KAISER, T., Liquiditätsanalyse (Teil I), S. 1144 sprechen in diesem Zusammenhang von der ermöglichten Erstellung eines „Grobfinanzplan[s]“ (Erg. durch den Verf.).

198 FEY, G., GoB für Haftungsverhältnisse, S. 50. FEY entwickelt diese Forderung im Rahmen der Entwicklung von Grundsätzen ordnungsmäßiger Bilanzierung von Haftungsverhältnissen.

199 Der Kapitalerhaltungszweck wird teilweise auch als Gläubigerschutz bezeichnet, vgl. hierzu statt aller BAETGE, J./ZÜLCH, H., in: von Wysocki et al., HdJ, Abt. I/2, Rn. 30 und Rn. 36; KRUSE, H. W., GoB, S. 201-204.

200 Vgl. zur realen Kapitalerhaltung COENENBERG, A. G./HALLER, A./SCHULTZE, W., Jahresabschluß, S. 1263 f. und S. 1273-1276; LEFFSON, U., GoB, S. 93 f.

201 BAETGE, J./KIRSCH, H.-J./THIELE, S., Bilanzen, S. 99. Anzumerken ist, dass nicht das Unternehmen selbst, sondern die Interessen der hinter dem Unternehmen stehenden Gruppen schützenswert sind, vgl. BAETGE, J./THIELE, S., Gesellschafterschutz versus Gläubigerschutz, S. 17.

202 Vgl. LEFFSON, U., GoB, S. 92 f.; BAETGE, J./KIRSCH, H.-J./THIELE, S., Bilanzen, S. 99; BAETGE, J./KIRSCH, H.-J./THIELE, S., in: Küting/Pfitzer/Weber, HdR-E, 5. Aufl., Kap. 4, Rn. 42; KRAUS, S., Rückstellungsbegriff, S. 142.

203 Diese Kapitalerhaltung wird auch als Kapitalverminderungskontrolle bezeichnet (vgl. LEFFSON, U., GoB, S. 98-107) und wird für Kapitalgesellschaften zusätzlich durch die Generalnorm aus § 264 Abs. 2 S. 1 HGB verdeutlicht (vgl. BAETGE, J./KIRSCH, H.-J./THIELE, S., Bilanzen, S. 100).

204 MOXTER, A., Sinn und Zweck, S. 368. Vgl. hierzu auch LEFFSON, U., GoB, S. 71; BAETGE, J., FS Leffson, S. 25; SCHNEIDER, D., Gewinn und ausschüttungsfähiger Betrag, S. 607-617; EGNER, H., Bilanzen, S. 136-162.

205 Vgl. BALLWIESER, W., Nutzen handelsrechtlicher Rechnungslegung, S. 8; HINZ, M., in: Böcking et al., Beck HdR, B 100, Rn. 44. Vgl. ausführlich zu diesen Prinzipien die Abschn. 253.6 und 253.51.

206 Neben dieser Kapitalerhaltung aufgrund von Ausschüttungssperren nennt MOXTER als Teil der Ausschüttungsregelungen die Mindestausschüttung, welche Minderheitsaktionäre vor „Aushungerung“ (MOXTER, A., Bilanzlehre I, S. 98) schützen soll, vgl. hierzu auch BAETGE, J./ZÜLCH, H., in: von Wysocki et al., HdJ, Abt. I/2, Rn. 30 und Rn. 36.

Steuern (§ 268 Abs. 8 S. 2 HGB), konkretisiert.[207] Obgleich der Kapitalerhaltungszweck des handelsrechtlichen Jahresabschlusses allgemein anerkannt ist, ist seine Stellung im Verhältnis zum Rechenschaftszweck umstritten.[208] Auch wenn einzelne Vorschriften häufig einen bestimmten Zweck hervorheben,[209] existiert nach hier vertretener Auffassung kein dominanter Jahresabschlusszweck.[210] Vielmehr soll mit dem Jahresabschluss ein „relativierter Schutz aller Adressaten“[211] erreicht werden[212] – zumal nicht nur die Informationsbedürfnisse, sondern auch die Jahresabschlusszwecke durchaus kompatibel sind bzw. sein können.[213] Anzumerken ist jedoch, dass der Gesetzgeber durch die vielfältigen Gesetzesänderungen im Zuge des BilMoG,[214] unter Beibehaltung der Eckpunkte des HGB, eine Stärkung des Informationsniveaus angestrebt und auch erreicht hat.[215] Ob dieser „Spagat“[216] zwischen dem „insgesamt deutlich gestärkt[en]“[217] Rechenschaftszweck und dem „nach wie vor – wenn auch weniger konsequent – verfolgt[en]“[218] Kapitalerhaltungszweck auch in Bezug auf die Bilanzierung von Sanierungsmaßnahmen erreicht wurde, wird in Kapitel 4 untersucht.

252. Auslegung von Rechtsvorschriften

Im Zuge der Gewinnung handelsrechtlicher Rechnungslegungszwecke, der Gewinnung und Auslegung der Grundsätze ordnungsmäßiger Buchführung (GoB) sowie der Interpretation handelsrechtlicher Vorschriften sind letztere auszulegen.[219] Die Auslegung soll dabei nicht nur den „Sinn [der

---

207 Zu weiteren Vorschriften, die auf dem Gedanken der Ausschüttungsbeschränkung im Interesse der Kapitalerhaltung beruhen HINZ, M., in: Böcking et al., Beck HdR, B 100, Rn. 36-43; COENENBERG, A. G./HALLER, A./ SCHULTZE, W., Jahresabschluß, S. 19; STREIM, H., Grundzüge der Bilanzierung, S. 20 f.

208 Vgl. zur Diskussion um das Verhältnis der Jahresabschlusszwecke v. a. BAETGE, J., FS Leffson, S. 11-30; MOXTER, A., Bilanzlehre I, S. 156-159; LEFFSON, U., GoB, S. 91-107; BEISSE, H., FS Beusch, S. 79-85; SCHILDBACH, T., Handelsrechtlicher Jahresabschluss, S. 43 f.; BUSSE VON COLBE, W., Rechnungslegungsziele, S. 488-494; COENENBERG, A. G./HALLER, A./SCHULTZE, W., Jahresabschluß, S. 16-20.

209 Vgl. BAETGE, J./KIRSCH, H.-J./THIELE, S., in: Küting/Pfitzer/Weber, HdR-E, 5. Aufl., Kap. 4, Rn. 44; BAETGE, J./ KIRSCH, H.-J./THIELE, S., Bilanzen, S. 103.

210 Vgl. v. a. BAETGE, J., FS Leffson, S. 11-30; BAETGE, J./KIRSCH, H.-J./THIELE, S., Bilanzen, S. 102-104. Auch der Gesetzgeber betont im Regierungsentwurf des BilMoG die Gleichwertigkeit der Jahresabschlusszwecke, vgl. DEUTSCHER BUNDESTAG (Hrsg.), BT-Drucks. 16/10067, S. 59. Für eine stärkere Gewichtung des Rechenschaftszwecks plädieren hingegen BUSSE VON COLBE, W., Jahresabschluss als Informationsinstrument, S. 19; BUDDE, W. D./STEUBER, E., Rechnungslegung im Spannungsfeld, S. 549; MOXTER, A., Sinn und Zweck, S. 368; COENENBERG, A. G./HALLER, A./SCHULTZE, W., Jahresabschluß, S. 22.

211 BAETGE, J./KIRSCH, H.-J./THIELE, S., Bilanzen, S. 104.

212 Vgl. zu dieser Interessenregelung BAETGE, J., FS Leffson, S. 21-30; BAETGE, J./KIRSCH, H.-J./THIELE, S., in: Küting/Pfitzer/Weber, HdR-E, 5. Aufl., Kap. 4, Rn. 48 (auch Zitat) sowie ausführlich zum GoB-System Abschn. 253.

213 Vgl. hierzu neben den obigen Ausführungen zu den Informationsinteressen der Fremd- und Eigenkapitalgeber BAETGE, J./KIRSCH, H.-J./THIELE, S., Bilanzen, S. 104; HENNRICHS, J., Wahlrechte im Bilanzrecht, S. 138 f.

214 Vgl. für einen Überblick bspw. OSER, P., ET AL., BilMoG, S. 573-583; BAETGE, J./KIRSCH, H.-J./SOLMECKE, H., Auswirkungen des BilMoG, S. 1215-1221 sowie sehr ausführlich SOLMECKE, H., BilMoG und GoB, S. 43-111.

215 So statt aller SOLMECKE, H., BilMoG und GoB, S. 113-258; BAETGE, J./KIRSCH, H.-J./SOLMECKE, H., Auswirkungen des BilMoG, S. 1221 f.; LORSON, P., Bedeutungsverschiebung, S. 31-34, MAYER, S., Fortentwicklung des Jahresabschlusses, S. 129-134.

216 OSER, P., Maßvolle Reform, S. M1.

217 BAETGE, J./KIRSCH, H.-J./SOLMECKE, H., Auswirkungen des BilMoG, S. 1221.

218 BAETGE, J./KIRSCH, H.-J./SOLMECKE, H., Auswirkungen des BilMoG, S. 1221.

219 Vgl. statt aller BAETGE, J./KIRSCH, H.-J./THIELE, S., in: Küting/Pfitzer/Weber, HdR-E, 5. Aufl., Kap. 4, Rn. 24; THIELE, S./BRÖTZMANN, I., in: Baetge/Kirsch/Thiele, Bilanzrecht, § 243 HGB, Rn. 32 und speziell zur Herleitung dieser Zwecke die Nachweise in Fn. 127.

Vorschrift] erforschen"[220], sondern auch Widersprüche in der Rechtsordnung vermeiden bzw. auflösen. Bei diesen Widersprüchen kann es sich einerseits um Normwidersprüche handeln, im Rahmen derer verschiedene Normen für denselben Sachverhalt miteinander unvereinbare Rechtsfolgen vorschreiben.[221] Andererseits können Wertungswidersprüche auftreten, bei denen verschiedene Vorschriften für vergleichbare Sachverhalte divergierende Rechtsfolgen anordnen.[222]

Als Methode diente[223] bzw. dient hier die Hermeneutik,[224] anhand derer die relevanten handelsrechtlichen Vorschriften auszulegen sind. Ausgehend von einem „Vorverständnis"[225] nähert sich der Auslegende dabei der zur Rede stehenden Vorschrift mit einer „Sinnerwartung"[226] bzw. „Hypothese"[227] und revidiert diese im Rahmen der „hermeneutischen Spirale"[228] so lange bis er zu einer Auslegung gelangt, welche die folgenden „hermeneutisch bedeutsame[n]"[229] Kriterien ganzheitlich und hinreichend konsistent widerspiegelt.[230] Die im Folgenden verwendeten hermeneutischen Kriterien[231] für die Auslegung der handelsrechtlichen Vorschriften zur Abbildung von Sanierungsmaßnahmen umfassen:[232]

- Wortlaut und Wortsinn der auszulegenden Vorschrift,
- Bedeutungszusammenhang der auszulegenden Vorschrift zu den übrigen Vorschriften sowie zum Zweck- und GoB-System des HGB,
- Entstehungsgeschichte der auszulegenden Vorschrift,

---

220 SPRAU, H., in: Palandt et al., BGB, 73. Aufl., Einleitung, Rn. 40, Erg. durch den Verf. Zu ähnlichen Abgrenzungen der Auslegungsaufgaben z. B. SCHWACKE, P., Methodik, S. 80; LARENZ, K./CANARIS, C.-W., Methodenlehre, S. 25 f.; KOLLER, P., Theorie des Rechts, S. 200 f.

221 Vgl. BYDLINSKI, F., Juristische Methodenlehre, S. 463.

222 Vgl. hierzu LARENZ, K./CANARIS, C.-W., Methodenlehre, S. 134 und S. 155 f.

223 Während die Gewinnung der Zwecke und der (oberen) GoB als weitgehend abgeschlossen gilt (vgl. BAETGE, J./ZÜLCH, H., in: von Wysocki et al., HdJ, Abt. I/2, Rn. 16; BEISSE, H., Gewinnung von GoB, S. 501), erscheinen die handelsrechtlichen Vorschriften zur Abbildung von Sanierungsmaßnahmen, wie in Kap. 4 noch gezeigt wird, weiterhin auslegungsbedürftig.

224 Die Hermeneutik integriert dabei auch Elemente der Induktion und Deduktion, vgl. BAETGE, J./KIRSCH, H.-J./THIELE, S., in: Küting/Pfitzer/Weber, HdR-E, 5. Aufl., Kap. 4, Rn. 18; SOLMECKE, H., BilMoG und GoB, S. 20 f.; SCHILDBACH, T., Handelsrechtlicher Jahresabschluss, S. 86; BEISSE, H., FS Beusch, S. 82. Vgl. weiterführend zu diesen Methoden BAETGE, J./KIRSCH, H.-J./THIELE, S., in: Küting/Pfitzer/Weber, HdR-E, 5. Aufl., Kap. 4, Rn. 8-17.

225 BAETGE, J./KIRSCH, H.-J./THIELE, S., in: Küting/Pfitzer/Weber, HdR-E, 5. Aufl., Kap. 4, Rn. 23, vgl. auch LARENZ, K./CANARIS, C.-W., Methodenlehre, S. 29-33 und S. 134.

226 LARENZ, K./CANARIS, C.-W., Methodenlehre, S. 29.

227 LARENZ, K./CANARIS, C.-W., Methodenlehre, S. 28; SOLMECKE, H., BilMoG und GoB, S. 27.

228 BAETGE, J., Bilanzen, S. 45; vgl. auch BAETGE, J./KIRSCH, H.-J./THIELE, S., in: Küting/Pfitzer/Weber, HdR-E, 5. Aufl., Kap. 4, Rn. 23; LARENZ, K./CANARIS, C.-W., Methodenlehre, S. 142.

229 LARENZ, K./CANARIS, C.-W., Methodenlehre, S. 26.

230 Vgl. LARENZ, K./CANARIS, C.-W., Methodenlehre, S. 26; BAETGE, J./KIRSCH, H.-J./THIELE, S., Bilanzen, S. 110; SIEGEL, D., Latente Steuern, S. 8 sowie zum Verhältnis der Kriterien die Ausführungen am Ende dieses Abschnitts.

231 Diese basieren auf dem von SAVIGNY entwickelten Auslegungskanon, vgl. VON SAVIGNY, F. C., Römisches Recht, S. 212-221; HONSELL, H., in: von Staudinger, BGB, Einleitung BGB, Rn. 138-153; MÜLLER, F./CHRISTENSEN, R., Juristische Methodik, S. 121 f.; SCHROTH, U., Hermeneutik, S. 288 f., sowie den darauf aufbauenden Weiterentwicklungen, vgl. LARENZ, K./CANARIS, C.-W., Methodenlehre, S. 141-167.

232 Vgl. BAETGE, J./KIRSCH, H.-J./THIELE, S., Bilanzen, S. 109-114; BAETGE, J./KIRSCH, H.-J./THIELE, S., in: Küting/Pfitzer/Weber, HdR-E, 5. Aufl., Kap. 4, Rn. 18-27; THIELE, S./BRÖTZMANN, I., in: Baetge/Kirsch/Thiele, Bilanzrecht, § 243 HGB, Rn. 32-34; LARENZ, K./CANARIS, C.-W., Methodenlehre, S. 141-167.

- Ansichten des Gesetzgebers zu Zwecken der auszulegenden Vorschrift vor dem Hintergrund der Zwecke des gesamten Jahresabschlusses (subjektive ratio legis gem. der Gesetzesmaterialien) und
- Betriebswirtschaftliche bzw. objektiv-teleologische Zwecke der auszulegenden Vorschrift vor dem Hintergrund der Zwecke des gesamten Jahresabschlusses (objektive ratio legis).

Neben diesen Kriterien dient, wie bereits die Deduktion und Induktion, die höchstrichterliche Rechtsprechung als eine Erkenntnisquelle im Rahmen des Auslegungsprozesses.[233] Die entsprechende Rechtsprechung wird handelsrechtlich primär dann relevant, wenn in den einschlägigen Gerichtsurteilen handelsrechtliche GoB angewandt bzw. ausgelegt werden, um über das Maßgeblichkeitsprinzip (§ 5 Abs. 1 S. 1 EStG) im Ergebnis steuerliche Rechtsfolgen zu begründen. Abstrahiert wird im Folgenden hingegen vom hermeneutischen Kriterium der Verfassungskonformität, da über eine fehlende Verfassungskonformität der Vorschriften zur Bilanzierung von Sanierungsinstrumenten keinerlei Erkenntnisse vorliegen.[234]

Den Ausgangspunkt und gleichzeitig die Grenze jeder Auslegung bildet damit der **Wortlaut**,[235] aus dem anhand des fachsprachlichen und des allgemeinen Sprachgebrauchs[236] die Bedeutung und damit der (vermutete) Wortsinn der Norm zu extrahieren ist.[237] Je nachdem, ob der Auslegende den engst- bzw. weitestmöglichen Wortsinn zu Grunde legt, spricht man von einer restriktiven bzw. extensiven Auslegung.[238] Überschreitet er „die Grenze des möglichen Wortsinns“[239] handelt es sich um (richterliche) Rechtsfortbildung, mit der er die nächsten „Stufen desselben gedanklichen Verfahrens“[240] erklimmt. Vor dem Hintergrund dieser engen Verbindung wird die Grenze zwischen extensiver Auslegung und Rechtsfortbildung allgemein als fließend angesehen.[241] In der vorliegenden Arbeit werden im Rahmen des Kriteriums des Bedeutungszusammenhangs zwar, wie bei der Analogie, Vorschriften herangezogen, die „wertungsmäßig“[242] mit dem betrachteten Sachverhalt

---

233 Vgl. BAETGE, J./KIRSCH, H.-J./THIELE, S., in: Küting/Pfitzer/Weber, HdR-E, 5. Aufl., Kap. 4, Rn. 25.

234 Vgl. zu diesem, soweit einschlägigen stets vorrangigen Kriterium LARENZ, K./CANARIS, C.-W., Methodenlehre, S. 159-163; BYDLINSKI, F., Juristische Methodenlehre, S. 455-457; BAETGE, J./KIRSCH, H.-J./THIELE, S., Bilanzen, S. 112.

235 Vgl. HONSELL, H., in: von Staudinger, BGB, Einleitung BGB, Rn. 114; SCHWACKE, P., Methodik, S. 89; LARENZ, K./CANARIS, C.-W., Methodenlehre, S. 145; MEIER-HAYOZ, A., Richter als Gesetzgeber, S. 42-44; KRAMER, E., Methodenlehre, S. 57; BAETGE, J./KIRSCH, H.-J./THIELE, S., in: Küting/Pfitzer/Weber, HdR-E, 5. Aufl., Kap. 4, Rn. 20.

236 Daneben sind selbstredend auch die Regeln der Grammatik zu beachten. Vgl. zur Verwendung der Grammatik, des allgemeinen Sprachgebrauchs und der im Folgenden vorrangigen, bilanzrechtlichen Fachsprache statt aller SCHWACKE, P., Methodik, S. 89-93; HONSELL, H., in: von Staudinger, BGB, Einleitung BGB, Rn. 139-142; COMMANDEUR, D., Aufwendungen für die Ingangsetzung, S. 36; BYDLINSKI, F., Juristische Methodenlehre, S. 438 f.

237 Vgl. SCHWACKE, P., Methodik, S. 89-93; LARENZ, K./CANARIS, C.-W., Methodenlehre, S. 141-145; BAETGE, J./ KIRSCH, H.-J./THIELE, S., in: Küting/Pfitzer/Weber, HdR-E, 5. Aufl., Kap. 4, Rn. 20.

238 Im Schrifttum werden teilweise auch die Begriffe weite, erweiternde, ausdehnende im Vergleich zur engen, einschränkenden Auslegung verwendet, vgl. zur Auslegung anhand des Wortlauts SCHWACKE, P., Methodik, S. 93; BYDLINSKI, F., Juristische Methodenlehre, S. 440; KRAMER, E., Methodenlehre, S. 57-63; SPRAU, H., in: Palandt et al., BGB, 73. Aufl., Einleitung, Rn. 47; ENGISCH, K., Juristisches Denken, S. 179-187.

239 SCHWACKE, P., Methodik, S. 93, vgl. auch KRAMER, E., Methodenlehre, S. 53 und S. 196.

240 LARENZ, K./CANARIS, C.-W., Methodenlehre, S. 187.

241 Vgl. LARENZ, K./CANARIS, C.-W., Methodenlehre, S. 143 und S. 187; KRAMER, E., Methodenlehre, S. 53-55; ENGISCH, K., Juristisches Denken, S. 254; HONSELL, H., in: von Staudinger, BGB, Einleitung BGB, Rn. 126.

242 SCHWACKE, P., Methodik, S. 131.

„vergleichbare (aber nicht identische) Sachprobleme regeln“[243]. Die Grenze zur „Lückenergänzung durch Analogie“[244] wird indes im Rahmen dieser Arbeit nicht überschritten, da die für eine Analogie zwingend erforderliche planwidrige Regelungslücke[245] in den hier einschlägigen Regelungsbereichen nicht festzustellen ist. Das Schrifttum spricht in diesem Kontext teilweise von einer „‘analogieartigen‘ Auslegung“[246]. Soweit nicht anders vermerkt handelt es sich bei den folgenden Analogien nicht um Analogien im erläuterten Rechtssinne, sondern um analogieartige Auslegungen. Letztlich geht es um die Auflösung teleologischer Widersprüche, im Rahmen derer vorhandene (aber konfligierende) Vorschriften bzw. die jeweils einschlägigen herrschenden Auffassungen, entgegen des Gleichheitssatzes,[247] an vergleichbare Sachverhalte divergierende Rechtsfolgen anknüpfen.[248]

Von Interesse ist hierbei auch die Auslegung von Ausnahmevorschriften. Während v. a. in der Rechtsprechung z. T. die Meinung vertreten wird, dass Ausnahmevorschriften gem. der Rechtsparömie „lex specialis non sunt extenda“ generell eng auszulegen seien,[249] greift im Schrifttum im Gegensatz dazu eine differenziertere Betrachtung. Ausgehend von der Tatsache, dass „*alle* Rechtstexte der Auslegung sowohl fähig wie bedürftig“[250] seien, befürworten zahlreiche Autoren, im *Rahmen ihres Gesetzeszwecks* auch für Ausnahmevorschriften eine extensive Auslegung und die Analogie.[251] Entscheidend ist insofern der, auch im Hinblick auf den Gleichheitssatz ermittelte, Zweck der Ausnahmevorschrift.[252] Eine (weite) Auslegung bzw. Analogie darf indes unter keinen Umständen die „Regelungsabsicht des Gesetzgebers in ihr Gegenteil“[253] verkehren.

Wie bereits angedeutet ist die zur Rede stehende Vorschrift (auch) vor dem Hintergrund ihres **Bedeutungszusammenhangs** zu den übrigen, handelsrechtlichen Vorschriften sowie zum Zweck- und

---

243 KRAMER, E., Methodenlehre, S. 153.

244 LARENZ, K./CANARIS, C.-W., Methodenlehre, S. 143. Vgl. ausführlich zu den Anwendungsvoraussetzungen, zum Wesen und den unterschiedlichen Arten der Analogie HONSELL, H., in: von Staudinger, BGB, Einleitung BGB, Rn. 156 f.; BYDLINSKI, F., Grundzüge der Methodenlehre, S. 88 f.; KRAMER, E., Methodenlehre, S. 173-209; ENGISCH, K., Juristisches Denken, S. 235-271; SCHWACKE, P., Methodik, S. 125-137.

245 Vgl. KRAMER, E., Methodenlehre, S. 181-192; SPRAU, H., in: Palandt et al., BGB, 73. Aufl., Einleitung, Rn. 48; ENGISCH, K., Juristisches Denken, S. 241; HONSELL, H., in: von Staudinger, BGB, Einleitung BGB, Rn. 123 f.

246 BYDLINSKI, F., Juristische Methodenlehre, S. 454.

247 Vgl. zum (positiven) Gleichheitssatz, nach dem „Gleiches gleich zu behandeln ist“ KRAMER, E., Methodenlehre, S. 195 (auch Zitat) sowie LARENZ, K./CANARIS, C.-W., Methodenlehre, S. 176; BYDLINSKI, F., Juristische Methodenlehre, S. 455.

248 Vgl. hierzu KRAMER, E., Methodenlehre, S. 153 sowie Fn. 221 und Fn. 222.

249 Vgl. z. B. LAG HAMM (Hrsg.), 29.05.2009 - 7 Sa 188/09 und VG ANSBACH (Hrsg.), 23.10.2007 - AN 1 K 06.02545 sowie die Nachweise bei LARENZ, K./CANARIS, C.-W., Methodenlehre, S. 175 (Fn. 90) und HONSELL, H., in: von Staudinger, BGB, Einleitung BGB, Rn. 148 (Fn. 268). Zu einer engen Auslegung tendiert wohl auch SCHWACKE, P., Methodik, S. 113.

250 LARENZ, K./CANARIS, C.-W., Methodenlehre, S. 26.

251 Vgl. SPRAU, H., in: Palandt et al., BGB, 73. Aufl., Einleitung, Rn. 53; LARENZ, K./CANARIS, C.-W., Methodenlehre, S. 175 f.; HONSELL, H., in: von Staudinger, BGB, Einleitung BGB, Rn. 148; ENGISCH, K., Juristisches Denken, S. 256-259; BYDLINSKI, F., Juristische Methodenlehre, S. 440; WÜRDINGER, M., Ausnahmevorschriften, S. 949-951 m. w. N.

252 Vgl. hierzu auch die folgenden Ausführungen zu den subjektiv- und objektiv-teleologischen Zwecken der auszulegenden Vorschrift.

253 LARENZ, K./CANARIS, C.-W., Methodenlehre, S. 176.

GoB-System des HGB auszulegen.[254] Das Gebot der systematischen Berücksichtigung des Kontextes[255] fördert dabei nicht nur das Verständnis der auszulegenden Norm, sondern soll v. a. „wertungswidersprüchliche, teleologisch inkonsistente Interpretationen vermeiden“[256]. Im Ergebnis ist daher bei divergierenden Auslegungsmöglichkeiten jene zu wählen, die eine möglichst große „sachliche Übereinstimmung“[257] der einzelnen Vorschriften mit ihrem „normativen Umfeld“[258] erreicht. Nach COMMANDEUR umfasst dieses Umfeld sämtliche Vorschriften, die sich mit dem Jahresabschluss befassen (§§ 238-289 HGB[259]),[260] sowie zusätzlich das daraus abgeleitete handelsrechtliche Zweck- und GoB-System.[261] Dieses innere System „konsistenter Wertentscheidungen“[262] sollte sich idealiter auch im äußeren System, also im formellen Aufbau des Gesetzes, widerspiegeln.[263] Insgesamt lässt sich der Bedeutungszusammenhang aufgrund der zu treffenden Wertungsentscheidungen weder strikt vom Wortsinn noch von den anderen Kriterien, v. a. von den Zweckerwägungen, trennen.[264]

In Bezug auf den Zweck der auszulegenden Vorschrift zeigen sich im Schrifttum zwei Grundströmungen: Für die „Subjektivisten“[265] stehen die „historisch-teleologischen“[266] Ansichten des Gesetzgebers zu Zwecken der auszulegenden Vorschrift im Vordergrund, die „Objektivisten“[267] rekurrieren dagegen auf den „objektiv-teleologische[n]“[268] Zweck der Vorschrift aus der „gegenwärtigen“[269] Perspektive. Große Teile des heutigen Schrifttums kombinieren diese Sichtweisen in der Form, dass im Rahmen der „durchaus herrschend[en]“[270] objektiv-teleologischen Auslegung auch

---

254 Vgl. BAETGE, J./KIRSCH, H.-J./THIELE, S., in: Küting/Pfitzer/Weber, HdR-E, 5. Aufl., Kap. 4, Rn. 113-120; SOLMECKE, H., BilMoG und GoB, S. 23 sowie allgemein KRAMER, E., Methodenlehre, S. 85 f.; SCHWACKE, P., Methodik, S. 94; LARENZ, K./CANARIS, C.-W., Methodenlehre, S. 146.

255 Vgl. hierzu KRAMER, E., Methodenlehre, S. 85-89 und S. 94; LARENZ, K./CANARIS, C.-W., Methodenlehre, S. 146; BYDLINSKI, F., Juristische Methodenlehre, S. 442.

256 KRAMER, E., Methodenlehre, S. 86.

257 LARENZ, K./CANARIS, C.-W., Methodenlehre, S. 146. Vgl. hierzu auch HONSELL, H., in: von Staudinger, BGB, Einleitung BGB, Rn. 144.

258 SCHWACKE, P., Methodik, S. 94, vgl. hierzu auch SCHWACKE, P., Methodik, S. 96.

259 Daneben sind selbstredend auch die, allgemein für den Jahresabschluss bzw. speziell für die Bilanzierung von Sanierungsmaßnahmen relevanten, aktienrechtlichen Vorschriften in das normative Umfeld zu integrieren.

260 Vgl. COMMANDEUR, D., Aufwendungen für die Ingangsetzung, S. 37.

261 Vgl. zum letzten Aspekt BAETGE, J./KIRSCH, H.-J./THIELE, S., in: Küting/Pfitzer/Weber, HdR-E, 5. Aufl., Kap. 4, Rn. 18 und Rn. 22.

262 KRAMER, E., Methodenlehre, S. 94.

263 Da der Gesetzgeber die systematische Anordnung der Vorschriften indes teilweise (auch aufgrund der historischen Entstehung der Bilanzierungsvorschriften) durchbricht, darf das „Argument aus der systematischen Stellung einer Vorschrift [...] nicht überschätzt werden“ (LARENZ, K./CANARIS, C.-W., Methodenlehre, S. 147 und S. 149). Vgl. hierzu auch SCHWACKE, P., Methodik, S. 94; KRAMER, E., Methodenlehre, S. 90-94.

264 Vgl. LARENZ, K./CANARIS, C.-W., Methodenlehre, S. 148 f.; SCHWACKE, P., Methodik, S. 94 und S. 97; BYDLINSKI, F., Juristische Methodenlehre, S. 443.

265 KRAMER, E., Methodenlehre, S. 116; ENGISCH, K., Juristisches Denken, S. 160. Vgl. neben VON SAVIGNY, F. C., Römisches Recht, S. 212-221 zu weiteren Vertretern der subjektiven Theorie die Nachweise bei ENGISCH, K., Juristisches Denken, S. 160 f.; LARENZ, K./CANARIS, C.-W., Methodenlehre, S. 137-139 und KRAMER, E., Methodenlehre, S. 119 f.

266 BYDLINSKI, F., Juristische Methodenlehre, S. 451, vgl. auch LARENZ, K./CANARIS, C.-W., Methodenlehre, S. 164.

267 KRAMER, E., Methodenlehre, S. 116 und ENGISCH, K., Juristisches Denken, S. 162. Vgl. zu Vertretern der objektiven Theorie die Nachweise bei ENGISCH, K., Juristisches Denken, S. 161 f.; LARENZ, K./CANARIS, C.-W., Methodenlehre, S. 139 f. und KRAMER, E., Methodenlehre, S. 120 f.

268 LARENZ, K./CANARIS, C.-W., Methodenlehre, S. 153.

269 BYDLINSKI, F., Grundzüge der Methodenlehre, S. 34.

270 ENGISCH, K., Juristisches Denken, S. 161.

die (historisch-teleologische) **Entstehungsgeschichte** zu berücksichtigen sei, da auch diese eine „Teilwahrheit“[271] enthalte.[272] Aufschluss über die (historischen) Ansichten des Gesetzgebers zum Zweck einer Vorschrift (subjektive ratio legis[273]) können dabei sämtliche entstehungsgeschichtlichen Gesetzesmaterialien,[274] wie z. B. in Bezug auf das BilMoG der Referenten-[275] und Regierungsentwurf,[276] geben. Zu beachten ist, dass die Normvorstellungen der am Gesetzgebungsprozess beteiligten Personen (Ministerialbeamte, Ausschussmitglieder u. a.) nicht pauschal als „Ansichten des Gesetzgebers“ zu verstehen sind.[277] Das Gesetz wird letztlich von den Bundestagsabgeordneten verabschiedet, die lediglich der „Tendenz“[278] des Gesetzes als Ganzes zustimmen ohne sich (ausführlich) mit Detailfragen zu beschäftigen.[279] Die an der Gesetzesverfassung beteiligten Personen werden indes regelmäßig bestrebt sein, die Regelungsintention(en) des Gesetzgebers bestmöglich in die Vorschriften zu inkorporieren.[280] Daher werden die „zutage liegende Grundabsicht des Gesetzgebers und diejenigen Vorstellungen, die in den Beratungen der gesetzlichen Körperschaft oder ihrer zuständigen Ausschüsse zum Ausdruck gebracht und ohne Widerspruch geblieben sind“[281] nachfolgend als (historische) **Ansichten des Gesetzgebers über die Normzwecke** verstanden, die der Auslegende stets in die „Gesamtheit der Zwecke“[282] der Vorschriften und des Jahresabschlusses einzuordnen hat.[283]

Schließlich hat der Auslegende mittels **objektiv-teleologischer Kriterien** den objektiv und vernünftigerweise gebotenen Zweck der Vorschrift (objektive ratio legis) zu evaluieren.[284] Es ist nach jener Auslegung zu suchen, die den zugrunde liegenden Sachverhalt unter Berücksichtigung seiner (wirtschaftlichen) „Eigenart“ und „Struktur“ „sachgemäß“[285] berücksichtigt.[286] Dabei löst sich der Auslegende von den entstehungsgeschichtlichen Gesetzesmaterialien und wendet sich der „gegen-

---

271 LARENZ, K./CANARIS, C.-W., Methodenlehre, S. 137.

272 Vertreter dieser Kompromisslösung sind neben LARENZ, K./CANARIS, C.-W., Methodenlehre, S. 137-141 z. B. ENGISCH, K., Juristisches Denken, S. 172-187; KRAMER, E., Methodenlehre, S. 133-140; BYDLINSKI, F., Juristische Methodenlehre, S. 428-436; SCHWACKE, P., Methodik, S. 87 und HONSELL, H., in: von Staudinger, BGB, Einleitung BGB, Rn. 137.

273 Vgl. zur Gegenüberstellung der subjektiven und objektiven ratio legis statt aller HONSELL, H., in: von Staudinger, BGB, Einleitung BGB, Rn. 149.

274 Vgl. LARENZ, K./CANARIS, C.-W., Methodenlehre, S. 151; BYDLINSKI, F., Juristische Methodenlehre, S. 449; HONSELL, H., in: von Staudinger, BGB, Einleitung BGB, Rn. 136; BAETGE, J., Bilanzen, S. 42 f.; BAETGE, J./ KIRSCH, H.-J./THIELE, S., Bilanzen, S. 110.

275 BMJ (Hrsg.), RefE BilMoG.

276 DEUTSCHER BUNDESTAG (Hrsg.), BT-Drucks. 16/10067.

277 Vgl. LARENZ, K./CANARIS, C.-W., Methodenlehre, S. 149 f.

278 LARENZ, K./CANARIS, C.-W., Methodenlehre, S. 150.

279 Vgl. LARENZ, K./CANARIS, C.-W., Methodenlehre, S. 150; ENGISCH, K., Juristisches Denken, S. 163; COMMANDEUR, D., Aufwendungen für die Ingangsetzung, S. 38.

280 Vgl. LARENZ, K./CANARIS, C.-W., Methodenlehre, S. 150.

281 LARENZ, K./CANARIS, C.-W., Methodenlehre, S. 137.

282 LARENZ, K./CANARIS, C.-W., Methodenlehre, S. 153.

283 Die historischen Ansichten des Gesetzgebers sind umso relevanter desto jünger die auszulegende Vorschrift ist (vgl. HONSELL, H., in: von Staudinger, BGB, Einleitung BGB, Rn. 136; KRAMER, E., Methodenlehre, S. 136 f.). Vor diesem Hintergrund wird insbesondere im Rahmen der Erläuterung des etablierten (vgl. Fn. 223) GoB-Systems auf eine ausführliche Thematisierung der entstehungsgeschichtlichen Gesetzesmaterialien verzichtet.

284 Vgl. LARENZ, K./CANARIS, C.-W., Methodenlehre, S. 153 f.; SCHWACKE, P., Methodik, S. 102; SOLMECKE, H., BilMoG und GoB, S. 24.

285 Alle Zitate LARENZ, K./CANARIS, C.-W., Methodenlehre, S. 154.

286 Vgl. LARENZ, K./CANARIS, C.-W., Methodenlehre, S. 154; SIEGEL, D., Latente Steuern, S. 12.

wartsnahe[n], zeitgemäße[n] Interpretation"[287] des Gesetzes selbst zu.[288] Er sucht also, auch unter Berücksichtigung betriebswirtschaftlicher Überlegungen, den „objektivierten"[289] „Sinn des Gesetzes, nicht den Willen des Gesetzgebers"[290], denn die (objektiven) Zwecke der Regelung im Übrigen nicht „immer bewußt gewesen"[291] sein müssen. Insofern ist anzumerken, dass Gesetze bzw. Normen nach ihrem Erlass – im Rahmen ihrer Zwecksetzung – durchaus Fragen beantworten können, „die der Gesetzgeber nicht alle zu übersehen vermochte" und „die sich der Gesetzgeber noch nicht gestellt hat".[292] Da im Rahmen der objektiv-teleologischen Auslegung zudem dem Gleichheitssatz große Bedeutung zukommt,[293] schließt sich hier nicht nur der Kreis zum obigen Bedeutungszusammenhang, sondern auch zu den erläuterten Rechnungslegungszwecken,[294] da der Rekurs auf die objektiven Zwecke der Vorschrift zur „optimale[n] Berücksichtigung der im Spiele befindlichen Interessen"[295] i. S. d. erläuterten Interessenregelung führen soll.[296]

Abschließend ist auf das **Verhältnis** der einzelnen **Kriterien** einzugehen. Die Kriterien sind nicht als einzelne Methoden,[297] sondern vielmehr als Teil eines ganzheitlichen, interdependenten Verstehens- und Auslegungsprozesses anzusehen.[298] Ein festes Rangverhältnis wird, auch aufgrund der einzelfallabhängigen Ergiebigkeit der Kriterien,[299] allgemein zurückgewiesen.[300] Dennoch ist festzustellen, dass große Teile des Schrifttums den Wortlaut als Ausgangspunkt und Begrenzung der Auslegung ansehen[301] und daneben dem objektiven Zweck der Vorschrift zunehmend das „stärkste Gewicht"[302] im Rahmen der Auslegung zugewiesen wird.[303] Zusammenfassend hat der Auslegende somit zunächst alle ergiebigen Kriterien zu beachten.[304] Sofern er das objektiv-teleologische Krite-

---

287 ENGISCH, K., Juristisches Denken, S. 164, vgl. auch KRUSE, H. W., GoB, S. 203.

288 Vgl. COMMANDEUR, D., Aufwendungen für die Ingangsetzung, S. 43.

289 HONSELL, H., in: von Staudinger, BGB, Einleitung BGB, Rn. 134.

290 ZITELMANN, E., BGB im Deutschen Reich, S. 16.

291 LARENZ, K./CANARIS, C.-W., Methodenlehre, S. 154.

292 Vgl. LARENZ, K./CANARIS, C.-W., Methodenlehre, S. 138 (auch Zitate); ENGISCH, K., Juristisches Denken, S. 163; HONSELL, H., in: von Staudinger, BGB, Einleitung BGB, Rn. 132 und Rn. 134 m. w. N.

293 Vgl. LARENZ, K./CANARIS, C.-W., Methodenlehre, S. 155 sowie zum Gleichheitsgrundsatz auch Fn. 247.

294 Vgl. hierzu Abschn. 251.

295 LARENZ, K./CANARIS, C.-W., Methodenlehre, S. 153.

296 Vgl. BAETGE, J./KIRSCH, H.-J./THIELE, S., in: Küting/Pfitzer/Weber, HdR-E, 5. Aufl., Kap. 4, Rn. 22.

297 Vgl. VON SAVIGNY, F. C., Römisches Recht, S. 215; MÜLLER, F./CHRISTENSEN, R., Juristische Methodik, S. 394; LARENZ, K./CANARIS, C.-W., Methodenlehre, S. 149.

298 Vgl. LARENZ, K./CANARIS, C.-W., Methodenlehre, S. 163-167; BAETGE, J./KIRSCH, H.-J./THIELE, S., Bilanzen, S. 109 f.; SIEGEL, D., Latente Steuern, S. 13.

299 Vgl. LARENZ, K./CANARIS, C.-W., Methodenlehre, S. 166; COMMANDEUR, D., Aufwendungen für die Ingangsetzung, S. 44.

300 Vgl. LARENZ, K./CANARIS, C.-W., Methodenlehre, S. 166; HONSELL, H., in: von Staudinger, BGB, Einleitung BGB, Rn. 153; SCHWACKE, P., Methodik, S. 107.

301 Vgl. LARENZ, K./CANARIS, C.-W., Methodenlehre, S. 163 f.; SCHWACKE, P., Methodik, S. 107; KRAMER, E., Methodenlehre, S. 172; BAETGE, J./KIRSCH, H.-J./THIELE, S., in: Küting/Pfitzer/Weber, HdR-E, 5. Aufl., Kap. 4, Rn. 26; THIELE, S./BRÖTZMANN, I., in: Baetge/Kirsch/Thiele, Bilanzrecht, § 243 HGB, Rn. 32.

302 HONSELL, H., in: von Staudinger, BGB, Einleitung BGB, Rn. 153.

303 Vgl. zu einer derartigen Gewichtung neben HONSELL, H., in: von Staudinger, BGB, Einleitung BGB, Rn. 135 m. w. N. SPRAU, H., in: Palandt et al., BGB, 73. Aufl., Einleitung, Rn. 46; ENGISCH, K., Juristisches Denken, S. 161 und wohl auch KRAMER, E., Methodenlehre, S. 170.

304 Vgl. hierzu auch BYDLINSKI, F., Juristische Methodenlehre, S. 454.

rium für seine Auslegung dann als „herrschend“[305] erachtet, sollte er diese Wertungsentscheidung zumindest transparent und intersubjektiv nachprüfbar machen.[306]

253. Das handelsrechtliche GoB-System

253.1 Grundlagen des GoB-Systems und die Dokumentationsgrundsätze

Die Grundsätze ordnungsmäßiger Buchführung (GoB) sind Mittel zu Erreichung der Jahresabschlusszwecke.[307] Obgleich der Gesetzgeber vielerorts die Einhaltung der GoB fordert,[308] ist dieser unbestimmte Rechtsbegriff[309] „nirgends definiert“[310]. Insofern wurde er „im Zusammenwirken von Rechtsprechung, fachkundigen Praktikern und Vertretern der Betriebswirtschaftslehre“[311] zusammen mit den Abschlusszwecken in einem simultanen, interdependenten Prozess konkretisiert.[312] Die GoB stellen nunmehr ein rechtsformunabhängiges,[313] überindividuelles Normensystem grundlegender Handlungsmaximen dar,[314] auf dessen Basis im Rahmen der Auslegung handelsrechtlich zweckgerechte Abbildungen konkreter Sachverhalte abzuleiten sind.[315] Dieses System besteht nach BAETGE/KIRSCH/THIELE[316] aus sechs Gruppen kodifizierter oder nicht kodifizierter[317] GoB, die sich wechselseitig konkretisieren, erweitern und beschränken („Eiffelturm-Prinzip“[318]). Die Bilanzierungsentscheidungen basieren insofern nicht auf einem dominanten Grundsatz ordnungsmäßiger Buchführung,[319] sondern stützen sich stets auf das gesamte, geschlossene und dadurch tragfähige

---

305 ENGISCH, K., Juristisches Denken, S. 161.

306 Vgl. LARENZ, K./CANARIS, C.-W., Methodenlehre, S. 167.

307 Vgl. BAETGE, J./KIRSCH, H.-J./THIELE, S., Bilanzen, S. 105; LEFFSON, U., GoB, S. 35; SOLMECKE, H., BilMoG und GoB, S. 40 sowie zu den Jahresabschlusszwecken Abschn. 251.

308 Insbesondere ist gem. § 243 Abs. 1 HGB der Jahresabschluss nach den GoB aufzustellen. Vgl. zu weiteren Verweisen auf das GoB-System BAETGE, J./ZÜLCH, H., in: von Wysocki et al., HdJ, Abt. I/2, Rn. 1 f.; BALLWIESER, W., in: Böcking et al., Beck HdR, B 105, Rn. 5 f.

309 Vgl. BAETGE, J./KIRSCH, H.-J./THIELE, S., in: Küting/Pfitzer/Weber, HdR-E, 5. Aufl., Kap. 4, Rn. 3; BALLWIESER, W., in: Böcking et al., Beck HdR, B 105, Rn. 1; LANG, J., GoB I, S. 233.

310 COENENBERG, A. G./HALLER, A./SCHULTZE, W., Jahresabschluß, S. 36.

311 COENENBERG, A. G./HALLER, A./SCHULTZE, W., Jahresabschluß, S. 36. Vgl. auch LANG, J., GoB I, S. 223 f.

312 Vgl. zu diesem Prozess und dessen Ergebnis statt aller BAETGE, J./KIRSCH, H.-J./THIELE, S., in: Küting/Pfitzer/Weber, HdR-E, 5. Aufl., Kap. 4, Rn. 8-55; BALLWIESER, W., in: Böcking et al., Beck HdR, B 105, Rn. 2.

313 Vgl. LEFFSON, U., GoB, S. 152; BALLWIESER, W., in: Böcking et al., Beck HdR, B 105, Rn. 87-89; BAETGE, J./ZÜLCH, H., in: von Wysocki et al., HdJ, Abt. I/2, Rn. 3; MOXTER, A., Realisationsprinzip, S. 1780 f., weiterführend hierzu BALLWIESER, W., Rechtsform-, Konzern- und Branchenunabhängigkeit der GoB, S. 43-66.

314 Vgl. BALLWIESER, W., in: Böcking et al., Beck HdR, B 105, Rn. 1; LANG, J., GoB I, S. 222; BAETGE, J./KIRSCH, H.-J./THIELE, S., in: Küting/Pfitzer/Weber, HdR-E, 5. Aufl., Kap. 4, Rn. 52.

315 Vgl. zur Vorteilhaftigkeit eines derart überindividuellen Systems gegenüber (dem Versuch) der Festlegung (rein) einzelfallabhängiger Vorschriften BAETGE, J./ZÜLCH, H., in: von Wysocki et al., HdJ, Abt. I/2, Rn. 3; SCHILDBACH, T., Handelsrechtlicher Jahresabschluss, S. 84 f.; STREIM, H., Grundzüge der Bilanzierung, S. 26 f.

316 Vgl. BAETGE, J./KIRSCH, H.-J./THIELE, S., in: Küting/Pfitzer/Weber, HdR-E, 5. Aufl., Kap. 4, Rn. 29-112. Vgl. zu weiteren Systematisierungsvorschlägen nur COENENBERG, A. G./HALLER, A./SCHULTZE, W., Jahresabschluß, S. 37.

317 Vgl. zu einer Übersicht (mehr oder weniger) kodifizierter und nicht kodifizierter GoB BALLWIESER, W., in: Böcking et al., Beck HdR, B 105, Rn. 7 und Rn. 10; COENENBERG, A. G./HALLER, A./SCHULTZE, W., Jahresabschluß, S. 44-46; BAETGE, J./KIRSCH, H.-J./THIELE, S., Bilanzen, S. 117.

318 BAETGE, J./KIRSCH, H.-J./THIELE, S., in: Küting/Pfitzer/Weber, HdR-E, 5. Aufl., Kap. 4, Rn. 50; BAETGE, J./KIRSCH, H.-J./THIELE, S., Bilanzen, S. 142.

319 Vgl. zur Diskussion des z. T. als dominierend angesehenen Vorsichtsprinzips statt aller BAETGE, J./ZIESEMER, S./SCHMIDT, M., in: Baetge/Kirsch/Thiele, Bilanzrecht, § 252 HGB, Rn. 11 und Rn. 142 m. w. N. sowie die Nachweise in Fn. 464.

GoB-System.[320] Neben den im Folgenden erläuterten GoB muss die handelsrechtliche Rechnungslegung verschiedenen, in dieser Arbeit indes weniger relevanten Dokumentationsgrundsätzen genügen. Diese, v. a. in §§ 238-239 HGB kodifizierten, Grundsätze sind letztlich Voraussetzung für die zutreffende Wiedergabe der Lage des Unternehmens.[321]

253.2 Rahmengrundsätze

Die Rechnungslegung soll das wirtschaftliche Geschehen aussagekräftig und zweckgerecht abbilden.[322] Um dies zu erreichen sind verschiedene Rahmengrundsätze, die als „grundlegende Anforderungen an die Informationsvermittlung“[323] anzusehen sind, zu beachten. Zunächst muss die Abbildung „selbstverständlich“[324] richtig sein. **Richtigkeit** fordert indes nicht eine (unerreichbare) „absolute Wahrheit im bilanziellen Sinne“[325], sondern die intersubjektive Nachprüfbarkeit der Bilanzierungsentscheidung.[326] Die Forderung nach der intersubjektiven Nachprüfbarkeit verhindert im Übrigen (neben dem Grundsatz der Einzelbewertung[327]) die bereits in Abschn. 251.2 zu Gunsten der Bereitstellung zweckmäßiger Anhaltspunkte abgelehnte Unternehmens*gesamt*bewertung als „Form des Jahresabschlusses“[328]. Sofern die, stets dem „tatsächlichen Inhalt“[329] entsprechende, Abbildung konkreter Sachverhalte Schätzungen umfasst, ist der Bilanzierende gem. dem Grundsatz der Willkürfreiheit[330] ferner zur Verwendung und Offenlegung realitätsnaher und für zutreffend gehaltener Hypothesen verpflichtet.[331]

Während die Richtigkeit auf inhaltliche Aspekte der Abbildung abzielt, bezieht sich der Rahmengrundsatz der **Klarheit** auf die „Qualität der äußeren Gestaltung“[332] des Jahresabschlusses.[333] Damit

---

320 Vgl. BAETGE, J./KIRSCH, H.-J./THIELE, S., Bilanzen, S. 142; BAETGE, J./ZIESEMER, S./SCHMIDT, M., in: Baetge/Kirsch/Thiele, Bilanzrecht, § 252 HGB, Rn. 5; SOLMECKE, H., BilMoG und GoB, S. 41.

321 Vgl. BAETGE, J./KIRSCH, H.-J./THIELE, S., Bilanzen, S. 115 f.; BAETGE, J./ZÜLCH, H., in: von Wysocki et al., HdJ, Abt. I/2, Rn. 45, sowie ausführlich zu den Dokumentationsgrundsätzen LEFFSON, U., GoB, S. 157-172; BAETGE, J./ZÜLCH, H., in: von Wysocki et al., HdJ, Abt. I/2, Rn. 46-53; LANG, J., GoB II, S. 241-243; STREIM, H., Grundzüge der Bilanzierung, S. 33-35; SOLMECKE, H., BilMoG und GoB, S. 33 f.

322 Vgl. BAETGE, J./KIRSCH, H.-J./THIELE, S., Bilanzen, S. 116 f.; BAETGE, J./ZÜLCH, H., in: von Wysocki et al., HdJ, Abt. I/2, Rn. 54 sowie bereits die Ausführungen in den Abschn. 21, 22 und 251.2.

323 THIELE, S./STELLBRINK, J./ZIESEMER, S., in: Baetge/Kirsch/Thiele, Bilanzrecht, Einführung, Rn. 49, vgl. auch BAETGE, J./KIRSCH, H.-J./THIELE, S., Bilanzen, S. 116 f.; LEFFSON, U., GoB, S. 179. BALLWIESER hat diesbezüglich eigene „Informations-GoB“ entwickelt, die sich teilweise mit den Rahmengrundsätzen decken, z. T. jedoch auch über diese hinausgehen, vgl. hierzu BALLWIESER, W., in: Böcking et al., Beck HdR, B 105, Rn. 73-83; BALLWIESER, W., Informations-GoB, S. 115-121.

324 BAETGE, J./ZÜLCH, H., in: von Wysocki et al., HdJ, Abt. I/2, Rn. 55.

325 EKKENGA, J., Anlegerschutz, S. 109, vgl. hierzu auch LEFFSON, U., GoB, S. 193-200; BAETGE, J., ET AL., in: Küting/Pfitzer/Weber, HdR-E, 5. Aufl., § 243 HGB, Rn. 47-83.

326 Vgl. BAETGE, J./KIRSCH, H.-J./THIELE, S., Bilanzen, S. 117; SOLMECKE, H., BilMoG und GoB, S. 35; THIELE, S./STELLBRINK, J./ZIESEMER, S., in: Baetge/Kirsch/Thiele, Bilanzrecht, Einführung, Rn. 50.

327 Vgl. hierzu Abschn. 253.3

328 BAETGE, J./ZÜLCH, H., in: von Wysocki et al., HdJ, Abt. I/2, Rn. 55.

329 STREIM, H., Grundzüge der Bilanzierung, S. 32, vgl. auch COENENBERG, A. G./HALLER, A./SCHULTZE, W., Jahresabschluß, S. 38; BAETGE, J./ZÜLCH, H., in: von Wysocki et al., HdJ, Abt. I/2, Rn. 55.

330 Vgl. LEFFSON, U., GoB, S. 202-205; BAETGE, J./KIRSCH, H.-J./THIELE, S., Bilanzen, S. 118 und die entsprechenden Ausführungen in Abschn. 253.6.

331 Vgl. LEFFSON, U., GoB, S. 203; BAETGE, J./KIRSCH, H.-J./THIELE, S., Bilanzen, S. 118; SOLMECKE, H., BilMoG und GoB, S. 35.

332 COENENBERG, A. G./HALLER, A./SCHULTZE, W., Jahresabschluß, S. 39, vgl. auch LEFFSON, U., GoB, S. 207-219.

333 Vgl. BALLWIESER, W., in: Böcking et al., Beck HdR, B 105, Rn. 76, der zutreffend betont, dass die Klarheit zudem für den Lagebericht (und sämtliche Elemente des Konzernabschlusses gilt).

sich ein Adressat „in angemessener Zeit einen Überblick über die Geschäftsvorfälle und über die Lage des Unternehmens"[334] verschaffen kann, sind die Jahresabschlussposten derart zu bezeichnen, zu gliedern und zu ordnen,[335] dass eine klare und übersichtliche Informationsbereitstellung gewährleistet wird.[336] Aufgrund ihres dispositiven Charakters müssen Jahresabschlüsse darüber hinaus zeitlich und zwischenbetrieblich **vergleichbar** sein.[337] Der Vergleichbarkeit dient dabei speziell die Beachtung der formellen (§ 252 Abs. 1 Nr. 1 HGB) und materiellen (§§ 246 Abs. 3, 252 Abs. 1 Nr. 6 HGB) Stetigkeit sowie die Erläuterungspflicht für Unstetigkeiten (§ 284 Abs. 2 S. 3 i. V. m. § 252 Abs. 2 HGB).[338]

Gemäß dem Rahmengrundsatz der **Vollständigkeit** hat der Jahresabschluss sämtliche, nach handelsrechtlichen Vorschriften buchungspflichtigen Vorgänge, Vermögensgegenstände, Schulden, Rechnungsabgrenzungsposten, Anhangangaben und alle erkennbaren Risiken[339] zu enthalten.[340] Der Vollständigkeitsgrundsatz wird zeitlich durch das Stichtagsprinzip (§ 252 Abs. 1 Nr. 3 i. V. m. Nr. 4 HGB) und sachlich durch das Periodisierungsprinzip (§ 252 Abs. 1 Nr. 5 HGB) ergänzt.[341] Gemäß dem Stichtagsprinzip sind im Jahresabschluss unter Beachtung des „Wertaufhellungsprinzip[s]"[342] grundsätzlich die Verhältnisse am Abschlussstichtag abzubilden.[343] Auf zwei Einschränkungen sei indes bereits an dieser Stelle verwiesen: So dürfen einerseits Sanierungsmaßnahmen, die zwischen Abschlussstichtag und Aufstellungszeitpunkt rechtswirksam geworden sind, in Höhe des festgestellten Verlustes auf den Bilanzstichtag zurückbezogen werden.[344] Andererseits

---

334 § 239 Abs. 1 S. 2 HGB, vgl. auch BAETGE, J./KIRSCH, H.-J./THIELE, S., Bilanzen, S. 121; BAETGE, J./ZÜLCH, H., in: von Wysocki et al., HdJ, Abt. I/2, Rn. 59.

335 Vgl. SCHILDBACH, T., Handelsrechtlicher Jahresabschluss, S. 87 f.; STREIM, H., Grundzüge der Bilanzierung, S. 32; BAETGE, J./KIRSCH, H.-J./THIELE, S., Bilanzen, S. 121.

336 Vgl. LEFFSON, U., GoB, S. 207-219; BAETGE, J./KIRSCH, H.-J./THIELE, S., Bilanzen, S. 121; COENENBERG, A. G./ HALLER, A./SCHULTZE, W., Jahresabschluß, S. 39; BAETGE, J./ZÜLCH, H., in: von Wysocki et al., HdJ, Abt. I/2, Rn. 59.

337 Vgl. LEFFSON, U., GoB, S. 426-465; BAETGE, J./ZIESEMER, S./SCHMIDT, M., in: Baetge/Kirsch/Thiele, Bilanzrecht, § 252 HGB, Rn. 241; EKKENGA, J., Anlegerschutz, S. 110 f.

338 Vgl. BAETGE, J./KIRSCH, H.-J./THIELE, S., Bilanzen, S. 118-121; FÜLBIER, R. U./KUSCHEL, P./SELCHERT, F. W., in: Küting/Pfitzer/Weber, HdR-E, 5. Aufl., § 252 HGB, Rn. 119-154; BALLWIESER, W., in: Böcking et al., Beck HdR, B 105, Rn. 66-69.

339 Vgl. zu dieser Inventur der Risiken LEFFSON, U., GoB, S. 222 f.; BAETGE, J./ZÜLCH, H., in: von Wysocki et al., HdJ, Abt. I/2, Rn. 69; BAETGE, J./KIRSCH, H.-J./THIELE, S., Bilanzen, S. 122.

340 Vgl. neben §§ 239 Abs. 2, 246 Abs. 1 HGB LEFFSON, U., GoB, S. 220-225; BAETGE, J./KIRSCH, H.-J./THIELE, S., Bilanzen, S. 122; BAETGE, J./ZÜLCH, H., in: von Wysocki et al., HdJ, Abt. I/2, Rn. 60; SCHILDBACH, T., Handelsrechtlicher Jahresabschluss, S. 88; WOERNER, L., Zeitpunkt der Passivierung, S. 487; STREIM, H., Grundzüge der Bilanzierung, S. 32.

341 Vgl. BAETGE, J./ZÜLCH, H., in: von Wysocki et al., HdJ, Abt. I/2, Rn. 62; SOLMECKE, H., BilMoG und GoB, S. 35.

342 FÜLBIER, R. U./KUSCHEL, P./SELCHERT, F. W., in: Küting/Pfitzer/Weber, HdR-E, 5. Aufl., § 252 HGB, Rn. 71 (im Orig. mit Hervorh.). Vgl. hierzu auch BAETGE, J./ZIESEMER, S./SCHMIDT, M., in: Baetge/Kirsch/Thiele, Bilanzrecht, § 252 HGB, Rn. 96-110; MOXTER, A., Bilanzlehre I, S. 35 und S. 38; COENENBERG, A. G./HALLER, A./ SCHULTZE, W., Jahresabschluß, S. 39 f.; BALLWIESER, W., in: Böcking et al., Beck HdR, B 105, Rn. 65.

343 Vgl. FÜLBIER, R. U./KUSCHEL, P./SELCHERT, F. W., in: Küting/Pfitzer/Weber, HdR-E, 5. Aufl., § 252 HGB, Rn. 70; BAETGE, J./ZIESEMER, S./SCHMIDT, M., in: Baetge/Kirsch/Thiele, Bilanzrecht, § 252 HGB, Rn. 92-94.

344 Vgl. BAETGE, J./ZIESEMER, S./SCHMIDT, M., in: Baetge/Kirsch/Thiele, Bilanzrecht, § 252 HGB, Rn. 113; FÜLBIER, R. U./KUSCHEL, P./SELCHERT, F. W., in: Küting/Pfitzer/Weber, HdR-E, 5. Aufl., § 252 HGB, Rn. 74; ADS, § 252, Rn. 47, IDW, WP-Handbuch 2012, Bd. I, Kap. F, Rn. 340; HEINZ, C./SAND, A., Sanierungsmaßnahmen nach Bilanzstichtag, S. 2795-2799. Diese Ausnahme ist gem. § 284 Abs. 2 S. 3 HGB im Anhang anzugeben (vgl. bereits Fn. 338).

impliziert die Rückstellungsbewertung zum „Erfüllungsbetrag“ (§ 253 Abs. 1 S. 2 HGB)[345] die Berücksichtigung „künftige[r] Preis- und Kostensteigerungen“ und damit eine „Einschränkung des Stichtagsprinzips“.[346] Nach dem Periodisierungsprinzip sind Aufwendungen und Erträge unabhängig von den entsprechenden Zahlungen zu erfassen,[347] wobei sich die konkrete Zuordnung nach dem im Folgenden erläuterten Imparitätsprinzip sowie den Definitions- und Ansatzgrundsätzen richtet.[348] Nach dem Grundsatz der **Wirtschaftlichkeit** sind zusätzliche Angaben im Jahresabschluss nur angezeigt, sofern deren Nutzen für die Adressaten die Kosten der Bereitstellung der Information übersteigt. Aufgrund der fehlenden Messbarkeit des Informationsnutzens wird dieser Grundsatz allgemein durch den Wesentlichkeitsgrundsatz substituiert,[349] nach dem der Jahresabschluss nur wesentliche, also für die schutzwürdigen Adressaten entscheidungserhebliche Informationen enthalten darf.[350]

253.3 Systemgrundsätze

Die Systemgrundsätze bilden als „Basis-GoB“[351] die Klammer zwischen den GoB-Gruppen und den Jahresabschlusszwecken. Sie stellen somit die „*einheitliche* Bezugsbasis für eine *folgerichtige* Konkretisierung“[352] und Anwendung des GoB-Systems sowie die Grundlage für eine möglichst widerspruchsfreie Zweckerreichung dar.[353]

Gemäß dem Systemgrundsatz der **Unternehmensfortführung** (going-concern-Prinzip, § 252 Abs. 1 Nr. 2 HGB) sind Vermögensgegenstände und Schulden ihrer „tatsächlich beabsichtigten Verwendung“[354] nach so lange mit ihren Fortführungswerten[355] zu bilanzieren, bis dieser Be-

---

345 Diese Bewertung wurde im Rahmen des BilMoG im HGB verankert, vgl. DEUTSCHER BUNDESRAT (Hrsg.), BR-Drucks. 344/08, S. 112; SOLMECKE, H., BilMoG und GoB, S. 179-181; BAETGE, J./ZIESEMER, S./SCHMIDT, M., in: Baetge/Kirsch/Thiele, Bilanzrecht, § 252 HGB, Rn. 95.1.

346 Alle Zitate DEUTSCHER BUNDESRAT (Hrsg.), BR-Drucks. 344/08, S. 112. Vgl. zu dieser Einschränkung des Stichtagsprinzips, die indes eine konsequentere Befolgung des Vorsichtsprinzips impliziert (vgl. hierzu Abschn. 253.6) auch SOLMECKE, H., BilMoG und GoB, S. 179-181 und zur Diskussion, ob hier tatsächlich ein Verstoß gegen das Stichtagsprinzip vorliegt BRÖSEL, G./OLBRICH, M., in: Küting/Pfitzer/Weber, HdR-E, 5. Aufl., § 253 HGB, Rn. 354; KÜTING, K./CASSEL, J./METZ, C., Rückstellungen, S. 326 f. m. w. N.

347 Vgl. BAETGE, J./KIRSCH, H.-J./THIELE, S., Bilanzen, S. 123; BAETGE, J./ZÜLCH, H., in: von Wysocki et al., HdJ, Abt. I/2, Rn. 63; SOLMECKE, H., BilMoG und GoB, S. 36.

348 Vgl. MOXTER, A., Bilanzlehre I, S. 40; BAETGE, J./KIRSCH, H.-J./THIELE, S., Bilanzen, S. 123; BAETGE, J./ZÜLCH, H., in: von Wysocki et al., HdJ, Abt. I/2, Rn. 62 f.

349 Vgl. hierzu LEFFSON, U., GoB, S. 180-186; BAETGE, J./KIRSCH, H.-J./THIELE, S., Bilanzen, S. 123 f.; THIELE, S./STELLBRINK, J./ZIESEMER, S., in: Baetge/Kirsch/Thiele, Bilanzrecht, Einführung, Rn. 50; BALLWIESER, W., in: Böcking et al., Beck HdR, B 105, Rn. 78-80.

350 SOLMECKE, H., BilMoG und GoB, S. 36; BAETGE, J./ZÜLCH, H., in: von Wysocki et al., HdJ, Abt. I/2, Rn. 64; SCHILDBACH, T., Handelsrechtlicher Jahresabschluss, S. 98.

351 BAETGE, J./KIRSCH, H.-J./THIELE, S., Bilanzen, S. 124.

352 FEY, D., Imparitätsprinzip und GoB-System, S. 105.

353 Vgl. FEY, D., Imparitätsprinzip und GoB-System, S. 104-130; BAETGE, J./KIRSCH, H.-J./THIELE, S., Bilanzen, S. 124 f.; BAETGE, J./ZÜLCH, H., in: von Wysocki et al., HdJ, Abt. I/2, Rn. 65.

354 BAETGE, J./KIRSCH, H.-J./THIELE, S., Bilanzen, S. 125; BAETGE, J./ZIESEMER, S./SCHMIDT, M., in: Baetge/Kirsch/Thiele, Bilanzrecht, § 252 HGB, Rn. 41.

355 Vgl. hierzu BALLWIESER, W., in: Böcking et al., Beck HdR, B 105, Rn. 19-21; FÜLBIER, R. U./KUSCHEL, P./SELCHERT, F. W., in: Küting/Pfitzer/Weber, HdR-E, 5. Aufl., § 252 HGB, Rn. 62; KRAUS, S., Rückstellungsbegriff, S. 142.

wertung tatsächliche oder rechtliche Gegebenheiten entgegenstehen.[356] Auch wenn der going-concern-Beurteilung in Sanierungssituationen typischerweise erhöhte Bedeutung zukommt, greift die Abkehr vom going-concern-Prinzip tendenziell spät[357] und stellt daher „weder ein Frühwarninstrument noch eine Sanierungshilfe"[358] dar. In der in dieser Arbeit thematisierten außergerichtlichen Sanierungsphase erfordern insofern regelmäßig weder rechtliche Gegebenheiten die Abkehr vom Grundsatz der Unternehmensfortführung, noch wird die Beendigung des Unternehmens vor dem Hintergrund geplanter bzw. ergriffener Sanierungsmaßnahmen tatsächlich beabsichtigt sein. Folglich muss der Adressat seine Beurteilung der aktuellen und künftigen (Finanz-)Lage auf den in der vorliegenden Arbeit untersuchten Jahresabschluss und Lagebericht[359] stützen. Daneben ist in den hier betrachteten Gesellschaften gem. § 91 Abs. 2 AktG ein geeignetes, im Folgenden nicht weiter thematisiertes, internes System zur frühzeitigen Erkennung bestandsgefährdender Risiken einzurichten.[360]

Der zweite Systemgrundsatz der **Pagatorik** (§ 252 Abs. 1 Nr. 5 HGB) stellt sicher, dass der Jahresabschluss ausschließlich Bewertungen enthält, die auf (vergangenen oder künftigen) Zahlungsvorgängen beruhen.[361] Die hier v. a. relevanten Verbindlichkeiten bzw. Rückstellungen müssen insofern auf geplanten bzw. erwarteten künftigen Auszahlungen beruhen.[362] Um ein objektiviertes Bild der wirtschaftlichen Lage zu vermitteln[363] und „willkürbehaftete Verbundeffekte"[364] zwischen

---

356 Vgl. zu diesen Gegebenheiten FÜLBIER, R. U./KUSCHEL, P./SELCHERT, F. W., in: Küting/Pfitzer/Weber, HdR-E, 5. Aufl., § 252 HGB, Rn. 49-52; WOHLGEMUTH, M./RADDE, J., in: Hofbauer/Ammann, Bonner HdR, 2. Aufl., § 252 HGB, Rn. 19 f.; BAETGE, J./ZIESEMER, S./SCHMIDT, M., in: Baetge/Kirsch/Thiele, Bilanzrecht, § 252 HGB, Rn. 54-57 sowie zum going-concern-Prinzip HATER, A., Fortbestehensprognose und Fortführungsprognose, S. 34-248; BAETGE, J./ZIESEMER, S./SCHMIDT, M., in: Baetge/Kirsch/Thiele, Bilanzrecht, § 252 HGB, Rn. 41-74; BALLWIESER, W., in: Böcking et al., Beck HdR, B 105, Rn. 19-24; GROß, P. J., Fortführungsprognose, S. 122-137.

357 Vgl. zur, v. a. aufgrund der Gefahr einer self-fulfilling-prophecy, bewusst spät greifenden Abkehr vom going-concern-Prinzip BAETGE, J./SCHMIDT, M./HATER, A., Determinanten einer Unternehmenskrise, Rn. 256-258; WOHLGEMUTH, M./RADDE, J., in: Hofbauer/Ammann, Bonner HdR, 2. Aufl., § 252 HGB, Rn. 19; SARX, M., Grenzfälle, S. 570 f.; MOXTER, A., Unternehmensfortführung, S. 345-351 sowie ausführlich HATER, A., Fortbestehensprognose und Fortführungsprognose, S. 177-183.

358 LUIK, H., Going-Concern-Prinzip, S. 66, vgl. auch BAETGE, J./ZIESEMER, S./SCHMIDT, M., in: Baetge/Kirsch/Thiele, Bilanzrecht, § 252 HGB, Rn. 43.

359 Vgl. hierzu BAETGE, J./ZÜLCH, H., in: von Wysocki et al., HdJ, Abt. I/2, Rn. 43; FÜLBIER, R. U./KUSCHEL, P./SELCHERT, F. W., in: Küting/Pfitzer/Weber, HdR-E, 5. Aufl., § 252 HGB, Rn. 45.

360 Vgl. hierzu nur HOMMELHOFF, P./MATTHEUS, D., Risikomanagementsystem, S. 2787-2791; BAETGE, J./SCHMIDT, M./HATER, A., Determinanten einer Unternehmenskrise, Rn. 92-106; BAUER, J., GmbH in der Krise, Rn. 15-49, jeweils m. w. N.

361 Vgl. LEFFSON, U., GoB, S. 175; LEFFSON, U., Bewertungsprinzipien, Sp. 152; BAETGE, J./KIRSCH, H.-J./THIELE, S., Bilanzen, S. 126-128; BAETGE, J./ZIESEMER, S./SCHMIDT, M., in: Baetge/Kirsch/Thiele, Bilanzrecht, § 252 HGB, Rn. 221-224.

362 Vgl. BAETGE, J./KIRSCH, H.-J./THIELE, S., Bilanzen, S. 127.

363 Vgl. BAETGE, J./KIRSCH, H.-J./THIELE, S., Bilanzen, S. 128; BAETGE, J./ZIESEMER, S./SCHMIDT, M., in: Baetge/Kirsch/Thiele, Bilanzrecht, § 252 HGB, Rn. 117.

364 BAETGE, J./ZIESEMER, S./SCHMIDT, M., in: Baetge/Kirsch/Thiele, Bilanzrecht, § 252 HGB, Rn. 117, vgl. hierzu auch BALLWIESER, W., in: Böcking et al., Beck HdR, B 105, Rn. 57; SCHILDBACH, T., Handelsrechtlicher Jahresabschluss, S. 89 f.; FÜLBIER, R. U./KUSCHEL, P./SELCHERT, F. W., in: Küting/Pfitzer/Weber, HdR-E, 5. Aufl., § 252 HGB, Rn. 63 m. w. N.

Vermögensgegenständen und Schulden zu vermeiden, sind diese schließlich grundsätzlich[365] **einzeln zu bewerten** (§ 252 Abs. 1 Nr. 3 HGB).[366]

253.4 Ansatzgrundsätze für die Bilanz

253.41 Aktivierungsgrundsatz

Die gesetzlich nicht kodifizierten[367] Ansatzgrundsätze determinieren, welche Zahlungen zu aktivieren bzw. zu passivieren sind und umfassen insofern den Aktivierungs- und den Passivierungsgrundsatz.[368] Der überwiegende Teil des Schrifttums geht von der abstrakten Aktivierbarkeit eines Gutes aus, soweit dieses selbständig verwertbar, also in Geld transformierbar[369] ist und damit Schuldendeckungspotenzial besitzt.[370] Im Rahmen des Ansatzes eines Vermögensgegenstands ist neben der abstrakten auch die konkrete Aktivierungsfähigkeit zu prüfen, die aufgrund konkreter Vorschriften ggf. eine abweichende Bilanzierung impliziert.[371] So können bspw. abstrakt nicht aktivierbare aktive latente Steuern auf Verlustvorträge gem. § 274 Abs. 1 S. 4 HGB als „Sonderposten eigener Art"[372] aktiviert werden.

Der Aktivierungszeitpunkt eines Vermögensgegenstands korrespondiert grundsätzlich mit dem Realisationsprinzip.[373] Entscheidend ist in diesem Zusammenhang, welche Rolle der rechtlichen bzw. wirtschaftlichen Entstehung der in dieser Arbeit thematisierten Forderungen beizumessen ist.[374] Eine Forderung ist nach h. M. allgemein anzusetzen, wenn „damit eine rechtswirksame Vermögensänderung verbunden ist"[375]. Im Rahmen der vorliegenden Arbeit werden lediglich nicht umsatzbezogene, bedingte Forderungen – also solche deren Entstehung oder Erlöschen von einem künftigen ungewissen Ereignis abhängen[376] – relevant. Derartige Forderungen stellen bspw. die

365 Als hier (mittelbar) relevante Ausnahme sei auf die Möglichkeiten der Verrechnung von Rückgriffsansprüchen und Verbindlichkeitsrückstellungen verwiesen, vgl. hierzu BAETGE, J./ZIESEMER, S./SCHMIDT, M., in: Baetge/Kirsch/Thiele, Bilanzrecht, § 252 HGB, Rn. 129; BAETGE, J./KIRSCH, H.-J./THIELE, S., Bilanzen, S. 129 m. w. N.

366 Vgl. hierzu FEY, D., Imparitätsprinzip und GoB-System, S. 125-130; BAETGE, J./ZIESEMER, S./SCHMIDT, M., in: Baetge/Kirsch/Thiele, Bilanzrecht, § 252 HGB, Rn. 114-129; FÜLBIER, R. U./KUSCHEL, P./SELCHERT, F. W., in: Küting/Pfitzer/Weber, HdR-E, 5. Aufl., § 252 HGB, Rn. 59-69; BALLWIESER, W., in: Böcking et al., Beck HdR, B 105, Rn. 57-63.

367 Indes dienen §§ 242 Abs. 1, 246 Abs. 1 HGB als Grundlagen der Ansatzgrundsätze, vgl. BAETGE, J./ZÜLCH, H., in: von Wysocki et al., HdJ, Abt. I/2, Rn. 81; ADS, § 246, Rn. 10.

368 Vgl. BAETGE, J./KIRSCH, H.-J./THIELE, S., Bilanzen, S. 129; BAETGE, J./KIRSCH, H.-J./THIELE, S., in: Küting/Pfitzer/Weber, HdR-E, 5. Aufl., Kap. 4, Rn. 89 f.

369 Vgl. hierzu BAETGE, J./KIRSCH, H.-J./THIELE, S., Bilanzen, S. 163; SCHUBERT, W. J./HUBER, F., in: Förschle et al., BeBiKo, 9. Aufl., § 247 HGB, Rn. 377 f. und Rn. 390 m. w. N.

370 Vgl. hierzu BAETGE, J./KIRSCH, H.-J./THIELE, S., Bilanzen, S. 159-166; KUßMAUL, H., in: Küting/Pfitzer/Weber, HdR-E, 5. Aufl., § 246 HGB, Rn. 6-13; ADS, § 246, Rn. 15-30; FREERICKS, W., Bilanzierungsfähigkeit, S. 141-203.

371 Vgl. BAETGE, J./KIRSCH, H.-J./THIELE, S., Bilanzen, S. 158; BAETGE, J./ZÜLCH, H., in: von Wysocki et al., HdJ, Abt. I/2, Rn. 84; KUßMAUL, H., in: Küting/Pfitzer/Weber, HdR-E, 5. Aufl., § 246 HGB, Rn. 9-13.

372 DEUTSCHER BUNDESTAG (Hrsg.), BT-Drucks. 16/10067, S. 67, vgl. auch Abschn. 453.233.

373 Vgl. BALLWIESER, W., in: Böcking et al., Beck HdR, B 131, Rn. 42 und ausführlich zum Realisationsprinzip Abschn. 253.51.

374 Vgl. hierzu ADS, § 246, Rn. 172-180 m. w. N.; BALLWIESER, W., in: Böcking et al., Beck HdR, B 131, Rn. 42-48 m. w. N.; GELHAUSEN, H. F., Realisationsprinzip, S. 72-78.

375 LEFFSON, U., GoB, S. 269, so auch ADS, § 246, Rn. 53.

376 Vgl. ADS, § 246, Rn. 50; ELLENBERGER, J., in: Palandt et al., BGB, 73. Aufl., Einf. von § 158 BGB, Rn. 1; THIELE, S., Eigenkapital, S. 106 f.

Ansprüche gegenüber einem Patron im Vorfeld des Eintritts des Sicherungsfalls dar.[377] Obgleich diese bedingten Forderungen dezidiert erst in Abschn. 46 behandelt werden, scheitert ihr Ansatz im Ergebnis nicht nur am Realisations- und Vorsichtsprinzip,[378] sondern bereits an den Rückgriffsforderungen, die mit diesen Sanierungsmaßnahmen regelmäßig einhergehen und insofern der besagten „Vermögensmehrung“[379] entgegenstehen.[380]

253.42 Passivierungsgrundsatz

Der Passivierungsgrundsatz regelt die abstrakte Passivierungsfähigkeit, die, analog zum Aktivierungsgrundsatz, von der konkreten Passivierung zu unterscheiden ist.[381] Demnach ist eine Schuld zu passivieren, wenn eine zivil-, öffentlich-rechtliche oder wirtschaftliche Verpflichtung vorliegt, die eine wirtschaftliche Belastung i. S. e. künftigen Bruttovermögensminderung darstellt und exakt oder in einer Bandbreite quantifizierbar ist.[382] Das Kriterium der **Verpflichtung** ist zu bejahen, sofern den Bilanzierenden ein hinreichend konkreter Zwang zur Leistungserbringung trifft,[383] er also mit dem (rechtlichen bzw. faktischen) Entstehen der Verpflichtung ernsthaft rechnen muss (Vorhersehbarkeit).[384] Eine Verpflichtung gilt als vorhersehbar, wenn i. S. e. Mindestwahrscheinlichkeit „mehr Gründe für als gegen das Be- oder Entstehen“[385] der Verpflichtung sprechen[386] – selbstredend ist in diesem Zusammenhang nicht die bloße Zahl sondern das Gewicht der einzelnen Gründe entscheidend. Vor dem Hintergrund, dass die in dieser Arbeit thematisierten Schuldpositionen respektive Passiva ausschließlich auf zivilrechtlich verbindlichen Verträgen beruhen, ist das Verpflichtungskriterium hier regelmäßig erfüllt.

---

377 Vgl. hierzu und zu weiteren Ansprüchen aus Personalsicherheiten Abschn. 462.2.

378 Vgl. ADS, § 246, Rn. 53.

379 ADS, § 246, Rn. 53.

380 Vgl. ausführlich hierzu Abschn. 46.

381 Vgl. BAETGE, J./KIRSCH, H.-J./THIELE, S., Bilanzen, S. 172-180; BAETGE, J./ZÜLCH, H., in: von Wysocki et al., HdJ, Abt. I/2, Rn. 87-90; FREERICKS, W., Bilanzierungsfähigkeit, S. 222-231; KUßMAUL, H., in: Küting/Pfitzer/Weber, HdR-E, 5. Aufl., § 246 HGB, Rn. 14-16. Zur bilanztheoretischen Fundierung des Passivierungsgrundsatzes KIRSCH, H.-J./HOFFMANN, T./SIEGEL, D., Latente Steuern, S. 1290 f. m. w. N. und die Nachweise in Fn. 432.

382 Vgl. zu diesen Kriterien, die sich „in mehr oder weniger abgewandelter Form im überwiegenden Teil der Literatur“ (SCHELLHORN, M., Rückstellungen für ungewisse Verbindlichkeiten, S. 307) wiederfinden, nur BAETGE, J., Passivierungsgrundsatz, S. 35-41; BAETGE, J./KIRSCH, H.-J./THIELE, S., Bilanzen, S. 173; SCHUBERT, W. J., in: Förschle et al., BeBiKo, § 247 HGB, 9. Aufl., Rn. 201-207; SCHUBERT, W. J., in: Förschle et al., BeBiKo, 9. Aufl., § 249 HGB, Rn. 24; ADS, § 246, Rn. 102-106; MOXTER, A., Bilanzrechtsprechung, S. 84-86; HÜTTEMANN, U., GoB für Verbindlichkeiten, S. 6-18; BRÖSEL, G./HAAKER, A., Wirtschaftliche Verursachung, S. 229, jeweils m. w. N.

383 Vgl. HÜTTEMANN, U., GoB für Verbindlichkeiten, S. 8-11; BAETGE, J./KIRSCH, H.-J./THIELE, S., Bilanzen, S. 174; SCHUBERT, W. J., in: Förschle et al., BeBiKo, 9. Aufl., § 247 HGB, Rn. 202-204; FREERICKS, W., Bilanzierungsfähigkeit, S. 228 f. BAIERL, H., in: Böcking et al., Beck HdR, B 234, Rn. 2 sieht dieses Kriterium als erfüllt an, sofern sich das Unternehmen der Verpflichtung nicht mehr entziehen kann.

384 Statt von der „Vorhersehbarkeit“ spricht das Schrifttum z. T. auch von der „Greifbarkeit“ der Verpflichtung, vgl. MOXTER, A., Passivierungszeitpunkt, S. 430.

385 BFH (Hrsg.), 01.08.1984 - I R 88/80, S. 46.

386 Vgl. BAETGE, J./KIRSCH, H.-J./THIELE, S., Bilanzen, S. 175 f.; MOXTER, A., Bilanzrechtsprechung, S. 85 f.; HOMMEL, M., in: Baetge/Kirsch/Thiele, Bilanzrecht, § 249 HGB, Rn. 36-46; EIBELSHÄUSER, M., Rückstellungsbildung, S. 862.

Neben der Verpflichtung selbst muss auch die damit verbundene **wirtschaftliche Belastung** hinreichend konkretisiert, respektive vorhersehbar sein.[387] Die Vorhersehbarkeit verlangt hier eine Mindestwahrscheinlichkeit der tatsächlichen Inanspruchnahme aus der Verpflichtung.[388] Liegt zwar eine vertragliche Verpflichtung, jedoch keine wahrscheinliche Inanspruchnahme vor, ist gem. § 251 HGB regelmäßig der Ausweis als Haftungsverhältnis geboten.[389] Darüber hinaus verlangen § 285 Nr. 3, Nr. 3a HGB für die bessere Beurteilung der Finanzlage des Unternehmens Angaben zu bestimmten Verpflichtungen bzw. Geschäften, die weder bilanziell noch als Haftungsverhältnis abzubilden sind.[390] Das Kriterium der wirtschaftlichen Belastung darf jedoch nicht mit der wirtschaftlichen Verursachung der Schuld verwechselt werden, die ihrerseits den Passivierungszeitpunkt entscheidend beeinflusst.[391]

Das letzte Kriterium erfordert schließlich eine zumindest in einer Bandbreite mögliche **Quantifizierbarkeit** der Schuld.[392] Soweit die Verpflichtung dem Grunde oder der Höhe nach ungewiss ist, ist statt einer Verbindlichkeit eine Rückstellung zu erfassen.[393] Besteht hingegen eine „Unsicherheit der Zeit nach"[394], ist nach herrschender, indes noch zu diskutierender Auffassung[395] ein Verbindlichkeitsausweis geboten.[396] Sofern die Kriterien für den Ansatz einer Schuld erfüllt sind, ist anhand des Grundsatzes der „Abgrenzung der Sache und der Zeit nach" der Passivierungszeitpunkt festzulegen.[397]

---

387 Vgl. MOXTER, A., Bilanzrechtsprechung, S. 85 f.; MOXTER, A., Bilanzlehre I, S. 27; EIBELSHÄUSER, M., Rückstellungsbildung, S. 862 f.; FREERICKS, W., Bilanzierungsfähigkeit, S. 227 f.; HOMMEL, M., in: Baetge/Kirsch/Thiele, Bilanzrecht, § 249 HGB, Rn. 31-35 und Rn. 39-53.

388 Vgl. zur wahrscheinlichen Inanspruchnahme respektive der wirtschaftlichen Belastung neben den Nachweisen in Fn. 387 BAETGE, J., Passivierungsgrundsatz, S. 39 f.; BAETGE, J./KIRSCH, H.-J./THIELE, S., Bilanzen, S. 176; SCHELLHORN, M., Rückstellungen für ungewisse Verbindlichkeiten, S. 307 f. m. w. N. Teilweise wird bei der Frage der Inanspruchnahme auch auf die (Un-)Entziehbarkeit vor der Verpflichtung abgestellt, vgl. SCHULZE-OSTERLOH, J., Unentziehbarkeit, S. 187-192 und S. 195. Darüber hinaus wird das Kriterium der Unentziehbarkeit z. T. auch bei der Frage um den Passivierungszeitpunkt verwandt, vgl. Fn. 426.

389 Vgl. BAETGE, J./KIRSCH, H.-J./THIELE, S., Bilanzen, S. 573; FEY, G., GoB für Haftungsverhältnisse, S. 24-37; HÜTTEMANN, U., GoB für Verbindlichkeiten, S. 22-24.

390 Vgl. ausführlicher zu diesen Vorschriften bzw. ihrer Auslegung die Abschn. 45 und 46.

391 Vgl. hierzu Abschn. 253.5 und auch MATSCHKE, M. J./SCHELLHORN, M., Neuer Verbindlichkeitsbegriff?, S. 459-461; KIRSCH, H.-J./HOFFMANN, T./SIEGEL, D., Latente Steuern, S. 1291.

392 Vgl. BAETGE, J., Passivierungsgrundsatz, S. 40 f.; HÜTTEMANN, U., GoB für Verbindlichkeiten, S. 13 f.; ADS, § 246, Rn. 106; BAETGE, J./KIRSCH, H.-J./THIELE, S., Bilanzen, S. 177; FREERICKS, W., Bilanzierungsfähigkeit, S. 230.

393 Vgl. statt aller BAETGE, J., Passivierungsgrundsatz, S. 41; BAETGE, J./ZÜLCH, H., in: von Wysocki et al., HdJ, Abt. I/2, Rn. 88; ADS, § 249, Rn. 71-78; KRAUS, S., Rückstellungsbegriff, S. 145; MATSCHKE, M. J./SCHELLHORN, M., Neuer Verbindlichkeitsbegriff?, S. 448 f.

394 BRÖSEL, G./HAAKER, A., Wirtschaftliche Verursachung, S. 228. BRÖSEL/HAAKER verwenden statt des gesetzlichen Begriffs der Ungewissheit die entscheidungstheoretisch korrekte, da quantifizierbare „Unsicherheit" (ebenda, S. 228 (Fn. 8), vgl. hierzu auch BAETGE, J./SCHULZE, D., Objektivierung, S. 939 f.; SCHNEIDER, D., Meßbarkeitsstufen, S. 89-122). Da im Folgenden jedoch die Auslegung konkreter handelsrechtlicher Vorschriften im Fokus steht, wird folgerichtig auf die darin verankerte Terminologie rekurriert.

395 Vgl. hierzu die Ausführungen in Abschn. 42.

396 Vgl. IDW, WP-Handbuch 2012, Bd. I, Kap. E, Rn. 149 (hier indes mit fehlerhaftem Verweis auf „ADS, § 249, Rn. 71 ff.", die sich nicht zur Ungewissheit der Fälligkeit nach äußern); WINNEFELD, R., Bilanz-Handbuch, 4. Aufl., Kap. D, Rn. 959, wohl auch JONAS, H., Rückstellung, S. 338. A. A. MINDERMANN, T./BRÖSEL, G., Jahresabschlusserstellung, S. 199; WASCHBUSCH, G., in: Petersen/Zwirner/Brösel, Praxiskommentar Bilanzrecht, § 247 HGB, Rn. 123 und wohl auch GAIL, W., Rechtliche Entstehung und wirtschaftliche Verursachung, S. 52.

397 Vgl. hierzu die Erläuterungen in Abschn. 253.5.

253.5 Definitionsgrundsätze für den Jahreserfolg

253.51 Realisationsprinzip

Die Definitionsgrundsätze für den Jahreserfolg bestimmen die Zuordnung von Aufwendungen und Erträgen zu den jährlichen Abrechnungsperioden[398] und lassen sich in zwei Ausprägungen unterteilen: Während das Realisationsprinzip (§ 252 Abs. 1 Nr. 4 Hs. 2 HGB) die Ertragsrealisation normiert, ordnet der Grundsatz der Abgrenzung der Sache und der Zeit nach (§ 252 Abs. 1 Nr. 5 HGB) diesen Erträgen ihre verursachungsgerechten Aufwendungen zu.[399] Das **Realisationsprinzip** basiert auf dem AK/HK-Prinzip, welches die Erfolgsneutralität von Beschaffungsvorgängen sicherstellt, sowie auf den Regeln zur Festlegung des Ertragsrealisationszeitpunkts, die ihrerseits eine periodengerechte Erfolgsermittlung gewährleisten.[400] Diese Ermittlung periodengerechter Gewinne dient dabei nicht nur der Rechenschaft, sondern auch der Kapitalerhaltung, da auf diesem Wege (auch) die Ausschüttung unrealisierter Gewinne verhindert wird.[401]

In der vorliegenden Arbeit ist das Realisationsprinzip besonders für die Ertragsrealisation nichtumsatzbezogener Geschäfte, genauer primär für die Abzinsung bilanzieller Schuldposten relevant.[402] Fraglich ist in diesem Zusammenhang, ob aus diesen Geschäften[403] ein Vermögensgegenstand erst aufgrund eines Rechtsanspruchs[404] oder bereits dann entsteht, wenn die „wesentlichen wirtschaftlichen Ursachen im abgelaufenen Geschäftsjahr gesetzt worden sind“[405]. Für die nachfol-

---

398 Vgl. FÜLBIER, R. U./KUSCHEL, P./SELCHERT, F. W., in: Küting/Pfitzer/Weber, HdR-E, 5. Aufl., § 252 HGB, Rn. 112; BAETGE, J./ZÜLCH, H., in: von Wysocki et al., HdJ, Abt. I/2, Rn. 71; IDW, WP-Handbuch 2012, Bd. I, Kap. E, Rn. 305 sowie zur bilanztheoretischen Fundierung neben SCHMALENBACH, E., Dynamische Bilanz, S. 61-82; BAETGE, J./KIRSCH, H.-J./THIELE, S., Bilanzen, S. 17-23 und S. 131.

399 Vgl. zu dieser, hier vertretenen Zweiteilung der Definitionsgrundsätze LEFFSON, U., GoB, S. 247-331; BAETGE, J./KIRSCH, H.-J./THIELE, S., in: Küting/Pfitzer/Weber, HdR-E, 5. Aufl., Kap. 4, Rn. 84-88; FÜLBIER, R. U./KUSCHEL, P./SELCHERT, F. W., in: Küting/Pfitzer/Weber, HdR-E, 5. Aufl., § 252 HGB, Rn. 112; COENENBERG, A. G./HALLER, A./SCHULTZE, W., Jahresabschluß, S. 41-43; SCHILDBACH, T., Handelsrechtlicher Jahresabschluss, S. 90-93; NAUMANN, K.-P., Rückstellungsbilanzierung, S. 530 f.; SIEGEL, T., Realisationsprinzip als Periodisierungsprinzip?, S. 3-19; SIEGEL, T., Metamorphosen, S. 595-605 m. w. N.; WOERNER, L., Zeitpunkt der Passivierung, S. 489 f. Davon abweichend wird im Schrifttum auch die Auffassung vertreten, dass das Realisationsprinzip sowohl die Ertrags- als auch die Aufwandserfassung normiere, vgl. v. a. MOXTER, A., Bilanzlehre I, S. 161; BALLWIESER, W., in: Böcking et al., Beck HdR, B 105, Rn. 30-32; SCHULZE-OSTERLOH, J., Aufwendungen, S. 656; HERZIG, N., Derivatebilanzierung, S. 48. Da weitgehende Einigkeit bzgl. des hier relevanten Inhalts der Definitionsgrundsätze vorherrscht, wird von der diesbezüglichen Diskussion im Folgenden abstrahiert.

400 Vgl. zu diesen Komponenten des Realisationsprinzips LEFFSON, U., GoB, S. 247-272; BAETGE, J./ZÜLCH, H., in: von Wysocki et al., HdJ, Abt. I/2, Rn. 71-80; MOXTER, A., Realisationsprinzip, S. 1783 f.; FÜLBIER, R. U./KUSCHEL, P./SELCHERT, F. W., in: Küting/Pfitzer/Weber, HdR-E, 5. Aufl., § 252 HGB, Rn. 90.

401 Vgl. BAETGE, J./KIRSCH, H.-J./THIELE, S., Bilanzen, S. 134; BAETGE, J./ZÜLCH, H., in: von Wysocki et al., HdJ, Abt. I/2, Rn. 78; LEFFSON, U., GoB, S. 251 f.

402 Vgl. zum hier insofern nicht weiter thematisierten AK/HK-Prinzip LEFFSON, U., GoB, S. 252-257; BAETGE, J./KIRSCH, H.-J./THIELE, S., Bilanzen, S. 131 f.; FÜLBIER, R. U./KUSCHEL, P./SELCHERT, F. W., in: Küting/Pfitzer/Weber, HdR-E, 5. Aufl., § 252 HGB, Rn. 90; MOXTER, A., Realisationsprinzip, S. 1783.

403 Nicht adressiert sind hier nicht-umsatzbezogene Geschäfte in Gestalt positiver Wertveränderungen im Anlage- oder Umlaufvermögen des Unternehmens, vgl. zu deren Realisationszeitpunkt BAETGE, J./ZÜLCH, H., in: von Wysocki et al., HdJ, Abt. I/2, Rn. 77; BAETGE, J./ZIESEMER, S./SCHMIDT, M., in: Baetge/Kirsch/Thiele, Bilanzrecht, § 252 HGB, Rn. 199.

404 Vgl. ausführlich und m. w. N. ADS, § 246, Rn. 179 f. sowie GELHAUSEN, H. F., Realisationsprinzip, S. 72-78 und BAETGE, J./ZIESEMER, S./SCHMIDT, M., in: Baetge/Kirsch/Thiele, Bilanzrecht, § 252 HGB, Rn. 200.

405 BFH (Hrsg.), 06.12.1978 - I R 35/78, S. 263, vgl. zu dieser Ansicht auch BFH (Hrsg.), 12.04.1984 - IV R 112/81, S. 555; BALLWIESER, W., in: Schmidt/Ebke, MüKo HGB, 3. Aufl., § 246 HGB, Rn. 60-62; BALLWIESER, W., in: Böcking et al., Beck HdR, B 131, Rn. 44 f.; MOXTER, A., Bilanzrechtsprechung, S. 45 f.

gende Untersuchung entscheidend ist hierbei § 253 Abs. 2 S. 1 HGB. Diese im Rahmen des BilMoG eingeführte Vorschrift strahlt u. a. wie folgt auf das Realisationsprinzip aus: Um die wirtschaftliche Lage und die „wahre[n] Belastung" aus der zur Rede stehenden Verpflichtung realitätsnäher darzustellen, unterstellt der Gesetzgeber, dass „die in den Rückstellungen gebundenen Finanzmittel investiert und daraus Erträge realisiert werden können" und insofern für Rückstellungen mit einer Restlaufzeit von mindestens zwölf Monaten eine generelle Abzinsungspflicht besteht.[406] Inwiefern die Tatsache, dass bei Rückstellungen ohne Zinsanteil insofern rein „kalkulatorische Zinserträge"[407] realisiert werden, zu einem Verstoß oder einer Modifikation[408] des Realisationsprinzips führt und v. a. inwieweit sich diese Tatsache auf die Bilanzierung von Sanierungsmaßnahmen auswirkt oder auswirken sollte, kann an dieser Stelle noch dahingestellt bleiben.[409]

253.52 Abgrenzung der Sache und der Zeit nach

Im Sinne einer periodengerechten Erfolgsermittlung sind die Grundsätze der Abgrenzung der Sache und der Zeit nach zu beachten, die sämtliche Aufwendungen (ordentliche, außerordentliche und zeitraumbezogene) sowie zeitraumbezogene und außerordentliche Erträge periodisieren.[410] Der **Grundsatz der Abgrenzung der Sache nach** ergänzt das Realisationsprinzip,[411] indem er den Erträgen verursachungsgerecht jene Aufwendungen zuordnet, die i. S. e. finalen Mittel-Zweck-Beziehung für die Realisation eben dieser Erträge erforderlich waren.[412] Fehlt es an dieser sachlichen Beziehung zwischen Aufwendungen und Erträgen, ist die Zuordnung gem. dem Grundsatz der Abgrenzung der Zeit nach vorzunehmen.[413]

Soweit die obigen Passivierungskriterien erfüllt sind,[414] kommen als konkreter Erfassungszeitpunkt der Aufwendungen (bzw. des entsprechenden Schuldpostens) grundsätzlich die rechtliche Entstehung oder die wirtschaftliche Verursachung in Betracht.[415] Unproblematisch sind Situationen in denen diese Zeitpunkte deckungsgleich sind[416] oder die wirtschaftliche Verursachung vor der rechtlichen Entstehung stattfindet, da das Schrifttum und die Rechtsprechung im letztgenannten Fall

---

406 Vgl. DEUTSCHER BUNDESRAT (Hrsg.), BR-Drucks. 344/08, S. 116 (auch Zitate) sowie ausführlich zu diesem Themenkomplex die Ausführungen in Abschn. 423.22.

407 BUSCH, F. W., GoB für Pensionsverpflichtungen, S. 159, vgl. ausführlich Abschn. 423.22.

408 Vgl. hierzu SOLMECKE, H., BilMoG und GoB, S. 217 f. und weiterführend die Abschn. 423.22 und 423.3.

409 Vgl. dann Abschn. 423.

410 Vgl. LEFFSON, U., GoB, S. 299-339; BAETGE, J./KIRSCH, H.-J./THIELE, S., Bilanzen, S. 135 f.; BAETGE, J./ZÜLCH, H., in: von Wysocki et al., HdJ, Abt. I/2, Rn. 79 f.

411 Gleiches gilt für den Grundsatz der Abgrenzung der Zeit nach, vgl. BAETGE, J./ZIESEMER, S./SCHMIDT, M., in: Baetge/Kirsch/Thiele, Bilanzrecht, § 252 HGB, Rn. 181.

412 Vgl. KIRSCH, H.-J./HOFFMANN, T./SIEGEL, D., Latente Steuern, S. 1291; BAETGE, J., Passivierungsgrundsatz, S. 32; BAETGE, J./KIRSCH, H.-J./THIELE, S., Bilanzen, S. 135 m. w. N.; FÜLBIER, R. U./KUSCHEL, P./SELCHERT, F. W., in: Küting/Pfitzer/Weber, HdR-E, 5. Aufl., § 252 HGB, Rn. 111-115; DÖLLERER, G., AK und HK, S. 1408; ADS, § 249, Rn. 22.

413 Vgl. KIRSCH, H.-J./HOFFMANN, T./SIEGEL, D., Latente Steuern, S. 1291 f.

414 Vgl. hierzu Abschn. 253.42.

415 Vgl. ADS, § 249, Rn. 68 f.; BALLWIESER, W., in: Böcking et al., Beck HdR, B 131, Rn. 78; NAUMANN, K.-P., Rückstellungsbilanzierung, S. 529-531; KIRSCH, H.-J./HOFFMANN, T./SIEGEL, D., Latente Steuern, S. 1291 m. w. N.

416 Vgl. auch NAUMANN, K.-P., Rückstellungsbilanzierung, S. 532; GAIL, W., Rechtliche Entstehung und wirtschaftliche Verursachung, S. 59.

einhellig auf die wirtschaftliche Verursachung abstellen.[417] Findet eine sukzessive wirtschaftliche Verursachung statt, ist selbstverständlich auch die Rückstellung dementsprechend sukzessiv im Wertansatz zu verändern.[418] Als stark umstritten muss hingegen der Aufwanderfassungszeitpunkt im Falle der rechtlichen Entstehung im Vorfeld der wirtschaftlichen Verursachung[419] sowie (besonders) die Interpretation der wirtschaftlichen Verursachung gelten.[420] Basierend auf diversen Gerichtsurteilen haben sich diesbezüglich die Wesentlichkeits- und die Alimentationstheorie als Grundströmungen herausgebildet. Daneben haben sich verschiedene Kompromisslösungen entwickelt, die im Folgenden, sofern sie im Rahmen dieser Arbeit relevant sind, ebenso thematisiert werden.[421]

Nach der **Wesentlichkeitstheorie** ist eine Verbindlichkeit wirtschaftlich verursacht, wenn sie „so eng mit dem betrieblichen Geschehen" des Geschäftsjahres verbunden ist, dass eine Zuordnung zu diesem Geschäftsjahr „gerechtfertigt erscheint", d. h., dass „die wirtschaftlich wesentlichen Tatbestandsmerkmale" der Verpflichtung vor dem Bilanzstichtag „verwirklicht"[422] sind und ihre Entstehung „nur noch von wirtschaftlich unwesentlichen Tatbestandsmerkmalen abhängt".[423] Problematisch und wohl nur einzelfallabhängig lösbar[424] erscheint hierbei die Konkretisierung der wesentlichen und unwesentlichen Tatbestände,[425] die ihrerseits weitere Interpretationen implizierte. So geht SCHÖN von einer Passivierung aus, sofern sich der Bilanzierende der Verpflichtung „nicht mehr einseitig entziehen kann" und insofern die letztliche Entstehung nur noch als „‚unwesentliches'

417 Vgl. WEBER-GRELLET, H., in: Schmidt/Weber-Grellet/Heinicke, Kommentar EStG, 33. Aufl., § 5 EStG, Rn. 381 und Rn. 384; ADS, § 249, Rn. 69; SCHUBERT, W. J., in: Förschle et al., BeBiKo, 9. Aufl., § 249 HGB, Rn. 34; FÜLBIER, R. U./KUSCHEL, P./SELCHERT, F. W., in: Küting/Pfitzer/Weber, HdR-E, 5. Aufl., § 252 HGB, Rn. 112 f.; BAETGE, J./ZÜLCH, H., in: von Wysocki et al., HdJ, Abt. I/2, Rn. 79; BALLWIESER, W., in: Böcking et al., Beck HdR, B 131, Rn. 78; BRÖSEL, G./HAAKER, A., Wirtschaftliche Verursachung, S. 229; SCHELLHORN, M., Rückstellungen für ungewisse Verbindlichkeiten, S. 308; MOXTER, A., Bilanzlehre II, S. 26 und S. 37 f.; MOXTER, A., Rückstellungskriterien, S. 313; BÖCKING, H.-J., Gewinnrealisierung, S. 504-511; GAIL, W., Rechtliche Entstehung und wirtschaftliche Verursachung, S. 59 f.; CHRISTIANSEN, A., Steuerliche Rückstellungsbildung, S. 38 f.

418 Vgl. v. a. NAUMANN, K.-P., Rückstellungsbilanzierung, S. 531-536; MOXTER, A., Rückstellungskriterien, S. 317 f.; BÖCKING, H.-J., Gewinnrealisierung, S. 500; BFH (Hrsg.), 05.02.1987 - IV R 81/84, S. 732 m. w. N. zur BFH-Rechtsprechung.

419 Vgl. hierzu BALLWIESER, W., in: Böcking et al., Beck HdR, B 131, Rn. 79; ADS, § 249, Rn. 69; NAUMANN, K.-P., Rückstellungsbilanzierung, S. 533-536, MOXTER, A., Bilanzrechtsprechung, S. 116; GAIL, W., Rechtliche Entstehung und wirtschaftliche Verursachung, S. 60-62; HERZIG, N., Umweltschutzrückstellungen, S. 77-81; KRAUS, S., Rückstellungsbegriff, S. 147; DZIADKOWSKI, D., Nicht-Passivierung, S. 502 f. (für einem Überblick), jeweils m. w. N. sowie jüngst HFA DES IDW, RS HFA 34, Tz. 18; BRÖSEL, G./HAAKER, A., Wirtschaftliche Verursachung, S. 233 sowie die Nachweise in Fn. 1176.

420 Vgl. statt aller SCHELLHORN, M., Rückstellungen für ungewisse Verbindlichkeiten, S. 306; ENGEL-CIRIC, D./MOXTER, A., Umstrittenes Rückstellungskriterium, S. 1143 und S. 1145; BRÖSEL, G./HAAKER, A., Wirtschaftliche Verursachung, S. 227.

421 Vgl. zu einem Überblick BRÖSEL, G./HAAKER, A., Wirtschaftliche Verursachung, S. 233; MOXTER, A., Rückstellungskriterien, S. 311.

422 BFH (Hrsg.), 19.08.2002 - VIII R 30/01, S. 2031; BFH (Hrsg.), 24.06.1969 - I R 15/68, S. 582.

423 Vgl. BFH (Hrsg.), 01.08.1984 - I R 88/80, S. 46 f. (bis auf Fn. 422 auch alle Zitate) sowie jüngst BFH (Hrsg.), 08.09.2011 - IV R 5/09, S. 126.

424 So auch SCHUBERT, W. J., in: Förschle et al., BeBiKo, 9. Aufl., § 249 HGB, Rn. 36 und HOMMEL, M., in: Baetge/Kirsch/Thiele, Bilanzrecht, § 249 HGB, Rn. 76.

425 Vgl. MOXTER, A., Bilanzrechtsprechung, S. 117 f.; MOXTER, A., Sinn und Zweck, S. 431; MOXTER, A., Rückstellungskriterien, S. 315; HOMMEL, M., in: Baetge/Kirsch/Thiele, Bilanzrecht, § 249 HGB, Rn. 76; THIELE, S., Eigenkapital, S. 101 f.; SCHELLHORN, M., Rückstellungen für ungewisse Verbindlichkeiten, S. 309 m. w. N.

Tatbestandsmerkmal" verbleibe.[426] Ähnlich stellt auch Thiele auf die Unentziehbarkeit unter der Prämisse der Unternehmensfortführung ab.[427] Dies wird wiederum von Weber-Grellet mit Verweis auf das Vorsichtsprinzip zurückgewiesen, da es nach dessen Meinung bei Abstellen auf die Unentziehbarkeit gar „keine Rückstellungen mehr" gäbe.[428] Kirsch/Hoffmann/Siegel abstrahieren schließlich gewissermaßen vom Wesentlichkeitsproblem, indem sie von der Erfassung einer Rückstellung ausgehen, sofern „sich die (künftig entstehende) Verpflichtung aus Handlungen ergibt, die vor dem Bilanzstichtag stattgefunden haben".[429]

Als weitere Interpretation der wirtschaftlichen Verursachung findet sich im Schrifttum die maßgeblich von Moxter entwickelte **Alimentationstheorie**.[430] Diese ist auf die oben dargelegte periodengerechte Erfolgsermittlung, die im Rahmen der Definitionsgrundsätze primär relevant ist,[431] ausgerichtet.[432] Durch diese (streng) wirtschaftlich orientierte Aufwandsperiodisierung wird darüber hinaus auch ein besserer Rückschluss auf künftige Gewinne (bzw. die künftige Finanzlage) ermöglicht.[433] Nach der Alimentationstheorie sind in der aktuellen Periode all jene Aufwendungen zu erfassen, die realisierte Erträge alimentiert haben und insofern „Vergangenes abgelten"[434].[435] Nach Moxter stellen nur die so zu erfassenden Aufwendungen eine „unkompensierte Last"[436] dar, bei denen es an künftig zuordenbaren Erträgen fehlt – vorrangig weil die Aufwendungen bereits für realisierte Erträge „in Kauf genommen wurden"[437] oder aber weil sie keinerlei Erträge alimentieren.[438] Die strenge Bezugnahme auf bereits realisierte Erträge bzw. auf Dispositionen oder latente

---

426 Vgl. Schön, W., BFH und Rückstellungen, S. 4 (auch Zitate).

427 Vgl. Thiele, S., Eigenkapital, S. 102-104.

428 Vgl. Weber-Grellet, H., in: Schmidt/Weber-Grellet/Heinicke, Kommentar EStG, 33. Aufl., § 5 EStG, Rn. 385 (auch Zitat).

429 Vgl. Kirsch, H.-J./Hoffmann, T./Siegel, D., Latente Steuern, S. 1292 (auch Zitat).

430 Vgl. Moxter, A., Sinn und Zweck, S. 365-368; Moxter, A., Realisationsprinzip, S. 1783 f.; Moxter, A., Rückstellungskriterien, S. 311-324 sowie hierzu auch Herzig, N., Rückstellungen, S. 1344-1347; Ballwieser, W., in: Böcking et al., Beck HdR, B 105, Rn. 40; Schellhorn, M., Rückstellungen für ungewisse Verbindlichkeiten, S. 310 m. w. N. Wie Brösel, G./Haaker, A., Wirtschaftliche Verursachung, S. 233 korrekt feststellen, scheint auch das IDW in HFA des IDW, RS HFA 34, Tz. 18 inzwischen zur Alimentationstheorie zu tendieren.

431 Vgl. Baetge, J./Zülch, H., in: von Wysocki et al., HdJ, Abt. I/2, Rn. 92; Engel-Ciric, D./Moxter, A., Umstrittenes Rückstellungskriterium, S. 1145; Kirsch, H.-J./Hoffmann, T./Siegel, D., Latente Steuern, S. 1292; Brösel, G./Haaker, A., Wirtschaftliche Verursachung, S. 231; Kraus, S., Rückstellungsbegriff, S. 142 f., wohl auch Böcking, H.-J., Gewinnrealisierung, S. 511.

432 Vgl. neben den Nachweisen in Fn. 412 Engel-Ciric, D./Moxter, A., Umstrittenes Rückstellungskriterium, S. 1145; Brösel, G./Haaker, A., Wirtschaftliche Verursachung, S. 231.

433 Vgl. hierzu Brösel, G./Haaker, A., Wirtschaftliche Verursachung, S. 233; Streim, H., Meinungsspiegel Realisationsprinzip, S. 46; Kirsch, H.-J./Hoffmann, T./Siegel, D., Latente Steuern, S. 1292.

434 BFH (Hrsg.), 25.08.1989 - III R 95/87, S. 895.

435 Vgl. neben den Nachweisen in Fn. 430 BFH (Hrsg.), 25.08.1989 - III R 95/87, S. 895; BFH (Hrsg.), 20.01.1983 - IV R 168/81, S. 376 und die Diskussion in Abschn. 453.232.

436 Moxter, A., Bilanzrechtsprechung, S. 119. Z. T. bezeichnen er und das Schrifttum diese auch als Aufwendungsüberschuss, vgl. Moxter, A., Passivierungszeitpunkt, S. 432; Schellhorn, M., Rückstellungen für ungewisse Verbindlichkeiten, S. 311.

437 Brösel, G./Haaker, A., Wirtschaftliche Verursachung, S. 231. Vgl. hierzu auch Naumann, K.-P., Rückstellungsbilanzierung, S. 532.

438 Vgl. Moxter, A., Bilanzrechtsprechung, S. 119; Moxter, A., Rückstellungskriterien, S. 321-323, dem folgend Herzig, N., Wirkung des Realisationsprinzips, S. 215. Letzterer Fall liegt z. B. bei Schadensersatzforderungen vor, vgl. Moxter, A., Rückstellungskriterien, S. 324; Woerner, L., Zeitpunkt der Passivierung, S. 490.

Ereignisse der Vergangenheit verhindert insofern v. a. auch die Passivierung ungerechtfertigter Rückstellungen.[439]

Auf Basis dieser Argumentation sind nach h. M. insbesondere aus Gewinnen zu tilgende Verbindlichkeiten und damit die im Rahmen dieser Arbeit vorrangig relevanten Besserungsverpflichtungen nicht zu passivieren, da den entsprechenden künftigen Aufwendungen schließlich künftige Erträge zugerechnet werden können.[440] Mit Blick auf die in Abschn. 453.232. geführte Diskussion ist jedoch gleichermaßen auf die Einlassung von MOXTER zu verweisen, nach der künftige Aufwendungen dann nicht künftigen Erträgen zugeordnet werden dürfen, wenn diese Aufwendungen „*bereits realisierten* Erträgen zugeordnet werden müssen" und sich der Kaufmann nicht reich rechnen dürfe, indem er aus einem Geschäft nur die „*Vermögenszugänge*" nicht aber die „*Vermögensabgänge*" berücksichtige.[441] Darüber hinaus sei ebenso bereits an dieser Stelle angemerkt, dass ENGEL-CIRIC/MOXTER mit dem Ziel einer periodengerechten Aufwandserfassung die Alimentationstheorie neuerdings um das Teilwertkonzept ergänzen, indem sie die wirtschaftliche Verursachung dann als gegeben ansehen, wenn ein gedachter Erwerber die entsprechende Verpflichtung „in seinem Kaufpreiskalkül preismindernd" berücksichtigen würde.[442] Abschließend ist in diesem Kontext anzumerken, dass im Fall einer unklaren wirtschaftlichen Verursachung von Teilen des Schrifttums eine tendenziell frühe Aufwandserfassung im Sinne der Kapitalerhaltungsgrundsätze[443] zumindest als zulässig erachtet wird.[444]

Nach dem **Grundsatz der Abgrenzung der Zeit nach** sind schließlich zeitraumbezogene Aufwendungen und Erträge pro rata temporis[445] sowie außerordentliche Aufwendungen und Erträge in der Periode des Bekanntwerdens des zugrundeliegenden Ereignisses zu erfassen.[446]

253.6 Kapitalerhaltungsgrundsätze

Die Kapitalerhaltungsgrundsätze dienen als Gegengewicht zu den rechenschaftsorientierten Ansatz- und Definitionsgrundsätzen und gewährleisten durch das Imparitäts- und das Vorsichtsprinzip die nominelle Kapitalerhaltung.[447] Vor diesem Hintergrund regelt das **Imparitätsprinzip** die Berücksichtigung aller vorhersehbaren Risiken und Verluste, die bis zum Abschlussstichtag entstanden sind (§ 252 Abs. 1 Nr. 4 HGB). Zwar vermag die frühzeitige Erfassung dieser Risiken und Verluste

---

[439] Vgl. KRAUS, S., Rückstellungsbegriff, S. 147.

[440] Vgl. MOXTER, A., Bilanzrechtsprechung, S. 119; MOXTER, A., Passivierungszeitpunkt, S. 432.

[441] Vgl. MOXTER, A., Passivierungszeitpunkt, S. 433 (auch Zitate); MOXTER, A., Rückstellungskriterien, S. 317.

[442] Vgl. ENGEL-CIRIC, D./MOXTER, A., Umstrittenes Rückstellungskriterium, S. 1145 (auch Zitat) und weiterführend zu diesem Argument ebenso die Ausführungen in Abschn. 453.232.

[443] Vgl. hierzu die Ausführungen in Abschn. 253.6.

[444] So MOXTER, A., Passivierungszeitpunkt, S. 435; MOXTER, A., Bilanzlehre II, S. 27; EIBELSHÄUSER, M., Rückstellungsbildung, S. 862; BAETGE, J./ZÜLCH, H., in: von Wysocki et al., HdJ, Abt. I/2, Rn. 79 und wohl auch PAULICK, H., Aktivierungs- und Passivierungsverbote, S. 593 und WOERNER, L., Zeitpunkt der Passivierung, S. 489.

[445] Die gesetzliche Grundlage für diese Erfassung findet sich in §§ 250 Abs. 1, Abs. 2, 253 Abs. 3 S. 2 HGB, vgl. hierzu BAETGE, J./ZÜLCH, H., in: von Wysocki et al., HdJ, Abt. I/2, Rn. 80.

[446] Vgl. LEFFSON, U., GoB, S. 331-339; BAETGE, J./KIRSCH, H.-J./THIELE, S., Bilanzen, S. 136; BAETGE, J./ZÜLCH, H., in: von Wysocki et al., HdJ, Abt. I/2, Rn. 80; COENENBERG, A. G./HALLER, A./SCHULTZE, W., Jahresabschluß, S. 42 f.; SCHILDBACH, T., Handelsrechtlicher Jahresabschluss, S. 93.

[447] Vgl. BAETGE, J./ZÜLCH, H., in: von Wysocki et al., HdJ, Abt. I/2, Rn. 92; SOLMECKE, H., BilMoG und GoB, S. 39.

zu frühe Gewinnausschüttungen zu verhindern,[448] jedoch werden insofern grundsätzlich auch die Definitionsgrundsätze durchbrochen. Auf dieser Durchbrechung der Definitionsgrundsätze in Gestalt der asymmetrischen oder imparitätischen Behandlung künftiger Erträge und Aufwendungen basiert schließlich auch die Terminologie des „Imparitätsprinzips“.[449]

Um die rechenschaftsorientierte, periodengerechte Erfolgsermittlung nicht vollends zu konterkarieren,[450] ist die Anwendung des Imparitätsprinzips auf die im Folgenden erläuterten Fälle zu beschränken. Die Quelle der obigen Risiken und Verluste werden hier mit LEFFSON als eingeleitete Geschäfte bezeichnet.[451] Für die im Rahmen dieser Arbeit relevanten (Eventual-)Verbindlichkeiten, die als Teilmenge der besagten eingeleiteten Geschäfte anzusehen sind, ist (gleichsam für Risiken und Verluste) entscheidend, ob bei Gegenüberstellung der Aufwendungen und Erträge aus dem eingeleiteten Geschäft für das Unternehmen ein negativer Erfolgsbeitrag zu erwarten ist.[452] Während entstandene Verluste nur vorliegen, sofern sämtliche ihrer Ursachen bis zum Abschlussstichtag eingetreten sind, handelt es sich bei Risiken um zukunftsorientierte, drohende negative Erfolgsbeiträge,[453] die als eingeleitet respektive entstanden gelten, wenn „wenigstens eine wesentliche Ursache für den resultierenden negativen Erfolgsbeitrag im abzuschließenden Geschäftsjahr gesetzt worden bzw. eingetreten ist“[454].[455] In Folge dessen sind weder negative Erfolgsbeiträge aus späteren

---

448 Vgl. BAETGE, J./KIRSCH, H.-J./THIELE, S., Bilanzen, S. 137; BAETGE, J./ZIESEMER, S./SCHMIDT, M., in: Baetge/Kirsch/Thiele, Bilanzrecht, § 252 HGB, Rn. 161 f. und LEFFSON, U., GoB, S. 347, der bemerkt, dass das Imparitätsprinzip auch „informativ“ wirken könne.

449 Vgl. hierzu BAETGE, J./ZIESEMER, S./SCHMIDT, M., in: Baetge/Kirsch/Thiele, Bilanzrecht, § 252 HGB, Rn. 161 f.; COENENBERG, A. G./HALLER, A./SCHULTZE, W., Jahresabschluß, S. 43; WOHLGEMUTH, M./RADDE, J., in: Hofbauer/Ammann, Bonner HdR, 2. Aufl., § 252 HGB, Rn. 45; BALLWIESER, W., in: Böcking et al., Beck HdR, B 105, Rn. 43; WINKELJOHANN, N./BÜSSOW, T., in: Förschle et al., BeBiKo, 9. Aufl., § 252 HGB, Rn. 34 f.; MOXTER, A., Sinn und Zweck, S. 366; FÜLBIER, R. U./KUSCHEL, P./SELCHERT, F. W., in: Küting/Pfitzer/Weber, HdR-E, 5. Aufl., § 252 HGB, Rn. 81; BÖCKING, H.-J., Gewinnrealisierung, S. 501; KRAUS, S., Rückstellungsbegriff, S. 144.

450 Vgl. BAETGE, J./KIRSCH, H.-J./THIELE, S., Bilanzen, S. 137 f.; BAETGE, J./ZIESEMER, S./SCHMIDT, M., in: Baetge/Kirsch/Thiele, Bilanzrecht, § 252 HGB, Rn. 162. Ist das Imparitätsprinzip einschlägig, sind indes gleichsam auch keinerlei Ausnahmen von selbigem erkennbar, vgl. BAETGE, J./KIRSCH, H.-J./THIELE, S., Bilanzen, S. 39; FÜLBIER, R. U./KUSCHEL, P./SELCHERT, F. W., in: Küting/Pfitzer/Weber, HdR-E, 5. Aufl., § 252 HGB, Rn. 89.

451 Vgl. ausführlich zu den Arten der eingeleiteten Geschäfte LEFFSON, U., GoB, S. 393-397. Auch das Schrifttum stellt größtenteils auf dieses Konzept ab, vgl. bspw. BAETGE, J./ZÜLCH, H., in: von Wysocki et al., HdJ, Abt. I/2, Rn. 93; FÜLBIER, R. U./KUSCHEL, P./SELCHERT, F. W., in: Küting/Pfitzer/Weber, HdR-E, 5. Aufl., § 252 HGB, Rn. 81 f.

452 Vgl. LEFFSON, U., GoB, S. 395 f.; BAETGE, J./KNÜPPE, W., Vorhersehbare Risiken und Verluste, S. 396; FÜLBIER, R. U./KUSCHEL, P./SELCHERT, F. W., in: Küting/Pfitzer/Weber, HdR-E, 5. Aufl., § 252 HGB, Rn. 82; WINKELJOHANN, N./BÜSSOW, T., in: Förschle et al., BeBiKo, 9. Aufl., § 252 HGB, Rn. 34; COENENBERG, A. G./HALLER, A./SCHULTZE, W., Jahresabschluß, S. 43.

453 Vgl. KIRSCH, H.-J., Erwartungslücke, S. 969; BAETGE, J./ZIESEMER, S./SCHMIDT, M., in: Baetge/Kirsch/Thiele, Bilanzrecht, § 252 HGB, Rn. 164 f.; BALLWIESER, W., in: Böcking et al., Beck HdR, B 105, Rn. 45.

454 BAETGE, J./KNÜPPE, W., Vorhersehbare Risiken und Verluste, S. 397; BALLWIESER, W., in: Böcking et al., Beck HdR, B 105, Rn. 45; GAIL, W., Rechtliche Entstehung und wirtschaftliche Verursachung, S. 56.

455 Der Bilanzierende muss diese Ursache indes nicht bereits am Abschlussstichtag gekannt haben, vgl. zum diesbezüglich relevanten Wertaufhellungsprinzip neben Fn. 342 WINKELJOHANN, N./BÜSSOW, T., in: Förschle et al., BeBiKo, 9. Aufl., § 252 HGB, Rn. 37-39; WOHLGEMUTH, M./RADDE, J., in: Hofbauer/Ammann, Bonner HdR, 2. Aufl., § 252 HGB, Rn. 48-51.

Geschäften noch das allgemeine Unternehmerrisiko imparitätisch antizipierbar.[456] Das Risiko ist zudem vorhersehbar, wenn der sachverständige und gewissenhafte Kaufmann im Rahmen seiner „Inventur der Risiken“[457] üblicherweise über selbiges nachdenken muss[458] und mit dessen „Eintritt ernsthaft zu rechnen ist“[459]. Ähnlich wie die Spielräume bei der Vorhersehbarkeit sind auch diejenigen bzgl. der, gesetzlich nicht explizit festgelegten, Höhe der zu berücksichtigenden Verluste unter Beachtung des Vorsichtsprinzips auszufüllen.[460] Schließlich basiert auch das hier relevante „Höchstwertprinzip“[461] für Verbindlichkeiten auf dem Imparitätsprinzip – genauer auf einem Analogieschluss[462] zu den handelsrechtlichen Niederstwertvorschriften, die ihrerseits eine Konkretisierung des Imparitätsprinzips darstellen.[463]

Eng mit dem Imparitätsprinzip verbunden und in § 252 Abs. 1 Nr. 4 HGB (teilweise) kodifiziert schreibt das **Vorsichtsprinzip** eine vorsichtige Bewertung von Vermögensgegenständen und Schulden vor.[464] Im der vorliegenden Arbeit ist das Vorsichtsprinzip v. a. im Rahmen der Rückstellungsbilanzierung, die ex definitione auf zukunftsbezogenen Schätzungen basiert, relevant. Um das Vorsichtsprinzip i. S. d. Ausgleichs der Jahresabschlusszwecke zu begrenzen, ist der Grundsatz der Willkürfreiheit zu beachten.[465] Demnach darf der Bilanzierende im Rahmen seiner vernünftigen kaufmännischen Beurteilung der Rückstellung nur solche Risiken berücksichtigen, die er für möglich hält und hat letztlich statt des wahrscheinlichsten Wertes einen eher pessimistischen anzuset-

---

[456] Vgl. FÜLBIER, R. U./KUSCHEL, P./SELCHERT, F. W., in: Küting/Pfitzer/Weber, HdR-E, 5. Aufl., § 252 HGB, Rn. 83 f.; ADS, § 252, Rn. 74; BAETGE, J./ZIESEMER, S./SCHMIDT, M., in: Baetge/Kirsch/Thiele, Bilanzrecht, § 252 HGB, Rn. 166.

[457] LEFFSON, U., GoB, S. 222. Vgl. hierzu auch BAETGE, J./ZIESEMER, S./SCHMIDT, M., in: Baetge/Kirsch/Thiele, Bilanzrecht, § 252 HGB, Rn. 167; BAETGE, J./SCHULZE, D., Objektivierung, S. 943 f.; WAGNER, A., Risiken im Jahresabschluß, S. 31-33.

[458] BAETGE, J./KNÜPPE, W., Vorhersehbare Risiken und Verluste, S. 400.

[459] WINKELJOHANN, N./BÜSSOW, T., in: Förschle et al., BeBiKo, 9. Aufl., § 252 HGB, Rn. 35, vgl. hierzu auch ADS, § 252, Rn. 74; FÜLBIER, R. U./KUSCHEL, P./SELCHERT, F. W., in: Küting/Pfitzer/Weber, HdR-E, 5. Aufl., § 252 HGB, Rn. 82; IDW, WP-Handbuch 2012, Bd. I, Kap. E, Rn. 151.

[460] Vgl. FÜLBIER, R. U./KUSCHEL, P./SELCHERT, F. W., in: Küting/Pfitzer/Weber, HdR-E, 5. Aufl., § 252 HGB, Rn. 82 und Rn. 86; WINKELJOHANN, N./BÜSSOW, T., in: Förschle et al., BeBiKo, 9. Aufl., § 252 HGB, Rn. 42; BAETGE, J./ZIESEMER, S./SCHMIDT, M., in: Baetge/Kirsch/Thiele, Bilanzrecht, § 252 HGB, Rn. 169; IDW, WP-Handbuch 2012, Bd. I, Kap. E, Rn. 150 f.

[461] BALLWIESER, W., in: Böcking et al., Beck HdR, B 105, Rn. 47 m. w. N. Anzumerken ist, dass manche Autoren dieses Prinzip als zweiseitige Bilanzierungsanweisung, welche die Bewertung von Schulden nach oben und nach unten betrifft, ansehen (so bspw. BAETGE, J./KIRSCH, H.-J./THIELE, S., Bilanzen, S. 139 und S. 393; SCHILDBACH, T., Handelsrechtlicher Jahresabschluss, S. 94), während andere Autoren diesen Begriff nur für die obere Bewertungsgrenze verwenden (so BALLWIESER, W., Höchstwertprinzip, S. 54-59; SCHUBERT, W. J., in: Förschle et al., BeBiKo, 9. Aufl., § 253 HGB, Rn. 152).

[462] Vgl. BALLWIESER, W., in: Böcking et al., Beck HdR, B 105, Rn. 47.

[463] Vgl. hierzu neben §§ 249 Abs. 1 S. 1, 253 Abs. 3 S. 3, 253 Abs. 4 HGB WINKELJOHANN, N./BÜSSOW, T., in: Förschle et al., BeBiKo, 9. Aufl., § 252 HGB, Rn. 41; BAETGE, J./KIRSCH, H.-J./THIELE, S., Bilanzen, S. 139; FÜLBIER, R. U./KUSCHEL, P./SELCHERT, F. W., in: Küting/Pfitzer/Weber, HdR-E, 5. Aufl., § 252 HGB, Rn. 85.

[464] Vgl. zur Frage der Kodifizierung FÜLBIER, R. U./KUSCHEL, P./SELCHERT, F. W., in: Küting/Pfitzer/Weber, HdR-E, 5. Aufl., § 252 HGB, Rn. 75; BAETGE, J./KIRSCH, H.-J./THIELE, S., Bilanzen, S. 139; BALLWIESER, W., in: Böcking et al., Beck HdR, B 105, Rn. 7 sowie zur Stellung des Vorsichtsprinzips in Relation zu den anderen GoB v. a. MOXTER, A., Bilanzlehre II, S. 37-41; BALLWIESER, W., in: Böcking et al., Beck HdR, B 105, Rn. 26; WINKELJOHANN, N./BÜSSOW, T., in: Förschle et al., BeBiKo, 9. Aufl., § 252 HGB, Rn. 29 f.; BAETGE, J./ZIESEMER, S./SCHMIDT, M., in: Baetge/Kirsch/Thiele, Bilanzrecht, § 252 HGB, Rn. 142 und Rn. 184.

[465] Vgl. BAETGE, J./KIRSCH, H.-J./THIELE, S., Bilanzen, S. 140 f.; BAETGE, J./ZÜLCH, H., in: von Wysocki et al., HdJ, Abt. I/2, Rn. 94.

zen.[466] Obgleich die im Schrifttum z. T. angeführten Ansätze zur (prozentualen) Quantifizierung des Auswahlproblems[467] dabei als „Anhaltspunkte"[468] berücksichtigt werden können, wird im Ergebnis regelmäßig eine ausgewogene, plausible Begründung für die Wahl eines konkreten Wertes entscheidend sein.[469] Insofern entspricht auch die früher verbreitete Forderung, der Kaufmann solle sich (mit Verweis auf das Vorsichtsprinzip) eher ärmer als reicher rechnen,[470] nicht mehr dem heutigen Vorsichtsprinzip.[471] Vielmehr gilt zusammenfassend eine tendenziell vorsichtigere Bilanzierung nur dann als „sinnvoll, wenn sie den Bilanzaufgaben [Plural!] eher gerecht wird als eine weniger vorsichtige Bilanzierung"[472].

466 Vgl. LEFFSON, U., GoB, S. 479; SCHILDBACH, T., Handelsrechtlicher Jahresabschluss, S. 97; COENENBERG, A. G./ HALLER, A./SCHULTZE, W., Jahresabschluß, S. 41; FÜLBIER, R. U./KUSCHEL, P./SELCHERT, F. W., in: Küting/ Pfitzer/Weber, HdR-E, 5. Aufl., § 252 HGB, Rn. 77 f.; ADS, § 252, Rn. 68 m. w. N. sowie zum de lege ferenda Vorschlag der im Grunde zweckgerechteren Verwendung des wahrscheinlichsten Werts in Kombination mit einer Bandbreitenrückstellung BAETGE, J., Objektivierung, S. 141-166.

467 Vgl. bspw. SCHILDBACH, T., Handelsrechtlicher Jahresabschluss, S. 97; EIBELSHÄUSER, M., Rückstellungsbildung, S. 863; LEFFSON, U., GoB, S. 479.

468 BAETGE, J./ZIESEMER, S./SCHMIDT, M., in: Baetge/Kirsch/Thiele, Bilanzrecht, § 252 HGB, Rn. 144.

469 Vgl. EIBELSHÄUSER, M., Rückstellungsbildung, S. 863; BAETGE, J./ZIESEMER, S./SCHMIDT, M., in: Baetge/Kirsch/ Thiele, Bilanzrecht, § 252 HGB, Rn. 144; BALLWIESER, W., in: Böcking et al., Beck HdR, B 105, Rn. 27; FÜLBIER, R. U./KUSCHEL, P./SELCHERT, F. W., in: Küting/Pfitzer/Weber, HdR-E, 5. Aufl., § 252 HGB, Rn. 78; HERZIG, N., Umweltschutzrückstellungen, S. 81.

470 Vgl. SCHMALENBACH, E., Dynamische Bilanz, S. 83-85.

471 Vgl. BAETGE, J./KIRSCH, H.-J./THIELE, S., Bilanzen, S. 139 f.; BAETGE, J./ZIESEMER, S./SCHMIDT, M., in: Baetge/ Kirsch/Thiele, Bilanzrecht, § 252 HGB, Rn. 143; COENENBERG, A. G./HALLER, A./SCHULTZE, W., Jahresabschluß, S. 41; FÜLBIER, R. U./KUSCHEL, P./SELCHERT, F. W., in: Küting/Pfitzer/Weber, HdR-E, 5. Aufl., § 252 HGB, Rn. 78; SCHILDBACH, T., Handelsrechtlicher Jahresabschluss, S. 96 f.; EIBELSHÄUSER, M., Rückstellungsbildung, S. 863; NAUMANN, K.-P., Rückstellungsbilanzierung, S. 530.

472 MOXTER, A., Realisationsprinzip, S. 1781, Erg. durch den Verf.

3 Grundlagen der Unternehmensfinanzierung, ihres Restrukturierungspotenzials und ihrer Bilanzierung

31 Grundlagen der Unternehmensfinanzierung

Obgleich jedes Unternehmen der Finanzierung seiner Tätigkeiten bedarf, findet sich im Schrifttum keine einheitliche Definition dieses Begriffs. So subsumiert GROCHLA unter Finanzierung sämtliche Tätigkeiten, die das Unternehmen mit Geld und anderen Vermögensteilen zur Realisation der Unternehmensziele ausstatten.[473] Im Gegensatz zu dieser weiten Abgrenzung definiert LIEFMANN ausschließlich die Beschaffung langfristigen, bilanziellen (Geld-)Kapitals als Finanzierung.[474] Zwischen diesen Extrempositionen liegen diverse Abgrenzungsversuche, die sich inhaltlich v. a. danach unterscheiden, ob sich die Finanzierung aus bilanzieller Perspektive lediglich auf die Passiv- oder zusätzlich auch auf die Aktivseite bezieht.[475] Auch wenn im Folgenden bestimmte Aktiva und außerbilanzielle Sachverhalte berücksichtigt werden,[476] ist zu betonen, dass es sich bei den hier thematisierten Restrukturierungsobjekten stets um konkrete, bilanziell erfasste Passiva handelt. Insofern wird der Begriff der Finanzierung im Rahmen der vorliegenden Arbeit allgemein als eine Kapitalüberlassung[477] in Form einer Gewährung eines „Bündel[s] von Rechten und Pflichten"[478] verstanden.[479] Diesem Bündel steht spiegelbildlich ein (sich auf der Passivseite niederschlagendes) Bündel von finanziellen und nicht-finanziellen Pflichten und Rechten auf der Seite des sanierungsbedürftigen Kapitalnehmers gegenüber.[480] In der hier einschlägigen Sanierungssituation[481] sind aus Sicht des Unternehmens die finanziellen Pflichten bzw. aus Sicht der Kapitalgeber v. a. die entsprechenden Rechte aus den bestehenden Kapitalüberlassungsverträgen relevant.[482] Diese lassen sich aus Sicht des Unternehmens in Anlehnung an FRANKE/HAX[483] und THIELE[484] wie folgt kategorisieren:

---

473 Vgl. GROCHLA, E., Finanzierung, Sp. 414.

474 Vgl. LIEFMANN, R., Beteiligungs- und Finanzierungsgesellschaften, S. 112-118.

475 Vgl. zur Abgrenzungsdiskussion statt aller KÖHLER, R., Finanzierungsbegriff, S. 437-451; SCHMALENBACH, E., Beteiligungsfinanzierung, S. 9 f.; PERRIDON, L./STEINER, M./RATHGEBER, A. W., Finanzwirtschaft, S. 389; BIEG, H./KUßMAUL, H., Finanzierung, S. 11-16; WÖHE, G., ET AL., Unternehmensfinanzierung, S. 4-6; SCHÄFER, H., Unternehmensfinanzen, S. 14 f.

476 Vgl. v. a. die Ausführungen zu den Real- und Personalsicherheiten in Abschn. 46.

477 Hierbei kann es sich neben der Zuführung von Geld insbesondere um Waren- und Dienstleistungskredite sowie die Kreditleihe handeln, vgl. WÖHE, G., ET AL., Unternehmensfinanzierung, S. 4 f.; FRANKE, G./HAX, H., Finanzwirtschaft, S. 579 f.; BIEG, H./KUßMAUL, H., Finanzierung, S. 188; DRUKARCZYK, J., Finanzierung, S. 264; SCHÄFER, H., Unternehmensfinanzen, S. 20 f., sowie die Ausführungen in Abschn. 331.

478 FRANKE, G./HAX, H., Finanzwirtschaft, S. 31, Erg. durch den Verf., so auch BREUER, W., Finanzierung, S. 11; THIELE, S., Eigenkapital, S. 21.

479 Vgl. THIELE, S., Eigenkapital, S. 10; SCHÄFER, H., Unternehmensfinanzen, S. 14.

480 Vgl. THIELE, S., Eigenkapital, S. 22.

481 Vgl. zum zeitlichen Untersuchungsbereich der vorliegenden Arbeit Abschn. 23.

482 Vgl. zur Vorrangigkeit dieser monetären Aspekte bereits außerhalb der Unternehmenskrise BREUER, W., Finanzierung, S. 10; THIELE, S., Eigenkapital, S. 22 sowie zu den insofern irrelevanten, nicht finanziellen Gestaltungs-, Einwirkungs- und Informationsrechten FRANKE, G./HAX, H., Finanzwirtschaft, S. 45-55; THIELE, S., Eigenkapital, S. 29-31; BREUER, W., Finanzierung, S. 10 f.

483 Vgl. FRANKE, G./HAX, H., Finanzwirtschaft, S. 34-45, vgl. auch EILENBERGER, G., Finanzierungsarten, Sp. 780 f.

484 Vgl. THIELE, S., Eigenkapital, S. 24-26.

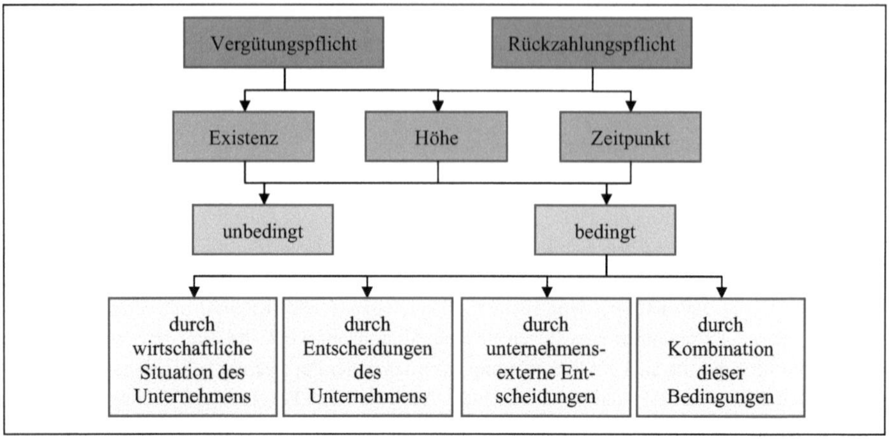

Abbildung 3-1: Eigenschaften von Kapitalüberlassungsverträgen

Auf der ersten Stufe ist grundsätzlich[485] zwischen der laufenden Vergütungspflicht für den Zeitraum der Kapitalüberlassung sowie der Pflicht zur Rückzahlung des überlassenen Kapitals am Ende dieses Zeitraums zu unterscheiden. Diese Pflichten können weiterhin nach ihrer Existenz, ihrer Höhe und dem Zeitpunkt ihrer Erfüllung systematisiert werden. Die Ausprägungen dieser Pflichteigenschaften werden häufig divergieren: Während die Rückzahlungspflicht regelmäßig gegeben ist und sie i. d. R. in Höhe des ursprünglich zur Verfügung gestellten Kapitals am Ende des Finanzierungsverhältnisses zu erfüllen ist, fehlt es z. B. bei Warenkrediten oder bei Pensionsrückstellungen in der Ansparphase[486] bereits an der Existenz einer regelmäßigen, unmittelbar zahlungswirksamen Vergütungspflicht des Unternehmens. Darüber hinaus können die erwähnten Pflichten unbedingt oder bedingt gestaltet sein.[487] Unbedingte Verpflichtungen stehen bereits zu Beginn des Finanzierungsverhältnisses dem Grunde (der Existenz), der Höhe und dem Zeitpunkt der Fälligkeit nach fest. Bedingte Verpflichtungen zur Zahlung der laufenden Vergütung oder der Rückzahlung können hingegen von der wirtschaftlichen Situation des Kapitalnehmers (z. B. der Erzielung eines Jahresüberschusses), von dessen Entscheidungen bzw. Verhalten (z. B. einem entsprechenden Ausschüttungsbeschluss), von externen Bedingungen (z. B. einem kapitalmarktinduzierten Zins) oder von einer Kombination dieser Determinanten (z. B. einer kapitalmarktinduzierten zzgl. einer gewinnabhängigen Vergütung) abhängig sein.[488] Auch wenn bspw. Teile der Vergütung des Fremdkapitals bedingt sein können oder der Zugriff auf Personal- und Realsicherheiten typischerweise nur unter bestimmten Bedingungen möglich ist, werden bedingte Zahlungsverpflichtungen grundsätzlich mit

485 Zu Recht weist THIELE darauf hin, dass bspw. im Fall einer Zerobondanleihe eine strikte Trennung dieser Pflichten nicht möglich ist, vgl. THIELE, S., Eigenkapital, S. 23 f.

486 Vgl. zur (finanzwirtschaftlichen) Entwicklung von Pensionsrückstellungen Abschn. 333.

487 FRANKE, G./HAX, H., Finanzwirtschaft, S. 34 bezeichnen die unbedingten Pflichten als „strengste Form einer Anwartschaft“ bzw. die bedingten Pflichten als „schwächere Formen der Anwartschaft“ der Kapitalgeber auf Vergütung und Rückzahlung des überlassenen Kapitals.

488 Vgl. FRANKE, G./HAX, H., Finanzwirtschaft, S. 35-42; THIELE, S., Eigenkapital, S. 24-26.

Eigenkapitalgebern vereinbart.[489] Neben dieser eher allgemeinen Beschreibung der Eigenschaften von Finanzierungsverhältnissen zwischen Kapitalnehmer und Kapitalgebern finden sich im Schrifttum weitere Ansätze zur Systematisierung von Finanzierungsformen. Verbreitet sind Kategorisierungen nach der Rechtsstellung des Kapitalgebers, der Mittelherkunft und der Fristigkeit der Kapitalüberlassung.

Nach der **Rechtsstellung** lassen sich Eigen- und Fremdfinanzierung unterscheiden. Grundsätzlich betrifft die Eigenfinanzierung in Form der Beteiligungs-/Einlagenfinanzierung das Eigenkapital und die Fremdfinanzierung v. a. in Gestalt der Finanzierung durch Kreditaufnahme sowie aus Rückstellungen das Fremdkapital des Unternehmens.[490] In dieser Weise nicht eindeutig kategorisierbar erscheint demgegenüber neben der Finanzierung aus Kapitalfreisetzungen[491] insbesondere die mezzanine Finanzierung, welche die Eigenschaften von idealtypischem Eigen- und Fremdkapital in verschiedenster Weise[492] innerhalb eines Finanzierungsverhältnisses vereint.[493]

Daneben sind Finanzierungsformen danach differenzierbar, ob das bereitgestellte Kapital von außen zugeführt wird (**Außen**finanzierung) oder ob es aus dem Unternehmen selbst stammt (**Innen**finanzierung). Während die Außenfinanzierung neben der Zuführung von Eigenkapital primär auf der Kreditierung[494] beruht, stammt das Kapital der Innenfinanzierung neben den (langfristigen) Rückstellungen vorrangig aus dem betrieblichen Umsatz- bzw. Gewinnrealisationsprozess.[495] Da die zu behandelnden Sanierungsmaßnahmen stets an bereits bestehende Fremdkapitalpositionen anknüpfen,[496] liegt der Schwerpunkt im Folgenden auf der Außen- und Innenfinanzierung durch die Fremdkapitalgeber, sprich der Kreditierung und der Finanzierung aus (Pensions-)Rückstellungen.[497]

---

489 Vgl. FRANKE, G./HAX, H., Finanzwirtschaft, S. 34-36 sowie ausführlich zu den idealtypischen Eigenschaften von Eigen- und Fremdkapital Abschn. 32 bzw. Abschn. 331.

490 Vgl. BIEG, H./KUßMAUL, H., Finanzierung, S. 31; PERRIDON, L./STEINER, M./RATHGEBER, A. W., Finanzwirtschaft, S. 389; SCHÄFER, H., Unternehmensfinanzen, S. 20; WÖHE, G., ET AL., Unternehmensfinanzierung, S. 22 sowie die Ausführungen in den Abschn. 32 und 331.

491 Diese umfasst bspw. die Finanzierung auf Basis von Rationalisierungsmaßnahmen oder aus Abschreibungen, vgl. statt aller BIEG, H./KUßMAUL, H., Finanzierung, S. 392-422; SCHÄFER, H., Unternehmensfinanzen, S. 457 und 469-479; WÖHE, G., ET AL., Unternehmensfinanzierung, S. 410-424 und S. 437-445; PERRIDON, L./STEINER, M./RATHGEBER, A. W., Finanzwirtschaft, S. 510-514 und S. 517.

492 Vgl. zu den verschiedenen Möglichkeiten der Equity- bzw. Debt-Mezzanine Finanzierung statt aller KÜTING, K./ERDMANN, M.-K./DÜRR, U. L., Mezzanine-Kapital (Teil I), S. 943-948; KÜTING, K./ERDMANN, M.-K./DÜRR, U. L., Mezzanine-Kapital Teil II, S. 997-1002; EBERT, T., Mezzanine Kapitaltitel, S. 33-185; DAMNITZ, M./KLEUTGENS, I., Mezzanine-Kapital, S. 111-141; WERNER, H. S., Mezzanine-Kapital, S. 21-63 und S. 78-149; HÄGER, M./ELKEMANN-REUSCH, M., Mezzanine-Finanzierungsinstrumente, Rn. 3-62 und Rn. 104-1024; BÖSL, K./SOMMER, M., Mezzanine-Finanzierung, S. 119-290.

493 Vgl. BREZSKI, E., ET AL., Mezzanine-Kapital, S. 21 f.; BIEG, H./KUßMAUL, H., Finanzierung, S. 31; MAESCH, S. C./VOß, A., Second Lien, S. 1 m. w. N.

494 Vgl. zur begrifflichen Einordnung der Kreditierung bzw. der Kreditaufnahme Abschn. 331.

495 Vgl. WÖHE, G., ET AL., Unternehmensfinanzierung, S. 15-22; SCHÄFER, H., Unternehmensfinanzen, S. 20-23; PERRIDON, L./STEINER, M./RATHGEBER, A. W., Finanzwirtschaft, S. 391; BIEG, H./KUßMAUL, H., Finanzierung, S. 29-31.

496 Vgl. ausführlich hierzu die Abschn. 32 und 331.

497 Vgl. zur, hier insofern nicht relevanten, Außenfinanzierung durch die Eigenkapitalgeber (z. B. der Kapitalerhöhung) sowie den weiteren Möglichkeiten der Innenfinanzierung (v. a. mittels offener und stiller Selbstfinanzierung) ZANTOW, R./DINAUER, J., Finanzwirtschaft, S. 58-129 und S. 286-305; DRUKARCZYK, J., Finanzierung, S. 320-406; PERRIDON, L./STEINER, M./RATHGEBER, A. W., Finanzwirtschaft, S. 392-415 und S. 502-517; BIEG, H./KUßMAUL, H., Finanzierung, S. 42-120 und S. 357-374; EILENBERGER, G., Finanzierungsarten, Sp. 783-789.

Schließlich lassen sich Kapitalüberlassungsverträge nach ihrer **Fristigkeit** unterscheiden. Neben dem Eigenkapital, das den Unternehmen grundsätzlich unbefristet zur Verfügung steht,[498] werden kurzfristige (bis zu einem Jahr Restlaufzeit), mittelfristige (1-5 Jahre Restlaufzeit) und langfristige (über 5 Jahre Restlaufzeit) Finanzierungsverhältnisse unterschieden.[499] Der Fristigkeit kommt eine entscheidende Rolle zu, da die Finanzierung letztlich fristenkonform an den Kapitalbedarf im leistungswirtschaftlichen Bereich anzupassen ist.[500] Als zentrale Maxime, und in den hier einschlägigen Krisenphasen von herausragender Bedeutung,[501] gilt es folglich zu jedem Zeitpunkt eine hinreichende Liquiditätsausstattung zu gewährleisten bzw. diese – unter Berücksichtigung von Renditeaspekten – zum Erhalt bzw. zur Wiederherstellung des finanziellen Gleichgewichts[502] zu verbessern.[503]

Unter **Liquidität** werden im Schrifttum einerseits die Eigenschaften von Vermögensgegenständen i. S. e. „Liquidisierbarkeit"[504] (absolute Liquidität) und andererseits die „Eigenschaft von Wirtschaftssubjekten im Sinne von Zahlungsfähigkeit"[505] (relative Liquidität) verstanden. Die hier vorrangige relative Liquidität bezeichnet die Fähigkeit des Unternehmens, durch die „Beschaffung von Zahlungsmitteln" oder der „Verminderung zukünftiger Auszahlungen"[506] jederzeit seinen Zahlungsverpflichtungen nachkommen zu können. Die relative Liquidität, deren Quantifizierung vorrangig auf verschiedene Deckungsverhältnisse sowie auf den Cashflow rekurriert,[507] lässt sich außerdem in eine statische bzw. stichtagsbezogene und eine dynamische bzw. zukunftsbezogene

---

498 Vgl. SCHÄFER, H., Unternehmensfinanzen, S. 20; BIEG, H./KUßMAUL, H., Finanzierung, S. 33.

499 Die genannten Zeitscheiben ergeben sich aus §§ 268 Abs. 5, 285 Nr. 1 HGB sowie (mittlerweile) gleichlaufend auch aus der Kreditnehmerstatistik der Deutschen Bundesbank, vgl. OLFERT, K., Finanzierung, S. 34; PERRIDON, L./STEINER, M./RATHGEBER, A. W., Finanzwirtschaft, S. 390 f.; BIEG, H./KUßMAUL, H., Finanzierung, S. 33 f.; HARTMANN-WENDELS, T./PFINGSTEN, A./WEBER, M., Bankbetriebslehre, S. 194; DEUTSCHE BUNDESBANK, Kreditnehmerstatistik.

500 Vgl. MÜHLHAUPT, L., Gleichgewicht, Sp. 407-412; FRANKE, G./HAX, H., Finanzwirtschaft, S. 1; DRUKARCZYK, J., Finanzierung, S. 1; WÖHE, G., ET AL., Unternehmensfinanzierung, S. 3 und BIEG, H./KUßMAUL, H., Finanzierung, S. 2, die die Finanzwirtschaft zutreffend als „Spiegelbild der Leistungswirtschaft" (im Orig. mit Hervorh.) bezeichnen.

501 Vgl. hierzu bereits die Ausführungen in Abschn. 23.

502 Ob das finanzielle Gleichgewicht lediglich die im Folgenden erläuterte relative Liquidität (so WITTE, E., Liquiditätspolitik, S. 15 f.) oder zusätzlich Renditeaspekte berücksichtigen sollte (so bspw. WÖHE, G., ET AL., Unternehmensfinanzierung, S. 27 und S. 37; PERRIDON, L./STEINER, M./RATHGEBER, A. W., Finanzwirtschaft, S. 593 f.; MÜHLHAUPT, L., Gleichgewicht, Sp. 403-406 m. w. N.) ist im Schrifttum umstritten, jedoch für die nachfolgende Untersuchung, die von den letztgenannten Aspekten generell abstrahiert, nicht relevant.

503 Vgl. WITT, P., § 3 Finanzierung, Rn. 1 f.; OLFERT, K., Finanzierung, S. 51 f.; FRANKE, G./HAX, H., Finanzwirtschaft, S. 15-18; WITTE, E., Liquiditätspolitik, S. 12-16.

504 BIEG, H./KUßMAUL, H., Finanzierung, S. 5, vgl. hierzu auch BREALEY, R. A./MYERS, S. C./ALLEN, F., Corporate Finance, S. 718 f.; DRUKARCZYK, J., Finanzierung, S. 38 f.; OLFERT, K., Finanzierung, S. 46 f.; SCHÄFER, H., Unternehmensfinanzen, S. 35-38.

505 BIEG, H./KUßMAUL, H., Finanzierung, S. 6, vgl. hierzu auch KÜTING, K./KAISER, T., Liquiditätsanalyse (Teil I), S. 1142; WÖHE, G., ET AL., Unternehmensfinanzierung, S. 26 f.; DRUKARCZYK, J., Finanzierung, S. 41; STÜTZEL, W., Liquidität, Sp. 2520-2524.

506 Beide Zitate SCHÄFER, H., Unternehmensfinanzen, S. 38, so auch FRANKE, G./HAX, H., Finanzwirtschaft, S. 566 f.

507 Vgl. zur Liquiditätsmessung statt aller BAETGE, J./KIRSCH, H.-J./THIELE, S., Bilanzanalyse, S. 262-333; GUTENBERG, E., Betriebswirtschaftslehre, S. 115-119; BRANDSTÄTTER, J., Prüfung der Sanierungsfähigkeit, S. 167-172; WÖHE, G., ET AL., Unternehmensfinanzierung, S. 28-33; KÜTING, K./KAISER, T., Liquiditätsanalyse (Teil II), S. 1180-1183; SCHÄFER, H., Unternehmensfinanzen, S. 39-44.

Komponente unterteilen.[508] Obgleich die statische Liquidität häufig als Ausgangspunkt der Liquiditätsbeurteilung dient, ist zu konstatieren, dass die Adressaten des handelsrechtlichen Jahresabschlusses in Sanierungssituationen primär an Informationen über die künftige und damit die dynamische Liquidität interessiert sind.[509] Diese Informationen ergeben sich neben der eher vergangenheitsbezogenen Bilanz insbesondere aus den zukunftsorientierten Angaben im Anhang und Lagebericht.[510]

32 Eigenkapital und dessen Restrukturierung

Nachdem bislang nur punktuell auf die Charakteristika des bilanziellen Eigenkapitals eingegangen wurde,[511] soll diese Position nun einerseits anhand ihrer idealtypischen Eigenschaften und den damit kohärierenden Funktionen präziser abgegrenzt werden. Andererseits gilt es die Restrukturierungsmöglichkeiten des bilanziellen Eigenkapitals im Hinblick auf eine finanzielle Sanierung zu analysieren. Obgleich sich weder im Gesetz noch im Schrifttum eindeutige Eigenkapitaldefinitionen finden, wird idealtypisches Eigenkapital (und Fremdkapital) regelmäßig anhand der Kriterien Verlustteilnahme, Vermögens- und Ertragsanteil, Befristung und z. T. anhand der eingeräumten Herrschaftsrechte identifiziert.[512] Außerhalb der Insolvenz hat das Eigenkapital demnach in voller Höhe auftretende Verluste auszugleichen, während es in der Insolvenz lediglich einen quotalen Residualanspruch nach Bedienung aller Gläubigerpositionen verbrieft.[513] Dies ist Grundlage der Verlustausgleichs- und Haftungsfunktion des Eigenkapitals.[514] Darüber hinaus wird Eigenkapitalgebern statt einer betraglich und zeitlich fixierten Vergütung eine variable Erfolgsvergütung für das überlassene Kapital zuteil, welches sie zudem typischerweise unbefristet zur Verfügung stellen. Während die

---

508 Vgl. SCHÄFER, H., Unternehmensfinanzen, S. 44; OLFERT, K., Finanzierung, S. 48 f.; WÖHE, G., ET AL., Unternehmensfinanzierung, S. 26; KÜTING, K./KAISER, T., Liquiditätsanalyse (Teil I), S. 1142 f.

509 Vgl. ausführlich zur Herleitung dieser Informationsinteressen die Abschn. 23 und 251.2.

510 Vgl. OLFERT, K., Finanzierung, S. 48 f.; WÖHE, G., ET AL., Unternehmensfinanzierung, S. 28 f.; SCHÄFER, H., Unternehmensfinanzen, S. 40 sowie bereits die Ausführungen am Ende des Abschn. 251.2. Darüber hinaus kann hier auch die Kapitalflussrechnung, die indes nur im Konzernabschluss (§§ 297 Abs. 1, 315a HGB) und im Jahresabschluss kapitalmarktorientierter Unternehmen (§ 264 Abs. 1 S. 2 HGB) zwingend vorgesehen ist, weitere Einblicke gewähren, vgl. AMEN, M., in: von Wysocki et al., HdJ, Abt. IV/3, Rn. 1-5; BAETGE, J./KIRSCH, H.-J./THIELE, S., Konzernbilanzen, S. 484-491; WEHRHEIM, M., Kapitalflußrechnung, S. 1699-1704.

511 Das bilanzielle Eigenkapital, das sich als „Differenz zwischen der Summe der Aktiva und der Summe der Schulden abzgl. der passiven Rechnungsabgrenzungsposten" (BAETGE, J./KIRSCH, H.-J./THIELE, S., Bilanzen, S. 471) ergibt, ist strikt vom effektiven Eigenkapital, welches zusätzlich stille Reserven und Lasten berücksichtigt (vgl. BAETGE, J./KIRSCH, H.-J./THIELE, S., Bilanzen, S. 473 f.; COENENBERG, A. G./HALLER, A./SCHULTZE, W., Jahresabschluß, S. 320 f.), sowie von der Haftungsmasse abzugrenzen. Letztere berücksichtigt neben dem bilanziellen Eigenkapital zusätzlich v. a. Haftungszusagen als Teil des „potenzielle[n] Unternehmensvermögen[s]" (SCHÄFER, H., Unternehmensfinanzen, S. 19, Erg. durch den Verf., im Orig. mit Hervorh.). Die letztgenannten Aspekte werden in dieser Arbeit in Abschn. 46 behandelt.

512 Vgl. zu diesen Kriterien (in leicht abgewandelter Form) bspw. PERRIDON, L./STEINER, M./RATHGEBER, A. W., Finanzwirtschaft, S. 390; DRUKARCZYK, J., Finanzierung, S. 5; WÖHE, G., ET AL., Unternehmensfinanzierung, S. 23; BIEG, H./KUßMAUL, H., Finanzierung, S. 32 und S. 121-123; SCHÄFER, H., Unternehmensfinanzen, S. 15; DVFA, Bilanzrating, S. 21 f. Darüber hinaus werden sie, mit Ausnahme der Herrschaftsrechte, auch zur Identifikation jener Genussrechte und sonstiger mezzaniner Kapitalformen angewandt, die als Eigenkapital qualifizieren, vgl. hierzu nur HFA DES IDW, St HFA 1994/1, S. 419-423; BAETGE, J./BRÜGGEMANN, B., Ausweis von Genussrechten, S. 2146-2151; ADS, § 249, Rn. 87-89; KÜTING, K./DÜRR, U. L., Mezzanine-Kapital, S. 1529-1533.

513 Vgl. neben den Nachweisen in Fn. 512 BREUER, W., Finanzierung, S. 12-20.

514 Vgl. THIELE, S., Eigenkapital, S. 54-59; BAETGE, J./KIRSCH, H.-J./THIELE, S., Bilanzen, S. 475; SCHÄFER, H., Unternehmensfinanzen, S. 18; BIEG, H./KUßMAUL, H., Finanzierung, S. 38-41.

variable Erfolgsvergütung auf die Gewinnbeteiligungsfunktion zurückzuführen ist, gewährleistet die unbefristete Kapitalüberlassung im Grunde ex definitione die Anschlussfinanzierung und damit die Arbeits- und Kontinuitätsfunktion des Eigenkapitals.[515] Dies gilt insbesondere für das gezeichnete Kapital, welches dem Unternehmen noch deutlich schwerer als die (Gewinn-) Rücklagen entzogen werden kann.[516] Gewissermaßen als Ausgleich für ihre risikoreichere Position kommen den Eigenkapitalgebern i. d. R. die Herrschaftsrechte über die Unternehmung zu, wodurch schließlich die Geschäftsführungsfunktion des Eigenkapitals sichergestellt wird, indem die Eigenkapitalgeber entweder direkt als Geschäftsführer tätig werden oder sie die Zusammensetzung des Geschäftsführungsorgans festlegen.[517]

In der hier einschlägigen Sanierungssituation lassen sich die finanzwirtschaftlich entscheidenden Eigenkapitalcharakteristika somit wie folgt zusammenfassen: Idealtypisches Eigenkapital steht unbefristet zur Verlustdeckung zur Verfügung (Stärkung der Kapitalbasis) und verhindert durch seine bedingte Rückzahlungs- und Vergütungspflicht Zahlungsabflüsse (Stärkung der Liquidität). Offensichtliches Ziel einer jeden finanziellen Sanierung ist daher der Ausbau der haftenden Eigenkapitalposition – aus Sicht der aktuellen Eigenkapitalgeber möglichst ohne Veränderung der bestehenden Beteiligungsverhältnisse.[518] Da dies indes auch zu dem Schluss führt, dass eine Restrukturierung des bestehenden Eigenkapitals bzw. der u. U. bestehenden mezzaninen Finanzierungsformen keine bzw. vergleichsweise geringe Sanierungsbeiträge zu leisten vermag, konzentriert sich die folgende Analyse auf das bestehende Fremdkapital, das spiegelbildlich zum Eigenkapital als ideales Restrukturierungsobjekt anzusehen ist.

33 Fremdkapital und dessen Restrukturierung

331. Definition und Arten von Fremdkapital

Bezugnehmend auf die Eigenkapitalabgrenzung im vorherigen Kapitel ist idealtypisches Fremdkapital als befristete, fest i. S. v. erfolgsunabhängig entlohnte Überlassung von Kapital anzusehen, das seinerseits nicht an laufenden Verlusten teilnimmt, im Insolvenzfall vorrangig zu bedienen ist und nicht zur Partizipation an der Unternehmensleitung berechtigt. Der Begriff des Fremdkapitals ist vom umfassenderen Kreditbegriff abzugrenzen. Allgemein liegt ein Kredit vor, sofern ein Kreditgeber einem Kreditnehmer „eine Leistung zur Verfügung stellt, ohne auf gleichzeitiger Gegenleistung zu bestehen“[519]. Diese (Kredit-)Leistung kann sich neben der Gewährung von Geld (Geldleihe)

515 Vgl. THIELE, S., Eigenkapital, S. 51-55 und S. 59 f.; BAETGE, J./KIRSCH, H.-J./THIELE, S., Bilanzen, S. 475 f.; BIEG, H., Kreditfinanzierung, S. 221 f.; KÜTING, K./KAISER, T., Liquiditätsanalyse (Teil II), S. 1180.

516 Vgl. BAETGE, J./BRÜGGEMANN, B., Ausweis von Genussrechten, S. 2146; ADS, § 249, Rn. 82 f.

517 Vgl. BAETGE, J./KIRSCH, H.-J./THIELE, S., Bilanzen, S. 476; THIELE, S., Eigenkapital, S. 60. Anzumerken ist, dass SWOBODA die Gesamtheit der erläuterten Kriterien im Risikograd der Kapitalgeberansprüche kombiniert um in dezidierterer Weise Eigen- und Fremdkapital zu separieren, vgl. SWOBODA, P., Risikograd, S. 356-361 sowie THIELE, S., Eigenkapital, S. 33 f.; DRUKARCZYK, J., Finanzierung, S. 302 f.

518 Vgl. bereits die Ausführungen in Abschn. 23.

519 WÖHE, G., ET AL., Unternehmensfinanzierung, S. 225, so bspw. auch EILENBERGER, G./ERNST, D./TOEBE, M., Finanzwirtschaft, S. 274 und FREITAG, R./MÜLBERT, P. O., in: von Staudinger, BGB, § 488 BGB, Rn. 387. Letztere weisen zu Recht darauf hin, dass ein einheitlicher Kreditbegriff weder in den Rechts- noch in den Wirtschaftswissenschaften existiert, vgl. ebenda, Rn. 390 f. m. w. N.

sowie Sach- oder Dienstleistungen,[520] die sich beide i. d. R. unmittelbar als bilanzielles Fremdkapital niederschlagen, auch auf die Bereitstellung von Kreditwürdigkeit (Kreditleihe) oder Kreditlinien beziehen.[521] Obgleich die beiden letztgenannten Aspekte im weiteren Verlauf dieser Arbeit relevant werden,[522] dient – wie bereits gezeigt – ausschließlich das bilanzielle Fremdkapital (bzw. bestimmte Teile von selbigem), welches nach § 266 Abs. 2 B. bzw. C. HGB allgemein Rückstellungen und Verbindlichkeiten umfasst, im Folgenden als Restrukturierungsobjekt.[523]

Rückstellungen lassen sich nach § 249 HGB in solche für ungewisse Verbindlichkeiten, für drohende Verluste und in Aufwandsrückstellungen oder gem. der Ausweisvorschriften aus § 266 Abs. 2 B.1.-3. HGB in Pensionsrückstellungen, Steuerrückstellungen und sonstige Rückstellungen einteilen.[524] Zwar eint all diese Posten „die Tatsache der [bilanziellen] Berücksichtigung bestimmter künftiger Ausgaben oder Mindereinnahmen“[525]. Als Restrukturierungsobjekt eignen sich aufgrund ihrer Höhe[526] und langen Laufzeit[527] sowie des damit verbundenen Finanzierungseffekts[528] indes besonders Pensionsrückstellungen. Freilich implizieren auch andere Arten von (sonstigen) Rückstellungen, v. a. Umwelt- bzw. Rekultivierungsrückstellungen, derartige Finanzierungseffekte. Jedoch wird deren Restrukturierung im hier verstandenen Sinne[529] und damit außerhalb bilanzpolitischer Bemühungen dadurch verhindert, dass diese Rückstellungen nicht auf Verpflichtungen gegenüber (an der Sanierung interessierten) Arbeitnehmern sondern häufig auf gesetzlichen, nicht disponiblen Vorschriften beruhen. Da der Bilanzierende derartige, gesetzlich normierte Verpflichtungen regelmäßig nicht beeinflussen kann und die (staatlichen) Anspruchsgegner zudem grundsätzlich keine Sanierungszugeständnisse einräumen werden, scheiden die für diese Verpflichtungen gebildeten Rückstellungen in aller Regel als Restrukturierungsobjekte aus.

Pensionsverpflichtungen basieren auf Zusagen des Arbeitgebers an seine Arbeitnehmer zu Leistungen der Alters-, Invaliditäts- oder Hinterbliebenenversorgung aus Anlass des Arbeitsverhältnisses (§ 1 Abs. 1 S. 1 BetrAVG). Insofern begründet eine Pensionszusage eine aufschiebend bedingte, da bspw. an das Alter des Versorgungsberechtigten gebundene, Verpflichtung (§ 158 Abs. 1 BGB).[530]

---

520 Insofern sind auch Arbeitnehmer als Kreditgeber anzusehen, deren Arbeitsleistung bei entsprechender Zusage die Bildung von Pensionsrückstellungen impliziert, vgl. DRUKARCZYK, J., Finanzierung, S. 217 und Abschn. 333.

521 Vgl. BIEG, H./KUßMAUL, H., Finanzierung, S. 123 f.; WÖHE, G., ET AL., Unternehmensfinanzierung, S. 225; SCHÄFER, H., Unternehmensfinanzen, S. 366; DAMODARAN, A., Corporate Finance, S. 81-84; BREALEY, R. A./MYERS, S. C./ALLEN, F., Corporate Finance, S. 353; BÜLOW, P., Recht der Kreditsicherheiten, Rn. 7.

522 Vgl. v. a. die Ausführungen in Abschn. 46.

523 Da im Schrifttum unter dem Terminus der Kreditfinanzierung (Kreditierung) i. d. R. nur auf solche Finanzierungsformen rekurriert wird, die zu bilanziellen Verbindlichkeiten führen, wird dieser Terminologie – sofern nicht anders herausgestellt – auch hier gefolgt.

524 Vgl. BAETGE, J./KIRSCH, H.-J./THIELE, S., Bilanzen, S. 417-420 und S. 455-457; SCHUBERT, W. J., in: Förschle et al., BeBiKo, 9. Aufl., § 249 HGB, Rn. 1-4.

525 ADS, § 249, Rn. 27, Erg. durch den Verf., so bspw. auch BAETGE, J./KIRSCH, H.-J./THIELE, S., Bilanzen, S. 415.

526 Vgl. zum signifikanten, durch das BilMoG noch gestiegenen, Umfang passivierter Pensionsrückstellungen deutscher Unternehmen nur GASSEN, J./PIERK, J./WEIL, M., Pensionsrückstellungen, S. 1062-1067; PELLENS, B./SELLHORN, T./STRZYZ, A., Pensionsverpflichtungen, S. 2379; WOLZ, M./OLDEWURTEL, C., Pensionsrückstellungen nach BilMoG, S. 427; BÖSCH, M., Finanzwirtschaft, S. 161 f.; TOWERS WATSON, DAX-Betriebspensionen.

527 Vgl. WEIHRAUCH, H., Finanzierungseffekt, S. 327 f.; HEUBECK, K., Unternehmensfinanzierung, S. 912-914; DEUTSCHER BUNDESTAG (Hrsg.), BT-Drucks. 16/10067, S. 55.

528 Vgl. hierzu die Ausführungen im folgenden Abschn. 333.

529 Vgl. hierzu Abschn. 24.

530 Vgl. THOMS-MEYER, D., GoB für Pensionsrückstellungen, S. 16; HFA DES IDW, RS HFA 30, Tz. 15.

Nach dem Durchführungsweg ist zwischen unmittelbaren (Direkt-)Zusagen, bei denen das Unternehmen selbst die Versorgungsverpflichtung zu erfüllen hat, und mittelbaren Zusagen unter Einbezug externer Versorgungsträger zu differenzieren.[531] Während für unmittelbare Zusagen grundsätzlich[532] gem. der erläuterten Passivierungskriterien[533] eine Rückstellung für ungewisse Verbindlichkeiten (§ 249 Abs. 1 S. 1 HGB) zu passivieren ist,[534] besteht für Fehlbeträge aus mittelbaren Zusagen ein Passivierungswahlrecht (Art. 28 Abs. 1 S. 2 EGHGB).[535] Vor dem Hintergrund ihrer herausragenden praktischen Bedeutung[536] liegt der Fokus der nachfolgenden Ausführungen auf denjenigen Pensionsrückstellungen, die in Folge einer Direktzusage passiviert werden.

Während die Kategorisierung der Rückstellungsarten relativ eingängig ist, finden sich in Bezug auf die **Verbindlichkeiten** respektive die Kreditfinanzierung diverse Gliederungsansätze. Analog zur erläuterten, allgemeinen Kategorisierung von Finanzierungsverhältnissen werden Kredite v. a. anhand der Laufzeit und der Person des Kreditgebers beschrieben.[537] Als lang- und mittelfristige Finanzierungsformen,[538] die allesamt als „Kreditgeschäfte mit Darlehenscharakter“[539] anzusehen sind, kommt in Deutschland neben diversen Arten von Schuldverschreibungen[540] und dem Schuldscheindarlehen[541] insbesondere dem Bankkredit eine herausragende Rolle zu: So ist zu konstatieren, dass die Finanzierung durch Anleihen vorrangig von großen (börsennotierten) Unternehmen,[542]

---

531 Vgl. BERTRAM, K., ET AL., Altersversorgungsverpflichtungen, S. 58; HÖFER, R./RHIEL, R./VEIT, A., Altersversorgung, S. 1605; DRUKARCZYK, J., Finanzierung aus Pensionsrückstellungen, S. 230 sowie zu den Versorgungsträgern HEGER, H.-J./WEPPLER, T., in: von Wysocki et al., HdJ, Abt. III/7, Rn. 59-82; HFA DES IDW, RS HFA 30, Tz. 39-145. Sofern das Vermögen des Versorgungsträgers indes nicht zur Deckung der Versorgungsansprüche ausreicht, trifft den Arbeitgeber regelmäßig die Subsidiärhaftung aus § 1 Abs. 1 S. 3 BetrAVG, vgl. HFA DES IDW, RS HFA 30, Tz. 36; BALLWIESER, W., in: Schmidt/Ebke, MüKo HGB, 3. Aufl., § 249 HGB, Rn. 29 f.

532 Für unmittelbare Zusagen (sog. Altzusagen), die vor dem 01.01.1987 erteilt wurden, besteht ein Passivierungswahlrecht, vgl. Art. 28 Abs. 1 S. 1 EGHGB; HFA DES IDW, RS HFA 30, Tz. 12 und Tz. 79-79d; FRIEDEMANN, L./VEIT, A., Altersversorgungsverpflichtungen, S. 235 f.

533 Vgl. die Ausführungen in Abschn. 253.42.

534 Vgl. ausführlich zur diesbezüglichen Prüfung der Passivierungskriterien THOMS-MEYER, D., GoB für Pensionsrückstellungen, S. 13-24 m. w. N.

535 Vgl. HFA DES IDW, RS HFA 30, Tz. 37; BERTRAM, K., ET AL., Altersversorgungsverpflichtungen, S. 58; HÖFER, R./RHIEL, R./VEIT, A., Altersversorgung, S. 1605.

536 Vgl. nur SCHEFFLER, E., in: Böcking et al., Beck HdR, B 233, Rn. 155 und SCHWIND, J., Deckungsmittel der bAV, S. 346 f., der jüngst evaluierte, dass die Deckungsmittel in der betrieblichen Altersversorgung (im Jahr 2011) zu 52,9 % auf Direktzusagen entfallen.

537 Weitere Unterscheidungen stellen bspw. auf die Besicherung des Kredites (vgl. Abschn. 46) oder auf den hier nicht relevanten Verwendungszweck des Kredits oder dessen Kreditnehmer ab, vgl. HARTMANN-WENDELS, T./PFINGSTEN, A./WEBER, M., Bankbetriebslehre, S. 193 f.; ADRIAN, R./HEIDORN, T., Bankbetrieb, S. 399; SCHÄFER, H., Unternehmensfinanzen, S. 270; BIEG, H./KUßMAUL, H., Finanzierung, S. 331-333.

538 Vgl. zur Abgrenzung der einschlägigen Zeitscheiben die Nachweise in Fn. 499.

539 FREITAG, R./MÜLBERT, P. O., in: von Staudinger, BGB, § 488 BGB, Rn. 72, vgl. auch Rn. 47 f.

540 Vgl. weiterführend neben §§ 793-808 BGB nur BIEG, H./KUßMAUL, H., Finanzierung, S. 161-167; SCHÄFER, H., Unternehmensfinanzen, S. 407-421; PERRIDON, L./STEINER, M./RATHGEBER, A. W., Finanzwirtschaft, S. 427-443; TETZLAFF, C., § 88. Das Schuldverschreibungsgesetz, Rn. 47 f.

541 Vgl. weiterführend PERRIDON, L./STEINER, M./RATHGEBER, A. W., Finanzwirtschaft, S. 443-447 (Zitate ebenda S. 443); WEHRHAHN, T., Schuldscheindarlehen, S. 363-368; ACHLEITNER, A.-K./VOLK, S., Anleihen, S. 157-169; WÖHE, G., ET AL., Unternehmensfinanzierung, S. 268-273; FREITAG, R./MÜLBERT, P. O., in: von Staudinger, BGB, § 488 BGB, Rn. 556-576.

542 Vgl. BASSEN, A., ET AL., Fremdfinanzierung, S. 150. In diesem Kontext ist jedoch auf die jüngst gestiegene Bedeutung von Mittelstandsanleihen hinzuweisen, vgl. hierzu nur HASLER, P. T./KARL, C., Mittelstandsanleihe, S. 140-145; CEZANNE, D./SCHIERECK, D./STREUER, O., Hype oder Zukunftsmodell?, S. 241-248; SCHMITT, C., Mittelstandsanleihen, S. 1079-1082.

Schuldscheindarlehen – als Zwischenstufe zwischen Anleihe und Bankkredit[543] – von mittelgroßen Unternehmungen und langfristige Bankkredite „als wichtigstes Finanzierungsinstrument über alle Unternehmensgrößen hinweg“[544] in Anspruch genommen werden.[545] Aufgrund der insoweit (noch) enorm großen Bedeutung der langfristigen (und kurzfristigen) Bankkredite[546] und der grundsätzlichen Übertragbarkeit der in diesem Zusammenhang gewonnenen bilanzrechtlichen Erkenntnisse auf andere langfristige Finanzierungsformen soll im Folgenden zum einen der Bankkredit i. S. v. § 266 Abs. 2 C.2. HGB[547] im Fokus der nachfolgenden Analyse stehen. Im Bereich der kurzfristigen Kapitalüberlassung ist zum anderen vorrangig auf Waren- und Dienstleistungskredite,[548] d. h. auf Verbindlichkeiten aus Lieferungen und Leistungen (§ 266 Abs. 2 C.4. HGB) abzustellen. Diese werden nicht nur regelmäßig bei jedem am Geschäftsverkehr teilnehmenden Unternehmen vorliegen, sondern ihnen kommt auch betraglich im Vergleich zu anderen kurzfristigen Finanzierungsformen[549] die wohl größte Bedeutung[550] und damit das größte Restrukturierungspotenzial zu.[551]

332. Finanzwirtschaftliche Charakteristika von Verbindlichkeiten und Ansätze ihrer Restrukturierung

Nachdem in den vorhergehenden beiden Abschnitten einerseits Pensionsrückstellungen und andererseits Verbindlichkeiten gegenüber Kreditinstituten bzw. aus Lieferungen und Leistungen als zentrale Restrukturierungsobjekte festgelegt wurden, sind nun deren finanzwirtschaftliche Ausstattungsmerkmale zu erläutern, um mögliche Ansatzpunkte der Restrukturierung zur finanziellen Sanierung zu identifizieren. Ausgehend vom „klassischen“ Bankkredit und unter Verweis auf relevante Unterschiede zu anderen Finanzierungsformen werden zunächst die **wesentlichen** finanzwirtschaftlichen **Charakteristika** von Verbindlichkeiten erläutert. Der Nennbetrag des Bankkredits, der Anleihe und der Lieferantenverbindlichkeit dient nicht nur als „Berechnungsgrundlage für andere

---

543 Diese Zwischenstellung ergibt sich aus der gegenüber dem Bankkredit standardisierteren Dokumentation und den im Vergleich zur noch fungibleren Anleihe schlechteren Möglichkeiten des Weiterverkaufs des Schuldscheins, vgl. hierzu ACHLEITNER, A.-K./VOLK, S., Anleihen, S. 160 f.; SCHMITT, C., Schuldscheindarlehen, S. 2039-2042.

544 ACHLEITNER, A.-K./VOLK, S., Anleihen, S. 157, so bspw. auch VATER, H., Financial Covenants, S. 128.

545 Vgl. zu dieser Tendenzaussage, deren Unschärfe nicht zuletzt aufgrund der nicht eindeutigen Abgrenzbarkeit großer, mittlerer und kleiner Unternehmen (vgl. hierzu nur METH, D., IFRS für mittelständische Unternehmen, S. 27-34 m. w. N.) nicht vollständig vermeidbar ist, statt aller DEUTSCHE BUNDESBANK, Monatsbericht Januar 2012, S. 17-28; SCHWARTZ, M./ZIMMERMANN, V., Unternehmensbefragung 2012, S. 85-95; BASSEN, A., ET AL., Fremdfinanzierung, S. 154 f.; METH, D., IFRS für mittelständische Unternehmen, S. 37-44.

546 Vgl. zur (weiterhin) großen – indes seit 1991 sukzessive abnehmenden – Bedeutung von Bankkrediten DEUTSCHE BUNDESBANK, Monatsbericht Januar 2012, S. 20-23 sowie jüngst auch SCHWARTZ, M./ZIMMERMANN, V., Unternehmensbefragung 2012, S. 85-94.

547 Vgl. ausführlich zu den Ausstattungsmerkmalen dieser Finanzierungsform Abschn. 333.

548 Als Kredit werden hier bspw. Rohstoffe oder unfertige Leistungen bereitgestellt, vgl. WÖHE, G., ET AL., Unternehmensfinanzierung, S. 191; BIEG, H., Kreditfinanzierung, S. 223; BÖSCH, M., Finanzwirtschaft, S. 215.

549 Vgl. zu weiteren Möglichkeiten der kurzfristigen Kreditfinanzierung statt aller DRUKARCZYK, J., Finanzierung, S. 264-269; PERRIDON, L./STEINER, M./RATHGEBER, A. W., Finanzwirtschaft, S. 455-473; BIEG, H./KUẞMAUL, H., Finanzierung, S. 188-211.

550 Vgl. zu diesem Schluss DEUTSCHE BUNDESBANK, Monatsbericht Januar 2012, S. 21 f.; SCHWARTZ, M./ZIMMERMANN, V., Unternehmensbefragung 2012, S. 85-94 sowie allgemein zur Finanzierung durch Lieferantenkredite FRANKE, G./HAX, H., Finanzwirtschaft, S. 581-583; SCHÄFER, H., Unternehmensfinanzen, S. 331-334; WÖHE, G., ET AL., Unternehmensfinanzierung, S. 245 f. und S. 329-333.

551 Diese Fokussierung auf Bank- und Lieferantenverbindlichkeiten findet sich bspw. auch bei BÖCKENFÖRDE, B., Unternehmenssanierung, S. 152.

Vertragsbestandteile"[552] (z. B. für (Säumnis-)Zinsen), sondern spiegelt i. d. R. sowohl den Wert des überlassenen Kapitals zu Beginn der Vertragsbeziehung (Auszahlungsbetrag) als auch den Rückzahlungsbetrag am Ende der Kapitalüberlassung wider.[553] Im Gegensatz dazu können die Vertragsparteien auch divergierende Auszahlungs- und Rückzahlungsbeträge und damit ein Agio bzw. Disagio[554] vereinbaren.[555] Bei der Geldleihe ist im Gegensatz zum Lieferantenkredit außerdem die getroffene Verzinsungsvereinbarung zentraler Bestandteil des Kapitalüberlassungsvertrages. Während als Bezugsgröße regelmäßig der Nennbetrag oder eine ggf. niedrigere Restschuld dient,[556] kann die Höhe und der (Fälligkeits-)Zeitpunkt der Verzinsung in Anlehnung an die Kategorisierung aus Abschn. 331. diverse unbedingte und bedingte Formen annehmen. Aus dem Kreise der mannigfaltigen Zinsvereinbarungen wird am häufigsten[557] entweder ein fester oder ein, von einem bestimmten Marktpreis (v. a. LIBOR, EURIBOR[558]) abhängiger, variabler Zins vereinbart.[559] Da Fremdkapital grundsätzlich kurz-, mittel- oder langfristig und somit zeitlich befristet überlassen wird,[560] sind neben den fälligen Zinsen auch das ursprünglich gewährte Kapital (bei Lieferantenkrediten der monetäre Gegenwert des Kapitals) zurückzuzahlen. Da eine Tilgung zu Beginn der Kapitalüberlassung wirtschaftlich irrelevant erscheint, kommen als Tilgungsformen besonders die endfällige, die Raten- sowie die Annuitätentilgung in Betracht.[561] Im Hinblick auf die Kategorisierung in Abschn. 331. wird folglich im Rahmen der regulären Kreditfinanzierung, also außerhalb der Unternehmenskrise, lediglich der Tilgungszeitpunkt, nicht aber die Existenz oder die Höhe der Tilgungsverpflichtung variieren – dies gilt im Übrigen mit Blick auf divergierende Zahlungsziele gleichermaßen für Lieferantenkredite.

---

552 BIEG, H./KUßMAUL, H., Finanzierung, S. 128.

553 Vgl. BIEG, H./KUßMAUL, H., Finanzierung, S. 128; BIEG, H., Kreditfinanzierung, S. 222; BÖSCH, M., Finanzwirtschaft, S. 214.

554 Beim Agio übersteigt der Auszahlungsbetrag den Rückzahlungsbetrag, im Fall des Disagios verhält es sich umgekehrt. Von diesen Fällen und deren Bilanzierung wird im Folgenden abstrahiert, vgl. hierzu nur BAETGE, J./KIRSCH, H.-J./THIELE, S., Bilanzen, S. 394-398.

555 Im Fall von Anleihen spricht man hier typischerweise von Ausgabe- und Rückzahlungskursen, die wiederum vom marktbasierten Anleihekurs abzugrenzen sind, vgl. WÖHE, G., ET AL., Unternehmensfinanzierung, S. 282 f. und S. 286-288; PERRIDON, L./STEINER, M./RATHGEBER, A. W., Finanzwirtschaft, S. 428; BÖSCH, M., Finanzwirtschaft, S. 214.

556 Vgl. BIEG, H., Kreditfinanzierung, S. 224.

557 Als bedeutendste Ausnahme ist hier wohl die Zerobondanleihe anzuführen, die mit hohem Abschlag vom Nominal- bzw. Auszahlungskurs begeben wird und während der Laufzeit keinerlei Zinszahlungen vorsieht, vgl. hierzu SCHÄFER, H., Unternehmensfinanzen, S. 415-418; WÖHE, G., ET AL., Unternehmensfinanzierung, S. 283-285.

558 Vgl. hierzu nur ZANTOW, R./DINAUER, J., Finanzwirtschaft, S. 48 f.; BREALEY, R. A./MYERS, S. C./ALLEN, F., Corporate Finance, S. 772 f. und S. 778 f.; DAMODARAN, A., Corporate Finance, S. 490 f.; STAUBER, J., Finanzinstrumente, S. 9.

559 Vgl. zu möglichen Arten von Zinsvereinbarungen BIEG, H., Kreditfinanzierung, S. 224; DAMODARAN, A., Corporate Finance, S. 490 f.; SCHÄFER, H., Unternehmensfinanzen, S. 329 und S. 412-415; RENGER, K., Finanzmathematik, S. 3-15; BÖSCH, M., Finanzwirtschaft, S. 212; ZANTOW, R./DINAUER, J., Finanzwirtschaft, S. 197-204.

560 Vgl. hierzu bereits die Abschn. 31 und 331. sowie die dort zitierte Literatur.

561 Vgl. zu möglichen Tilgungsmodalitäten BIEG, H., Kreditfinanzierung, S. 222-224; BÖSCH, M., Finanzwirtschaft, S. 213 f.; WÖHE, G., ET AL., Unternehmensfinanzierung, S. 229-232; SCHÄFER, H., Unternehmensfinanzen, S. 325-328; ZANTOW, R./DINAUER, J., Finanzwirtschaft, S. 193-197; PERRIDON, L./STEINER, M./RATHGEBER, A. W., Finanzwirtschaft, S. 450.

Als letztes wesentliches Charakteristikum von Verbindlichkeiten ist schließlich die Besicherung zu nennen, die von Gläubigern regelmäßig[562] als Absicherung gegen den Ausfall ihrer Ansprüche verlangt wird.[563] Hierbei ist zunächst zwischen Real- und Personalsicherheiten zu unterscheiden.[564] Realsicherheiten ermöglichen dem Gläubiger bei nicht vertragskonformem Verhalten des Schuldners einen Zugriff auf bestimmte Vermögensgegenstände, bspw. wird im Rahmen eines Lieferantenkredits i. d. R. ein (verlängerter) Eigentumsvorbehalt vereinbart, durch den der Gläubiger (auch im Risikoextremfall der Insolvenz) zwischen der Lieferung und Bezahlung der Sache weiterhin ihr Eigentümer bleibt.[565] Daneben können die Ansprüche eines Gläubigers durch eine Personalsicherheit, die an das Vermögen einer externen Person anknüpft, abgesichert werden. Außerdem sind akzessorische Sicherheiten, die nur insoweit Geltung erlangen, als eine abzusichernde Forderung besteht, von fiduziarischen Sicherheiten, die auch losgelöst von dieser Forderung verwertbar sind, abzugrenzen.[566] Somit sollen die „typischen" Kreditsicherheiten letztlich die Existenz, die Höhe und den Zeitpunkt der ursprünglich vereinbarten Gläubigeransprüche garantieren, während sie selbst gleichzeitig ebenso nach Existenz, Höhe und Zeitpunkt der Ansprüche aus dem Sicherungsmittel zu unterscheiden sind.[567]

Von diesen Sicherheiten sind zudem die weit verbreiteten[568] Covenants als zusätzliche, „atypische"[569] Möglichkeit der Kreditbesicherung zu unterscheiden. Sofern der Kreditnehmer gegen diese Covenants[570] verstößt (Covenant-Bruch bzw. covenant breach), ist der Kreditgeber dazu berechtigt, den ursprünglichen Kapitalüberlassungsvertrag in verschiedener Art und Weise zu restrukturieren. Als weitreichendste Reaktion ist dabei die Kündigung bzw. Fälligstellung des Kredits anzusehen.[571] Diese Maßnahme wird indes, nicht zuletzt in Abhängigkeit von der Lage des sanierungsbedürftigen Unternehmens und der Beziehung zwischen den Vertragsparteien,[572] regelmäßig erst als „ultima ratio"[573] zum Einsatz kommen. Als weitere Möglichkeiten kommen daher v. a. eine Zinsanpassung

---

562 Im Gegensatz dazu wird der Blankokredit, also die Kapitalbereitstellung ohne Besicherung, eher als Ausnahmeerscheinung angesehen, vgl. KAISER, D., Treasury Management, S. 206; NITSCH, K. W., Bankrecht, S. 156.

563 Vgl. nur DRUKARCZYK, J., Finanzierung, S. 226 f.; SCHÄFER, H., Unternehmensfinanzen, S. 296 f.

564 Vgl. GANTER, H. G., § 90. Allgemeines, Rn. 20-24; BÜLOW, P., Recht der Kreditsicherheiten, Rn. 10-13; SCHÄFER, H., Unternehmensfinanzen, S. 297.

565 Die konkrete Wahl des Sicherungsmittels hängt entscheidend von den zugrundeliegenden Ansprüchen ab, vgl. hierzu die entsprechenden Ausführungen in Abschn. 46.

566 Vgl. GANTER, H. G., § 90. Allgemeines, Rn. 25-30; SCHÄFER, H., Unternehmensfinanzen, S. 297.

567 Da Kreditsicherheiten nicht nur im Kreditvertrag (für den Sanierungs- bzw. Insolvenzfall) vereinbart werden, sondern auch im Rahmen der Restrukturierung bestehender Fremdkapitalpositionen relevant werden, sei hier auf deren Thematisierung in Abschn. 46 verwiesen.

568 Vgl. nur ZIMMERMANN, J./WERNER, J. R./KILIAN, J.-P., Covenants, S. 5 f.; HAGHANI, S., ET AL., Financial Covenants, S. 14 f.; VATER, H., Financial Covenants, S. 130; BANTLEON, U./FENGLER, P./PETER, A., Covenants, S. 751 und S. 755 f.; HANNEN, I., Financial Covenant Management, S. 2233; SERVATIUS, W., Covenants, S. 14.

569 MERKEL, H./TETZLAFF, C., § 98. Atypische Sicherheiten, Rn. 175, Ausl. durch den Verf., vgl. auch VATER, H., Financial Covenants, S. 130; SERVATIUS, W., Covenants, S. 14.

570 Vgl. ausführlich zum Themenkomplex der Covenants Abschn. 462.4.

571 Vgl. RUNGE, J. C., Covenants in Kreditverträgen, Rn. 1.130 f. und Rn. 7.53-7.153; STAUBER, J., Finanzinstrumente, S. 50; HANNEN, I., Financial Covenants, S. 2233 f.

572 Vgl. ZWIRNER, C., Financial Covenants, S. 61.

573 MAESCH, S. C./VOß, A., Second Lien, S. 4, so auch ZWIRNER, C., Financial Covenants, S. 61 und SCHACKMANN, M./BEHLING, N., Akquisitions- und Unternehmensfinanzierung, S. 799.

sowie die Auferlegung einer Nachbesicherung der Verbindlichkeit in Betracht.[574] Im „mildesten" Fall verzichtet der Kreditgeber auf die Ableitung von Rechtsfolgen aus der Vertragsverletzung und stellt insofern (gegen eine Waiver-Gebühr) einen sogenannten Waiver-Letter aus, der diese Sanktionsfreiheit (nochmals) förmlich bestätigt.[575] In der hier einschlägigen Sanierungssituation kommen Covenants als Ansatzpunkt der Restrukturierung insbesondere deshalb in Betracht, da das Unternehmen durch ihre nachträgliche Anpassung versuchen wird, die nachteiligen Veränderungen bzw. Restrukturierungen des ursprünglichen Kapitalüberlassungsvertrages (z. B. in Form einer Zinssatzanpassung oder der Kündigung des Kapitalüberlassungsvertrags) zu verhindern oder zumindest zu beschränken.[576]

Zusammenfassend dienen als Ansatzpunkte der Restrukturierung von Verbindlichkeiten neben der Existenz besonders der Zeitpunkt und die Höhe der zahlungswirksamen Vergütungs- und Rückzahlungspflicht sowie die damit eng verbundene Besicherung der Fremdkapitalposition. Insgesamt birgt das größte Restrukturierungspotenzial aus den erläuterten Gründen[577] nicht das Eigen-, sondern das Fremdkapital, und innerhalb des Fremdkapitals kommt wiederum der Restrukturierung von Pensionsrückstellungen und Verbindlichkeiten gegenüber Kreditinstituten sowie aus Lieferungen und Leistungen die größte Bedeutung zu.

333. Finanzwirtschaftliche Charakteristika von Rückstellungen und Ansätze ihrer Restrukturierung

Während man Verbindlichkeiten bereits prima facie mit der Unternehmensfinanzierung assoziiert, gilt dies aufgrund ihres speziellen wirtschaftlichen Gehalts bei Pensionsrückstellungen tendenziell in geringerem Ausmaß. Dieser spezielle wirtschaftliche Gehalt kommt bspw. darin zum Ausdruck, dass im Gegensatz zur Aufnahme eines Bankkredits mit der Pensionszusage kein unmittelbarer Liquiditätszufluss einhergeht oder der Finanzierungsumfang durch die Zusage und nicht flexibel vom internen Kapitalbedarf determiniert wird.[578] Vor diesem Hintergrund wird im Folgenden zunächst die Finanzierungswirkung von Pensionsrückstellungen erläutert. Diese basiert letztlich darauf, dass aufgrund der erheblichen Zeitspanne[579] zwischen Versorgungszusage und Eintritt des Versorgungsfalls den aufwandswirksamen Rückstellungszuführungen die entsprechenden Auszahlungen erst deutlich später folgen. In der klassischen Analyse resultieren hieraus drei Effekte:

---

574 Vgl. ZIMMERMANN, J./WERNER, J. R./KILIAN, J.-P., Covenants, S. 4; RUNGE, J. C., Covenants in Kreditverträgen, Rn. 1.132-1.146, Rn. 7.2, Rn. 7.52-7.153 und Rn. 7.154-188; HANNEN, I., Financial Covenant Management, S. 2236; SERVATIUS, W., Covenants, S. 15; SCHACKMANN, M./BEHLING, N., Akquisitions- und Unternehmensfinanzierung, S. 799; HANNEN, I., Financial Covenants, S. 1433 f., vgl. dort auch zu weiteren möglichen Reaktionen.

575 Vgl. RUNGE, J. C., Covenants in Kreditverträgen, Rn. 1.137 und Rn. 7.189-7.200; HAGHANI, S., ET AL., Financial Covenants, S. 16 f. und HANNEN, I., Financial Covenants, S. 1433 f.

576 Vgl. ZÜLCH, H./KRETZMANN, C., Prospektive Covenants, S. 1978. VATER spricht in diesem Zusammenhang von einem latenten, brandbeschleunigenden Risiko, vgl. VATER, H., Financial Covenants, S. 131 f.

577 Vgl. hierzu im Einzelnen die Ausführungen in den Abschn. 32 und 33.

578 Vgl. HEUBECK, K., Unternehmensfinanzierung, S. 919.

579 Vgl. hierzu die Nachweise in Fn. 527.

Erwirtschaftet das Unternehmen ausreichende Gewinne, so reduzieren die Rückstellungszuführungen als Betriebsausgaben erstens die aktuelle Steuerbelastung[580] und zweitens die mögliche Gewinnausschüttung.[581] Aus der letztgenannten Ausschüttungsbeschränkung erwächst indes streng genommen nur soweit ein zusätzlicher Finanzierungseffekt, wie das Unternehmen nicht bereits freiwillig auf die Ausschüttung verzichtet hätte.[582] Gegenläufig zu diesen, für die unternehmerische Finanzierungssituation positiven Effekten wirken sich drittens die Zahlungen an die Versorgungsempfänger aus.[583]

Wendet man sich dem sanierungsbedürftigen Unternehmen zu, das sich entweder aufgrund der genannten Aufwendungen oder bereits ohne deren Berücksichtigung in der Verlustzone befindet, so schlagen sich diese Effekte wie folgt nieder: Während für jenen Teil der Aufwendungen, der den (steuerpflichtigen) Gewinn (bis auf Null) schmälert, die eben erläuterten Effekte gelten, führen die überschießenden Aufwendungen in der Verlustzone zu keiner unmittelbaren Steuerersparnis. Jedoch dienen die rückstellungsinduziert verursachten bzw. erhöhten Verluste im Rahmen des Verlustrücktrags (§ 10d Abs. 1 S. 1 EStG i. V. m. § 8 Abs. 1 S. 1 KStG) oder des Verlustvortrags (§ 10d Abs. 2 EStG i. V. m. § 8 Abs. 1 S. 1 KStG) der Steuererstattung bzw. der künftigen Steuerersparnis und beeinflussen die (künftige) Liquidität insofern ebenso in positiver Weise.[584] Daneben wirken die Rückstellungsaufwendungen auch im Verlustfall entnahmebeschränkend. So verhindern sie zwar nicht die Ausschüttung des aktuellen (nicht existenten) Jahresüberschusses, jedoch verringern sie die Möglichkeiten des zahlungswirksamen Entzugs der gleichfalls entnehmbaren (Gewinn-)Rücklagen und tragen somit positiv zur unternehmerischen Liquiditätssituation bei.[585] In der Unternehmenspraxis wird dieser Effekt indes keine oder vergleichsweise geringe Auswirkungen zeigen, da derartige Entnahmen in der hier einschlägigen Sanierungssituation vor dem Hintergrund der erforderlichen Restrukturierungsbemühungen per se unrealistisch erscheinen.

580 Streng genommen handelt es sich selbstredend nur um eine Steuerstundung, da die Betriebsausgaben statt bei Inanspruchnahme aus der Zusage bereits in der aktuellen Periode geltend gemacht werden, vgl. HEUBECK, K., Unternehmensfinanzierung, S. 916; DRUKARCZYK, J., Finanzierung, S. 385-387 und weiterführend zum Steuereffekt v. a. DRUKARCZYK, J., Finanzierung aus Pensionsrückstellungen, S. 230-257; FRANKE, G./HAX, H., Pensionsrückstellungen und Steuerersparnisse, S. 1881 f.; SCHNEIDER, D., Steuerersparnisse, S. 1883-1887.

581 Vgl. WEIHRAUCH, H., Finanzierungseffekt, S. 331-333; DRUKARCZYK, J., Finanzierung, S. 385-387; BÖSCH, M., Finanzwirtschaft, S. 164-167; HEUBECK, K., Unternehmensfinanzierung, S. 920.

582 Vgl. WEIHRAUCH, H., Finanzierungseffekt, S. 331 f.

583 Vgl. statt aller WEIHRAUCH, H., Finanzierungseffekt, S. 332; WÖHE, G., ET AL., Unternehmensfinanzierung, S. 429-436. Von den vorgestellten Finanzierungs(teil)effekten sind jene positiven Effekte abzugrenzen, die einerseits darauf beruhen, dass das Unternehmen u. U. durch die rückstellungsinduziert gestiegenen (Herstellungs-) Kosten höhere Preise am Markt durchsetzen und entsprechend mehr Zahlungsmittel vereinnahmen kann. Andererseits führt eine Pensionszusage typischerweise, oder mittels der Entgeltumwandlung aus § 1a BetrAVG gar explizit, zu einer liquiditätsschonenden Verringerung des laufenden Gehalts. Vgl. zu diesen, hier nicht thematisierten, Effekten BÖSCH, M., Finanzwirtschaft, S. 162 f.; SCHÄFER, H., Unternehmensfinanzen, S. 479; DRUKARCZYK, J./EBINGER, G./SCHÜLER, A., Direktzusagen, S. 237-251; DRUKARCZYK, J., Finanzierung, S. 399; BREUER, W., Finanzierung, S. 22.

584 Vgl. FOECKING, H.-D., Finanzierung durch Pensionsrückstellungen, S. 25 f.; BIEG, H./KUßMAUL, H., Finanzierung, S. 381 f.; WÖHE, G., ET AL., Unternehmensfinanzierung, S. 432-436; WEIHRAUCH, H., Finanzierungseffekt, S. 334 f.

585 Diesen Aspekt zumindest (indirekt) anreißend BIEG, H./KUßMAUL, H., Finanzierung, S. 379 f.; WEIHRAUCH, H., Finanzierungseffekt, S. 341.

Nach dem jeweiligen Ausmaß der drei genannten Effekte unterscheidet man schließlich drei idealtypische Phasen: In der ersten Phase gibt das Unternehmen Versorgungszusagen ab und profitiert von den obigen Steuer- und Ausschüttungssperrwirkungen, während die Liquidität durch „keine oder allenfalls geringe Versorgungszahlungen“[586] belastet wird. In der zweiten Phase gleichen sich die Finanzierungseffekte sukzessive einander an und führen schließlich zu einem „Beharrungszustand“[587], in dem zwar keine zusätzlichen Finanzierungseffekte mehr realisiert werden können, jedoch der „Bodensatz“[588] der Pensionsrückstellungen weiterhin für Finanzierungszwecke zur Verfügung steht.[589] In der dritten Phase überwiegen, bspw. aufgrund der Verringerung des Kreises anwartschaftsberechtigter Mitarbeiter, die Versorgungszahlungen die Zuführungen zu der Pensionsrückstellung und es kommt insofern insgesamt zu einem negativen Finanzierungs- bzw. Liquiditätseffekt.[590]

Die Notwendigkeit einer Sanierung und damit einer Restrukturierung der bestehenden Pensionsrückstellungen kann sich während jeder der obigen Phasen ergeben. In Anlehnung an die in Abschn. 31 erläuterten allgemeinen Eigenschaften von Kapitalüberlassungsverhältnissen zielt diese Restrukturierung, wie in Abschn. 441. noch weiter ausgeführt wird, v. a. auf die Existenz bzw. die Höhe der Versorgungsansprüche ab. Darüber hinaus sind die Restrukturierungsmaßnahmen danach zu unterscheiden, ob sie an künftig noch zu erdienenende (future services) oder an bereits erdiente und damit bilanziell erfasste Ansprüche (past services)[591] anknüpfen.[592] Aufgrund arbeitsrechtlicher Beschränkungen ist bei der Restrukturierung von Pensionsanwartschaften zudem die Grundlage (kollektiv- vs. individualrechtliche Formen) und die (Un-)Verfallbarkeit der Versorgungsansprüche zu berücksichtigen.[593] Auf Basis der begründeten Konzentration auf externe Sanierungsmaßnahmen[594] werden hier zudem grundsätzlich nur solche Ansatzpunkte bzw. Restrukturierungsmaßnahmen behandelt, die der Bilanzierende nicht bereits im Rahmen der „üblichen“ Bilanzpolitik ergreifen kann, da diese entweder durch (strenge) arbeitsrechtliche Vorgaben verhindert werden oder weil sie der Zustimmung der Kapitalgeber bzw. der Arbeitnehmer bedürfen.[595] Übertragen auf die in Abschn. 342.1 thematisierten Pensionsrückstellungsparameter bedeutet dies, dass im Folgenden prinzipiell nur auf vertraglich im Zuge der Sanierung neu festgelegte Parameter (bspw. das versorgungsfähige Gehalt), indes nicht auf „bloße“ Schätzparameter wie z. B. den Zinssatz eingegangen

[586] BIEG, H./KUßMAUL, H., Finanzierung, S. 390, im Orig. mit Hervorh.

[587] HEUBECK, K., Unternehmensfinanzierung, S. 913, im Orig. hervorgehoben, ebenso WEIHRAUCH, H., Finanzierungseffekt, S. 337; REICHEL, C./SCHMANDT, E., Betriebliche Altersversorgung, Kap. E, Rn. 595.

[588] PERRIDON, L./STEINER, M./RATHGEBER, A. W., Finanzwirtschaft, S. 515, ebenso BIEG, H./KUßMAUL, H., Finanzierung, S. 391; SCHÄFER, H., Unternehmensfinanzen, S. 479 und ausführlich FOECKING, H.-D., Finanzierung durch Pensionsrückstellungen, S. 49-221.

[589] Vgl. BIEG, H./KUßMAUL, H., Finanzierung, S. 390; WÖHE, G., ET AL., Unternehmensfinanzierung, S. 436; HEUBECK, K., Unternehmensfinanzierung, S. 913-915; BÖSCH, M., Finanzwirtschaft, S. 168.

[590] Vgl. BIEG, H./KUßMAUL, H., Finanzierung, S. 391; WÖHE, G., ET AL., Unternehmensfinanzierung, S. 436; HEUBECK, K., Unternehmensfinanzierung, S. 913-915; BÖSCH, M., Finanzwirtschaft, S. 168.

[591] Vgl. GROTTEL, B./RHIEL, R., in: Förschle et al., BeBiKo, 9. Aufl., § 249 HGB, Rn. 198 f.; PWC, BilMoG-Kommentar, Kap. I, Rn. 70 und Rn. 81 f.; BANDL, M., Verzicht auf den future service, S. 783.

[592] Vgl. ALT, S./STADELBAUER, D., Abfindung Verzicht, S. 2551-2553; BANDL, M., Verzicht auf den future service, S. 783 f.

[593] Vgl. WIMMER, R., Arbeitsrechtliche Maßnahmen zur Sanierung, S. 1333 f.; HFA DES IDW, RS HFA 30, Tz. 18 sowie ausführlich hierzu die entsprechenden (arbeitsrechtlichen) Ausführungen in Abschn. 442.

[594] Vgl. hierzu bereits Abschn. 23.

[595] Vgl. genauer zu den Folgen dieser Fokussierung die Erörterungen in Abschn. 342.1.

wird.[596] In diesem Kontext ist jedoch zu beachten, dass die hier behandelten Sanierungsmaßnahmen nicht immer zweifelsfrei in diese Systematik eingeordnet werden können. So ist die Rentendynamisierung gem. § 16 BetrAVG sowohl für die Prognose des Rententrends der Versorgungsanwärter als auch für die liquiditätswirksame Versorgung der Rentner von Bedeutung. Diese Rentenanpassung kann der Arbeitgeber zwar ohne Zustimmung des Versorgungsberechtigten, jedoch nur innerhalb strenger arbeitsrechtlicher Schranken verweigern[597] und zählt insofern ebenso nicht zum klassischen bilanzpolitischen Repertoire – gleichfalls kommt ihr jedoch in der Sanierungssituation vor dem Hintergrund ihrer oben beschriebenen Liquiditätswirkungen besondere Relevanz zu.[598] Während die Behandlung der Rentendynamisierung in der Sanierungssituation daher zweifelsfrei geboten scheint, ist indes zu beachten, dass sich die Restrukturierung von Pensionsrückstellungen durchaus auf die Schätzung anderer versicherungsmathematischer Annahmen auswirken kann. So wird bspw. die Kürzung des versorgungsfähigen Gehalts (wie allgemein eine Existenzbedrohung des Unternehmens) u. U. die Fluktuationswahrscheinlichkeit erhöhen. Von diesen Folgewirkungen wird indes im Folgenden weitestgehend abstrahiert, da zu vermuten ist, dass diese Parameter bereits weit vor der hier behandelten Sanierungsphase im Rahmen der „regulären“ Bilanzpolitik entsprechend variiert werden.

34 Allgemeine Grundlagen der Bilanzierung von Verbindlichkeiten und Pensionsrückstellungen

341. Bilanzierung von Verbindlichkeiten

341.1 Ansatz und Bewertung von Verbindlichkeiten in der Bilanz

Nachdem Verbindlichkeiten bislang im Hinblick auf ihre finanzwirtschaftlichen Eigenschaften und ihr Restrukturierungspotenzial analysiert wurden, sollen im Folgenden ihre bilanzrechtlichen Aspekte außerhalb etwaiger Restrukturierungsmaßnahmen behandelt werden. Im Bilanzrecht[599] versteht man unter Verbindlichkeiten Verpflichtungen des Unternehmens, die am Bilanzstichtag dem Grunde und der Höhe nach feststehen.[600] Sie sind dem **Grunde nach anzusetzen** und damit den einschlägigen Kategorien gem. § 266 Abs. 3.C. HGB zuzuordnen, sofern sie die Kriterien des Passivierungsgrundsatzes erfüllen.[601] Wird von jedweden Restrukturierungsbemühungen abstrahiert, so ist die Prüfung dieser Grundsätze (mit Ausnahme der in Abschn. 45 untersuchten bedingten Verbindlichkeiten) in der deutlich überwiegenden Anzahl der Fälle als unproblematisch anzusehen. So

[596] Vgl. hierzu auch NEUFELD, T., Arbeitsrechtliche Sanierung, S. 143, der die Veränderung dieser Parameter nicht als Sanierungsmaßnahme ansieht, da sie grundsätzlich (mit Ausnahme der bilanzpolitischen Spielräume) externe, nicht beeinflussbare Faktoren darstellen.

[597] Vgl. hierzu die entsprechenden Ausführungen in Abschn. 44.

[598] Vgl. zu diesen Liquiditätswirkungen bereits die Ausführungen im vorliegenden Abschnitt sowie jene in Abschn. 44.

[599] In diesem Zusammenhang ist anzumerken, dass die Begriffe Verbindlichkeit und Schuld zwar im allgemeinen Sprachgebrauch und in den Rechtswissenschaften i. d. R. synonym verwandt werden, sie im Bilanzrecht indes strikt zu trennen sind. Hier gelten Verbindlichkeiten als Teil der umfassenderen (da sämtliche Rückstellungen inkludierenden) Schulden, vgl. ADS, § 253, Rn. 58; BALLWIESER, W., in: Schmidt/Ebke, MüKo HGB, 3. Aufl., § 253 HGB, Rn. 62; BAIERL, H., in: Böcking et al., Beck HdR, B 234, Rn. 1.

[600] Vgl. BAETGE, J./KIRSCH, H.-J./THIELE, S., Bilanzen, S. 389; ADS, § 253, Rn. 59; BRÖSEL, G./OLBRICH, M., in: Küting/Pfitzer/Weber, HdR-E, 5. Aufl., § 253 HGB, Rn. 251; SCHUBERT, W. J., in: Förschle et al., BeBiKo, 9. Aufl., § 249 HGB, Rn. 24.

[601] Vgl. die Nachweise in Fn. 600 sowie ausführlich bereits Abschn. 253.42.

führt die Gewährung von Sach- bzw. Geldmitteln an das Unternehmen regelmäßig zu dessen kauf- bzw. darlehensvertraglichen, exakt quantifizierbaren und wirtschaftlich belastenden Verpflichtungen, die sich als Verbindlichkeiten aus Lieferungen und Leistungen bzw. als Verbindlichkeiten gegenüber Kreditinstituten in der Bilanz niederschlagen. Soweit es sich um zinstragende Verbindlichkeiten handelt, sind die entsprechenden Zinsaufwendungen nach § 275 Abs. 2 Nr. 13 HGB (GKV) bzw. § 275 Abs. 3 Nr. 12 HGB (UKV) in der GuV zu erfassen.

Der Höhe nach sind Verbindlichkeiten, die im Gegensatz zu Rückstellungen erfolgsneutral zugehen,[602] gem. § 253 Abs. 1 S. 2 HGB grundsätzlich zum (nicht diskontierten) Erfüllungsbetrag **anzusetzen.**[603] Der Erfüllungsbetrag ist der Betrag, der erforderlich ist, um eine Verbindlichkeit zu einem bestimmten künftigen Zeitpunkt zu erfüllen oder abzulösen.[604] Bei den hier behandelten Geldleistungsverpflichtungen ist dies regelmäßig der Nenn- oder Nominalbetrag der Verbindlichkeit aus Lieferung oder Leistung bzw. der Verbindlichkeit gegenüber einem Kreditinstitut.[605] Davon abweichend gilt im Fall von Zerobonds nicht der Nominalbetrag, sondern der Ausgabetrag zuzüglich der zum jeweiligen Bilanzstichtag aufgelaufenen Zinsen als passivierungspflichtiger Erfüllungsbetrag. Da Zerobonds statt periodischer Zinszahlungen gewissermaßen deren Ansammlung und Auszahlung als Teil des gegenüber dem Ausgabebetrag erheblich höheren Rückzahlungsbetrags vorsehen, ist in diesem Fall die Zinsschuld von der Tilgungsschuld zu trennen und lediglich auf den Ausgabebetrag abzustellen (Nettomethode).[606] Vom Fall der Zerobonds sind wiederum Vereinbarungen von Agios oder Disagios zu unterscheiden. In diesen Fällen kommt es zwar zu Abweichungen zwischen Ausgabebetrag und Rückzahlungs- bzw. Erfüllungsbetrag, jedoch ist weiterhin eine Passivierung der Verbindlichkeit zum Erfüllungsbetrag i. H. d. Nominalbetrags geboten – zzgl. eines passiven bzw. aktiven Rechnungsabgrenzungspostens (§ 250 Abs. 3 HGB).[607]

---

602 Vgl. MOXTER, A., GoB, S. 162 f. und S. 165; MOXTER, A., Bilanzlehre II, S. 32; BALLWIESER, W., in: Schmidt/Ebke, MüKo HGB, 3. Aufl., § 253 HGB, Rn. 63.

603 Bzgl. der Diskontierung sei indes auf die Ausführungen in Abschn. 42 verwiesen.

604 Vgl. BAETGE, J./KIRSCH, H.-J./THIELE, S., Bilanzen, S. 393; THIELE, S./BREITHAUPT, J., in: Baetge/Kirsch/Thiele, Bilanzrecht, § 253 HGB, Rn. 73; SCHUBERT, W. J., in: Förschle et al., BeBiKo, 9. Aufl., § 253 HGB, Rn. 51; BAIERL, H., in: Böcking et al., Beck HdR, B 234, Rn. 64; COENENBERG, A. G./HALLER, A./SCHULTZE, W., Jahresabschluß, S. 416; BALLWIESER, W., Höchstwertprinzip, S. 48. Der Erfüllungsbetrag hat im Zuge des BilMoG aus Gründen der Klarstellung den (zu engen) Begriff des Rückzahlungsbetrags ersetzt, vgl. hierzu nur DEUTSCHER BUNDESTAG (Hrsg.), BT-Drucks. 16/10067, S. 60; BRÖSEL, G./OLBRICH, M., in: Küting/Pfitzer/Weber, HdR-E, 5. Aufl., § 253 HGB, Rn. 254; ADS, § 253, Rn. 72 m. w. N.

605 Vgl. LEFFSON, U., GoB, S. 412; BRÖSEL, G./OLBRICH, M., in: Küting/Pfitzer/Weber, HdR-E, 5. Aufl., § 253 HGB, Rn. 254, Rn. 279 und Rn. 287 m. w. N.; ADS, § 253, Rn. 154 und Rn. 159; SCHUBERT, W. J., in: Förschle et al., BeBiKo, 9. Aufl., § 253 HGB, Rn. 52 und Rn. 98.

606 Vgl. SCHUBERT, W. J., in: Förschle et al., BeBiKo, 9. Aufl., § 253 HGB, Rn. 65; ADS, § 253, Rn. 85 f.; BRÖSEL, G./OLBRICH, M., in: Küting/Pfitzer/Weber, HdR-E, 5. Aufl., § 253 HGB, Rn. 270 f. und Rn. 277; BÖCKING, H.-J., Bilanzrechtstheorie und Verzinslichkeit, S. 200-205; STROBL, E., Abzinsung von Verbindlichkeiten, S. 618 f.; KOHL, T./MEYER, M., Anleihen und Schuldscheindarlehen, S. 171 f., jeweils m. w. N. Demnach wird die alternative Vorgehensweise einer Passivierung i. H. d. Rückzahlungsbetrags zzgl. eines passiven Rechnungsabgrenzungspostens (Bruttomethode) inzwischen allseitig abgelehnt.

607 Vgl. hierzu ADS, § 253, Rn. 146-148; SCHUBERT, W. J., in: Förschle et al., BeBiKo, 9. Aufl., § 253 HGB, Rn. 90 und Rn. 93 sowie jüngst NAUMANN, K.-P., EU-Bilanzrichtlinie, S. I, der vor dem Hintergrund der neuen EU-Richtlinie vom 26.06.2013 vorschlägt, die Disagio-Aktivierung durch die Bewertung der Verbindlichkeit mit der Effektivzinsmethode zu ersetzen.

Außerhalb der Restrukturierung erscheint die **Folgebewertung** der hier behandelten Verbindlichkeiten vergleichsweise unproblematisch. Einschlägig ist in diesem Zusammenhang das sogenannte Höchstwertprinzip, welches sich aus § 252 Abs. 1 Nr. 4 Hs. 2 i. V. m. Abs. 1 Nr. 3 HGB analog zu den Niederstwertvorschriften (§ 253 Abs. 2 und 3 HGB) ergibt. Demnach sind Verbindlichkeiten nach ihrem Zugang grundsätzlich mit dem höheren Betrag aus dem ursprünglich angesetzten Erfüllungsbetrag und dem Bilanzstichtagswert anzusetzen.[608] Zu einer **Ausbuchung** und damit einem bilanziellen Abgang einer Verbindlichkeit kommt es außerhalb der Sanierungssituation schließlich typischerweise durch Erfüllung (§ 362 BGB) oder bei Vorliegen einer Aufrechnungslage gem. § 387 BGB ggf. durch Aufrechnung[609].[610]

341.2 Erläuterungen zu Verbindlichkeiten im Anhang

Neben den Ausweisvorschriften (§ 266 Abs. 3.C. HGB) kodifizieren besonders § 268 Abs. 5 sowie § 285 Nr. 1 und Nr. 2 HGB, z. T. größen- oder rechtsformabhängige,[611] Vorschriften in Bezug auf die Erläuterung von Verbindlichkeiten des Unternehmens im **Anhang**. Als „sehr bedeutsam"[612] für die Beurteilung der Finanz- bzw. der künftigen Liquiditätslage[613] gelten die Angabepflichten zu den **Fristigkeiten** bilanzieller Verbindlichkeiten. So sind nach § 268 Abs. 5 S. 1 HGB für jede bilanziell gesondert ausgewiesene Verbindlichkeitskategorie die Beträge der Verbindlichkeiten mit einer Restlaufzeit von bis zu einem Jahr anzugeben. Darüber hinaus verlangt § 285 Nr. 1 lit. a i. V. m. Nr. 2 HGB, in analoger Kategorisierung nach Bilanzpositionen, die Angabe des Betrags der Verbindlichkeiten mit einer Restlaufzeit von mehr als fünf Jahren. Als Restlaufzeit ist grundsätzlich jeweils auf den Zeitraum zwischen dem Abschlussstichtag und dem vertraglich fixierten Fälligkeitstermin abzustellen; die ursprünglich vereinbarte Vertragslaufzeit ist demnach irrelevant.[614] Diese Abgrenzung stößt indes dann an ihre Grenzen, wenn der tatsächliche von dem ursprünglich vereinbarten Tilgungszeitpunkt abweicht oder letzterer von vornherein vertraglich nicht klar bestimmt wurde.[615] Zwar votiert das Schrifttum in Zweifelsfragen bzgl. der Fälligkeit mit Verweis auf das

608 Vgl. GROTTEL, B./LEISTNER, M., in: Förschle et al., BeBiKo, 9. Aufl., § 256a HGB, Rn. 185; BAETGE, J./KIRSCH, H.-J./THIELE, S., Bilanzen, S. 393; THIELE, S./BREITHAUPT, J., in: Baetge/Kirsch/Thiele, Bilanzrecht, § 253 HGB, Rn. 74-76 sowie zur durch das BilMoG eingeführten Durchbrechung dieses Prinzips im Fall kurzfristiger Fremdwährungsverbindlichkeiten (§ 256a HGB) GROTTEL, B./LEISTNER, M., in: Förschle et al., BeBiKo, 9. Aufl., § 256a HGB, Rn. 187; BAETGE, J./KIRSCH, H.-J./THIELE, S., Bilanzen, S. 401.

609 Vgl. zu Möglichkeiten und Grenzen der Aufrechnung statt aller GRÜNEBERG, C., in: Palandt et al., BGB, 73. Aufl., § 387 BGB, Rn. 1-22; ADS, § 246, Rn. 465-468 m. w. N.

610 Vgl. ADS, § 246, Rn. 126; BAIERL, H., in: Böcking et al., Beck HdR, B 234, Rn. 29-31; SCHUBERT, W. J., in: Förschle et al., BeBiKo, 9. Aufl., § 247 HGB, Rn. 235.

611 Die folgenden Ausführungen beziehen sich, wie bereits einleitend in Abschn. 251.1 betont wurde, grundsätzlich auf Bilanzierungsvorschriften für große, nicht kapitalmarktorientierte Kapitalgesellschaften.

612 BAETGE, J./KIRSCH, H.-J./THIELE, S., Bilanzen, S. 405, so bspw. auch RÜCKLE, D., Finanzlage, S. 178.

613 Vgl. SCHUBERT, W. J., in: Förschle et al., BeBiKo, 9. Aufl., § 268 HGB, Rn. 101; BAIERL, H., in: Böcking et al., Beck HdR, B 234, Rn. 47; ADS, § 268, Rn. 111; KUPSCH, P., in: von Wysocki et al., HdJ, Abt. IV/4, Rn. 152; COENENBERG, A. G./HALLER, A./SCHULTZE, W., Jahresabschluß, S. 408 sowie zur Relevanz und Form der Liquiditätsbeurteilung bereits die Ausführungen in den Abschn. 251.2 und 31.

614 Vgl. ADS, § 268, Rn. 111; BAETGE, J./KIRSCH, H.-J./THIELE, S., Bilanzen, S. 405; COENENBERG, A. G./HALLER, A./SCHULTZE, W., Jahresabschluß, S. 408.

615 Als unproblematisch gilt indes die Behandlung ratierlich zu tilgender Verbindlichkeiten, für deren Fälligkeit sachgerechterweise auf die Fälligkeit der einzelnen Raten zurückgegriffen wird, vgl. nur GROTTEL, B., in: Förschle et al., BeBiKo, 9. Aufl., § 285 HGB, Rn. 6; COENENBERG, A. G./HALLER, A./SCHULTZE, W., Jahresabschluß, S. 408; ADS, § 285, Rn. 12.

Vorsichtsprinzip (§ 252 Abs. 1 Nr. 4 HGB) einhellig für die Annahme einer tendenziell früheren Fälligkeit,[616] wodurch v. a. das Problem der Bestimmung der Fälligkeit im Fall einer Kündigungsoption des Gläubigers zu Gunsten des frühestmöglichen Kündigungszeitpunktes gelöst werden kann.[617] Jedoch bestehen in Bezug auf die folgenden Fragestellungen im Schrifttum teils deutliche Divergenzen. Beabsichtigt der Schuldner etwa, ein ihm zustehendes Recht zur vorzeitigen Kündigung des Kapitalüberlassungsvertrags zu nutzen, so stellt BAIERL weiterhin auf die ursprüngliche Vertragslaufzeit ab,[618] während andere Autoren die Kündigungsabsicht explizit in Form einer verkürzten Restlaufzeit berücksichtigen wollen.[619] In der Sanierungssituation sind für den Bilanzierenden indes statt der eigenen, vorzeitigen Kündigungsmöglichkeiten primär die idealerweise bestehenden Möglichkeiten zur Vermeidung des mit einer Kündigung einhergehenden Liquiditätsentzugs relevant, über deren Berücksichtigung jedoch ebenso keine Einigkeit besteht. So sprechen sich manche Autoren für die Beachtung einseitiger, voraussichtlich in Anspruch genommener Prolongationsmöglichkeiten[620] im Rahmen der Bestimmung der Fälligkeit aus,[621] während andere Stimmen dieses Vorgehen ausdrücklich zurückweisen.[622] Einigkeit herrscht hingegen bzgl. der, jedoch auch als unproblematisch einzustufenden, allseitig befürworteten Berücksichtigung rechtlich bereits vereinbarter Verlängerungen.[623]

Schließlich existieren Verbindlichkeiten, die von vornherein oder in Folge ihrer Restrukturierung über keine fixierte (Rest-)Laufzeit verfügen.[624] Während diese Verbindlichkeiten nach HÜTTEMANN grundsätzlich und „vorsorglich" als kurzfristig einzustufen seien,[625] streben BAIERL und GROTTEL die Festlegung der Fälligkeit nach wirtschaftlichen Gesichtspunkten an, wodurch letztlich auf den vorsichtig bemessenen, wahrscheinlichen bzw. den voraussichtlichen Zeitpunkt zu rekurrieren

616 Vgl. GROTTEL, B., in: Förschle et al., BeBiKo, 9. Aufl., § 285 HGB, Rn. 6; BAIERL, H., in: Böcking et al., Beck HdR, B 234, Rn. 48; ADS, § 285, Rn. 11; WULF, I., in: Baetge/Kirsch/Thiele, Bilanzrecht, § 285 HGB, Rn. 23.

617 Vgl. BAIERL, H., in: Böcking et al., Beck HdR, B 234, Rn. 48.

618 Vgl. BAIERL, H., in: Böcking et al., Beck HdR, B 234, Rn. 48, so auch HÜTTEMANN, U., in: Canaris/Staub/Ulmer, Großkommentar HGB, 4. Aufl., § 285 HGB, Rn. 9.

619 Vgl. IDW, WP-Handbuch 2012, Bd. I, Kap. F, Rn. 766; GROTTEL, B., in: Förschle et al., BeBiKo, 9. Aufl., § 285 HGB, Rn. 6; POELZIG, D., in: Schmidt/Ebke, MüKo HGB, 3. Aufl., § 285 HGB, Rn. 13. Widersprüchlich äußern sich ADLER/DÜRING/SCHMALTZ, die in ADS, § 285, Rn. 11 auf die beabsichtigte und in ADS, § 268, Rn. 111 wohl auf die ursprünglich festgelegte Fälligkeit abstellen. M. E. kann sich indes die Definition der Fälligkeit (bereits aus erkenntnistheoretischer Sicht) nicht in Abhängigkeit von ihrer konkreten Ausprägung unterscheiden.

620 Die Prolongation stellt nur eine von, rechtlich zu differenzierenden, verschiedenen Möglichkeiten des Zahlungsaufschubs dar, vgl. hierzu Abschn. 421.2.

621 Vgl. IDW, WP-Handbuch 2012, Bd. I, Kap. F, Rn. 766; OSER, P./HOLZWARTH, J., in: Küting/Pfitzer/Weber, HdR-E, 5. Aufl., § 284-288 HGB, Rn. 127; KUPSCH, P., in: von Wysocki et al., HdJ, Abt. IV/4, Rn. 153. Restriktiver ADS, § 285, Rn. 11, die fordern, dass an der „Verlängerung der Laufzeit keine Zweifel bestehen" dürfen.

622 Vgl. GROTTEL, B., in: Förschle et al., BeBiKo, 9. Aufl., § 285 HGB, Rn. 6; HÜTTEMANN, U., in: von Wysocki et al., HdJ, Abt. III/8, Rn. 171; KNOP, W./ZANDER, S., in: Küting/Pfitzer/Weber, HdR-E, 5. Aufl., § 268 HGB, Rn. 209, wohl auch SCHUBERT, W. J., in: Förschle et al., BeBiKo, 9. Aufl., § 268 HGB, Rn. 103.

623 Vgl. GROTTEL, B., in: Förschle et al., BeBiKo, 9. Aufl., § 285 HGB, Rn. 6; BAIERL, H., in: Böcking et al., Beck HdR, B 234, Rn. 48; HÜTTEMANN, U., in: Canaris/Staub/Ulmer, Großkommentar HGB, 4. Aufl., § 285 HGB, Rn. 9.

624 In diesem Kontext nennen GROTTEL, B., in: Förschle et al., BeBiKo, 9. Aufl., § 286 HGB, Rn. 6 u. a. für unbestimmte Zeit gestundete oder mit einem Rangrücktritt versehene Verbindlichkeiten.

625 Vgl. HÜTTEMANN, U., in: von Wysocki et al., HdJ, Abt. III/8, Rn. 170 (auch Zitat). Davon abweichend konstatiert HÜTTEMANN indes an anderer Stelle, dass auf den „voraussichtlichen Rückzahlungszeitpunkt abzustellen" (HÜTTEMANN, U., in: Canaris/Staub/Ulmer, Großkommentar HGB, 4. Aufl., § 285 HGB, Rn. 9) sei.

sei.[626] Im Gegensatz zu diesen abweichenden Standpunkten existiert in Bezug auf die Darstellung der gewonnenen Fristigkeitsgruppen große Einigkeit. Obgleich der Gesetzeswortlaut aus §§ 268 Abs. 5 S. 1, 285 Nr. 1 lit. a HGB die Angabe der kurzfristigen Verbindlichkeiten in der Bilanz und die Angabe der langfristigen Verbindlichkeiten im Anhang vorschreibt, fließen diese Angaben typischerweise gemeinsam mit dem daraus ableitbaren Betrag der mittelfristigen Verbindlichkeiten (1-5 Jahre Restlaufzeit)[627] in den im Anhang offenzulegenden Verbindlichkeitenspiegel ein.[628]

Der Verbindlichkeitenspiegel enthält i. d. R. neben den Fristigkeitsinformationen bestimmte Angaben über die **Besicherung** von Verbindlichkeiten des Unternehmens. So ist gem. § 285 Nr. 1 lit. b i. V. m. Nr. 2 HGB für jede bilanzielle Verbindlichkeitskategorie des vorgeschriebenen Gliederungsschemas der Betrag der Verbindlichkeiten, die durch Pfandrechte oder ähnliche Rechte gesichert sind, sowie die Art und Form dieser Sicherung anzugeben. Mangels Definition im HGB sind mit den anzugebenden Pfandrechten zunächst gem. § 1204 BGB jene Rechte gemeint, die den Pfandgläubiger berechtigen, wegen einer Forderung Befriedigung aus einer Sache zu suchen.[629] Neben diesen Pfandrechten an beweglichen Sachen sind zudem v. a. vertraglich oder durch Zwangsvollstreckung begründete Pfandrechte an Forderungen und Rechten sowie Grundpfandrechte (Grundschuld, Hypothek, Rentenschuld) anzugeben.[630] Unter die ähnlichen Rechte subsumiert das Schrifttum übereinstimmend insbesondere die Sicherungsübereignung und -abtretung sowie den (verlängerten) Eigentumsvorbehalt, die sich wie die „klassischen“ Pfandrechte durch ihre dingliche Rechtsnatur auszeichnen.[631] Im Rahmen der Erläuterung der Besicherung ist neben dem Betrag der besicherten Verbindlichkeiten zudem die Art der Sicherheit („Gattung des Rechts“[632], bspw. Grund-

[626] Vgl. Baierl, H., in: Böcking et al., Beck HdR, B 234, Rn. 48; Grottel, B., in: Förschle et al., BeBiKo, 9. Aufl., § 285 HGB, Rn. 6. Grottel spricht hier im Zusammenhang mit Gesellschafterdarlehen vom voraussichtlichen und bei gestundeten oder in ihrem Rang zurückgetretenen Verbindlichkeiten vom wahrscheinlichen Fälligkeitszeitpunkt. Sofern mehrere wahrscheinliche Zeitpunkte vorliegen, sei zudem aus Vorsichtsgründen stets der frühere zu wählen, ähnlich wohl auch Baierl, H., in: Böcking et al., Beck HdR, B 234, Rn. 48; Oser, P./Holzwarth, J., in: Küting/Pfitzer/Weber, HdR-E, 5. Aufl., § 284-288 HGB, Rn. 126.

[627] Im Zuge des BilRUG wird die Angabepflicht des § 268 Abs. 5 HGB im Übrigen derart erweitert, dass künftig die Beträge mit einer Laufzeit von bis zu einem Jahr und jene mit einer Restlaufzeit über einem Jahr anzugeben sind, vgl. BMJV (Hrsg.), RefE BilRUG, S. 8. Damit geht indes (nach den obigen Ausführungen) keine materielle Änderung einher.

[628] Vgl. Deutscher Bundestag (Hrsg.), BT-Drucks. 16/10067, S. 68 f.; IDW, WP-Handbuch 2012, Bd. I, Kap. F, Rn. 770; Baierl, H., in: Böcking et al., Beck HdR, B 234, Rn. 46; Knop, W./Zander, S., in: Küting/Pfitzer/Weber, HdR-E, 5. Aufl., § 268 HGB, Rn. 211; Roth, M./Prechtl, S., in: Petersen/Zwirner/Brösel, Praxiskommentar Bilanzrecht, § 285 HGB, Rn. 8; Oser, P./Holzwarth, J., in: Küting/Pfitzer/Weber, HdR-E, 5. Aufl., § 284-288 HGB, Rn. 133; Baetge, J./Kirsch, H.-J./Thiele, S., Bilanzen, S. 406 f.; ADS, § 285, Rn. 26 f. m. w. N.

[629] Vgl. hierzu Bassenge, P., in: Palandt et al., BGB, 73. Aufl., § 1204 BGB, Rn. 1; Grottel, B., in: Förschle et al., BeBiKo, 9. Aufl., § 285 HGB, Rn. 10.

[630] Vgl. Dyck, K.-H./Prokein, M., in: Küting/Pfitzer/Weber, HdR-E, 5. Aufl., § 268 HGB, Rn. 232-242; Grottel, B., in: Förschle et al., BeBiKo, 9. Aufl., § 285 HGB, Rn. 10; IDW, WP-Handbuch 2012, Bd. I, Kap. F, Rn. 768; ADS, § 285, Rn. 15.

[631] Vgl. Kupsch, P., in: von Wysocki et al., HdJ, Abt. IV/4, Rn. 155; Grottel, B., in: Förschle et al., BeBiKo, 9. Aufl., § 285 HGB, Rn. 11; ADS, § 285, Rn. 16; IDW, WP-Handbuch 2012, Bd. I, Kap. F, Rn. 768; Kessler, M., in: Hennrichs/Kleindiek/Watrin, MüKo Bilanzrecht Bd. 2, § 285 HGB, Rn. 17-19; Dyck, K.-H./Prokein, M., in: Küting/Pfitzer/Weber, HdR-E, 5. Aufl., § 268 HGB, Rn. 243 f. Daneben führen die genannten Autoren z. T. als ähnliche, hier indes nicht weiter behandelte, Rechte bspw. den Nießbrauch an.

[632] Grottel, B., in: Förschle et al., BeBiKo, 9. Aufl., § 285 HGB, Rn. 9.

schuld vs. Sicherungsübereignung) sowie die Form der Sicherheit, also v. a. die Ausgestaltung der Verbriefung des Rechts (z. B. Brief- vs. Buchhypothek[633]), anzugeben.[634]

Als nicht angabepflichtig erachtet das Schrifttum hingegen einerseits die betragliche Quantifizierung der einzelnen Arten und Formen der Sicherheiten – die Angabe des besicherten Gesamtbetrags pro Verbindlichkeitsposition ist insofern ausreichend.[635] Andererseits sind auch ggf. Dritten eingeräumte Übersicherungen, also Besicherungen denen (noch) keine bilanziellen Verbindlichkeiten gegenüberstehen, von der Angabepflicht ausgenommen.[636] Während zudem eine Angabe von Sicherheiten, mit denen im Geschäftsverkehr „selbstverständlich [ge]rechnet“[637] werden kann, allgemein zurückgewiesen wird,[638] ist hingegen strittig, ob Betrag, Art und Form branchenüblicher Besicherungen im Anhang anzugeben sind. Während OSER/HOLZWARTH eine diesbezügliche Angabe mit der Begründung, dass diese „keine zusätzliche Information gibt“[639], zurückweisen, sprechen sich andere Autoren zumindest für einen allgemeinen Hinweis auf die Verwendung dieser Sicherungsmittel aus.[640] Zusammenfassend erscheint die u. a. von GROTTEL vertretene Lösung – nicht zuletzt aus pragmatischen Gründen – angemessen. Dieser lässt den besagten Hinweis zwar ebenso zu, er betont aber richtigerweise auch, dass für die Beurteilung des Unternehmens nicht bedeutsame oder allgemein erwartete, da bspw. in den allgemeinen Geschäftsbedingungen verankerte, Besicherungen unter Berücksichtigung des Trade-offs zwischen Nutzen und Beschaffungskosten der entsprechenden Angaben nicht angabepflichtig sind.[641]

Die bis hier erörterten Angaben betrafen stets die Besicherung eigener Verbindlichkeiten mittels eigener Vermögensgegenstände. Davon abzugrenzen ist einerseits die Bestellung unternehmensexterner Sicherheiten zu Gunsten eigener Verbindlichkeiten (bspw. eine Gesellschafterbürgschaft für eine Bankverbindlichkeit des Unternehmens), die nach herrschender,[642] indes noch zu diskutieren-

---

633 Nach der Verbriefung respektive nach der „Zirkulationsfähigkeit“ unterscheidet man die Briefhypothek, im Rahmen derer stets ein Hypothekenbrief ausgestellt wird (§ 1116 Abs. 1 BGB) von der Buchhypothek, die auf selbige gerade verzichtet (§ 1116 Abs. 2 BGB).

634 Vgl. BAIERL, H., in: Böcking et al., Beck HdR, B 234, Rn. 51; KESSLER, M., in: Hennrichs/Kleindiek/Watrin, MüKo Bilanzrecht Bd. 2, § 285 HGB, Rn. 16; ADS, § 285, Rn. 21; GROTTEL, B., in: Förschle et al., BeBiKo, 9. Aufl., § 285 HGB, Rn. 9.

635 Vgl. IDW, WP-Handbuch 2012, Bd. I, Kap. F, Rn. 768; ADS, § 285, Rn. 21; KESSLER, M., in: Hennrichs/Kleindiek/Watrin, MüKo Bilanzrecht Bd. 2, § 285 HGB, Rn. 14; GROTTEL, B., in: Förschle et al., BeBiKo, 9. Aufl., § 285 HGB, Rn. 17.

636 Vgl. ADS, § 285, Rn. 14; IDW, WP-Handbuch 2012, Bd. I, Kap. F, Rn. 767; GROTTEL, B., in: Förschle et al., BeBiKo, 9. Aufl., § 285 HGB, Rn. 9; POELZIG, D., in: Schmidt/Ebke, MüKo HGB, 3. Aufl., § 285 HGB, Rn. 20.

637 GROTTEL, B., in: Förschle et al., BeBiKo, 9. Aufl., § 285 HGB, Rn. 12, Erg. durch den Verf. Dies gilt v. a. im Fall von Pfandrechten kraft Gesetzes (bspw. Vermieterpfandrecht), denen jedoch praktisch nur eine geringe Relevanz zukommt, vgl. GROTTEL ebenda sowie IDW, WP-Handbuch 2012, Bd. I, Kap. F, Rn. 768; ADS, § 285, Rn. 17.

638 Vgl. die Nachweise in Fn. 637.

639 OSER, P./HOLZWARTH, J., in: Küting/Pfitzer/Weber, HdR-E, 5. Aufl., § 284-288 HGB, Rn. 129.

640 Vgl. ADS, § 285, Rn. 17-19; IDW, WP-Handbuch 2012, Bd. I, Kap. F, Rn. 768. Stark für die Angabe branchenüblicher Sicherheiten plädierend POELZIG, D., in: Schmidt/Ebke, MüKo HGB, 3. Aufl., § 285 HGB, Rn. 19.

641 Vgl. GROTTEL, B., in: Förschle et al., BeBiKo, 9. Aufl., § 285 HGB, Rn. 12; KUPSCH, P., in: von Wysocki et al., HdJ, Abt. IV/4, Rn. 156; ADS, § 285, Rn. 19; HÜTTEMANN, U., in: Canaris/Staub/Ulmer, Großkommentar HGB, 4. Aufl., § 285 HGB, Rn. 14.

642 Vgl. KUPSCH, P., in: von Wysocki et al., HdJ, Abt. IV/4, Rn. 154; ADS, § 285, Rn. 14; GROTTEL, B., in: Förschle et al., BeBiKo, 9. Aufl., § 285 HGB, Rn. 9; BAIERL, H., in: Böcking et al., Beck HdR, B 234, Rn. 51; POELZIG, D., in: Schmidt/Ebke, MüKo HGB, 3. Aufl., § 285 HGB, Rn. 15; OSER, P./HOLZWARTH, J., in: Küting/Pfitzer/Weber, HdR-E, 5. Aufl., § 284-288 HGB, Rn. 129.

der Meinung[643] in keiner Weise Niederschlag im handelsrechtlichen Jahresabschluss finden. Andererseits sind in diesem Zusammenhang die vom Unternehmen für fremde Verbindlichkeiten bestellten Sicherheiten anzuführen, die allerdings nicht in den Regelungsbereich des § 285 Nr. 1 lit. b HGB fallen, sondern regelmäßig als Haftungsverhältnis gem. § 251 HGB offenzulegen sind.[644] Abschließend ist zudem anzumerken, dass sich Sanierungsmaßnahmen nicht nur auf die bis dato erläuterten Angabepflichten auswirken (können), sondern zusätzlich bestimmte Sanierungsmaßnahmen weitergehende spezifische Angabepflichten auslösen.[645] Diese Angabepflichten werden jeweils im Zusammenhang mit der entsprechenden Sanierungsmaßnahme thematisiert.

341.3 Berichterstattung über Verbindlichkeiten im Lagebericht

Neben den Angaben im Anhang finden sich weitere Erläuterungspflichten in Bezug auf die hier thematisierten Verbindlichkeiten im **Lagebericht**. Der Lagebericht erfüllt seinen zentralen Zweck der Informationsvermittlung,[646] indem er die Angaben des Jahresabschlusses zu einer verbalen Gesamtaussage verdichtet und diesen zudem in sachlicher und zeitlicher Hinsicht ergänzt.[647] Der Lagebericht hat den Geschäftsverlauf einschließlich des Geschäftsergebnisses und die Lage des Unternehmens den tatsächlichen Verhältnissen entsprechend darzustellen (Wirtschaftsbericht gem. § 289 Abs. 1 S. 1-4 HGB). In diesem Kontext ist anzumerken, dass die den tatsächlichen Verhältnissen entsprechende Informationsvermittlung im Lagebericht jedoch im Gegensatz zum Jahresabschluss (§ 264 Abs. 2 S. 1 HGB) nicht durch die Einhaltung der GoB „beschränkt“ ist.[648] Darüber hinaus soll der Lagebericht über die voraussichtliche Entwicklung mit ihren wesentlichen Chancen und Risiken informieren (Prognose-, Chancen- und Risikobericht gem. § 289 Abs. 1 S. 5 HGB). Die Berichterstattung über Verbindlichkeiten findet vorrangig im Wirtschafts- und im Prognosebericht, die gemeinhin als bedeutsamste Elemente des Lageberichts gelten,[649] sowie im Risikobericht bzw. ggf. im Finanzrisikobericht (§ 289 Abs. 2 Nr. 2 HGB) statt.[650] Zur Konkretisierung der ein-

643 Vgl. hierzu die Ausführungen in Abschn. 46.

644 Vgl. IDW, WP-Handbuch 2012, Bd. I, Kap. F, Rn. 767; GROTTEL, B., in: Förschle et al., BeBiKo, 9. Aufl., § 285 HGB, Rn. 9; ADS, § 285, Rn. 14 m. w. N.

645 Als Beispiel sei hier nur auf § 160 Abs. 1 Nr. 6 AktG verwiesen, der u. a. fordert, dass die Art und Zahl der Rechte aus Besserungsscheinen im Anhang offenzulegen sind, vgl. weiterführend hierzu Abschn. 452.2.

646 Vgl. statt aller BAETGE, J./FISCHER, T. R./PASKERT, D., Der Lagebericht, S. 8; STOBBE, T., Lagebericht, S. 303-305; KIRSCH, H.-J./KÖHRMANN, H., in: Böcking et al., Beck HdR, B 510, Rn. 2; LANGE, K. W., in: Schmidt/Ebke, MüKo HGB, 3. Aufl., § 289 HGB, Rn. 1 f. und Rn. 27; KÜTING, K./HÜTTEN, C., Lageberichterstattung über Risiken, S. 251.

647 Vgl. KIRSCH, H.-J./KÖHRMANN, H., in: Böcking et al., Beck HdR, B 510, Rn. 4-8; LANGE, K. W., in: Schmidt/Ebke, MüKo HGB, 3. Aufl., § 289 HGB, Rn. 2-9; KIRSCH, H., in: Hofbauer/Ammann, Bonner HdR, 2. Aufl., § 289 HGB, Rn. 31-36; KÜTING, K./WEBER, C.-P., Konzernabschluss, S. 690; FREIDANK, C.-C./SEPETAUZ, K., Lageberichterstattung, S. 55; BAETGE, J./KIRSCH, H.-J./THIELE, S., Konzernbilanzen, S. 521-523 m. w. N. sowie die Nachweise in Fn. 192.

648 Vgl. neben § 289 Abs. 1 S. 1 HGB KIRSCH, H.-J./SCHEELE, A., Lageberichterstattung, S. 2734; BALLWIESER, W., Lageberichte der DAX-Gesellschaften, S. 155; DROBECK, J./KRAG, J., Lagebericht, S. 648; EMMERICH, G./KÜNNEMANN, M., Lagebericht der Kapitalgesellschaft, S. 145 f.; KIRSCH, H., in: Hofbauer/Ammann, Bonner HdR, 2. Aufl., § 289 HGB, Rn. 41-47.

649 Vgl. hierzu KAJÜTER, P., ET AL., Empirische Befunde, S. 459; EIDEL, U./STRICKMANN, M., Lagebericht (Teil 1), S. 1982; BAETGE, J./HIPPEL, B./SOMMERHOFF, D., Prognoseberichterstattung, S. 368; BAETGE, J./PRIGGE, C., Konzernlagebericht, S. 403-405.

650 Vgl. zu einer Übersicht über die weiteren, hier nicht relevanten, Teilberichte BAETGE, J./SCHULZE, D., Objektivierung, S. 938 f.; FREIDANK, C.-C./SEPETAUZ, K., Lageberichterstattung, S. 56; EIDEL, U./STRICKMANN, M., Lagebericht (Teil 1), S. 1980.

schlägigen handelsrechtlichen Vorschriften dient in diesem Zusammenhang primär DRS 20, dessen Anwendung ausdrücklich auch für den Lagebericht gem. § 289 HGB empfohlen wird (DRS 20.2).[651]

Da die zeitpunkt- und gegenwartsbezogene Lage am Bilanzstichtag das Ergebnis des Geschäftsverlaufs bildet, werden Geschäftsverlauf und Lage des Unternehmens zweckmäßigerweise häufig gemeinsam im **Wirtschaftsbericht** erörtert.[652] Obgleich der vergangenheitsorientierte[653] Wirtschaftsbericht verschiedenste Informationen vermitteln soll, sind im Rahmen dieser Arbeit primär diejenigen in Bezug auf die Kapitalstruktur und die Liquidität als Elemente der Finanzlage (DRS 20.78) von Interesse.[654] Die Berichterstattung über die **Kapitalstruktur** sollte dabei die Art, Fälligkeits-, Währungs- und Zinsstruktur, weitere wesentliche Verbindlichkeitskonditionen,[655] wesentliche Finanzierungsmaßnahmen des Geschäftsjahrs sowie die wesentlichen Finanzierungsvorhaben adressieren (DRS 20.82 f.).[656] In Bezug auf die behandelten Verbindlichkeiten sind zudem die Angaben zu Änderungen bedeutsamer Kreditkonditionen und Kreditlinien (DRS 20.84 f.) relevant.[657] Eng mit der Kapitalstruktur bzw. der Finanzierung verbunden[658] ist im Wirtschaftsbericht gem. DRS 20.92 zudem auf die **Liquidität** einzugehen. Hierbei ist gem. DRS 20.93 f. vornehmlich die Kapitalflussrechnung heranzuziehen,[659] um letztlich die künftige Zahlungsfähigkeit des Unternehmens bewerten zu können.[660] Die explizit genannten und hier relevanten Angaben

---

651 Vgl. zum Standardsetzungsverfahren und zur Rechtsstellung des DRS 20 BÖCKING, H.-J., ET AL., Konzernlagebericht nach DRS 20, S. 30-32; BAETGE, J./KIRSCH, H.-J./THIELE, S., Konzernbilanzen, S. 521 f. sowie allgemein BAETGE, J./KIRSCH, H.-J./THIELE, S., Bilanzen, S. 50 f.; FÖRSCHLE, G., in: Förschle et al., BeBiKo, 9. Aufl., § 342 HGB, Rn. 1-19.

652 Vgl. DRS 20.55; KIRSCH, H.-J./SCHEELE, A., Lageberichterstattung, S. 2735; GROTTEL, B., in: Förschle et al., BeBiKo, 9. Aufl., § 289 HGB, Rn. 15; FÜLBIER, R. U./PELLENS, B., in: Schmidt/Ebke, MüKo HGB, 3. Aufl., § 315 HGB, Rn. 39; LANGE, K. W., in: Schmidt/Ebke, MüKo HGB, 3. Aufl., § 289 HGB, Rn. 55.

653 Vgl. DRS 20.B24; BÖCKING, H.-J., ET AL., Konzernlagebericht nach DRS 20, S. 38; WIECHERS, K., Lageberichterstattung (Teil 1), S. 271; FREIDANK, C.-C./SEPETAUZ, K., Lageberichterstattung, S. 55.

654 Vgl. zu einem Überblick über die weiteren Inhalte des Wirtschaftsberichts DRS 20.53-113; KIRSCH, H.-J./KÖHRMANN, H., in: Böcking et al., Beck HdR, B 510, Rn. 1-79; LANGE, K. W., in: Schmidt/Ebke, MüKo HGB, 3. Aufl., § 289 HGB, Rn. 58-70; KIRSCH, H., in: Hofbauer/Ammann, Bonner HdR, 2. Aufl., § 289 HGB, Rn. 98-108.

655 Nach HARTMANN, C., Internationalisierung der Lageberichterstattung, S. 83 sind hier die Höhe des Kapitalbedarfs, die Herkunft, das Volumen und die Fristigkeit des Kapitals anzugeben. Die Pflicht zur Offenlegung dieser Informationen zurückweisend SELCHERT, F. W./ERHARDT, M./FUHR, A., Lagebericht, S. 128-131. Vgl. auch KIRSCH, H.-J./KÖHRMANN, H., in: Böcking et al., Beck HdR, B 510, Rn. 64, die neben den Verbindlichkeiten hier auch die Erläuterung von Rückstellungen, die für die Finanzierung wesentlich sind (zweifelsohne wird dies bei Pensionsrückstellungen zu bejahen sein, vgl. Abschn. 333.), vorschlagen.

656 Vgl. hierzu auch KIRSCH, H.-J./KÖHRMANN, H., in: Böcking et al., Beck HdR, B 510, Rn. 41 f.; DEUSSEN, R., Lagebericht, S. 799; HARTMANN, C., Internationalisierung der Lageberichterstattung, S. 83. Aufgrund des Zukunftsbezugs der Finanzierungsvorhaben verorten SELCHERT, F. W./ERHARDT, M./FUHR, A., Lagebericht, S. 127 f. diese Angaben im Prognosebericht.

657 Vgl. hierzu auch BUCHHEIM, R./KNORR, L., Lagebericht nach DRS 15, S. 420. Kritisch zur Angabe einer Änderung von Kreditkonditionen bzw. der Angabe der Kreditlinien GREINERT, M., Konzernlagebericht E-DRS 20, S. 59 bzw. SELCHERT, F. W./ERHARDT, M./FUHR, A., Lagebericht, S. 128 f.

658 Vgl. bereits die Ausführungen in Abschn. 251.2.

659 Diese Forderung ist selbstredend zu relativieren, da nicht alle Unternehmen zur Erstellung einer Kapitalflussrechnung verpflichtet sind, vgl. KIRSCH, H.-J./KÖHRMANN, H., in: Böcking et al., Beck HdR, B 510, Rn. 66 sowie die Nachweise in Fn. 178 und Fn. 510. GROTTEL, B., in: Förschle et al., BeBiKo, 9. Aufl., § 289 HGB, Rn. 165 empfiehlt indes die Erweiterung des Jahresabschlusses um eine Kapitalflussrechnung, vgl. hierzu auch Fn. 684.

660 Vgl. KIRSCH, H.-J./KÖHRMANN, H., in: Böcking et al., Beck HdR, B 510, Rn. 65; HARTMANN, C., Internationalisierung der Lageberichterstattung, S. 83; KIRSCH, H., in: Hofbauer/Ammann, Bonner HdR, 2. Aufl., § 289 HGB, Rn. 102; SIEBEN, G., Offene Fragen, S. 591 sowie ausführlich zum Liquiditätsbegriff bereits Abschn. 31.

betreffen gem. DRS 20.95 einerseits die Darstellung eingetretener oder absehbarer Liquiditätsengpässe sowie die diesbezüglich ergriffenen (Sanierungs-)Maßnahmen.[661] Andererseits sind die zugesagten, aber nicht ausgenutzten Kreditlinien anzugeben (DRS 20.97). Abschließend ist zu betonen, dass die Angaben nach DRS 20 nicht als abschließende Liste, sondern vielmehr als Mindestumfang der Berichterstattung zu verstehen sind.[662] Im Rahmen dieser Arbeit sind daher u. a. die Angaben zur Finanzlage und zu ihrer, im weiteren Verlauf zu erörternden, voraussichtlichen Entwicklung zu konkretisieren bzw. zu ergänzen. Dies kann sich bspw. auf vereinbarte Covenants[663] oder Angaben zur „Tilgung, Prolongation und Aufnahme von Krediten"[664] erstrecken, die DRS 20 nicht oder nur indirekt adressiert.

Neben den bis hier behandelten konkreten Angabepflichten ist nun auf die **Art und Weise** der Berichterstattung einzugehen. Sowohl die Kapitalstruktur als auch die Liquidität sind darzustellen und zu analysieren (DRS 20.81 bzw. 20.92). Insofern sind die einzelnen Berichtsgegenstände nicht nur beschreibend darzustellen, sondern es sind vielmehr die Ursachen und Wirkungszusammenhänge in Bezug auf dieses Berichtsobjekt aufzuzeigen (DRS 20.11).[665] Die Darstellungen und Analysen müssen außerdem ausgewogen und umfassend sein (§ 289 Abs. 1 S. 2 HGB). Daraus folgt, dass alle relevanten, positiven und negativen Aspekte in Bezug auf einen bestimmten Berichtsgegenstand gleichermaßen zu berücksichtigen sind.[666] Die Analysen von Liquidität und Kapitalstruktur basieren schließlich typischerweise auf bestimmten Kennzahlen bzw. finanziellen Leistungsindikatoren (§ 289 Abs. 1 S. 3 HGB),[667] die der Bilanzierende ebenfalls offenzulegen hat.[668]

Neben der grundsätzlich stichtags- und damit vergangenheitsbezogenen Berichterstattung im Wirtschaftsbericht[669] muss der Lagebericht zudem auf nach dem Schluss des Geschäftsjahrs eingetretene

661 Vgl. zur hohen Relevanz dieser Angaben KRUMBHOLZ, M., Qualität publizierter Lageberichte, S. 143; BAETGE, J./HIPPEL, B./SOMMERHOFF, D., Prognoseberichterstattung, S. 370 sowie die Nachweise in Fn. 685.

662 Vgl. BAETGE, J./PRIGGE, C., Konzernlagebericht, S. 401 f.; KIRSCH, H., in: Hofbauer/Ammann, Bonner HdR, 2. Aufl., § 289 HGB, Rn. 81; GROTTEL, B., in: Förschle et al., BeBiKo, 9. Aufl., § 289 HGB, Rn. 5 m. w. N.

663 Vgl. VATER, H., Financial Covenants, S. 133 und KOHL, T./MEYER, M., Anleihen und Schuldscheindarlehen, S. 183, die derartige Angaben „in Krisenzeiten zum wesentlichen Bestandteil der Berichterstattung im Lagebericht" zählen.

664 KAJÜTER, P., in: Küting/Pfitzer/Weber, HdR-E, 5. Aufl., § 289 HGB, Rn. 68.

665 Vgl. auch DRS 20.53, DRS 20.62-64 und DRS 20.B24; LANGE, K. W., in: Schmidt/Ebke, MüKo HGB, 3. Aufl., § 289 HGB, Rn. 55; BAETGE, J./KIRSCH, H.-J./THIELE, S., Konzernbilanzen, S. 527; KIRSCH, H.-J./KÖHRMANN, H., in: Böcking et al., Beck HdR, B 510, Rn. 80 und KAJÜTER, P., in: Küting/Pfitzer/Weber, HdR-E, 5. Aufl., § 289 HGB, Rn. 74, der unter einer Analyse die Zerlegung und systematische Auswertung der Bestandteile des Berichtsgegenstands versteht.

666 Vgl. KIRSCH, H.-J./KÖHRMANN, H., in: Böcking et al., Beck HdR, B 510, Rn. 82-84; KAJÜTER, P., in: Küting/Pfitzer/Weber, HdR-E, 5. Aufl., § 289 HGB, Rn. 75; KIRSCH, H., in: Hofbauer/Ammann, Bonner HdR, 2. Aufl., § 289 HGB, Rn. 118; GROTTEL, B., in: Förschle et al., BeBiKo, 9. Aufl., § 289 HGB, Rn. 25.

667 Vgl. HFA DES IDW, RH 1.007, Tz. 7 f.; KIRSCH, H.-J./KÖHRMANN, H., in: Böcking et al., Beck HdR, B 510, Rn. 67 f.; KIRSCH, H., in: Hofbauer/Ammann, Bonner HdR, 2. Aufl., § 289 HGB, Rn. 119-126; GROTTEL, B., in: Förschle et al., BeBiKo, 9. Aufl., § 289 HGB, Rn. 27; KAJÜTER, P., in: Küting/Pfitzer/Weber, HdR-E, 5. Aufl., § 289 HGB, Rn. 77 f.; FREIDANK, C.-C./STEINMEYER, V., Fortentwicklung der Lageberichterstattung, S. 2512.

668 Nichtfinanzielle Leistungsindikatoren (§ 289 Abs. 3 HGB) erscheinen hier im Gegensatz dazu als eher irrelevant, vgl. zu deren Berücksichtigung indes die Ausführungen in Abschn. 342.2.

669 Wie in den vorhergehenden Ausführungen deutlich wurde, fließen auch in den Wirtschaftsbericht z. T. zukunftsbezogene Informationen (bspw. zu absehbaren Liquiditätsengpässen) ein, vgl. zu dieser dynamischen Auslegung des Wirtschaftsberichts auch GELHAUSEN, H. F., Aktienrechtsreform 1997, S. 73 f.; KAJÜTER, P., in: Küting/Pfitzer/Weber, HdR-E, 5. Aufl., § 289 HGB, Rn. 67 und Rn. 70 m. w. N.

Vorgänge von besonderer Bedeutung eingehen (§ 289 Abs. 2 Nr. 1 HGB).[670] Der sogenannte **Nachtragsbericht** soll insofern Informationen über jene (wertbegründenden[671]) Sachverhalte bereitstellen, die aufgrund ihrer Eignung, die Beurteilung der Lage des Unternehmens wesentlich zu beeinflussen, von besonderer Bedeutung sind,[672] und die nach wohl h. M. zwischen dem Abschlussstichtag und der Erteilung des Bestätigungsvermerks eingetreten sind.[673] In der hier behandelten Sanierungssituation umfasst dieser Bericht insofern v. a. Informationen über die bis zur Erteilung des Bestätigungsvermerks vereinbarten (wesentlichen) Sanierungsmaßnahmen.[674]

In zeitlicher Hinsicht noch weitreichender als der Nachtragsbericht ist im Lagebericht außerdem gem. § 289 Abs. 1 S. 4 HGB auf die voraussichtliche Entwicklung (Prognosebericht) mit ihren wesentlichen Chancen und Risiken (Chancen- und Risikobericht) einzugehen.[675] Der **Prognosebericht** ergänzt nach allgemeiner Auffassung die Angaben respektive die Berichtsgegenstände des Wirtschaftsberichts (und des Nachtragsberichts) um eine (noch) zukunftsbezogene(re) Beurteilung und Erläuterung eben dieser Gegenstände.[676] Insofern erstreckt sich die zukunftsorientierte,[677] gerade in Krisensituationen „sehr nützliche"[678], Berichterstattung im Rahmen dieser Arbeit auf die künftige Entwicklung der Finanzlage bzw. genauer der Kapitalstruktur und speziell der Liquidität.[679] Sofern sie nicht bereits im Wirtschaftsbericht aufgeführt wurden, fordert das Schrifttum hier die Erörterung geplanter Maßnahmen, „v. a. [derjenigen] [...] zur Überwindung einer Krisensituation"[680], die sich auf die künftige Kapitalstruktur oder Liquidität auswirken könnten. Für die Progno-

---

670 Der Vollständigkeit wegen sei erwähnt, dass das BilRUG den Nachtragsbericht voraussichtlich (inhaltlich unverändert) in den Anhang verlagern wird, vgl. § 285 Nr. 31 HGB-Neu; BMJV (Hrsg.), RefE BilRUG, S. 11.

671 Abweichend vom regulären Vorgehen ist die Berücksichtigung *wertbegründender* Sanierungsmaßnahmen in bestimmten Grenzen zulässig, vgl. hierzu bereits die Ausführungen in Abschn. 253.2 und die Nachweise in Fn. 344.

672 Vgl. ADS, § 289, Rn. 101; KAJÜTER, P., in: Küting/Pfitzer/Weber, HdR-E, 5. Aufl., § 289 HGB, Rn. 114 f., jeweils m. w. N.

673 Vgl. zum (umstrittenen) zu Grunde zu legenden Zeitraum KIRSCH, H., in: Hofbauer/Ammann, Bonner HdR, 2. Aufl., § 289 HGB, Rn. 186; KAJÜTER, P., in: Küting/Pfitzer/Weber, HdR-E, 5. Aufl., § 289 HGB, Rn. 117, jeweils m. w. N.

674 Vgl. LANGE, K. W., in: Schmidt/Ebke, MüKo HGB, 3. Aufl., § 289 HGB, Rn. 97 bzw. KIRSCH, H.-J./KÖHRMANN, H., in: Böcking et al., Beck HdR, B 510, Rn. 152, die in diesem Kontext explizit Veränderungen der Kapitalausstattung anführen.

675 Vgl. zum Verhältnis von Prognose-, Chancen- und Risikobericht nur DRS 20.117 und DRS 20.B31; SENGER, T./BRUNE, J., DRS 20, S. 1287; BÖCKING, H.-J., ET AL., Konzernlagebericht nach DRS 20, S. 39; GROTTEL, B., in: Förschle et al., BeBiKo, 9. Aufl., § 289 HGB, Rn. 43-48.

676 Vgl. SCHEELE, A., Strategieorientierte Lageberichterstattung, S. 163; KÜTING, K./HÜTTEN, C., Lageberichterstattung über Risiken, S. 252 f.; BAETGE, J./SCHULZE, D., Objektivierung, S. 941; BÖCKING, H.-J., ET AL., Konzernlagebericht nach DRS 20, S. 39; KAJÜTER, P., in: Küting/Pfitzer/Weber, HdR-E, 5. Aufl., § 289 HGB, Rn. 87.

677 Diese Zukunftsperspektive begründet maßgeblich die große Bedeutung des Lageberichts für die Adressaten der handelsrechtlichen Rechnungslegung, vgl. BAETGE, J./HIPPEL, B./SOMMERHOFF, D., Prognoseberichterstattung, S. 366; FINK, C./HEIDBREDER, S./SCHÄFER, H., Informationsbedürfnisse, S. 606; WILLEKE, C., E-DRS 20, S. 359; EIDEL, U./STRICKMANN, M., Lagebericht (Teil 1), S. 1979; WIECHERS, K., Lageberichterstattung (Teil 4), S. 458; AKEIÜ, Prognoseprüfung, Rn. 8.

678 SOLFRIAN, G., Lageberichterstattung, S. 916, vgl. hierzu auch LANGE, K. W., in: Schmidt/Ebke, MüKo HGB, 3. Aufl., § 289 HGB, Rn. 83; BAETGE, J./HIPPEL, B./SOMMERHOFF, D., Prognoseberichterstattung, S. 366; STOBBE, T., Lagebericht, S. 309, der „in Krisenzeiten eine erweiterte Berichtspflicht" goutiert.

679 Vgl. KIRSCH, H.-J./KÖHRMANN, H., in: Böcking et al., Beck HdR, B 510, Rn. 102; BAETGE, J./FISCHER, T. R./PASKERT, D., Der Lagebericht, S. 34; SIEBEN, G., Offene Fragen, S. 591; SELCH, B., Lagebericht, S. 218 m. w. N.

680 BAETGE, J./HIPPEL, B./SOMMERHOFF, D., Prognoseberichterstattung, S. 366, Erg. und Ausl. durch den Verf., so auch KIRSCH, H., in: Hofbauer/Ammann, Bonner HdR, 2. Aufl., § 289 HGB, Rn. 131; STOBBE, T., Lagebericht, S. 309 f.

se der voraussichtlichen Entwicklung werden Darstellungen i. d. R. (auch hier) nicht ausreichen. Vielmehr resultiert aus § 289 Abs. 1 S. 4 HGB und DRS 20.118, dass die Lage unter Verdeutlichung von Zusammenhängen und unter Angabe der zugrundeliegenden Prämissen (DRS 20.120-122) aus Sicht der Geschäftsleitung beurteilt und erläutert werden muss.[681] Im Rahmen dieser Beurteilung und Erläuterung ist ein Sachverhalt i. d. R. verbal zu kommentieren und zu werten, um dessen Voraussetzungen, Ursachen oder Konsequenzen zu evaluieren (DRS 20.11) und dem Adressaten damit verschiedene Soll-Ist-Vergleiche zu ermöglichen.[682] Darüber hinaus fordert das Schrifttum in diesem Kontext zwar zumindest die Quantifizierung wesentlicher Kennzahlen (bspw. des Umsatzes),[683] nicht indes die Offenlegung detaillierter Finanzpläne oder Planbilanzen,[684] die der Abschätzung der in Krisensituationen primär relevanten Liquiditätsentwicklung dienen könnten. Bemerkenswert erscheint, dass laut diverser empirischer Untersuchungen der erwarteten Liquiditätsentwicklung (wie auch der Liquiditätsanalyse im Wirtschaftsbericht) zwar im Rahmen (der Entwicklung) der Finanzlage die größte Bedeutung zukommt,[685] jedoch die Berichterstattungspraxis hierüber gleichzeitig erhebliche Mängel aufweist.[686] Eng mit der angedeuteten Quantifizierung sind die Zuverlässigkeit der Prognosen[687] und der Prognosezeitraum verbunden, den DRS 20.127 auf ein Jahr ab dem Abschlussstichtag normiert.[688] Wenngleich eine Prognose für den Adressaten grundsätzlich umso entscheidungserheblicher ist je präziser, quantifizierter, zeitlich weitreichender und nachvollziehbarer diese ist,[689] wurde in zahlreichen Studien nachgewiesen, dass Unternehmen

---

681 Vgl. GROTTEL, B., in: Förschle et al., BeBiKo, 9. Aufl., § 289 HGB, Rn. 39 f.; KIRSCH, H., in: Hofbauer/Ammann, Bonner HdR, 2. Aufl., § 289 HGB, Rn. 129; KAJÜTER, P., in: Küting/Pfitzer/Weber, HdR-E, 5. Aufl., § 289 HGB, Rn. 92.

682 Vgl. KIRSCH, H.-J./KÖHRMANN, H., in: Böcking et al., Beck HdR, B 510, Rn. 105; KAJÜTER, P., in: Küting/Pfitzer/Weber, HdR-E, 5. Aufl., § 289 HGB, Rn. 89 f.; GROTTEL, B., in: Förschle et al., BeBiKo, 9. Aufl., § 289 HGB, Rn. 36.

683 Vgl. DRS 20.126; KIRSCH, H.-J./KÖHRMANN, H., in: Böcking et al., Beck HdR, B 510, Rn. 105 f.; KAJÜTER, P., in: Küting/Pfitzer/Weber, HdR-E, 5. Aufl., § 289 HGB, Rn. 90 und zur Technik der Quantifizierung nur THIERE, M., Chancen- und Risikoberichterstattung, S. 64-84. Eher zurückhaltend IDW, WP-Handbuch 2012, Bd. I, Kap. F, Rn. 1111; KAYA, D., Aussagekraft des Lageberichts, S. 486, die gleichermaßen v. a. auf verbale Angaben abstellen.

684 Vgl. LANGE, K. W., in: Schmidt/Ebke, MüKo HGB, 3. Aufl., § 289 HGB, Rn. 87; ADS, § 289, Rn. 106 f. m. w. N. A. A. PRIGGE, C., Konzernlageberichterstattung, S. 209, der hier explizit eine prospektive Kapitalflussrechnung fordert, vgl. hierzu auch KÜTING, K./KAISER, T., Liquiditätsanalyse (Teil I), S. 1142 f.; BRANDSTÄTTER, J., Prüfung der Sanierungsfähigkeit, S. 171 f. und die Nachweise in Fn. 179 und Fn. 180.

685 Vgl. PRIGGE, C., Konzernlageberichterstattung, S. 140 f. und S. 207; HIPPEL, B., Konzernlagebericht und Kapitalmarkt, S. 170-173; BEYHS, O./BARTH, D., Prognoseberichterstattung, S. 563 und KRUMBHOLZ, M., Qualität publizierter Lageberichte, S. 143, der hier die Angabe potenzieller Maßnahmen zur Liquiditätsbeschaffung fordert.

686 Vgl. zu diesem Ergebnis nur ERGÜN, I./JUCHLER, D./MÜLLER, S., Prognoseberichterstattung, S. 436 f.; BAETGE, J./HIPPEL, B./SOMMERHOFF, D., Prognoseberichterstattung, S. 370; EIDEL, U./STRICKMANN, M., Lagebericht (Teil 1), S. 1984; EIDEL, U./STRICKMANN, M., Lagebericht (Teil 2), S. 2038; BEYHS, O./BARTH, D., Prognoseberichterstattung, S. 566 und S. 568; BEYHS, O./BARTH, D., Prognoseberichterstattung (Update), S. 575 f.; EISENSCHMIDT, K./SCHMIDT, M., Prognoseberichterstattung, S. 352; KÜTING, K./KAISER, T., Liquiditätsanalyse (Teil II), S. 1184.

687 Vgl. KAJÜTER, P., in: Küting/Pfitzer/Weber, HdR-E, 5. Aufl., § 289 HGB, Rn. 91; BAETGE, J./KIRSCH, H.-J./THIELE, S., Konzernbilanzen, S. 529; KIRSCH, H.-J./KÖHRMANN, H., in: Böcking et al., Beck HdR, B 510, Rn. 104.

688 Vgl. zum Prognosezeitraum statt aller DRS 20.B32-34; BÖCKING, H.-J., ET AL., Konzernlagebericht nach DRS 20, S. 39 f.; HACHMEISTER, D./GLASER, A., E-DRS 27, S. 302.

689 Vgl. BAETGE, J./KIRSCH, H.-J./THIELE, S., Konzernbilanzen, S. 529 f.; KIRSCH, H.-J./KÖHRMANN, H., in: Böcking et al., Beck HdR, B 510, Rn. 104-111; KAYA, D., Aussagekraft des Lageberichts, S. 486.

gerade „mit unternehmensspezifischen, quantitativen und langfristigen Prognosen zurückhaltend"[690] sind.

Ausgehend von dem „Entwicklungspfad"[691] der voraussichtlichen Entwicklung sind im **Risikobericht** die potenziellen negativen Abweichungen von dieser Prognose offenzulegen.[692] Zur Identifikation der wesentlichen Risiken sind geeignete Risikokategorien oder eine geeignete Risikorangfolge zu bilden.[693] In der Sanierungssituation wird regelmäßig das Liquiditätsrisiko als wesentlich(st)es bzw. (in späteren Krisenphasen) ggf. sogar als bestandsgefährdendes Risiko im Mittelpunkt der Berichterstattung stehen.[694] Unter dem Liquiditätsrisiko ist das „Risiko, Zahlungsverpflichtungen im Zeitpunkt der Fälligkeit nicht nachkommen zu können" zu verstehen, das neben dem hier nicht relevanten Marktliquiditätsrisiko das Refinanzierungsrisiko, also das Risiko „bei Bedarf nicht oder nicht zu den erwarteten Konditionen Liquidität beschaffen zu können", umfasst.[695] Sofern die entsprechenden Informationen nicht bereits im Wirtschafts- oder Prognosebericht bereitgestellt werden, ist das Liquiditätsrisiko einzeln für einen Zeitraum von mindestens einem Jahr ab dem Abschlussstichtag[696] zu analysieren und zu beurteilen. Dies umfasst allgemein die Offenlegung der geschätzten Wahrscheinlichkeit und der Konsequenzen des Eintritts des Risikos sowie der zugrunde liegenden Einflussfaktoren der Schätzung.[697] In diesem Kontext fordert das Schrifttum bspw. eine Berichterstattung über die potenziellen Liquiditätsfolgen eines wahrscheinlichen Covenant-Bruchs.[698] Ferner ist in diesem Zusammenhang gem. DRS 20.157 auf bereits ergriffene Risikobegrenzungsmaßnahmen einzugehen.[699] Einer Übertragung dieser dezidierten Angabepflichten auf das (bestandsgefährdende) Liquiditätsrisiko und damit einer ausführlichen Berichter-

690 RUHWEDEL, F./SELLHORN, T./LERCHENMÜLLER, J., Prognoseberichterstattung, S. 1306, vgl. hierzu die bei RUHWEDEL, F./SELLHORN, T./LERCHENMÜLLER, J., Prognoseberichterstattung, S. 1306-1313 zitierten Studien, die dies gleichermaßen bestätigen sowie ebenso BAETGE, J./SCHULZE, D., Objektivierung, S. 941; ADAM, S./QUICK, R., Going-Concern-Prinzip, S. 256; HOFMANN, C./LORSON, P./MELCHER, W., Wirtschaftskrise und Lagebericht, S. 236 f.; UNSELD, M., Aussagefähigkeit des Lageberichtes, S. 132-134.

691 FREIDANK, C.-C./STEINMEYER, V., Fortentwicklung der Lageberichterstattung, S. 2513, vgl. auch die Nachweise in Fn. 692.

692 Vgl. KAJÜTER, P., Chancen und Risiken, S. 429; GROTTEL, B., in: Förschle et al., BeBiKo, 9. Aufl., § 289 HGB, Rn. 52; KAJÜTER, P., in: Küting/Pfitzer/Weber, HdR-E, 5. Aufl., § 289 HGB, Rn. 95; EIDEL, U./STRICKMANN, M., Lagebericht (Teil 2), S. 2038.

693 Vgl. DRS 20.162-164; BAETGE, J./SCHULZE, D., Objektivierung, S. 943; KIRSCH, H.-J./KÖHRMANN, H., in: Böcking et al., Beck HdR, B 510, Rn. 118-125; WIECHERS, K., Lageberichterstattung (Teil 1), S. 277; WEBER, C.-P., Risikoberichterstattung, S. 142 f.

694 Soweit bestandsgefährdende Risiken bestehen, werden diese neben weiteren wesentlichen Risiken stets (separat gem. DRS 20.148) zu erörtern sein, vgl. hierzu BAETGE, J./KIRSCH, H.-J./THIELE, S., Konzernbilanzen, S. 531; BAETGE, J./SCHULZE, D., Objektivierung, S. 942; AKEIÜ, Unternehmensüberwachung, Rn. 17.

695 Vgl. DRS 20.11 (auch Zitate) und gleichlautend HFA DES IDW, RH 1.005, Tz. 36.

696 Vgl. DRS 20.156; LANGE, K. W., in: Schmidt/Ebke, MüKo HGB, 3. Aufl., § 289 HGB, Rn. 90 m. w. N. sowie in Bezug auf das bestandsgefährdende Liquiditätsrisiko HFA DES IDW, PS 270, Tz. 8; IDW, WP-Handbuch 2012, Bd. I, Kap. R, Rn. 670; AKEIÜ, Unternehmensüberwachung, Rn. 18.

697 Vgl. BAETGE, J./KIRSCH, H.-J./THIELE, S., Konzernbilanzen, S. 532; KIRSCH, H.-J./KÖHRMANN, H., in: Böcking et al., Beck HdR, B 510, Rn. 131; GROTTEL, B., in: Förschle et al., BeBiKo, 9. Aufl., § 289 HGB, Rn. 48 f.; BAETGE, J./SCHULZE, D., Objektivierung, S. 943; LANGE, K. W., in: Schmidt/Ebke, MüKo HGB, 3. Aufl., § 289 HGB, Rn. 86; GELHAUSEN, H. F., Aktienrechtsreform 1997, S. 74.

698 Vgl. VATER, H., Financial Covenants, S. 133 sowie die Ausführungen in den Abschn. 462.4. und 465.

699 Vgl. hierzu BAETGE, J./KIRSCH, H.-J./THIELE, S., Konzernbilanzen, S. 532; GROTTEL, B., in: Förschle et al., BeBiKo, 9. Aufl., § 289 HGB, Rn. 46 f. Lediglich geplante Maßnahmen zur Risikobegrenzung werden in DRS 20 insofern nicht adressiert.

stattung wird häufig die Gefahr der self-fulfilling-prophecy entgegen gehalten.[700] Trotz der möglicherweise negativen Auswirkungen einer detaillierten Berichterstattung auf den Unternehmensbestand, hat sich inzwischen jedoch die Erkenntnis durchgesetzt, dass „im Zweifel die Schutzwürdigkeit der Abschlussadressaten höher zu bewerten [ist] als die des Unternehmens"[701]. Anderenfalls würde die Risikoberichterstattung, wie BAETGE/SCHULZE zutreffend anmerken, „ad absurdum"[702] geführt – zumal der Gefahr der self-fulfillig-prophecy z. T. auch durch Angaben zu Risikobegrenzungsmaßnahmen entgegen gewirkt werden kann.[703] Darüber hinaus vermag das Argument der self-fulfillig-prophecy im Kontext der heutigen Berichterstattung auch deshalb nicht zu überzeugen, da der Abschlussprüfer im Bestätigungsvermerk nicht nur gesondert auf bestandsgefährdende Risiken (§ 322 Abs. 2 S. 3 HGB),[704] sondern auch darauf eingehen muss, ob der Lagebericht im Einklang mit dem Jahresabschluss steht, er ein zutreffendes Bild der Lage des Unternehmens vermittelt und u. a. das Liquiditätsrisiko zutreffend darstellt (§ 322 Abs. 6 HGB).[705]

Da die hier relevanten Angaben zu den Verbindlichkeiten und dem damit kohärierenden Liquiditätsrisiko regelmäßig bereits im Wirtschafts-, Prognose- und Risikobericht adressiert werden, sollten aus den speziellen Anforderungen gem. § 289 Abs. 2 Nr. 2 HGB (**Finanzrisikobericht**) in der Praxis regelmäßig keine weiterführenden Angabepflichten erwachsen.[706] In diesem Kontext ist abschließend auf mögliche Überschneidungen zwischen den Angaben im Anhang und Lagebericht, bspw. in Bezug auf die erörterten Angaben zur Fälligkeitsstruktur der Verbindlichkeiten, einzugehen.

Tendenziell ist diesbezüglich festzustellen, dass der Anhang eher der Darstellung und z. T. der (quantitativen) Ergänzung der vergangenheitsorientierten Bilanz und GuV dient, während der Lagebericht gegenwarts- und v. a. zukunftsorientierte[707] Analysen und Kommentierungen der Lage des Unternehmens enthalten soll.[708] Eng mit dieser Tendenz verbunden ergibt sich auch die Tatsa-

---

700 Vgl. MOXTER, A., KonTraG, S. 723; GELHAUSEN, H. F., Aktienrechtsreform 1997, S. 74; WIECHERS, K., Neue Anforderungen, S. 134; BAETGE, J./FISCHER, T. R./PASKERT, D., Der Lagebericht, S. 14 f.

701 IDW, WP-Handbuch 2012, Bd. I, Kap. R, Rn. 669, Erg. durch den Verf.

702 BAETGE, J./SCHULZE, D., Objektivierung, S. 943, so auch KIRSCH, H., in: Hofbauer/Ammann, Bonner HdR, 2. Aufl., § 289 HGB, Rn. 325; KAJÜTER, P., in: Küting/Pfitzer/Weber, HdR-E, 5. Aufl., § 289 HGB, Rn. 99; ADAM, S., Going-Concern-Prinzip, S. 47; LENZ, H./DIEHM, J., Risikoberichterstattung, S. 387 und in der Tendenz auch ERNST, E., Häufig unterschätzt!, S. I.

703 Vgl. BAETGE, J./SCHULZE, D., Objektivierung, S. 943; KAJÜTER, P., in: Küting/Pfitzer/Weber, HdR-E, 5. Aufl., § 289 HGB, Rn. 99.

704 Vgl. hierzu HFA DES IDW, PS 270, Tz. 34-40; SCHMIDT, S./KÜSTER, T., in: Förschle et al., BeBiKo, 9. Aufl., § 322 HGB, Rn. 38 f.; BAETGE, J./LINßEN, T., Beurteilung durch Abschlußprüfer, S. 373-386; KIRSCH, H.-J., Erwartungslücke, S. 917-975.

705 Vgl. KRAWITZ, N., Prüfung des Lageberichts, S. 233 f.; DEUSSEN, R., Lagebericht, S. 795; BÖCKING, H.-J./STEIN, T., Prüfung Konzernlagebericht, S. 50; SIEBEN, G., Offene Fragen, S. 595-600.

706 Vgl. zu diesem Ergebnis bzw. der engen Verbindung zwischen Risiko- und Finanzrisikobericht HARTMANN, C., Internationalisierung der Lageberichterstattung, S. 137 f.; KIRSCH, H., in: Hofbauer/Ammann, Bonner HdR, 2. Aufl., § 289 HGB, Rn. 188; GROTTEL, B., in: Förschle et al., BeBiKo, 9. Aufl., § 289 HGB, Rn. 65.

707 Vgl. nur LANGE, K. W., in: Schmidt/Ebke, MüKo HGB, 3. Aufl., § 289 HGB, Rn. 76; BAETGE, J./KIRSCH, H.-J./THIELE, S., Bilanzen, S. 755; GREINERT, M., Konzernlagebericht E-DRS 20, S. 51.

708 Vgl. DEUTSCHER BUNDESRAT (Hrsg.), BR-Drucks. 326/04, S. 63; DEUTSCHER BUNDESTAG (Hrsg.), BT-Drucks. 15/3419, S. 30; GROTTEL, B., in: Förschle et al., BeBiKo, 9. Aufl., § 289 HGB, Rn. 4; LANGE, K. W., in: Schmidt/Ebke, MüKo HGB, 3. Aufl., § 289 HGB, Rn. 71; KAJÜTER, P., in: Küting/Pfitzer/Weber, HdR-E, 5. Aufl., § 289 HGB, Rn. 68.

che, dass die Angaben im Anhang eher kasuistisch und präzise kodifiziert sind,[709] während dem Bilanzierenden im Lagebericht größere Ermessensspielräume verbleiben, die er i. S. e. den tatsächlichen Verhältnissen entsprechenden Darstellung auszufüllen hat.[710] Wie im weiteren Verlauf gezeigt wird, erscheinen auch aus diesem Grund im Lagebericht verschiedene Konkretisierungen insofern erforderlicher als im Anhang. Obgleich zusammenfassend beiden Berichtsinstrumenten eine Erläuterungs- und Ergänzungsfunktion zukommt,[711] sollte der Lagebericht nur Platz greifen, soweit die entsprechenden Informationen nicht bereits durch den Jahresabschluss bereitgestellt werden (können).[712]

342. Bilanzierung von Pensionsrückstellungen

342.1 Ansatz und Bewertung von Pensionsrückstellungen in der Bilanz

Wie bereits in Abschn. 331. betont wurde, wird in der vorliegenden Arbeit primär die Bilanzierung jener Pensionsrückstellungen thematisiert, die ihrerseits auf einer Direktzusage beruhen. Diese Pensionszusagen begründen aufschiebend bedingte, da bspw. an das Alter des Versorgungsberechtigten gebundene, Verpflichtungen (§ 158 Abs. 1 BGB).[713] Diese beruhen in praxi regelmäßig auf Einzelverträgen, Pensionsordnungen, Betriebsvereinbarungen oder Tarifverträgen.[714] Dem **Grunde nach** sind für derartige Zusagen zweifelsohne Rückstellungen für ungewisse Verbindlichkeiten (§ 249 Abs. 1 S. 1 HGB) **anzusetzen**, da sie rechtliche Verpflichtungen begründen,[715] die in Form der künftigen, im Geschäftsjahr erdienten Versorgungsansprüche zu wirtschaftlich verursachten Belastungen führen, die aufgrund der einfließenden Schätzungsparameter zwar nicht exakt, wohl aber in einer Bandbreite quantifizierbar sind.[716] Diese Passivierungspflicht entfällt außerhalb der Unternehmenskrise auch nicht aufgrund etwaiger Wartezeitklauseln oder bestimmter, von künftigen

---

[709] Auch hierbei handelt es sich selbstredend um eine Tendenzaussage, da (auch) der Anhang um freiwillige Berichtselemente ergänzt werden kann, vgl. GROTTEL, B., in: Förschle et al., BeBiKo, 9. Aufl., § 284 HGB, Rn. 20 und Rn. 80-82; COENENBERG, A. G./HALLER, A./SCHULTZE, W., Jahresabschluß, S. 863; ADAM, S./QUICK, R., Going-Concern-Prinzip, S. 249.

[710] Vgl. KAJÜTER, P., in: Küting/Pfitzer/Weber, HdR-E, 5. Aufl., § 289 HGB, Rn. 29; GROTTEL, B., in: Förschle et al., BeBiKo, 9. Aufl., § 289 HGB, Rn. 4 f.; LANGE, K. W., in: Schmidt/Ebke, MüKo HGB, 3. Aufl., § 289 HGB, Rn. 28, Rn. 55 und Rn. 60.

[711] Vgl. BAETGE, J./KIRSCH, H.-J./THIELE, S., Bilanzen, S. 715 f. und S. 753-756; KIRSCH, H., in: Hofbauer/Ammann, Bonner HdR, 2. Aufl., § 289 HGB, Rn. 36 sowie die Nachweise in den Fn. 646 und 647.

[712] Vgl. DEUTSCHER BUNDESRAT (Hrsg.), BR-Drucks. 326/04, S. 63; STOBBE, T., Lagebericht, S. 305; LANGE, K. W., in: Schmidt/Ebke, MüKo HGB, 3. Aufl., § 289 HGB, Rn. 30; WIECHERS, K., Lageberichterstattung (Teil 2), S. 363.

[713] Vgl. THOMS-MEYER, D., GoB für Pensionsrückstellungen, S. 16; HFA DES IDW, RS HFA 30, Tz. 16.

[714] Vgl. SCHEFFLER, E., in: Böcking et al., Beck HdR, B 233, Rn. 155; HEGER, H.-J./WEPPLER, T., in: von Wysocki et al., HdJ, Abt. III/7, Rn. 7; THOMS-MEYER, D., GoB für Pensionsrückstellungen, S. 14 sowie Abschn. 441. Von Zusagen auf Basis einer Besoldungsordnung, einer betrieblichen Übung oder des Gleichbehandlungsgrundsatzes wird im Folgenden aufgrund ihrer geringen praktischen Relevanz (für privatwirtschaftliche Unternehmen) abstrahiert.

[715] Da die eigentliche rechtliche Verpflichtung erst bei Eintritt des Versorgungsfalls entsteht, besteht während der Anwartschaft streng genommen eine rechtlich begründete, wirtschaftliche Verpflichtung, vgl. THOMS-MEYER, D., GoB für Pensionsrückstellungen, S. 16; HFA DES IDW, RS HFA 30, Tz. 15.

[716] Vgl. nur SCHEFFLER, E., in: Böcking et al., Beck HdR, B 233, Rn. 151; THIELE, S./BREITHAUPT, J., in: Baetge/Kirsch/Thiele, Bilanzrecht, § 253 HGB, Rn. 151; ADS, § 253, Rn. 298; BAETGE, J./KIRSCH, H.-J./THIELE, S., Bilanzen, S. 436-439 sowie ausführlich THOMS-MEYER, D., GoB für Pensionsrückstellungen, S. 13-24 m. w. N. und allgemein bereits die Ausführungen in den Abschn. 253.42 und 253.52.

Bedingungen abhängigen Widerrufsvorbehalten.[717] Die in aller Regel erfolgswirksam zugehenden[718] Pensionsrückstellungen sind in **Höhe** des **nach** vernünftiger kaufmännischer Beurteilung notwendigen, abgezinsten Erfüllungsbetrags **anzusetzen** (§ 253 Abs. 1 S. 2 Hs. 2 i. V. m. Abs. 2 HGB). Die Bewertung muss dabei anhand anerkannter versicherungsmathematischer Methoden durchgeführt werden.[719] Die konkret verwandte Bewertungsmethode muss dabei stets gewährleisten, dass der Versorgungsaufwand denjenigen Erdienungsperioden zugeordnet wird in denen die entsprechenden Aufwendungen wirtschaftlich verursacht wurden und insofern die Vermögens-, Finanz- und Ertragslage den tatsächlichen Verhältnissen entsprechend abgebildet wird.[720] Ein bestimmtes Bewertungsverfahren ist jedoch (im Unterschied zum internationalen Vorgehen) nicht vorgeschrieben.[721] Insofern sind nach HGB neben der projected-unit-credit-method (PUCM), die ein Anwartschaftsbarwertverfahren darstellt, grundsätzlich auch das Gegenwartsverfahren sowie das steuerlich gebotene, handelsrechtlich zu modifizierende[722] Teilwertverfahren anwendbar.[723]

Sowohl beim Gegenwartswertverfahren als auch beim (modifizierten) Teilwertverfahren handelt es sich um Anwartschaftsdeckungs- bzw. Gleichverteilungsverfahren.[724] Diese verfolgen das Ziel den Aufwand für die späteren Versorgungsjahre unter Beachtung der ratierlichen Unverfallbarkeitsfristen gem. § 2 Abs. 1 S. 1 BetrAVG möglichst gleichmäßig über die Zeit vom Zusagezeitpunkt (Gegenwartswertverfahren) bzw. Dienstbeginn (Teilwertverfahren) bis zum Renteneintrittsalter zu verteilen.[725] Da die Versorgungsverpflichtung als Gegenleistung für die gesamte Betriebstreue des Versorgungsberechtigten angesehen wird,[726] fließen in die Bewertung der Pensionsrückstellung sowohl die bereits erbrachten past services wie auch die noch zu erbringenden future services des Arbeitnehmers ein.[727] Konzeptionell errechnet sich die Pensionsrückstellung – vergleichbar mit der

---

717 Vgl. BERTRAM, K., ET AL., Altersversorgungsverpflichtungen, S. 59; THOMS-MEYER, D., GoB für Pensionsrückstellungen, S. 16-18; HFA DES IDW, RS HFA 30, Tz. 17 f.

718 Vgl. MOXTER, A., GoB, S. 165-168; BALLWIESER, W., in: Schmidt/Ebke, MüKo HGB, 3. Aufl., § 253 HGB, Rn. 64.

719 Vgl. hierzu nur HFA DES IDW, RS HFA 30, Tz. 60 f.; SCHEFFLER, E., in: Böcking et al., Beck HdR, B 233, Rn. 205 und Rn. 244-255; ADS, § 253, Rn. 301 und Rn. 323-332; THOMS-MEYER, D., GoB für Pensionsrückstellungen, S. 137-165; THIELE, S./BREITHAUPT, J., in: Baetge/Kirsch/Thiele, Bilanzrecht, § 253 HGB, Rn. 182-193.

720 Vgl. HFA DES IDW, RS HFA 30, Tz. 60; PWC, BilMoG-Kommentar, Kap. I, Rn. 81; HEGER, H.-J./WEPPLER, T., in: von Wysocki et al., HdJ, Abt. III/7, Rn. 103 und Rn. 225; DERNBERGER, M./MATTHIAS, U., Pensionsrückstellungen, S. 572; THAUT, M., Rückdeckungsversicherungen, S. 1645; HEGER, H.-J./WEPPLER, T., Altersversorgung nach dem BilMoG, S. 240; MEIER, K., Versorgungsverpflichtungen, S. 999; KALK-GRIESAN, U., Herausforderungen, S. 704.

721 Vgl. nur DEUTSCHER BUNDESTAG (Hrsg.), BT-Drucks. 16/10067, S. 56; HFA DES IDW, RS HFA 30, Tz. 60 f.; DERNBERGER, M., Betriebliche Altersvorsorge, S. 1152; FINK, C./KUNATH, O., Potenzial bei der Rückstellungsbildung, S. 2350; HEGER, H.-J./WEPPLER, T., Altersversorgung nach dem BilMoG, S. 240; MEIER, K., Versorgungsverpflichtungen, S. 999.

722 Vgl. HOFFMANN, W.-D./LÜDENBACH, N., NWB-Kommentar, § 253, Rn. 95.

723 Vgl. BALLWIESER, W., in: Schmidt/Ebke, MüKo HGB, 3. Aufl., § 253 HGB, Rn. 76. Die Ansicht, dass die PUCM als nicht HGB konform abzulehnen sei (so THOMS-MEYER, D., GoB für Pensionsrückstellungen, S. 142; HEUBECK, K., Betriebliche Versorgungsverpflichtungen, S. 325-328) ist insofern inzwischen als überholt einzustufen.

724 Vgl. WOLZ, M., Pensionsverpflichtungen, S. 1374.

725 Vgl. ENGBROCKS, B./ENGBROKS, H., Versicherungsmathematik, S. 519; ENGBROKS, H., Bewertung von Pensionsverpflichtungen, S. 568-570; HÖFER, R./RHIEL, R./VEIT, A., Altersversorgung, S. 1608; HAGEMANN, T./OECKING, S./WUNSCH, U., Pensionsverpflichtungen nach BilMoG, S. 1022 sowie die Ausführungen in Abschn. 441. zu Eingriffen der ersten Stufe in erteilte Pensionszusagen.

726 Vgl. HEGER, H.-J./WEPPLER, T., in: von Wysocki et al., HdJ, Abt. III/7, Rn. 104.

727 Vgl. PRADL, J., Pensionszusagen an GmbH-Geschäftsführer, S. 461.

Finanzierung eines Lebensversicherungsvertrags – als Differenz zwischen dem Barwert der künftigen Versorgungsleistungen und dem Barwert der noch ausstehenden Jahresprämien zur Dotierung des bis zum Renteneintritt aufzubauenden Deckungskapitals.[728] Während die Gleichverteilungsverfahren folglich den einzelnen Rechnungsperioden Prämien bzw. Aufwendungen zuordnen, zielt die PUCM darauf ab, diesen Perioden verursachungsgerecht die erdienten Leistungen zuzuordnen.[729] Die passivierte Pensionsrückstellung basiert nach der PUCM folgerichtig auf den bis zum Bilanzstichtag erdienten Versorgungsansprüchen – den künftig zu erbringenden Leistungen (future services) kommt für die Rückstellungsbewertung insofern keine Bedeutung zu.[730] Als erdient gilt dabei jener Anteil der Versorgungsleistung, der sich ergibt, wenn man den Barwert der künftigen Versorgungsleistung mit dem Quotient aus bereits absolvierter Dienstzeit (m) und der bis zur Pensionierung maximal möglichen Dienstzeit (n) multipliziert (degressives m/n-tel).[731] In Deutschland ist zudem zu beachten, dass der u. U. höhere Betrag der unverfallbaren Anwartschaft für die Zwecke der PUCM stets als erdient anzusehen ist.[732] Neben diesen methodischen Grundlagen ist schließlich darauf hinzuweisen, dass die PUCM im Vergleich zu den Gleichverteilungsverfahren zwar während der Anwartschaftsphase c. p. zu einem geringerem Rückstellungsausweis führt,[733] es jedoch am Ende der Anwartschaftsphase[734] exakt zum selben Verpflichtungsausweis i. H. d. Barwerts der künftigen Versorgungsleistungen kommt (und kommen muss).[735] Die PUCM führt insofern im Vergleich zu den Gleichverteilungsverfahren zu einer Verlagerung des Versorgungsaufwands in spätere (Erdienungs-)Perioden.[736] Wie in Abschn. 443.1 gezeigt wird, vermag zudem lediglich die PUCM der Forderung nach der oben angesprochenen verursachungsgerechten Verteilung des Versorgungsaufwands *unabhängig vom Bewertungsanlass* nachzukommen.[737] Speziell aufgrund dieses

---

[728] Vgl. PRADL, J., Pensionszusagen an GmbH-Geschäftsführer, S. 461; HEGER, H.-J./WEPPLER, T., in: von Wysocki et al., HdJ, Abt. III/7, Rn. 104; FRIEDERICH, R./SCHADE, P., Bewertungsmethoden Pensionsrückstellungen, S. 124.

[729] Vgl. DERNBERGER, M./MATTHIAS, U., Pensionsrückstellungen, S. 574; DERNBERGER, M., Betriebliche Altersvorsorge, S. 1152; WOLZ, M., Pensionsverpflichtungen, S. 1374; ENGBROKS, H., Bewertung von Pensionsverpflichtungen, S. 568.

[730] Vgl. PwC, BilMoG-Kommentar, Kap. I, Rn. 81; ENGBROKS, H., Bewertung von Pensionsverpflichtungen, S. 568-571; PRADL, J., Pensionszusagen an GmbH-Geschäftsführer, S. 462; DERNBERGER, M./MATTHIAS, U., Pensionsrückstellungen, S. 572; WOLZ, M., Pensionsverpflichtungen, S. 1374.

[731] Vgl. HEGER, H.-J./WEPPLER, T., in: von Wysocki et al., HdJ, Abt. III/7, Rn. 226; SEEMANN, T., in: Bohl/Riese/Schlüter, IFRS-Handbuch, 4. Aufl., § 26, Rn. 53; DERNBERGER, M./MATTHIAS, U., Pensionsrückstellungen, S. 573; DAV/IVS, Richtlinie, S. 9. Zu Besonderheiten bei Anwendung dieses Verfahrens bei Invaliden- und Hinterbliebenenleistungen, die hier jedoch nicht weiter thematisiert werden können, nur FRIEDERICH, R./SCHADE, P., Bewertungsmethoden Pensionsrückstellungen, S. 123 f.

[732] Vgl. die Nachweise in Fn. 731.

[733] Vgl. WOLZ, M., Pensionsverpflichtungen, S. 1375; DERNBERGER, M., Betriebliche Altersvorsorge, S. 1152; SEEMANN, T., in: Bohl/Riese/Schlüter, IFRS-Handbuch, 4. Aufl., § 26, Rn. 68; FREIHERR VON BUDDENBROCK, C./RATHJE, M., Neubewertung von Pensionsverpflichtungen, S. 1332; FINK, C./KUNATH, O., Potenzial bei der Rückstellungsbildung, S. 2350.

[734] Die Anwartschaftsphase endet, wenn der Versorgungsberechtigte mit einer unverfallbaren Anwartschaft aus dem Unternehmen ausscheidet oder er das Renteneintrittsalter erreicht hat.

[735] Vgl. HFA DES IDW, RS HFA 30, Tz. 60; BERTRAM, K., ET AL., Altersversorgungsverpflichtungen, S. 63; PRADL, J., Pensionszusagen an GmbH-Geschäftsführer, S. 463; FINK, C./KUNATH, O., Potenzial bei der Rückstellungsbildung, S. 2350.

[736] Vgl. WOLZ, M., Pensionsverpflichtungen, S. 1375.

[737] Vgl. zur Notwendigkeit der Wahl der Bewertungsmethode in Abhängigkeit des Bewertungsanlasses HFA DES IDW, RS HFA 30, Tz. 61; JOHANNLEWELING, A., BilMoG, S. 769; FRIEDEMANN, L./VEIT, A., Altersversorgungsverpflichtungen, S. 238 und die Nachweise in Abschn. 443.

Vorteils wird sich wohl langfristig diese nach IFRS zwingend vorgeschriebene Methode (IAS 19.67) auch in der handelsrechtlichen Rechnungslegung durchsetzen.[738]

Da Pensionsrückstellungen zum abgezinsten Erfüllungsbetrag anzusetzen sind, fließen in die erläuterte Bewertung künftige Preis- und Kostensteigerungen ein, um die Kostenverhältnisse zum Erfüllungszeitpunkt abzubilden und damit „dem Bedürfnis der Praxis nach einer zukunftsgerichteten Rückstellungsbewertung"[739] nachzukommen.[740] Im Rahmen der Bewertung von Pensionsrückstellungen sind infolgedessen die begründet erwarteten und auf objektiven Hinweisen beruhenden, künftigen Entwicklungen der einzelnen Rückstellungsparameter[741] zu berücksichtigen.[742] Dies betrifft neben betrieblichen Lohn-, Gehalts- und Karrieretrends v. a. auch die nunmehr ratierlich zu berücksichtigende Rentendynamisierung nach § 16 BetrAVG.[743] Wie bereits in den Abschn. 23 und 333. ausgeführt, werden von diesen Parametern im Folgenden nur jene behandelt, die als Gegenstand bzw. Ansatzpunkt externer Sanierungsmaßnahmen zu qualifizieren sind. Da Pensionsrückstellungen, wie seit dem BilMoG sämtliche Rückstellungen,[744] gem. § 253 Abs. 2 HGB abzuzinsen sind, kommt zudem dem verwendeten (ebenso grundsätzlich nicht beeinflussbaren) Zinssatz erhebliche Bedeutung zu. Der Bilanzierende hat in diesem Zusammenhang einen, durch die Bundesbank veröffentlichten, laufzeitäquivalenten durchschnittlichen Marktzinssatz der vergangenen sieben Geschäftsjahre (§ 253 Abs. 2 S. 1 HGB) oder einen derartigen Marktzinssatz bei Unterstellung einer 15 jährigen Restlaufzeit (§ 253 Abs. 2 S. 2 HGB) zu verwenden.[745] In der Bilanz ist die Pensions-

---

[738] Vgl. Grottel, B./Rhiel, R., in: Förschle et al., BeBiKo, 9. Aufl., § 249 HGB, Rn. 198; Gassen, J./Pierk, J./Weil, M., Pensionsrückstellungen, S. 1064; Scheffler, W., Rückstellungen nach dem BilMoG, S. 239 f.; Prinz, M., Rückstellungen nach BilMoG, S. 244 sowie zur, seit dem BilMoG (sehr) stark zunehmenden Bedeutung der PUCM Schmidtmeier, S./Eisenhardt, P./Bellert, S., Pensionsrückstellungen, S. 2057; Gassen, J./Pierk, J./Weil, M., Pensionsrückstellungen, S. 1064.

[739] Deutscher Bundestag (Hrsg.), BT-Drucks. 16/10067, S. 52; Deutscher Bundesrat (Hrsg.), BR-Drucks. 344/08, S. 112.

[740] Vgl. nur Brösel, G./Olbrich, M., in: Küting/Pfitzer/Weber, HdR-E, 5. Aufl., § 253 HGB, Rn. 354-356; Scheffler, E., in: Böcking et al., Beck HdR, B 233, Rn. 152; Bertram, K., et al., Altersversorgungsverpflichtungen, S. 61.

[741] Vgl. zu den einzelnen Parametern nur HFA des IDW, RS HFA 30, Tz. 51-54 und Rn. 62-65; Scheffler, E., in: Böcking et al., Beck HdR, B 233, Rn. 215-229; Thoms-Meyer, D., GoB für Pensionsrückstellungen, S. 61-94 und S. 113-123; Grottel, B./Rhiel, R., in: Förschle et al., BeBiKo, 9. Aufl., § 249 HGB, Rn. 200-203.

[742] Vgl. HFA des IDW, RS HFA 30, Tz. 51-54; PwC, BilMoG-Kommentar, Kap. I, Rn. 72-77. Vor dem Inkrafttreten des BilMoG wurde die Berücksichtigung künftiger Preis- und Kostensteigerungen heftig diskutiert und im Ergebnis wohl mehrheitlich zurückgewiesen, vgl. hierzu nur Küting, K./Cassel, J./Metz, C., Ansatz und Bewertung von Rückstellungen, S. 319-321; Thiele, S./Breithaupt, J., in: Baetge/Kirsch/Thiele, Bilanzrecht, § 253 HGB, Rn. 120 f. und Rn. 171-173, jeweils m. w. N.

[743] Vgl. Scheffler, E., in: Böcking et al., Beck HdR, B 233, Rn. 223-226; Heger, H.-J./Weppler, T., in: von Wysocki et al., HdJ, Abt. III/7, Rn. 96; Brösel, G./Olbrich, M., in: Küting/Pfitzer/Weber, HdR-E, 5. Aufl., § 253 HGB, Rn. 388 und Rn. 394 sowie zur Rechtslage vor BilMoG, die eine Berücksichtigung der Dynamisierung gem. § 16 BetrAVG grundsätzlich erst im Zeitpunkt der Anpassungsentscheidung zuließ ADS, § 253, Rn. 320; Thiele, S./Breithaupt, J., in: Baetge/Kirsch/Thiele, Bilanzrecht, § 253 HGB, Rn. 174 f.; Thoms-Meyer, D., GoB für Pensionsrückstellungen, S. 81-94 und S. 128-134.

[744] Vgl. hierzu die entsprechenden Ausführungen in Abschn. 253.51.

[745] Vgl. HFA des IDW, RS HFA 30, Tz. 55-59; Höfer, R./Hagemann, T., Altersversorgung im BilMoG, S. 1747 f.; Brösel, G./Olbrich, M., in: Küting/Pfitzer/Weber, HdR-E, 5. Aufl., § 253 HGB, Rn. 334-336 und Rn. 389-392; Heger, H.-J./Weppler, T., in: von Wysocki et al., HdJ, Abt. III/7, Rn. 97-102; Stapf, J./Elgg, D., Zinssätze, S. 2134-2138; Bertram, K., et al., Altersversorgungsverpflichtungen, S. 62 f.

rückstellung schließlich i. H. d. derart abgezinsten Erfüllungsbetrags auszuweisen (§ 266 Abs. 3 B.1. HGB).[746]

Dies gilt sowohl für die Zugangs- als auch für die **Folgebewertung**, wobei die Differenz der Pensionsrückstellung zwischen zwei Abschlussstichtagen bei unveränderter Datensituation (c. p.) einerseits als Dienstzeitaufwand innerhalb des Personalaufwands und andererseits als Aufzinsungsaufwand der diskontierten Endverpflichtung innerhalb der Zinsaufwendungen (§ 275 Abs. 2 Nr. 13 bzw. Abs. 3 Nr. 12 HGB) zu erfassen ist.[747] Daneben können die Veränderung der versicherungsmathematischen Annahmen, v. a der Trendannahmen, biometrischen Grundlagen und des Abzinsungssatzes sowie die hier besonders relevante Kürzung der Versorgungszusagen zu Veränderungen der Pensionsrückstellung führen, die in Abhängigkeit vom jeweiligen Parameter entweder im operativen oder im Finanzergebnis zu erfassen sind.[748] Eine Pensionsrückstellung ist schließlich nur **aufzulösen**, soweit der Grund für selbige entfallen ist (§ 249 Abs. 2 S. 2 HGB).[749] Dabei ist zwischen der planmäßigen, versicherungsmathematischen Auflösung im Zuge des bestimmungsgemäßen Verbrauchs der Rückstellung und der außerplanmäßigen Auflösung zu unterscheiden.[750] Zur hier relevanteren, außerplanmäßigen Auflösung kommt es im Rahmen der Unternehmenskrise speziell in Folge der rechtswirksamen Herabsetzung oder des Widerrufs der Versorgungszusage als Maßnahmen der finanziellen Sanierung.[751]

342.2 Erläuterungen zu Pensionsrückstellungen im Anhang

Pensionsrückstellungen sind neben dem separaten Ausweis in der Bilanz gem. § 285 Nr. 9 lit. b und Nr. 24 HGB weiterführend im **Anhang** zu erläutern.[752] So verlangt § 285 Nr. 24 HGB die Angabe (nicht indes die Begründung[753]) des verwandten versicherungsmathematischen Verfahrens und der grundlegenden Annahmen wie z. B. des Zinssatzes, der Lohn- und Gehaltstrends sowie der zugrun-

[746] Umstritten, für die vorliegende Arbeit indes weitgehend irrelevant, ist, ob beim Zugang der Rückstellung in der GuV dieser abgezinste Erfüllungsbetrag (Nettoausweis) oder der Erfüllungsbetrag als Aufwand nebst der Abzinsung als Ertrag (Bruttoausweis) zu erfassen sind, vgl. hierzu nur PwC, BilMoG-Kommentar, Kap. I, Rn. 61-63 m. w. N.

[747] Vgl. HFA des IDW, RS HFA 30, Tz. 86 und Tz. 88; Scheffler, E., in: Böcking et al., Beck HdR, B 233, Rn. 210; PwC, BilMoG-Kommentar, Kap. I, Rn. 90.

[748] Vgl. hierzu HFA des IDW, RS HFA 30, Tz. 85-88; PwC, BilMoG-Kommentar, Kap. I, Rn. 91 f.; Heger, H.-J./ Weppler, T., in: von Wysocki et al., HdJ, Abt. III/7, Rn. 158-166; Bertram, K., et al., Altersversorgungsverpflichtungen, S. 67 f.

[749] Vgl. HFA des IDW, RS HFA 30, Tz. 13; Thiele, S./Breithaupt, J., in: Baetge/Kirsch/Thiele, Bilanzrecht, § 253 HGB, Rn. 197; Baetge, J./Kirsch, H.-J./Thiele, S., Bilanzen, S. 445; Coenenberg, A. G./Haller, A./ Schultze, W., Jahresabschluß, S. 430.

[750] Vgl. Thoms-Meyer, D., GoB für Pensionsrückstellungen, S. 134-136; Miller, T., Pensionsverpflichtungen, S. 26; Coenenberg, A. G./Haller, A./Schultze, W., Jahresabschluß, S. 430.

[751] Vgl. Thoms-Meyer, D., GoB für Pensionsrückstellungen, S. 134; Scheffler, E., in: Böcking et al., Beck HdR, B 233, Rn. 175; Heger, H.-J./Weppler, T., in: von Wysocki et al., HdJ, Abt. III/7, Rn. 155 und ADS, § 253, Rn. 339, die zudem alle darauf hinweisen, dass außerhalb der Unternehmenskrise insbesondere Todesfälle von Versorgungsberechtigten zu (außerplanmäßigen) Auflösungen führen.

[752] Vgl. zu weiteren Angabepflichten im Zusammenhang mit Pensionsrückstellungen, bspw. bei Existenz von Deckungsvermögen (§ 285 Nr. 25 HGB) nur HFA des IDW, RS HFA 30, Tz. 90-95a; Bertram, K., et al., Altersversorgungsverpflichtungen, S. 68; Heger, H.-J./Weppler, T., in: von Wysocki et al., HdJ, Abt. III/7, Rn. 183-189.

[753] Vgl. PwC, BilMoG-Kommentar, Kap. I, Rn. 114; Bertram, K., et al., Altersversorgungsverpflichtungen, S. 68; Rhiel, R./Veit, A., Auswirkungen BilMoG, S. 1512, abweichend noch BMJ (Hrsg.), RefE BilMoG, S. 107.

de gelegten Sterbetafeln.[754] Durch diese Vorschrift, die als Konkretisierung der Pflichten aus § 284 Abs. 2 Nr. 1 HGB anzusehen ist,[755] strebt der Gesetzgeber eine „gewisse Vereinheitlichung und Vergleichbarkeit"[756] der Angaben zu Pensionsrückstellungen an. Darüber hinaus sind Kapitalgesellschaften verpflichtet, die gebildeten und nicht gebildeten Pensionsrückstellungen für frühere Mitglieder des Geschäftsführungsorgans, des Aufsichtsrats, des Beirats oder einer ähnlichen Einrichtung[757] und deren Hinterbliebenen, jeweils zusammengefasst nach der jeweiligen Personengruppe, zu veröffentlichen (§ 285 Nr. 9 lit. b S. 3 i. V. m. Nr. 9 S. 1 HGB).[758] Soweit nicht die Schutzklauseln aus § 286 Abs. 4 oder Abs. 5 HGB greifen,[759] werden durch diese Angaben die Verflechtungen zwischen ehemaligen Organmitgliedern und der Gesellschaft zumindest teilweise offengelegt.[760]

342.3 Berichterstattung über Pensionsrückstellungen im Lagebericht

Im Gegensatz zu diesen knappen, jedoch eindeutigen Vorgaben im Anhang werden Pensionsrückstellungen in § 289 HGB nicht direkt und auch im einschlägigen Schrifttum zum **Lagebericht** allenfalls rudimentär adressiert.[761] So konstatieren bspw. SELCHERT/ERHARDT/FUHR, dass im normalen Geschäftsverlauf (also außerhalb einer Unternehmenskrise) häufig „im Personal- und Sozialbereich überhaupt keine berichtspflichtigen Sachverhalte" existieren.[762] Am ehesten wird der Abschlussadressat über die betriebliche Altersvorsorge noch durch den sogenannten Sozialbericht informiert. Diesen hat der Bilanzierende im Rahmen der Darstellung der Unternehmenslage[763] bzw. für die Analyse derselbigen aufzustellen, da diese Analyse gem. § 289 Abs. 3 HGB neben finanziellen zudem nichtfinanzielle Leistungsindikatoren explizit auch in Bezug auf Arbeitnehmerbelange enthalten muss.[764] Die Erläuterungen zu den Pensionsrückstellungen im Sozialbericht stehen jedoch

---

754 Vgl. zu diesen, v. a. gegenüber den Regelungen aus IAS 19, eher knappen Angabepflichten nur HEGER, H.-J./WEPPLER, T., in: von Wysocki et al., HdJ, Abt. III/7, Rn. 181 f.; HFA DES IDW, RS HFA 30, Tz. 89; PWC, BilMoG-Kommentar, Kap. O, Rn. 204-215; HÖFER, R./HAGEMANN, T., Altersversorgung im BilMoG, S. 1748; WULF, I./BINDICK, F., Anhangangaben, S. 758 f.; THURNES, G./HAINZ, G., BilMoG und Pensionsrückstellungen, S. 215.

755 Vgl. DEUTSCHER BUNDESTAG (Hrsg.), BT-Drucks. 16/10067, S. 73; COENENBERG, A. G./HALLER, A./SCHULTZE, W., Jahresabschluß, S. 858; WULF, I./BINDICK, F., Anhangangaben, S. 758; PETERSEN, J., Rechnungslegung für Pensionsverpflichtungen, S. 63.

756 DEUTSCHER BUNDESTAG (Hrsg.), BT-Drucks. 16/10067, S. 73, vgl. auch HEGER, H.-J./WEPPLER, T., in: von Wysocki et al., HdJ, Abt. III/7, Rn. 181; PWC, BilMoG-Kommentar, Kap. I, Rn. 113.

757 Vgl. zur Abgrenzung der Mitgliedschaft in einem (oder mehreren) dieser Organe nur POELZIG, D., in: Schmidt/Ebke, MüKo HGB, 3. Aufl., § 285 HGB, Rn. 143-151.

758 Vgl. DRS 17.35; KESSLER, M., in: Hennrichs/Kleindiek/Watrin, MüKo Bilanzrecht Bd. 2, § 285 HGB, Rn. 119; POELZIG, D., in: Schmidt/Ebke, MüKo HGB, 3. Aufl., § 286 HGB, Rn. 207-209; PETERSEN, J., Rechnungslegung für Pensionsverpflichtungen, S. 63.

759 Vgl. hierzu POELZIG, D., in: Schmidt/Ebke, MüKo HGB, 3. Aufl., § 286 HGB, Rn. 62-71; GROTTEL, B., in: Förschle et al., BeBiKo, 9. Aufl., § 286 HGB, Rn. 15-26.

760 Vgl. KESSLER, M., in: Hennrichs/Kleindiek/Watrin, MüKo Bilanzrecht Bd. 2, § 285 HGB, Rn. 87; POELZIG, D., in: Schmidt/Ebke, MüKo HGB, 3. Aufl., § 285 HGB, Rn. 140.

761 Vgl. HEGER, H.-J./WEPPLER, T., in: von Wysocki et al., HdJ, Abt. III/7, Rn. 190.

762 Vgl. SELCHERT, F. W./ERHARDT, M./FUHR, A., Lagebericht, S. 134 (auch Zitat).

763 An dieser Stelle zeigt sich, dass die Lage i. S. v. § 289 HGB über die Vermögens-, Finanz- und Ertragslage hinausgeht und insofern bspw. auch die Personallage umfasst, vgl. hierzu HARTMANN, C., Internationalisierung der Lageberichterstattung, S. 15; GREINERT, M., Konzernlagebericht E-DRS 20, S. 58.

764 Vgl. nur IDW, WP-Handbuch 2012, Bd. I, Kap. F, Rn. 1145; GROTTEL, B., in: Förschle et al., BeBiKo, 9. Aufl., § 289 HGB, Rn. 100 f.; HARTMANN, C., Internationalisierung der Lageberichterstattung, S. 85-87 m. w. N.

erstens neben einer Vielzahl weiterer personalbezogener Informationen (Personalbestand, Arbeitsbedingungen, Mitarbeiterzufriedenheit, Unfallschutz etc.[765]) und zweitens formuliert das Schrifttum in diesem Zusammenhang insgesamt nur wenige konkrete Berichtsanforderungen. So wird z. T. recht allgemein die Erläuterung des „Personal- und Sozialbereich[s]“[766] oder der Personalkosten und deren erwarteter Entwicklung[767] gefordert, während andere Autoren zumindest allgemein für Einlassungen zu Tarifverträgen und zur betrieblichen Altersversorgung plädieren.[768]

Neben diesen grundsätzlich vergangenheitsorientierten Berichtspflichten wird ebenso recht allgemein verlangt, dass im Prognose- bzw. Risikobericht auf die voraussichtliche Entwicklung bzw. auf die Risiken des Personalbereichs einzugehen ist.[769] Auch mögliche Angabe- und Erläuterungspflichten der – zugegebenermaßen sehr einzelfallabhängigen – Restrukturierung von Pensionsrückstellungen werden bestenfalls oberflächlich adressiert. Obgleich in diesem Kontext vereinzelt gefordert wird, dass auf Änderungen im Bereich der Altersvorsorgung einzugehen ist,[770] findet sich diesbezüglich v. a. der (bloße) Hinweis, dass Restrukturierungs- und Rationalisierungsmaßnahmen zu thematisieren sind.[771] Infolgedessen verbleibt dem Bilanzierenden, wie bereits bei den Verbindlichkeiten (Abschn. 341.3), auch hier ein „gewisser Ermessensspielraum und damit eine Gestaltungsfreiheit“[772]. Bemerkenswert ist in diesem Zusammenhang schließlich, dass DRS 20 im Vergleich zu DRS 15.63 ohne erkennbaren Grund auf die vormals explizit kodifizierte Forderung einer Erläuterung von für die Kapitalausstattung wesentlicher Rückstellungen verzichtet.

765 Vgl. hierzu nur HFA DES IDW, RH 1.007, Tz. 12; KIRSCH, H.-J./KÖHRMANN, H., in: Böcking et al., Beck HdR, B 510, Rn. 46; LANGE, K. W., in: Schmidt/Ebke, MüKo HGB, 3. Aufl., § 289 HGB, Rn. 127; KAJÜTER, P., in: Küting/Pfitzer/Weber, HdR-E, 5. Aufl., § 289 HGB, Rn. 68; GROTTEL, B., in: Förschle et al., BeBiKo, 9. Aufl., § 289 HGB, Rn. 104.

766 WIEDMANN, H., in: Ebenroth et al., HGB/1, 2 Aufl., § 289 HGB, Rn. 15.

767 Vgl. DRS 20.75; WILLEKE, C., E-DRS 20, S. 363.

768 Vgl. DROBECK, J./KRAG, J., Lagebericht, S. 651; DEUSSEN, R., Lagebericht, S. 799; ADS, § 289, Rn. 76; HARTMANN, C., Internationalisierung der Lageberichterstattung, S. 87 sowie allgemein zu den eher überschaubaren Erläuterungspflichten, die ggf. durch eine freiwillige Berichterstattung zu ergänzen sei HEGER, H.-J./WEPPLER, T., in: von Wysocki et al., HdJ, Abt. III/7, Rn. 191.

769 Vgl. bzgl. des Prognoseberichts LANGE, K. W., in: Schmidt/Ebke, MüKo HGB, 3. Aufl., § 289 HGB, Rn. 83; KIRSCH, H., in: Hofbauer/Ammann, Bonner HdR, 2. Aufl., § 289 HGB, Rn. 130; KAJÜTER, P., in: Küting/Pfitzer/Weber, HdR-E, 5. Aufl., § 289 HGB, Rn. 92; WINNEFELD, R., Bilanz-Handbuch, 4. Aufl., Kap. K, Rn. 140 und bzgl. des Risikoberichts GROTTEL, B., in: Förschle et al., BeBiKo, 9. Aufl., § 289 HGB, Rn. 53; LANGE, K. W., Risikoberichterstattung, S. 229; WIECHERS, K., Lageberichterstattung (Teil 3), S. 408.

770 Vgl. DEUSSEN, R., Lagebericht, S. 799.

771 Vgl. IDW, WP-Handbuch 2012, Bd. I, Kap. F, Rn. 1102; ADS, § 289, Rn. 79; WIECHERS, K., Lageberichterstattung (Teil 3), S. 408.

772 LANGE, K. W., in: Schmidt/Ebke, MüKo HGB, 3. Aufl., § 289 HGB, Rn. 127.

4 Sanierende Restrukturierung des bestehenden Fremdkapitals und ihre bilanzielle Abbildung

41 Übersicht über die Möglichkeiten der Restrukturierung des bestehenden Fremdkapitals zur finanziellen Sanierung

Nachdem in den vorherigen Abschnitten die allgemeinen und handelsrechtlichen Grundlagen der Rechnungslegung und der Unternehmensfinanzierung erarbeitet wurden, sollen im folgenden Kapitel 4 die Möglichkeiten der Restrukturierung des bestehenden Fremdkapitals, genauer der bestehenden Verbindlichkeiten gegenüber Kreditinstituten und aus Lieferungen und Leistungen sowie Pensionsrückstellungen behandelt werden. Obgleich die Sanierungspraxis zumeist auf ein „Aktivitätenbündel“[773] zurückgreift, werden die verschiedenen Maßnahmen aus didaktischen Gründen grundsätzlich in voneinander isolierter Form analysiert. Soweit es inhaltlich angezeigt ist, werden indes selbstredend auch die u. U. existenten Zusammenhänge zwischen den einzelnen Sanierungsmaßnahmen adressiert. Die Abhandlungen zu den einzelnen Sanierungsmaßnahmen sind dabei im Allgemeinen wie folgt aufgebaut. Zunächst wird bezugnehmend auf die Eigenschaften[774] der identifizierten Restrukturierungsobjekte[775] die Anwendbarkeit der jeweiligen Maßnahme vorgestellt. Dabei wird sich zeigen, dass im Rahmen der Restrukturierung von Verbindlichkeiten sämtliche der im Folgenden thematisierten Sanierungsmaßnahmen anwendbar sind – wenngleich v. a. der unbedingte Verzicht auf Lieferanten- oder Bankforderungen aus Sicht des zu sanierenden Unternehmens keine wesentliche bilanzrechtlichen Fragen aufwirft. Im Gegensatz dazu kommt im Zusammenhang mit der Restrukturierung von Pensionsrückstellungen (bzw. der zu Grunde liegenden Pensionszusagen) vorrangig dem unbedingten Verzicht größere Relevanz zu. Folgerichtig wird die Restrukturierung von Pensionsrückstellungen, bis auf einzelne Verweise in den entsprechenden Abschnitten, grundsätzlich abschließend in Abschn. 44 analysiert.

Im Anschluss an die Erläuterung der Anwendbarkeit der jeweils zur Rede stehenden Maßnahme wird deren wirtschaftlicher und rechtlicher Charakter analysiert. Auf Basis dieser Erkenntnisse wird schließlich die Bilanzierung der verschiedenen Sanierungsmaßnahmen nach HGB und nach IFRS erläutert, um im jeweils letzten Abschnitt die handelsrechtliche Bilanzierung kritisch und unter Berücksichtigung der einschlägigen IFRS-Regelungen zu würdigen. Es sei jedoch bereits hier angemerkt, dass es bei manchen Sanierungsmaßnahmen geboten erscheint, der Darstellung ihrer Abbildung im Anhang und im Lagebericht unmittelbar die entsprechende Würdigung folgen zu lassen.

---

[773] DAVID, S., Krisenmanagement, S. 112.

[774] Vgl. hierzu Abschn. 31 und speziell Abbildung 3-1.

[775] Vgl. ausführlich die Abschn. 32 und 33.

42 Zahlungsaufschübe

421. Anwendbarkeit und Arten von Zahlungsaufschüben

421.1 Anwendbarkeit von Zahlungsaufschüben

Die hier behandelten Restrukturierungsmaßnahmen zielen darauf ab, die Existenz, die Höhe oder den Zeitpunkt der Liquiditätsabflüsse, die mit der entsprechenden Schuld einhergehen, zu verändern.[776] Vereinbaren Schuldner und Gläubiger einen Zahlungsaufschub, werden die gesetzlich oder vertraglich fixierten Zeitpunkte der Liquiditätsabflüsse für Vergütungs- und/oder Rückzahlungspflichten zeitlich weiter in die Zukunft verlagert. Obgleich Zahlungsaufschübe für eine erfolgreiche Sanierung oft nicht hinreichend sein werden,[777] kommt ihnen doch eine erhebliche Bedeutung zu, da sie nicht nur als „notwendige Voraussetzung"[778] für die Neuordnung der Finanzierung anzusehen sind, sondern auch das „Risiko des Kapitalentzugs"[779] eindämmen und zudem ein, im Vergleich bspw. zum endgültigen Forderungsverzicht, leichter vermittelbares Gläubigeropfer[780] darstellen.[781] Bevor die (rechtlich) divergierenden Arten des Zahlungsaufschubs adressiert werden, ist zunächst die **Anwendbarkeit** von Zahlungsaufschüben zu erläutern, die neben der Dauer als dessen entscheidendes wirtschaftliches Merkmal anzusehen ist. Zu untersuchen ist insofern, auf welche Restrukturierungsobjekte (Pensionsrückstellungen, Verbindlichkeiten gegenüber Kreditinstituten und Verbindlichkeiten aus Lieferungen und Leistungen) die Sanierungsmaßnahme des Zahlungsaufschubs angewendet werden kann bzw. in praxi angewendet wird.

Im Bereich der **Pensionsrückstellungen** ist zwischen Personen in der Anwartschaftsphase und solchen in der Versorgungsphase zu unterscheiden. Mit Blick auf die finanzwirtschaftlichen Eigenschaften von Pensionsrückstellungen[782] wird deutlich, dass ein Zahlungsaufschub grundsätzlich nur bei den aktuellen Versorgungsempfängern sinnvoll sein kann, da die Leistungen gegenüber den aktiven Mitarbeitern (und den ausgeschiedenen Mitarbeitern mit unverfallbaren Ansprüchen) bereits ex definitione bis zum Eintritt des Versorgungsfalls (langfristig) aufgeschoben werden (können). Dieser insofern grundsätzlich aus Sicht des Unternehmens zu präferierende Eingriff in die Ansprüche der Versorgungsempfänger unterliegt jedoch, wie im Wesentlichen sämtliche Eingriffe in erteilte Versorgungszusagen, strengen arbeitsrechtlichen Beschränkungen.[783] In Folge dessen wird der Arbeitgeber diesen mit diversen rechtlichen Hindernissen gesäumten Weg (wenn überhaupt) eher für einen Verzicht denn für einen bloßen Zahlungsaufschub von Versorgungsleistungen

---

[776] Vgl. hierzu die Ausführungen in den Abschn. 23 und 31.

[777] Vgl. HARZ, M./HUB, H.-G./SCHLARB, E., Sanierungs-Management, S. 243; BRANDSTÄTTER, J., Prüfung der Sanierungsfähigkeit, S. 261; LIESER, J., § 9 Schuldenreduktion, Rn. 6. Vielmehr erfordert eine nachhaltige Sanierung neben der Restrukturierung der bestehenden Kapitalbasis i. d. R. die Zuführung neuen Kapitals sowie diverse leistungswirtschaftliche Maßnahmen, vgl. bereits Fn. 47.

[778] ENGLERT, J./ZIECHMANN, P., Finanzielle Restrukturierung, S. 79; BRANDSTÄTTER, J., Prüfung der Sanierungsfähigkeit, S. 167.

[779] BRANDSTÄTTER, J., Prüfung der Sanierungsfähigkeit, S. 166, im Orig. mit Hervorh., vgl. auch ENGLERT, J./ ZIECHMANN, P., Finanzielle Restrukturierung, S. 78.

[780] Vgl. HARZ, M./HUB, H.-G./SCHLARB, E., Sanierungs-Management, S. 242; GROß, P. J., Sanierung durch Fortführungsgesellschaften, Kap. II, Rn. 221; LIESER, J., § 9 Schuldenreduktion, Rn. 4 und Rn. 6.

[781] Wie bereits hier und v. a. später in Abschn. 421. deutlich wird, dienen Zahlungsaufschübe insofern als Maßnahme zur Vereitelung von Liquiditätsabflüssen (vgl. Abschn. 23).

[782] Vgl. hierzu die Ausführungen in Abschn. 333.

[783] Vgl. hierzu die entsprechenden Ausführungen und Nachweise in Abschn. 44.

auf sich nehmen, da häufig nur ein Verzicht den mit den besagten rechtlichen Schranken einhergehenden Aufwand (Verhandlungen mit Versorgungsberechtigten, Einholen versicherungsmathematischer Berechnungen und rechtlicher Gutachten) rechtfertigen wird.[784] Ein Zahlungsaufschub könnte theoretisch höchstens in einer zu Unrecht unterbliebenen und daher später nachzuholenden Anpassung der laufenden Betriebsrenten (§ 16 BetrAVG) gesehen werden.[785] Dieses Vorgehen wird indes gerade im Rahmen der hier einschlägigen Sanierungsphasen wenig Geltung beanspruchen, da das Unternehmen in dieser Situation den Fokus seiner Sanierungsmaßnahmen eher auf die aus wirtschaftlichen Gründen zu Recht unterlassenen Rentenanpassungen legen wird (§ 16 Abs. 4 BetrAVG),[786] die inhaltlich, wie ebenfalls ausführlich in Abschn. 44 gezeigt wird, wohl eher dem Verzicht zuzuordnen sind. Zusammenfassend kommt der Verwendung von Zahlungsaufschüben im Rahmen der Restrukturierung von Pensionsrückstellungen aus den genannten finanzwirtschaftlichen und arbeitsrechtlichen Gründen nur eine untergeordnete und daher im Folgenden nicht weiter betrachtete Rolle zu. Im Gegensatz zu Pensionsrückstellungen sind Zahlungsaufschübe im Rahmen der Restrukturierung von **Verbindlichkeiten aus Lieferungen und Leistungen** und v. a. von **Verbindlichkeiten gegenüber Kreditinstituten**, von denen im Folgenden grundsätzlich ausgegangen wird, von erheblicher Bedeutung.[787] Wie bereits einleitend herausgestellt wurde, zielen Zahlungsaufschübe wirtschaftlich betrachtet stets darauf ab, die mit diesen Schuldposten verbundenen Liquiditätsabflüsse aufgrund von Vergütungs- und/oder Rückzahlungspflichten zeitlich nach hinten zu verlagern.[788]

421.2 Arten von Zahlungsaufschüben

Obgleich nach diesen Erläuterungen der Anwendbarkeit und des wirtschaftlichen Charakters von Zahlungsaufschüben der Gehalt dieses Sanierungsinstruments prima facie als geklärt erscheinen mag, ist aus (bilanz-)rechtlicher Perspektive noch eine deutlich präzisere Untersuchung der unterschiedlichen **Arten** von Zahlungsaufschüben erforderlich. Mit Verweis auf das Ziel des Zahlungsaufschubs werden im Schrifttum v. a. die Maßnahmen der Stundung, Prolongation, Umschuldung, Stillhaltevereinbarung und des Moratoriums erwähnt. Obgleich in der Literatur im Grunde für keine dieser Maßnahmen eine einheitliche Definition existiert und es infolgedessen auch zu diversen

[784] Infolgedessen werden diese Eingriffe dezidiert(er) in Abschn. 44 behandelt.

[785] Vgl. hierzu nur RENGIER, B., in: Moll, Handbuch Arbeitsrecht, 3. Aufl., § 38 Ansprüche nach dem Betriebsrentengesetz, Rn. 146; MÜLLER-GLÖGE, R., in: Säcker, MüKo BGB, 6. Aufl., § 611 BGB, Rn. 1259 und ausführlich ROLFS, C., in: Blomeyer/Otto/Rolfs, Betriebsrentengesetz, 5. Aufl., § 16 BetrAVG, Rn. 111-114.

[786] Zu beachten ist, dass sich der Arbeitgeber unter Berufung auf die wirtschaftliche Lage grundsätzlich nur von der Nachholung derjenigen Rentenanpassungen befreien kann, welche die Zeit ab dem 01.01.1999 betreffen, vgl. DOETSCH, P. A., ET AL., Betriebliche Altersversorgung, S. 75 f.; ROLFS, C., in: Blomeyer/Otto/Rolfs, Betriebsrentengesetz, 5. Aufl., § 16 BetrAVG, Rn. 115 f.

[787] Teilweise wird in diesem Kontext betont, dass Stundungen (als Form des Zahlungsaufschubs) eher mit Kreditinstituten denn mit Lieferanten vereinbar seien, so KRUMBHOLZ, M., Restrukturierung, Rn. 60. Davon unabhängig wird, sofern die folgenden Ausführungen nicht für Verbindlichkeiten aus Lieferungen und Leistungen gelten, auf diese Tatsache separat hingewiesen.

[788] Vgl. hierzu Abschn. 31.

Überschneidungen zwischen diesen Begriffen kommt,[789] wird im Folgenden zumindest versucht, die einzelnen Maßnahmen (rechtlich) zu definieren und voneinander abzugrenzen.

Die praktisch wohl relevanteste Möglichkeit der Herbeiführung eines Zahlungsaufschubs ist die Vereinbarung einer **Stundung** von Rückzahlungs- und Vergütungspflichten.[790] Im Zuge der hier relevanten, nachträglich vereinbarten Stundung gem. § 311 Abs. 1 BGB wird die aktuelle, gesetzlich oder vertraglich vereinbarte, Fälligkeit der Verbindlichkeit durch eine spätere Fälligkeit substituiert.[791] Im Gegensatz zum Verzicht[792] werden insofern auch weiterhin Zinsen berechnet und (zusätzlich) als Verbindlichkeit erfasst, jedoch wird deren liquiditätswirksame Zahlung, analog zur Rückzahlung des ausgereichten Kapitals, bis zum neu vereinbarten Fälligkeitszeitpunkt hinausgeschoben.[793] Trotz der divergierenden Ansichten im Schrifttum grenzen aus definitorischer Sicht an die Stundung wohl am ehesten die Prolongation und die Umschuldung. Die **Prolongation** zielt dabei neben der Veränderung wichtiger Kreditkonditionen (Zins, bestellte Sicherheiten) auch auf die Verlängerung der Kreditlaufzeit.[794] Die **Umschuldung** dient dagegen wohl primär der „Umwandlung kurzfristiger in langfristige Verbindlichkeiten“[795].

Obgleich der wirtschaftliche Gehalt von Stundungen, Prolongationen und Umschuldungen vordergründig (nahezu) identisch erscheint, ist aus rechtlicher Sicht exakt zu evaluieren, ob die jeweilige Maßnahme als Schuldänderung, also als Veränderung einzelner Charakteristika des Kreditvertrags unter Beibehaltung von dessen (rechtlicher) Identität, oder als Novation, die zur Ersetzung des bisherigen Kreditvertrags durch einen veränderten führt, qualifiziert.[796] Dieser Unterscheidung kommt v. a. deshalb erhebliche Bedeutung zu, da im Fall einer Novation die bestehenden Kreditsicherheiten erlöschen.[797] Ob im, z. T. diffizil zu beurteilenden, Einzelfall eine Schuldänderung oder

[789] Vgl. zu diesem Problem neben den folgenden Ausführungen bspw. auch BAUER, J., GmbH in der Krise, Rn. 184, der unter Stundungen u. a. die Vereinbarung von Moratorien subsumiert, während VUIA, M., Verantwortlichkeit von Banken, S. 64 eine Stundung gerade als Möglichkeit des Moratoriums ansieht.

[790] Da in der Praxis typischerweise beide Verpflichtungen gleichermaßen gestundet werden (vgl. bspw. PETERS, F./ JACOBY, F., in: von Staudinger, BGB, § 205 BGB, Rn. 10), beziehen sich die folgenden Ausführungen stets auf beide Verpflichtungen.

[791] Vgl. GROTHE, H., in: Säcker, MüKo BGB, 6. Aufl., § 205 BGB, Rn. 3; GURSKY, K.-H., in: von Staudinger, BGB, § 387 BGB, Rn. 138; LÜTZENRATH, C./PEPPMEIER, K./SCHUPPENER, J., Bankstrategien, S. 116; BAUER, J., GmbH in der Krise, Rn. 184; LIESER, J., § 9 Schuldenreduktion, Rn. 5; KRUMBHOLZ, M., Restrukturierung, Rn. 59.

[792] Vgl. hierzu die Ausführungen in den Abschn. 44 und 45.

[793] Vgl. BRANDSTÄTTER, J., Prüfung der Sanierungsfähigkeit, S. 260; BILSTEIN, J., Finanzielle Restrukturierung, S. 245; WINNEFELD, R., Bilanz-Handbuch, 4. Aufl., Kap. E, Rn. 1516. Alternativ ist es in der Praxis auch verbreitet, den ursprünglich zur Verfügung gestellten Betrag zinslos zu stunden, wodurch jedoch neben die reine Stundung ein Teilverzicht tritt, der dezidierter in den Abschn. 44 und 45 behandelt wird.

[794] Vgl. BAUER, J., GmbH in der Krise, Rn. 285; DANIELEWSKY, M./SCHULZ, D., Sanierung durch Gläubigerbanken, S. 66.

[795] MÜLLER, R., Krisenmanagement, S. 222, so bspw. auch BRANDSTÄTTER, J., Prüfung der Sanierungsfähigkeit, S. 260. Daneben sieht DAVID, S., Krisenmanagement, S. 113 f. neben der Streckung der Fälligkeit auch die Veränderung des Charakters und der, nicht weiter definierten, Rückzahlungsmodalitäten als Umschuldung.

[796] Vgl. zur Schuldänderung GRÜNEBERG, C., in: Palandt et al., BGB, 73. Aufl., § 311 BGB, Rn. 2-6; FELDMANN, C./ LÖWISCH, M., in: von Staudinger, BGB, § 311 BGB, Rn. 58-74; STADLER, A., in: Jauernig, Komm. BGB, 15. Aufl., § 311 BGB, Rn. 18 sowie zur Novation OLZEN, D., in: von Staudinger, BGB, Einl. zu § 362 ff. BGB, Rn. 35-46; STADLER, A., in: Jauernig, Komm. BGB, 15. Aufl., § 311 BGB, Rn. 20 und zusätzlich zu deren bilanzrechtlicher Bedeutung HÄUSELMANN, H., Finanzverbindlichkeiten, S. 944 f.

[797] Vgl. GRÜNEBERG, C., in: Palandt et al., BGB, 73. Aufl., § 311 BGB, Rn. 8; STADLER, A., in: Jauernig, Komm. BGB, 15. Aufl., § 311 BGB, Rn. 20; EMMERICH, G., in: Säcker, MüKo BGB, 6. Aufl., § 311 BGB, Rn. 15.

eine Novation vorliegt,[798] bestimmt sowohl für zivil-, als auch für bilanzrechtliche Zwecke letztlich der Parteiwille.[799] Vor dem Hintergrund, dass eine Novation im Gegensatz zur Schuldänderung das Erlöschen der Sicherheitenbestellung impliziert, ist dabei im praktischen Rechtsverkehr im Zweifel von einer Schuldänderung auszugehen.[800] Soweit der Parteiwille dem nicht entgegensteht, sind insofern alle hier behandelten Restrukturierungen grundsätzlich als Schuldänderungen anzusehen.[801]

Während die bis dato behandelten Maßnahmen allesamt zu Veränderungen der Fälligkeit der betroffenen Verbindlichkeit führen, ist dies im Fall einer Stillhaltevereinbarung und des Moratoriums, das hier als konzertiertes Stillhalten mehrerer Gläubiger verstanden werden soll,[802] gerade nicht der Fall. Ein **Stillhalten** (pactum de non petendo) liegt vor, wenn der Gläubiger auf die ihm zustehenden Kündigungsmöglichkeiten des Kreditvertrags verzichtet und dem Unternehmen damit das einst gewährte Kapital, inklusive der hier nur mittelbar relevanten offenen Kreditlinien,[803] weiterhin zu dessen Verfügung überlässt.[804] Durch eine Stillhaltevereinbarung wird dem Gläubiger insofern eine irgendwie zeitlich beschränkte[805] Einrede gegen die Kündigung des Kreditvertrags und damit gegen den Entzug des Kapitals eingeräumt, während die Fälligkeit der entsprechenden Verbindlichkeit unberührt bleibt.[806]

---

798 Vgl. FELDMANN, C./LÖWISCH, M., in: von Staudinger, BGB, § 311 BGB, Rn. 75. Diese Schwierigkeiten zeigen sich bereits darin, dass im betriebswirtschaftlichen Schrifttum bei Umschuldungen häufig eine Novation bejaht wird (vgl. bspw. BÖCKENFÖRDE, B., Unternehmenssanierung, S. 154; MÜLLER, R., Krisenmanagement, S. 222; a. A. wohl DAVID, S., Krisenmanagement, S. 113 f.), während bei Prolongationen, die, wie oben herausgestellt wurde, inhaltlich sogar noch weitreichender sein können, z. T. nur eine Schuldänderung angenommen wird, so z. B. DANIELEWSKY, M./SCHULZ, D., Sanierung durch Gläubigerbanken, S. 66; BAUER, J., GmbH in der Krise, Rn. 285.

799 Vgl. HÄUSELMANN, H., Finanzverbindlichkeiten, S. 946; GRÜNEBERG, C., in: Palandt et al., BGB, 73. Aufl., § 311 BGB, Rn. 3 und Rn. 8; FELDMANN, C./LÖWISCH, M., in: von Staudinger, BGB, § 311 BGB, Rn. 75; EMMERICH, G., in: Säcker, MüKo BGB, 6. Aufl., § 311 BGB, Rn. 16.

800 Vgl. zu diesem unstrittigen Vorgehen nur GRÜNEBERG, C., in: Palandt et al., BGB, 73. Aufl., § 311 BGB, Rn. 8; EMMERICH, G., in: Säcker, MüKo BGB, 6. Aufl., § 311 BGB, Rn. 16; STADLER, A., in: Jauernig, Komm. BGB, 15. Aufl., § 311 BGB, Rn. 20; OLZEN, D., in: von Staudinger, BGB, Einl. zu § 362 ff. BGB, Rn. 37; SCHRADER, N., Die Besserungsabrede, S. 50-52.

801 Vgl. hierzu auch HÄUSELMANN, H., Finanzverbindlichkeiten, S. 946-950.

802 Vgl. DANIELEWSKY, M./SCHULZ, D., Sanierung durch Gläubigerbanken, S. 68 f. sowie zur, diesen Gedanken fortsetzenden, Bildung eines Gläubigerpools DAVID, S., Krisenmanagement, S. 126-129; BILSTEIN, J., Finanzielle Restrukturierung, S. 234; SEEFELDER, G., Unternehmenssanierung, S. 230 f.

803 Vgl. hierzu GROß, P. J., Sanierung durch Fortführungsgesellschaften, Kap. II, Rn. 221; DANIELEWSKY, M./SCHULZ, D., Sanierung durch Gläubigerbanken, S. 65 f.

804 Vgl. hierzu PETERS, F./JACOBY, F., in: von Staudinger, BGB, § 205 BGB, Rn. 14-16; GROTHE, H., in: Säcker, MüKo BGB, 6. Aufl., § 205 BGB, Rn. 5; DÖRNER, H., in: Schulze et al., Handkommentar BGB, 8. Aufl., § 205 BGB, Rn. 2; DANIELEWSKY, M./SCHULZ, D., Sanierung durch Gläubigerbanken, S. 66; LÜTZENRATH, C./PEPPMEIER, K./SCHUPPENER, J., Bankstrategien, S. 165; ISLER, P. R., Die kreditgebende Bank, S. 297.

805 Vgl. PETERS, F./JACOBY, F., in: von Staudinger, BGB, § 205 BGB, Rn. 16, Erg. durch den Verf.

806 Vgl. KRÜGER, W., in: Säcker, MüKo BGB, 6. Aufl., § 271 BGB, Rn. 18; STADLER, A., in: Jauernig, Komm. BGB, 15. Aufl., § 271 BGB, Rn. 12; GURSKY, K.-H., in: von Staudinger, BGB, § 387 BGB, Rn. 138; GRAS, K., in: Nerlich/Kreplin, Münchener Anwaltshandbuch, 2. Aufl., § 6 Bilanzrechtliche Fragestellungen, Rn. 138 f.; VUIA, M., Verantwortlichkeit von Banken, S. 64.

421.3 Sanierungskredite als „implizite“ Form des Zahlungsaufschubs

Wie bereits mehrfach verdeutlicht wurde,[807] benötigen die Adressaten der handelsrechtlichen Rechnungslegung (in der Krisensituation) Informationen über die Fristigkeit der unternehmerischen Finanzierungsquellen. Damit zusammenhängend benötigen sie auch Informationen hinsichtlich der **Kündigungsmöglichkeiten** des überlassenen Kapitals, die im Folgenden dargestellt und diskutiert werden sollen. Während Lieferanten eine „Kündigung“ ihres Kapitalüberlassungsverhältnisses regelmäßig durch die Verwertung bestehender Realsicherheiten[808] herbeiführen werden, sind für Kreditinstitute in diesem Zusammenhang zudem die Möglichkeiten zur ordentlichen wie auch zur außerordentlichen Kündigung des Kreditvertrags relevant. Vor diesem Hintergrund beschränken sich die folgenden Ausführungen auf ebendiese (Sanierungs-)Kreditverträge.

Gerät ein Unternehmen in eine Krisensituation[809] und kommt es insofern zu einer (drohenden[810]) wesentlichen Verschlechterung seiner Vermögensverhältnisse oder der Werthaltigkeit der gestellten Sicherheiten, ist ein Kreditinstitut gem. Nr. 19 Abs. 3 AGB-Banken bzw. Nr. 26 Abs. 2 AGB-Sparkasse[811] grundsätzlich zur außerordentlichen,[812] fristlosen Kündigung des Kreditvertrags aus wichtigem Grund berechtigt.[813] Dieses Kündigungsrecht wird lediglich durch das Rücksichtnahmegebot eingeschränkt, nach dem der Kreditgeber im Rahmen der Kündigungsentscheidung, soweit es ihm zumutbar ist, auch die Belange des Kreditnehmers zu berücksichtigen hat.[814] Infolgedessen ist v. a. die sogenannte Kündigung zur Unzeit ausgeschlossen.[815] Aus allgemeiner Perspektive ist das Kreditinstitut in einer Sanierungssituation in Abhängigkeit seines Vorgehens entweder der Gefahr einer „Insolvenzherbeiführung oder einer Insolvenzverschleppung“[816] ausgesetzt.

Entscheidet sich das Kreditinstitut schließlich zur hier relevanten fortgesetzten Finanzierung des Unternehmens, so ist zu evaluieren, inwiefern es sich hierbei um die Gewährung sogenannter **Sanierungskredite** handelt, für die insbesondere spezielle, weiter unten erläuterte, Kündigungsmodalitäten gelten. Obgleich die Rechtsfigur des Sanierungskredits im Schrifttum nicht einheitlich defi-

---

807 Vgl. v. a. die Ausführungen in den Abschn. 251.2, 31, 341.2 und 341.3.

808 Vgl. hierzu Abschn. 46.

809 Vgl. hierzu die Abschn. 22 und 23.

810 Vgl. zur Tatsache, dass eine fristlose Kündigung bereits dann zulässig ist, wenn die beschriebene Verschlechterung lediglich droht bspw. BRUCHNER, H./KREPOLD, H.-M., § 79. Kündigungsrecht, Rn. 171 und Rn. 177-179.

811 Diese Vorschriften präzisieren § 490 Abs. 1 BGB und werden in aller Regel Bestandteil der hier relevanten Kreditverträge, vgl. HÄUSER, F., § 85. Sanierungsdarlehen, Rn. 65.

812 Vgl. zur, in der hier behandelten Sanierungssituation weniger relevanten, ordentlichen Kündigung nur OBERMÜLLER, M., Insolvenzrecht, Rn. 5.123-139.

813 Vgl. BITTER, G./ALLES, M., Kündigung von Sanierungskrediten, S. 537; BRUCHNER, H./KREPOLD, H.-M., § 79. Kündigungsrecht, Rn. 170-180; HÄUSER, F., § 85. Sanierungsdarlehen, Rn. 48.

814 Vgl. neben Nr. 19 Abs. 3 AGB-Banken bzw. Nr. 26 Abs. 2 AGB-Sparkasse WELLENSIEK, J./SCHLUCK-AMEND, A., § 23 Die GmbH in der Krise, Rn. 55; BITTER, G./ALLES, M., Kündigung von Sanierungskrediten, S. 537; HÄUSER, F., § 85. Sanierungsdarlehen, Rn. 67.

815 Vgl. hierzu und zu weiteren diesbezüglichen Kündigungsbeschränkungen OBERMÜLLER, M., Insolvenzrecht, Rn. 5.120-160 m. w. N.; OHNESEIT, L., Kündigungsschranken, S. 18-27; BITTER, G./ALLES, M., Kündigung von Sanierungskrediten, S. 540 f.; WEIß, D. M., Schuldscheindarlehen, S. 65 f.; KIETHE, K., Sanierungskredit, S. 197-200.

816 KIETHE, K., Sanierungskredit, S. 188, vgl. weiterführend zu diesem, primär aus Bankensicht und daher im Folgenden nicht weiter thematisierten, haftungsrechtlichen Konflikt HÄUSER, F., § 85. Sanierungsdarlehen, Rn. 14; VUIA, M., Verantwortlichkeit von Banken, S. 230-286 und S. 329-401; KIETHE, K., Sanierungskredit, S. 186-212.

niert wird, wird dieser Kredit wohl in einer Phase der Sanierungsbedürftigkeit mit dem ausdrücklich oder konkludent vereinbarten Zweck[817] der Sanierung des Unternehmens und der Eignung zur Erreichung dieses Ziels[818] gewährt. Nach überwiegender Meinung liegt diese Sanierungsbedürftigkeit nicht erst bei Existenz der Insolvenztatbestände,[819] sondern bereits dann vor, wenn die Weiterführung des Betriebs und die Abdeckung bestehender Verpflichtungen ohne Stützungsmaßnahmen nicht gewährleistet sind und der Kreditnehmer ohne diese Maßnahmen in „gewisser Zeit zahlungsunfähig oder überschuldet sein wird“[820].[821] Umstritten ist, inwiefern bereits ein, seinerseits ebenso nicht klar definierter,[822] Überbrückungskredit als Sanierungskredit anzusehen ist. Obgleich es, wie BITTER/ALLES betonen, im Ergebnis „auf die Begrifflichkeit nicht ankommen“[823] sollte und die Entscheidung letztlich stark einzelfallbezogen sein wird, verneint die wohl h. M. zumindest für solche Kreditierungen, die den (kurzfristigen) Zeitraum bis zum Abschluss der Sanierungsfähigkeitsprüfung betreffen, die Annahme eines Sanierungskredits.[824] Dies basiert letztlich darauf, dass der kurzfristige, regelmäßig sofort fällig stellbare[825] Überbrückungskredit lediglich die Zeit bis zum Einstieg in die nachhaltige Sanierung überbrücken soll. Er soll mithin also nicht dem Zweck der eigentlichen Sanierung dienen,[826] und erscheint dazu aufgrund seiner (regelmäßig sehr kurzen) Fristigkeit letztlich auch nicht geeignet.[827] Im Gegensatz dazu vertreten BITTER/ALLES die Auffassung, dass der Kreditgeber gerade bei Gewährung eines Überbrückungskredits über die geschwächte Lage des Kreditnehmers informiert sei und daher bereits hier ein Sanierungskredit vorläge.[828] Ersteres ist zwar zutreffend, das genaue Ausmaß der Sanierungsbedürftigkeit wird dem Kreditgeber indes vor Abschluss der Sanierungsfähigkeitsprüfung gerade nicht bekannt sein, wodurch im Ergebnis die obigen Ausführungen Geltung erlangen und die beschriebenen Überbrückungskredite mit der h. M. nicht als Sanierungskredite qualifizieren.

---

817 Vgl. HÄUSER, F., § 85. Sanierungsdarlehen, Rn. 8; BITTER, G./ALLES, M., Kündigung von Sanierungskrediten, S. 538; BORNHEIMER, J., in: Nerlich/Kreplin, Münchener Anwaltshandbuch, 2. Aufl., § 29 Kreditgeschäft und Kreditsicherheiten, Rn. 27; KULKE, U., § 11 A Sicherheitenverstärkung, Rn. 6; WALLNER, C./NEUENHAHN, S., Sanierungskredit, S. 554; DRUKARCZYK, J./SCHÖNTAG, S., § 3 Außergerichtliche Sanierungsentscheidungen, Rn. 38.

818 Vgl. SCHÖNFELDER, M., Sanierungskredite, S. 114 m. w. N. sowie zur, in diesem Zusammenhang aus Bankensicht zu beurteilenden, Sanierungswürdigkeit und -fähigkeit nur MÜLLER, R./LIEBSCHER, M., Haftungsrisiken, Rn. 229-232; BRANDSTÄTTER, J., Prüfung der Sanierungsfähigkeit, S. 48-51; KNOPS, K.-O., § 7 A Sanierungskredit und Überbrückungsdarlehen, Rn. 10; BORNHEIMER, J., in: Nerlich/Kreplin, Münchener Anwaltshandbuch, 2. Aufl., § 29 Kreditgeschäft und Kreditsicherheiten, Rn. 27.

819 So aber mit Verweis auf die größere Rechtssicherheit und Praktikabilität des ausschließlichen Rekurses auf diese Tatbestände WALLNER, C./NEUENHAHN, S., Sanierungskredit, S. 555.

820 OBERMÜLLER, M., Insolvenzrecht, Rn. 5.28.

821 Vgl. neben OBERMÜLLER, M., Insolvenzrecht, Rn. 5.28 auch SCHÖNFELDER, M., Sanierungskredite, S. 113; KIETHE, K., Sanierungskredit, S. 184; WENZEL, F., Bankenhaftung, S. 294; MÜLLER, R./LIEBSCHER, M., Haftungsrisiken, Rn. 228.

822 Vgl. BITTER, G./ALLES, M., Kündigung von Sanierungskrediten, S. 540 m. w. N.

823 BITTER, G./ALLES, M., Kündigung von Sanierungskrediten, S. 540.

824 So v. a. MÜLLER, R./LIEBSCHER, M., Haftungsrisiken, Rn. 227; KNOPS, K.-O., § 7 A Sanierungskredit und Überbrückungsdarlehen, Rn. 8; WALLNER, C./NEUENHAHN, S., Sanierungskredit, S. 554; WENZEL, F., Bankenhaftung, S. 298; OHNESEIT, L., Kündigungsschranken, S. 48 f.; BUCHALIK, R., Restrukturierungs-/Sanierungsmöglichkeiten, S. 249 f.

825 Vgl. WALLNER, C./NEUENHAHN, S., Sanierungskredit, S. 554.

826 Vgl. MÜLLER, R./LIEBSCHER, M., Haftungsrisiken, Rn. 227; BAUER, J., GmbH in der Krise, Rn. 362.

827 Aus Gründen der Rechtssicherheit sollte im entsprechenden Kreditvertrag auch auf diese Zwecksetzung des *Überbrückungs*kredits hingewiesen werden, so auch WALLNER, C./NEUENHAHN, S., Sanierungskredit, S. 560; BUCHALIK, R./RINKER, M., § 4 Restrukturierungsmöglichkeiten, Rn. 74.

828 Vgl. BITTER, G./ALLES, M., Kündigung von Sanierungskrediten, S. 540.

Neben dem Charakter von Überbrückungskrediten ist außerdem strittig, ob ausschließlich die Ausreichung zusätzlicher Kredite oder auch die hier betrachtete Restrukturierung bestehender Verbindlichkeiten in den Anwendungsbereich der Sanierungskreditvergabe fallen. Während manche Autoren unmissverständlich betonen, dass neben der Stundung, Prolongation und Umschuldung sogar das oben erörterte Stillhalten bzw. das Moratorium zur Existenz eines Sanierungskredits führen,[829] wird dies von anderen Autoren zurückgewiesen.[830] Nach meinem Dafürhalten ist diese Frage mit Rekurs auf den Gehalt der jeweiligen Restrukturierung zu lösen. So kann es aufgrund des deckungsgleichen wirtschaftlichen Gehalts letztlich keinen Unterschied machen, ob das Kreditinstitut einen bestehenden Kredit kündigt und gleichzeitig einen neuen vergibt oder ob von vornherein der existente Kredit z. B. prolongiert wird.[831] Entscheidend sollte, analog zu den obigen Ausführungen zum Überbrückungskredit, auch hier sein, inwiefern die Restrukturierung (möglichst explizit) zum Zwecke der Sanierung vereinbart wird und für diese (v. a. aufgrund seiner Fristigkeit) auch geeignet erscheint.[832] Ist die, in der Sanierungsvereinbarung niedergelegte, Restrukturierung der Verbindlichkeit also dazu bestimmt und geeignet, die nachhaltige Sanierung zu unterstützen, sollte m. E. von der Existenz eines Sanierungskredits auszugehen sein.

Nach der Abgrenzung der Rechtsfigur des Sanierungskredits ist nun auf dessen **spezielle Kündigungsmöglichkeiten** einzugehen. Einigkeit besteht im Schrifttum darüber, dass aufgrund der geschlossenen Sanierungsvereinbarung ein ordentliches Kündigungsrecht (konkludent) ausgeschlossen ist.[833] Aufgrund der strikten und regelmäßig expliziten Zweckbindung des Sanierungskredits ist darüber hinaus auch die außerordentliche Kündigung nur dann möglich, wenn zeitlich nach dem vereinbarten Sanierungsbeitrag eine wesentliche Verschlechterung der Vermögensverhältnisse des Kreditnehmers eintritt und infolgedessen die Sanierung, nach sorgfältiger Analyse, insgesamt als nicht mehr aussichtsreich erscheint.[834] Verläuft die Sanierung somit entweder in den Grenzen der, in der Sanierungsvereinbarung festgelegten, Liquiditäts- und Sanierungsplanungen oder weicht der Kreditnehmer nur unwesentlich und v. a. ohne ernsthafte Gefährdung des Sanierungserfolgs von

829 So HÄUSER, F., § 85. Sanierungsdarlehen, Rn. 9; KIETHE, K., Sanierungskredit, S. 185; VUIA, M., Verantwortlichkeit von Banken, S. 64; BITTER, G./ALLES, M., Kündigung von Sanierungskrediten, S. 539 f.; LÜTZENRATH, C./ PEPPMEIER, K./SCHUPPENER, J., Bankstrategien, S. 165 f. und KNOPS, K.-O., § 7 A Sanierungskredit und Überbrückungsdarlehen, Rn. 10, der die restrukturierten Verbindlichkeiten als „unechte Sanierungsdarlehen" (ebenda, Rn. 1) bezeichnet.

830 So OBERMÜLLER, M., Insolvenzrecht, Rn. 5.29; BORNHEIMER, J., in: Nerlich/Kreplin, Münchener Anwaltshandbuch, 2. Aufl., § 29 Kreditgeschäft und Kreditsicherheiten, Rn. 28; BUCHALIK, R., Restrukturierungs-/Sanierungsmöglichkeiten, S. 248-250.

831 Vgl. BITTER, G./ALLES, M., Kündigung von Sanierungskrediten, S. 540.

832 Vgl. hierzu LAUER, J., Notleidender Kredit, Rn. 276 und KIETHE, K., Sanierungskredit, S. 185, der zudem betont, dass eine explizite (anstatt der ebenso möglichen konkludenten, vgl. BITTER, G./ALLES, M., Kündigung von Sanierungskrediten, S. 540) Sanierungsvereinbarung u. a. bei Prolongationen „regelmäßig" vorliegt, so auch KNOPS, K.-O., § 7 A Sanierungskredit und Überbrückungsdarlehen, Rn. 19; OHNESEIT, L., Kündigungsschranken, S. 48.

833 Vgl. nur HÄUSER, F., § 85. Sanierungsdarlehen, Rn. 62 f.; KIETHE, K., Sanierungskredit, S. 189 f. und S. 195 f.; BORNHEIMER, J., in: Nerlich/Kreplin, Münchener Anwaltshandbuch, 2. Aufl., § 29 Kreditgeschäft und Kreditsicherheiten, Rn. 39; WALLNER, C./NEUENHAHN, S., Sanierungskredit, S. 558; VUIA, M., Verantwortlichkeit von Banken, S. 370 m. w. N.

834 Vgl. BGH (Hrsg.), 14.09.2004 - XI ZR 184/03, S. 3783; KIETHE, K., Sanierungskredit, S. 196; BERGER, K.-P., Finanzkrise und Kreditklemme, S. 48 f.; BITTER, G./ALLES, M., Kündigung von Sanierungskrediten, S. 538 f.; WALLNER, C./NEUENHAHN, S., Sanierungskredit, S. 558; KNOPS, K.-O., § 7 A Sanierungskredit und Überbrückungsdarlehen, Rn. 25.

diesen ab,[835] ist das Kreditinstitut im Regelfall[836] nicht zu einer außerordentlichen Kündigung berechtigt.[837] BORNHEIMER geht sogar davon aus, dass eine Kündigungsmöglichkeit erst dann besteht, wenn das „Scheitern der Sanierung offensichtlich feststeht".[838] Den Sanierungskreditgeber und den Kreditnehmer verbindet im Ergebnis folglich eine besondere, gesellschaftsähnliche Treuebindung[839] aufgrund derer das Kreditinstitut den Kredit nur unter den erläuterten, restriktiven Bedingungen zu kündigen vermag und dem möglichen Kapitalentzug somit strikte, im regulären Geschäftsverkehr gemeinhin nicht vermutete, Grenzen entgegenstehen. Mit anderen Worten führt die Existenz eines Sanierungskredits insofern letztlich zu einem „impliziten" Zahlungsaufschub in Form der (gesetzlich) streng beschränkten Kündigungsmöglichkeiten dieser Kreditausreichung.

422. Abbildung von Zahlungsaufschüben nach HGB

422.1 Auswirkungen von Zahlungsaufschüben auf die Bilanz und die GuV

Obgleich, wie in Abschn. 421.1 bereits angedeutet, Zahlungsaufschübe v. a. in Abhängigkeit von ihrer Dauer mit erheblichen Sanierungswirkungen einhergehen können und auch die Jahresabschlussadressaten an einer den tatsächlichen Verhältnissen entsprechenden Abbildung dieser Sanierungsmaßnahme interessiert sind,[840] wird im Folgenden gezeigt, dass sich Stundungen, Prolongationen u. Ä.[841] nicht oder nur geringfügig auf den handelsrechtlichen Jahresabschluss auswirken. Ausgehend von der Abbildung eines Zahlungsaufschubs in der **Bilanz** und ggf. der **GuV** werden dessen Folgen für den **Anhang** und schließlich den **Lagebericht** untersucht. Dieser Vorgehensweise wird darüber hinaus gleichermaßen im Rahmen der Analyse der weiteren Sanierungsinstrumente gefolgt.

Keine Auswirkungen hat die Vereinbarung eines Zahlungsaufschubs nach der derzeit wohl herrschenden, indes in Abschn. 423. ausführlich zu diskutierenden, Meinung auf die Höhe der **bilanziell** erfassten Verbindlichkeit.[842] Die Verbindlichkeiten aus Lieferungen und Leistungen bzw. ge-

---

835 Darüber hinaus schwächt auch die Existenz werthaltiger Sicherheiten die Kündigungsmöglichkeiten des Kreditgebers weiter ab, vgl. KIETHE, K., Sanierungskredit, S. 206.

836 Hiervon unberührt bleiben jene Fälle, in denen die Gewährung der Sanierungsbeiträge nur durch Täuschung des Kreditgebers herbeigeführt werden konnten und diesem als Folge dessen ein Kündigungsrecht zukommt, vgl. hierzu z. B. WALLNER, C./NEUENHAHN, S., Sanierungskredit, S. 558.

837 Vgl. KIETHE, K., Sanierungskredit, S. 197; BITTER, G./ALLES, M., Kündigung von Sanierungskrediten, S. 539; VUIA, M., Verantwortlichkeit von Banken, S. 370 f.; HÄUSER, F., § 85. Sanierungsdarlehen, Rn. 73-76 und WALLNER, C./NEUENHAHN, S., Sanierungskredit, S. 558, der darüber hinaus darauf hinweist, dass die Darlegungslast hierbei stets den Kreditgeber trifft. Kündigt dieser das Kreditverhältnis im Übrigen unberechtigt, macht er sich schadenersatzpflichtig, vgl. BITTER, G./ALLES, M., Kündigung von Sanierungskrediten, S. 538; OHNESEIT, L., Kündigungsschranken, S. 77-84.

838 Vgl. BORNHEIMER, J., in: Nerlich/Kreplin, Münchener Anwaltshandbuch, 2. Aufl., § 29 Kreditgeschäft und Kreditsicherheiten, Rn. 39 (auch Zitat).

839 Vgl. BGH (Hrsg.), 12.12.1991 - IX ZR 178/91, S. 969; BERGER, K.-P., Finanzkrise und Kreditklemme, S. 48; KIETHE, K., Sanierungskredit, S. 205 f.

840 Vgl. zur Diskussion einer zweckmäßige(re)n, am wirtschaftlichen Gehalt des vereinbarten Zahlungsaufschubs orientierten, Abbildung dieser Sanierungsmaßnahme Abschn. 423.

841 Vgl. zu den verschiedenen Arten des Zahlungsaufschubs Abschn. 421.2.

842 Vgl. nur WINNEFELD, R., Bilanz-Handbuch, 4. Aufl., Kap. E, Rn. 1510; BAIERL, H., in: Böcking et al., Beck HdR, B 234, Rn. 29; GRAS, K., in: Nerlich/Kreplin, Münchener Anwaltshandbuch, 2. Aufl., § 6 Bilanzrechtliche Fragestellungen, Rn. 140 und HÄUSELMANN, H., Finanzverbindlichkeiten, S. 949 m. w. N.

genüber Kreditinstituten sind weiterhin regelmäßig zum Erfüllungs- bzw. Rückzahlungsbetrag[843] anzusetzen.[844] Abstrahiert man von der zusätzlichen Passivierung der u. U. aufgelaufenen Zinsen[845] und der umstrittenen Ausweisänderung,[846] schlägt sich ein Zahlungsaufschub – bspw. in Form einer Stundung von Rückzahlungs- und Vergütungspflichten – und die damit c. p. verbundene Herabsetzung des „„ökonomischen Wert[es] der Verbindlichkeiten“[847] insofern bilanziell nicht nieder. Wird die Verbindlichkeit gegenüber einem Kreditinstitut darüber hinaus nicht zinslos gestundet, wirkt sich ein reiner Zahlungsaufschub analog dazu auch nicht auf die **GuV** aus, da die ursprünglich vereinbarten Zinsen weiterhin als Aufwand erfasst (wenn auch nicht gezahlt) werden müssen. Zusammenfassend liefern die quantitativ geprägten Berichtsinstrumente Bilanz und GuV insofern regelmäßig keinerlei Informationen über vereinbarte Zahlungsaufschübe.

422.2 Erläuterungen zu Zahlungsaufschüben im Anhang

Im Gegensatz dazu werden Zahlungsaufschübe für den **Anhang** in der Weise relevant, als dass dieser u. a. die Fälligkeitsstruktur der Verbindlichkeiten anhand dreier verschiedener Restlaufzeitgruppen darzustellen hat.[848] Wie in Abschn. 421.2 erörtert, führen manche Arten des Zahlungsaufschubs zu einer expliziten Verlängerung der Vertragslaufzeit (Stundung, Prolongation, Umschuldung), während andere dem Schuldner lediglich die Möglichkeit einer Einrede gegen die Leistungspflicht einräumen (Stillhaltevereinbarung, Moratorium). Im Ergebnis sollten die verschiedenen Möglichkeiten des Zahlungsaufschubs allesamt zu einer Verlängerung der im Anhang anzugebenen Restlaufzeit führen, da sie unter wirtschaftlichen Gesichtspunkten stets dazu führen, dass die Rückzahlung des zur Rede stehenden Kapitals zeitlich verlagert wird und es dem Unternehmen damit weiterhin zur Verfügung steht.[849] Während diesbezüglich Einigkeit besteht, ist die Berücksichtigung von in Aussicht gestellten und wahrscheinlich in Anspruch genommenen Zahlungsaufschüben umstritten.[850] Nach hier vertretener Auffassung sollten mit Blick auf das Vorsichtsprinzip[851] und ihren wirtschaftlichen Gehalt nur jene Zahlungsaufschübe, die vom Bilanzierenden einseitig herbeigeführt werden können (und in der Sanierung regelmäßig werden), restlaufzeitverlängernd berücksichtigt werden. Zuletzt ist darauf hinzuweisen, dass der Anhang keine Informationen darüber

843 Vgl. bereits Fn. 604.

844 Vgl. hierzu und zur abweichenden Behandlung von Zero-Bonds bereits Abschn. 341.1.

845 Vgl. WINNEFELD, R., Bilanz-Handbuch, 4. Aufl., Kap. E, Rn. 1516 sowie Fn. 793.

846 Während HÜTTEMANN, U., in: von Wysocki et al., HdJ, Abt. III/8, Rn. 113 eine Lieferantenverbindlichkeit in Folge ihrer Stundung als sonstige Verbindlichkeit (§ 266 Abs. 3 C.8. HGB) ausweisen möchte, wird eine derartige Ausweisänderung mehrheitlich nur als zulässig erachtet, soweit es sich bei der Restrukturierung der ursprünglichen Verbindlichkeit um eine Novation handelt, vgl. SCHUBERT, W. J./KRÄMER, A., in: Förschle et al., BeBiKo, 9. Aufl., § 266 HGB, Rn. 230; ADS, § 266, Rn. 228; KRUMBHOLZ, M., Restrukturierung, Rn. 66.

847 GROß, P. J., Sanierung durch Fortführungsgesellschaften, Kap. VII, Rn. 6, Erg. durch den Verf. Vgl. weiterführend hierzu Abschn. 423.1.

848 Vgl. ausführlich zu den entsprechenden Angabepflichten Abschn. 341.2.

849 Zu diesem Ergebnis kommt wohl auch der überwiegende Teil des betriebswirtschaftlichen Schrifttums (vgl. Abschn. 341.2 und speziell Fn. 621), welches jedoch (wie ebenda betont) größtenteils nicht oder nur unsauber zwischen den verschiedenen Möglichkeiten des Zahlungsaufschubs differenziert.

850 Vgl. bereits die ausführlichen Erörterungen in Abschn. 341.2.

851 Vgl. hierzu bereits die Ausführungen und Nachweise in Abschn. 341.2.

vermittelt, inwieweit die vereinbarten Zahlungsaufschübe dem Regime der Sanierungskreditvergabe und den damit verbundenen, speziellen Kündigungsmodalitäten[852] unterliegen.

422.3 Berichterstattung über Zahlungsaufschübe im Lagebericht

Da die Bilanz und die GuV keine sowie die kasuistischen[853] Anhangangaben nur vereinzelte Informationen über Zahlungsaufschübe vermitteln, ist im Folgenden zu untersuchen, inwiefern dies auch für den **Lagebericht** gilt. In diesem Kontext ist zunächst nochmals darauf hinzuweisen, dass dem Bilanzierenden im Lagebericht im Vergleich zum Jahresabschluss erhebliche Ermessensspielräume in Bezug auf die konkrete Berichterstattung, hier v. a. in Bezug auf die Finanz- und die Liquiditätslage, verbleiben.[854] Nicht zuletzt wohl in Folge dieser Gestaltungsspielräume bzw. der fehlenden Konkretisierung der entsprechenden Angabepflichten erscheint die praktische Informationsbereitstellung hinsichtlich der Finanz- und Liquiditätslage stark verbesserungsbedürftig.[855] Vor diesem Hintergrund der eher allgemein normierten und auch im Schrifttum nur teilweise behandelten Berichterstattung über finanzielle Sanierungsmaßnahmen im Lagebericht wird daher bereits im vorliegenden Abschnitt der Versuch unternommen, diese Informationsbereitstellung i. S. d. erläuterten Adressatenbedürfnisse[856] und mit Rekurs auf die einschlägigen gesetzlichen Vorschriften[857] zu konkretisieren.

Über Zahlungsaufschübe könnte zunächst im **Wirtschaftsbericht**, genauer im Rahmen der Darstellung der Kapitalstruktur, die u. a. auf Änderungen der Kreditkonditionen eingehen soll, sowie im Liquiditätsbericht, der u. a. (Sanierungs-)Maßnahmen zur Linderung respektive Behebung von Liquiditätsengpässen adressieren soll, berichtet werden. Ausgehend von diesen allgemeinen Anforderungen hat der Bilanzierende in Bezug auf vereinbarte Zahlungsaufschübe m. E. mittels einer geeigneten Gruppenbildung v. a. über die Gegenstände der Zahlungsaufschübe (z. B. Lieferanten- vs. Bankverbindlichkeiten) zu informieren sowie idealiter die obige, grobe Fristigkeitserläuterung des Anhangs[858] zu ergänzen, um den Adressaten das sachliche und zeitliche Ausmaß der bereits erreichten Sanierungsbeiträge zu verdeutlichen. Darüber hinaus wurde bereits herausgestellt, dass der Lagebericht sich nicht mit Darstellungen begnügen darf, sondern vielmehr die Ursachen und Wirkungszusammenhänge eines Sachverhalts verdeutlichen muss. In Bezug auf erreichte Zahlungsaufschübe sollte sich diese Forderung v. a. in einer betraglichen Angabe derjenigen Kapitalpositionen niederschlagen, die aufgrund ihrer Restrukturierung nunmehr als Sanierungskredit anzusehen sind. Da es im Einzelfall zu den bereits beschriebenen Abgrenzungsschwierigkeiten kommen kann,[859] sind hierbei indes nur solche Zahlungsaufschübe zu berücksichtigen, die aufgrund ihrer

---

852 Vgl. zu diesem Themenkomplex Abschn. 421.3.

853 Vgl. hierzu die Erörterungen am Ende des Abschn. 341.3.

854 Vgl. hierzu die Ausführungen in Abschn. 341.3.

855 Vgl. zu dieser unzureichenden Informationsbereitstellung v. a. die Nachweise in Fn. 686.

856 Vgl. zur Relevanz dieser konkretisierten Berichterstattung die Nachweise in Fn. 685 sowie allgemein zu den Informationsbedürfnissen der Adressaten Abschn. 251.2.

857 Neben § 289 HGB wird hierbei auf DRS 20 zurückgegriffen, der indes streng genommen keine gesetzliche Vorschrift darstellt, vgl. zum rechtlichen Charakter des DRS 20 bereits Fn. 651. Vgl. zu einer ausführlichen (allgemeinen) Einführung in die diesbezüglichen Vorschriften bereits Abschn. 341.3.

858 Vgl. ausführlicher zu diesem Aspekt auch Abschn. 423.

859 Fraglich kann in diesem Zusammenhang bspw. die Behandlung sogenannter Überbrückungskredite sein, die indes, wie ausführlich in Abschn. 421.3 diskutiert wurde, wohl i. d. R. nicht als Sanierungskredit anzusehen sind.

Inkorporation in explizite Sanierungsvereinbarungen unzweifelhaft als Sanierungskredite anzusehen sind. Da Sanierungskredite strikten Kündigungsbeschränkungen unterliegen,[860] könnte mittels der Angabe ihres Umfangs insbesondere das in der Sanierungssituation essentielle Risiko des Kapitalentzugs transparenter gemacht werden.[861] Dieser evidente Vorteil wird nach hier vertretener Auffassung auch nicht etwa dadurch nivelliert, dass die verdeckte Gewährung von Sanierungskrediten „wegen ihrer Geräuschlosigkeit [die] indirekten Kosten der Insolvenz" vermeide.[862] Diese Auffassung wird letztlich auch dadurch gestützt, dass, wie bereits bzgl. der self-fulfillig-prophecy gezeigt wurde,[863] eine Berichterstattung nicht mit dem bloßen Verweis auf deren nachteilige Publikationswirkungen zurückgewiesen werden kann bzw. sollte. Im Übrigen erscheinen diese negativen Effekte hier zudem keineswegs sicher, da die Gewährung von Sanierungskrediten die Chancen einer erfolgreichen Sanierung schließlich gerade erhöht.[864]

Darüber hinaus gelten die hier forcierten Angabepflichten auch für wesentliche Zahlungsaufschübe, die zwischen dem Abschlussstichtag und der Erteilung des Bestätigungsvermerks vereinbart werden. Den entsprechenden Angabepflichten wird der Bilanzierende in diesem Fall indes statt im Wirtschaftsbericht im **Nachtragsbericht** nachkommen. Da im Nachtragsbericht nur Sachverhalte von besonderer Bedeutung zu adressieren sind,[865] kann im Einzelfall auch der Verzicht auf die Angabe eines erreichten Zahlungsaufschubs (bspw. einer einzelnen, unwesentlichen Lieferantenverbindlichkeit) gerechtfertigt sein – im Zweifel, z. B. bei umfassenden Stundungsvereinbarungen mit diversen Lieferanten, sollten diese indes stets auch im Nachtragsbericht angegeben werden.

Außerdem ist im **Prognosebericht** im Rahmen der Erläuterung der künftigen Entwicklung der Kapitalstruktur und der Liquidität auf geplante Sanierungsmaßnahmen einzugehen.[866] Obgleich mögliche negative Auswirkungen einer Berichterstattung diese nicht grundsätzlich verhindern können,[867] ist der Pflicht zur Offenlegung geplanter Sanierungsmaßnahmen in Bezug auf Zahlungsaufschübe bereits dann Genüge getan, wenn der Bilanzierende den Betrag jener Verbindlichkeiten offenlegt, die zum Zeitpunkt der Abschlusserstellung bereits Gegenstand laufender Sanierungsverhandlungen sind. Weiterführende Informationen zu lediglich einseitig geplanten Zahlungsaufschüben werden hier hingegen nicht verlangt, da diese die Sanierungsverhandlungen nicht nur negativ beeinflussen könnten, sondern dem Bilanzierenden, durch dessen möglichen Verweis auf vielfältige (geplante) Sanierungsmaßnahmen, auch das Tor zu einer allzu positiven Darstellung der (Liquiditäts-)Lage zu weit öffnen würden.[868] Im Gegensatz dazu hat das Unternehmen in Bezug auf die bereits mehrfach angesprochene Sanierungskreditvergabe nach meinem Dafürhalten auch im Prognosebericht weiterführende Berichtspflichten zu erfüllen. Dies betrifft v. a. die, in den regel-

---

860 Vgl. dezidiert zu diesen Kündigungsmodalitäten Abschn. 421.3.

861 Vgl. weiterführend hierzu auch Abschn. 423.

862 In diese Richtung argumentieren jedoch DRUKARCZYK, J./SCHÖNTAG, S., § 3 Außergerichtliche Sanierungsentscheidungen, Rn. 42 (auch Zitat, Erg. dort durch den Verf.).

863 Vgl. Abschn. 341.3.

864 Vgl. ausführlich bereits Abschn. 421.3.

865 Vgl. Abschn. 341.3.

866 Vgl. Abschn. 341.3.

867 Vgl. hierzu die Ausführungen zur Problematik der self-fulfilling-prophecy in Abschn. 341.3.

868 Dieses Vorgehen entspricht im Übrigen auch der oben bereits dargestellten Erfassung derartiger, geplanter Zahlungsaufschübe im Anhang.

mäßig vorliegenden Sanierungsvereinbarungen[869] festgelegten, Grenzen (bzw. milestones) bei deren Überschreiten (bzw. Nichterfüllung) der Kreditgeber zur außerordentlichen Kündigung des Sanierungskredits berechtigt ist. Um die Wahrscheinlichkeit respektive die Gefahr dieser Kündigung abschätzen zu können, hat der Lagebericht m. E. diese (quantitativen) Grenzen für die wesentlichen Kreditverhältnisse zumindest in ihren Grundzügen transparent zu machen.[870]

Weitere Informationen in Bezug auf die gewährten bzw. umqualifizierten Sanierungskredite könnte zudem der **Risikobericht** enthalten. So kommt die Vereinbarung von Zahlungsaufschüben bzw. die drohende Kündigung des daraus ggf. erwachsenen Sanierungskredits nach hier vertretener Auffassung als wesentlicher Einflussfaktor des, hier primär relevanten, Liquiditätsrisikos in Betracht. Vergleichbar mit der Angabe der Wahrscheinlichkeit und der (Liquiditäts-)Folgen eines Covenant-Bruchs,[871] hat der Lagebericht nach hier vertretener Auffassung im besten Fall analog dazu (bestenfalls unter Einsatz von Szenario- oder Sensitivitätsanalysen) über die Wahrscheinlichkeit und die Konsequenzen eines Verstoßes gegen einzelne Bestimmungen der Sanierungsvereinbarung zu informieren.[872]

423. Beurteilung der Zweckmäßigkeit der Abbildung von Zahlungsaufschüben

423.1 Einleitung und finanzmathematische Ausgangslage der Abbildung von Zahlungsaufschüben

Nach der Diskussion der Zweckmäßigkeit der Abbildung von Zahlungsaufschüben im handelsrechtlichen Anhang und Lagebericht – einschließlich entsprechender Verbesserungsvorschläge bzw. Konkretisierungen – soll im folgenden Abschn. 423. vorrangig die bilanzielle Erfassung von Zahlungsaufschüben beleuchtet werden. Dabei wird primär der Themenkomplex der Diskontierung jener Verbindlichkeiten, deren Zahlung im Zuge der Sanierung zeitlich aufgeschoben wurde, im Fokus stehen. Die besagte Diskontierung wird zunächst allgemein aus finanzmathematischer Perspektive und daran anknüpfend, unter Berücksichtigung der einschlägigen IFRS-Regelungen, bzgl. ihrer speziellen Bedeutung für die handelsrechtliche Abbildung von Zahlungsaufschüben untersucht. Dabei wird stellvertretend für alle Arten des Zahlungsaufschubs zunächst von der Vereinbarung einer zinslosen Stundung einer, vormals marktkonform verzinsten Bankverbindlichkeit ausgegangen. Die im Folgenden erarbeiteten Erkenntnisse lassen sich indes c. p. auch auf weniger weitreichende Sanierungsbeiträge wie bspw. die Stundung des Rückzahlungsbetrags bei gleichzeitiger Senkung der laufenden Zinsbelastung übertragen. Auf diese Sanierungsmaßnahmen wird zusammenfassend in Abschn. 423.34 eingegangen.[873]

Wie bereits in Abschn. 421.1 und Abschn. 421.2 ausgeführt, führt ein Zahlungsaufschub allgemein bzw. speziell die zinslose Stundung zur zeitlichen Verlagerung der Rückzahlungs- und ggf. der

869 Vgl. die Nachweise in Fn. 832.

870 Sofern diese vorliegen, erscheint hier auch die Angabe so genannter cross-default-Klauseln sinnvoll, die eine außerordentliche Kündigung von Sanierungskrediten für den Fall ermöglichen, dass z. B. einzelne Gläubiger ihre Forderungen fällig stellen, vgl. KRUMBHOLZ, M., Restrukturierung, Rn. 239.

871 Diesbezügliche Angabepflichten fordert VATER, H., Financial Covenants, S. 133.

872 Vgl. weiterführend auch Abschn. 465.

873 Daneben lassen sich die nachfolgenden Aussagen grundsätzlich gleichermaßen auch auf Lieferantenverbindlichkeiten sowie auf die diversen Arten des Zahlungsaufschubs (vgl. Abschn. 421.2) übertragen.

Vergütungspflichten. Dem zu sanierenden Unternehmen dient eine Stundung vorrangig der, in der Krisensituation essentiellen, Verhinderung von Liquiditätsabflüssen.[874] In ökonomischer Hinsicht führt eine Stundung zur Verringerung des Zeitwerts der Verbindlichkeit,[875] die letztlich darin zum Ausdruck kommt, dass ein gedachter Erwerber für die Übernahme einer (langfristig) gestundeten Verbindlichkeit eine geringere Entschädigung fordern würde als für ihr sofort fälliges Pendant.[876] Wird eine Stundung erreicht, ist mit ROSE zu konstatieren, dass die zur Rede stehende Verbindlichkeit „für den Schuldner leichter [ist], als ihr Nennwert angibt"[877] und finanzmathematisch insofern der Barwert der entsprechenden Verbindlichkeit sinkt. Streng von dieser finanzmathematischen Betrachtung ist die Tatsache zu trennen, dass die Verbindlichkeiten eines in der Krise befindlichen Unternehmens aufgrund der aus Sicht der Gläubiger gestiegenen Ausfallwahrscheinlichkeit der ausstehenden Forderungen an Wert verlieren. Auf die Berücksichtigung dieser eigenen Ausfallwahrscheinlichkeit im Rahmen der Verbindlichkeitsbewertung wird in Abschn. 423.34 zurückzukommen sein.

Aus den finanziellen Entlastungswirkungen von Stundungsvereinbarungen folgt zweifelsohne auch, dass dem Adressaten Informationen über diese Sanierungsmaßnahmen und damit den genauen „ökonomische[n] Wert"[878] der gestundeten Verbindlichkeiten zur Verfügung gestellt werden sollten. Genauer ergibt sich diese Forderung im handelsrechtlichen Kontext einerseits aus dem erläuterten Rechenschaftszweck, der eine den tatsächlichen Verhältnissen entsprechende Darstellung der im vorliegenden Fall mittels Stundungen restrukturierten Finanzlage erfordert.[879] Andererseits erscheint eine dezidierte Informationsbereitstellung über Stundungsvereinbarungen v. a. deshalb geboten, da dieser für Vergleiche der unternehmerischen Finanzlage sowohl im Zeitablauf als auch im Verhältnis zu anderen Unternehmen[880] eine erhebliche Bedeutung zukommen wird. Neben weiteren Informationsdefiziten wurde jedoch bereits gezeigt, dass der handelsrechtliche Jahresabschluss derartige Informationspflichten bestenfalls in grober Form kodifiziert.[881] Die Problematik dieser groben Berichterstattung gem. § 285 Nr. 1 lit. a HGB zeigt sich an folgendem Beispiel: So führen die derzeitigen Angabepflichten im Ergebnis dazu, dass ein Unternehmen A, dessen Verbindlichkeiten allesamt in 13 Monaten ab dem Bilanzstichtag fällig sind, c. p. exakt *denselben Jahresabschluss* veröffentlicht wie das Unternehmen B, welches nach umfangreichen Verhandlun-

[874] Vgl. Abschn. 421. i. V. m. Abschn. 23. GROß, P. J., Sanierung durch Fortführungsgesellschaften, Kap. VII, Rn. 16 weist zudem darauf hin, dass im Fall einer wesentlichen Verschiebung der Zahlungstermine die Kapitalbeschaffung erleichtert werden könne und das Unternehmen infolgedessen sogar mit einem geringeren Eigenkapital auskommt.

[875] Vgl. neben den Nachweisen in Fn. 876 auch BÖCKING, H.-J., Bilanzrechtstheorie und Verzinslichkeit, S. 142 f.; STROBL, E., Abzinsung von Verbindlichkeiten, S. 620; MOXTER, A., GoB, S. 165 f. sowie zur volkswirtschaftlichen Dimension dieser Feststellung Fn. 10.

[876] Auf diesem Kalkül basiert nicht nur die Idee des (steuerlichen) Teilwerts (vgl. nur GROH, M., Abzinsungsgebot, S. 2275; CLEMM, H., Abzinsung bei der Bilanzierung, S. 181; CLEMM, H., Abzinsung Verbindlichkeitsrückstellungen, S. 2116; MOXTER, A., GoB, S. 165 f.) sondern letztlich auch die Konstruktion des exit values von Verbindlichkeiten gem. IFRS 13.34 (vgl. Abschn. 423.321.).

[877] ROSE, G., Verachtet mir die Zinsfüß' nicht!, S. 329, Erg. durch den Verf., vgl. hierzu auch EIFLER, G., GoB für Rückstellungen, S. 72 f.; WÜSTEMANN, J./WÜSTEMANN, S., System der GoB nach BilMoG, S. 768 f.; VON POCK, M., Verbindlichkeitsbilanzierung für Arbeitsverhältnisse, S. 215 m. w. N.

[878] GROß, P. J., Sanierung durch Fortführungsgesellschaften, Kap. VII, Rn. 6, Erg. durch den Verf.

[879] Vgl. Abschn. 251.2.

[880] Vgl. Abschn. 253.2.

[881] Vgl. bereits Abschn. 422. i. V. m. Abschn. 341.

gen mit seinen Gläubigern eine zinslose Stundung aller Verbindlichkeiten ab dem Bilanzstichtag um 1 Jahre (in vielen Branchen entspricht dieser Zeitraum einem kompletten Produktlebenszyklus) erreichen konnte. Die Tatsache, dass handelsrechtlich – trotz dieser beispielhaft verdeutlichten Informationsdefizite – keine zweckgerechtere Informationsvermittlung bspw. über Stundungsvereinbarungen stattfindet, liegt v. a. darin begründet, dass der Jahresabschluss neben dem Rechenschafts- auch den Kapitalerhaltungszweck sowie das, bzgl. der Diskontierungsfrage entscheidende, Realisationsprinzip zu beachten hat.[882] Insofern ist im Folgenden die Frage zu klären, inwiefern die finanzmathematisch und ökonomisch betrachtet wohl zweifelsfrei sachgerechtere Diskontierung[883] langfristig zinslos gestundeter Verbindlichkeiten[884] und damit eine gegenüber dem derzeitigen Regelungsstand stärkere Betonung des Rechenschaftszwecks mit dem handelsrechtlichen Zweck- und GoB-System, und als Teil von letzterem v. a. mit dem Realisationsprinzip, vereinbart werden können bzw. könnten.

423.2 De lege lata Analyse der Abbildung von Zahlungsaufschüben

423.21 Einleitung in die de lege lata Analyse

Wie bereits ausführlich erläutert wurde, dient zur **Interpretation** und Rechtsfortbildung einer Vorschrift dessen Wortlaut als Ausgangspunkt wie auch als Grenze.[885] In Bezug auf die aufgeworfene Frage ist hier auf **§ 253 Abs. 1 S. 2 HGB** zu rekurrieren, der kodifiziert, dass „Verbindlichkeiten zu ihrem Erfüllungsbetrag“ anzusetzen sind. Neben diesem Wortlaut bzw. dessen Wortsinn, der spätestens seit dem BilMoG eindeutig erscheint,[886] sind nach der hermeneutischen Methode weitere Kriterien im Rahmen der Gesetzesinterpretation und -fortbildung[887] zu beachten. Vor dem Hintergrund, dass die Passivierung von Verbindlichkeiten i. H. ihres (nicht diskontierten) Erfüllungsbetrags wohl seit der Aktienrechtsreform 1965[888] als h. M. anzusehen ist und der entstehungsgeschichtlichen, im Grunde unveränderten subjektiven ratio legis insofern keine größere Bedeutung zukommt,[889] gilt es im Folgenden v. a. die Kriterien des **Bedeutungszusammenhangs** und die damit eng zusammenhängende objektive ratio legis, welche eine gegenwartsnahe und zeitgemäße Interpretation der einschlägigen Vorschriften sicherstellen soll, zu berücksichtigen.[890] Vor diesem Hintergrund soll im Folgenden zunächst der Bedeutungszusammenhang, in den die Frage nach der Diskontierung lang-

[882] Vgl. BÖCKING, H.-J., Bilanzrechtstheorie und Verzinslichkeit, S. 136.

[883] Vgl. hierzu CLEMM, H., Abzinsung bei der Bilanzierung, S. 178; ROSE, G., Verachtet mir die Zinsfüß' nicht!, S. 310 und S. 329; GROß, P. J., Sanierung durch Fortführungsgesellschaften, Kap. VII, Rn. 6 und Rn. 15.

[884] Vgl. genauer zur Ausgestaltung einer derartigen Diskontierung die Ausführungen am Ende dieses Abschnitts.

[885] Vgl. Abschn. 252.

[886] Vgl. zur klarstellenden Ersetzung des Begriffs des Rückzahlungsbetrags durch den genannten Terminus des Erfüllungsbetrags bereits die Ausführungen und Nachweise in Fn. 604.

[887] Obgleich in Abschn. 252. bereits erörtert wurde, dass die Grenzen zwischen der Gesetzesinterpretation und der Rechtsfortbildung fließend sind, wird im Folgenden dennoch versucht, die de lege lata klar von den de lege ferenda Betrachtungen zu separieren.

[888] Bemerkenswerterweise wurde eine Abzinsung von Verbindlichkeiten im Vorfeld dieser Aktienrechtsreform, also auch nach dem AktG (1937), zumindest als zulässig, wenn nicht gar als geboten erachtet, vgl. hierzu VELDER, F., Abzinsung von Schulden, S. 195 f. und zur historischen Einordnung der Abzinsung von Verbindlichkeiten zudem STROBL, E., Abzinsung von Verbindlichkeiten, S. 615; CLEMM, H., Abzinsung Verbindlichkeitsrückstellungen, S. 2115; WEBER-GRELLET, H., Zeit und Zins, S. 168.

[889] CLEMM, H., Abzinsung bei der Bilanzierung, S. 193 f. sprach diesbezüglich bereits vor mehr als 20 Jahren von „uralten Praktiken“ (ebenda, S. 193).

[890] Vgl. ausführlich (auch) zu diesen Kriterien bereits Abschn. 252.

fristig gestundeter Verbindlichkeiten einzuordnen ist, analysiert werden. Diese Ausführungen bilden die Basis und gleichzeitig einen essentiellen Teil der Würdigung des de lege lata vorherrschenden Diskontierungsverbots langfristig gestundeter Verbindlichkeiten.

423.22 Der handelsrechtliche Bedeutungszusammenhang der Abbildung von Zahlungsaufschüben

Im Rahmen des **Bedeutungszusammenhangs** ist zunächst auf die Behandlung von langfristig zinslos gestundeten **Kaufpreisverbindlichkeiten** einzugehen. Diese Verbindlichkeiten resultieren typischerweise aus dem Erwerb eines Vermögensgegenstands bei gleichzeitiger langfristiger Kaufpreisstundung. Im Fall derartiger Vereinbarungen geht die wohl h. M. von der, durch abweichenden Parteiwillen widerlegbaren, Vermutung aus, dass im Nennbetrag der Kaufpreisverbindlichkeit ein versteckter Zinsanteil enthalten sei. Die Existenz dieses Anteils ist v. a. dann zu bejahen, wenn der Zielpreis im Vergleich zum Barzahlungspreis „als hoch erschein[t]“[891]. Gleichwohl stellt die wohl überwiegende Meinung in diesem Kontext fest, dass von einem Zinsanteil nur auszugehen sei, „wenn die Beteiligten objektiv auch ein Kreditgeschäft gewollt haben“[892]. Im Gegensatz dazu wird die Existenz einer Zinsvereinbarungen vereinzelt selbst dann unterstellt, wenn diese ausdrücklich ausgeschlossen wurde.[893] Liegt demnach eine verdeckte Zinsvereinbarung vor, folgt daraus zunächst zweifelsohne, dass der erworbene Vermögensgegenstand lediglich i. H. d. Barwerts der Verbindlichkeit zu erfassen ist.[894] Umstritten ist hingegen die Bilanzierung der Kaufpreisverbindlichkeit selbst. So wollen manche Autoren diese Verbindlichkeit, dem angesprochenen Vermögensgegenstand und der Behandlung von Zero-Bonds entsprechend, in Höhe ihres Barwerts ansetzen, der seinerseits in den Folgeperioden sukzessive aufzuzinsen sei (Nettomethode).[895] Andere Stimmen tendieren hingegen zur analogen Anwendung der erläuterten Disagio-Behandlung – also zur gleichzeitigen Erfassung der Verbindlichkeit zum (undiskontierten) Erfüllungsbetrag und eines aktiven Rechnungsabgrenzungspostens i. H. d. Differenz zwischen dieser Verbindlichkeit und dem barwertigen Vermögensgegenstand (Bruttomethode).[896] Schließlich vertreten weitere Autoren den

---

891 CLEMM, H., Abzinsung Verbindlichkeitsrückstellungen, S. 2117, Erg. durch den Verf., vgl. hierzu auch SCHUBERT, W. J., in: Förschle et al., BeBiKo, 9. Aufl., § 253 HGB, Rn. 66.

892 SCHUBERT, W. J., in: Förschle et al., BeBiKo, 9. Aufl., § 253 HGB, Rn. 66, so auch BRÖSEL, G./OLBRICH, M., in: Küting/Pfitzer/Weber, HdR-E, 5. Aufl., § 253 HGB, Rn. 288; STROBL, E., Abzinsung von Verbindlichkeiten, S. 633 und wohl auch CLEMM, H., Abzinsung Verbindlichkeitsrückstellungen, S. 2117, der jedoch widersprüchlich zum seines Erachtens wohl erforderlichen Rekurs auf den Parteiwillen gleichfalls konstatiert, dass die Existenz entsprechender Zinsvereinbarungen „wohl kaum je bestritten worden“ sei.

893 So v. a. HÜTTEMANN, U., in: von Wysocki et al., HdJ, Abt. III/8, Rn. 258 m. w. N. und wohl auch HERZIG, N., Rückstellungen aus Arbeitsverhältnissen, S. 88 f.

894 Zu dieser unbestrittenen Meinung nur SCHUBERT, W. J., in: Förschle et al., BeBiKo, 9. Aufl., § 253 HGB, Rn. 66; ADS, § 253, Rn. 82; PwC, BilMoG-Kommentar, Kap. I, Rn. 13; BRÖSEL, G./OLBRICH, M., in: Küting/Pfitzer/Weber, HdR-E, 5. Aufl., § 253 HGB, Rn. 288; HÜTTEMANN, U., in: von Wysocki et al., HdJ, Abt. III/8, Rn. 260; KULOSA, E., in: Schmidt/Weber-Grellet/Heinicke, Kommentar EStG, 33. Aufl., § 6 EStG, Rn. 454.

895 Vgl. SCHUBERT, W. J., in: Förschle et al., BeBiKo, 9. Aufl., § 253 HGB, Rn. 66; BRÖSEL, G./OLBRICH, M., in: Küting/Pfitzer/Weber, HdR-E, 5. Aufl., § 253 HGB, Rn. 289; GROH, M., Verbindlichkeitsrückstellungen, S. 30 f.

896 Vgl. PwC, BilMoG-Kommentar, Kap. I, Rn. 13; ADS, § 253, Rn. 82 m. w. N. und HÜTTEMANN, U., in: von Wysocki et al., HdJ, Abt. III/8, Rn. 260 der die Meinung vertritt, dass die Erfassung dieses aktiven Rechnungsabgrenzungspostens zwingend sei. Nicht zulässig sei hingegen die unmittelbar aufwandswirksame Erfassung der beschrieben Differenz, da es ansonsten zu einer unsachgemäßen Aufwandsperiodisierung käme, diesem Argument folgend BRÖSEL, G./OLBRICH, M., in: Küting/Pfitzer/Weber, HdR-E, 5. Aufl., § 253 HGB, Rn. 288.

Standpunkt, dass beide dargestellten Bilanzierungsalternativen gleichermaßen als zulässig anzusehen sind.[897]

Verwandt mit der Bilanzierung von Kaufpreisverbindlichkeiten erscheint außerdem die bilanzielle Abbildung von **Ratenkaufverträgen**. Wird ein Vermögensgegenstand auf Raten gekauft, ist dieser analog zum obigen Vorgehen zum Barwert zu erfassen.[898] Abweichend von dieser Vorgehensweise scheint das Schrifttum im Fall des Ratenkaufs jedoch gewissermaßen leichtfertiger eine Zinsvereinbarung zu unterstellen. So erkennt v. a. das IDW im Fall von Ratenkaufverträgen grundsätzlich, und „selbst wenn keine Zinszahlungen vereinbart wurden", einen verdeckten Zinsanteil,[899] und auch SCHUBERT geht zumindest „regelmäßig"[900] von diesem Zinsanteil aus. Dies erscheint zumindest verwunderlich, da der Ratenkauf m. E. nur als weniger extreme Form der langfristigen (Kaufpreis-) Stundung gelten muss: So könnte man, in Abhängigkeit von der betraglichen und zeitlichen Ausgestaltung der jeweiligen Raten, im Extremfall selbst in einer langfristig gestundeten Kaufpreisverbindlichkeit einen Ratenkauf mit lediglich einer Rate erkennen. Darüber hinaus wird für die Ratenkaufverbindlichkeit, obwohl sie ihrem wirtschaftlichen Gehalt nach mit der gestundeten Kaufpreisverbindlichkeit vergleichbar ist, bemerkenswerterweise nach gewichtigen Stimmen des Schrifttums ausschließlich ein Barwertansatz als zulässig erachtet.[901] Zusammenfassend erscheint m. E. sowohl für Kaufpreis-, als auch für Ratenkaufverbindlichkeiten nur die Nettomethode als sachgerecht,[902] da sie gleichermaßen eine periodengerechte Aufwandsverteilung[903] und eine Abbildung der tatsächlichen wirtschaftlichen Belastung aus der entsprechenden Verbindlichkeit garantiert. Nicht nachvollziehbar ist hingegen mit Blick auf die dargestellte wirtschaftliche Vergleichbarkeit der Sachverhalte die Auffassung, dass für Kaufpreisverbindlichkeiten die Bruttomethode (zusätzlich zur Nettomethode), für Ratenkaufverbindlichkeiten hingegen ausschließlich die Nettomethode zulässig sein soll.[904]

Abweichend vom generellen Ansatz von Verbindlichkeiten zum Erfüllungsbetrag sind auf **Rentenverpflichtungen** beruhende Verbindlichkeiten, für die eine Gegenleistung nicht mehr zu erwarten ist,[905] in Höhe ihres Barwerts zu bewerten. Konkret sind diese Rentenverbindlichkeiten in Höhe

897 Vgl. IDW, WP-Handbuch 2012, Bd. I, Kap. E, Rn. 585; DÖLLERER, G., Handelsbilanz und Steuerbilanz, S. 10 f.; WINNEFELD, R., Bilanz-Handbuch, 4. Aufl., Kap. E, Rn. 565.

898 Vgl. IDW, WP-Handbuch 2012, Bd. I, Kap. E, Rn. 590; SCHUBERT, W. J., in: Förschle et al., BeBiKo, 9. Aufl., § 253 HGB, Rn. 67; BRÖSEL, G./OLBRICH, M., in: Küting/Pfitzer/Weber, HdR-E, 5. Aufl., § 253 HGB, Rn. 290.

899 Vgl. IDW, WP-Handbuch 2012, Bd. I, Kap. E, Rn. 590 (auch Zitat).

900 SCHUBERT, W. J., in: Förschle et al., BeBiKo, 9. Aufl., § 253 HGB, Rn. 67, so auch BRÖSEL, G./OLBRICH, M., in: Küting/Pfitzer/Weber, HdR-E, 5. Aufl., § 253 HGB, Rn. 290.

901 Vgl. SCHUBERT, W. J., in: Förschle et al., BeBiKo, 9. Aufl., § 253 HGB, Rn. 67; IDW, WP-Handbuch 2012, Bd. I, Kap. E, Rn. 590; PwC, BilMoG-Kommentar, Kap. I, Rn. 14 und wohl auch BRÖSEL, G./OLBRICH, M., in: Küting/Pfitzer/Weber, HdR-E, 5. Aufl., § 253 HGB, Rn. 290. Diese Auffassung wird mit der Analogie zur Behandlung von Rentenverpflichtungen begründet. A. A. ADS, § 253, Rn. 83, die auch einen Ansatz zum vollen Erfüllungsbetrag unter gleichzeitiger Erfassung eines aktiven Rechnungsabgrenzungspostens zulassen.

902 Auf die Unterstellung bzgl. der Zinsvereinbarungen wird in diesem Abschnitt noch zurückzukommen sein.

903 Vgl. hierzu bereits die Ausführungen und Nachweise in Fn. 896.

904 So aber IDW, WP-Handbuch 2012, Bd. I, Kap. E, Rn. 585 i. V. m Rn. 590.

905 Aufgrund dieses Zusatzes fallen Pensionsrückstellungen für laufende Anwartschaften nicht unter die lex specialis aus § 253 Abs. 2 S. 3 HGB, vgl. BRÖSEL, G./OLBRICH, M., in: Küting/Pfitzer/Weber, HdR-E, 5. Aufl., § 253 HGB, Rn. 331 f.; ADS, § 253, Rn. 165; COENENBERG, A. G./HALLER, A./SCHULTZE, W., Jahresabschluß, S. 416. Im Folgenden werden diese Verbindlichkeiten vereinfachend (auch) als Rentenverbindlichkeiten bezeichnet.

ihres laufzeitkongruent abgezinsten Barwerts anzusetzen.[906] Inhaltlich beruhen diese Verbindlichkeiten auf Verpflichtungen zur Erbringung periodisch wiederkehrender Leistungen in Geld, Geldeswert oder vertretbaren Sachen,[907] wobei als Hauptanwendungsfall die laufenden Renten von Versorgungsempfängern angesehen werden.[908] Obgleich die versicherungsmathematische Bewertung dieser Verpflichtungen bspw. in Folge der zu prognostizierenden Dauer einer Altersrente mit erheblichen Unsicherheiten einhergeht,[909] wurde bisher gemeinhin von einem Ausweis dieser (rückstellungsähnlichen) Verpflichtungen innerhalb der Verbindlichkeiten ausgegangen.[910] Wohl aufgrund dieses Ausweises – und trotz des rückstellungsähnlichen Charakters zumindest der auf Versorgungszusagen basierenden Rentenverpflichtungen[911] – gilt bzw. galt für diese Rentenverbindlichkeiten nach wohl h. M. zudem das, für „reguläre" Rückstellungen (inzwischen) irrelevante,[912] Anschaffungswertprinzip.[913] Folgt man diesem Prinzip, darf die Rentenverbindlichkeit ihren Zugangswert im Rahmen der Folgebewertung, bspw. in Folge eines gestiegenen Zinssatzes, nicht unterschreiten.[914] Entgegen dieser Position scheint sich jedoch in der jüngeren Vergangenheit, zumindest hinsichtlich laufender Versorgungsleistungen, die Meinung durchzusetzen, dass derartige Verpflichtungen als (Pensions-)Rückstellungen zu erfassen seien. So geht SCHUBERT, abweichend von seiner früher vertretenen Auffassung, nicht länger pauschal davon aus, dass Rentenverpflichtungen unter den Verbindlichkeiten auszuweisen sind, sondern nur noch – nicht genauer definierte – „sichere Rentenverpflichtungen" als Verbindlichkeiten zu erfassen sind.[915] Deutlicher wird diese Position von BAIERL artikuliert, der zutreffend feststellt, dass die Verpflichtung zur Zahlung laufen-

---

906 Vgl. § 253 Abs. 1 S. 2 i. V. m. Abs. 2 S. 3 HGB; BAETGE, J./KIRSCH, H.-J./THIELE, S., Bilanzen, S. 399; BRÖSEL, G./OLBRICH, M., in: Küting/Pfitzer/Weber, HdR-E, 5. Aufl., § 253 HGB, Rn. 333. Durch das BilMoG wurden die vormals in § 253 Abs. 1 S. 2 HGB a. F. adressierten Regelungen zu den Rentenverpflichtungen in § 253 Abs. 2 S. 3 HGB verlagert, um Rentenverpflichtungen und Rückstellungen den gleichen Abzinsungsvorschriften (§ 253 Abs. 2 HGB) zu unterwerfen, vgl. DEUTSCHER BUNDESTAG (Hrsg.), BT-Drucks. 16/10067, S. 52.

907 Vgl. (auch zu den verschiedenen Rentenarten) ADS, § 253, Rn. 60 und Rn. 166; SCHUBERT, W. J., in: Förschle et al., BeBiKo, 9. Aufl., § 253 HGB, Rn. 183; BAIERL, H., in: Böcking et al., Beck HdR, B 234, Rn. 68; BRÖSEL, G./OLBRICH, M., in: Küting/Pfitzer/Weber, HdR-E, 5. Aufl., § 253 HGB, Rn. 330; KROPFF, B., in: Geßler/Eckardt, Komm. AktG, § 156 AktG, Rn. 30; HÜTTEMANN, U., in: von Wysocki et al., HdJ, Abt. III/8, Rn. 307.

908 Vgl. ADS, § 253, Rn. 67 und Rn. 166; SCHUBERT, W. J., in: Förschle et al., BeBiKo, 9. Aufl., § 253 HGB, Rn. 183.

909 Vgl. BALLWIESER, W., Höchstwertprinzip, S. 48 f.; HÜTTEMANN, U., in: von Wysocki et al., HdJ, Abt. III/8, Rn. 307.

910 Vgl. KOZIKOWSKI, M./SCHUBERT, W. J., in: Ellrott et al., BeBiKo, 8. Aufl., § 253 HGB, Rn. 184 f. Unklar äußert sich BALLWIESER, W., Höchstwertprinzip, S. 48 f., der einerseits herausstellt, dass Verbindlichkeiten aus Rentenverpflichtungen dem Grunde und der Höhe nach sicher sein müssen, deren Bewertung jedoch andererseits von verschiedenen versicherungsmathematischen Parametern (bspw. der erwarteten Zeitdauer) determiniert werden, wodurch die Höhe dieser „Verbindlichkeiten" im Grunde ex definitione nicht als sicher gelten kann.

911 Die angesprochene Unsicherheit und damit auch die Rückstellungsähnlichkeit bei Kaufpreisrenten (vgl. ADS, § 253, Rn. 60) oder echten Zeitrenten (vgl. Fn. 910) sind deutlich geringer und deren Ausweis innerhalb der Verbindlichkeiten insofern (erheblich) unproblematischer.

912 Vgl. nur SCHUBERT, W. J., in: Förschle et al., BeBiKo, 9. Aufl., § 253 HGB, Rn. 152; BALLWIESER, W., Höchstwertprinzip, S. 55 und S. 60 f. sowie zum Begriff des Anschaffungswertprinzips bereits Fn. 461.

913 So SCHUBERT, W. J., in: Förschle et al., BeBiKo, 9. Aufl., § 253 HGB, Rn. 185 f.; BAIERL, H., in: Böcking et al., Beck HdR, B 234, Rn. 68; HÜTTEMANN, U., in: von Wysocki et al., HdJ, Abt. III/8, Rn. 307; BÖCKING, H.-J., Bilanzrechtstheorie und Verzinslichkeit, S. 139; THIELE, S./BREITHAUPT, J., in: Baetge/Kirsch/Thiele, Bilanzrecht, § 253 HGB, Rn. 77; BALLWIESER, W., Höchstwertprinzip, S. 52-55 und S. 62 m. w. N.

914 So die in Fn. 913 genannten Autoren. A. A. ADS, § 253, Rn. 171, die diesem Vorgehen zwar grundsätzlich, jedoch in Bezug auf Rentenverpflichtungen, die auf Pensionszusagen beruhen, explizit nicht folgen.

915 Vgl. SCHUBERT, W. J., in: Förschle et al., BeBiKo, 9. Aufl., § 253 HGB, Rn. 184 f. (Zitat ebenda Rn. 185), zur Vorauflage Fn. 910.

der Altersrenten aufgrund ihrer Unsicherheit nicht als Verbindlichkeit sondern als Rückstellung zu passivieren ist.[916] Abschließend ist zudem anzumerken, dass wie bereits die Abzinsung von Kaufpreis-, Ratenkaufverbindlichkeiten und Zero-Bonds schließlich auch die Diskontierung einer Rentenverpflichtung Ausfluss der Annahme ist, dass die in Zukunft zu erfüllende Verbindlichkeit neben einer Kapital- eine Zinsschuld enthalte, die ihrerseits auf einer (noch) schwebendenden Kreditvereinbarung beruhe und die insofern mit Verweis auf das Realisationsprinzip nicht passiviert werden dürfe.[917]

Gerade diese Annahme einer verdeckten Zinsvereinbarung unterscheidet zudem die bislang behandelten Sachverhalte von der Gewährung **un- oder unterverzinslicher Verbindlichkeiten**.[918] Als Hauptanwendungsfall dieser Verbindlichkeiten kann (außerhalb der Unternehmenskrise) die unverzinsliche Gesellschafterfremdfinanzierung gelten, die typischerweise die Ausreichung eines langfristigen Kredits sowie eine Tilgung in (exakt) gleicher Höhe am Ende der Restlaufzeit vorsieht. Aufgrund dieses Zahlungsprofils[919] verbleibt für die Annahme eines verdeckten Zinsanteils, der für die bis dato untersuchten Schuldpositionen unterstellt wurde, insofern prima facie kein Platz.[920]

Daraus folgt nach h. M. schließlich, dass eine unverzinsliche Verbindlichkeit handelsrechtlich[921] mit ihrem vollen Erfüllungsbetrag anzusetzen ist und eine Bilanzierung zum Barwert ausscheidet, da ansonsten gegen das Realisationsprinzip verstoßen würde.[922] Genauer identifiziert das Schrifttum diesen Verstoß darin, dass im Fall einer Abzinsung bereits zum Zeitpunkt der Gewährung des (unverzinslichen) Kapitals[923] Zinserträge realisiert würden, die jedoch erst aus der künftigen „Verwendung des zugeflossenen Betrags“[924] resultierten und daher gem. dem Realisationsprinzip vielmehr sukzessive während der Restlaufzeit der Verbindlichkeit zu realisieren seien.[925] Der Vollständigkeit

---

916 Vgl. BAIERL, H., in: Böcking et al., Beck HdR, B 234, Rn. 68.

917 Vgl. BÖCKING, H.-J., Bilanzrechtstheorie und Verzinslichkeit, S. 184 f. und S. 273 f.; VISKORF, S., Kaufpreisverbindlichkeiten, S. 1231; MOXTER, A., Fremdkapitalbewertung, S. 403; SCHUBERT, W. J., in: Förschle et al., BeBiKo, 9. Aufl., § 253 HGB, Rn. 66; IDW, WP-Handbuch 2012, Bd. I, Kap. E, Rn. 585; WINNEFELD, R., Bilanz-Handbuch, 4. Aufl., Kap. E, Rn. 1520; STROBL, E., Abzinsung von Verbindlichkeiten, S. 620-626; HÜTTEMANN, U., in: von Wysocki et al., HdJ, Abt. III/8, Rn. 258.

918 Vereinfachend wird im Folgenden ausschließlich von unverzinslichen Verbindlichkeiten gesprochen, obgleich die entsprechenden Ausführungen gleichermaßen auch (in entsprechend abgeschwächter Form) für unterverzinsliche Verbindlichkeit gelten.

919 Vereinfachend muss das Unternehmen das in t=0 i. H. v. 100 GE gewährte Kapital in t=5 in gleicher Höhe (100 GE) zurückzahlen.

920 Vgl. BÖCKING, H.-J., Bilanzrechtstheorie und Verzinslichkeit, S. 6 f. (Einleitung MOXTER); MOXTER, A., Fremdkapitalbewertung, S. 401 f.

921 Davon abweichend ist steuerrechtlich zwingend eine Abzinsung derartiger Verbindlichkeiten mit einem einheitlichen Zinssatz von 5,5 % geboten, vgl. § 6 Abs. 1 Nr. 3 EStG; KULOSA, E., in: Schmidt/Weber-Grellet/Heinicke, Kommentar EStG, 33. Aufl., § 6 EStG, Rn. 454-461.

922 Vgl. MOXTER, A., Abzinsungsgebote und -verbote, S. 203; BÖCKING, H.-J., Bilanzrechtstheorie und Verzinslichkeit, S. 149; HÜTTEMANN, U., in: von Wysocki et al., HdJ, Abt. III/8, Rn. 243 und Rn. 249; STROBL, E., Abzinsung von Verbindlichkeiten, S. 620; BAETGE, J./KIRSCH, H.-J./THIELE, S., Bilanzen, S. 398 f.; THIELE, S./BREITHAUPT, J., in: Baetge/Kirsch/Thiele, Bilanzrecht, § 253 HGB, Rn. 88; HELPENSTEIN, F., Erfolgsbilanz, S. 475 f.; BAIERL, H., in: Böcking et al., Beck HdR, B 234, Rn. 70.

923 Respektive zum hier relevanten Zeitpunkt der Restrukturierung der Verbindlichkeit.

924 SCHUBERT, W. J., in: Förschle et al., BeBiKo, 9. Aufl., § 253 HGB, Rn. 63, so auch MOXTER, A., Bilanzrechtsprechung, S. 231.

925 Vgl. neben den Nachweisen in Fn. 922 WINNEFELD, R., Bilanz-Handbuch, 4. Aufl., Kap. E, Rn. 1520; KOHL, T./ MEYER, M., Anleihen und Schuldscheindarlehen, S. 172.

wegen sei darauf hingewiesen, dass manche Autoren von der Realisation von Zinserträgen aus dem unverzinslichen Kapital sprechen,[926] während andere Stimmen den Aspekt der Ersparnis von Zinsaufwendungen pointieren.[927] Diese Aspekte sind gewissermaßen zwei Seiten derselben „Unverzinslichkeits-Medaille", da eine Ersparnis von Zinsaufwendungen nur vorliegt, wenn das gewährte Kapital im Unternehmen auch zur Realisation von Zinserträgen eingesetzt wird – so könnte man stark vereinfacht auch sagen, dass ein unverzinslicher Barkredit, dessen Mittel ungenutzt bleiben, weder zu Zinserträgen noch zu einer wirklichen Ersparnis von Zinsaufwendungen führt, da sich das Unternehmen in dieser (realitätsfernen) Situation nicht um einen Ersatz für den zinslosen Kredit bemühen müsste. Zweifel an der strikten Zurückweisung der Abzinsung meldet wohl lediglich HÜTTEMANN an, der zumindest auf die Ähnlichkeit unverzinslicher Verbindlichkeiten mit den oben analysierten Rentenverpflichtungen hinweist – ohne jedoch auf Basis dieser Erkenntnis für unverzinsliche Verbindlichkeiten eine den Rentenverpflichtungen entsprechende Bilanzierung zu fordern.[928] Neben dem Rekurs auf das Realisationsprinzip wird schließlich angeführt, dass ein Barwertansatz auch dem expliziten Gesetzeswortlaut des § 253 Abs. 1 S. 2 HGB widerspreche, nach dem Verbindlichkeiten ipso iure zum (undiskontierten) Erfüllungsbetrag zu erfassen sind.[929] Zusammenfassend wurde bis dato gezeigt, dass die Möglichkeit bzw. Notwendigkeit einer Diskontierung von Verbindlichkeiten – mit Verweis auf das Realisationsprinzip – letztlich durch die nachzuweisende, grundsätzlich oder regelmäßig unterstellte bzw. die zurückgewiesene Existenz einer (verdeckten) Zinsvereinbarung determiniert wird.

Dieser Rekurs auf eine (verdeckte) Zinsvereinbarung war bis zum Inkrafttreten des BilMoG auch explizit für **Rückstellungen** vorgesehen, wodurch diese nur abgezinst werden durften, soweit die ihnen zugrundeliegenden Verbindlichkeiten einen **Zinsanteil** enthielten (§ 253 Abs. 1 S. 2 Hs. 2 HGB a. F.).[930] Diese Bedingung wurde – analog zur Ablehnung einer Abzinsung von Verbindlichkeiten – mit dem Realisationsprinzip begründet und führte im Ergebnis zu einem Abzinsungsverbot für alle Rückstellungen ohne Zinsanteil.[931] Im Rahmen des BilMoG hob der Gesetzgeber diese Restriktion indes zu Gunsten einer generellen Abzinsungspflicht für Rückstellungen mit einer Restlaufzeit von mindestens zwölf Monaten auf (§ 253 Abs. 2 S. 1 HGB), um den Adressaten eine „realitätsgerechte[re] Information [...] über die wahre Belastung"[932] aus

926 So bspw. SCHUBERT, W. J., in: Förschle et al., BeBiKo, 9. Aufl., § 253 HGB, Rn. 63.

927 So z. B. STROBL, E., Abzinsung von Verbindlichkeiten, S. 620; KOHL, T./MEYER, M., Anleihen und Schuldscheindarlehen, S. 172.

928 Vgl. HÜTTEMANN, U., in: von Wysocki et al., HdJ, Abt. III/8, Rn. 261 und Rn. 279.

929 Vgl. BAETGE, J./KIRSCH, H.-J./THIELE, S., Bilanzen, S. 398 sowie zu diesem, durch das BilMoG zwar terminologisch, indes nicht inhaltlich geänderten Argument auch STROBL, E., Abzinsung von Verbindlichkeiten, S. 620; THIELE, S./BREITHAUPT, J., in: Baetge/Kirsch/Thiele, Bilanzrecht, § 253 HGB, Rn. 88; ADS, § 253, Rn. 81.

930 Diese Regelung wurde im Rahmen des VersRiLiG am 24.01.1994 vom Bundestag verabschiedet. Sie wurde letztlich in den Ersten Abschnitt des Dritten Buches des HGB eingebracht, um zu verdeutlichen, dass sie für alle Kapitalgesellschaften einschlägig ist, vgl. DEUTSCHER BUNDESTAG (Hrsg.), BT-Drucks. 12/7646, S. 2.

931 Vgl. zur, in der Vergangenheit z. T. leidenschaftlich geführten, Diskussion der Abzinsung von Rückstellungen nur CLEMM, H., Abzinsung Verbindlichkeitsrückstellungen, S. 2115-2117; CLEMM, H., Abzinsung bei der Bilanzierung, S. 178; BÖCKING, H.-J., Bilanzrechtstheorie und Verzinslichkeit, S. 257-280; WEBER-GRELLET, H., Zeit und Zins, S. 168 f.; KARRENBROCK, H., Abzinsung von Rückstellungen, S. 1941-1944; STROBL, E., Abzinsung von Verbindlichkeiten, S. 630-632, jeweils m. w. N.

932 DEUTSCHER BUNDESTAG (Hrsg.), BT-Drucks. 16/10067, S. 54, vgl. hierzu auch WÜSTEMANN, J./KOCH, C., Zinseffekte, S. 1076 und bereits Abschn. 43.

diesen Rückstellungen bereitzustellen. Der damit einhergehenden Verletzung des Realisationsprinzips war sich der Gesetzgeber zwar durchaus bewusst, da er schließlich selbst konstatiert, dass „die in den Rückstellungen gebundenen Finanzmittel investiert und daraus [*künftige*] Erträge realisiert werden *können*“[933]. Trotzdem scheinen die Vorteile einer realitätsgerechteren Rückstellungsbewertung für ihn und für die Mehrheit im Schrifttum[934] gewichtiger als die Verletzung oder zumindest Einschränkung des Realisationsprinzips[935] gewesen zu sein.[936] Daneben rechtfertigt der Gesetzgeber die „Einschränkung [...] des Realisationsprinzips“ im Übrigen mit den, seit dem BilMoG ebenso zu berücksichtigenden, kompensierenden Preis- und Kostensteigerungen.[937] Auch wenn diese Eskalationseffekte die Abzinsungseffekte im Einzelfall ausgleichen mögen, sind sie nach hier vertretener Auffassung strikt von der Abzinsung zu trennen und erscheinen als Rechtfertigung für die Einschränkung des Realisationsprinzips keinesfalls zulässig.[938] Darüber hinaus schienen die Bedenken bzgl. des Verstoßes gegen das Realisationsprinzip nicht einmal groß genug, um für den zur Rede stehenden Diskontierungsertrag eine, im Rahmen des Gesetzgebungsprozesses teilweise vorgeschlagene, Ausschüttungssperre zu kodifizieren.[939] Diese Lösung wäre nicht zuletzt vor dem Hintergrund der durch das BilMoG, im Gleichschritt mit der stärkeren Informationsorientierung, stark gestiegenen Bedeutung der verschiedenen Ausschüttungssperren verständlich und sachlogisch gewesen.[940] Diese Entscheidung stellt dabei den vorläufigen Endpunkt einer Meinungsverschiebung hinsichtlich der Diskontierung von Rückstellungen bzw. Schulden dar, die ausgehend von einer generellen Ablehnung derartiger Diskontierungen[941] über die Ausnahmeregelungen für Pensionsrückstellungen[942] und die beschriebene Zinsanteilsrestriktion bis zur generellen Abzinsungspflicht

---

933 DEUTSCHER BUNDESTAG (Hrsg.), BT-Drucks. 16/10067, S. 54, Erg. und Hervorh. durch den Verf.

934 Die von der Abzinsung ausgehende realitätsgerechte(re) Rückstellungsbewertung betonen bspw. DRSC, Stellungnahme zum RefE, S. 12; DEUTSCHER GEWERKSCHAFTSBUND, Stellungnahme, S. 7; DIHK/BDI, Stellungnahme zum RegE, S. 6; ARBEITSGEMEINSCHAFT FÜR WIRTSCHAFTLICHE VERWALTUNG E.V. (AWV), Stellungnahme RefE, S. 2. A. A. BUNDESSTEUERBERATERKAMMER, Stellungnahme zum RefE, S. 5.

935 M. E. liegt mit SOLMECKE, H., BilMoG und GoB, S. 217 f. hier keine grundsätzliche Modifikation des Realisationsprinzips, sondern lediglich eine andere Gewichtung desselbigen vor, vgl. hierzu bereits Fn. 408.

936 Vgl. DEUTSCHER BUNDESRAT (Hrsg.), BR-Drucks. 344/08, S. 116; BAETGE, J./KIRSCH, H.-J./THIELE, S., Bilanzen, S. 430; BRÖSEL, G./OLBRICH, M., in: Küting/Pfitzer/Weber, HdR-E, 5. Aufl., § 253 HGB, Rn. 389 m. w. N.

937 Vgl. DEUTSCHER BUNDESRAT (Hrsg.), BR-Drucks. 344/08, S. 121 (auch Zitat, Ausl. durch den Verf.) sowie dem folgend bspw. DEUTSCHER GEWERKSCHAFTSBUND, Stellungnahme, S. 7 f.

938 So auch SOLMECKE, H., BilMoG und GoB, S. 217; ARBEITSKREIS BILANZRECHT DER HOCHSCHULLEHRER RECHTSWISSENSCHAFT, Stellungnahme zum BilMoG, S. 209; KÜTING, K./KESSLER, H./KEßLER, M., Betriebliche Altersversorgung, S. 497; SCHÖN, W., BFH und Rückstellungen, S. 13-16; SCHULZE-OSTERLOH, J., Ausgewählte Änderungen, S. 70; BUNDESSTEUERBERATERKAMMER, Stellungnahme zum RefE, S. 5. Dies gilt selbst in Anbetracht der Tatsache, dass die Kostensteigerungsrate wie auch der Diskontierungszins gem. der Fisher-Gleichung durch die Inflationsrate beeinflusst werden, vgl. WÜSTEMANN, J./KOCH, C., Zinseffekte, S. 1076.

939 Vgl. hierzu ARBEITSKREIS BILANZRECHT DER HOCHSCHULLEHRER RECHTSWISSENSCHAFT, Stellungnahme zum BilMoG, S. 209, BRÖSEL, G./OLBRICH, M., in: Küting/Pfitzer/Weber, HdR-E, 5. Aufl., § 253 HGB, Rn. 375; BRÖSEL, G./MINDERMANN, T., in: Petersen/Boecker, BilMoG, § 253 HGB, S. 422.

940 Vgl. weiterführend zu diesen Ausschüttungssperren nur FUNNEMANN, C.-B./GRAF KERSSENBROCK, O.-F., Ausschüttungssperren, S. 2274-2278; SIMON, S., Ausschüttungs- und Abführungssperre, S. 1081-1087; PETERSEN, K./ZWIRNER, C./FROSCHHAMMER, M., Ausschüttungssperre, S. 334-341; KÜTING, K., ET AL., Ausschüttungssperre, S. 1-10.

941 Vgl. EIBELSHÄUSER, M., Rückstellungsbildung, S. 863; MOXTER, A., Ulrich Leffson, S. 175.

942 Vgl. LEFFSON, U., GoB, S. 295 f., der zwar erkennt, dass durch die Abzinsung von Pensionsrückstellungen „eindeutig unrealisierte Erträge“ (S. 296) erfasst werden, diese Durchbrechung des Realisationsprinzips jedoch zumindest für Pensionsrückstellungen wohl akzeptiert. Ausführlich auch BUSCH, F. W., GoB für Pensionsverpflichtungen, S. 157-163 und BÖCKING, H.-J., Bilanzrechtstheorie und Verzinslichkeit, S. 278-280 und S. 296 f., die eine Abzinsung von (Pensions-)Rückstellungen indes beide zurückweisen.

aller Rückstellungen mit einer Restlaufzeit von mindestens zwölf Monaten reicht. Diese Entwicklung scheint sich darüber hinaus auch in der jüngsten Vergangenheit fortzusetzen. So sprechen sich mittlerweile nicht nur gewichtige Stimmen im Schrifttum – entgegen der Gesetzesbegründung, die noch explizit klarstellte, „dass Rückstellungen mit einer Restlaufzeit von einem Jahr und weniger nicht abzuzinsen sind“[943] – für ein Abzinsungswahlrecht für Rückstellungen mit einer Restlaufzeit von weniger als zwölf Monaten aus.[944] Darüber hinaus wird z. T. sogar die, mit einer Abzinsung m. E. zwangsläufig einhergehende, Verletzung[945] des Realisationsprinzips inzwischen zunehmend explizit verneint.[946] Nach hier vertretener Auffassung könnte die Existenz dieses Verstoßes nur zurückgewiesen werden, wenn man unterstellte, dass mit der Vereinbarung des Zahlungsaufschubs bzw. speziell mit der Vereinbarung der Stundung die wesentlichen wirtschaftlichen Ursachen für die Realisierung des nicht umsatzbezogenen Diskontierungsertrags im abgelaufenen Geschäftsjahr gesetzt wurden.[947] Dieser Ansatz ist jedoch zurückzuweisen, da die Erträge (bzw. die ersparten Aufwendungen) in Folge der Stundung nach meinem Dafürhalten zweifelsohne (erst) über die Restlaufzeit der Verbindlichkeit realisiert werden.

423.23 De lege lata Vorschlag zur handelsrechtlichen Abbildung von Zahlungsaufschüben

Auf Basis des nunmehr dargelegten Bedeutungszusammenhangs kann das nach geltender Rechtslage (**de lege lata**) vorgesehene Diskontierungsverbot von langfristig gestundeten Verbindlichkeiten im Folgenden **gewürdigt** werden. Dafür ist zunächst zu beleuchten, inwiefern – analog zu den bis dato vorgestellten Sachverhalten – auch bei langfristig gestundeten Verbindlichkeiten ein (zu unterstellender) Zinsanteil vorliegt. Dies mag man mit Blick auf die der Höhe nach identische Kreditgewährung und -rückzahlung[948] zunächst verneinen. Jedoch wurde im Zusammenhang mit Kaufpreisverbindlichkeiten[949] bereits darauf hingewiesen, dass das Schrifttum schon dann von der Existenz einer Zinsvereinbarung ausgeht, sofern der Preis für eine (potenzielle) sofortige Begleichung der Verbindlichkeit niedriger als ihr Nennbetrag wäre.[950] Diese Bedingung wird gerade für eine, im Rahmen einer finanziellen Sanierung gestundete Verbindlichkeit zweifelsohne erfüllt sein, da jeder

---

943 DEUTSCHER BUNDESTAG (Hrsg.), BT-Drucks. 16/10067, S. 54.

944 Während manche Autoren dieses Wahlrecht, mit Verweis auf die Stellungnahme des Bundesrates (DEUTSCHER BUNDESRAT (Hrsg.), BR-Drucks. 344/08, S. 116), zwar (weiterhin) verneinen (vgl. SOLMECKE, H., BilMoG und GoB, S. 216 f.; BAETGE, J./KIRSCH, H.-J./THIELE, S., Bilanzen, S. 430; PETERSEN, K./ZWIRNER, C., Rechnungslegung im Umbruch, S. 13), wird es vom wohl überwiegenden Teil des Schrifttums inzwischen bejaht, vgl. IDW, WP-Handbuch 2012, Bd. I, Kap. E, Rn. 139; PwC, BilMoG-Kommentar, Kap. I, Rn. 44 f.; KÜTING, K./CASSEL, J./METZ, C., Bewertung von Rückstellungen, S. 2321; KÜTING, K./CASSEL, J./METZ, C., Rückstellungen, S. 330 f.; SCHUBERT, W. J., in: Förschle et al., BeBiKo, 9. Aufl., § 253 HGB, Rn. 180 (abweichend noch KOZIKOWSKI, M./SCHUBERT, W. J., in: Ellrott et al., BeBiKo, 7. Aufl., § 253 HGB, Rn. 180).

945 So auch SOLMECKE, H., BilMoG und GoB, S. 216 f.; LEFFSON, U., GoB, S. 295 f.; KÜTING, K./CASSEL, J./METZ, C., Bewertung von Rückstellungen, S. 2319-2321; BRÖSEL, G./OLBRICH, M., in: Küting/Pfitzer/Weber, HdR-E, 5. Aufl., § 253 HGB, Rn. 375; BAETGE, J./ZIESEMER, S./SCHMIDT, M., in: Baetge/Kirsch/Thiele, Bilanzrecht, § 252 HGB, Rn. 185.1; BAETGE, J./ZÜLCH, H., in: von Wysocki et al., HdJ, Abt. I/2, Rn. 78; STROBL, E., Abzinsung von Verbindlichkeiten, S. 633 und wohl auch ADS, § 253, Rn. 200.

946 Vgl. SCHUBERT, W. J., in: Förschle et al., BeBiKo, 9. Aufl., § 253 HGB, Rn. 180 und so bereits MOXTER, A., GoB, S. 166, vgl. auch HOMMEL, M./BERNDT, T., Realisationsprinzip, S. 2193.

947 Vgl. grundlegend hierzu bereits Abschn. 253.51.

948 Vgl. auch Fn. 919.

949 Die, wie oben bereits aufgezeigt wurde, nicht nur mit langfristig gestundeten Kaufpreisverbindlichkeiten, sondern dieser Logik folgend auch mit anderen langfristig gestundeten Verbindlichkeiten vergleichbar sind.

950 Vgl. die Nachweise in Fn. 891.

rational agierende Schuldner bestimmte Abschläge vom Nennbetrag seiner Forderung akzeptieren würde, wenn der entsprechend verringerte Geldbetrag im Gegenzug sofort bezahlt würde. Selbst wenn man trotz dieser Erkenntnis die Existenz eines Zinsanteils (unverständlicherweise) nicht bejahen sollte, stellt sich die Frage, ob dieser für eine Abzinsung inzwischen überhaupt noch als notwendiges Tatbestandsmerkmal heranzuziehen ist. So unterstellen einerseits Teile des Schrifttums bei Verbindlichkeiten aus Ratenkaufverträgen, die wie oben aufgezeigt wurde als mildere Form der (langfristigen) Stundung von Verbindlichkeiten gelten dürfen, ohne Prüfung ihrer etwaigen Existenz grundsätzlich eine Zinsvereinbarung.[951] Andererseits stellt sich die Frage, inwiefern die im Zuge des BilMoG eliminierte Bedingung eines Zinsanteils für die Abzinsung von Rückstellungen ein noch gewichtigeres Argument für eine analoge Abzinsungsregelung für Verbindlichkeiten darstellt. Gegen die Übertragung der Abzinsungsregeln aus § 253 Abs. 2 HGB könnte zunächst sprechen, dass diese Vorschrift als lex specialis nur für Rückstellungen einschlägig sei.[952] Hierzu ist anzumerken, dass diese Vorschrift mittlerweile nicht nur auf kurzfristige Rückstellungen ausstrahlt,[953] sondern dass selbst Ausnahmevorschriften im Rahmen ihres Gesetzeszwecks – hier also des realitätsgerechten Belastungsausweises – analogieartig auf andere Sachverhalte anwendbar sind.[954] Zwar könnte eingewandt werden, dass der objektive Gesetzeszweck des realitätsgerechten Belastungsausweises vom Gesetzgeber in der Gesetzesbegründung (subjektive ratio legis) expressis verbis nur in Bezug auf Rückstellungen zur Sprache kommt.[955]

Andererseits wurde in Abschn. 252. bereits herausgestellt, dass Gesetze im Rahmen ihrer objektiv-teleologischen Auslegung (und damit ihrer objektiven Zwecksetzung) durchaus Fragen beantworten können, die sich der Gesetzgeber – im vorliegenden Fall ausweislich der Gesetzesbegründung – noch nicht gestellt hat. Darüber hinaus stellten diverse Autoren bereits im Rahmen der vormals umstrittenen Abzinsung von Rückstellungen fest, dass für Rückstellungen und Verbindlichkeiten aufgrund ihrer „übereinstimmenden bilanziellen Bedeutung [und] […] unter Gleichheitsgesichtspunkten kein Anlaß" für abweichende Diskontierungsvorschriften bestehe.[956] Auch wurde in diesem Zusammenhang bereits auf Probleme der Anwendung derartig divergierender Abzinsungsregeln hingewiesen, die sich v. a. auf die Periodengerechtigkeit des Erfolgsausweises auswirken

951 Vgl. hierzu die obigen Ausführungen und Nachweise zu den Ratenkaufverträgen.

952 So SOLMECKE, H., BilMoG und GoB, S. 217 f., der aus dem Charakter der Abzinsungsvorschriften als lex specialis folgert, dass diese weder auf andere Sachverhalte übertragbar sind, noch zu einer Modifikation des Realisationsprinzips führen.

953 Vgl. die Nachweise in Fn. 944. Dies wird von SOLMECKE, H., BilMoG und GoB, S. 216 f., ebenso mit Rekurs auf den Charakter der Abzinsungsvorschriften als lex specialis, explizit zurückgewiesen.

954 Vgl. ausführlich hierzu die Erörterungen in Abschn. 252. A. A. offensichtlich SOLMECKE, H., BilMoG und GoB, S. 217 f.

955 Vgl. zu diesem Ziel bereits die Nachweise in Fn. 932 sowie die bisherigen und noch folgenden Ausführungen in diesem Abschnitt.

956 Vgl. SCHULZE-OSTERLOH, J., Abzinsung, S. 353 (auch Zitat, Ausl. und Erg. durch den Verf.). Angemerkt sei, dass SCHULZE-OSTERLOH diese Gleichartigkeit zwar unmissverständlich betont, er jedoch daraus (entgegen der oben nachfolgenden Schlüsse) ableitet, dass ausschließlich Rückstellungen und Verbindlichkeiten, die einen Zinsanteil enthalten, abzuzinsen seien, vgl. SCHULZE-OSTERLOH, J., Abzinsung, S. 353-355 und jüngst SCHULZE-OSTERLOH, J., Ausgewählte Änderungen, S. 70. Vgl. weiterführend zu dieser (allgemein bestätigten) Gleichartigkeit und der daraus erwachsenden Frage nach einer äquivalenten Behandlung von Rückstellungen und Verbindlichkeiten nur SCHÖN, W., BFH und Rückstellungen, S. 14-16; GROH, M., Abzinsungsgebot, S. 2277; DÖLLERER, G., Rückstellungen, S. 70; CLEMM, H., Abzinsung von Passiva?, S. 76 f.; GEIB, G./WIEDMANN, H., Abzinsung von Rückstellungen, S. 371-375; GROH, M., Verbindlichkeitsrückstellungen, S. 31; KUPSCH, P., Neuere Entwicklungen, S. 60 f.

würden. So wäre bspw. eine nachträgliche „en bloc" Passivierung einer Zinsschuld immer dann vorzunehmen, wenn bei einer Rückstellung „die Ungewissheit, die Anlass für den Ansatz der Rückstellung war, beseitigt worden [...] ist"[957]. Außerdem erscheint eine Abzinsung gestundeter Verbindlichkeiten auch mit Blick auf den vom Gesetzgeber intendierten realitätsgerechten Belastungsausweis geboten, da derartige Verbindlichkeiten – wie oben betont wurde – für das Unternehmen eine geringere wirtschaftliche Last darstellen und dieser Vorteil nicht zuletzt mit Blick auf die Vergleichbarkeit der unternehmerischen Finanzlage durch eine Abzinsung verdeutlicht würde. Neben dem Rekurs auf diesen Belastungsausweis spricht auch die, bereits früher von MOXTER[958] und im Anschluss daran von seinen Schülern vertretene,[959] Annahme des Gesetzgebers, dass „die in den Rückstellungen gebundenen Finanzmittel investiert und daraus Erträge realisiert werden können"[960] für eine Anwendung der Abzinsungsvorschriften auf gestundete Verbindlichkeiten, da diese Mittel schließlich gerade gestundet werden, um Erträge zu realisieren, respektive die Sanierung zu unterstützen. Würde man insofern ausschließlich auf diese Feststellungen abstellen, scheint analog zur Abzinsung von Rückstellungen auch die Diskontierung von Verbindlichkeiten geboten zu sein.[961]

Als **Zwischenfazit** zur bisherigen **de lege lata** Analyse der Diskontierung langfristig gestundeter Verbindlichkeiten ist daher Folgendes festzuhalten: Im Ergebnis unstrittig ist, dass mit der diskutierten Abzinsung der ökonomischen Tatsache Rechnung getragen würde, dass die gestundeten Verbindlichkeiten für das Unternehmen eine (z. T. erheblich) geringere Belastung darstellen als es ihr Nennwert anzeigt. Da diesen Verbindlichkeiten „durchaus ein Finanzierungseffekt zukommt", erscheint eine Abzinsung auf Basis „betriebswirtschaftlicher Überlegungen"[962] wohl zweifelsohne sinnvoll.[963] Der Rechenschaftszweck könnte durch eine Abzinsung insofern gestärkt werden, als dass dem Adressaten auf diesem Wege die wahre Belastung nicht nur aus den Rückstellungen des Unternehmens, sondern auch aus dessen Verbindlichkeiten transparenter gemacht würde.

Speziell in der Sanierungssituation könnte eine Abzinsung die sehr grobe Fälligkeitsstruktur nach § 285 Nr. 1 lit. a HGB[964] sachgerecht ergänzen und dem Adressaten somit v. a. zweckmäßigere Informationen hinsichtlich der Beurteilung der künftigen Liquiditätslage bereitstellen. Gegen diese Abzinsung könnte jedoch v. a. die damit einhergehende Verletzung des Realisationsprinzips sprechen.[965] Diesbezüglich konnte jedoch gezeigt werden, dass bei Beachtung des Bedeutungszusam-

957 SCHULZE-OSTERLOH, J., Abzinsung, S. 353 (auch Zitat).

958 Vgl. MOXTER, A., GoB, S. 166.

959 Vgl. HOMMEL, M./BERNDT, T., Realisationsprinzip, S. 2193.

960 DEUTSCHER BUNDESRAT (Hrsg.), BR-Drucks. 344/08, S. 116.

961 Kritisch zu dieser uneinheitlichen Behandlung von Rückstellungen und Verbindlichkeiten äußern sich auch BRÖSEL, G./OLBRICH, M., in: Küting/Pfitzer/Weber, HdR-E, 5. Aufl., § 253 HGB, Rn. 375; BRÖSEL, G./MINDERMANN, T., in: Petersen/Boecker, BilMoG, § 253 HGB, S. 422 und SCHULZE-OSTERLOH, J., Ausgewählte Änderungen, S. 70. Explizit spricht sich außerdem die ARBEITSGEMEINSCHAFT FÜR WIRTSCHAFTLICHE VERWALTUNG E.V. (AWV), Stellungnahme RefE, S. 2 für eine Übertragung der Abzinsung auf Verbindlichkeiten aus.

962 KARRENBROCK, H., Abzinsung von Rückstellungen, S. 1943 (beide Zitate).

963 Vgl. zu dieser Vorteilhaftigkeit aus einer (rein) betriebswirtschaftlichen bzw. ökonomischen Perspektive bereits die Nachweise in den Fn. 875 und 876.

964 Vgl. bereits das Beispiel in Abschn. 423.1.

965 Vgl. hierzu auch die Ausführungen im nachfolgenden Absatz zum Ansatz eines passiven Rechnungsabgrenzungspostens.

menhangs eine Diskontierung entweder bereits deshalb zulässig erscheint, da (auch) für gestundete Verbindlichkeiten die Unterstellung einer Zinsvereinbarung geboten oder zumindest möglich ist. Andererseits wurde die Bedingung einer Zinsvereinbarung im Zuge des BilMoG für „Rückstellungen [die im Grunde jedoch] echte Verbindlichkeiten“[966] darstellen, ersatzlos gestrichen. Insofern könnte eine Abzinsung von Verbindlichkeiten auf Basis des Bedeutungszusammenhangs und der objektiven ratio legis der Abzinsungsvorschriften[967] selbst bei Abwesenheit einer entsprechenden Zinsvereinbarung (und entgegen des Realisationsprinzips) zulässig sein. Trotz dieser gewichtigen Argumente ist eine Abzinsung zinslos gestundeter Verbindlichkeiten de lege lata im Ergebnis jedoch bilanziell nicht zulässig, da der Wortlaut der einschlägigen gesetzlichen Vorschriften[968] nicht nur als Ausgangspunkt, sondern auch als Grenze der Gesetzesauslegung gelten muss[969] und insofern Verbindlichkeiten zum vollen, undiskontierten Erfüllungsbetrag zu bilanzieren sind.

Vor diesem Hintergrund sind nach hier vertretener Auffassung Stundungen bzw. allgemein Zahlungsaufschübe de lege lata zumindest im Anhang (zusätzlich zu den bereits in Abschn. 422.2 und Abschn. 422.3 vorgeschlagenen Angabepflichten) zu adressieren. Wenn man von der Veröffentlichung komplexer Finanzpläne absieht,[970] liefern m. E. die Barwerte der unternehmerischen Verbindlichkeiten die zweckmäßigsten Anhaltspunkte[971] für die Einschätzung der Fälligkeiten dieser Verbindlichkeiten und der von ihnen ausgehenden „wahre[n] Belastung“[972] für die künftige Liquiditätssituation des Unternehmens. Nach hier vertretener Auffassung ist die Offenlegung dieser Barwerte im Übrigen (de lege lata) auch den in Abschn. 423.33 dargestellten IFRS-Angaben überlegen. Dies basiert darauf, dass IFRS 7.B11 lediglich für den Prognosezeitraum bis zu einem Jahr im Vergleich zum HGB dezidiertere Angabepflichten kodifiziert und insofern im IFRS-Abschluss speziell über die, für das zu sanierende Unternehmen besonders hilfreichen, langfristigen Zahlungsaufschübe keine adäquaten Informationen bereitgestellt werden. Die besagten Barwerte, auf die im folgendem Abschnitt noch detaillierter eingegangen wird, sollte der Bilanzierende schließlich einzelfallabhängig nicht nur in verschiedene Verbindlichkeitsgruppen aufteilen, sondern ggf. auch um bestimmte qualitative Erläuterungen[973] ergänzen.

---

966 SCHULZE-OSTERLOH, J., Abzinsung, S. 352, vgl. hierzu auch bereits Fn. 956 sowie BÖCKING, H.-J., Bilanzrechtstheorie und Verzinslichkeit, S. 258, der betont, dass Rückstellungen letztlich Beträge sind, die dem Unternehmen unverzinslich zur Verfügung stehen – gleiches gilt offensichtlich auch für zinslos gestundete Verbindlichkeiten.

967 Die, wie bereits mehrfach betont wurde, zu einem realitätsgerechten Ausweis der Belastungen aus Rückstellungen bzw. allgemein aus Verpflichtungen des Unternehmens führen sollen.

968 Gemeint sind hier § 253 Abs. 1 S. 2 i. V. m § 253 Abs. 2 HGB.

969 Vgl. Abschn. 252.

970 Vgl. zur Offenlegung prospektiver Finanzpläne, die zwar zweifelsohne i. S. d. Rechenschaftszwecks am zweckmäßigsten erscheint, jedoch im Allgemeinen, v. a. aufgrund des mit ihrer Erstellung verbundenen Aufwands, zurückgewiesen wird, bereits die Nachweise in Fn. 684.

971 Vgl. hierzu bereits die Ausführungen am Ende des Abschn. 251.2 sowie in Fn. 194.

972 DEUTSCHER BUNDESRAT (Hrsg.), BR-Drucks. 344/08, S. 116.

973 Da diese ergänzenden Ausführungen, die sich z. B. auf die Dauer einer vereinbarten Stundung beziehen können, große Überschneidungen zu den bereits in den Abschn. 422.2 und 422.3 angeregten Angabepflichten aufweisen, sei hier auf die dortigen Ausführungen verwiesen.

423.3 De lege ferenda Analyse der Abbildung von Zahlungsaufschüben

423.31 Einleitung in die de lege ferenda Analyse

Die nun folgende Untersuchung widmet sich zwar weiterhin der Entwicklung einer möglichst zweckmäßigen Abbildung von Zahlungsaufschüben[974] im handelsrechtlichen Jahresabschluss. Da diese Analyse im Gegensatz zu den bisherigen Ausführungen jedoch an entscheidenden Stellen vom Wortlaut der geltenden Vorschriften abstrahiert, handelt es sich hierbei um eine handelsrechtliche **de lege ferenda** Betrachtung, die u. a. auch die einschlägigen IFRS-Normen berücksichtigen wird. Offensichtlich überwiegen im Rahmen einer solchen Betrachtung die oben ausführlich erläuterten Argumente, die für eine Diskontierung gestundeter Verbindlichkeiten sprechen – die Einschränkungen durch die einschlägigen Vorschriften, die expressis verbis eine Diskontierung de lege lata verhinderten, gelangen hier hingegen nicht zur Geltung. Goutiert man insofern die einheitliche Diskontierung aller Schuldposten,[975] bei denen der Abzinsungseffekt wesentlich ist (und damit die Abzinsung dieser Schuldposten auf eine wesentlich unter deren Nennwert liegende wirtschaftliche Belastung hinweist),[976] stellen sich jedoch verschiedene weitere Fragen, die es im Folgenden zu adressieren gilt. Die offensichtlichsten Fragen bestehen in Bezug auf die konkrete Berechnung der Barwerte der gestundeten Verbindlichkeiten. Da die IFRS diesbezüglich bereits einschlägige[977] Abzinsungsvorschriften enthalten, erscheint es sachgerecht, diese Regelungen nicht nur zu erläutern, sondern v. a. hinsichtlich ihrer Übertragbarkeit auf die handelsrechtliche Rechnungslegung zu untersuchen. Vor diesem Hintergrund sollen nachfolgend zunächst die allgemeine Behandlung von Sanierungsmaßnahmen sowie speziell die Bilanzierung von Zahlungsaufschüben nach internationalen Vorschriften analysiert werden.

423.32 Abbildung von Sanierungsmaßnahmen nach IFRS

423.321. Allgemeine Konzeption zur Abbildung von Sanierungsmaßnahmen

Wie sich bereits teilweise gezeigt hat bzw. es sich im weiteren Verlauf der Arbeit immer wieder zeigen wird, versucht die handelsrechtliche Rechnungslegung bzw. das entsprechende Schrifttum Probleme im Rahmen der Abbildung finanzieller Sanierungsmaßnahmen mit Bezugnahme auf das handelsrechtliche Zweck- und GoB-System zu lösen, während die IFRS für die (bilanzielle) Abbildung dieser Maßnahmen gewissermaßen ein gemeinsames, übergreifendes Konzept („overarching principle") vorsehen. Vor diesem Hintergrund soll zunächst die **international vorgeschriebene allgemeine Behandlung von Sanierungsmaßnahmen** nach diesem Konzept erläutert werden.

---

974 Wie bereits in den obigen Ausführungen soll auch im Folgenden zunächst vereinfachend lediglich die zinslose, langfristige Stundung einer Verbindlichkeit thematisiert werden.

975 Dieser einheitliche Ansatz muss nicht zuletzt deshalb als zweckmäßige Auslegung bzw. Rechtsfortbildung gelten, da diese dazu führt, dass Widersprüche in der Rechtsordnung – hier zwischen der Behandlung von Rückstellungen und Verbindlichkeiten – aufgelöst werden.

976 Vgl. allgemein zur hier anzuwendenden Wesentlichkeit z. B. JUNGIUS, T./SCHMIDT, A., Bewertungsfehler, S. 1700-1702 m. w. N.

977 Anzumerken ist, dass die Vorschriften zur Behandlung von Restrukturierungsmaßnahmen nach IAS 39 (vgl. Abschn. 423.321.) unverändert in IFRS 9 übernommen wurden, der seinerseits ab dem 01.01.2018 gelten wird, vgl. IASB, Press Release – 24. July 2014, S. 1.

Bevor dieses overarching principle ausführlicher dargestellt wird, ist indes zunächst dessen **Anwendungsbereich** abzugrenzen. Nicht anwendbar ist es für die Restrukturierung von Pensionsrückstellungen, da diese den speziellen Regelungen des IAS 19 unterliegt.[978] Darüber hinaus ist darauf hinzuweisen, dass die weiteren Restrukturierungsobjekte, also die Verbindlichkeiten aus Lieferungen und Leistungen bzw. gegenüber Kreditinstituten,[979] zwar in den Anwendungsbereich dieses overarching principle fallen, jedoch der Verbindlichkeitsbegriff des HGB[980] „in den IFRS keine unmittelbare Entsprechung"[981] findet. Definitorisch am nächsten kommen den handelsrechtlichen Verbindlichkeiten aus Lieferungen und Leistungen bzw. gegenüber Kreditinstituten wohl die liabilities i. e. S.[982] bzw. genauer die financial liabilities. Diese financial liabilities umfassen alle vertraglichen Verpflichtungen, die mit der Abgabe flüssiger Mittel, anderer finanzieller Vermögenswerte oder dem Austausch von Finanzinstrumenten unter potenziell nachteiligen Bedingungen einhergehen (IAS 32.11).[983] Jedoch ist auch diese Abgrenzung nicht vollkommen trennscharf, da Verbindlichkeiten im Handelsrecht nach wohl h. M. grundsätzlich nicht von Schätzungen determiniert werden,[984] während in die Bilanzierung von liabilities bzw. Verbindlichkeiten nach IFRS[985] durchaus Schätzungen eingehen (dürfen) und insofern diesbezüglich grundsätzlich[986] ein höherer Grad an Unsicherheit akzeptiert wird.[987] In diesem Kontext ist außerdem (erneut) darauf hinzuweisen, dass sich diese Unsicherheit, die auch determiniert, ob für eine bestimmte Verpflichtung eine liability, provision oder contingent liability zu erfassen ist,[988] im Gegensatz zur handelsrechtlichen Rechnungslegung[989] gem. IAS 37.10 neben der Höhe explizit auch auf das „timing" – also die Fälligkeit – der entsprechenden Verpflichtung bezieht.

978 Vgl. BARDENS, A./KLOCKMANN, I./VORBRODT, V., Restrukturierung finanzieller Verbindlichkeiten, S. 1144 sowie ausführlich die entsprechenden Ausführungen in Abschn. 44.

979 Vgl. zur (begründeten) Abgrenzung der Restrukturierungsobjekte die Abschn. 32 und 331.

980 Vgl. hierzu die Abschn. 331., 332. und 341.1.

981 SCHULZE OSTHOFF, H.-J., in: Bohl/Riese/Schlüter, IFRS-Handbuch, 4. Aufl., § 14, Rn. 153, so auch BAETGE, J./KIRSCH, H.-J./THIELE, S., Bilanzen, S. 408.

982 Im Gegensatz dazu umfasst der, nicht einheitlich definierte, Begriff der liability in seiner weiteren Auslegung auch die handelsrechtlichen Rückstellungen (provisions), vgl. BAETGE, J./KIRSCH, H.-J./THIELE, S., Bilanzen, S. 408; COENENBERG, A. G./HALLER, A./SCHULTZE, W., Jahresabschluß, S. 407.

983 Vgl. SCHULZE OSTHOFF, H.-J., in: Bohl/Riese/Schlüter, IFRS-Handbuch, 4. Aufl., § 14, Rn. 5; BAIERL, H., in: Böcking et al., Beck HdR, B 234, Rn. 132.

984 Vgl. BAIERL, H., in: Böcking et al., Beck HdR, B 234, Rn. 131. Hiervon ausgenommen ist offensichtlich die Spezialregelung des § 253 Abs. 2 S. 3 HGB zur Abzinsung von Verbindlichkeiten aus Rentenverpflichtungen, vgl. ausführlich hierzu die entsprechenden Ausführungen in Abschn. 423.22.

985 Trotz der beschriebenen Unschärfe sollen die Begriffe liability und Verbindlichkeit aus Vereinfachungsgründen im Folgenden synonym verwandt werden.

986 Obgleich diese allgemeine Tendenz wohl unbestritten ist, gilt es v. a. in den Abschn. 423. und 433. zu untersuchen, inwiefern die h. M. dieser Vorgehensweise auch im Rahmen der Bilanzierung von Sanierungsmaßnahmen folgt.

987 Vgl. BAIERL, H., in: Böcking et al., Beck HdR, B 234, Rn. 131; SCHRIMPF-DÖRGES, C., in: Bohl/Riese/Schlüter, IFRS-Handbuch, 4. Aufl., § 13, Rn. 15 und SENGER, T./BRUNE, J. W., in: Hennrichs/Kleindiek/Watrin, MüKo Bilanzrecht Bd. 1, IAS 37, Rn. 8 f., die in diesem Kontext zudem darauf verweisen, dass in Folge dieses Unterschieds bspw. Urlaubs- und Überstundenverpflichtungen nach HGB als Rückstellungen, nach IFRS hingegen als Verbindlichkeiten zu erfassen sind.

988 Vgl. SCHRIMPF-DÖRGES, C., in: Bohl/Riese/Schlüter, IFRS-Handbuch, 4. Aufl., § 13, Rn. 7 und Rn. 26-32; BAIERL, H., in: Böcking et al., Beck HdR, B 234, Rn. 132 f.

989 Vgl. hierzu bereits die Ausführungen und Nachweise in Fn. 413.

Nach der Einführung in den sachlichen Anwendungsbereich des genannten overarching principle ist nun im Hinblick auf dessen zeitlichen Anwendungsbereich kurz auf die reguläre Zugangs- und Folgebewertung der hier relevanten Verbindlichkeiten einzugehen. Vergleichbar mit der handelsrechtlichen **Zugangsbewertung** von Lieferanten- und Bankverbindlichkeiten gestaltet sich auch ihr Pendant in der internationalen Rechnungslegung grundsätzlich als unproblematisch. Dies resultiert daraus, dass die international vorgeschriebene Zugangsbewertung zum fair value (IAS 39.43)[990] im Rahmen der „regulären" Kreditgewährung zu den gleichen Wertansätzen wie nach HGB[991] führt, da der fair value eines marktüblich verzinsten Kredits im Zugangszeitpunkt dem (handelsrechtlich anzusetzenden) Nominalbetrag der Verbindlichkeit entspricht. Zu Abweichungen kann es jedoch einerseits bei Vereinbarung eines (Dis-)Agios kommen, welches entgegen der handelsrechtlichen Vorgehensweise nach IFRS zwingend mittels der Effektivzinsmethode gleichmäßig über die Kreditlaufzeit zu verteilen ist.[992] Der Effektivzins stellt dabei jenen (internen) Zinsfuß dar, der im Zugangszeitpunkt alle aus dem Kreditverhältnis erwarteten Zahlungen (inkl. sämtlicher Anschaffungsnebenkosten, Agien und Disagien) exakt auf den Zugangswert der finanziellen Verbindlichkeit diskontiert (IAS 39.9).[993] Andererseits kommt es im Fall der Gewährung unverzinslicher oder unterverzinslicher Kredite zu Unterschieden zwischen der Rechnungslegung nach HGB und IFRS. In diesem Fall wird nämlich gerade der handelsrechtliche Erfüllungsbetrag[994] oberhalb des nach IFRS anzusetzenden fair value liegen, der seinerseits aufgrund der Marktunüblichkeit des Geschäfts i. H. d. marktüblich diskontierten Barwerts der Verbindlichkeit zu erfassen ist (IAS 39.AG64).[995]

Weitreichender, und mit Blick auf den Fokus dieser Arbeit relevanter,[996] erscheinen die Unterschiede zwischen der handelsrechtlichen und der internationalen Rechnungslegung im Bereich der **Folgebewertung** von Lieferanten- und Bankverbindlichkeiten.[997] Neben Regelungen zur regulären Folgebewertung (IAS 39.9 i. V. m. IAS 39.47)[998] und Ausbuchung (IAS 39.39-42) von Verbind-

990 Vgl. zu dieser grundsätzlichen Vorgehensweise nur BAIERL, H., in: Böcking et al., Beck HdR, B 234, Rn. 142; SCHULZE OSTHOFF, H.-J., in: Bohl/Riese/Schlüter, IFRS-Handbuch, 4. Aufl., § 14, Rn. 63-69; HACHMEISTER, D., Verbindlichkeiten nach IFRS, S. 24.

991 Vgl. hierzu Abschn. 341.1.

992 Vgl. SCHULZE OSTHOFF, H.-J., in: Bohl/Riese/Schlüter, IFRS-Handbuch, 4. Aufl., § 14, Rn. 74 und Rn. 87-89; BAIERL, H., in: Böcking et al., Beck HdR, B 234, Rn. 145; LÜDENBACH, N., in: Lüdenbach/Hoffmann/Freiberg, Haufe IFRS, 12. Aufl., § 28, Rn. 40.

993 Vgl. BARDENS, A./KLOCKMANN, I./VORBRODT, V., Restrukturierung finanzieller Verbindlichkeiten, S. 1150 f.; LÖW, E./HEUSER, P. J., in: Heuser/Theile, IFRS-Handbuch, 5. Aufl., Kap. C.X, Rn. 2484; BARCKOW, A., in: Baetge et al., IFRS-Kommentar, 2. Aufl., IAS 39, Rn. 95; VARAIN, T. C., in: Hennrichs/Kleindiek/Watrin, MüKo Bilanzrecht Bd. 1, IAS 39, Rn. 317; LÖW, E./LORENZ, K., Finanzinstrumente, S. 501.

994 Vgl. hierzu Abschn. 341.1.

995 Vgl. SCHULZE OSTHOFF, H.-J., in: Bohl/Riese/Schlüter, IFRS-Handbuch, 4. Aufl., § 14, Rn. 157; BAIERL, H., in: Böcking et al., Beck HdR, B 234, Rn. 145; LÖW, E./LORENZ, K., Finanzinstrumente, S. 471-473; HACHMEISTER, D., Verbindlichkeiten nach IFRS, S. 36 f.; PwC, IFRS für Banken, Bd. I, S. 366 f.; THIELE, S./BREITHAUPT, J., in: Baetge/Kirsch/Thiele, Bilanzrecht, § 253 HGB, Rn. 535.

996 Vgl. ausführlich zur begründeten Schwerpunktsetzung die Abschn. 23, 32 und 331.

997 Auch wenn sich die folgenden Ausführungen primär auf die Restrukturierung von Verbindlichkeiten gegenüber Kreditinstituten beziehen, sind diese, soweit nicht anders vermerkt, stets gleichermaßen auf Verbindlichkeiten aus Lieferungen und Leistungen übertragbar.

998 Vgl. zur Folgebewertung der hier thematisierten Verbindlichkeiten zu deren fortgeführten Anschaffungskosten SCHULZE OSTHOFF, H.-J., in: Bohl/Riese/Schlüter, IFRS-Handbuch, 4. Aufl., § 14, Rn. 81-83; LÖW, E./LORENZ, K., Finanzinstrumente, S. 473; VARAIN, T. C., in: Hennrichs/Kleindiek/Watrin, MüKo Bilanzrecht Bd. 1, IAS 39, Rn. 316. Weder für diese Verbindlichkeiten noch im Allgemeinen für Unternehmen außerhalb des Banken- und Finanzdienstleistungssektors erscheint hingegen die erfolgswirksame Folgebewertung zum fair value relevant.

lichkeiten,[999] enthält IAS 39 so v. a. Vorschriften zum **overarching principle** zur Behandlung von Restrukturierungen der bestehenden finanziellen Verbindlichkeiten, auf die im Folgenden zunächst allgemein und im nächsten Abschnitt speziell in Bezug auf Zahlungsaufschübe eingegangen wird.

423.322. Sanierungsmaßnahmen als substanzielle Vertragsänderung

Werden die Vertragsbedingungen einer bestehenden finanziellen Verbindlichkeit nach dem Zugangszeitpunkt durch die bestehenden Vertragsparteien[1000] nachträglich angepasst, ist gem. IAS 39.40 i. V. m. 39.AG62 zu prüfen, ob es sich hierbei um eine so genannte substanzielle Vertragsänderung handelt. Dabei kommen als Anknüpfungspunkte die, bereits in Abschn. 31 allgemein erläuterten, Rückzahlungs- und Vergütungspflichten (v. a. Nominalbetrag, Zeitpunkt und Höhe der Zinszahlungen) sowie die damit zusammenhängenden Bestimmungen (bspw. Währung, bestellte Sicherheiten) in Betracht.[1001] Eine substanzielle Vertragsänderung ist gem. IAS 39.AG62 in jedem Fall dann zu bejahen, wenn der mit dem ursprünglichen Effektivzinssatz errechnete Barwert des in Folge der Restrukturierungsmaßnahme(n) veränderten Zahlungsstroms mindestens 10 % vom Barwert der ursprünglichen Zahlungsreihe abweicht.[1002] Für den Fall, dass dieser quantitative Test keine substanzielle Vertragsänderung anzeigt, wird im Schrifttum diskutiert, ob zusätzlich ein qualitativer, in IAS 39 nicht explizit vorgesehener,[1003] Test dieses Ergebnis revidieren könne. Während BARCKOW dies, mit Ausnahme einer Veränderung der Währung, ablehnt,[1004] gelangen andere Autoren auch im Fall anderweitiger, qualitativer Änderungen zur Annahme einer substanziellen Vertragsänderung.[1005] Welcher Ansicht zu folgen ist, kann hier aufgrund der grundsätzlichen Fokussie-

---

999 Vgl. IAS 39.39-42 sowie ausführlicher zur regulären, im Gegensatz zum nachfolgend erläuterten overarching principle, rechtlich orientierten Ausbuchung finanzieller Verbindlichkeiten durch Erfüllung, Aufhebung oder Auslaufen der Verpflichtung BARDENS, A./KLOCKMANN, I./VORBRODT, V., Restrukturierung finanzieller Verbindlichkeiten, S. 1145; SCHULZE OSTHOFF, H.-J., in: Bohl/Riese/Schlüter, IFRS-Handbuch, 4. Aufl., § 14, Rn. 48-51; VARAIN, T. C., in: Hennrichs/Kleindiek/Watrin, MüKo Bilanzrecht Bd. 1, IAS 39, Rn. 177-181.

1000 Voraussetzung für die Anwendbarkeit des overarching principle ist stets, dass die Restrukturierung der Verbindlichkeiten die Identität der Vertragsparteien unberührt lässt. Dies wird in praxi dem Regelfall entsprechen und daher im Folgenden unterstellt. Sollte es im Gegensatz dazu bspw. zu einem Gläubigerwechsel kommen, ist die Verbindlichkeit hingegen gem. regulären Ausbuchungsvorschriften des IAS 39.39 zu behandeln, vgl. hierzu auch BARDENS, A./KLOCKMANN, I./VORBRODT, V., Restrukturierung finanzieller Verbindlichkeiten, S. 1146-1149.

1001 Vgl. BARCKOW, A., in: Baetge et al., IFRS-Kommentar, 2. Aufl., IAS 39, Rn. 138 und STAUBER, J., Finanzinstrumente, S. 269, der richtigerweise betont, dass als Anknüpfungspunkt prinzipiell jedes Ausstattungsmerkmal der Verbindlichkeit in Frage kommt. Vgl. allgemein hierzu bereits die Abschn. 31 und 332.

1002 Vgl. SCHULZE OSTHOFF, H.-J., in: Bohl/Riese/Schlüter, IFRS-Handbuch, 4. Aufl., § 14, Rn. 52; BARCKOW, A., in: Baetge et al., IFRS-Kommentar, 2. Aufl., IAS 39, Rn. 138; VARAIN, T. C., in: Hennrichs/Kleindiek/Watrin, MüKo Bilanzrecht Bd. 1, IAS 39, Rn. 183; KPMG, Insights into IFRS, Rn. 7.5.385.10; BARDENS, A./KLOCKMANN, I./ VORBRODT, V., Restrukturierung finanzieller Verbindlichkeiten, S. 1147; DELOITTE, iGAAP, S. 577-579 und S. 548 f.; ERNST & YOUNG, GAAP, S. 3349 f., die zudem betonen, dass in dieses Barwertkalkül auch etwaige, im Rahmen der Restrukturierung anfallende, Gebühren oder anderweitige Finanzierungkosten einzubeziehen sind.

1003 Vgl. PWC, Manual of Accounting, Rn. 6.6.182 f.; BARCKOW, A., in: Baetge et al., IFRS-Kommentar, 2. Aufl., IAS 39, Rn. 139.

1004 Vgl. BARCKOW, A., in: Baetge et al., IFRS-Kommentar, 2. Aufl., IAS 39, Rn. 139.

1005 So PWC, Manual of Accounting, Rn. 6.6.182 f.; DELOITTE, iGAAP, S. 579 und wohl auch LÜDENBACH, N., in: Lüdenbach/Hoffmann/Freiberg, Haufe IFRS, 12. Aufl., § 28, Rn. 87 und KPMG, Insights into IFRS, Rn. 7.5.387.10-7.5.387.50. Unklar äußern sich ERNST & YOUNG, GAAP, S. 3349, die schlicht anmerken, dass IAS 39 es nicht verbiete auch eine, im quantitativen Sinne nicht substanzielle Vertragsänderung bilanziell als wesentliche Vertragsänderung zu behandeln, wobei m. E. durch diese Aussage der Bilanzpolitik Tür und Tor geöffnet wird. Jüngst sprachen sich zudem zwei Mitglieder des IFRS-Fachausschusses des DRSC „dezidiert für die Berücksichtigung beider Kategorien [gemeint sind die quantitativen und qualitativen Änderungen, Anm. d. Verf.] aus" (Protokoll der IFRS-FA Diskussion vom 4. September 2012, S. 2).

rung auf die Zweckmäßigkeit der handelsrechtlichen Bilanzierung finanzieller Sanierungsmaßnahmen zwar letztlich dahingestellt bleiben.[1006] Trotzdem ist mit dem Blick auf die mögliche Übertragbarkeit des international vorgeschriebenen Vorgehens auf die Rechnungslegung nach HGB darauf hinzuweisen, dass die Zweckmäßigkeit des Rekurses auf die qualitativen Änderungen zumindest als fragwürdig erscheint. Dies liegt v. a. darin begründet, dass diese Vorgehensweise letztlich dazu führen würde, dass der Bilanzierende im Fall der Nichtüberschreitung der obigen (eindeutigen) quantitativen Grenze frei darüber entscheiden könnte, welche Bilanzierungsfolgen aus der zur Rede stehenden Vertragsänderung resultieren sollen. Würde dieser Ansicht konsequent gefolgt, könnte bspw. eine bloße Änderung einzelner Covenants[1007] zur, im Übrigen in aller Regel nicht zivilrechtlich gedeckten,[1008] Ausbuchung der alten und zur Einbuchung einer neuen Verbindlichkeit (= Novation) führen. Aufgrund ihrer bilanzpolitischen Implikationen als ebenso problembehaftet erscheint zudem die Position, die dem Bilanzierenden aufgrund der nicht eindeutigen Vorschriften des IAS 39 sogar ein Wahlrecht hinsichtlich der Berücksichtigung qualitativer Änderungen zugesteht.[1009] Zwar versuchen die Vertreter dieser Ansicht durch die Forderung nach einer stetigen Anwendung dieses Wahlrechts sowie nach weiterführenden Anhangangaben den obigen bilanzpolitischen Spielraum einzudämmen,[1010] jedoch adressieren diese Vorschläge lediglich die Symptome dieser Bilanzpolitik, nicht hingegen deren Ursprung, der darin besteht, dass sich die Berücksichtigung qualitativer Änderungen letztlich jeder Objektivierung entzieht. Vielmehr sollte der Bilanzierende im Ergebnis nur dann von einer substanziellen Vertragsänderung ausgehen dürfen, wenn deren Existenz durch eine eindeutige – wenn auch in ihrer Höhe willkürliche[1011] – quantitative Grenze objektiviert werden kann.

Nach der Evaluation, ob eine substanzielle Vertragsänderung vorliegt, sind nunmehr (allgemein) die bilanziellen Folgen dieses Beurteilungsprozesses zu beleuchten. Liegt eine **substanzielle Vertragsänderung** vor, ist gem. IAS 39.40 die ursprüngliche Verbindlichkeit aus- und eine neue Verbindlichkeit mit deren fair value einzubuchen.[1012] Insofern wird in diesem Fall stets eine Novation unterstellt, obwohl nach dem zivilrechtlichen Gehalt der vereinbarten Restrukturierungsmaßnahme u. U. nur eine Schuldänderung vorliegt.[1013] Im Gegensatz zu dieser grundsätzlichen Vorgehensweise und der damit verbundenen erfolgswirksamen Erfassung der Differenz zwischen dem Buchwert

[1006] Eine hier nicht vorgenommene dezidierte Analyse müsste nicht zuletzt v. a. auch den Zweck der IFRS Rechnungslegung und die an diese zu stellenden fundamentalen und fördernden qualitativen Anforderungen berücksichtigen, vgl. hierzu nur IASB (Hrsg.), Framework 2010, QC4-QC34; SCHOO, L., Umsatzrealisierung, S. 11-16.

[1007] Vgl. hierzu PwC, Manual of Accounting, Rn. 6.6.182.

[1008] Vgl. zu diesem Schluss BARCKOW, A., in: Baetge et al., IFRS-Kommentar, 2. Aufl., IAS 39, Rn. 138 und v. a. die ausführlichen Erläuterungen in Abschn. 421.2 zur Unterscheidung zwischen Schuldänderung und Novation.

[1009] So BARDENS, A./KLOCKMANN, I./VORBRODT, V., Restrukturierung finanzieller Verbindlichkeiten, S. 1147.

[1010] Vgl. BARDENS, A./KLOCKMANN, I./VORBRODT, V., Restrukturierung finanzieller Verbindlichkeiten, S. 1147.

[1011] Vgl. hierzu auch WOLF, S., Zuschüsse nach HGB und IFRS, S. 204.

[1012] Vgl. zur unmittelbar erfolgswirksamen Erfassung von Transaktionskosten, die im Rahmen der substanziellen Vertragsänderung anfallen IAS 39.AG62; BARDENS, A./KLOCKMANN, I./VORBRODT, V., Restrukturierung finanzieller Verbindlichkeiten, S. 1151.

[1013] Wohl aufgrund dieses Gegensatzes spricht LÜDENBACH, N., in: Lüdenbach/Hoffmann/Freiberg, Haufe IFRS, 12. Aufl., § 28, Rn. 201 im Rahmen des Forderungsverzichts mit Besserungsabrede (vgl. hierzu Abschn. 45) davon, dass eine Novation „zu fingieren" sei. Unsauber formuliert hingegen PwC, IFRS für Banken, Bd. I, S. 517, dass der Abgang finanzieller Verbindlichkeiten entscheidend durch eine juristische Betrachtungsweise geprägt sei.

der ursprünglichen und dem fair value der restrukturierten Verbindlichkeit[1014] ist umstritten, wie eben dieser fair value zu bestimmen ist – genauer, welcher Zinssatz hierbei zu verwenden ist. Während einige Autoren zumindest implizit die Verwendung des ursprünglichen Effektivzinssatzes unterstellen,[1015] ist nach wohl h. M. der neue Effektivzinssatz der restrukturierten Zahlungsreihe zu verwenden, der c. p. in der hier relevanten Sanierungssituation über dem ursprünglichen Zinsfuß liegen wird, da er v. a. das erhöhte Ausfallrisiko berücksichtigt.[1016] Nur auf die letztgenannte Weise dürfte letztlich auch IFRS 13.34 i. V. m. 13.42 entsprochen werden können, da dort gefordert wird, dass der fair value von Verbindlichkeiten als exit value unter Berücksichtigung des Risikos der Nichterfüllung zu bestimmen sei.[1017]

Noch umstrittener als die bilanzielle Abbildung einer substanziellen Vertragsänderung ist die Bilanzierung in den Fällen, in denen Restrukturierungsmaßnahmen – sowohl in quantitativer als auch in qualitativer Hinsicht – zu **keiner substanziellen Vertragsänderung** führen. Als Quelle der divergierenden Meinungen ist ein Widerspruch innerhalb der Regelungen des IAS 39 anzusehen,[1018] der im Folgenden kurz dargestellt wird. So fordert IAS 39.AG8 im Rahmen der allgemeinen Vorschriften zur Effektivzinsmethode einerseits, dass im Fall einer Änderung der geschätzten – hier aus der Verbindlichkeit erwarteten – Cashflows, mittels des ursprünglichen Effektivzinses ein *neuer Barwert* zu berechnen und *anzusetzen* sowie die Differenz zum bisherigen Buchwert *unmittelbar erfolgswirksam* in der GuV zu erfassen sei. Andererseits konstatiert IAS 39.AG62 als spezielle Vorschrift zur Ausbuchung finanzieller Verbindlichkeiten, dass es bei nicht substanziellen Vertragsänderungen erstens *nicht* zu einer *Tilgung* der ursprünglichen Verbindlichkeit komme und zweitens in diesem Fall etwaige Transaktionskosten *über die Restlaufzeit* der Verbindlichkeit zu *amortisieren* seien.

Auf Basis dieser (ihrem Grundgedanken nach) widersprüchlichen Vorgaben, offeriert das Schrifttum im Wesentlichen drei verschiedene Bilanzierungsweisen für die Abbildung nicht substanzieller

1014 Vgl. IAS 39.41; KPMG, Insights into IFRS, Rn. 7.5.390.10; ERNST & YOUNG, GAAP, S. 3353 f.; PWC, Manual of Accounting, Rn. 6.6.177 und die Nachweise in den Fn. 1015 und 1016. Einigkeit besteht außerdem hinsichtlich der im Rahmen der Restrukturierung angefallenen Transaktionskosten, die stets unmittelbar in der GuV zu erfassen sind, vgl. hierzu SCHULZE OSTHOFF, H.-J., in: Bohl/Riese/Schlüter, IFRS-Handbuch, 4. Aufl., § 14, Rn. 53; VARAIN, T. C., in: Hennrichs/Kleindiek/Watrin, MüKo Bilanzrecht Bd. 1, IAS 39, Rn. 183; LÜDENBACH, N., in: Lüdenbach/Hoffmann/Freiberg, Haufe IFRS, 12. Aufl., § 28, Rn. 200; HACHMEISTER, D., Verbindlichkeiten nach IFRS, S. 43.

1015 So LÜDENBACH, N., in: Lüdenbach/Hoffmann/Freiberg, Haufe IFRS, 12. Aufl., § 28, Rn. 199 und HACHMEISTER, D., Verbindlichkeiten nach IFRS, S. 40-42.

1016 Vgl. IAS 39.AG64 i. V. m. IFRS 13.42-44; ERNST & YOUNG, GAAP, S. 3353; MACKENZIE, B., ET AL., Wiley 2013, S. 643; BALLWIESER, W./PURITSCHER, W., in: Ballwieser et al., Wiley Handbuch IFRS, 7. Aufl., Abschn. 15, Rn. 36; STAUBER, J., Finanzinstrumente, S. 272; GRÜNBERGER, D., IFRS 2012, S. 156.

1017 Vgl. IFRS 13.BC80-103; KPMG, Insights into IFRS, Rn. 7.5.380.20; WAWRZINEK, W., in: Bohl/Riese/Schlüter, IFRS-Handbuch, 4. Aufl., § 2, Rn. 238 i. V. m Rn. 250 sowie ausführlicher zu dieser fair value Bestimmung, die im Fall der hier behandelten Verbindlichkeiten mangels existenter Marktpreise in aller Regel auf einer Diskontierung der unternehmensintern geschätzten Cashflows mit einem marktgerechten Zinssatz beruhen wird KIRSCH, H.-J./KÖHLING, K./DETTENRIEDER, D., in: Baetge et al., IFRS-Kommentar, 2. Aufl., IFRS 13, Rn. 14-17 und Rn. 122-143; FREIBERG, J., in: Lüdenbach/Hoffmann/Freiberg, Haufe IFRS, 12. Aufl., § 8a, Rn. 68-76; WAWRZINEK, W., in: Bohl/Riese/Schlüter, IFRS-Handbuch, 4. Aufl., § 2, Rn. 165-170 und Rn. 233-265, jeweils m. w. N.

1018 Dies ebenso erkennend ERNST & YOUNG, GAAP, S. 3351 f.; PWC, Manual of Accounting, Rn. 6.6.200; BARDENS, A./KLOCKMANN, I./VORBRODT, V., Restrukturierung finanzieller Verbindlichkeiten, S. 1149.

Vertragsänderungen.[1019] So wird erstens gefordert, die Zahlungen der restrukturierten Verbindlichkeit mit dem ursprünglichen Effektivzins zu diskontieren und die entstehende Differenz zwischen dem so kalkulierten Barwert und dem derzeitigen Buchwert sofort erfolgs- bzw. in der hier einschlägigen Sanierungssituation regelmäßig ertragswirksam zu erfassen.[1020] Der zweite Vorschlag differiert hiervon in der Weise, dass die obige Barwert-Buchwert-Differenz nicht unmittelbar erfolgswirksam, sondern in Gestalt eines passiven Abgrenzungspostens erfasst wird, der seinerseits gleichmäßig über die Restlaufzeit der Verbindlichkeit zu verteilen sei.[1021] Mit dieser Vorgehensweise wollen die Autoren offensichtlich die oben angesprochene, sukzessive Erfassung von Transaktionskosten auf die bilanzielle Abbildung der erläuterten Barwert-Buchwert-Differenz übertragen. Drittens wird vorgeschlagen, von einer Anpassung des Buchwerts der restrukturierten Verbindlichkeit abzusehen und der nicht substanziellen Vertragsänderung durch eine Anpassung des Effektivzinssatzes – im Sanierungsfall also durch dessen Verringerung – Rechnung zu tragen.[1022]

Während die ersten beiden Ansätze eher auf den oben beschriebenen Regelungen aus IAS 39.AG8 zurückzuführen sind, basiert die dritte Vorgehensweise schließlich auf einer relativ strikten Orientierung an den speziellen Regelungen zur Ausbuchung finanzieller Verbindlichkeiten gem. IAS 39.AG62. Wie bereits im Rahmen der Beurteilung der bilanziellen Abbildung substanzieller Vertragsänderungen, kann auch für diese verschiedenen Ansichten hier keine abschließende Bewertung bereit gestellt werden. Mit Blick auf die Übertragbarkeit des internationalen Vorgehens auf die Bilanzierung nach HGB ist indes gleichwohl darauf hinzuweisen, dass m. E. der erste Vorschlag vorzuziehen ist. Nur auf diesem Wege kann in Gestalt des neu zu erfassenden Barwerts einerseits die wirtschaftliche Belastung der entsprechenden Verbindlichkeit offengelegt werden.[1023] Andererseits erscheint es zudem nicht nachvollziehbar, warum eine substanzielle, betraglich regelmäßig bedeutsamere Vertragsänderung unmittelbar erfolgswirksam erfasst werden soll, während der weniger wesentliche GuV-Effekt der nicht substanziellen Vertragsänderung mittels einer relativ komplizierten Anpassung des Effektivzinssatzes oder eines Abgrenzungspostens über die Restlaufzeit der Verbindlichkeit zu verteilen sein soll.[1024] Folgt man dieser Position, unterscheidet sich die bilanzielle Behandlung von, mit der jeweiligen Sanierungsmaßnahme einhergehenden Vertragsänderungen,

---

1019 Vgl. zu einem Kombinationsmodell außerdem die Nachweise und Ausführungen in Fn. 1022.

1020 So GRÜNBERGER, D., IFRS 2012, S. 156 und wohl auch, jeweils mit Verweis auf IAS 39.AG8, BARCKOW, A., in: Baetge et al., IFRS-Kommentar, 2. Aufl., IAS 39, Rn. 100 f. sowie VARAIN, T. C., in: Hennrichs/Kleindiek/Watrin, MüKo Bilanzrecht Bd. 1, IAS 39, Rn. 320, der bemerkenswerterweise zwar darauf hinweist, dass substanzielle und nicht substanzielle Vertragsänderungen abweichend voneinander zu behandeln seien, indes nicht ausführt worin diese Unterschiede eigentlich bestehen, vgl. zu dieser Vorgehensweise auch IAS 39.BC36.

1021 So HACHMEISTER, D., Verbindlichkeiten nach IFRS, S. 43-45 und wohl auch MACKENZIE, B., ET AL., Wiley 2013, S. 643 f. und BALLWIESER, W./PURITSCHER, W., in: Ballwieser et al., Wiley Handbuch IFRS, 7. Aufl., Abschn. 15, Rn. 36.

1022 Vgl. KPMG, Insights into IFRS, Rn. 7.5.400.20; ERNST & YOUNG, GAAP, S. 3350-3352; LÖW, E./THEILE, C., in: Heuser/Theile, IFRS-Handbuch, 5. Aufl., Kap. C.XII, Rn. 3072. Diese Effektivzinsanpassung goutiert grundsätzlich auch PwC, Manual of Accounting, Rn. 6.6.200, jedoch wird dort abweichend von dieser generellen Vorgehensweise eine Buchwertanpassung für den Fall bevorzugt, dass die Vertragsänderung ausnahmsweise mit einer sofortigen Zahlung einhergeht, vgl. hierzu auch BARDENS, A./KLOCKMANN, I./VORBRODT, V., Restrukturierung finanzieller Verbindlichkeiten, S. 1150. Nicht zu verwechseln ist diese Anpassung im Übrigen mit der fortlaufenden Anpassung des Effektivzinssatzes im Fall einer variabel verzinslichen Fremdkapitalposition (vgl. IAS 39.AG7), die hier jedoch nicht weiter behandelt werden soll.

1023 Vgl. weiterführend hierzu auch Abschn. 423.

1024 Zu diesem Ergebnis neben den Nachweisen in Fn. 1020 auch LÖW, E./LORENZ, K., Finanzinstrumente, S. 501.

wenn man von der divergierenden Behandlung der Transaktionskosten absieht,[1025] im Ergebnis wie folgt. Während der neu anzusetzende Barwert bei substanziellen Vertragsänderungen einem *aktuellen* fair value[1026] entspricht, beruht er bei nicht substanziellen Vertragsänderungen auf der Diskontierung der restrukturierten Zahlungsreihe mit dem *ursprünglichen* Effektivzins. An dieser Stelle zeigt sich im Übrigen nochmals die Zweckmäßigkeit des Rekurses auf eine strikte quantitative Grenze zur Identifikation einer substanziellen Vertragsänderung. Denn würde bspw. eine bloße Covenant-Anpassung eine substanzielle Vertragsänderung begründen, könnte der Bilanzierende durch die infolgedessen wohl erforderliche Abzinsung der „neuen" Verbindlichkeit mit einem neuen, in der Sanierungssituation höheren, Zins seine Verbindlichkeit – erheblich und im Rahmen großer Freiheitsgrade – reduzieren.

423.33 Abbildung von Zahlungsaufschüben nach IFRS

Im Folgenden gilt es das nunmehr ausführlich dargestellte overarching principle auf die Vereinbarung von **Zahlungsaufschüben** zu übertragen. Da diesbezüglich nur die wesentlichen Unterschiede zwischen der handelsrechtlichen und der internationalen Abbildung dieses Sanierungsinstruments beleuchtet werden können,[1027] beziehen sich die folgenden Ausführungen primär auf die bilanziellen Folgen von Zahlungsaufschüben innerhalb eines IFRS-Abschlusses. In diesem Kontext ist zur Beurteilung, inwiefern der Zahlungsaufschub als substanzielle Vertragsänderung i. S. v. IAS 39.AG8 qualifiziert, zunächst die entsprechend restrukturierte Zahlungsreihe zu ermitteln. Dies ist immer dann unproblematisch, wenn die Vertragsparteien (bei Bankverbindlichkeiten i. d. R. als Teil der Sanierungsvereinbarung[1028]) neben dem Gegenstand des Zahlungsaufschubs auch dessen Dauer exakt festlegen.[1029] Sofern die zeitliche Geltung des Zahlungsaufschubs an bestimmte Bedingungen anknüpft („Stundung bis zum Erreichen einer Eigenkapitalquote i. H. v. 15 %") oder (seltener) in keiner Form beschränkt wird („Stundung bis auf Weiteres"), muss der Bilanzierende den

1025 Die hier vertretene Argumentation ließe sich im Grunde auch auf die, über die Restlaufzeit zu verteilenden Transaktionskosten übertragen. Diesbezüglich ist indes zu konstatieren, dass ein Verstoß gegen diese sukzessive Verbuchung als Auslegung contra legem, genauer entgegen IAS 39.AG62, anzusehen wäre. Anzumerken ist jedoch, dass PwC, Manual of Accounting, Rn. 6.6.200 entgegen IAS 39.AG62 eine unmittelbar und in voller Höhe ertragswirksame Erfassung der Transaktionskosten in Folge einer nicht substanziellen Vertragsänderung unter bestimmten Bedingungen (vgl. Fn. 1022) als zulässig erachtet, vgl. auch BARDENS, A./KLOCKMANN, I./VORBRODT, V., Restrukturierung finanzieller Verbindlichkeiten, S. 1151. Vgl. zur (standardkonformen) Erfassung der Transaktionskosten VARAIN, T. C., in: Hennrichs/Kleindiek/Watrin, MüKo Bilanzrecht Bd. 1, IAS 39, Rn. 183; SCHULZE OSTHOFF, H.-J., in: Bohl/Riese/Schlüter, IFRS-Handbuch, 4. Aufl., § 14, Rn. 54; BARCKOW, A., in: Baetge et al., IFRS-Kommentar, 2. Aufl., IAS 39, Rn. 140; BALLWIESER, W./PURITSCHER, W., in: Ballwieser et al., Wiley Handbuch IFRS, 7. Aufl., Abschn. 15, Rn. 35.

1026 Der Informationsnachteil, den der Adressat dadurch erfährt, dass nur im Fall substanzieller Vertragsänderungen auf den (neuen) fair value abzustellen ist, wird jedoch in der Weise verringert, dass gem. IFRS 7.25 für die bilanzierten Verbindlichkeiten neben ihren Buchwerten (zu fortgeführten Anschaffungskosten) auch ihre fair values anzugeben sind, sofern diese Werte wesentlich voneinander abweichen (IFRS 7.29 (a)), vgl. nur HACHMEISTER, D., Verbindlichkeiten nach IFRS, S. 87 f.

1027 Diesem Vorgehen wird gleichermaßen in den nachfolgenden IFRS-Abschnitten gefolgt.

1028 Vgl. hierzu auch Abschn. 421.3.

1029 Eine derartige Vereinbarung könnte (verkürzt) bspw. wie folgt lauten: „Die Parteien vereinbaren für den gewährten Kredit [Beschreibung der wesentlichen Vertragsbestimmungen] mit sofortiger Wirkung eine (zinslose) Stundung bis zum 31.12.03. Mit Ablauf dieses Datums wird der ausgereichte Betrag (zzgl. aufgelaufener Zinsen) sofort fällig".

jeweiligen Fälligkeitszeitpunkt der Zahlungen zwangsläufig bestmöglich schätzen.[1030] Dabei sind neben den Zahlungsaufschüben, die der Bilanzierende einseitig zu bewirken vermag,[1031] wohl auch jene zu berücksichtigen, die an hinreichend wahrscheinliche Bedingungen anknüpfen. Nach Schätzung der Zahlungsströme sind diese mit dem ursprünglichen Effektivzins abzuzinsen und mit dem Barwert der ursprünglichen Verbindlichkeit zu vergleichen (IAS 39.AG62). Führt der Zahlungsaufschub zu einer Verringerung des Barwerts um mindestens 10 % und folgt man dem oben präferierten Vorgehen, ist nunmehr unter Berücksichtigung eines neuen, marktgerechten (Effektiv-) Zinssatzes ein neuer Barwert zu kalkulieren sowie die Differenz zwischen diesem fair value und dem derzeitigen Buchwert unmittelbar erfolgswirksam zu vereinnahmen. Erfüllt die Vertragsanpassung den quantitativen Test hingegen nicht, ist stattdessen lediglich die bereits kalkulierte Barwert-Buchwert-Differenz unmittelbar als Ertrag zu erfassen. Analog zu dieser (buchhalterischen) Behandlung der Vertragsänderungen im Restrukturierungszeitpunkt ist im Rahmen der Folgebewertung im Anschluss an die Restrukturierung der jeweilige Buchwert entweder mit dem neuen oder mit dem ursprünglichen Effektivzins sukzessive bis zum Erreichen der Fälligkeit und damit des Rückzahlungsbetrags aufzuzinsen. Neben diesen bilanziellen Implikationen, die im Folgenden grundsätzlich auch im Fokus der handelsrechtlichen Analyse stehen, schlagen sich Zahlungsaufschübe zudem im IFRS-Anhang bzw. in den notes nieder. So verlangt IFRS 7.B11 im Gegensatz zu §§ 268 Abs. 5 S. 1 i. V. m. 285 Nr. 1 HGB – zumindest für den kurzfristigen Prognosezeitraum von bis zu einem Jahr – ausführlichere Angaben zu den Fristigkeiten der ausstehenden Verbindlichkeiten. Konkret ist der aufzustellende Verbindlichkeitsspiegel in die Fälligkeiten bis zu einem Monat, länger als einen Monat und bis zu drei Monaten, länger als drei Monate und bis zu einem Jahr sowie länger als einem Jahr und bis zu fünf Jahren einzuteilen.[1032]

423.34 De lege ferenda Vorschlag zur handelsrechtlichen Abbildung von Zahlungsaufschüben

Nachdem in den vorherigen Abschnitten einerseits die allgemeine Behandlung von Sanierungsmaßnahmen und andererseits die Bilanzierung von Zahlungsaufschüben nach IFRS untersucht wurden, gilt es nun zu analysieren, inwiefern sich dieses Vorgehen auch für die handelsrechtliche Rechnungslegung als zweckmäßig erweisen könnte. In diesem Zusammenhang ist v. a. zu betonen, dass IAS 39 ein, in seiner Grundidee zweckmäßiges, overarching principle zur Behandlung sämtlicher Restrukturierungen von Verbindlichkeiten (z. B. in Form ihrer Stundung) kodifiziert. Die als Element dieses Prinzips vorgesehenen Abzinsungsvorschriften bewirken einen am Zeitwert und damit an der realitätsgerechten Belastungssituation orientierten Verbindlichkeitsausweis.[1033] Dennoch erscheint das in Abschn. 423.32 ausführlich vorgestellte internationale Vorgehen für handelsrechtliche Zwecke v. a. aus zwei Gründen nicht zweckmäßig:

[1030] Eine ähnliche Vorgehensweise ist im Übrigen auch im Rahmen der Evaluation der Restlaufzeiten von Verbindlichkeiten (§ 285 Nr. 1 lit. a HGB) angezeigt, vgl. hierzu bereits die Abschn. 341.2 und 422.2.

[1031] Vgl. zu diesen bereits Abschn. 341.2.

[1032] Vgl. hierzu z. B. SCHULZE OSTHOFF, H.-J., in: Bohl/Riese/Schlüter, IFRS-Handbuch, 4. Aufl., § 14, Rn. 144; LÜDENBACH, N., in: Lüdenbach/Hoffmann/Freiberg, Haufe IFRS, 12. Aufl., § 28, Rn. 279; BAETGE, J./KIRSCH, H.-J./THIELE, S., Bilanzen, S. 414 m. w. N.

[1033] Vgl. ebenso die Ausführungen in Abschn. 423.1.

Dieses Ergebnis basiert erstens auf den bereits ausführlich erörterten erheblichen Ermessensspielräumen, die dem Bilanzierenden im Rahmen der Identifikation einer substanziellen Vertragsänderung in Folge der Stundung offenstehen. Diese unnötigen Spielräume sind nicht nur per se, sondern v. a. deshalb abzulehnen, da sie es dem Bilanzierenden innerhalb bestimmter Grenzen freistellen, ob er die, in einer Sanierungssituation regelmäßig gestiegene, eigene Ausfallwahrscheinlichkeit im Rahmen der Folgebewertung der restrukturierten Verbindlichkeit berücksichtigt. Daher spiegelt der (abgezinste) Buchwert der entsprechenden Verbindlichkeit infolgedessen u. U. neben dem Zeitwert des Geldes ermessensabhängig – und für den Adressaten grundsätzlich[1034] nicht ersichtlich – auch die eigene Ausfallwahrscheinlichkeit des Unternehmens wider. Sowohl die Berücksichtigung dieser Ausfallwahrscheinlichkeit[1035] als auch deren Vermischung mit dem eigentlich (isoliert) interessierenden Diskontierungseffekt[1036] dürften jedoch weder mit dem Vorsichtsprinzip[1037] noch mit dem Rechenschaftszweck vereinbar sein und sind daher handelsrechtlich abzulehnen. Zweitens entziehen sich die international einschlägigen Zinssätze nicht nur einer unternehmensbezogenen Vergleichbarkeit, sondern variieren unter bestimmten, in Abschn. 423.32 ausführlich erläuterten (ebenso einzelfallabhängigen) Bedingungen auch im Zeitverlauf. Aufgrund dieser Erkenntnisse sollte im handelsrechtlichen Jahresabschluss zwar die „Grundidee" einer Abzinsung gestundeter Verbindlichkeiten übernommen werden, indes gleichzeitig auf die in § 253 Abs. 2 HGB normierte Zinssatzbestimmung zurückgegriffen werden. Folglich sollten die Zahlungen, die mit einer langfristig gestundeten Verbindlichkeit einhergehen werden,[1038] mit dem durchschnittlichen, von der Bundesbank veröffentlichten, laufzeitäquivalenten Marktzinssatz der vergangenen sieben Geschäftsjahre diskontiert werden.[1039] Die Verwendung dieser extern festgelegten Zinssätze schränkt das Ermessen des Bilanzierenden in sachgerechter Form ein[1040] und bewirkt letztlich einen objektivierten, unter-

---

1034 Eine (leichte) Verringerung dieses Problems könnte IFRS 7.25 erreichen, der vom Unternehmen die Angabe der fair values der eigenen Verbindlichkeiten verlangt – zumindest sofern diese wesentlich von den Buchwerten divergieren (IFRS 7.29 (a)), vgl. bereits Fn. 1026.

1035 Vgl. zur kontroversen (IFRS-)Diskussion zu der Frage, inwieweit das eigene Kreditrisiko im Rahmen der Bewertung unternehmerischer Schuldposten zu berücksichtigen ist nur BARCKOW, A., in: Baetge et al., IFRS-Kommentar, 2. Aufl., IAS 39, Rn. 164-168; BECKER, K./WIECHENS, G., Credit Risk in Liability Measurement, S. 228-237; WÜSTEMANN, J./BISCHOF, J., Fair-Value-Bewertung, S. 77-103; KNOBLOCH, A. P., Verbindlichkeiten, S. 87-117; BIEG, H., Fair-Value auf Passivseite, S. 642 f.

1036 Wie bereits ausgeführt, sollen gerade die in diesem Zusammenhang ermittelten Barwerte Rückschlüsse auf die künftige Liquiditätssituation des Unternehmens erlauben. Vgl. allgemein zum Aspekt des Zeitwerts des Geldes BREALEY, R. A./MYERS, S. C./ALLEN, F., Corporate Finance, S. 21 und S. 101-104 sowie zum Unterschied zwischen dem im Folgenden diskutierten barwertigen Buchwert und dem Marktwert der entsprechenden Verbindlichkeit neben den Nachweisen in Fn. 1035 LÜTKESCHÜMER, G., Unternehmensbewertung, S. 115-120.

1037 So bspw. auch DEUTSCHER BUNDESRAT (Hrsg.), BR-Drucks. 344/08, S. 117 f.; BRÖSEL, G./OLBRICH, M., in: Küting/Pfitzer/Weber, HdR-E, 5. Aufl., § 253 HGB, Rn. 369.

1038 Im Unterschied z. B. zu Zahlungen aufgrund von Verbindlichkeiten, für die ein Rangrücktritt ausgesprochen wurde (vgl. Abschn. 43), werden die Zahlungszeitpunkte vereinbarter Stundungen i. d. R. auf vertraglicher Basis (relativ) eindeutig feststehen. Sollte dies nicht der Fall sein (wovon im vorliegenden Abschnitt noch abstrahiert wird), erscheint ein Vorgehen in Analogie zu den Ausführungen in Abschn. 433.3 geboten.

1039 Vgl. weiterführend zum, analog zu den Rückstellungen zu bestimmenden, Zinssatz nur PWC, BilMoG-Kommentar, Kap. I, Rn. 46-57; STAPF, J./ELGG, D., Zinssätze, S. 2134-2138; WÜSTEMANN, J./KOCH, C., Zinseffekte, S. 1075-1078; SCHUBERT, W. J., in: Förschle et al., BeBiKo, 9. Aufl., § 253 HGB, Rn. 188; BRÖSEL, G./OLBRICH, M., in: Küting/Pfitzer/Weber, HdR-E, 5. Aufl., § 253 HGB, Rn. 367-369.

1040 Vgl. hierzu nur DEUTSCHER BUNDESRAT (Hrsg.), BR-Drucks. 344/08, S. 120; BAETGE, J./KIRSCH, H.-J./SOLMECKE, H., Auswirkungen des BilMoG, S. 1216; SOLMECKE, H., BilMoG und GoB, S. 136; BRÖSEL, G./OLBRICH, M., in: Küting/Pfitzer/Weber, HdR-E, 5. Aufl., § 253 HGB, Rn. 368; STAPF, J./ELGG, D., Zinssätze, S. 2134; WÜSTEMANN, J./KOCH, C., Zinseffekte, S. 1077 f.; DRSC, Stellungnahme zum RefE, S. 14.

nehmensbezogenen und im Zeitverlauf vergleichbaren Ausweis der wahren Belastung aus der entsprechenden Verbindlichkeit.[1041] Durch den Rekurs auf diese objektivierten Zinssätze verliert zudem die Argumentation der Gegner der hier vorgeschlagenen Diskontierung an Gewicht, die eine Abzinsung aufgrund der zu großen bilanzpolitischen Spielräume im Rahmen der Zinssatzbestimmung ablehn(t)en.[1042] Nach der Restrukturierung der Verbindlichkeit ist diese, ebenfalls in Analogie zum Vorgehen bei Rückstellungen, sukzessive bis zum (bekannten) Fälligkeitszeitpunkt aufzuzinsen.[1043]

Neben den gewichtigen Vorteilen der erläuterten Abzinsung geht diese jedoch, wie bereits mehrfach aufgezeigt wurde, mit einem Verstoß gegen das Realisationsprinzip einher. Diesen Makel könnten v. a. die Gesellschafter im Extremfall ausnutzen, indem sie den mit der Ausreichung eines unverzinslichen Kredits verbundenen Diskontierungsertrag unmittelbar nach der Kreditgewährung als Gewinn ausschütten und dem Unternehmen damit unrealisierte Erträge entziehen.[1044] Diese Gefahr des Kapitalentzugs hat der Gesetzgeber in Bezug auf die Diskontierung von Rückstellungen – wahrscheinlich vor dem Hintergrund, dass durch das BilMoG die Rückstellungsansätze insgesamt deutlich erhöht wurden, da der hier relevante Diskontierungseffekt durch die nunmehr zu berücksichtigenden Kostensteigerungen in aller Regel überkompensiert wird[1045] – bemerkenswerterweise noch akzeptiert.[1046] Im Rahmen der Abzinsung von Verbindlichkeiten kann dieser Auffassung jedoch nicht gefolgt werden, da die besagte Kompensierung hier grundsätzlich nicht stattfindet und der beschriebene Kapitalentzug hier potenziell und entgegen dem Vorsichts- und Realisationsprinzip voll durchschlägt. Um diesen Verstoß gegen das Realisationsprinzip zu vermeiden, könnte zunächst die Einstellung des Diskontierungsertrags in einen passiven Rechnungsabgrenzungsposten in Erwägung gezogen werden. Durch die insofern stattfindende (bloße) Umbuchung des Diskontierungsertrags von den Verbindlichkeiten in einen Rechnungsabgrenzungsposten würde nicht nur das Realisationsprinzip gewahrt, es würde gleichzeitig die tatsächliche Belastung aus der gestundeten Verbindlichkeit in der Bilanz ausgewiesen. Gegen diesen Vorstoß spricht jedoch, dass ein passiver Rechnungsabgrenzungsposten nur für Einnahmen der abgelaufenen Rechnungsperiode, die Erträge für einen bestimmten Zeitraum nach dem Bilanzstichtag darstellen, gebildet werden darf.[1047] Zwar mag die (aus der Abzinsung resultierende) Verringerung der gestundeten Verbindlichkeit eine

---

1041 Bemerkenswert erscheint in diesem Kontext, dass langfristig unverzinsliche Verbindlichkeiten selbst im Überschuldungsstatus, der eine gläubigerschützende und daher frühzeitige Insolvenzauslösung sicherstellen soll (vgl. Abschn. 22) abzuzinsen sind, vgl. hierzu UHLENBRUCK, W., in: Uhlenbruck/Hirte/Vallender, InsO, 13. Aufl., § 19 InsO, Rn. 98; AMPFERL, H., in: Beck/Depré, Praxis der Insolvenz, 2. Aufl., § 2 InsO, Rn. 187. Dieses, einer frühzeitigen Insolvenzauslösung eigentlich entgegenstehende, Vorgehen orientiert sich offensichtlich ebenso an der, mit der Verbindlichkeit verbundenen, tatsächlichen Belastungswirkung.

1042 So WEBER-GRELLET, H., Zeit und Zins, S. 173 f. und wohl auch CLEMM, H., Abzinsung bei der Bilanzierung, S. 183 f.

1043 Da diese Vorgehensweise insofern keine sanierungsspezifischen Besonderheiten birgt, sei in Bezug auf die erforderliche Aufzinsung nur auf MOXTER, A., GoB, S. 165 f.; PwC, BilMoG-Kommentar, Kap. I, Rn. 61-63 und SCHUBERT, W. J., in: Förschle et al., BeBiKo, 9. Aufl., § 253 HGB, Rn. 180 verwiesen.

1044 Vgl. in diesem Zusammenhang auch VON POCK, M., Verbindlichkeitsbilanzierung für Arbeitsverhältnisse, S. 218 f.

1045 Vgl. hierzu die Ausführungen und Nachweise in Fn. 936 und Fn. 1316.

1046 Vgl. hierzu jedoch Fn. 939.

1047 Vgl. statt aller BAETGE, J./KIRSCH, H.-J./THIELE, S., Bilanzen, S. 536-540.

Einnahme darstellen,[1048] jedoch führt die Stundung während des Zeitraums nach dem Bilanzstichtag statt zu einem Ertrag lediglich zu einer Aufwandsersparnis. Infolgedessen scheidet der Ansatz eines passiven Rechnungsabgrenzungspostens für den Vorteil aus der Stundung im Ergebnis aus. Vielmehr sollten die Diskontierungserträge, die mit dem angestrebten realitätsgerechteren Belastungsausweis einhergehen, i. S. d. Theorie der gläsernen, aber verschlossenen Taschen[1049] einer expliziten Ausschüttungssperre[1050] unterliegen.[1051] Da eine derart dotierte Ausschüttungssperre nicht wie die sonstigen in § 268 HGB adressierten Ausschüttungssperren an einen Aktivposten, sondern an den besagten Diskontierungsertrag anknüpft, sei zudem angemerkt, dass sich dieser ausschüttungsgesperrte Betrag sukzessive mit der oben genannten Aufzinsung des zur Rede stehenden Passivpostens verringert. Mit diesem Vorgehen wird nicht nur ein realitätsgerechter Belastungsausweis aus dem zur Rede stehenden Passivposten ermöglicht. Es werden gleichermaßen auch die (potenziell) negativen Ausschüttungsmöglichkeiten in der jeweils erforderlichen Höhe beschränkt, um im Ergebnis den Kapitalerhaltungszweck zu wahren. Als Ergänzung zu dieser bilanziellen Erfassung von Zahlungsaufschüben erscheint es darüber hinaus, spiegelbildlich zur obigen de lege lata Forderung, als zweckmäßig, im Anhang die Nominalbeträge der gestundeten Verbindlichkeiten offenzulegen, um den Adressaten über die endgültig erforderlichen Zahlungen zu informieren. Durch das hier vorgeschlagene Konzept könnten im Ergebnis nicht nur die vom Gesetzgeber angestrebte Stärkung der Informationsfunktion[1052] des handelsrechtlichen Jahresabschlusses erreicht, sondern auch die negativen Symptome dieser stärkeren Rechenschaftsorientierung ausgeglichen werden. Diese Vorgehensweise würde sich zudem mit der bereits am Ende des Abschn. 251.2 formulierten Präferenz für jene Bilanzierungsalternative, welche die reale finanzielle Lage des Unternehmens unter Berücksichtigung des Kapitalerhaltungszwecks am besten zum Ausdruck bringt, decken. Darüber hinaus würde die Umsetzung dieses (de lege ferenda) Vorschlags nicht zuletzt die oben aufgezeigte Entwicklungslinie[1053] hinsichtlich der Diskontierung handelsrechtlicher Schuldposten konsequent und den HGB-Zwecken entsprechend fortsetzen.

Wie bereits einleitend in Abschn. 423.1 betont wurde, können Gläubiger und Schuldner statt einer zinslosen Stundung auch weniger weitreichende Sanierungsmaßnahmen vereinbaren. So können die Parteien bspw. neben der Stundung des Rückzahlungsbetrags die Höhe der laufenden Verzinsung gegenüber der ursprünglichen Situation lediglich absenken.[1054] Im Ergebnis implizieren derartige Sanierungsmaßnahmen, im Übrigen genau wie die in dieser Arbeit grundsätzlich nicht untersuchte

1048 Vgl. allgemein zum Begriff der Einnahme auch BAETGE, J./KIRSCH, H.-J./THIELE, S., Bilanzen, S. 1-6; HABERSTOCK, L., Kostenrechnung I, S. 15-25, jeweils m. w. N.

1049 Vgl. KRONSTEIN, H./CLAUSSEN, C. P., Publizität und Gewinnverteilung, S. 136; BAETGE, J./KIRSCH, H.-J./THIELE, S., Bilanzen, S. 104.

1050 Vgl. hierzu bereits die Nachweise in Fn. 939.

1051 Einen ähnlichen Gedanken verfolgte der Gesetzgeber offensichtlich auch im Rahmen der Aktivierung latenter Steuern auf Verlustvorträge, da auch hier zu Gunsten einer realitätsgerechten Darstellung der Unternehmenslage(n) gegen das Realisationsprinzip verstoßen und gleichzeitig eine Ausschüttungssperre gem. § 268 Abs. 8 S. 2 HGB installiert wurde, vgl. weiterführend Abschn. 453.233.

1052 Vgl. DEUTSCHER BUNDESTAG (Hrsg.), BT-Drucks. 16/10067, S. 1.

1053 Vgl. hierzu die Nachweise in den Fn. 941, 942, 944.

1054 An dieser Stelle zeigt sich im Übrigen auch, dass die einzelnen Sanierungsmaßnahmen in der Praxis regelmäßig kombiniert werden, da die Absenkung der Zinsbelastung streng genommen als Verzicht des Gläubigers einzustufen ist, vgl. allgemein hierzu bereits Abschn. 41.

Gewährung (neuer) unverzinslicher Kredite,[1055] stets eine nicht marktkonforme Verzinsung der entsprechenden Verbindlichkeit und damit die Verringerung von deren ökonomischem Wert.[1056] Aufgrund dieser Gemeinsamkeit sollte die (de lege ferenda) vorgeschlagene Abzinsungskonzeption folgerichtig stets Platz greifen, sofern die zu Grunde liegenden (auch die offen verzinslichen) Verbindlichkeiten nicht marktkonform verzinst werden und daraus wesentliche Abweichungen zwischen den Nennwerten und dem ökonomischen (Bar-)Werten der Verbindlichkeiten resultieren. Offensichtlich folgt daraus auch, dass neben der Abzinsung von in der Unternehmenskrise gestundeter Verbindlichkeiten insbesondere unverzinsliche Gesellschafterkredite auch außerhalb der Unternehmenskrise abzuzinsen sind. Dies erscheint aus den folgenden zwei Gründen als einzig sachgerechte Lösung. Erstens stellt die Gewährung unverzinslicher Mittel für den Schuldner auch außerhalb der Unternehmenskrise einen – je nach Umfang der Kapitalüberlassung – signifikanten Vorteil dar, der mittels der besagten Diskontierung zweckmäßig abgebildet werden sollte. Zweitens ist eine einheitliche Abzinsungskonzeption deshalb geboten, da ansonsten (mittels gezielter Gestaltungen) wirtschaftlich identische Sachverhalte unterschiedlich behandelt würden bzw. werden könnten. Würde nämlich eine Diskontierung von bereits bei Vertragsschluss unverzinslichen im Gegensatz zu nachträglich restrukturierten Verbindlichkeiten verneint, könnte der Bilanzierende im Wege der Sachverhaltsgestaltung einen verzinslichen Kredit mit gleichzeitiger Zusage einer zinslosen Stundung ab der juristischen Sekunde nach Vertragsschluss aufnehmen, um im Ergebnis die (intendierte) Abzinsung herbeizuführen. Schließlich würde eine auf die Sanierungsphase(n) beschränkte Abzinsungspflicht auch am Problem der exakten zeitlichen Abgrenzung dieser Situation scheitern.[1057] Gewährt der Gläubiger dem Schuldner z. B. sukzessiv immer weitreichendere Sanierungszugeständnisse, sollten sich diese auch in sukzessiver Form und nicht etwa (in späten Krisenphasen) in Gestalt einer schlagartigen Verringerung der Verbindlichkeiten im Abschluss niederschlagen.

Unabhängig von der bisher thematisierten Diskontierung und der anhangbasierten Erläuterung gestundeter Verbindlichkeiten stellt sich abschließend die Frage, ob diese diskontierten Schuldpositionen weiterhin gem. § 266 Abs. 3.C. HGB als Verbindlichkeiten auszuweisen sind. Für einen fortgesetzten Verbindlichkeitsausweis spricht offensichtlich, dass die Höhe und der Zeitpunkt der in diesem Abschnitt adressierten gestundeten (bzw. allgemein in ihrer Zahlung aufgeschobenen) Verbindlichkeiten weiterhin (wenn auch in veränderter Form) feststehen. Folgerichtig erscheint gem. der in Abschn. 253.42 allgemein vorgestellten Konzeption zur Abgrenzung von Verbindlichkeiten und Rückstellungen nur ein Verbindlichkeitsausweis sachgerecht. Gegen einen solchen Ausweis könnte lediglich angeführt werden, dass handelsrechtlich grundsätzlich eine Tendenz dazu besteht, die Verbindlichkeitsposten frei von Schätzungen zu halten.[1058] Vor dem Hintergrund, dass die in diesem Abschnitt behandelten Verbindlichkeiten indes mit Ausnahme der Zinsschätzung[1059] grund-

1055 Vgl. die Abschn. 32 und 33.

1056 Vgl. ausführlich bereits die Ausführungen in Abschn. 423.1.

1057 Vgl. weiterführend bereits Abschn. 22.

1058 Vgl. hierzu die Fn. 984 und Fn. 987.

1059 Vgl. hierzu die Nachweise in Fn. 1039. Diese Ungewissheit ist für einen Rückstellungsausweis jedoch m. E. nicht ausreichend – obgleich manche Autoren Rückstellungen unsauber als „Verbindlichkeiten, die in *irgendeiner* Art und Weise ungewiss sind" (NEEF, K., Wirtschaftliche Lage, S. 994, Hervorh. durch den Verf.) beschreiben.

sätzlich frei von etwaigen Ungewissheiten (v. a. hinsichtlich der Fälligkeit der Verbindlichkeit) sind, steht auch diese Argumentation einem fortgesetzten Ausweis der gestundeten (bzw. allgemein in seiner Zahlung aufgeschobenen) Schuldposition als Verbindlichkeit nicht entgegen.[1060] Zu diesem Ergebnis gelangt man nicht zuletzt auch mit Blick auf die inhaltliche Verwandtschaft zur barwertigen Bilanzierung von Rentenverpflichtungen,[1061] die nach jüngst verstärkt vertretener Auffassung[1062] gleichermaßen so lange als Verbindlichkeiten auszuweisen sind, wie ihre Bewertung nicht mit allzu großen Unsicherheiten verbunden ist.[1063]

43 Rangrücktritte

431. Anwendbarkeit, Charakter und Rahmenbedingungen der Vereinbarung von Rangrücktritten

431.1 Anwendbarkeit von Rangrücktritten

Während sich die **Anwendbarkeit** von Zahlungsaufschüben vorrangig auf Verbindlichkeiten aus Lieferungen und Leistungen sowie gegenüber Kreditinstituten konzentriert, ist das Sanierungsinstrument des Rangrücktritts zusätzlich auch für Pensionsrückstellungen relevant. Hinsichtlich der bilanziellen Implikationen des Rangrücktritts ergeben sich jedoch grundsätzlich keine Unterschiede in Abhängigkeit von diesen verschiedenen Restrukturierungsobjekten. Vor diesem Hintergrund beschränken sich die folgenden Ausführungen auf die typische Kreditgewährung[1064] durch Kreditinstitute oder Gesellschafter des Unternehmens, wobei die diesbezüglichen Erörterungen und Ergebnisse indes bilanzrechtlich[1065] auch auf die weiteren Restrukturierungsobjekte übertragbar sind.

431.2 Charakter von Rangrücktritten

Der **wirtschaftliche Charakter** von Rangrücktritten soll zunächst mit Rekurs auf die bereits allgemein erläuterten Eigenschaften von Kapitalüberlassungsverträgen erörtert werden. Wie bereits die Etymologie sowie die nachfolgenden Ausführungen zum rechtlichen Charakter von Rangrücktritten zeigen (werden), lässt ein Rangrücktritt die Existenz und die Höhe einer Verbindlichkeit unberührt und führt lediglich dazu, dass der Gläubiger im (Bedienungs-)Rang hinter die Forderungen anderer Gläubiger zurücktritt und infolgedessen (zumindest im Rahmen der vorinsolvenzlichen Sanierungsphase[1066]) nur der Zeitpunkt der Befriedigung seiner Ansprüche weiter in die Zukunft verlagert

1060 Anders sind indes u. U. Fälle zu beurteilen, in denen Zahlungsaufschübe „bis auf weiteres" (vgl. bereits Abschn. 423.33) oder in Abhängigkeit bestimmter Bedingungen gewährt werden. Diese Fälle werden aufgrund ihrer inhaltlichen Kohärenz in Gestalt der Unsicherheit der Zahlungsströme zu den Ausführungen in Abschn. 43 in eben diesem Abschnitt und v. a. Abschn. 433.3 dezidierter behandelt.

1061 Vgl. zu dieser Verwandtschaft auch HÜTTEMANN, U., in: von Wysocki et al., HdJ, Abt. III/8, Rn. 261 und Rn. 279 sowie ausführlich zu den Rentenverpflichtungen die obigen Ausführungen in diesem Abschnitt.

1062 Vgl. die Nachweise in Fn. 915 und Fn. 916.

1063 Vgl. hierzu bereits die obigen Ausführungen zur Bilanzierung von Rentenverpflichtungen im vorliegenden Abschnitt.

1064 Vgl. allgemein hierzu bereits Abschn. 332.

1065 Vgl. zu den arbeitsrechtlichen Aspekten die entsprechenden Ausführungen in Abschn. 442.

1066 Selbstredend kann im Insolvenzfall – im Gegensatz zur hier fokussierten vorinsolvenzlichen Sanierungsphase – aus dem Nachrang auch ein absoluter Ausfall der Ansprüche resultieren.

wird.[1067] Genauer gesagt führt ein Rangrücktritt dazu, dass der Erfüllungszeitpunkt der Rückzahlungs- und Vergütungspflichten[1068] nunmehr (explizit) von der wirtschaftlichen Situation des Unternehmens abhängt. Dem Bilanzierenden kommt insofern der weitreichende Vorteil zu, dass die entsprechenden Mittel bis zum Ende der Krise und damit – wenn auch zeitlich weniger exakt bestimmt als die oben dargestellten Formen des Zahlungsaufschubs – i. d. R. sehr langfristig im Unternehmen verbleiben.[1069] Bereits hier sei außerdem darauf hingewiesen, dass diese Stundungswirkung grundsätzlich mit sämtlichen Rangrücktrittsarten verbunden ist.[1070]

Diese wirtschaftlich orientierte Beschreibung von Rangrücktritten ist indes streng vom **rechtlichen Charakter** dieses Sanierungsinstruments abzugrenzen. Obgleich die rechtsdogmatische Einordnung einer Rangrücktrittserklärung[1071] umstritten ist, sieht die ganz überwiegende Meinung in dieser einen verfügenden Schuldänderungsvertrag (§ 311 Abs. 1 BGB), durch den dem Schuldner ein Leistungsverweigerungsrecht (pactum de non petendo[1072]) in Bezug auf die Pflichten aus dem Kreditvertrag eingeräumt wird.[1073] Aus bilanzrechtlicher Sicht ist v. a. relevant, dass der rechtliche Bestand der im Rang zurückgetretenen Verbindlichkeit nach h. M. unberührt bleibt.[1074] Neben den in Abschn. 432. erläuterten handelsrechtlichen Implikationen dieses Fortbestands der Verbindlichkeit wirkt sich ein Rangrücktritt insofern auch nicht auf u. U. bestellte Kreditsicherheiten aus.[1075]

1067 Vgl. KAMMETER, R./GEIßELMEIER, W., MoMiG, S. 214. Zu Ausnahmen von dieser Regel kann es bei Rangrücktritten kommen, deren Reichweite in Folge des MoMiG verringert wurde. Vgl. weiterführend zu diesen („reinen“) Rangrücktritten Abschn. 431.31.

1068 Da, analog zur Vereinbarung der verschiedenen Zahlungsaufschübe, ein Rangrücktritt typischerweise für beide Verpflichtungen ausgesprochen wird, wird (auch) in diesem Abschnitt keine weitere Differenzierung zwischen diesen Verpflichtungen vorgenommen.

1069 Vgl. BRAUN, N., Gesellschafterdarlehen, S. 1360; BÖCKING, H.-J., Verbindlichkeitsbilanzierung, S. 69.

1070 Vgl. SCHMID, H., Rangrücktritt, S. 837 sowie zu den Rangrücktrittsarten Abschn. 431.3.

1071 Streng genommen handelt es sich nicht um eine (einseitige) Rangrücktritts*erklärung*, sondern um eine zwischen dem schuldnerischen Unternehmen und dem Gläubiger geschlossene Rangrücktritts*vereinbarung*. Da der Rangrücktritt für den Schuldner indes ausschließlich Vorteile birgt, ist dessen Annahme der Erklärung entbehrlich (§ 151 S. 1 BGB), vgl. TARASCHKA, F., Behandlung Rangrücktritt, S. 109; HEERMA, J. D., Passivierung bei Rangrücktritt, S. 538. Im Folgenden werden die Begriffe Rangrücktritt, Rangrücktrittserklärung und -vereinbarung daher synonym verwandt.

1072 Vgl. hierzu bereits die Ausführungen in Abschn. 421.2.

1073 Vgl. hierzu ADS, § 246, Rn. 133; SCHUBERT, W. J., in: Förschle et al., BeBiKo, 9. Aufl., § 247 HGB, Rn. 232; KÜTING, K./KESSLER, H./REUTER, M., in: Küting/Pfitzer/Weber, HdR-E, 5. Aufl., § 272 HGB, Rn. 212 f.; SCHLOTTER, C., in: Hennrichs/Kleindiek/Watrin, MüKo Bilanzrecht Bd. 2, § 249 HGB, Rn. 34; GROH, M., Eigenkapitalersatz, S. 1883; SCHULZE-OSTERLOH, J., Rangrücktritt, Besserungsschein, eigenkapitalersetzende Darlehen, S. 98 f.; HÄUSELMANN, H., Rangrücktritt vs. Forderungsverzicht, S. 1553; SCHILDKNECHT, U., Passivierungsverbote, S. 181; OBERMÜLLER, M., Insolvenzrecht, Rn. 1.1337; HERLINGHAUS, A., Forderungsverzichte und Besserungsvereinbarungen, S. 90-94, jeweils m. w. N. (auch zu den diesbezüglich divergierenden Positionen).

1074 Vgl. SCHUBERT, W. J., in: Förschle et al., BeBiKo, 9. Aufl., § 247 HGB, Rn. 232; ADS, § 246, Rn. 133; LIESER, J., § 9 Schuldenreduktion, Rn. 31; BRAUN, N., Gesellschafterdarlehen, S. 1360; RÄTKE, B., Gewinnerhöhung durch Rangrücktritt, S. 341; SCHLOTTER, C., in: Hennrichs/Kleindiek/Watrin, MüKo Bilanzrecht Bd. 2, § 249 HGB, Rn. 36.

1075 Vgl. MARTINEK, M./OMLOR, S., Nicht-akzessorische Sicherheiten, S. 618-620; LIESER, J., § 9 Schuldenreduktion, Rn. 31; ADS, § 246, Rn. 133 m. w. N. Dies stellt im Übrigen auch einen gewichtigen Unterschied zum Forderungsverzicht dar, vgl. ADS, § 246, Rn. 133 und Rn. 146; HEERMA, J. D., Passivierung bei Rangrücktritt, S. 543; HOFFMANN, W.-D./LÜDENBACH, N., NWB-Kommentar, § 246, Rn. 92; SCHULZE-OSTERLOH, J., Rangrücktritt, Besserungsschein, eigenkapitalersetzende Darlehen, S. 98; BORNHEIMER, J., in: Nerlich/Kreplin, Münchener Anwaltshandbuch, 2. Aufl., § 7 Beratung, Rn. 83; HÄUSELMANN, H., Rangrücktritt vs. Forderungsverzicht, S. 1557. Vgl. ausführlich zur Bestellung von Kreditsicherheiten Abschn. 46.

431.3 Rahmenbedingungen der Vereinbarung von Rangrücktritten

431.31 Insolvenzrechtliche Rahmenbedingungen

Obgleich die bisherigen Ausführungen es implizit vermuten ließen, gibt es keinesfalls eine allgemeingültige Rangrücktrittsvereinbarung – nicht zuletzt, da die Parteien dessen Inhalt im Rahmen der Vertragsfreiheit frei bestimmen können.[1076] Stattdessen unterlag bzw. unterliegt die festgelegte Rangtiefe, als entscheidendes Merkmal des Rangrücktritts, v. a. in Folge sich verändernder steuerlicher und insolvenzrechtlicher Vorschriften bzw. Rechtsprechungen, im Zeitablauf signifikanten Veränderungen. Die in der Unternehmenspraxis abgeschlossenen, in dieser Arbeit aus handelsrechtlicher Perspektive zu untersuchenden, Rangrücktrittserklärungen werden v. a. mit der Zielsetzung abgeschlossen, einen Ansatz der entsprechenden Verbindlichkeit im insolvenzrechtlichen Überschuldungsstatus (§ 19 InsO) zu vermeiden,[1077] während die Bilanzierung in der Steuerbilanz gerade beibehalten werden soll, um eine Steuerbelastung aus der potenziellen ertragswirksamen Ausbuchung der Verbindlichkeit zu verhindern.[1078] Der eingangs erläuterte wirtschaftliche Aspekt der (signifikanten) Verlagerung des Erfüllungszeitpunkts der Verbindlichkeit erscheint somit – v. a. gemäß der im folgenden Absatz erörterten insolvenzrechtlichen Vorschriften – nur (noch) mittelbar relevant. Nachfolgend sind daher zunächst die aktuellen[1079] insolvenz- und steuerrechtlichen Rahmenbedingungen der Abgabe von Rangrücktrittserklärungen zu untersuchen, bevor diese Erklärungen handelsrechtlich dezidierter analysiert werden können. Dieses Vorgehen ist nicht zuletzt deshalb sachgemäß, da die steuerrechtlichen Argumentationen häufig auf das handelsrechtliche Zweck- und GoB-System zurückgreifen und eine Übertragbarkeit auf die handelsrechtliche Bilanzierung daher zumindest in Teilen möglich bzw. geboten erscheint.

Seit dem MoMiG[1080] ist eine Verbindlichkeit gegenüber einem Gesellschafter gem. § 19 Abs. 2 S. 2 i. V. m. § 39 Abs. 2 InsO nicht in der Überschuldungsbilanz auszuweisen, soweit für diese mittels einer ausdrücklichen Rangrücktrittserklärung ein Nachrang hinter die in § 39 Abs. 1 Nr. 1-5 InsO genannten Forderungen im **Insolvenzverfahren** vereinbart wurde.[1081] Auch wenn

[1076] Vgl. SCHUBERT, W. J., in: Förschle et al., BeBiKo, 9. Aufl., § 247 HGB, Rn. 232; SCHMIDT, K., Rangrücktritt bei Gesellschafterdarlehen, S. 2503; SCHULZE-OSTERLOH, J., Rangrücktritt, Besserungsschein, eigenkapitalersetzende Darlehen, S. 97-99; HEERMA, J. D., Passivierung bei Rangrücktritt, S. 539; HÄUSELMANN, H., Rangrücktritt vs. Forderungsverzicht, S. 1557. Dies gilt auch nach dem Inkrafttreten des MoMiG, das den (insolvenzrechtlichen) Rangrücktritt in § 19 Abs. 2 S. 2 InsO erstmals gesetzlich normiert, vgl. FUNK, T., Rangrücktritt, S. 867 f.

[1077] Vgl. TELLER, H./STEFFAN, B., Rangrücktrittsvereinbarungen, Rn. 1-3; KAMMETER, R./GEIßELMEIER, W., MoMiG, S. 214; HEERMA, J. D., Passivierung bei Rangrücktritt, S. 538; TARASCHKA, F., Behandlung Rangrücktritt, S. 109; GROH, M., Eigenkapitalersatz, S. 1883; KAHLERT, G./GEHRKE, D., Rangrücktritt, S. 227; BERNDT, T., Rangrücktrittsvereinbarungen, S. 2744; BÖCKING, H.-J., Verbindlichkeitsbilanzierung, S. 64 f.

[1078] Vgl. SCHMIDT, K., Rangrücktritt bei Gesellschafterdarlehen, S. 2503; FUNK, T., Rangrücktritt, S. 867.

[1079] Nichtsdestotrotz erscheint es an diversen Stellen geboten auch bestimmte Aspekte der bisherigen Rechtslage zu beleuchten, da so die aktuellen Vorschriften besser verständlich werden und in der Praxis durchaus Rangrücktrittsvereinbarungen vorkommen werden, die noch auf frühere Vorschriften bzw. Gerichtsurteile ausgerichtet sind.

[1080] Das MoMiG trat am 01.11.2008 in Kraft und führte u. a. zur Aufgabe des bis dahin geltenden Eigenkapitalersatzrechts (vgl. Fn. 38) sowie infolgedessen zur Etablierung des nachfolgend erläuterten Rangrücktritts, vgl. DEUTSCHER BUNDESTAG (Hrsg.), BT-Drucks. 16/6140, S. 56.

[1081] Des Verständnisses wegen sei angemerkt, dass § 39 Abs. 1 Nr. 5 InsO lediglich einen gesetzlichen Nachrang der Verbindlichkeiten gegenüber Gesellschaftern für das Insolvenzverfahren festlegt. Entgegen eines zwischenzeitlich diskutierten generellen Passivierungsverbots für diese Verbindlichkeiten in der Überschuldungsbilanz, sind diese gem. § 19 Abs. 1 InsO auch weiterhin anzusetzen, sofern nicht explizit ein Rangrücktritt vereinbart wurde, vgl. HORST, A., Entschuldungsinstrumente, S. 660; HAAS, U., Überschuldungsbilanz, S. 326.

§ 19 Abs. 2 S. 2 InsO expressis verbis nur für Verbindlichkeiten gegenüber Gesellschaftern Geltung entfaltet und in Bezug auf Verbindlichkeiten gegenüber Dritten (weiterhin) eine Gesetzeslücke vorliegt, ist diese Vorschrift (und die damit verbundenen Rechtsfolgen) nach h. M. auch auf letztere Verbindlichkeiten, bspw. gegenüber Banken, Lieferanten oder Versorgungsempfängern, übertragbar.[1082] Außerdem ist mit Blick auf die Entfristung des Überschuldungsbegriffs[1083] darauf hinzuweisen, dass die Rangrücktrittsvereinbarung nicht nur auf die Überschuldungsmessung, sondern auch auf die inzwischen (wieder) relevantere Fortführungsprognose durchschlägt. Dies wird v. a. deutlich wenn eine Verbindlichkeit, für die ein Rangrücktritt ausgesprochen wurde, erst nach allen anderen Verbindlichkeiten bedient werden muss, diese Situation jedoch während des (zweijährigen) Prognosehorizonts nicht eintreten wird und infolgedessen die Bedienung der im Rang zurückgetretenen Verbindlichkeit nicht im Rahmen der Fortführungs- bzw. Zahlungsfähigkeitsprognose zu berücksichtigen ist.[1084]

Nach dem (eindeutigen) Gesetzeswortlaut der §§ 19 Abs. 2 S. 2, 39 Abs. 2 InsO ist es insofern entgegen den bisherigen (Eigenkapitalersatz-)Vorschriften[1085] nicht mehr erforderlich, einen Rangrücktritt mit Wirkung für die Zeit vor Eröffnung des Insolvenzverfahrens und somit für den Geltungsbereich der handelsrechtlichen Rechnungslegung in der Form auszusprechen, dass die Verbindlichkeit nur aus künftigen Gewinnen, einem Liquidationsüberschuss oder sonstigem freien Vermögen („Bedienungstrias“[1086]) zu bedienen ist. Außerhalb des Insolvenzverfahrens wäre die Verbindlichkeit folglich weiterhin zu bedienen.[1087] Zu der Fragestellung, ob diesem Ansatz zu folgen ist und ob die mit den genannten Besserungsabreden verbundene vorinsolvenzliche Rückzahlungssperre durch das MoMiG insofern egalisiert wurde, hat sich trotz heftiger Diskussionen soweit erkennbar noch keine h. M. etabliert. Während die Gegner dieser vorinsolvenzlichen Rückzahlungssperre erwartungskonform vorrangig auf den (eindeutigen) Wortlaut des § 19 Abs. 2 S. 2 InsO rekurrieren,[1088] führen die Befürworter der Fortgeltung der bisherigen Rückzahlungssperre neben allgemeinen Gläubigerschutzargumenten v. a. an, dass die stichtagsbezogene Überschuldungsbilanz nicht die Folgen der Insolvenzeröffnung vorwegnehmen dürfe und der Rang-

[1082] Vgl. TELLER, H./STEFFAN, B., Rangrücktrittsvereinbarungen, Rn. 506; LEITHAUS, R./SCHAEFER, T., Rangrücktrittsvereinbarungen, S. 846; KAHLERT, G./GEHRKE, D., Rangrücktritt, S. 230; SCHMID, H., Rangrücktritt, S. 838; WÄLZHOLZ, E., GmbH nach MoMiG, S. 78; BUßHARDT, H., in: Braun, Komm. InsO, 6. Aufl., § 19 InsO, Rn. 20; KRUMBHOLZ, M., Restrukturierung, Rn. 80; SCHUBERT, W. J., in: Förschle et al., BeBiKo, 9. Aufl., § 247 HGB, Rn. 232.

[1083] Vgl. Abschn. 22.

[1084] Vgl. hierzu LEITHAUS, R./SCHAEFER, T., Rangrücktrittsvereinbarungen, S. 845 f.; BLAAS, U./SCHWAHN, A., Steueroptimierte Restrukturierung, S. 2352; OBERMÜLLER, M., Insolvenzrecht, Rn. 1.1333a; EHLERS, H., Fortführungsprognose, S. 164.

[1085] Diese betrafen in zeitlicher Hinsicht nicht nur das Insolvenzverfahren, sondern auch den Zeitraum der vorgelagerten Krise i. S. v. § 32a GmbHG a. F. (vgl. Fn. 38), vgl. KAHLERT, G./GEHRKE, D., Rangrücktritt, S. 229; HAAS, U., Überschuldungsbilanz, S. 327; SCHÖNFELDER, M., Gesellschafterdarlehen, S. 1402.

[1086] IDW, WP-Handbuch 2008, Bd. II, Kap. L, Rn. 317, im Orig. hervorgehoben.

[1087] Vgl. WEITNAUER, W., Rangrücktritt, S. 195; SCHMID, H., Rangrücktritt, S. 838 und wohl auch HAAS, U., Überschuldungsbilanz, S. 327.

[1088] Vgl. KAHLERT, G./GEHRKE, D., Rangrücktritt, S. 227-231; BLAAS, U./SCHWAHN, A., Steueroptimierte Restrukturierung, S. 2352; SCHMID, H., Rangrücktritt, S. 838; WÄLZHOLZ, E., GmbH nach MoMiG, S. 78; RUND, T., Rangrücktritt Pensionszusage, S. 1150 f.; BUDDE, M., Finanzielle Restrukturierung, S. 2261-2263, wohl auch GEHRLEIN, M., Eigenkapitalersatzrecht, S. 6.

rücktritt folglich nicht nur für das Insolvenzverfahren gelten könne.[1089] Zwar werden sowohl der Schuldner, aufgrund der eingangs erläuterten wirtschaftlichen Bedeutung des Rangrücktritts,[1090] als auch der Gläubiger, mit Blick auf die Gefahr eines vorzeitigen Kapitalentzugs im Vorfeld der Insolvenz,[1091] wohl häufig weiterhin auf die Vereinbarung einer Rückzahlungssperre in Gestalt der obigen Besserungsabreden drängen. Vor dem Hintergrund des noch nicht entschiedenen Meinungsstreits[1092] sowie der zurzeit diesbezüglich noch fehlenden Rechtsprechung erscheint es in der Praxis indes zumindest möglich, dass nunmehr auch Rangrücktritte vereinbart werden, die lediglich die Zeit des Insolvenzverfahrens betreffen und insofern keine vorinsolvenzlichen Besserungsabreden enthalten. Die bislang verbreitete Ansicht, dass „nicht die Formulierung, im Range hinter Gläubiger zurücktreten zu wollen, sondern allein, dass der Rangrücktritt mit einer sog. **Besserungsabrede** verknüpft wird"[1093] entscheidend für die Passivierung in der Überschuldungsbilanz sei, muss insofern inzwischen als überholt gelten. Infolgedessen ist m. E. spätestens seit dem MoMiG strikt zwischen „reinen" Rangrücktrittserklärungen, die lediglich einen Nachrang i. S. v. § 19 Abs. 2 S. 2 i. V. m. § 39 Abs. 2 InsO für die Zeit während des Insolvenzverfahrens kodifizieren, und Rangrücktritten, die zusätzlich bestimmte Besserungsabreden enthalten, die sich auch auf die Zeit vor Eröffnung des Insolvenzverfahrens und folglich die handelsrechtliche Rechnungslegung beziehen, zu unterscheiden. Dies ist umso mehr zu fordern, da bisher weder das Schrifttum noch die Rechtsprechung konsequent zwischen diesen Arten der Rangrücktrittserklärungen differenzierte.[1094]

Darüber hinaus ist (bzw. wie nachfolgend ausgeführt wird, war) zwischen **einfachen** und **qualifizierten** Rangrücktritten zu unterscheiden. Unter einem einfachen Rangrücktritt wird i. d. R. neben der eigentlichen Subordination die Vereinbarung verstanden, dass ein Gläubiger nur aus künftigen Gewinnen, einem Liquidationsüberschuss oder sonstigem freien Vermögen zu bedienen ist.[1095] Die

---

1089 Vgl. FUNK, T., Rangrücktritt, S. 869; HUMBERG, A., in: Blersch/Goetsch/Haas, Berliner Komm. InsO, § 19 InsO, Rn. 47 und HAAS, U., Überschuldungsbilanz, S. 327, der im gesetzlich kodifizierten § 19 Abs. 2 S. 2 InsO sogar ein „Redaktionsversehen" erkennen will sowie ausführlich und m. w. N. zu den divergierenden Ansichten FRYSTATZKI, C., Anforderungen an Rangrücktrittsvereinbarungen, S. 610-613.

1090 Vgl. auch KAHLERT, G./GEHRKE, D., Rangrücktritt, S. 230; BERNDT, T., Rangrücktrittsvereinbarungen, S. 2744 und BLAAS, U./SCHWAHN, A., Steueroptimierte Restrukturierung, S. 2352, die in diesem Zusammenhang auf die liquiditätsschonende Wirkung des vorinsolvenzlichen (auf den oben erläuterten Besserungsabreden beruhenden) Rangrücktritts hinweisen.

1091 Vgl. WEITNAUER, W., Rangrücktritt, S. 195; OBERMÜLLER, M., Insolvenzrecht, Rn. 1.1335.

1092 Vgl. neben den Nachweisen in den Fn. 1088 und 1089 LEITHAUS, R./SCHAEFER, T., Rangrücktrittsvereinbarungen, S. 847; OBERMÜLLER, M., Insolvenzrecht, Rn. 1.1333a; WEITNAUER, W., Rangrücktritt, S. 195, die jedoch diesbezüglich alle auf eine klare Positionierung verzichten.

1093 IDW, WP-Handbuch 2008, Bd. II, Kap. L, Rn. 315 (diese Aussage wurde inzwischen ohne weitere Erklärung aus IDW, WP-Handbuch 2014, Band II, Kap. S, Rn. 304 entfernt). Die Entscheidungserheblichkeit der Besserungsabrede ebenso betonend HÄUSELMANN, H., Rangrücktritt vs. Forderungsverzicht, S. 1557; GROH, M., Eigenkapitalersatz, S. 1883; KESSLER, H., Eigenkapitalähnliche Mittel, S. 2108.

1094 Vgl. die Nachweise in Fn. 1095. Lediglich vereinzelt wurde bereits in der Vergangenheit der „reine" Rangrücktritt von den entsprechenden Besserungsklauseln separiert, so JANSSEN, B., Rangrücktritt, S. 1895, der terminologisch etwas unglücklich von einfachen und harten Rangrücktrittserklärungen spricht. Die Unterscheidung zwischen „reinen" und den mit Besserungsabreden ausgestatteten Rangrücktrittsvereinbarungen (inzwischen) ebenso vornehmend RÄTKE, B., Gewinnerhöhung durch Rangrücktritt, S. 339.

1095 Vgl. BMF (Hrsg.), 08.09.2006 - IV B 2 - S 2133 - 10/06, Tz. 1; KÜTING, K./KESSLER, H./REUTER, M., in: Küting/Pfitzer/Weber, HdR-E, 5. Aufl., § 272 HGB, Rn. 215; FUNK, T., Rangrücktritt, S. 869; WEITNAUER, W., Rangrücktritt, S. 195 f.; HÄUSELMANN, H., Rangrücktritt vs. Forderungsverzicht, S. 1557; KAMMETER, R./GEIßELMEIER, W., MoMiG, S. 214 f.; FÖRSCHLE, G./HEINZ, S., in: Budde/Förschle/Winkeljohann, Sonderbilanzen, 4. Aufl., Q. Sanierungsmaßnahmen, Rn. 54 m. w. N.

Rechtsfigur des qualifizierten Rangrücktritts, die auf einem obiter dictum innerhalb eines BGH-Urteils basiert,[1096] sah hingegen vor, dass der Ausweis einer im Rang zurückgetretenen Verbindlichkeit nur unterbleiben durfte, wenn der Gläubiger erst nach allen anderen Gläubigern und bis zur Abwendung der Krise auch nicht vor, sondern gleichberechtigt mit den Einlagenrückgewähransprüchen der Gesellschafter befriedigt werden durfte.[1097] Obgleich ein derartiger qualifizierter Rangrücktritt seit dem MoMiG inzwischen grundsätzlich nicht mehr angezeigt ist[1098] und zudem vereinzelt gefordert wird, dass es sich anbiete „die alten Rangrücktritte durch die neuen ‚schwächeren' Rangrücktritte zu ersetzen"[1099], ist die Unterscheidung zwischen dem einfachen und dem qualifizierten Rangrücktritt u. a. im Rahmen der nachfolgend erläuterten steuerlichen Rahmenbedingungen relevant. Darüber hinaus ist die besagte Ersetzung im Übrigen keineswegs zwingend, da die bislang (insolvenzrechtlich) erforderlichen qualifizierten Rangrücktritte sogar über die Anforderungen des § 19 Abs. 2 S. 2 InsO hinausgehen.[1100] Folgerichtig könn(t)en die bereits vereinbarten qualifizierten Rangrücktritte – vorbehaltlich entsprechender Anpassungen durch die Vertragsparteien – in praxi in unveränderter Form weiter bestehen.

431.32 Steuerrechtliche Rahmenbedingungen

Wie oben bereits angedeutet, sind im Rahmen der Vereinbarung eines Rangrücktritts neben den insolvenzrechtlichen regelmäßig auch die **steuerrechtlichen** Regelungen zu berücksichtigen. Mit der Intention einer fortgesetzten Bilanzierung der im Rang zurückgetretenen Verbindlichkeit, hat der Bilanzierende neben § 5 Abs. 2a EStG v. a. die einschlägige Verlautbarung des BMF[1101] und die relevante BFH-Rechtsprechung[1102] zu beachten. Steuerlich entscheidend ist letztlich, ob der konkret vereinbarte Rangrücktritt dazu führt, dass die betroffene Verbindlichkeit nur noch zu erfüllen ist, soweit künftig Einnahmen oder Gewinne anfallen. Ist dieser Tatbestand erfüllt, ist die entsprechende Verbindlichkeit gem. § 5 Abs. 2a EStG erfolgswirksam und damit steuerbelastend aufzulösen. Gemäß dem BMF[1103] und der jüngst geänderten (und z. T. heftig kritisierten[1104]) Ansicht des BFH[1105] kann dies nach derzeitiger Rechtslage wie folgt verhindert werden:

Erstens indem der (qualifizierte) Rangrücktritt zeitlich befristet für die Dauer der Krise ausgesprochen wird. Die fortgesetzte Passivierung wird in diesem Fall damit begründet, dass die „Beglei-

1096 Vgl. BGH (Hrsg.), 08.01.2001 - II ZR 88/99, S. 432 f.

1097 Vgl. hierzu BMF (Hrsg.), 08.09.2006 - IV B 2 - S 2133 - 10/06, Tz. 2 und Tz. 7; HAAS, U., Überschuldungsbilanz, S. 326 f.

1098 Vgl. RÄTKE, B., Gewinnerhöhung durch Rangrücktritt, S. 340; HOFFMANN, W.-D., Gesellschafterdarlehen II, S. 182; BLAAS, U./SCHWAHN, A., Steueroptimierte Restrukturierung, S. 2352; FRYSTATZKI, C., Anforderungen an Rangrücktrittsvereinbarungen, S. 610 m. w. N.

1099 FUNK, T., Rangrücktritt, S. 870, so auch SCHWENKER, J./FISCHER, C., Restrukturierungsmaßnahmen, S. 1118.

1100 Vgl. FÖRSTER, G., Entlastung, S. 764; SCHLOTTER, C., in: Hennrichs/Kleindiek/Watrin, MüKo Bilanzrecht Bd. 2, § 249 HGB, Rn. 39; HORST, A., Entschuldungsinstrumente, S. 661.

1101 Gemeint ist hier BMF (Hrsg.), 08.09.2006 - IV B 2 - S 2133 - 10/06, S. 497.

1102 Nach derzeitiger Rechtslage sind v. a. folgende Urteile relevant: BFH (Hrsg.), 30.11.2011 - I R 100/10, S. 450-452; BFH (Hrsg.), 10.11.2005 - IV R 13/04, S. 75-79.

1103 Vgl. BMF (Hrsg.), 08.09.2006 - IV B 2 - S 2133 - 10/06, S. 497.

1104 Vgl. RÄTKE, B., Gewinnerhöhung durch Rangrücktritt, S. 340-342; HORST, A., Entschuldungsinstrumente, S. 660; HOFFMANN, W.-D., Rangrücktritt = Forderungsverzicht?, S. 209 f.; BRAUN, N., Gesellschafterdarlehen, S. 1362; SCHMID, H., Rangrücktritt, S. 839-841 sowie weiterführend die Ausführungen in den Abschn. 432. und 433.

1105 Vgl. BFH (Hrsg.), 30.11.2011 - I R 100/10, S. 450-452.

chung der Verbindlichkeit zeitlich aufschiebend bedingt“ ist.[1106] Unglücklich ist daher die Wortwahl im jüngsten BFH-Urteil,[1107] in dem von der Nichtpassivierung „bei sog. qualifiziertem Rangrücktritt“ (also im Grunde einem für die Dauer der Krise vereinbarten Rangrücktritt) gesprochen wird, da im Streitfall vielmehr ein einfacher Rangrücktritt vorlag.[1108] Qualifizierte Rangrücktritte i. S. d. einschlägigen BMF-Schreibens[1109] führen auch weiterhin (und im Gegensatz zur Behandlung in der Überschuldungsbilanz) nicht zur Auflösung der entsprechenden Verbindlichkeit in der Steuerbilanz.[1110] Zum besseren Verständnis sei darauf hingewiesen, dass der BFH im Streitfall die Passivierung einer im Rang zurückgetretenen Verbindlichkeit verneinte, die ihrerseits lediglich aus künftigen Gewinnen oder einem etwaigen Liquidationsüberschuss erfüllt werden sollte, da diese keine wirtschaftliche Belastung für das Unternehmen darstelle.[1111] Mit diesem Urteil, welches sich in Bezug auf die Anforderungen an Rangrücktritte mit expliziten Besserungsabreden nunmehr mit der Ansicht des BMF deckt,[1112] gab der BFH seine frühere Position auf, nach der eine im Rang zurückgetretene Verbindlichkeit so lange in der Steuerbilanz auszuweisen war, als diese *nicht nur* aus künftigen Gewinnen zu tilgen war.[1113]

Zweitens kann die erfolgswirksame Ausbuchung der entsprechenden Verbindlichkeit steuerlich verhindert werden, indem der mit Besserungsabreden ausgestattete Rangrücktritt explizit auch die Tilgung aus dem sonstigen freien Vermögen vorsieht. Obgleich die bilanzrechtliche Sinnhaftigkeit dieser Regelung erst in Abschn. 433. ausführlich erörtert werden soll, sei bereits an dieser Stelle darauf hingewiesen, dass dieses sonstige Vermögen neben künftigen Einlagen nur aus künftigen Gewinnen bzw. Jahresüberschüssen entstehen kann.[1114] Da die Passivierung einer Verbindlichkeit, welche nur aus künftigen Gewinnen zu tilgen ist, indes nach der neuesten BFH-Rechtsprechung gerade ausscheiden soll, erscheint die Differenzierung der Rangrücktritte nach der Tilgung aus sonstigem freien Vermögen daher zumindest verwunderlich.[1115]

Als dritte Möglichkeit zur Vermeidung der steuerlichen Ausbuchung der Verbindlichkeit kommt schließlich der gänzliche Verzicht auf die Vereinbarung etwaiger Besserungsabreden in Betracht. In diesem Fall kann nämlich nach h. M. auf das BFH-Urteil vom 10.11.2005 rekurriert werden, demzufolge die fehlende Existenz präziser Rückzahlungsmodalitäten nicht dahingehend ausgelegt wer-

1106 Vgl. BMF (Hrsg.), 08.09.2006 - IV B 2 - S 2133 - 10/06, Tz. 7 (auch Zitat) sowie SCHMID, H., Rangrücktritt, S. 839.

1107 Vgl. BFH (Hrsg.), 30.11.2011 - I R 100/10, S. 450 und dem folgend auch die von BRAUN, N., Gesellschafterdarlehen, S. 1360.

1108 So auch WEITNAUER, W., Rangrücktritt, S. 196.

1109 Vgl. BMF (Hrsg.), 08.09.2006 - IV B 2 - S 2133 - 10/06, Tz. 2.

1110 Vgl. WEITNAUER, W., Rangrücktritt, S. 196 f.; HORST, A., Entschuldungsinstrumente, S. 859 f.

1111 Vgl. BFH (Hrsg.), 30.11.2011 - I R 100/10, S. 450-452; SCHMID, H., Rangrücktritt, S. 838 und weiterführend Abschn. 433.2.

1112 Vgl. BMF (Hrsg.), 08.09.2006 - IV B 2 - S 2133 - 10/06, Tz. 6; HORST, A., Entschuldungsinstrumente, S. 661; WEITNAUER, W., Rangrücktritt, S. 196.

1113 Vgl. BFH (Hrsg.), 10.11.2005 - IV R 13/04, S. 77; SCHMID, H., Rangrücktritt, S. 838 f. m. w. N.

1114 Vgl. SCHMID, H., Rangrücktritt, S. 840.

1115 So auch HOFFMANN, W.-D./LÜDENBACH, N., NWB-Kommentar, § 246, Rn. 89 und IDW, WP-Handbuch 2008, Bd. II, Kap. L, Fn. 409, das hier sogar eine „Scheinkontroverse“ erkannte (im IDW, WP-Handbuch 2014, Band II, 14. Aufl., findet sich diesbezüglich keine Aussage mehr).

den dürfe, dass der Gläubiger auf die Tilgung aus dem die sonstigen Verbindlichkeiten übersteigenden Vermögen (oder aus einem Liquidationsüberschuss[1116]) verzichte.[1117]

Obgleich die Gerichte bislang ausschließlich Fälle für die Zeit vor dem MoMiG zu beurteilen hatten, bedeutet dies, dass die obige „reine" Rangrücktrittserklärung nach geltender Rechtslage sowohl einen Ausweis der betroffenen Verbindlichkeit in der Überschuldungsbilanz verhindert, als auch deren fortgesetzten Ausweis in der Steuerbilanz ermöglicht.[1118] Dies erscheint zumindest verwunderlich, da die „reine" Rangrücktrittserklärung seit dem MoMiG explizit keiner vorinsolvenzlichen Besserungsabreden mehr bedarf,[1119] diese jedoch für steuerliche Zwecke gerade (implizit) unterstellt werden. Unproblematisch ist hingegen weiterhin die Erfassung solcher Rangrücktritte, welche die bekannte Bedienungstrias, bestehend aus der Tilgung aus Gewinnen, aus einem Liquidationsüberschuss oder aus sonstigem freien Vermögen, vorsehen.

Nachdem nun die, mit Blick auf ihre insolvenz- und steuerrechtlichen Implikationen, für die Unternehmenspraxis relevanten Rangrücktrittserklärungen dargestellt wurden, ist im folgenden Abschnitt deren handelsrechtliche Abbildung zu beleuchten.

432. Abbildung von Rangrücktritten nach HGB

432.1 Auswirkungen von Rangrücktritten auf die Bilanz und die GuV

Bevor die handelsrechtliche Abbildung von Rangrücktritten analysiert wird, ist nochmals zu betonen, dass für diese Abbildung die insolvenzrechtlichen Regelungen keine Präjudiz darstellen[1120] und auch die steuerrechtliche Bilanzierung nur insoweit auf die handelsrechtliche durchschlagen kann, wie sie mit dem handelsrechtlichen Zweck- und GoB-System vereinbar erscheint.[1121] Analog zur Vorgehensweise in Abschn. 422. soll auch hier zunächst die **bilanzielle** Abbildung von Rangrücktritten gem. der h. M. dargestellt werden,[1122] um im Anschluss daran deren Implikationen für den Anhang und den Lagebericht würdigen zu können.

1116 Nach der neueren BFH-Rechtsprechung (vgl. Fn. 1105) ist im Ergebnis (nur) die Tilgung aus dem sonstigen freien Vermögen entscheidend.

1117 Vgl. BFH (Hrsg.), 10.11.2005 - IV R 13/04, S. 77 sowie HORST, A., Entschuldungsinstrumente, S. 661; RÄTKE, B., Gewinnerhöhung durch Rangrücktritt, S. 339; SCHMIDT, K., Rangrücktritt bei Gesellschafterdarlehen, S. 2504 f.; BERNDT, T., Rangrücktrittsvereinbarungen, S. 2745; FUNK, T., Rangrücktritt, S. 870.

1118 Vgl. HORST, A., Entschuldungsinstrumente, S. 660 f.

1119 Dies würde selbstredend dann nicht gelten, wenn sich die h. M. künftig vom klaren Gesetzeswortlaut des § 19 Abs. 2 S. 2 InsO lösen sollte, vgl. hierzu Fn. 1092.

1120 Vgl. zu dieser (soweit erkennbar) unbestrittenen Ansicht, die auf den abweichenden Zwecken der Überschuldungs- und der Handelsbilanz beruht, nur BÖCKING, H.-J., Verbindlichkeitsbilanzierung, S. 61; KAMMETER, R./ GEIßELMEIER, W., MoMiG, S. 215; LIESER, J., § 9 Schuldenreduktion, Rn. 32; GAHLEN, D., Forderungsverzichte HGB und IFRS, S. 2081; HEERMA, J. D., Passivierung bei Rangrücktritt, S. 542; HOFFMANN, W.-D., Gesellschafterdarlehen II, S. 182; HERLINGHAUS, A., Forderungsverzichte und Besserungsvereinbarungen, S. 146; HÄUSELMANN, H., Rangrücktritt vs. Forderungsverzicht, S. 1554; WOLF, S., Zuschüsse nach HGB und IFRS, S. 128 m. w. N.

1121 Vgl. bereits Abschn. 252.

1122 Die ausführliche Würdigung dieser Auffassung folgt in Abschn. 433.

Nach der mehrheitlich im Schrifttum vertretenen Auffassung sollen Rangrücktritte keine Auswirkungen auf die Erfassung der entsprechenden Verbindlichkeit in der Bilanz haben.[1123] Dies wird zuallererst damit begründet, dass ein Rangrücktritt den rechtlichen Bestand der betroffenen Verbindlichkeit unberührt lässt und insofern dessen fortgesetzter Ausweis angezeigt sei.[1124] Daneben gebiete auch der Parteiwillen einen unveränderten Verbindlichkeitsausweis, da dieser gerade nicht auf den Erlass der Verbindlichkeit und damit deren Ausbuchung gerichtet sei.[1125] Die wirtschaftliche Verursachung der im Rang zurückgetretenen Verbindlichkeit (und damit nach meinem Dafürhalten der wirtschaftliche Gehalt des konkreten Rangrücktritts[1126]) wird hingegen entweder mit Verweis auf die zweifelsfrei wirtschaftlich verursachte ursprüngliche Verbindlichkeit pauschal unterstellt[1127] oder sie wird im Ergebnis und im Gegensatz zum Forderungsverzicht mit Besserungsabrede,[1128] als nicht relevant eingestuft.[1129] Diese Irrelevanz der wirtschaftlichen Verursachung wird damit begründet, dass die Passivierung der im Rang zurückgetretenen Verbindlichkeit im Ergebnis „durch die Passivierungspflicht für die Ursprungsverbindlichkeit überlagert“[1130] werde. Bemerkenswert ist in diesem Zusammenhang auch die Position von WEBER-GRELLET, der die rechtliche und wirtschaftliche Perspektive m. E. unsachgemäß vermischt, da er die fortgesetzte Passivierung damit begründet, dass der Erfüllungszwang (m. E. kann hier nur der *rechtliche* gemeint sein) als „Merkmal der *wirtschaftl* Verursachung […] unverändert bestehen“ bleibe.[1131] Auch die Nähe der Verbindlichkeiten mit (qualifiziertem) Rangrücktritt zur bilanziellen Eigenkapitalposition[1132] soll nach ganz überwiegender Meinung keinen Niederschlag in der handelsrechtlichen

---

[1123] Vgl. KÜTING, K./KESSLER, H./REUTER, M., in: Küting/Pfitzer/Weber, HdR-E, 5. Aufl., § 272 HGB, Rn. 215; SCHUBERT, W. J., in: Förschle et al., BeBiKo, 9. Aufl., § 247 HGB, Rn. 232; ADS, § 246, Rn. 140-143; BÖCKING, H.-J., Verbindlichkeitsbilanzierung, S. 65-73; OBERMÜLLER, M., Insolvenzrecht, Rn. 1.1341; HÄUSELMANN, H., Rangrücktritt vs. Forderungsverzicht, S. 1554; HÄUSELMANN, H., Finanzverbindlichkeiten, S. 949; FLECK, H.-J., Kapitalersetzende Gesellschafterdarlehen, S. 118 f.; FÖRSCHLE, G./HEINZ, S., in: Budde/Förschle/Winkeljohann, Sonderbilanzen, 4. Aufl., Q. Sanierungsmaßnahmen, Rn. 57; HOFFMANN, W.-D./LÜDENBACH, N., NWB-Kommentar, § 246, Rn. 88; KAMMETER, R./GEIẞELMEIER, W., MoMiG, S. 215; HERLINGHAUS, A., Forderungsverzichte und Besserungsvereinbarungen, S. 143-146 und zu abweichenden Ansichten die Ausführungen und Nachweise in Abschn. 433.

[1124] Vgl. die Nachweise in Fn. 1074.

[1125] Vgl. ADS, § 246, Rn. 142; HÄUSELMANN, H., Rangrücktritt vs. Forderungsverzicht, S. 1553; FLECK, H.-J., Kapitalersetzende Gesellschafterdarlehen, S. 119; KÜTING, K./KESSLER, H./REUTER, M., in: Küting/Pfitzer/Weber, HdR-E, 5. Aufl., § 272 HGB, Rn. 215; KESSLER, H., Eigenkapitalähnliche Mittel, S. 2109 und wohl auch MARTINEK, M./OMLOR, S., Nicht-akzessorische Sicherheiten, S. 619 f.

[1126] Vgl. weiterführend hierzu Abschn. 433.2.

[1127] Vgl. BFH (Hrsg.), 18.10.1989 - IV B 149/88, S. 536; KESSLER, H., Eigenkapitalähnliche Mittel, S. 2109.

[1128] Vgl. zu diesem Sanierungsinstrument, welches aus wirtschaftlicher (Verursachungs-)Perspektive so gestaltbar ist, dass es sich exakt mit der Belastungswirkung bestimmter Rangrücktrittserklärungen deckt, die Ausführungen in den Abschn. 433.2 und 453.2.

[1129] Vgl. SCHUBERT, W. J., in: Förschle et al., BeBiKo, 9. Aufl., § 247 HGB, Rn. 232; HÄUSELMANN, H., Finanzverbindlichkeiten, S. 949; HÄUSELMANN, H., Rangrücktritt vs. Forderungsverzicht, S. 1554; HÜTTEMANN, U., in: von Wysocki et al., HdJ, Abt. III/8, Rn. 43; LIESER, J., § 9 Schuldenreduktion, Rn. 31; BFH (Hrsg.), 30.03.1993 - IV R 57/91, S. 502 m. w. N. und ADS, § 246, Rn. 140-142 und Rn. 148.

[1130] ADS, § 246, Rn. 148.

[1131] Vgl. WEBER-GRELLET, H., in: Schmidt/Weber-Grellet/Heinicke, Kommentar EStG, 33. Aufl., § 5 EStG, Rn. 550, Stichwort „Gesellschafterfinanzierung“ (auch Zitat, Hervorh. dort durch den Verf.).

[1132] Aufgrund der Rückzahlungsbedingungen dieser Verbindlichkeiten werden bzw. wurden diese gemeinhin als funktionales Eigenkapital bezeichnet, vgl. nur BRAUN, N., Gesellschafterdarlehen, S. 1360; KESSLER, H., Eigenkapitalähnliche Mittel, S. 2107; KAMMETER, R./GEIẞELMEIER, W., MoMiG, S. 215; BÖCKING, H.-J., Verbindlichkeitsbilanzierung, S. 77.

Bilanz finden.[1133] Darüber hinaus soll das bisher Gesagte wohl für sämtliche Arten von Rangrücktrittsvereinbarungen, speziell also sowohl für die „reinen" wie auch für solche mit (Teilen der) oben erläuterten Besserungsabreden, gelten.[1134] Sofern man einen fortgesetzten Verbindlichkeitsausweis im Fall von Rangrücktritten mit Besserungsabreden goutiert, erscheint dies im Übrigen als zwingend, da die obigen „reinen" Rangrücktritte im Vergleich zu jenen mit Besserungsabreden als „schwächer" einzustufen sind. Zusammenfassend geht die h. M. folglich davon aus, dass ein Rangrücktritt weder den Ansatz noch die Bewertung oder den Ausweis der betroffenen Verbindlichkeit in der Bilanz verändert und insofern auch keine **GuV**-Effekte zu verbuchen sind.

432.2 Erläuterungen zu Rangrücktritten im Anhang

Analog zur Informationsvermittlung hinsichtlich vereinbarter Zahlungsaufschübe finden sich auch in Bezug auf Rangrücktritte weder im Gesetz, noch im Schrifttum dezidierte Angaben bzw. entsprechende Vorschläge zu deren Erläuterung im Anhang oder Lagebericht. Im **Anhang** wirken sich Rangrücktritte primär auf die Angabe der Verbindlichkeitsfristen aus. Da die Restlaufzeiten von im Rang zurückgetretenen Verbindlichkeiten i. d. R. nicht eindeutig feststehen,[1135] ist in diesen Fällen, wie in Abschn. 341.2 bereits erörtert wurde, nach ganz überwiegender Meinung auf den vorsichtig geschätzten, wahrscheinlichen Erfüllungszeitpunkt abzustellen. Daneben spielen Rangrücktritte in ihrer mittelbaren Form[1136] auch für die Besicherung von Verbindlichkeiten eine Rolle und könnten theoretisch in den Geltungsbereich des § 285 Nr. 1b HGB[1137] fallen. Zu einem mittelbaren Rangrücktritt kann es insbesondere kommen, wenn der Gesellschafter[1138] eine bestimmte Forderung gegen das Unternehmen z. B. durch eine Bürgschaft besichert und gleichzeitig für die daraus erwachsenden Rückgriffsansprüche einen Rangrücktritt erklärt. Da sich jedoch, wie in Abschn. 341.2 bereits dargestellt wurde, externe Kreditsicherheiten für eigene Verbindlichkeiten im handelsrechtlichen Jahresabschluss und speziell im Anhang nicht niederschlagen, finden sich dort dementsprechend im Vorfeld der Inanspruchnahme des Sicherungsgebers auch keine Hinweise auf diesen mittelbaren Rangrücktritt.[1139] Lediglich im Anschluss an die Inanspruchnahme bspw. des Bürgen ist

[1133] Vgl. neben den Nachweisen in Fn. 1132 HÄUSELMANN, H., Rangrücktritt vs. Forderungsverzicht, S. 1554. Zwischenzeitlich wurde indes diskutiert, ob in Folge dieser Nähe die qualifiziert im Rang zurückgetretenen Verbindlichkeiten als Posten zwischen dem Eigen- und dem Fremdkapital zu erfassen seien. Vgl. hierzu WOLF, S., Zuschüsse nach HGB und IFRS, S. 133-135; BÖCKING, H.-J., Verbindlichkeitsbilanzierung, S. 73-78; KÜTING, K./KESSLER, H./REUTER, M., in: Küting/Pfitzer/Weber, HdR-E, 5. Aufl., § 272 HGB, Rn. 216; ADS, § 246, Rn. 144; KNOBBE-KEUK, B., Rangrücktrittsvereinbarung, S. 130 f.; SCHMIDT, K., Quasi-Eigenkapital, S. 501-503; JANSSEN, B., Rangrücktritt, S. 1895 f.; KESSLER, H., Eigenkapitalähnliche Mittel, S. 2107-2109; HERLINGHAUS, A., Forderungsverzichte und Besserungsvereinbarungen, S. 17-20.

[1134] Vgl. SCHUBERT, W. J., in: Förschle et al., BeBiKo, 9. Aufl., § 247 HGB, Rn. 232; BRAUN, N., Gesellschafterdarlehen, S. 1360.

[1135] Vgl. hierzu auch die Ausführungen in Abschn. 433.3.

[1136] Vgl. TELLER, H./STEFFAN, B., Rangrücktrittsvereinbarungen, Rn. 10 und Rn. 512-515.

[1137] Vgl. ausführlich hierzu bereits Abschn. 341.2.

[1138] Selbstverständlich kann sich auch ein Dritter verbürgen und mit seinen Rückgriffsansprüchen im Rang zurücktreten. Dies wird indes in praxi wohl seltener der Fall sein.

[1139] Vgl. zur Sinnhaftigkeit dieser Regelung, allgemein zur Bestellung von Kreditsicherheiten sowie deren (erstrebenswerter) handelsrechtlicher Abbildung Abschn. 46.

selbstredend der erwachsende Rückgriffsanspruch entsprechend der „regulären" Behandlung einer im Rang zurückgetretenen Verbindlichkeit abzubilden.[1140]

Neben diesen, konkret vorgegebenen Angabepflichten erachtet der wohl überwiegende Teil des Schrifttums vor dem Hintergrund der besonderen Bedeutung des Rangrücktritts[1141] – die wohl darin zu sehen ist, dass sie neben ihren insolvenzrechtlichen Implikationen aus Sicht des Unternehmens v. a. zu optimalen Stundungsbedingungen führt[1142] – zutreffenderweise einen Hinweis auf die Vereinbarung des Rangrücktritts in der Bilanz (Davon-Vermerk), oder gem. § 264 Abs. 2 S. 1 i. V. m. § 264 Abs. 2 S. 2 HGB im Anhang als zwingend geboten.[1143] Dieser Hinweis umfasst neben der Angabe der betroffenen Schuldposition die Höhe des Rangrücktritts, da dieser keineswegs für die jeweilige gesamte Schuldposition ausgesprochen werden muss.[1144]

432.3 Berichterstattung über Rangrücktritte im Lagebericht

Analog zur Erläuterung von Zahlungsaufschüben, erscheint auch die Informationsbereitstellung hinsichtlich vereinbarter Rangrücktritte im **Lagebericht** konkretisierungsbedürftig. Da sich die Berichterstattung im Anhang im Wesentlichen auf den obigen, schlichten Hinweis beschränkt, muss der Bilanzierende nach hier vertretener Auffassung zunächst als Teil des Wirtschafts- bzw. des Liquiditätsberichts dezidierter auf erreichte Rangrücktritte eingehen. Vor dem Hintergrund der divergierenden Rangrücktrittsarten ist dem Adressaten an dieser Stelle v. a. zu verdeutlichen, unter welchen Umständen der Gläubiger seine Forderung wieder geltend machen kann, um die damit verbundene Gefahr des Kapitalentzugs bewerten zu können. Da Rangrücktrittsvereinbarungen aus Gründen der Rechtssicherheit häufig recht knapp formuliert sind bzw. sein sollten,[1145] könnte eine ideale Berichterstattung, die v. a. die Wirkungszusammenhänge dieses Sanierungsinstruments verdeutlichen soll, bspw. die Passagen der entsprechenden Rangrücktrittsvereinbarungen zu den Tilgungsbestimmungen (als essentieller Teil der Vereinbarung) veröffentlichen. Dies erscheint v. a. mit Blick auf die im Zuge des MoMiG modifizierte Reichweite von Rangrücktrittserklärungen angezeigt, da die entsprechenden Verbindlichkeiten gem. § 19 Abs. 2 S. 2 InsO nunmehr u. U. außerhalb des Insolvenzverfahrens durchsetzbar bleiben.[1146] Eine derartige Angabe würde die Sanierungswirkung des Rangrücktritts sowohl für die Zeit vor dem Insolvenzverfahren als auch für

---

[1140] Vgl. TELLER, H./STEFFAN, B., Rangrücktrittsvereinbarungen, Rn. 502 f. und Rn. 514.

[1141] Vgl. SCHULZE-OSTERLOH, J., Rangrücktritt, Besserungsschein, eigenkapitalersetzende Darlehen, S. 100 f.

[1142] Vgl. hierzu die einleitenden Ausführungen in Abschn. 431.2.

[1143] Vgl. KÜTING, K./KESSLER, H./REUTER, M., in: Küting/Pfitzer/Weber, HdR-E, 5. Aufl., § 272 HGB, Rn. 216; SCHUBERT, W. J./KRÄMER, A., in: Förschle et al., BeBiKo, 9. Aufl., § 266 HGB, Rn. 255; FÖRSCHLE, G./HEINZ, S., in: Budde/Förschle/Winkeljohann, Sonderbilanzen, 4. Aufl., Q. Sanierungsmaßnahmen, Rn. 57; KÜFFNER, P., Eigenkapitalersatz, S. 181 f.; SCHULZE-OSTERLOH, J., Rangrücktritt, Besserungsschein, eigenkapitalersetzende Darlehen, S. 100 f.; SCHMIDT, K., Quasi-Eigenkapital, S. 502; FLECK, H.-J., Kapitalersetzende Gesellschafterdarlehen, S. 119 f.; HÄUSELMANN, H., Rangrücktritt vs. Forderungsverzicht, S. 1555. A. A. ADS, § 246, Rn. 98 und Rn. 144 sowie JANSSEN, B., Rangrücktritt, S. 1896, die einen derartigen Hinweis zwar als sachgerecht, jedoch nicht als verpflichtend ansehen.

[1144] Vgl. HÄUSELMANN, H., Rangrücktritt vs. Forderungsverzicht, S. 1557.

[1145] Vgl. nur SCHUBERT, W. J., in: Förschle et al., BeBiKo, 9. Aufl., § 247 HGB, Rn. 232, die davon ausgehen, dass meist eine Erklärung „von wenigen Sätzen ausreichend" und zu präferieren sei um „Auslegungsschwierigkeiten" vorzubeugen.

[1146] Vgl. hierzu die Ausführungen in Abschn. 431.31.

den Fall des Eintritts dieses Risikoextremfalls[1147] verdeutlichen. Analog zur Erläuterung von Zahlungsaufschüben könnten zudem auch hier die Kündigungsmöglichkeiten der abgeschlossenen Rangrücktrittsvereinbarungen offengelegt werden. Da Rangrücktritte jedoch (v. a. im Gegensatz zu obigen Sanierungskrediten[1148]) in aller Regel nicht einseitig kündbar sind (pacta sunt servanda)[1149] und die rational handelnde Unternehmensleitung einer Kündigung vor Abschluss der Sanierung i. d. R. nicht zustimmen wird,[1150] erscheint ein diesbezüglicher Hinweis zwar aus Gründen der Vollständigkeit und (Rechts-)Klarheit sachgerecht, jedoch nicht zwingend erforderlich. Eine Angabe ist nach meinem Dafürhalten nur dann obligatorisch, wenn sich der Gläubiger (im Rahmen der Vertragsfreiheit) ein einseitiges Kündigungsrecht einräumen lässt. Diese Vereinbarungen werden jedoch in praxi nur eine untergeordnete Rolle spielen, da einseitig kündbare (wie auch befristete) Rangrücktrittsvereinbarungen weiterhin in der Überschuldungsbilanz zu erfassen sind.[1151]

Als Anhaltspunkt[1152] für die (unternehmensintern geschätzte) künftige Liquiditätssituation sowie zur Evaluation der wahren Belastung[1153] aus der im Rang zurückgetretenen Verbindlichkeit erscheint es zudem zweckmäßig, die bereits kritisierten, da (zu) groben Fristigkeitsangaben[1154] des Anhangs zu ergänzen. So sollte der Bilanzierende nach meinem Dafürhalten für wesentliche,[1155] mit einem Rangrücktritt versehene Verbindlichkeiten zumindest angeben, in welchem Quartal diese voraussichtlich (wieder) bedient werden müssen. Da sich diese Information zweifelsohne durch ihren Prognosecharakter auszeichnet, mag es im Zweifel sachgerecht sein, diese statt im Wirtschaftsbericht im Prognosebericht, genauer als Teil der Erläuterung der künftigen Liquiditätsentwicklung, bereitzustellen. Um die Richtigkeit dieser Informationen bewerten und (im Zeitablauf sowie zwischen Unternehmen) vergleichen zu können, sind darüber hinaus die grundlegenden Prämissen dieser Prognosen sowie Ergebnisse entsprechender Szenario- oder Sensitivitätsanalysen offenzulegen. Neben den bis dato thematisierten Lageberichtsangaben mit konkretem Bezug zu Rangrücktritten gelten zudem die Ausführungen in Abschn. 422.3 weitgehend analog. So sollten z. B. Rangrücktritte, die zwischen dem Bilanzstichtag und dem Aufstellungszeitpunkt vereinbart werden, im Nachtragsbericht erläutert werden.

1147 Vgl. zu diesem Informationsbedürfnis bereits die Abschn. 23 und 251.2.

1148 Vgl. Abschn. 421.3.

1149 Vgl. TELLER, H./STEFFAN, B., Rangrücktrittsvereinbarungen, Rn. 398 f.; LEITHAUS, R./SCHAEFER, T., Rangrücktrittsvereinbarungen, S. 848 f.; FRYSTATZKI, C., Anforderungen an Rangrücktrittsvereinbarungen, S. 614; HECKSCHEN, H., in: Reul/Heckschen/Wienberg, Insolvenzrecht, N. Gesellschaftsrecht und Insolvenz, Rn. 231.

1150 Anders mag der Fall liegen, wenn die Kündigung eine Verbindlichkeit gegenüber einem Gesellschafter-Geschäftsführer (unmittelbar) vor Eröffnung des Insolvenzverfahrens betrifft. In diesem Fall besteht indes v. a. die Gefahr der insolvenzrechtlichen Anfechtung der Kündigung gem. § 129 Abs. 1 InsO, wodurch die Vorteilhaftigkeit einer Kündigung in toto erheblich eingeschränkt wird, vgl. hierzu und zu weiteren Kündigungsschranken LEITHAUS, R./SCHAEFER, T., Rangrücktrittsvereinbarungen, S. 848 m. w. N.

1151 Vgl. FRYSTATZKI, C., Anforderungen an Rangrücktrittsvereinbarungen, S. 614; HÄUSELMANN, H., Rangrücktritt vs. Forderungsverzicht, S. 1557; TELLER, H./STEFFAN, B., Rangrücktrittsvereinbarungen, Rn. 399.

1152 Wie bereits mehrfach betont, soll der handelsrechtliche Jahresabschluss in der Sanierungssituation v. a. Anhaltspunkte für die Beurteilung der künftigen Liquiditätslage des Unternehmens bereitstellen, vgl. ausführlich Abschn. 251.2.

1153 Vgl. hierzu bereits die Abschn. 423.1 und 423.34.

1154 Vgl. hierzu bereits die Abschn. 341.2 und 423.34 sowie speziell das Beispiel in Abschn. 423.1.

1155 Vgl. zum Aspekt der Wesentlichkeit bereits Abschn. 253.2 und Fn. 976.

Zusammenfassend berühren Rangrücktritte nach h. M. weder die Bilanz,[1156] noch die GuV. Während dieses Vorgehen unter Berücksichtigung der einschlägigen IFRS-Normen ausführlich in Abschn. 433. zu würdigen ist, wurde bis dato der Versuch unternommen, die Berichterstattung im Anhang und v. a. im Lagebericht zumindest in Bezug auf bestimmte Mindestangaben zu konkretisieren.

433. Beurteilung der Zweckmäßigkeit der Abbildung von Rangrücktritten

433.1 Abbildung von Rangrücktritten nach IFRS

Wie bereits in Abschn. 432.1 ausgeführt wurde, geht die h. M. davon aus, dass ein Rangrücktritt unabhängig von seiner konkreten Ausgestaltung keine Folgen für die handelsrechtliche Bilanz habe. Bevor diese Ansicht dezidiert gewürdigt werden kann, bietet es sich – analog zum bereits bewährten Vorgehen aus Abschn. 423.3 – auch hier an, zunächst in gebotener Kürze auf die Bilanzierung von Rangrücktritten nach IFRS einzugehen. Sofern das Schrifttum überhaupt auf die Bilanzierung von Rangrücktritten nach IFRS eingeht, wird – soweit erkennbar – einstimmig lediglich Folgendes festgestellt: Da der rechtliche Bestand der im Rang zurückgetretenen Verbindlichkeit unberührt bleibe[1157] und die Verbindlichkeit gerade nicht erlösche, komme ihre Ausbuchung (analog zum handelsrechtlichen Vorgehen) nicht in Betracht.[1158] Statt der Ausbuchung bzw. eines veränderten Wertansatzes der Verbindlichkeit steht, respektive stand, eher die Frage im Mittelpunkt, inwiefern ein Rangrücktritt zur Umgliederung der entsprechenden Verbindlichkeit in das Eigenkapital führen könne. Eine derartige Umgliederung scheidet indes nach h. M. regelmäßig aus, da es in der Unternehmenspraxis als (nahezu) ausgeschlossen gilt, dass eine im Rang zurückgetretene Verbindlichkeit die Anforderungen gem. IAS 32.16A erfüllt.[1159] So erscheint es in Folge des MoMiG inzwischen unwahrscheinlich, dass sich der zurücktretende Gläubiger auf die Stufe der Eigenkapitalgeber (§ 199 InsO) stellt. Außerdem führt selbst ein derartiger Rangrücktritt indes in aller Regel nicht zu einem Eigenkapitalausweis, da die im Rang zurückgetretene Verbindlichkeit gem. IAS 32.16A (c) exakt dieselben Merkmale wie das Eigenkapital besitzen müsste. Dies ist jedoch v. a. durch die Beschränkung des Anspruchs auf den Nominalbetrag der Verbindlichkeit nicht gegeben.[1160]

Im Gegensatz zu diesem, mit Rekurs auf den Wortlaut des Standards konsequent ausgeschlossenen Eigenkapitalausweis, erscheint die unveränderte Bewertung der betroffenen Verbindlichkeit in Folge des Rangrücktritts weder sachgerecht noch standardkonform. So ficht zwar ein Rangrücktritt den rechtlichen Bestand der Verbindlichkeit zweifelsfrei nicht an, jedoch ist dies für die wirtschaft-

---

1156 Es sei denn der Bilanzierende optiert in Folge des Rangrücktritts statt zu einem entsprechenden Hinweis im Anhang zu einem Davon-Vermerk in der Bilanz, vgl. Fn. 1143.

1157 Vgl. hierzu bereits Abschn. 431.2 und speziell die Nachweise in Fn. 1074.

1158 Vgl. SCHULZE OSTHOFF, H.-J., in: Bohl/Riese/Schlüter, IFRS-Handbuch, 4. Aufl., § 14, Rn. 57; HACHMEISTER, D., Verbindlichkeiten nach IFRS, S. 21; GAHLEN, D., Forderungsverzichte HGB und IFRS, S. 2081; WOLF, S., Zuschüsse nach HGB und IFRS, S. 206. Anzumerken ist, dass es sich bei den hier thematisierten Rangrücktritten um speziell auf die deutsche InsO abgestimmte Vereinbarungen handelt, die sich in logischer Folge nicht im internationalen Schrifttum niederschlagen.

1159 Vgl. WOLF, S., Zuschüsse nach HGB und IFRS, S. 210-212; DÜRR, U. L., Mezzanine-Kapital, S. 276; LÜDENBACH, N., in: Lüdenbach/Hoffmann/Freiberg, Haufe IFRS, 12. Aufl., § 20, Rn. 38; TELLER, H./STEFFAN, B., Rangrücktrittsvereinbarungen, Rn. 561 f.; RAUCH, I./SCHIMPFKY, P./SCHNEIDER, A., Stille Beteiligungen, S. 152.

1160 So auch HOFFMANN, W.-D., Gesellschafterdarlehen II, S. 183; LÜDENBACH, N., in: Lüdenbach/Hoffmann/Freiberg, Haufe IFRS, 12. Aufl., § 20, Rn. 38.

lich orientierte Behandlung derartiger Vertragsmodifikationen nach IAS 39 im Ergebnis ohne Belang. Nach hier vertretener Auffassung ist jeder Rangrücktritt dahingehend zu untersuchen, inwiefern er zu einer substanziellen Vertragsänderung der zu Grunde liegenden Verbindlichkeit i. S. v. IAS 39.40 führt. Zu diesem Zweck ist der bereits ausführlich in Abschn. 423.321. diskutierte Barwerttest heranzuziehen. Wird ein Rangrücktritt inkl. vorinsolvenzlicher Besserungsabreden vereinbart, muss der Bilanzierende zunächst prognostizieren, zu welchem Zeitpunkt welche Teile der Verpflichtung wieder zu bedienen sind, um im Anschluss daran diese Cash(out)flows mit dem ursprünglichen Effektivzins der Zahlungsreihe zu diskontieren.[1161] Da ein derartiger Rangrücktritt in aller Regel zu einer sehr langfristigen Stundung der entsprechenden Verpflichtung führt, wird der folgende Barwertvergleich häufig eine Überschreitung der erläuterten 10 % Grenze und infolgedessen eine substanzielle Vertragsänderung anzeigen. Dies führt wiederum dazu, dass die ursprüngliche Verbindlichkeit auszubuchen ist und eine neue Verbindlichkeit (bzw. wie unten gezeigt wird, eine neue Rückstellung) i. H. d. mit einem marktkonformen Zinssatz diskontierten Barwerts der geschätzten Zahlungen (fair value) anzusetzen ist.

Führt der Rangrücktritt hingegen zu keiner substanziellen Vertragsänderung, ist nach hier vertretener Ansicht im Rahmen der Berechnung des neuen Buch- bzw. Barwerts der Verpflichtung der ursprüngliche Effektivzins zu verwenden. Auch in diesem Fall ist jedoch im Ergebnis eine Verminderung der ursprünglichen Schuldposition vorzunehmen.[1162] Die Anwendung des Barwerttests erscheint hier nicht zuletzt deshalb geboten, da sich die Bilanzierung nach IFRS gem. dem substance-over-form-Grundsatz am wirtschaftlichen Gehalt des Rangrücktritts und weniger an dessen rechtlicher Ausgestaltung zu orientieren hat.[1163] Aus wirtschaftlicher Perspektive stellt jedoch ein vorinsolvenzlich wirksamer Rangrücktritt eine langfristige Stundung dar[1164] und ist folglich analog zu dessen bereits diskutierter Behandlung[1165] abzubilden. Davon abweichend stellt WOLF eine Abwertung der im Rang zurückgetretenen Verbindlichkeit (nur) für den Fall zur Diskussion, dass die (im Übrigen nicht mehr zwingend existente) Besserungsabrede als eingebettetes Derivat qualifiziere und infolgedessen die zu Grunde liegende Verbindlichkeit (erfolgsneutral) zum fair value zu bewerten sei.[1166] Da selbst WOLF aufgrund der engen Anwendungsvoraussetzungen des IAS 39.11 dieser Idee zweifelnd gegenübersteht, aufgrund der erheblichen praktischen Implikationen einer in Folge dieses Vorschlages erforderlichen Folgebewertung der Verbindlichkeit zum fair value[1167] und letztlich auch, da die Abbildung von Rangrücktritten zufriedenstellend durch die bestehenden Regelungen zur Behandlung derartiger Vertragsmodifikationen normiert wird, wird diesem Vorschlag hier nicht gefolgt. Im Unterschied zur bereits in Abschn. 423.321. ausführlich dargelegten Vorgehensweise führt jedoch ein vorinsolvenzlich wirksamer Rangrücktritt dazu, dass die Fälligkeit der

1161 Vgl. zu den Elementen des Barwerttests Abschn. 423.321.

1162 Vgl. weiterführend auch hierzu Abschn. 423.321.

1163 Anzumerken ist, dass der vormals explizit in F.35 kodifizierte substance-over-form-Grundsatz seit der Überarbeitung des Framework ohne dessen inhaltliche Veränderung als Teil der faithful representation gem. IASB (Hrsg.), Framework 2010, QC12-16 gilt, vgl. IASB, BC 2010, Rn. BC3.26; KIRSCH, H.-J., ET AL., Verlässlichkeit der Berichterstattung, S. 764; HOFFMANN, W.-D./LÜDENBACH, N., in: Lüdenbach/Hoffmann/Freiberg, Haufe IFRS, 12. Aufl., § 1, Rn. 81.

1164 Vgl. neben den Ausführungen in Abschn. 431.2 SCHMID, H., Rangrücktritt, S. 837.

1165 Vgl. Abschn. 423.321.

1166 Vgl. WOLF, S., Zuschüsse nach HGB und IFRS, S. 208-210.

1167 Vgl. hierzu auch Fn. 998.

zu Grunde liegenden Verpflichtung nunmehr als ungewiss einzustufen ist und diese Verpflichtung gem. IAS 37.10 in Folge dessen als Rückstellung auszuweisen ist.[1168] Im Anschluss an die Rangrücktrittserklärung ist die entsprechende Schuldposition insofern letztlich in Abhängigkeit von den jeweiligen Gewinnerwartungen der Unternehmensleitung zu bilanzieren.[1169]

Fraglich erscheint abschließend die international gebotene Behandlung der auf das Insolvenzverfahren beschränkten Rangrücktritte (§ 19 Abs. 2 S. 2 InsO). Da diese im Vorfeld des Insolvenzverfahrens jederzeit durchsetzbar sind (v. a. auch inkl. entsprechender Einzelzwangsvollstreckungsmaßnahmen[1170]), führt der Barwerttest aufgrund der (wirtschaftlich und rechtlich) unveränderten Fälligkeitszeitpunkte nicht zu einer Veränderung des Barwerts der Verbindlichkeit.[1171] Infolgedessen sollte der Bilanzansatz einer Verbindlichkeit, für die ein derartiger Rangrücktritt vereinbart wurde, im Ergebnis unberührt bleiben. Zusammenfassend gebieten die internationalen Vorschriften nach hier vertretener Auffassung, dass Rangrücktrittsvereinbarungen in Abhängigkeit von ihrem wirtschaftlichen Gehalt im Ergebnis entweder mit der Abzinsung der zu Grunde liegenden Verbindlichkeit oder deren unveränderter Bilanzierung einhergehen.

433.2 Ansatz einer im Rang zurückgetretenen Verbindlichkeit

Bisher wurde erarbeitet, dass ein Rangrücktritt den Ansatz der zu Grunde liegenden Verbindlichkeit gem. der h. M. nicht beeinflusse und gewissermaßen im „Fahrwasser" dieser Ansicht auch die IFRS-Bilanz von einem Rangrücktritt unberührt bleiben solle.[1172] Während dieser Position in Bezug auf die internationale Rechnungslegung mit dem Rekurs auf die eindeutigen Vorschriften des IAS 39 entgegengetreten wurde, gestaltet sich deren Würdigung nach HGB ungleich komplexer.

In diesem Zusammenhang ist zu prüfen, inwiefern Verbindlichkeiten für die ein Rangrücktritt vereinbart wurde (weiterhin) die bereits erläuterten Passivierungskriterien erfüllen.[1173] Dabei ist zunächst anzumerken, dass der rechtliche Bestand und damit die rechtliche Verpflichtung aus der entsprechenden Verbindlichkeit von jeder Form des Rangrücktritts – also sowohl von jenem mit als auch von jenem ohne die erläuterten Besserungsabreden – unberührt bleibt. Darüber hinaus stellt die im Rang zurückgetretene Verbindlichkeit eine vorhersehbare wirtschaftliche Belastung dar. Hinsichtlich der auf das Insolvenzverfahren beschränkten Rangrücktritte (§ 19 Abs. 2 S. 2 InsO) ist dies offensichtlich, da sie außerhalb dieses Verfahrens weiterhin durchsetzbar sind. Gleiches gilt indes auch für diejenigen Rangrücktritte, die mit den besagten Besserungsabreden versehen wurden. Dieses Ergebnis basiert darauf, dass in der hier behandelten Sanierungssituation und damit unter

1168 Vgl. allgemein zum Rückstellungsausweis in Folge einer ungewissen Fälligkeit der zu Grunde liegenden Verpflichtung SCHRIMPF-DÖRGES, C., in: Bohl/Riese/Schlüter, IFRS-Handbuch, 4. Aufl., § 13, Rn. 8-12; VON KEITZ, I., ET AL., in: Baetge et al., IFRS-Kommentar, 2. Aufl., IAS 37, Rn. 14; SCHELLHORN, M., Rückstellungen für ungewisse Verbindlichkeiten, S. 320.

1169 Vgl. hierzu auch die Ausführungen zur Behandlung von Besserungsscheinen, die in Folge eines Forderungsverzichts gewährt wurden in Abschn. 453.1.

1170 Vgl. zum Recht der Zwangsvollstreckung, welches im 8. Buch der ZPO geregelt ist, bspw. KINDL, J./MELLER-HANNICH, C./WOLF, H.-J., Recht der Zwangsvollstreckung, Buch 8.

1171 Dies gilt selbstredend nur für den Fall, dass der gem. IAS 39.AG62 vorgeschriebene ursprüngliche Effektivzinssatz, und nicht etwa der durch das erhöhte Ausfallrisiko erhöhte Zinssatz für den Barwerttest angewandt wird.

1172 Vgl. hierzu Fn. 1159.

1173 Vgl. allgemein zu den Passivierungskriterien Abschn. 253.42.

einer positiven Fortführungsannahme die Mindestwahrscheinlichkeit des Eintritts künftiger Jahresüberschüsse und damit der tatsächlichen Inanspruchnahme aus der im Rang zurückgetretenen Verbindlichkeit in aller Regel zu bejahen sein wird. Schließlich ist die Schuld in Form des Nennbetrags der zur Grunde liegenden Verbindlichkeit auch quantifizierbar.

Von dieser, insofern positiv beschiedenen Prüfung der Passivierungskriterien ist indes die Untersuchung des Passivierungszeitpunktes zu unterscheiden. Entscheidungserheblich für die Frage der Passivierung ist insofern nicht nur der (unberührte) rechtliche Bestand bzw. die rechtliche Entstehung einer im Rang zurückgetretenen Verbindlichkeit.[1174] Vielmehr ist entscheidend, ob die im Rang zurückgetretene Verbindlichkeit eine gegenwärtige Belastung darstellt[1175] bzw. ob diese Verbindlichkeit in der hier verwendeten Systematik bis zum Bilanzstichtag wirtschaftlich verursacht wurde.[1176] Wie bereits angedeutet, bejahen einige Autoren diese wirtschaftliche Verursachung, indem sie betonen, dass die zur Rede stehende Verbindlichkeit vor Vereinbarung des Rangrücktritts wirtschaftlich verursacht gewesen sei und dies auch für die später im Rang zurückgetretene Verbindlichkeit gelten müsse.[1177] Diesem „Kunstgriff" kann hier nicht uneingeschränkt gefolgt werden. Zwar darf von der wirtschaftlichen Verursachung der Ursprungsverbindlichkeit nicht (vollends) abstrahiert werden, jedoch ist die Verbindlichkeit, für die ein Rangrücktritt vereinbart wurde nach meinem Dafürhalten in ihrer Gesamtheit und insofern v. a. inkl. der u. U. vereinbarten Besserungsabreden[1178] zu würdigen.[1179]

Wie bereits im Rahmen der Analyse von Zahlungsaufschüben dargestellt,[1180] ist auch im vorliegenden Abschnitt der Bedeutungszusammenhang der diskutierten Bilanzierung zu beachten. Dabei stehen die, aufgrund der jeweils vereinbarten Besserungsabreden ihrem wirtschaftlichen Gehalt nach deckungsgleichen, Rangrücktritte und Forderungsverzichte gewissermaßen in einem wechselseitigen Bedeutungszusammenhang. Aufgrund dieses vergleichbaren wirtschaftlichen Gehalts, den jüngst auch der BFH explizit zur Sprache brachte,[1181] wurde bzw. wird von Teilen des Schrifttums folgerichtig eine analoge bilanzielle Abbildung dieser Sanierungsmaßnahmen gefordert.[1182] Ohne

---

1174 Die rechtliche Entstehung eines Schuldpostens ebenso nicht als hinreichendes Passivierungskriterium erkennend WOLF, S., Zuschüsse nach HGB und IFRS, S. 130; BÖCKING, H.-J., Verbindlichkeitsbilanzierung, S. 65; BERNDT, T., Rangrücktrittsvereinbarungen, S. 2745 f. sowie die in Fn. 1176 zitierten Autoren.

1175 Vgl. BFH (Hrsg.), 30.11.2011 - I R 100/10, S. 451, der in seiner Argumentation explizit Bezug zum wirtschaftlich mit dem Rangrücktritt vergleichbaren Forderungsverzicht mit Besserungsschein nimmt. Vgl. auch Fn. 1185.

1176 Diese Ansicht (in Bezug auf die Rückstellungsbilanzierung) ebenso vertretend BAETGE, J./KIRSCH, H.-J./THIELE, S., Bilanzen, S. 423; NAUMANN, K.-P., Rückstellungsbilanzierung, S. 536; BALLWIESER, W., in: Böcking et al., Beck HdR, B 131, Rn. 79; HFA DES IDW, RS HFA 34, Tz. 18 und wohl auch WOLF, S., Zuschüsse nach HGB und IFRS, S. 130. A. A. (Abstellen auf rechtlichen Entstehungszeitpunkt) v. a. ADS, § 249, Rn. 69; MAYER-WEGELIN, E., in: Küting/Pfitzer/Weber, HdR-E, 5. Aufl., § 249 HGB, Rn. 43; SIEGEL, T., Umweltschutz im Jahresabschluss, S. 334-336; JONAS, H., Rückstellung, S. 342 f. Vgl. zudem Abschn. 253.52 und die Nachweise in Fn. 419.

1177 Vgl. zu dieser Ansicht die Nachweise in Fn. 1127.

1178 Vgl. hierzu die Abschn. 431.2 und 431.3.

1179 So in Bezug auf den Verzicht mit Besserungsabrede auch WOLF, S., Zuschüsse nach HGB und IFRS, S. 132.

1180 Vgl. Abschn. 423.22.

1181 Vgl. BFH (Hrsg.), 30.11.2011 - I R 100/10, S. 451.

1182 Vgl. WOLF, S., Zuschüsse nach HGB und IFRS, S. 132 f.; BÖCKING, H.-J., Bilanzrechtstheorie und Verzinslichkeit, S. 61 f.; HERLINGHAUS, A., Forderungsverzichte und Besserungsvereinbarungen, S. 153 f.; GROH, M., Eigenkapitalersatz, S. 1884 f.; SCHULZE-OSTERLOH, J., Rangrücktritt, Besserungsschein, eigenkapitalersetzende Darlehen, S. 104; SCHRADER, N., Die Besserungsabrede, S. 117 sowie hierzu auch BFH (Hrsg.), 30.03.1993 - IV R 57/91, S. 502; PRIESTER, H.-J., Gläubigerrücktritt, S. 2434; PRIESTER, H.-J., Gesellschafterdarlehen, Fn. 90.

die Bilanzierung dieses Forderungsverzichts vorwegzunehmen, ist für die folgende Analyse darauf hinzuweisen, dass dieses Sanierungsinstrument zumindest nach der h. M. zur Ausbuchung der betroffenen Verbindlichkeit führt, während die Besserungsverpflichtung nicht zu bilanzieren sei, da diese noch nicht wirtschaftlich verursacht sei.[1183] Vor diesem Hintergrund sollen nun die verschiedenen Rangrücktritte, beginnend mit deren schwächster Form, in Bezug auf ihre handelsrechtliche Bilanzierung bzw. genauer hinsichtlich ihrer wirtschaftlichen Verursachung bis zum Bilanzstichtag analysiert werden.

Wird die Reichweite eines Rangrücktritts auf das Insolvenzverfahren beschränkt (§ 19 Abs. 2 S. 2 InsO), kann m. E. kein Zweifel hinsichtlich der unveränderten Passivierungspflicht der zu Grunde liegenden Verbindlichkeit bestehen. Wie bereits in Abschn. 431.31 dargelegt, ist diese Verbindlichkeit unter dem vorinsolvenzlichen Regime des HGB[1184] weiterhin durchsetzbar, sie stellt damit ohne Zweifel eine wirtschaftliche Belastung des derzeitigen Vermögens dar und muss folglich als wirtschaftlich verursacht gelten.[1185]

Als extremste Gegenposition zu diesem Rangrücktritt muss diejenige Vereinbarung gelten, die neben der eigentlichen Subordination eine vorinsolvenzliche Rückzahlungssperre in Gestalt der bereits erläuterten Bedienungstrias vorsieht. Deren Elemente könnten – entgegen der wirtschaftlichen Verursachung der ursprünglichen Verbindlichkeit – gegen eine wirtschaftliche Verursachung respektive Belastung der im Rang zurückgetretenen Verbindlichkeit sprechen. Fraglich ist zunächst, ob die Tilgung aus einem **Liquidationsüberschuss** das derzeitige Vermögen belastet. Unstrittig ist, dass im Falle einer künftigen Liquidation in aller Regel[1186] (auch) das zum Bilanzstichtag bereits vorhandene Vermögen herangezogen wird, um die im Rang zurückgetretene Verbindlichkeit zu bedienen.[1187] Während manche Autoren dies als Begründung für die wirtschaftliche Belastung aus der im Rang zurückgetretenen Verbindlichkeit heranziehen,[1188] wies jüngst der BFH darauf hin, dass unter dem Regime des HGB vom going-concern-Prinzip auszugehen und der Liquidationsfall insofern nicht zu berücksichtigen sei.[1189] Das letztgenannte Argument erscheint valide, da in der

1183 Vgl. ausführlich hierzu die Darstellungen und Diskussionen in Abschn. 45.

1184 Vgl. in diesem Zusammenhang auch Fn. 69.

1185 Es sei darauf hingewiesen, dass manche Autoren im Kontext der Bilanzierung von Rangrücktritten von der wirtschaftlichen Belastung, andere hingegen von der wirtschaftlichen Verursachung der zur Rede stehenden Schuld sprechen. Nach Ansicht von KESSLER, H., Eigenkapitalähnliche Mittel, S. 2109 ist eine Verbindlichkeit wirtschaftlich verursacht, sofern sie eine wirtschaftliche Belastung für das am Bilanzstichtag existente Vermögen darstellt. Dieser Interpretation, die m. E. Ausfluss der Alimentationstheorie (vgl. Abschn. 253.52) ist, wird hier gefolgt. Von der Wesentlichkeitstheorie als zweite Interpretation der wirtschaftlichen Verursachung wird hier abstrahiert, da diese aufgrund ihrer Anwendungsschwierigkeiten (vgl. bereits Abschn. 253.52 und v. a. Fn. 425) nicht zu eindeutigen Ergebnissen führt, wie allgemein und ausführlich in Abschn. 453.231. gezeigt werden wird. Vgl. zu diesem Schluss auch HOMMEL, M., in: Baetge/Kirsch/Thiele, Bilanzrecht, § 249 HGB, Rn. 76-78; GELLRICH, K. M., Konzept der Passivierung, S. 134 f.; DZIADKOWSKI, D., Nicht-Passivierung, S. 504.

1186 Eine Ausnahme hiervon könnte nur darin gesehen werden, dass die Liquidation so weit in der Zukunft stattfindet bzw. stattfinden soll, dass das derzeitige Vermögen sich zu diesem späteren Zeitpunkt nicht mehr im Unternehmen befindet.

1187 Vgl. BFH (Hrsg.), 30.11.2011 - I R 100/10, S. 451; SCHMID, H., Rangrücktritt, S. 841.

1188 So SCHMID, H., Rangrücktritt, S. 841; KESSLER, H., Eigenkapitalähnliche Mittel, S. 2109 und wohl auch HÄUSELMANN, H., Rangrücktritt vs. Forderungsverzicht, S. 1554 und WEBER-GRELLET, H., in: Schmidt/Weber-Grellet/Heinicke, Kommentar EStG, 33. Aufl., § 5 EStG, Rn. 315.

1189 Vgl. BFH (Hrsg.), 30.11.2011 - I R 100/10, S. 451.

hier behandelten Sanierungssituation regelmäßig von der Fortführungsprämisse auszugehen ist[1190] und es nicht sachgerecht erscheint, die wirtschaftliche Belastung auf einen *unrealisierten* Liquidationsüberschuss zu gründen, der zudem in aller Regel weder in Bezug auf den Zeitpunkt seines Anfalls noch bzgl. seiner Höhe, die sich außerdem vollkommen von den Ansatz- und Bewertungsgrundsätzen der Handelsbilanz lösen müsste,[1191] abschätzbar ist.[1192] Eine andere Beurteilung wäre nur möglich, sofern die Verpflichtung mit an Sicherheit grenzender Wahrscheinlichkeit nicht erfüllt werden müsste.[1193] Dieser Fall wird jedoch im Vorfeld des Insolvenzverfahrens auszuschließen sein.[1194] Folglich bestehen erhebliche Zweifel, ob ein Rangrücktritt, der neben der Subordination die Tilgung aus einem Liquidationsüberschuss vorsieht, als wirtschaftlich verursacht gelten kann.

Diese Zweifel sind grundsätzlich auch nicht durch den regelmäßig vertraglich festgelegten Zusatz,[1195] dass eine Tilgung auch aus **künftigen Gewinnen** erfolgen müsse, zu zerstreuen. Während die Tilgung aus einem Liquidationsüberschuss zumindest mittelbar das derzeitige Vermögen belastet, soll dies bei einem Rekurs auf künftige Gewinne in aller Regel explizit ausgeschlossen werden, wodurch allein durch diese Tilgungsbestimmung keine wirtschaftliche Verursachung begründet werden kann.[1196] Zu beachten ist indes, dass der Begriff des Gewinns (u. U. entgegen erster Rezeption) in diesem Zusammenhang auslegungsbedürftig ist. Fraglich ist v. a., ob mit diesem handelsrechtlich nicht definierten Begriff der Bilanzgewinn oder der Jahresüberschuss gemeint ist. Sofern das Schrifttum definitorisch unsauber von künftigen Gewinnen spricht, wird mit SCHULZE-OSTERLOH im Allgemeinen wohl jener Bilanzgewinn gemeint sein, der auf künftigen Jahresüberschüssen oder künftigen Zuzahlungen in die Kapitalrücklage (und deren anschließender Auflösung) basiert.[1197] Nur eine derartige, im Folgenden stets in dieser Form unterstellte,[1198] Tilgungsbestim-

---

1190 Vgl. hierzu die Ausführungen zum going-concern-Prinzip in Abschn. 253.3.

1191 Die daraus erwachsenden Probleme hat das Schrifttum schon frühzeitig erkannt, da gemeinhin anerkannt ist, dass das Zerschlagungsvermögen (welches für die Ermittlung des Liquidationsüberschusses essentiell ist) nicht objektiviert ermittelt werden kann, vgl. hierzu nur MOXTER, A., Unternehmensfortführung, S. 348 f.; HATER, A., Fortbestehensprognose und Fortführungsprognose, S. 178 m. w. N. Nichtsdestoweniger sollte eine rechenschaftsorientierte, handelsrechtliche Rechnungslegung bestimmte Anhaltspunkte (vgl. Abschn. 251.2) u. a. auch für die Bewertung der Folgen dieser Risikoextremsituation bereitstellen, vgl. auch Abschn. 465.

1192 So neben BFH (Hrsg.), 30.11.2011 - I R 100/10, S. 451 auch ADS, § 246, Rn. 152, vgl. hierzu zudem KAMMETER, R./GEIßELMEIER, W., MoMiG, S. 215; SCHRUFF, L., Verpflichtungen aus Besserungsscheinen, S. 157.

1193 Vgl. KESSLER, H., Eigenkapitalähnliche Mittel, S. 2109; KÜTING, K./KESSLER, H./REUTER, M., in: Küting/Pfitzer/Weber, HdR-E, 5. Aufl., § 272 HGB, Rn. 215; FUNK, T., Rangrücktritt, S. 869; MOXTER, A., Bilanzrechtsprechung, S. 63; SCHMID, H., Rangrücktritt, S. 841; SCHUBERT, W. J., in: Förschle et al., BeBiKo, 9. Aufl., § 249 HGB, Rn. 43; BERNDT, T., Rangrücktrittsvereinbarungen, S. 2745 f. Dieses Wahrscheinlichkeitskriterium, welches inzwischen auch handelsrechtlich allgemein anerkannt ist (vgl. die vorstehenden Nachweise), basiert ursprünglich auf folgendem Urteil BFH (Hrsg.), 22.11.1988 - VIII R 62/85, S. 359-362.

1194 Vgl. neben den Nachweisen in Fn. 1193 auch BERNDT, T., Rangrücktrittsvereinbarungen, S. 2745 f.; SCHRUFF, L., Verpflichtungen aus Besserungsscheinen, S. 159.

1195 Vgl. zur Verbreitung dieses Zusatzes nur CASPER, W., Rücklagendotierung, S. 148; BÖCKING, H.-J., Verbindlichkeitsbilanzierung, S. 80; HERLINGHAUS, A., Forderungsverzichte und Besserungsvereinbarungen, S. 154.

1196 Vgl. auch ADS, § 246, Rn. 150; SCHMID, H., Rangrücktritt, S. 839 sowie HÜTTEMANN, U., in: von Wysocki et al., HdJ, Abt. III/8, Rn. 58, der Verpflichtungen aus Besserungsabreden passivieren will, da „unter dem Gesichtspunkt des Going-Concern-Prinzips zukünftige Gewinne i. d. R. zumindest nicht ausgeschlossen werden können", vgl. hierzu auch Fn. 1214 und SCHRUFF, L., Verpflichtungen aus Besserungsscheinen, S. 159.

1197 Vgl. SCHULZE-OSTERLOH, J., Rangrücktritt, Besserungsschein, eigenkapitalersetzende Darlehen, S. 99 f. sowie hierzu auch CASPER, W., Rücklagendotierung, S. 147 f.; ADS, § 246, Rn. 151.

1198 Die derart verstandene Tilgung aus künftigen Gewinnen wird sowohl im Rahmen der folgenden Ausführungen zum Rangrücktritt als v. a. auch in Abschn. 45 relevant werden.

mung vermeidet zudem (isoliert betrachtet) die wirtschaftliche Verursachung der zu Grunde liegenden Verbindlichkeit bis zum Bilanzstichtag. Dies würde bspw. nicht gelten, wenn unter dem Gewinn schlicht der Bilanzgewinn verstanden würde,[1199] denn einen Bilanzgewinn vermag der Bilanzierende auch mittels der Rücklagenauflösung herbeizuführen.[1200] In diesem Fall wäre aber gerade das zum Bilanzstichtag existente Vermögen belastet und die Tilgungsbestimmung würde eine wirtschaftliche Verursachung nicht mehr ausschließen. Hierin liegt insofern letztlich auch der (entscheidende) Unterschied zur nachfolgend erläuterten Tilgung aus dem sonstigen freien Vermögen.[1201] Selbstredend liegt eine wirtschaftliche Verursachung auch dann nicht vor, wenn der Rangrücktritt mit einer Tilgung nur aus künftigen Jahresüberschüssen (nach Abzug bestehender Verlustvorträge[1202]) oder nur aus künftigen Einlagen verbunden wird.[1203] Zusammenfassend ist der Unternehmenspraxis insofern zu empfehlen, nicht allgemein auf künftige Gewinne, sondern auf die oben genannten Bilanzgewinne zu rekurrieren.[1204]

Als letztes Element der Bedienungstrias ist schließlich die Vereinbarung, dass die Verbindlichkeit zusätzlich aus **sonstigem freien Vermögen** zu bedienen ist, auf ihren Einfluss auf die wirtschaftliche Verursachung der zu Grunde liegenden Verbindlichkeit zu untersuchen. Der überwiegende Teil der Fachwelt begründet die wirtschaftliche Verursachung und damit eine fortgesetzte Bilanzierung der betroffenen Verbindlichkeit gerade mit dieser Tilgungsbestimmung.[1205] Dieser Ansicht kann hier in ihrer undifferenziert vorgetragenen Form allerdings nicht gefolgt werden. Vielmehr kann eine wirtschaftliche Verursachung bzw. Belastung des zum Bilanzstichtag existenten Vermögens im Grunde nur vorliegen, wenn das Unternehmen zum Zeitpunkt des Abschlusses dieser Tilgungsvereinbarung noch über freies Vermögen verfügt.[1206] Folgt man dieser Argumentation, könnte jedoch im Falle des Verbrauchs des (ursprünglich existenten) freien Vermögens in den Folgeperioden argumentiert werden, dass eine wirtschaftliche Verursachung und damit eine Passivierungspflicht der im Rang zurückgetretenen Verbindlichkeit zu diesem späteren Zeitpunkt nicht mehr vorläge. Dieser Vorstoß wäre jedoch zurückzuweisen, da die letztmalig zum Zeitpunkt des Rangrücktritts modifizierte Verbindlichkeit zwar nicht in der dann aktuellen, jedoch (in ihrer derzeitigen Form) in früheren Perioden wirtschaftlich verursacht wurde.[1207] In diesem Zusammenhang bedarf es zudem der Klärung, was die Parteien unter dem sonstigen freien Vermögen verstehen. In aller Regel wird

1199 So aber z. B. OBERMÜLLER, M., Insolvenzrecht, Rn. 1.1347.

1200 Vgl. SCHULZE-OSTERLOH, J., Rangrücktritt, Besserungsschein, eigenkapitalersetzende Darlehen, S. 99 f.; ADS, § 246, Rn. 151.

1201 Vgl. hierzu auch bereits die Nachweise in Fn. 1206.

1202 Vgl. SCHULZE-OSTERLOH, J., Rangrücktritt, Besserungsschein, eigenkapitalersetzende Darlehen, S. 99.

1203 Vgl. hierzu auch HOFFMANN, W.-D./LÜDENBACH, N., NWB-Kommentar, § 246, Rn. 89.

1204 Vgl. zur Forderung einer möglichst genauen Festlegung dieses Besserungsfalls auch HERLINGHAUS, A., Forderungsverzichte und Besserungsvereinbarungen, S. 130; HORST, A., Entschuldungsinstrumente, S. 658; BECKER, B./PAPE, M./WOBBE, C., Besserungsschein, S. 507.

1205 Vgl. SCHUBERT, W. J., in: Förschle et al., BeBiKo, 9. Aufl., § 247 HGB, Rn. 238; KÜTING, K./KESSLER, H./REUTER, M., in: Küting/Pfitzer/Weber, HdR-E, 5. Aufl., § 272 HGB, Rn. 215; BFH (Hrsg.), 30.11.2011 - I R 100/10, S. 452; BMF (Hrsg.), 08.09.2006 - IV B 2 - S 2133 - 10/06, Tz. 6 und Tz. 8.

1206 Vgl. zu dieser differenzierteren Ansicht auch SCHMID, H., Rangrücktritt, S. 840; HOFFMANN, W.-D./LÜDENBACH, N., NWB-Kommentar, § 246, Rn. 89 f.

1207 Diese Feststellung ist indes nicht mit der Fragestellung zu verwechseln, ob eine wirtschaftlich verursachte Verbindlichkeit auch nach ihrer Modifikation in Gestalt eines Rangrücktritts weiterhin als wirtschaftlich verursacht gelten kann. Diese wird im weiteren Verlauf dieses Abschnitts adressiert.

hiermit das Vermögen nach Abzug der Verbindlichkeiten und des gezeichneten Kapitals zu verstehen sein, da nur dieses, in den Folgeperioden durch Gewinne oder Einlagen ausweitbare, Vermögen zur Schuldentilgung frei zur Verfügung steht.[1208] Grundsätzlich nicht zu diesem freien Vermögen sind die eventuell vorhandenen stillen Reserven zu zählen.[1209] Nach der hier vertretenen Auffassung scheint dieser Schluss schon deshalb geboten, da dieses Vermögen gerade (noch) nicht für Tilgungszwecke zur freien Verfügung steht. Hiervon kann m. E. nur abgewichen werden, wenn die Parteien die Tilgung explizit an bestimmte stille Reserven knüpfen, von deren Existenz mit hinreichender Sicherheit ausgegangen werden kann. Derartige Vereinbarungen werden in praxi indes eher als Teil eines Vertrags zur Bestellung von Realsicherheiten und wohl weniger als Tilgungsbestimmung einer Rangrücktrittserklärung geschlossen werden.[1210]

Isoliert betrachtet kann die Tilgung aus einem Liquidationsüberschuss und aus künftigen Gewinnen somit die wirtschaftliche Verursachung der zu Grunde liegenden Verbindlichkeit nicht begründen, während die Tilgung aus sonstigem Vermögen dies zumindest unter bestimmten Bedingungen vermag. Nur im letztgenannten Fall wäre folglich ein fortgesetzter Ausweis der Verpflichtung statthaft. Da jedoch auch zu berücksichtigen ist, dass die zur Rede stehende Verbindlichkeit vor dem Rangrücktritt bereits wirtschaftlich verursacht war, erscheint zusammenfassend ein eindeutiges Urteil hinsichtlich der wirtschaftlichen Verursachung der nunmehr im Rang zurückgetretenen Verbindlichkeit nicht möglich. In der Gesamtschau wird die Passivierungsentscheidung daher letztlich mit Rekurs auf das handelsrechtliche Vorsichtsprinzip zu beantworten sein,[1211] wodurch im Ergebnis die rechtlich fortbestehende, im Rang zurückgetretene Verbindlichkeit dem Grunde nach weiterhin zu passivieren sein wird. Dies entspricht im Ergebnis der h. M., nicht jedoch der weit verbreiteten Argumentation, dass letztlich der rechtliche Fortbestand der Verbindlichkeit die Passivierung gebiete.[1212]

433.3 Bewertung einer im Rang zurückgetretenen Verbindlichkeit

Vom Ansatz dieser Verbindlichkeit ist jedoch deren **Bewertung** zu trennen. Analog zu den Ausführungen in Abschn. 423.23 erscheint es de lege lata auch hier geboten, die mit dem Rangrücktritt versehene Verbindlichkeit gem. § 253 Abs. 1 S. 2 HGB weiterhin zu ihrem vollen Erfüllungsbetrag

---

1208 Vgl. ADS, § 246, Rn. 153; RÄTKE, B., Gewinnerhöhung durch Rangrücktritt, S. 339; OBERMÜLLER, M., Insolvenzrecht, Rn. 1.1354.

1209 Vgl. ADS, § 246, Rn. 151; SCHULZE-OSTERLOH, J., Rangrücktritt, Besserungsschein, eigenkapitalersetzende Darlehen, S. 100. A. A. TARASCHKA, F., Behandlung Rangrücktritt, S. 110 f.

1210 Vgl. weiterführend zu den Realsicherheiten Abschn. 462.

1211 Ebenso den Vorsichtsgrundsatz bemühend WOLF, S., Zuschüsse nach HGB und IFRS, S. 131; HÄUSELMANN, H., Rangrücktritt vs. Forderungsverzicht, S. 1554; IDW, IDW-Mitteilung 28.9.2005, S. 16; BFH (Hrsg.), 30.03.1993 - IV R 57/91, S. 502 und wohl auch ADS, § 246, Rn. 146; SCHMIDT, K., Quasi-Eigenkapital, S. 502; BÖCKING, H.-J., Verbindlichkeitsbilanzierung, S. 69-71, vgl. zudem bereits Fn. 470 und Fn. 471.

1212 Vgl. zur h. M. die Nachweise in Fn. 1123. A. A. BFH (Hrsg.), 30.11.2011 - I R 100/10, S. 451 und SCHULZE-OSTERLOH, J., Rangrücktritt, Besserungsschein, eigenkapitalersetzende Darlehen, S. 99-101, die eine Passivierung einer Verbindlichkeit zurückweisen, sofern ein Rangrücktritt vorsieht, dass diese nur aus künftigen Gewinnen oder einem Liquidationsüberschuss zu bedienen ist (vgl. bereits Fn. 1105). Letztere Auffassung wurde zwischenzeitlich auch von PRIESTER vertreten, vgl. PRIESTER, H.-J., Gläubigerrücktritt, S. 2434; PRIESTER, H.-J., Gesellschafterdarlehen, Fn. 90. Noch weitgehender WINNEFELD, R., Bilanz-Handbuch, 4. Aufl., Kap. M, Rn. 957, der eine Verbindlichkeit selbst dann ausbuchen will, wenn die volle Bedienungstrias vereinbart wird.

anzusetzen.[1213] Gleichermaßen mit Rekurs auf den dort erläuterten realitätsgerechteren Belastungsausweis könnte indes de lege ferenda auch hier eine Abzinsung der zur Rede stehenden Verbindlichkeit in Frage kommen.[1214] Selbstredend gilt diese Feststellung primär für jene Rangrücktritte, die mit den bereits erläuterten Besserungsabreden versehen werden. Nicht diskussionswürdig erscheint hingegen die Abzinsung jener Verbindlichkeiten, die in Folge des Rangrücktritts lediglich im Insolvenzverfahren nachrangig zu bedienen sind, da diese Verbindlichkeiten weiterhin (kurzfristig) durchsetzbar bleiben und deren Barwerte infolgedessen regelmäßig nicht wesentlich von deren Nennwerten divergieren werden. Im Gegensatz dazu führen vorinsolvenzlich wirksame Rangrücktritte wirtschaftlich betrachtet grundsätzlich zu (sehr) langfristigen Zahlungsaufschüben der zu Grunde liegenden Verbindlichkeiten. In diesem Kontext ist indes zu betonen, dass die Fälligkeit einer im Rang zurückgetretenen Verbindlichkeit, im Vergleich zur Fälligkeit einer Verbindlichkeit für die ein Zahlungsaufschub vereinbart wurde, signifikant größeren Unsicherheiten unterliegt. Dies ist darauf zurückzuführen, dass im Rahmen von (bilateral) vereinbarten Zahlungsaufschüben die Fälligkeit der entsprechenden Verbindlichkeit regelmäßig bis zu einem exakt bestimmten Zeitpunkt verlagert wird, während die Fälligkeit einer im Rang zurückgetretenen Verbindlichkeit an den Eintritt künftiger, zeitlich weniger bestimmter bzw. bestimmbarer Ereignisse geknüpft ist. Eine Ausnahme besteht hier lediglich in Gestalt zeitlich befristeter Rangrücktritte, die nach meinem Dafürhalten aufgrund des (exakt) bestimmten Zeitraums ihrer Wirksamkeit analog zur bereits diskutierten Behandlung gestundeter Verbindlichkeiten bilanziert werden sollten.[1215] Gleichermaßen ist jedoch zu betonen, dass Verbindlichkeiten für die ein befristeter Rangrücktritt vereinbart wurde weiterhin in der Überschuldungsbilanz zu erfassen sind[1216] und diesen Rangrücktritten daher in praxi wohl nur eine untergeordnete Bedeutung zukommen wird. Abstrahiert man von diesen zeitlich befristeten Rangrücktritten und wendet sich den praktisch relevanteren, vorinsolvenzlich wirksamen Rangrücktrittserklärungen zu, soll an dieser Stelle – vergleichbar zur Abbildung von Zahlungsaufschüben – auch hier eine, zumindest in der Grundidee am entsprechenden IFRS-Vorgehen orientierte,[1217] Abzinsung der derart im Rang zurückgetretenen Verbindlichkeiten zur Diskussion gestellt werden.

Vor dem Hintergrund der damit einhergehenden Verletzung des Realisationsprinzips[1218] und mit Blick auf das handelsrechtliche Vorsichtsprinzip[1219] sollte die aus wirtschaftlicher Perspektive gebotene Abzinsung[1220] wie folgt flankiert werden. Zunächst erscheint in diesem Kontext die bereits vorgeschlagene Verwendung objektivierter Bundesbankzinssätze, die ihrerseits an vorsichtig

[1213] Dies gilt indes nicht für Pensionsrückstellungen, für die ein Rangrücktritt vereinbart wurde. Die Pensionsrückstellungen sind gem. dem in Abschn. 342.1 dargelegten Vorgehen weiterhin zum abgezinsten Erfüllungsbetrag auszuweisen.

[1214] Auch für HÜTTEMANN, U., in: von Wysocki et al., HdJ, Abt. III/8, Rn. 58 kommt eine derartige Abzinsung für im Rahmen eines Verzichts eingeräumte Besserungsabreden in Frage.

[1215] Vgl. hierzu Abschn. 423.

[1216] Vgl. hierzu ADS, § 246, Rn. 139; SCHMID, H., Rangrücktritt, S. 837-839.

[1217] Vgl. hierzu Abschn. 433.1.

[1218] Vgl. hierzu bereits die ausführliche Diskussion in Abschn. 423.

[1219] Vgl. zu diesem Abschn. 253.6.

[1220] Vgl. hierzu die Abschn. 423.1 und 431.2.

geschätzten Restlaufzeiten anknüpfen sollten,[1221] als zweckmäßig. Vor dem Hintergrund, dass die Fälligkeit der im Rang zurückgetretenen Verbindlichkeit bis auf die oben erläuterten Ausnahmen mit vergleichsweise großen Unsicherheiten behaftet ist, sollte die Abzinsung zudem nur dann zulässig sein, wenn die Rückzahlungsmodalitäten auf hinreichend sicheren, validen Planungsrechnungen des Unternehmens beruhen. Diese Planungsrechnungen werden spätestens seit dem BilMoG in aller Regel vorliegen, da sie in der Sanierungssituation nicht zuletzt für die Berechnung der (aktiven) latenten Steuern (auf Verlustvorträge) erforderlich sind.[1222]

Fehlt diese Datenbasis, liegt sie nicht in hinreichender Qualität vor oder ist die Rückzahlung für das Unternehmen nicht absehbar, sollte hingegen weiterhin der volle Erfüllungsbetrag auszuweisen sein, da eine in diesem Fall vorgenommene Abzinsung mangels valider Datengrundlage weder dem Rechenschaftszweck zuträglich wäre noch mit dem Vorsichtsprinzip vereinbar wäre. Diese Situation wird hier widerlegbar dann vermutet, wenn die Verbindlichkeit in Gänze oder teilweise[1223] erwartungsgemäß erst jenseits des in § 274 Abs. 1 S. 4 HGB kodifizierten fünfjährigen Prognosehorizonts bedient werden kann. Diese Vermutung könnte in der Praxis jedoch insbesondere mit einer hinreichend verlässlichen Unternehmensplanung, die über diesen fünfjährigen Prognosehorizont hinausgeht, widerlegt werden. Während jedoch Prognoserechnungen für den besagten Zeitraum vor dem Hintergrund des § 274 HGB und speziell in Folge des, in der Sanierungssituation verstärkten, Rechtfertigungsdrucks seitens der Gläubiger regelmäßig vorhanden sein werden, darf in praxi gleichermaßen wohl bezweifelt werden, dass für die (bedrohte) Zukunft des Unternehmens jenseits dieses Planungshorizonts eine valide Datenbasis zur Verfügung steht bzw. unter vertretbarem Aufwand zur Verfügung gestellt werden kann.[1224] Obgleich der Abzinsungseffekt gerade im Fall der Tilgung jenseits dieses fünfjährigen Prognosehorizonts erheblich sein wird und die wirtschaftliche Belastung aus der entsprechenden Verbindlichkeit folgerichtig deutlich geringer erscheint, ist diese Beschränkung m. E. aus Gründen der Vorsicht und der Objektivierung geboten. Fehlt es an dieser hinreichenden Prognosesicherheit, hat der Bilanzierende, ggf. durch den Einsatz von Sensitivitäts- oder Szenarioanalysen, im Anhang oder Lagebericht die Höhe und den Zeitpunkt der geschätzten

1221 Diese vorsichtige Schätzung ist bereits nach derzeitiger Rechtslage im Rahmen der Anhangangabe nach § 285 Nr. 1 lit. a HGB angezeigt (vgl. ausführlich bereits Abschn. 341.2). Darüber hinaus fordert auch der HFA DES IDW, RS HFA 34, Rn. 38 explizit eine vorsichtige Schätzung des Zeitpunkts der voraussichtlichen Inanspruchnahme aus einer Verpflichtung.

1222 Vgl. zu diesen Planungsrechnungen ENGELS, W., Latente Steuern auf Verlustvorträge, S. 1556; LOITZ, R., Latente Steuern, S. 1391; MAIER, M. T./WEIL, M., Latente Steuern, S. 2732 und weiterführend auch Abschn. 453.3. Die Verfügbarkeit wird zudem dadurch forciert, dass selbst Unternehmen, welche die Befreiungsvorschrift des § 274a Nr. 5 HGB in Anspruch nehmen, für die gem. § 249 Abs. 1 S. 1 HGB gebotene Rückstellungsbildung für passive latente Steuern bestimmte Planungsrechnungen durchführen werden, vgl. hierzu nur KIRSCH, H.-J./ HOFFMANN, T./SIEGEL, D., Latente Steuern, S. 1290-1295; BRÖSEL, G./HAAKER, A., Wirtschaftliche Verursachung, S. 235-237; HOFFMANN, W.-D./LÜDENBACH, N., NWB-Kommentar, § 274, Rn. 4-9, jeweils m. w. N.

1223 Vgl. in diesem Kontext auch die Ausführungen in Abschn. 453. zum vollständigen und teilweisen Wiederaufleben einer im Rahmen eines Forderungsverzichts vereinbarten Besserungsverpflichtung.

1224 Davon unberührt ist die Tatsache, dass auch Verlustvorträgen jenseits des fünfjährigen Prognosehorizonts weiterhin Relevanz zukommt, da sie nach inzwischen wohl überwiegender Auffassung den Ausweis passiver Steuerlatenzen mindern, vgl. hierzu DRS 18.21; MEYER, M., Ausbuchung latenter Steuern, S. 2542; KESSLER, H./LEINEN, M./PAULUS, B., BilMoG und latente Steuern, S. 723, jeweils m. w. N. A. A. (Verwendung nur jener Verlustvorträge, die in den nächsten fünf Jahren nutzbar sind) noch DEUTSCHER BUNDESTAG (Hrsg.), BT-Drucks. 16/12407, S. 87. Vgl. zur Diskussion dieses fünfjährigen Prognosehorizonts im Rahmen der Bilanzierung passiver latenter Steuern nur MEYER, M., Ausbuchung latenter Steuern, S. 2539-2544.

Rückzahlungen in Grundzügen transparent zu machen, um die Einschätzung der künftigen Liquiditätslage zu erleichtern und die Nachteile obiger Objektivierungsbeschränkung zumindest teilweise auszugleichen.

Nur im Fall, dass der Rückzahlungszeitpunkt in keiner Weise abschätzbar ist und sich insofern auch nicht in den unternehmensinternen Planungsdaten widerspiegelt, wird nach der hier vertretenen Ansicht ein allgemeiner Hinweis auf diese fehlende Prognosemöglichkeit als hinreichend erachtet.[1225] Außerdem erscheint es, analog zu den Ausführungen in Abschn. 423.34, zweckmäßig, neben den bereits erläuterten Angaben[1226] im Anhang die Nominalbeträge der im Rang zurückgetretenen Verbindlichkeiten offenzulegen. Nicht erforderlich ist hingegen die ebenso in Abschn. 423.34 diskutierte Ausschüttungssperre, da im Falle des Rangrücktritts durch den in aller Regel vorliegenden Bezug zur künftigen Jahresüberschusserzielung regelmäßig keine Gläubigerschädigung droht.[1227] Dies resultiert daraus, dass der Restrukturierungsertrag stets zunächst zur Bedienung der im Rang zurückgetretenen Verbindlichkeit verwandt werden muss, bevor er (theoretisch) an die Anteilseigner ausgeschüttet werden könnte.[1228]

Abschließend ist die Frage zu adressieren, inwiefern die in Folge des Rangrücktritts (de lege ferenda) abzuzinsende Schuldposition unter den Verbindlichkeiten oder als Rückstellung zu erfassen ist.[1229] Ein Rückstellungsausweis könnte zunächst mit dem z. T. vorgebrachten Einwurf, dass für eine Verpflichtung eine Rückstellung zu bilden sei, sofern deren Fälligkeit ungewiss sei, begründet werden.[1230] Außerdem wäre ein Rückstellungsausweis auch dem Ziel zuträglich, die Verbindlichkeitsposition handelsrechtlich möglichst von Schätzungen und damit der Abzinsung freizuhalten.[1231] Gegen den Rückstellungsausweis könnte bzw. konnte hingegen angeführt werden, dass auch Rentenverpflichtungen auf Schätzungen beruhen und diese – zumindest teilweise – weiterhin als Verbindlichkeiten zu bilanzieren sind.[1232] Dieser Vorstoß ging jedoch bereits auf Basis der mittlerweile zurückgedrängten Auffassung, dass Rentenverpflichtungen stets innerhalb der Verbindlichkeiten auszuweisen waren, fehl, da selbst die rückstellungsähnlichen Rentenverpflichtungen der Fälligkeit nach i. d. R. eindeutig bestimmt sind und § 253 Abs. 2 S. 3 HGB hier insofern nicht

---

1225 Dieser könnte zusätzlich zu den in den Abschn. 432.2 und 432.3 diskutierten Angaben bspw. wie folgt lauten: „Der Rückzahlungszeitpunkt der im Rang zurückgetretenen Verbindlichkeit ist zum Zeitpunkt der Aufstellung des Jahresabschlusses für die Unternehmensleitung nicht abschätzbar. Insbesondere kann zum jetzigen Zeitpunkt nicht davon ausgegangen werden, dass diese Verbindlichkeiten in den kommenden fünf Jahren [bzw. bis zum Ende der hinreichend konkretisierten Unternehmensplanungen] bedient werden können respektive müssen“.

1226 Vgl. hierzu bereits Abschn. 432.2.

1227 In Bezug auf Rangrücktritte, die auf das Insolvenzverfahren beschränkt sind, wurde die Zweckmäßigkeit einer Abzinsung bereits oben zurückgewiesen.

1228 Vgl. in diesem Zusammenhang auch die Ausführungen am Ende des Abschn. 453.4 und GROH, M., Eigenkapitalersatz, S. 1884.

1229 Selbstredend betrifft diese Fragestellung nicht die Pensionsrückstellungen, die sowohl im Vorfeld als auch in Folge des Rangrücktritts als Rückstellungen zu erfassen sind.

1230 Vgl. MINDERMANN, T./BRÖSEL, G., Jahresabschlusserstellung, S. 199; WASCHBUSCH, G., in: Petersen/Zwirner/Brösel, Praxiskommentar Bilanzrecht, § 247 HGB, Rn. 123 und wohl auch GAIL, W., Rechtliche Entstehung und wirtschaftliche Verursachung, S. 52. Diese Forderung würde einen Gleichklang zu IAS 37.10 herstellen, der explizit kodifiziert, dass bei ungewisser Fälligkeit eine Rückstellung anzusetzen ist, vgl. hierzu auch bereits Fn. 396.

1231 Vgl. bereits die Ausführungen und Nachweise in den Fn. 984 und 987.

1232 Vgl. die entsprechenden Ausführungen in Abschn. 423.22.

einschlägig war. Darüber hinaus kann diese Argumentation spätestens mit Blick auf die neuere, hier geteilte Auffassung, dass eine mit (zu) großen Unsicherheiten behaftete Rentenverpflichtung als Rückstellung zu erfassen sei, nicht (mehr) überzeugen. Zusammenfassend ist daher für die im Rang zurückgetretene Verbindlichkeit aufgrund ihrer ungewissen Fälligkeit m. E. die Erfassung einer Rückstellung gerechtfertigt.[1233] Im Ergebnis kommt es damit immer dann zu einem Rückstellungsausweis, wenn für diese Schuldposition nach der obigen de lege ferenda Systematik eine Abzinsung geboten ist.[1234]

44 Unbedingte Verzichte

441. Allgemeine Anwendbarkeit und Charakter von Verzichten

Neben dem unbedingten Verzicht auf Bank- oder Lieferantenforderungen ist dieses Sanierungsinstrument auch auf Pensionszusagen respektive die entsprechenden Pensionsrückstellungen **anwendbar**. Unabhängig vom konkreten Restrukturierungsobjekt führt ein unbedingter Verzicht seinem **wirtschaftlichen Charakter** nach stets dazu, dass die Ansprüche des Kapitalgebers in Folge des Verzichts gänzlich oder in Teilen nicht mehr existieren und somit die Höhe der Rückzahlungsverpflichtung herabgesetzt wird.

Während der unbedingte Verzicht in Bezug auf die in dieser Arbeit behandelten Verbindlichkeiten keine wesentlichen (bilanz-)rechtlichen Fragen aufwirft, stellt sich die Situation hinsichtlich erteilter Pensionszusagen, wie bereits in Abschn. 421.1 akzentuiert wurde, ungleich komplexer dar. So basiert der unbedingte Verzicht auf Bank- oder Lieferantenforderungen rechtlich auf einem (schlichten) Erlassvertrag gem. § 397 Abs. 1 BGB,[1235] während der Verzicht bzw. die Herabsetzung von Teilen einer Pensionszusage umfangreichen **rechtlichen** Beschränkungen unterliegt. Diese gilt es im Folgenden gesondert zu erläutern, bevor in Abschn. 443. und Abschn. 444. die bilanzrechtlichen Implikationen dieser Beschränkungen diskutiert werden können.

442. Spezielle arbeitsrechtliche Rahmenbedingungen für die Restrukturierung von Pensionsrückstellungen

442.1 Restrukturierung von Pensionsanwartschaften

Sowohl aufgrund ihrer unterschiedlichen Bedeutung für die kurz- bis mittelfristige Liquiditätslage als auch in Folge ihrer z. T. divergierenden arbeitsrechtlichen Restrukturierungsmöglichkeiten bietet es sich nachfolgend an, zwischen Pensionsverpflichtungen gegenüber Mitarbeitern in der Anwartschaftsphase und gegenüber Rentnern zu differenzieren. Hinsichtlich der Liquiditätswirkung der Restrukturierung von Pensionsrückstellungen ist es offensichtlich, dass die Eingriffe in die kurz- bis mittelfristig fälligen Rentenzahlungen zur, in der hier einschlägigen Sanierungssituation

[1233] Gerade an dieser Ungewissheit fehlt es im Übrigen bei den in Abschn. 42 adressierten Zahlungsaufschüben und den befristeten Rangrücktritten (vgl. Abschn. 433.3), auf Grund dessen in diesen Fällen ein fortgesetzter Verbindlichkeitsausweis geboten erscheint.

[1234] Gewissermaßen schließt sich hier der Kreis zur, oben als de lege ferenda Lösung vorgeschlagenen, Abzinsung dieser Verpflichtungen, da eine Abzinsung von Rückstellungen seit dem BilMoG gem. § 253 Abs. 2 S. 1 HGB bereits de lege lata vorgeschrieben ist, vgl. ausführlich hierzu auch die Abschn. 423.22 und 423.23.

[1235] Vgl. hierzu nur GRÜNEBERG, C., in: Palandt et al., BGB, 73. Aufl., § 397 BGB, Rn. 1-8 sowie ausführlich und m. w. N. RIEBLE, V., in: von Staudinger, BGB, § 397 BGB, Rn. 1-256.

besonders relevanten, unmittelbaren Reduktion von Liquiditätsabflüssen führen können, während dies bei der Restrukturierung der Pensionsrückstellungen für aktive Mitarbeiter (und für ausgeschiedene Mitarbeiter mit unverfallbaren Ansprüchen[1236]) nur in geringerem Maße der Fall ist.[1237] Nichtsdestotrotz kommt den Restrukturierungen letztgenannter Pensionsrückstellungen bzw. der zu Grunde liegenden Pensionszusagen, neben anderweitigen arbeitsrechtlichen Sanierungsmaßnahmen,[1238] im Rahmen der finanziellen Sanierung eine entscheidende Rolle zu,[1239] da sie häufig zur teilweisen (außerplanmäßigen[1240]) Auflösung der Pensionsrückstellung führen und insofern die Finanzlage bzw. Vermögenslage sowie infolgedessen mittelbar auch die Liquiditätslage zu verbessern vermögen.[1241]

Die Restrukturierungsmöglichkeiten der **Pensionsanwartschaften aktiver Arbeitnehmer** werden zunächst durch den Rechtsbegründungsakt der Pensionszusage determiniert. Grundsätzlich kann eine Zusage individualrechtlich[1242] oder kollektivrechtlich[1243] begründet sein. Obgleich im Einzelfall spezielle arbeitsrechtliche Beschränkungen einschlägig sind, konzentrieren sich die folgenden Ausführungen auf die Restrukturierung jener Pensionszusagen, die in den Anwendungsbereich des BetrAVG[1244] fallen und die aufgrund einer ablösenden Betriebsvereinbarung modifiziert werden. Dieser Fokus erscheint zweckmäßig, da über derartige Betriebsvereinbarungen nicht nur die Vielzahl der kollektivrechtlich, i. d. R. auf Betriebsvereinbarungen basierenden, Versorgungszusagen,[1245] sondern bei vorliegender Betriebsvereinbarungsoffenheit auch individualrechtlich gewährte Pensionszusagen mit kollektivem Bezug modifiziert werden können.[1246] Während derartige

[1236] Da Eingriffe in diese Anwartschaften, wie im folgenden Absatz gezeigt wird, der ersten, arbeitsrechtlich besonders strikt geschützten Stufe zuzuordnen sind und ihnen daher in praxi eine untergeordnete Bedeutung zukommt, wird im Folgenden von diesen abstrahiert.

[1237] Vgl. ausführlich hierzu bereits Abschn. 333.

[1238] Hierzu zählen bspw. der Gehaltsverzicht, die Kurzarbeit und die Kündigung. Vgl. weiterführend zu diesen und weiteren – in dieser Arbeit indes nicht untersuchten (vgl. hierzu die Abschn. 32 und 33) – Maßnahmen bspw. BEZANI, T./RICHTER, M., Sanierungsmaßnahmen im Personalbereich, S. 1153-1173; NEUFELD, T., Arbeitsrechtliche Sanierung, S. 123-142; GÖPFERT/LANDAUER, Arbeitsrechtliche Rahmenbedingungen, Rn. 103-151.

[1239] Die große Bedeutung der Restrukturierung von Pensionsrückstellungen für die finanzielle Sanierung betonen bspw. UHLENBRUCK, W., Widerruf wegen wirtschaftlicher Notlage?, S. 121; BEZANI, T./RICHTER, M., Sanierungsmaßnahmen im Personalbereich, S. 1178; NEUFELD, T., Arbeitsrechtliche Sanierung, S. 142.

[1240] Vgl. hierzu bereits Abschn. 342.1.

[1241] Vgl. hierzu neben den Ausführungen in den Abschn. 251.2 und 333. HEINE, M. O./JUNGBLUT, S., Altersversorgung in der Finanzmarktkrise, S. 942; NEUFELD, T., Arbeitsrechtliche Sanierung, S. 142.

[1242] Individualrechtliche Begründungsakte umfassen neben der Einzelzusage die vertragliche Einheitsregelung, die Gesamtzusage, die Zusagen aufgrund betrieblicher Übung und jene in Folge des Gleichbehandlungsgrundsatzes, vgl. OBENBERGER, T./VEIT, A., Neustrukturierung von Pensionszusagen, S. 20.

[1243] Unter die kollektivrechtlichen Begründungsakte sind neben der Zusage aufgrund einer Betriebsvereinbarung jene in Folge eines Tarifvertrags und einer Sprecherausschussvereinbarung zu subsumieren, vgl. hierzu Fn. 1242.

[1244] Vgl. zum persönlichen (und sachlichen) Anwendungsbereich des BetrAVG neben § 17 Abs. 1 S. 1 und S. 2 BetrAVG PRADL, J., Pensionszusagen an GmbH-Geschäftsführer, S. 233 f. sowie zur Restrukturierung von Pensionszusagen gegenüber beherrschenden Gesellschafter-Geschäftsführern jüngst SIEBERT, J., Past und Future Service, S. 1251-1258.

[1245] Im Gegensatz dazu stellen Pensionszusagen aufgrund von Tarifverträgen einen praktischen Ausnahmefall dar, vgl. SCHWINTOWSKI, H.-P., § 43 Betriebliche Altersvorsorge, Rn. 102; LANGOHR-PLATO, U., Betriebliche Altersversorgung, Rn. 1522.

[1246] Vgl. SCHWINTOWSKI, H.-P., § 43 Betriebliche Altersvorsorge, Rn. 97; HÖFER, R., in: Höfer/Reinhard/Reich, BetrAVG, Kap. 5, Rn. 348-356; SCHODEN, M., BetrAVG, Rn. 100 und Rn. 104 f.; KEMPER, K., in: Kemper et al., Komm. BetrAVG, 5. Aufl., § 1 BetrAVG, Rn. 347 f.; REICHEL, C./SCHMANDT, E., Betriebliche Altersversorgung, Kap. C, Rn. 310-316.

Modifikationen außerhalb der Unternehmenskrise typischerweise in Form umstrukturierender Betriebsvereinbarungen relevant werden,[1247] ist im Rahmen der finanziellen Sanierung die verschlechternde Betriebsvereinbarung entscheidend, da nur diese den Dotierungsrahmen verringert und insoweit zur Sanierung des Unternehmens beiträgt.[1248]

Die Eingriffe aufgrund verschlechternder Betriebsvereinbarungen unterliegen, wie im Übrigen auch die einseitige Kündigung einer Betriebsvereinbarung ohne den Abschluss einer neuen Vereinbarung,[1249] den Schranken der Drei-Stufen-Theorie. Grundsätzlich ist diese Theorie Ausfluss der Tatsache, dass betriebliche Versorgungsleistungen zwar aufgrund ihrer Langfristigkeit nicht „versteinern"[1250] dürfen, sprich nachträglich abänderbar sein müssen, jedoch die Versorgungsleistungen zumindest teilweise ein Entgelt für bereits erbrachte Leistungen des Arbeitnehmers darstellen und diese nicht entzogen werden dürfen, da dies einer (entschädigungslosen) Enteignung gleichkäme.[1251] Vor diesem Hintergrund müssen die Rechtfertigungsgründe für die Restrukturierung von Versorgungszusagen umso gewichtiger sein, je stärker in die Besitzstände des Versorgungsberechtigten eingegriffen werden soll.[1252]

Die erste, am stärksten geschützte Stufe umfasst die **erdienten Anwartschaften** gem. § 2 Abs. 1 S. 1 i. V. m. Abs. 5 BetrAVG.[1253] Dieser Besitzstand stünde dem Arbeitnehmer bei sofortigem Ausscheiden aus dem Unternehmen zu.[1254] Eingriffe in diese Ansprüche sind nur aufgrund zwingender Gründe möglich.[1255] Während bis zum Jahr 1999 noch eine wirtschaftliche Notlage als zwingender Rechtfertigungsgrund in Betracht kam,[1256] ist dies nach ständiger Rechtsprechung des BAG[1257] und inzwischen wohl auch nach der ganz überwiegenden Auffassung des

---

1247 Vgl. hierzu KEMPER, K., in: Kemper et al., Komm. BetrAVG, 5. Aufl., § 1 BetrAVG, Rn. 274; HÖFER, R., in: Höfer/Reinhard/Reich, BetrAVG, Kap. 5, Rn. 337 f.; SCHODEN, M., BetrAVG, Rn. 102 f.; SCHWINTOWSKI, H.-P., § 43 Betriebliche Altersvorsorge, Rn. 98; LANGOHR-PLATO, U., Betriebliche Altersversorgung, Rn. 1514.

1248 Vgl. HÖFER, R., in: Höfer/Reinhard/Reich, BetrAVG, Kap. 5, Rn. 339; SCHODEN, M., BetrAVG, Rn. 101; SCHWINTOWSKI, H.-P., § 43 Betriebliche Altersvorsorge, Rn. 99.

1249 Vgl. hierzu KEMPER, K., in: Kemper et al., Komm. BetrAVG, 5. Aufl., § 1 BetrAVG, Rn. 324-330; HÖFER, R., in: Höfer/Reinhard/Reich, BetrAVG, Kap. 5, Rn. 385-397; SCHWINTOWSKI, H.-P., § 43 Betriebliche Altersvorsorge, Rn. 100 f.; SCHODEN, M., BetrAVG, Rn. 127 f.

1250 SCHODEN, M., BetrAVG, Rn. 75.

1251 Vgl. HÖFER, R., in: Höfer/Reinhard/Reich, BetrAVG, Kap. 5, Rn. 573; ROLFS, C., in: Blomeyer/Otto/Rolfs, Betriebsrentengesetz, Anhang zu § 1 BetrAVG, 5. Aufl., Rn. 615 und Rn. 619; SCHWINTOWSKI, H.-P., § 43 Betriebliche Altersvorsorge, Rn. 87.

1252 Vgl. HEITHER, F. H., Rechtsprechung BAG, S. 703 f.; KEMPER, K., in: Kemper et al., Komm. BetrAVG, 5. Aufl., § 1 BetrAVG, Rn. 280; LANGOHR-PLATO, U., Betriebliche Altersversorgung, Rn. 1586; SCHWINTOWSKI, H.-P., § 43 Betriebliche Altersvorsorge, Rn. 101; SCHODEN, M., BetrAVG, Rn. 107; RENGIER, B., in: Moll, Handbuch Arbeitsrecht, 2. Aufl., § 40 Kündigung, Änderung und Widerruf von Versorgungszusagen, Rn. 45.

1253 KEMPER, K., in: Kemper et al., Komm. BetrAVG, 5. Aufl., § 1 BetrAVG, Rn. 285; HÖFER, R., in: Höfer/Reinhard/Reich, BetrAVG, Kap. 5, Rn. 573-573.1.

1254 Vgl. LANGOHR-PLATO, U., Betriebliche Altersversorgung, Rn. 1581.

1255 Vgl. KEMPER, K., in: Kemper et al., Komm. BetrAVG, 5. Aufl., § 1 BetrAVG, Rn. 302; SCHWINTOWSKI, H.-P., § 43 Betriebliche Altersvorsorge, Rn. 101; FREIHERR VON BUDDENBROCK, C./RATHJE, M., Neubewertung von Pensionsverpflichtungen, S. 1334; SEEMANN, T., in: Bohl/Riese/Schlüter, IFRS-Handbuch, 4. Aufl., § 26, Rn. 92; ROLFS, C., in: Blomeyer/Otto/Rolfs, Betriebsrentengesetz, 5. Aufl., Anhang zu § 1 BetrAVG, Rn. 620.

1256 Mit Wirkung zum 01.01.1999 wurde die wirtschaftliche Notlage als Sicherungsfall des PSVaG aus § 7 Abs. 1 S. 3 Nr. 5 BetrAVG a. F. ersatzlos gestrichen. Infolgedessen ist der PSVaG seitdem nicht mehr verpflichtet im Falle dieser Notlage die Pensionsverpflichtungen gem. § 2 Abs. 1 S. 1 BetrAVG zu übernehmen.

1257 Vgl. BAG (Hrsg.), 17.06.2003 - 3 AZR 396/02, S. 324-326; BAG (Hrsg.), 31.07.2007 - 3 AZR 372/06, S. 467-470; BAG (Hrsg.), 18.11.2008 - 3 AZR 417/07, S. 1112.

Schrifttums[1258] nunmehr nicht länger hinreichend. Da Eingriffe in die erste Besitzstandsstufe infolgedessen v. a. noch aufgrund einer planwidrigen Überversorgung[1259] und in Folge von Treuepflichtverletzungen[1260] möglich sind, kommt ihnen in der hier behandelten Sanierungssituation nur noch eine untergeordnete Bedeutung zu.[1261]

Im Gegensatz dazu sind Eingriffe in die zweite Besitzstandsstufe, die ihrerseits die sogenannte **erdiente Dynamik** umfasst, leichter möglich, da sie lediglich triftiger Gründe bedürfen.[1262] Da diese Gründe in der Unternehmenskrise immer dann vorliegen, wenn der Arbeitgeber auch zur Unterlassung einer Anpassung der laufenden Betriebsrenten nach § 16 BetrAVG berechtigt ist,[1263] wird auf die diesbezüglichen Ausführungen im folgenden Absatz verwiesen. Die Eingriffe in die zweite Besitzstandsstufe beziehen sich auf die Modifikation dienstzeitunabhängiger Bemessungsfaktoren des Versorgungsanspruchs und somit regelmäßig auf das Endgehalt des Versorgungsberechtigten.[1264] Es wird davon ausgegangen, dass der Arbeitnehmer im Fall einer entgeltabhängigen Versorgungszusage zum Zeitpunkt ihrer Restrukturierung nicht nur den Prozentsatz des Gehalts zu diesem, sondern zum Zeitpunkt des Ausscheidens aus dem Unternehmen erdient hat (bei fixiertem Prozentsatz).[1265] Die Eingriffe in diese Besitzstände umfassen typischerweise das Einfrieren des versorgungsfähigen Endgehalts oder den Wechsel zu einer Festbetragszusage, also die Substitution des erdienbaren Prozentsatzes (z. B. 0,5 % des letzten Gehalts pro Dienstjahr) durch einen festen Versorgungsanspruch (bspw. 10 € pro Dienstjahr).[1266] Ob die jeweils durchgeführte Restrukturie-

[1258] Während ROLFS, C., in: Blomeyer/Otto/Rolfs, Betriebsrentengesetz, 5. Aufl., Anhang zu § 1 BetrAVG, Rn. 524; KEMPER, K., in: Kemper et al., Komm. BetrAVG, 5. Aufl., § 1 BetrAVG, Rn. 303; JAEGER, G., in: Fleischer/Goette, Münchener Kommentar, § 35 GmbHG, Rn. 355; OBENBERGER, T./VEIT, A., Neustrukturierung von Pensionszusagen, S. 53; NEUFELD, T., Arbeitsrechtliche Sanierung, S. 147 der Ansicht des BAG folgen, erachtet bspw. BOEMKE, B., Widerruf wegen wirtschaftlicher Notlage, S. 14 Eingriffe aufgrund einer wirtschaftlichen Notlage zumindest teilweise weiterhin als zulässig. Vgl. zu dieser Diskussion auch UHLENBRUCK, W., Widerruf wegen wirtschaftlicher Notlage?, S. 121-126.

[1259] Vgl. hierzu KEMPER, K., in: Kemper et al., Komm. BetrAVG, 5. Aufl., § 1 BetrAVG, Rn. 304-308; ROLFS, C., in: Blomeyer/Otto/Rolfs, Betriebsrentengesetz, 5. Aufl., Anhang zu § 1 BetrAVG, Rn. 527-538; LANGOHR-PLATO, U., Betriebliche Altersversorgung, Rn. 1587-1595; SCHODEN, M., BetrAVG, Rn. 76.

[1260] Vgl. HÖFER, R., in: Höfer/Reinhard/Reich, BetrAVG, Kap. 5, Rn. 577; SCHWINTOWSKI, H.-P., § 43 Betriebliche Altersvorsorge, Rn. 90; SCHODEN, M., BetrAVG, Rn. 76; RENGIER, B., in: Moll, Handbuch Arbeitsrecht, 2. Aufl., § 40 Kündigung, Änderung und Widerruf von Versorgungszusagen, Rn. 77-84.

[1261] So bspw. auch SEEMANN, T., in: Bohl/Riese/Schlüter, IFRS-Handbuch, 4. Aufl., § 26, Rn. 92; DAV/IVS, Richtlinie, S. 17.

[1262] Vgl. statt aller HÖFER, R., in: Höfer/Reinhard/Reich, BetrAVG, Kap. 5, Rn. 620; KEMPER, K., in: Kemper et al., Komm. BetrAVG, 5. Aufl., § 1 BetrAVG, Rn. 299; LANGOHR-PLATO, U., Betriebliche Altersversorgung, Rn. 1584; NEUFELD, T., Arbeitsrechtliche Sanierung, S. 148; SCHODEN, M., BetrAVG, Rn. 110a; FREIHERR VON BUDDENBROCK, C./RATHJE, M., Neubewertung von Pensionsverpflichtungen, S. 1334.

[1263] Vgl. HÖFER, R., in: Höfer/Reinhard/Reich, BetrAVG, Kap. 5, Rn. 620; KEMPER, K., in: Kemper et al., Komm. BetrAVG, 5. Aufl., § 1 BetrAVG, Rn. 309; SCHODEN, M., BetrAVG, Rn. 111; ROLFS, C., in: Blomeyer/Otto/Rolfs, Betriebsrentengesetz, 5. Aufl., Anhang zu § 1 BetrAVG, Rn. 627; RENGIER, B., in: Moll, Handbuch Arbeitsrecht, 2. Aufl., § 40 Kündigung, Änderung und Widerruf von Versorgungszusagen, Rn. 54; LANGOHR-PLATO, U., Betriebliche Altersversorgung, Rn. 1596; FREIHERR VON BUDDENBROCK, C./RATHJE, M., Neubewertung von Pensionsverpflichtungen, S. 1334; NEUFELD, T., Arbeitsrechtliche Sanierung, S. 148.

[1264] Vgl. LANGOHR-PLATO, U., Betriebliche Altersversorgung, Rn. 1584; CLEMENS, F., in: Rolfs et al., Beck´scher OK Arbeitsrecht, 32. Ed., § 1 BetrAVG, Rn. 79 f.; KEMPER, K., in: Kemper et al., Komm. BetrAVG, 5. Aufl., § 1 BetrAVG, Rn. 292.

[1265] Vgl. CLEMENS, F., in: Rolfs et al., Beck´scher OK Arbeitsrecht, 32. Ed., § 1 BetrAVG, Rn. 80; SCHODEN, M., BetrAVG, Rn. 110a; KEMPER, K., in: Kemper et al., Komm. BetrAVG, 5. Aufl., § 1 BetrAVG, Rn. 296.

[1266] Vgl. NEUFELD, T., Arbeitsrechtliche Sanierung, S. 147; KEMPER, K., in: Kemper et al., Komm. BetrAVG, 5. Aufl., § 1 BetrAVG, Rn. 297.

rung der Versorgungszusage einen Eingriff in die zweite Stufe bedingt, ist jedoch häufig erst bei Eintritt des Versorgungsfalls beurteilbar, da erst dann festgestellt werden kann, ob sich der Arbeitnehmer durch die modifizierte Regelung letztlich schlechter gestellt hat als durch die ursprüngliche Zusage.[1267]

Dieser Zusammenhang sei an folgendem Beispiel verdeutlicht.[1268] Es wird von einem Arbeitnehmer ausgegangen, der im Alter von 25 Jahren in das Unternehmen eingetreten ist. Dabei erhielt er die Zusage, dass er bei Erreichen des 65. Lebensjahres eine lebenslange monatliche Rente i. H. v. 0,5 % des letzten Bruttogehalts pro Jahr der Betriebszugehörigkeit beziehen wird. Im 20. Jahr seiner Betriebszugehörigkeit, in dem er mittlerweile 2.000 €/Monat verdient, soll die beschriebene Pensionszusage modifiziert werden. Die erste Besitzstandsstufe umfasst gem. § 2 Abs. 1 S. 1 i. V. m. Abs. 5 BetrAVG in diesem einfachen Beispiel einen Betrag von 0,5 (erdienbarer Prozentsatz pro Jahr) x 2.000 (letztes Monatsbruttogehalt) x 40 (maximale Betriebszugehörigkeit) x 20/40 (tatsächliche Betriebszugehörigkeit / maximal mögliche Betriebszugehörigkeit) = 200 €/Monat. Damit kann die künftig zu gewährende Rente nur aufgrund der oben (für die erste Stufe) genannten zwingenden Gründe unter die Grenze von 200 €/Monat abgesenkt werden. Die erdiente Dynamik ergibt sich schließlich, wenn man den Besitzstand der ersten Stufe mit der Gehaltsdynamik zwischen dem Zeitpunkt der Restrukturierung und des Renteneintritts fortschreibt. Da hierbei die tatsächliche Gehaltsentwicklung anzusetzen ist und diese erst ex post zum Zeitpunkt des Renteneintritts bekannt ist, wird offensichtlich, dass ein Eingriff in die zweite Besitzstandsstufe erst zu diesem späteren Zeitpunkt identifiziert werden kann. Geht man vereinfachend davon aus, dass das Gehalt des Arbeitnehmers im Anschluss an die Restrukturierung im Durchschnitt um exakt 2 % steigt, errechnet sich die erdiente Dynamik bei Renteneintritt wie folgt: Zunächst ist der Versorgungsanspruch unter Berücksichtigung der tatsächlich eingetretenen Gehaltssteigerungen zu errechnen: 0,5 x 2.000 x $1{,}02^{20}$ x 40 = 594,38 €/Monat. Ohne diese Dynamik betrüge der Versorgungsanspruch bei Erreichen des Renteneintrittsalters (nach maximaler Betriebstreue) hingegen nur 0,5 x 2.000 x 40 = 400 €/Monat. Ein Eingriff in die erdiente Dynamik liegt folglich dann vor, wenn der letztliche Versorgungsanspruch zwar unter die Grenze von 594,38 €/Monat, jedoch nicht unter 400 €/Monat absinkt.

Dem geringsten Schutz unterliegen schließlich die **dienstzeitabhängigen Steigerungsbeträge** des Versorgungsanspruchs. Im beschriebenen Beispiel könnte z. B. vereinbart werden, dass ab dem Restrukturierungszeitpunkt lediglich noch 0,4 % des letzten Bruttogehalts pro Dienstjahr erdient werden können. Da diese Besitzstände der dritten Stufe nicht auf past services beruhen, sondern sie erst aufgrund von future services erdient werden müssen,[1269] ist eine Kürzung dieser Ansprüche

1267 Vgl. LANGOHR-PLATO, U., Betriebliche Altersversorgung, Rn. 1584; CLEMENS, F., in: Rolfs et al., Beck´scher OK Arbeitsrecht, 32. Ed., § 1 BetrAVG, Rn. 80; KEMPER, K., in: Kemper et al., Komm. BetrAVG, 5. Aufl., § 1 BetrAVG, Rn. 295.

1268 Dieses Beispiel ist eng an die Ausführungen von HÖFER, R., in: Höfer/Reinhard/Reich, BetrAVG, Kap. 5, Rn. 579 und CLEMENS, F., in: Rolfs et al., Beck´scher OK Arbeitsrecht, 32. Ed., § 1 BetrAVG, Rn. 78.1, Rn. 82.1 und Rn. 84.1 angelehnt.

1269 Vgl. KEMPER, K., in: Kemper et al., Komm. BetrAVG, 5. Aufl., § 1 BetrAVG, Rn. 301; ROLFS, C., in: Blomeyer/Otto/Rolfs, Betriebsrentengesetz, 5. Aufl., Anhang zu § 1 BetrAVG, Rn. 631; LANGOHR-PLATO, U., Betriebliche Altersversorgung, Rn. 1599; NEUFELD, T., Arbeitsrechtliche Sanierung, S. 148; FREIHERR VON BUDDENBROCK, C./RATHJE, M., Neubewertung von Pensionsverpflichtungen, S. 1334.

bereits aus sachlich-proportionalen Gründen möglich.[1270] Diese Gründe müssen willkürfrei, nachvollziehbar und anerkennenswert sein.[1271] Sie liegen v. a. vor, wenn sich das Unternehmen wirtschaftlich ungünstig entwickelt hat[1272] und bspw. ein unabhängiger Dritter einen dringenden Sanierungsbedarf identifiziert hat.[1273] In den hier behandelten Krisenphasen[1274] werden diese Gründe regelmäßig vorliegen, da die ungünstige Entwicklung des Unternehmens gerade Anlass der (nicht nur in Erwägung gezogenen[1275]) Sanierungsbemühungen ist und zudem der Sanierungsbedarf aus dem in dieser Situation typischerweise von einem externen Dritten erstellten Sanierungsgutachten hervorgehen wird.[1276] Nicht zuletzt werden die erforderlichen sachlichen Gründe auch bereits deshalb vorliegen, da, wie im folgenden Absatz gezeigt wird, typischerweise bereits die Existenz der schwerwiegenderen triftigen Gründe, die für eine Betriebsrentenanpassung erforderlich sind, regelmäßig zu bejahen sein wird.

442.2 Restrukturierung von laufenden Altersrentenzahlungen

Wie bereits im vorherigen Absatz betont wurde, sind neben den Pensionsanwartschaften aufgrund ihrer unmittelbaren Liquiditätswirkungen v. a. die **laufenden Altersrentenzahlungen** Anknüpfungspunkt von Restrukturierungsbemühungen. Auch der Eingriff in diese Rentenzahlungen unterliegt jedoch strengen arbeitsrechtlichen Restriktionen. Statt des oben erläuterten Drei-Stufen-Modells, welches für Rentner ohnehin auf die erste Stufe zusammenschmelzen würde, sind in diesem Fall die allgemeinen Grundsätze des Vertrauensschutzes und der Verhältnismäßigkeit zu beachten.[1277] Im Ergebnis beschränken sich die Restrukturierungsmöglichkeiten in praxi auf den Regelungsbereich der **Rentenanpassungen** gem. § 16 BetrAVG. Da diese Regelung mit teils er-

---

1270 Vgl. ROLFS, C., in: Blomeyer/Otto/Rolfs, Betriebsrentengesetz, 5. Aufl., Anhang zu § 1 BetrAVG, Rn. 633; HÖFER, R., in: Höfer/Reinhard/Reich, BetrAVG, Kap. 5, Rn. 620; ROLFS, C., in: Blomeyer/Otto/Rolfs, Betriebsrentengesetz, 5. Aufl., Anhang zu § 1 BetrAVG, Rn. 631; SCHODEN, M., BetrAVG, Rn. 112.

1271 Vgl. KEMPER, K., in: Kemper et al., Komm. BetrAVG, 5. Aufl., § 1 BetrAVG, Rn. 317; LANGOHR-PLATO, U., Betriebliche Altersversorgung, Rn. 1599; SCHODEN, M., BetrAVG, Rn. 113; ROLFS, C., in: Blomeyer/Otto/Rolfs, Betriebsrentengesetz, 5. Aufl., Anhang zu § 1 BetrAVG, Rn. 632; NEUFELD, T., Arbeitsrechtliche Sanierung, S. 148; FREIHERR VON BUDDENBROCK, C./RATHJE, M., Neubewertung von Pensionsverpflichtungen, S. 1334.

1272 Vgl. ROLFS, C., in: Blomeyer/Otto/Rolfs, Betriebsrentengesetz, 5. Aufl., Anhang zu § 1 BetrAVG, Rn. 632; LANGOHR-PLATO, U., Betriebliche Altersversorgung, Rn. 1599; SCHODEN, M., BetrAVG, Rn. 113; NEUFELD, T., Arbeitsrechtliche Sanierung, S. 148; FREIHERR VON BUDDENBROCK, C./RATHJE, M., Neubewertung von Pensionsverpflichtungen, S. 1335.

1273 Vgl. hierzu BAG (Hrsg.), 18.09.2001 - 3 AZR 728/00, S. 1164 f. und S. 1168; ROLFS, C., in: Blomeyer/Otto/Rolfs, Betriebsrentengesetz, 5. Aufl., Anhang zu § 1 BetrAVG, Rn. 632.

1274 Vgl. hierzu bereits Abschn. 22.

1275 Da sachliche Gründe bereits dann vorliegen (können), wenn andere Sanierungsmaßnahmen lediglich in Erwägung gezogen werden, sollten in der hier behandelten Sanierungssituation – in der typischerweise verschiedene der in dieser Arbeit behandelten Sanierungsmaßnahmen ergriffen werden – sachliche Gründe regelmäßig vorliegen. Vgl. hierzu ROLFS, C., in: Blomeyer/Otto/Rolfs, Betriebsrentengesetz, 5. Aufl., Anhang zu § 1 BetrAVG, Rn. 637; HÖFER, R., in: Höfer/Reinhard/Reich, BetrAVG, Kap. 5, Rn. 599.

1276 Vgl. zu diesem Schluss auch NEUFELD, T., Arbeitsrechtliche Sanierung, S. 148. Gleichwohl ist selbst dies bereits eine „Übererfüllung" der sachlichen Begründung, da der Eingriff in die Besitzstände der dritten Stufe nach ständiger Rechtsprechung des BAG nicht Teil eines umfassenden Sanierungsplans sein müssen, vgl. nur BAG (Hrsg.), 18.09.2001 - 3 AZR 728/00, S. 1168 f. sowie ROLFS, C., in: Blomeyer/Otto/Rolfs, Betriebsrentengesetz, 5. Aufl., Anhang zu § 1 BetrAVG, Rn. 632 m. w. N.

1277 Vgl. BAG (Hrsg.), 27.06.2006 - 3 AZR 255/05, S. 1288; ROLFS, C., in: Blomeyer/Otto/Rolfs, Betriebsrentengesetz, 5. Aufl., Anhang zu § 1 BetrAVG, Rn. 641; HÖFER, R., in: Höfer/Reinhard/Reich, BetrAVG, Kap. 5, Rn. 571; DOETSCH, P. A., ET AL., Betriebliche Altersversorgung, S. 85; LANGOHR-PLATO, U., Betriebliche Altersversorgung, Rn. 1615-1617.

heblichen finanziellen und liquiditätsmäßigen Belastungen einhergeht, wurde und wird diese nicht nur z. T. heftig kritisiert.[1278] Sie ist infolgedessen auch als Anknüpfungspunkt der Restrukturierung prädestiniert.

Gem. § 16 Abs. 1 S. 1 Hs. 1 BetrAVG ist der Arbeitgeber verpflichtet, die laufenden Leistungen der betrieblichen Altersversorgung, primär also die laufenden Zahlungen der Altersrenten,[1279] alle drei Jahre auf ihre Anpassungsnotwendigkeit zu überprüfen. Dabei ist neben dem Wunsch der Versorgungsempfänger nach einer Rentenanpassung an den eingetretenen Kaufkraftverlust die wirtschaftliche Lage des Arbeitgebers zu berücksichtigen (§ 16 Abs. 1 S. 1 Hs. 2 BetrAVG).[1280] Grundsätzlich ist der Arbeitgeber jeweils exakt alle drei Jahre nach Renteneintritt des Versorgungsempfängers zur Anpassungsprüfung verpflichtet. Da diese formaljuristische Anwendung des § 16 Abs. 1 S. 1 Hs. 1 BetrAVG jedoch im Extremfall eine tägliche Anpassungsprüfung implizieren würde,[1281] ist es nach ständiger Rechtsprechung des BAG aus Vereinfachungsgründen einerseits zulässig, die Anpassungsprüfungen eines Jahres auf einen Stichtag zu bündeln.[1282] Andererseits billigt das BAG, dass der Arbeitgeber die Prüfung unabhängig vom individuellen Renteneintrittstermin für alle Mitarbeiter nur alle drei Jahre durchführen muss.[1283] Um diese Vereinfachung in Anspruch zu nehmen, sind allerdings in die jeweilige, im dreijährigen Turnus durchzuführende Prüfung auch jene laufenden Leistungen zu integrieren, deren Anpassung im Grunde noch nicht angezeigt wäre.[1284] Sofern die Ausnahmevorschriften des § 16 Abs. 3 BetrAVG nicht greifen[1285] und die Anpassungsprüfung schließlich durchgeführt wird, ist der Anpassungsbedarf zunächst mit

1278 Vgl. HÖFER, R., in: Höfer/Reinhard/Reich, BetrAVG, § 16 BetrAVG, Rn. 5115-5117; SIMON, O./REIN, M., Betriebsrentenanpassung, S. 169; PRÖBSTL, H., Anpassung von Betriebsrenten, S. 1281; LANGOHR-PLATO, U., Betriebliche Altersversorgung, Rn. 931, jeweils m. w. N.

1279 Vgl. PRÖBSTL, H., Anpassung von Betriebsrenten, S. 1281 und weiterführend zur Definition der laufenden Leistungen nur HÖFER, R., in: Höfer/Reinhard/Reich, BetrAVG, § 16 BetrAVG, Rn. 5118-5146; LANGOHR-PLATO, U., Betriebliche Altersversorgung, Rn. 938.

1280 Vgl. HÖFER, R., in: Höfer/Reinhard/Reich, BetrAVG, § 16 BetrAVG, Rn. 5100; LANGOHR-PLATO, U., Anpassungsprüfung, S. 996; SCHLEWING, A., Rechtsprechung des BAG, S. 365.

1281 Vgl. SIMON, O./REIN, M., Betriebsrentenanpassung, S. 170.

1282 Vgl. BAG (Hrsg.), 28.04.1992 - 3 AZR 142/91, S. 69 f.; BAG (Hrsg.), 21.08.2001 - 3 AZR 589/00, S. 563; BAG (Hrsg.), 26.10.2010 - 3 AZR 502/08, S. 561; LANGOHR-PLATO, U., Anpassungsprüfung, S. 995; MÜLLER-GLÖGE, R., in: Säcker, MüKo BGB, 6. Aufl., § 611 BGB, Rn. 1256; SIMON, O./REIN, M., Betriebsrentenanpassung, S. 170; STEINMEYER, H.-D., in: Müller-Glöge/Preis/Schmidt, Komm. Arbeitsrecht, 14. Aufl., § 16 BetrAVG, Rn. 12.

1283 Vgl. BAG (Hrsg.), 30.08.2005 - 3 AZR 395/04, S. 487; LANGOHR-PLATO, U., Anpassungsprüfung, S. 995; SIMON, O./REIN, M., Betriebsrentenanpassung, S. 170.

1284 Vgl. BAG (Hrsg.), 30.08.2005 - 3 AZR 395/04, S. 487; BAG (Hrsg.), 11.10.2011 - 3 AZR 732/09, S. 339; SIMON, O./REIN, M., Betriebsrentenanpassung, S. 170 (inkl. eines Anwendungsbeispiels) sowie weiterführend zum relevanten Prüfungszeitpunkt und -zeitraum HÖFER, R., in: Höfer/Reinhard/Reich, BetrAVG, § 16 BetrAVG, Rn. 5147-5151.1; LANGOHR-PLATO, U., Betriebliche Altersversorgung, Rn. 955-966.

1285 Am wohl relevantesten für die hier behandelten Pensionszusagen ist die Ausnahmevorschrift des § 16 Abs. 3 Nr. 1 BetrAVG, welche die Anpassungsprüfungspflicht dann als erfüllt ansieht, wenn die laufenden Leistungen jedes Jahr um mindestens 1 % erhöht werden – die wirtschaftliche Lage des Unternehmens, die einer Anpassung u. U. entgegenstehen kann, wird hier insofern irrelevant.

Hilfe des deutschen Verbraucherpreisindexes oder der Nettolohnentwicklung[1286] vergleichbarer Arbeitnehmergruppen des Unternehmens zu bewerten.[1287]

In der Unternehmenskrise relevanter als die, auf Basis der genannten Anpassungsmaßstäbe regelmäßig angezeigte, Betriebsrentenanpassung[1288] ist die Frage nach der Vermeidung dieser Anpassung durch den Verweis auf die (schlechte) wirtschaftliche Lage des Arbeitgebers. Dieser unbestimmte, in § 16 Abs. 1 S. 1 Hs. 2 BetrAVG kodifizierte, Rechtsbegriff der wirtschaftlichen Lage wurde durch das BAG in verschiedenen Urteilen konkretisiert. In seiner richtungsweisenden Entscheidung aus dem Jahre 1985 wies das BAG noch recht allgemein darauf hin, dass eine Betriebsrentenanpassung dann unterbleiben dürfe, wenn diese künftig zu einer übermäßigen Belastung des Arbeitgebers führen würde und dass die Aufwendungen für die Rentenanpassung ferner aus dem Wertzuwachs und den Erträgen des Unternehmens finanzierbar sein müssen.[1289] Dieser Rechtsgedanke wurde im Folgenden weiter konkretisiert, so dass für die Beurteilung der wirtschaftlichen Lage heute neben weiteren Beurteilungskriterien[1290] primär auf die Eigenkapitalausstattung (respektive die Eigenkapitalquote) sowie die Eigenkapitalrentabilität abzustellen ist.[1291] Es ist jedoch im Einzelfall umstritten, welche Eigenkapitalausstattung bzw. Eigenkapitalrentabilität, die ihrerseits über den Leverage-Effekt untrennbar miteinander verknüpft sind,[1292] eine Rentenanpassung rechtfertigen. Als Mindesteigenkapitalausstattung gilt wohl das gezeichnete Kapital zzgl. der Kapitalrücklagen (§ 272 Abs. 1 bzw. Abs. 2 HGB), wie sie vor dem Eintritt der Unternehmenskrise bestanden haben.[1293] Ist diese Eigenkapitalbasis während des – nachfolgend erläuterten – Prognosezeitraums vorhanden,[1294] was z. B. beim Verbleib des Unternehmens in der Erfolgskrise durchaus der Fall sein kann,[1295] bedarf es zusätzlich einer hinreichenden Eigenkapitalrentabilität. Obgleich dies umstritten ist, erscheint es sachgerecht, die Rentabilität als Quotient des Gewinns *nach* Unterneh-

1286 Diesem Anpassungsmaßstab kommt in der Unternehmenspraxis indes nur eine untergeordnete Bedeutung zu, vgl. REICHENBACH, R./DREGER, N., Anpassung, S. 2307; PRÖBSTL, H., Anpassung von Betriebsrenten, S. 1282.

1287 Vgl. weiterführend zu diesen Anpassungsmaßstäben HÖFER, R., in: Höfer/Reinhard/Reich, BetrAVG, § 16 BetrAVG, Rn. 5186-5196.1; LANGOHR-PLATO, U., Anpassungsprüfung, S. 996; LANGOHR-PLATO, U., Betriebliche Altersversorgung, Rn. 967-972; SIMON, O./REIN, M., Betriebsrentenanpassung, S. 171 f.

1288 Das BAG hat in seinen Urteilen stets darauf hingewiesen, dass die Anpassung der Betriebsrenten der Regelfall und die Nichtanpassung eine Ausnahme darstelle, vgl. nur BAG (Hrsg.), 10.02.2009 - 3 AZR 727/07, S. 97; BAG (Hrsg.), 11.03.2008 - 3 AZR 358/06, S. 795 sowie die Nachweise bei SIMON, O./REIN, M., Betriebsrentenanpassung, S. 170; SCHLEWING, A., Rechtsprechung des BAG, S. 365.

1289 Vgl. BAG (Hrsg.), 23.04.1985 - 3 AZR 156/83, S. 496-498; HÖFER, R., in: Höfer/Reinhard/Reich, BetrAVG, § 16 BetrAVG, Rn. 5249; WEPPLER, T./STÖCKLER, M., Betriebsrentenanpassung, S. 1067.

1290 Vgl. zu diesen weiteren Kriterien, die in die Beurteilung der „Zumutbarkeit" der Betriebsrentenanpassung einfließen und bspw. künftige Investitions- und Liquiditätsaspekte berücksichtigen nur HÖFER, R., in: Höfer/Reinhard/Reich, BetrAVG, § 16 BetrAVG, Rn. 5278-5289.1.

1291 Vgl. WEPPLER, T./STÖCKLER, M., Betriebsrentenanpassung, S. 1067; FÖRSCHLE, G./HILL, U., Anpassungsverpflichtungen, S. 697.

1292 Vgl. bspw. BAETGE, J./KIRSCH, H.-J./THIELE, S., Bilanzanalyse, S. 356-368 und speziell HÖFER, R., in: Höfer/Reinhard/Reich, BetrAVG, § 16 BetrAVG, Rn. 5282; BAG (Hrsg.), 23.05.2000 - 3 AZR 83/99, S. 557.

1293 Vgl. hierzu BAG (Hrsg.), 18.02.2003 - 3 AZR 172/02, S. 2294; BAG (Hrsg.), 26.10.2010 - 3 AZR 502/08, S. 562 m. w. N.; WEPPLER, T./STÖCKLER, M., Betriebsrentenanpassung, S. 1067-1069; NEEF, K., Wirtschaftliche Lage, S. 998; HÖFER, R., in: Höfer/Reinhard/Reich, BetrAVG, § 16 BetrAVG, Rn. 5289, Rn. 5303 und Rn. 5306.2.

1294 Vgl. BAG (Hrsg.), 11.10.2011 - 3 AZR 527/09, S. 458; BAG (Hrsg.), 23.01.2001 - 3 AZR 287/00, S. 561; LANGOHR-PLATO, U., Anpassungsprüfung, S. 996 m. w. N.

1295 Vgl. hierzu die Ausführungen in Abschn. 22.

menssteuern[1296] und des durchschnittlichen Eigenkapitals des Geschäftsjahres gem. § 266 Abs. 3 A. HGB[1297] zu berechnen. Die derzeitige Rechtsprechung erachtet eine Eigenkapitalrentabilität pauschal dann als hinreichend für eine Rentenanpassung, wenn sie die Umlaufrendite öffentlicher Anleihen um mindestens 2 Prozentpunkte übersteigt.[1298] Ob es bei diesem Ansatz bleibt, erscheint jedoch fraglich, da der Vergleichszinssatz seit dem BilMoG aus Gründen der Objektivierung, der Rechtssicherheit und aufgrund des „Gedanken[s] der Einheit der Rechtsordnung“[1299] vielmehr auf Basis der RückAbzinsV bestimmt werden sollte.[1300] In diesem Fall dürfte der Risikoaufschlag jedoch tendenziell etwas unterhalb der obigen 2 Prozentpunkte liegen, da die Zinssätze der deutschen Bundesbank gem. § 1 S. 2 RückAbzinsV bereits einen Risikoaufschlag auf die Null-Kupon-Euro-Zinsswapkurve enthalten – im Schrifttum wird verbreitet ein Aufschlag von 1-1,5 Prozentpunkten vertreten.[1301] Wird diese Eigenkapitalverzinsung während des regelmäßig auf drei Jahre zu veranschlagenden Prognosezeitraums[1302] nach dem Anpassungsprüfungstermin voraussichtlich nicht erreicht, darf der Arbeitgeber die Anpassung der Betriebsrenten zu Recht unter-

---

1296 Während HÖFER, R., in: Höfer/Reinhard/Reich, BetrAVG, § 16 BetrAVG, Rn. 5267 und ROLFS, C., in: Blomeyer/Otto/Rolfs, Betriebsrentengesetz, 5. Aufl., § 16 BetrAVG, Rn. 173 den Gewinn vor Steuern (nach bestimmten Modifikationen, von denen hier abstrahiert wird, vgl. hierzu BAG (Hrsg.), 23.05.2000 - 3 AZR 146/99, S. 1252) verwenden wollen, erachten v. a. SIMON, O./REIN, M., Betriebsrentenanpassung, S. 173 und BONANNI, A./HOFELICH, A., Betriebsrentenanpassung, S. 256 den Gewinn nach Steuern als einschlägig. Nach hier vertretener Auffassung überzeugt nur die letztgenannte Position, da, wie die genannten Autoren korrekt feststellen, lediglich die Gewinne nach Steuern für die Rentenanpassung zur Verfügung stehen (unter Berücksichtigung des Zirkelschlusses, dass diese Anpassungen die Steuerlast ihrerseits senken). Darüber hinaus basiert der erstgenannte Vorstoß auf der unzutreffenden Annahme, dass nur der Gewinn vor Steuern mit der Rendite festverzinslicher Wertpapiere vergleichbar sei, „da deren Zinserträge als Einkünfte aus Kapitalvermögen ebenfalls grundsätzlich der Einkommensteuer unterliegen“ (HÖFER, ebenda). Meines Erachtens ist bei den hier behandelten Kapitalgesellschaften in diesem Kontext strikt zwischen Unternehmenssteuern und persönlichen Steuern zu unterscheiden. Die von HÖFER (und indirekt auch von ROLFS) angesprochene Vergleichbarkeit ist m. E. nur gewährleistet, wenn man konsequent eine Investition in das besagte festverzinsliche Wertpapier mit der Investition in das Unternehmen (über den Kauf von Aktien) vergleicht. In diesem Fall wird offensichtlich, dass der gedachte Investor die Ausschüttung des festverzinslichen Wertpapiers mit der Dividende seines Aktieninvestments vergleichen würde. Diese Dividende bemisst sich jedoch gerade nach dem Gewinn *nach* Steuern.

1297 Vgl. nur BAG (Hrsg.), 23.05.2000 - 3 AZR 146/99, S. 1253 und BAG (Hrsg.), 26.10.2010 - 3 AZR 502/08, S. 563 m. w. N.; WEPPLER, T./STÖCKLER, M., Betriebsrentenanpassung, S. 1069; SIMON, O./REIN, M., Betriebsrentenanpassung, S. 173; HÖFER, R., in: Höfer/Reinhard/Reich, BetrAVG, § 16 BetrAVG, Rn. 5303.1; NEEF, K., Wirtschaftliche Lage, S. 996.

1298 Vgl. bspw. BAG (Hrsg.), 30.11.2010 - 3 AZR 754/08, S. 599; BAG (Hrsg.), 11.10.2011 - 3 AZR 527/09, S. 459, jeweils m. w. N. zur entsprechenden Rechtsprechung.

1299 SIMON, O./REIN, M., Betriebsrentenanpassung, S. 174.

1300 So v. a. HÖFER, R., in: Höfer/Reinhard/Reich, BetrAVG, § 16 BetrAVG, Rn. 5304; SIMON, O./REIN, M., Betriebsrentenanpassung, S. 174. A. A. hingegen noch die geltende Rechtsprechung BAG (Hrsg.), 11.10.2011 - 3 AZR 527/09, S. 459, obgleich das BAG im Urteil vom 26.10.2010 - 3 AZR 502/08, S. 562 die Verwendung der Bundesbankzinssätze zumindest anklingen lässt.

1301 Vgl. HÖFER, R., in: Höfer/Reinhard/Reich, BetrAVG, § 16 BetrAVG, Rn. 5304; SIMON, O./REIN, M., Betriebsrentenanpassung, S. 174; WEPPLER, T./STÖCKLER, M., Betriebsrentenanpassung, S. 1070.

1302 Diese Prognose muss nicht nur mindestens drei Jahre in die Zukunft reichen, sondern wird typischerweise auch die vergangenen drei Jahre als Prognosebasis verwenden, vgl. BAG (Hrsg.), 23.04.1985 - 3 AZR 156/83, S. 497; BAG (Hrsg.), 23.05.2000 - 3 AZR 83/99, S. 556; BAG (Hrsg.), 23.01.2001 - 3 AZR 287/00, S. 562; HÖFER, R., in: Höfer/Reinhard/Reich, BetrAVG, § 16 BetrAVG, Rn. 5286 und Rn. 5292 f.; LANGOHR-PLATO, U., Betriebliche Altersversorgung, Rn. 1028; SIMON, O./REIN, M., Betriebsrentenanpassung, S. 172; PRÖBSTL, H., Anpassung von Betriebsrenten, S. 1282; NEEF, K., Wirtschaftliche Lage, S. 995.

lassen.[1303] Diese unterbliebenen Anpassungen müssen, soweit sie sich nicht auf Zeiträume vor dem 01.01.1999 beziehen,[1304] zudem nicht bei späteren Anpassungsprüfungen nachgeholt werden und bleiben folglich dauerhaft außer Betracht (§ 16 Abs. 4 S. 1 BetrAVG).[1305] Abschließend sei darauf hingewiesen, dass während der hier thematisierten Krisenphasen zwar nicht generell das Recht zur Unterlassung der Betriebsrentenanpassung vorliegen mag. Jedoch wird der Arbeitgeber in aller Regel bereits in der Erfolgs- und jedenfalls in der Liquiditätskrise[1306] die Rentenanpassung aufgrund einer, durch die angesprochene Unternehmensplanung belegte, unzureichenden Eigenkapitalrentabilität (bzw. später bereits in Folge der zu geringen Eigenkapitalausstattung) unterlassen dürfen.

443. Abbildung von Verzichten nach HGB

443.1 Auswirkungen von Verzichten auf die Bilanz und die GuV

Wie bereits im vorherigen Abschnitt betont wurde, beschränken sich die bilanzrechtlichen Fragestellungen in Bezug auf unbedingte Verzichte primär auf das Restrukturierungsobjekt der Pensionsrückstellungen. Im Gegensatz zu den diesbezüglichen, nachfolgend adressierten, Fragestellungen wirft der unbedingte Verzicht auf **Lieferanten- oder Bankforderungen** keine wesentlichen Probleme auf: Soweit eine Verbindlichkeit unbedingt erlassen wird, ist diese nach geltendem Recht[1307] grundsätzlich in voller Höhe zu Gunsten des außerordentlichen Ertrags auszubuchen.[1308] Handelt es sich bei dem Gläubiger um einen Gesellschafter, kann der Forderungsverzicht neben dieser Erfassung als außerordentlicher Ertragszuschuss (§ 277 Abs. 4 S. 1 HGB), in Abhängigkeit von der Intention des Gesellschafters, alternativ als Zuzahlung in die Kapitalrücklage (§ 272 Abs. 2 Nr. 4 HGB) verbucht werden.[1309] Tritt die Intention des Gesellschafters in Bezug auf

1303 Um Rechtssicherheit zu erlangen wird der Arbeitgeber den Rentnern diese Entscheidung gem. § 16 Abs. 4 S. 2 BetrAVG i. d. R. schriftlich mitteilen, vgl. hierzu nur SIMON, O./REIN, M., Betriebsrentenanpassung, S. 175; HÖFER, R., in: Höfer/Reinhard/Reich, BetrAVG, § 16 BetrAVG, Rn. 5481-5494.

1304 Der vor diesem Stichtag festgestellte Anpassungsbedarf ist bei späteren Entscheidungen zu berücksichtigen, vgl. SIMON, O./REIN, M., Betriebsrentenanpassung, S. 175; PRÖBSTL, H., Anpassung von Betriebsrenten, S. 1282; REICHENBACH, R./DREGER, N., Anpassung, S. 2307; PETERSEN, O./BECHTOLDT, M./BIRKEL, S., Teuerungsanpassung, S. 233 f. sowie HÖFER, R., in: Höfer/Reinhard/Reich, BetrAVG, § 16 BetrAVG, Rn. 5477 und zu Übergangsfragen und Abgrenzungsproblemen ebenda Rn. 5495-5499.

1305 Vgl. HÖFER, R., in: Höfer/Reinhard/Reich, BetrAVG, § 16 BetrAVG, Rn. 5221; PRÖBSTL, H., Anpassung von Betriebsrenten, S. 1282; REICHENBACH, R./DREGER, N., Anpassung, S. 2307; LANGOHR-PLATO, U., Anpassungsprüfung, S. 998.

1306 Vgl. HÖFER, R., in: Höfer/Reinhard/Reich, BetrAVG, § 16 BetrAVG, Rn. 5275 und Rn. 5283 f.

1307 Es sei angemerkt, dass im Zuge des BilRUG der Ausweis außerordentlicher Erträge (und Aufwendungen) in der GuV entfallen soll, vgl. BMJV (Hrsg.), RefE BilRUG, S. 11. Der Betrag und die Art des aus dem Forderungsverzicht erwachsenden Ertrags wird zwar künftig weiterhin zu erläutern sein (§ 285 Nr. 30 HGB-Neu), in der GuV wird dieser Ertrag jedoch voraussichtlich innerhalb der Umsatzerlöse auszuweisen sein.

1308 Vgl. SCHUBERT, W. J., in: Förschle et al., BeBiKo, 9. Aufl., § 247 HGB, Rn. 237; ADS, § 246, Rn. 100; ADS, § 277, Rn. 80; KÜTING, K./KESSLER, H./REUTER, M., in: Küting/Pfitzer/Weber, HdR-E, 5. Aufl., § 272 HGB, Rn. 224; GAHLEN, D., Forderungsverzichte HGB und IFRS, S. 2079; HÄUSELMANN, H., Rangrücktritt vs. Forderungsverzicht, S. 1553; KESSLER, H., Eigenkapitalähnliche Mittel, S. 2110.

1309 Vgl. SCHUBERT, W. J., in: Förschle et al., BeBiKo, 9. Aufl., § 247 HGB, Rn. 237; ADS, § 246, Rn. 100; KÜTING, K./KESSLER, H./REUTER, M., in: Küting/Pfitzer/Weber, HdR-E, 5. Aufl., § 272 HGB, Rn. 224; GAHLEN, D., Forderungsverzichte HGB und IFRS, S. 2079; HÄUSELMANN, H., Rangrücktritt vs. Forderungsverzicht, S. 1553; KESSLER, H., Eigenkapitalähnliche Mittel, S. 2110 sowie HERLINGHAUS, A., Forderungsverzichte und Besserungsvereinbarungen, S. 9-17. Kritisch zu diesem Wahlrecht HOFFMANN, W.-D./LÜDENBACH, N., NWB-Kommentar, § 246, Rn. 98.

den gewährten Sanierungsbeitrag nicht eindeutig zu Tage, ist die Verbindlichkeit im Zweifel in voller Höhe[1310] zu Gunsten der Kapitalrücklage aufzulösen.[1311]

Neben diesen Auswirkungen auf die Bilanz und die GuV schlägt sich der erfolgswirksam vereinnahmte Forderungsverzicht gem. § 277 Abs. 4 S. 2 HGB[1312] im Anhang nieder. Soweit der u. U. erfasste außerordentliche Ertrag für die Beurteilung der Ertragslage nicht von untergeordneter Bedeutung ist, ist deren Betrag und Art im Anhang zu erläutern. Nicht zuletzt vor dem Hintergrund der Endgültigkeit dieses Sanierungsbeitrags wird hier in Übereinstimmung mit der h. M. ein Hinweis in der Form, dass bspw. 10 % der außerordentlichen Erträge auf einem Erlass der Verbindlichkeiten durch Gläubiger A basieren, als hinreichend erachtet.[1313] Außerdem erscheint es analog zu den bisherigen Ausführungen auch hier zweckmäßig, im Lagebericht, genauer im Prognosebericht, jene Verbindlichkeiten zu benennen, die Gegenstand laufender Sanierungsverhandlungen sind.[1314]

Im Rahmen der obigen Erläuterung der arbeitsrechtlichen Restrukturierungsmöglichkeiten von Pensionszusagen wurde deutlich, dass sich diese bei **Personen in der Anwartschaftsphase** vorrangig auf Besitzstände der zweiten und dritten Stufe und bei Rentnern auf die Rentenanpassungen gem. § 16 BetrAVG beziehen. Dieser Zweiteilung zwischen Pensionsanwärtern und Rentnern soll auch im vorliegenden Abschnitt gefolgt werden. In Abschn. 342.1 wurde bereits darauf hingewiesen, dass Pensionsrückstellungen zum Erfüllungsbetrag und somit seit dem BilMoG unter Berücksichtigung künftiger Gehalts- und Rententrends zu passivieren sind.[1315] Diese nunmehr zwingend vorzunehmende Dynamisierung der Rückstellungsparameter hat im Zuge der Erstanwendung des BilMoG zu erheblichen Rückstellungserhöhungen geführt.[1316] Vor diesem Hintergrund und in Anbetracht der Tatsache, dass nach den Ausführungen in Abschn. 442. in der hier behandelten Sanierungssituation regelmäßig triftige Gründe für die Restrukturierung von Pensionszusagen vorliegen werden, erscheinen Eingriffe in die zweite Besitzstandsstufe als geeignete Sanierungs-

1310 Die Werthaltigkeit der erlassenen Forderung ist für die handelsrechtliche Bilanzierung insofern irrelevant, als dass für die Zuzahlungen gem. § 272 Abs. 2 Nr. 4 HGB der Grundsatz der realen Kapitalaufbringung nicht einschlägig ist, vgl. hierzu BALDAMUS, E., Kapitalrücklage, S. 853 f.; KÜTING, K./KESSLER, H., Zuzahlungen, S. 32 sowie ausführlich zur Frage der Bewertung der Zuzahlung gem. § 272 Abs. 2 Nr. 4 HGB HERLINGHAUS, A., Forderungsverzichte und Besserungsvereinbarungen, S. 20-30. Vgl. zur davon abweichenden steuerlichen Relevanz besagter Werthaltigkeit bspw. KNEBEL, A., Forderungsverzicht, S. 1095; SCHWENKER, J./FISCHER, C., Restrukturierungsmaßnahmen, S. 1118 f.; FOX, T./SCHEIDLE, A., Steuerliche Aspekte, S. 51 f.; BLAAS, U./SCHWAHN, A., Steueroptimierte Restrukturierung, S. 2353-2356.

1311 Vgl. FÖRSCHLE, G./HOFFMANN, K., in: Förschle et al., BeBiKo, 9. Aufl., § 272 HGB, Rn. 195; ADS, § 272, Rn. 137; HOFFMANN, W.-D./LÜDENBACH, N., Bilanzielle Sanierungsmaßnahmen, S. 1672. A. A. HFA DES IDW (Hrsg.), Stellungnahme 2/1996, S. 712 und GAHLEN, D., Forderungsverzichte HGB und IFRS, S. 2079, die diesbezüglich eine ausdrückliche Erklärung des Gesellschafters voraussetzen.

1312 Bzw. § 285 Nr. 30 HGB-Neu, vgl. Fn. 1307.

1313 Vgl. BECKER, B./PAPE, M./WOBBE, C., Besserungsschein, S. 508; HÄUSELMANN, H., Rangrücktritt vs. Forderungsverzicht, S. 1553; SCHRADER, N., Die Besserungsabrede, S. 63; HERLINGHAUS, A., Forderungsverzichte und Besserungsvereinbarungen, S. 9.

1314 Vgl. hierzu bereits Abschn. 422.3.

1315 Vgl. hierzu bereits Abschn. 342.1 und speziell die Nachweise in den Fn. 741, 742 und 743.

1316 Vgl. GASSEN, J./PIERK, J./WEIL, M., Pensionsrückstellungen, S. 1064; PIERK, J./WEIL, M., Konvergenz, S. 520 f.; BUETTNER, K./LORSON, P./MELCHER, W., Bilanzierung von Pensionsverpflichtungen, S. 463-468; MEIER, K., Versorgungsverpflichtungen, S. 999; FREIHERR VON BUDDENBROCK, C./RATHJE, M., Neubewertung von Pensionsverpflichtungen, S. 1332; PELLENS, B./SELLHORN, T./STRZYZ, A., Pensionsverpflichtungen, S. 2377-2379; PWC, BilMoG-Kommentar, Kap. I, Rn. 71; FRIEDERICH, R./SCHADE, P., Bewertungsmethoden Pensionsrückstellungen, S. 126.

maßnahme. Wird bspw. das versorgungsfähige Gehalt im Restrukturierungszeitpunkt bis auf weiteres eingefroren, sinkt dadurch im Wesentlichen in Abhängigkeit vom vormals angesetzten Gehaltstrend und dem Zeitraum bis zum Renteneintritt die entsprechende Pensionsrückstellung.[1317] Während der Umfang der Pensionsrückstellung u. U. signifikant reduziert werden kann, verursacht diese Art von Restrukturierung indes keine unmittelbaren Liquiditätswirkungen. An dieser Stelle zeigt sich der „'lange Bremsweg' der betrieblichen Altersversorgung"[1318], da die beschriebenen Eingriffe in die zweite Besitzstandsstufe zwar die langfristige Wettbewerbsfähigkeit des Unternehmens zu sichern vermögen, jedoch zur kurzfristigen und liquiditätsbezogenen Sanierung nur mittelbar beitragen.[1319]

Daneben kann das Unternehmen aufgrund sachlich-proportionaler Gründe in die dritte Besitzstandsstufe und damit in die künftigen Möglichkeiten zur Erdienung bzw. Erhöhung des Versorgungsanspruchs eingreifen. Infolgedessen kommt es zwar ab dem Restrukturierungszeitpunkt zu geringeren Rückstellungszuführungen und im (zeitlich weit entfernten) Versorgungsfall zu geringeren Liquiditätsabflüssen, der Höhe nach bleibt die Pensionsrückstellung indes zunächst unberührt. Dabei ist es unerheblich, ob die Pensionsrückstellung bislang nach dem handelsrechtlich modifizierten Teilwertverfahren oder nach der – inzwischen weit(er) verbreiteten[1320] – PUCM bewertet wurde. Während dies in Bezug auf die PUCM folgerichtig ist, da diese Methode die künftig erdienbaren Versorgungsansprüche (future services) außer Acht lässt, erscheint dies für das Teilwertverfahren verwunderlich. Schließlich berücksichtigt das Teilwertverfahren sowohl die past services als auch die future services.[1321] Während infolge dieses Vorgehens ein Verzicht auf die künftig erdienbaren Versorgungsansprüche steuerrechtlich zu einer Auflösung der in Übereinstimmung mit § 6a EStG gebildeten Pensionsrückstellung führt,[1322] ist dies handelsrechtlich nicht zulässig. Die handelsrechtliche Beibehaltung der Rückstellung wird hier mit dem IDW[1323] als einzig sachgerechte Lösung angesehen, da die Restrukturierung der Pensionsrückstellung respektive der zu Grunde liegenden Pensionszusage gerade erkennen lässt, dass in diesem Fall eine Gleichverteilung des Versorgungsaufwands über die Perioden bis zum Renteneintritt nicht der wirtschaftlichen Realität entspräche. Vielmehr ist es geboten, diesen Aufwand nach dessen wirtschaftlicher Verursachung den einzelnen Perioden zuzuordnen. Folgerichtig sind einerseits den Perioden vor dem Restrukturierungszeitpunkt höhere Aufwendungen zuzurechnen als denjenigen, in denen die future services zu verringerten Versorgungsansprüchen führen. Andererseits führt ein isolierter Verzicht auf die künftig erdienba-

1317 Vgl. bspw. HEINE, M. O./JUNGBLUT, S., Altersversorgung in der Finanzmarktkrise, S. 944.

1318 HEINE, M. O./JUNGBLUT, S., Altersversorgung in der Finanzmarktkrise, S. 944.

1319 Vgl. hierzu bereits die Ausführungen in Abschn. 441.

1320 Vgl. hierzu Abschn. 341.1 und speziell die Nachweise in Fn. 738.

1321 Vgl. hierzu bereits die diesbezüglichen Ausführungen und Nachweise in Abschn. 342.1.

1322 Vgl. JANSSEN, B., Verzicht auf future service, S. 509; MOORKAMP, S., Future service, S. 742; FISSENEWERT, P./SCHWARZ, A., Pensionsrückstellungen in der Krise, S. 207; BANDL, M., Verzicht auf den future service, S. 784 f. m. w. N., der jedoch entgegen der steuerlich h. M. die Pensionsrückstellung – analog zur oben nachfolgend beschriebenen Vorgehensweise – unverändert beibehalten möchte.

1323 Vgl. HFA DES IDW, RS HFA 30, Tz. 61.

ren Ansprüche nicht zu einer Verringerung der Rückstellung, die vielmehr im Anschluss an ihre Restrukturierung i. H. d. Anwartschaftsbarwerts anzusetzen ist.[1324]

Wie im Rahmen des Überarbeitungsprozesses des IAS 19 deutlich wurde[1325] und wie z. T. auch im Schrifttum erkannt wird, bedarf gerade die Bilanzierung von Pensionsrückstellungen, die ein Konglomerat diverser, z. T. mit großer Unsicherheit behafteter Parameter darstellt, bestimmter Erläuterungen in Anhang und Lagebericht.[1326] In Abschn. 342.2 wurde indes bereits dargelegt, dass sich die Angaben im handelsrechtlichen Anhang auf die bloße Angabe des verwandten Bewertungsverfahrens und der grundlegenden Annahmen der Berechnung beschränken – eine diesbezügliche Begründung oder eine Erläuterung der Rückstellungsbewertung ist hingegen nicht verpflichtend vorgeschrieben. Ein ähnliches Bild zeigt sich im Hinblick auf die Erläuterungen im Lagebericht. Wie oben bereits herausgestellt wurde,[1327] finden sich im Schrifttum nur recht allgemeine Forderungen in Bezug auf die Erläuterung der bilanzierten Pensionsrückstellungen bzw. hinsichtlich ihrer Restrukturierung. Zwar sind derartige Restrukturierungen, wie im vorherigen Abschnitt deutlich wurde, regelmäßig stark vom konkreten Einzelfall abhängig. Ob jedoch die großen Ermessenspielräume bzgl. der Informationsbereitstellung über diese Sanierungsmaßnahmen zweckmäßig sind, erscheint zumindest zweifelhaft. Vor diesem Hintergrund wird in Abschn. 444. v. a. zu untersuchen sein, inwiefern die entsprechenden (dezidierteren) IFRS-Regelungen diesbezüglich zumindest teilweise als „Vorbild“ herangezogen werden können bzw. sollten.

Während Eingriffe in Pensionsanwartschaften primär die bilanzielle Pensionsrückstellung reduzieren, dienen Restrukturierungen im Hinblick auf **laufende Rentenzahlungen** vorrangig der Verbesserung der Liquiditätslage des Unternehmens. Bevor jedoch genauer auf die Eingriffe in laufende Altersrenten und damit die Rentendynamisierung gem. § 16 BetrAVG eingegangen wird, sind zunächst die Implikationen dieser Dynamisierung für die Rückstellungen für Pensionsanwartschaften zu beleuchten.[1328] Vor dem Hintergrund, dass die Versorgungsanwärter größtenteils erst in relativ weit entfernter Zukunft in Rente gehen und die Unternehmenskrise dann entweder bereits überwunden ist oder ihr zumindest in Relation zur geschätzten Rentendauer eine in zeitlicher Hinsicht geringe Bedeutung zukommt, wirkt sich ein Eingriff in die Rentendynamisierung gem. § 16 BetrAVG typischerweise nicht (wesentlich) auf die Pensionsrückstellungen der aktiven Mitarbeiter aus.[1329] Davon abweichend stellt sich die Situation hingegen in Bezug auf die unmittelbar zahlungswirksame Anpassung der laufenden Rentenzahlungen dar. Diese Rentenverpflichtungen,

[1324] Vgl. PRADL, J., Pensionszusagen an GmbH-Geschäftsführer, S. 464. Wie bereits in Abschn. 342.1 und speziell in den Fn. 737 und 738 betont wurde, zeigen sich die Vorteile der PUCM gerade in diesem Kontext, da diese Methode im Gegensatz zum Teilwertverfahren stets zu handelsrechtlich zulässigen Bewertungsansätzen führt.

[1325] Vgl. hierzu neben den Ausführungen im folgenden Abschn. 444.1 IAS 19.BC203 und IAS 19.BC212-243, in denen das IASB betont, dass u. a. mit Hilfe der verstärkten Prinzipienorientierung der Angabepflichten (IAS 19.BC212-214) ein besseres Verständnis der passivierten Pensionsrückstellungen erreicht werden soll.

[1326] So stellt SCHREHARDT, A., Pensionszusagen als Zeitbomben, S. 24 fest, dass die „Wahrheit [zu den Pensionsrückstellungen, Anm. d. Verf.] […] im Anhang“ stehe, da nur aus diesem das Berechnungsverfahren und die Berechnungsgrundlagen, auf denen die Pensionsrückstellung beruht, hervorgingen.

[1327] Vgl. bereits Abschn. 342.3.

[1328] Vgl. bereits Fn. 743.

[1329] Dieses pauschale Urteil verliert mit fortschreitender zeitlicher Nähe der Versorgungsberechtigten zum Renteneintritt sukzessive an Gültigkeit. Gleichermaßen können die folgenden Ausführungen indes sukzessive eher auch auf diese noch aktiven Mitarbeiter übertragen werden.

für die eine Gegenleistung nicht mehr zu erwarten ist, sind gem. § 253 Abs. 1 S. 2 i. V. m. § 253 Abs. 2 S. 3 HGB mit ihrem abgezinsten Erfüllungsbetrag zu bewerten. Konkret bedeutet dies, dass diese Verbindlichkeiten bzw. nach hier vertretener Auffassung diese Rückstellungen grundsätzlich unter Berücksichtigung der künftigen Rentenentwicklung respektive der künftige Rentenanpassung gem. § 16 BetrAVG zu bewerten sind.[1330] In der Unternehmenskrise hat der Bilanzierende insofern auf Basis ausreichend objektiver Hinweise und begründeter Erwartungen[1331] zu prognostizieren, wie lange das Unternehmen keine Rentenanpassung durchführen wird respektive deren Unterlassung arbeitsrechtlich noch zulässig bleiben wird.[1332] Für den Zeitraum der Unternehmenskrise ist insofern die in der Unternehmenspraxis regelmäßig pauschal i. H. v. 1,75 % bis 2 % p. a. unterstellte Rentensteigerung[1333] in Abhängigkeit von der, den erläuterten arbeitsrechtlichen Vorgaben genügenden,[1334] Prognose der wirtschaftlichen Lage des Unternehmens nach unten zu korrigieren bzw. sogar auf Null zu setzen. Diese Herabsetzung wird indes in aller Regel nur kurzfristig (für den Zeitraum der Unternehmenskrise) Platz greifen, während langfristig regelmäßig weiterhin der besagte Rententrend i. H. v. 1,75 % bis 2 % p. a. einschlägig sein wird. Während die Berücksichtigung der Rentendynamisierung nach § 16 BetrAVG insofern nach geltender Rechtslage den Regelfall bildet und sich diese nur für den Zeitraum, in dem Rentenanpassungen zu Recht unterlassen wurden, nicht in der Pensionsrückstellungsbewertung niederschlägt, verhielt es sich vor Inkrafttreten des BilMoG – wie nachfolgend erläutert wird – exakt umgekehrt. Vor dem Hintergrund, dass die Belastungswirkungen sowohl von Rentenanpassungen als auch von Verzichten mit Besserungsscheinen von der künftigen wirtschaftlichen Lage des Unternehmens abhängen, sollen die damaligen Argumentationslinien mit Blick auf die in Abschn. 453.2 geführte Diskussion im Folgenden kurz nachgezeichnet werden.

Vor Inkrafttreten des BilMoG flossen Rentenanpassungen grundsätzlich erst ab dem Zeitpunkt der entsprechenden Anpassungsentscheidung in die Rückstellungsbewertung ein.[1335] Umstritten war hingegen, ob die zwischen zwei Anpassungsprüfterminen eingetretene Teuerung zur Erhöhung der entsprechenden Rückstellung verpflichtete. Das IDW wies diese Rückstellungserhöhung im Jahre 1993 noch zurück, da im Vorfeld der Anpassungsprüfung noch nicht hinreichend sicher festgestellt werden könne, ob die wirtschaftliche Lage im Anpassungszeitpunkt (bzw. in den darauf folgenden drei Jahren[1336]) eine Rentenanpassung rechtfertige.[1337] In diesem Kontext ist auch die Argumentati-

---

1330 Vgl. Höfer, R./Hagemann, T., Altersversorgung im BilMoG, S. 1748 und IDW, WP-Handbuch 2012, Bd. I, Kap. E, Rn. 589; PwC, BilMoG-Kommentar, Kap. I, Rn. 68, die in diesem Kontext richtigerweise darauf hinweisen, dass für Rentenverpflichtungen dieselben Bewertungsvorschriften maßgeblich sind wie für Versorgungsanwartschaften aktiver Mitarbeiter.

1331 Vgl. Deutscher Bundestag (Hrsg.), BT-Drucks. 16/10067, S. 52; HFA des IDW, RS HFA 30, Tz. 52; PwC, BilMoG-Kommentar, Kap. I, Rn. 68; Brösel, G./Olbrich, M., in: Küting/Pfitzer/Weber, HdR-E, 5. Aufl., § 253 HGB, Rn. 354.

1332 Vgl. ausführlich zu den einschlägigen arbeitsrechtlichen Regelungen Abschn. 442.

1333 Vgl. hierzu bspw. Thurnes, G./Vavra, R./Geilenkothen, A., Betriebliche Altersversorgung 2012, S. 2887; Thurnes, G./Vavra, R./Geilenkothen, A., Betriebliche Altersversorgung 2009, S. 2674.

1334 Vgl. hierzu Abschn. 442.

1335 Vgl. statt aller ADS, § 253, Rn. 320; Thiele, S./Breithaupt, J., in: Baetge/Kirsch/Thiele, Bilanzrecht, § 253 HGB, Rn. 174.

1336 Vgl. hierzu Abschn. 442.

1337 Vgl. HFA des IDW, HFA 3/1993, S. 25. Zu beachten ist jedoch, dass das IDW zumindest die Bildung einer Aufwandsrückstellung für die zwischenzeitlich eingetretene Teuerung zuließ.

on von HÖFER anzuführen, der die Passivierung einer nachzuholenden Rentenanpassung zurückweist, da diese Verpflichtung – analog zum Besserungsschein – von der künftigen Verbesserung der Unternehmenslage abhänge.[1338] Dieser Argumentation wurde zu Recht das Argument entgegen gehalten, dass die Verpflichtung der Rentenanpassung durch die zwischenzeitlich eingetretene Teuerung bereits wirtschaftlich verursacht wurde und insofern in analoger Anwendung der Passivierung aufschiebend bedingter Verpflichtungen eine Rückstellungserhöhung geboten sei.[1339] Daneben wurde z. T. angeführt, dass die Rentenanpassungsverpflichtung im Vergleich zum Besserungsschein auch deshalb zu passivieren sei, da der Eintritt der Besserungsbedingung weniger wahrscheinlich als der Eintritt der Anpassungsverpflichtung sei.[1340] Obgleich die Bilanzierung von Besserungsverpflichtungen erst in Abschn. 45 thematisiert wird, ist mit Blick auf die heutige Rechtslage zumindest Folgendes bereits hier festzuhalten: Zunächst wird deutlich, dass durch die grundsätzlich zu berücksichtigende Rentendynamisierung inzwischen irrelevant ist, inwiefern die Teuerung zum Bilanzstichtag bereits wirtschaftlich verursacht wurde. Darüber hinaus erscheint das dargelegte Wahrscheinlichkeitsargument vor dem Hintergrund der mittlerweile stärker konkretisierten arbeitsrechtlichen Rechtsprechung in einem anderen Licht.[1341] So dürften inzwischen wohl keine Zweifel mehr daran bestehen, dass die Rentenanpassungsverpflichtung das Unternehmen (deutlich) später treffen wird als die Bedienung des nach h. M. nicht zu passivierenden Besserungsscheins,[1342] da für letztere in aller Regel bereits die Existenz eines Jahresüberschusses genügt, während die erstgenannte Verpflichtung erst Platz greift, sofern die Eigenkapitalausstattung und zusätzlich die Eigenkapitalrendite ein hinreichendes Niveau erreicht haben.[1343] Nichtsdestotrotz bedingen seit Inkrafttreten des BilMoG die Rentenanpassungen gem. § 16 BetrAVG einen (erhöhten) Verpflichtungsausweis, während Besserungsverpflichtungen – zumindest nach der aktuell noch h. M. – weiterhin nicht zu passivieren sind.[1344] Neben den bis dato erläuterten bilanziellen Implikationen gilt es v. a. im Hinblick auf die bereits mehrfach akzentuierten Liquiditätswirkungen der Rentenanpassungen zu untersuchen, inwiefern diese im Anhang oder im Lagebericht adressiert werden.

443.2 Erläuterungen zu Verzichten im Anhang

Im Hinblick auf die Erläuterungen im **Anhang** ist zunächst entscheidend, ob die Verpflichtung zur Zahlung laufender Altersrenten als Verbindlichkeit oder als Rückstellung bilanziert wird. Wie bereits in Abschn. 423.22 diskutiert wurde, spricht zwar der Gesetzeswortlaut des

---

1338 Vgl. HÖFER, R., Betriebsrentenanpassung, S. 54 f. Zwar beziehen sich die Ausführungen von HÖFER auf Rentenanpassungen, die (entgegen der seit dem Jahr 1999 geltenden Rechtslage, vgl. die Fn. 1304 und Fn. 1305) bei späteren Anpassungsprüfungen nachzuholen waren, jedoch ist es m. E. bilanzrechtlich unerheblich, ob nach einer durchgeführten Anpassungsprüfung nur die seit dieser Prüfung eingetretene Teuerung oder zusätzlich die vor diesem Prüftermin festgestellte und nicht ausgeglichene Teuerung gewürdigt wird.

1339 Vgl. ADS, § 249, Rn. 244; ADS, § 253, Rn. 321; THIELE, S./BREITHAUPT, J., in: Baetge/Kirsch/Thiele, Bilanzrecht, § 253 HGB, Rn. 175; FÖRSCHLE, G./HILL, U., Anpassungsverpflichtungen, S. 701; DERNBERGER, M./ FÖRSTER, W., Bilanzierung zukünftiger Anpassungen, S. 72; REINERS, S./WIERLING, B., Nachholende Anpassung, S. 2049.

1340 So REINERS, S./WIERLING, B., Nachholende Anpassung, S. 2049 und DERNBERGER, M./FÖRSTER, W., Bilanzierung zukünftiger Anpassungen, S. 72.

1341 Vgl. zu dieser konkretisierenden Rechtsprechung Abschn. 442. und die dortigen Nachweise.

1342 Vgl. ausführlich hierzu Abschn. 452.1.

1343 So auch bereits RAUSER, K.-D./SCHWINGER, R., Nachzuholende Betriebsrentenanpassung, S. 1114, vgl. hierzu zudem Abschn. 441.

1344 Vgl. weiterführend Abschn. 453.2.

§ 253 Abs. 2 S. 3 HGB für die Erfassung einer Verbindlichkeit, jedoch ist die zu Grunde liegende Verpflichtung mit so großen (versicherungsmathematischen) Unsicherheiten behaftet, dass inzwischen ein Ausweis unter den Pensionsrückstellungen – auch von der Unternehmenspraxis präferiert wird.[1345] Grundsätzlich ist der Bilanzierende zu den Fristigkeitsangaben gem. §§ 268 Abs. 5 S. 1, 285 Nr. 1 lit. a HGB nur verpflichtet, sofern die besagte Verpflichtung als Verbindlichkeit ausgewiesen wird.[1346] Dies ist dadurch begründet, dass die besagten gesetzlichen Regelungen nach ihrem Wortlaut und nach übereinstimmender Auffassung im Schrifttum lediglich für bilanziell ausgewiesene Verbindlichkeiten, nicht hingegen für andere Schuldposten wie insbesondere Rückstellungen, einschlägig sind.[1347] Wird die Verpflichtung zur Zahlung laufender Altersrenten hingegen als Rückstellung erfasst, gelten für diese grundsätzlich dieselben Angabepflichten wie für die oben bereits erläuterten Rückstellungen für Pensionsanwartschaften. Obgleich die Angaben zu Pensionsanwärtern und Rentnern in praxi somit regelmäßig zusammengefasst werden (können), sollte beachtet werden, dass in der Unternehmenskrise nach den obigen Ausführungen zumindest der kurzfristige Rententrend der Rentner separat erläutert werden sollte.[1348]

443.3 Berichterstattung über Verzichte im Lagebericht

Die Informationsbereitstellung im **Lagebericht** ist gleichermaßen wie jene im Anhang davon abhängig, ob für die zur Rede stehende Verpflichtung eine Verbindlichkeit oder eine Rückstellung erfasst wird. Dies zeigt sich bspw. in DRS 20.82, der expressis verbis nur für Verbindlichkeiten die Erläuterung u. a. der Fälligkeitsstruktur verlangt. Auch die Tatsache, dass für die Kapitalausstattung wesentliche Rückstellungen nach dem Wortlaut des DRS 20 nicht mehr zu erläutern sind,[1349] scheint vordergründig für eine ausführlichere Berichterstattung über Verbindlichkeiten als über Rückstellungen zu sprechen. Insgesamt ist, wie bereits in Bezug auf die bislang behandelten Sanierungsinstrumente, hinsichtlich der Informationsbereitstellung über die Restrukturierung von Pensionsrückstellungen im Lagebericht festzustellen, dass diese im handelsrechtlichen Schrifttum nicht hinreichend thematisiert wird. Vor diesem Hintergrund und mit Blick auf die diesbezüglich weitergehenden IFRS-Angabepflichten[1350] erscheint es jedoch zweckmäßig, die Diskussion über diese Berichterstattung unter Berücksichtigung eben dieser, international geltenden und im nachfolgenden Abschnitt erläuterten, Regelungen in Abschn. 444.2 fortzusetzen.

1345 Vgl. zu den diesbezüglichen Positionen die Ausführungen und Nachweise in Abschn. 423.22.

1346 Vgl. weiterführend zu diesen Angaben die Abschn. 341.2 und 423.1.

1347 Vgl. z. B. GROTTEL, B., in: Förschle et al., BeBiKo, 9. Aufl., § 285 HGB, Rn. 5; POELZIG, D., in: Schmidt/Ebke, MüKo HGB, 3. Aufl., § 285 HGB, Rn. 12; OSER, P./HOLZWARTH, J., in: Küting/Pfitzer/Weber, HdR-E, 5. Aufl., § 284-288 HGB, Rn. 125; KNOP, W./ZANDER, S., in: Küting/Pfitzer/Weber, HdR-E, 5. Aufl., § 268 HGB, Rn. 208; ADS, § 285, Rn. 8.

1348 Für diese Trennung (für den IFRS-Abschluss) ebenso plädierend THURNES, G./VAVRA, R./GEILENKOTHEN, A., Betriebliche Altersversorgung 2009, S. 2674. Vgl. weiterführend auch Abschn. 444.2.

1349 Vgl. zu dieser, in DRS 15.63 noch explizit kodifizierten Berichtsanforderung bereits Abschn. 342.3.

1350 Diese Angaben beziehen sich auf solche in den notes und nicht im Lagebericht, der zwar gem. § 315 HGB von deutschen IFRS-Bilanzierern verpflichtend aufzustellen ist, jedoch im originären IFRS-Regelwerk nicht vorgesehen ist.

444. Beurteilung der Zweckmäßigkeit der Abbildung von Verzichten

444.1 Abbildung von Verzichten nach IFRS

Obgleich die IFRS-Regelungen für die nachfolgende handelsrechtliche Würdigung primär in Bezug auf die einschlägigen Angabepflichten relevant sind, ist es zum Verständnis dieser Angabepflichten erforderlich kurz auf die bilanzielle Abbildung von Verzichten nach IFRS einzugehen. Vor dem Hintergrund, dass der unbedingte Verzicht primär in Bezug auf Pensionszusagen handelsrechtliche Fragestellungen birgt, wird im Folgenden von der (in Teilen umstrittenen[1351]) Abbildung des unbedingten Verzichts auf Lieferanten- oder Bankforderungen nach IFRS abstrahiert und der Schwerpunkt auf die Bilanzierung von Pensionsrückstellungen gelegt.

Zunächst ist in diesem Kontext anzumerken, dass die bereits ausführlich dargelegten arbeitsrechtlichen Beschränkungen im Rahmen der Restrukturierung von Pensionsrückstellungen bzw. der zu Grunde liegenden Pensionszusagen auch deutsche IFRS-Anwender betrifft.[1352] Vor diesem Hintergrund stehen dem Bilanzierenden beim Eingriff in bestehende **Pensionsanwartschaften** nicht nur dieselben Maßnahmen zur Verfügung, sie unterliegen auch derselben, oben bereits detailliert erläuterten Drei-Stufen-Theorie. Während die mit den hier behandelten Restrukturierungen von Pensionszusagen verbundenen Erträge in der Vergangenheit z. T. zeitlich über mehrere Perioden verteilt wurden,[1353] ist dies nach dem überarbeiteten IAS 19 nicht mehr vorgesehen. Im Rahmen der Restrukturierung von Pensionszusagen unterscheidet IAS 19 zwischen Änderungen (amendments), Kürzungen (curtailments) und Abgeltungen (settlements) von Pensionszusagen bzw. -plänen. In einer Sanierungssituation wird der Abgeltung aufgrund der mit ihr verbundenen Zahlungsabflüsse indes i. d. R. keine Bedeutung zukommen.[1354] Aus bilanzrechtlicher Sicht ist es inzwischen zudem unerheblich, ob eine Restrukturierungsmaßnahme als Planänderung oder als Plankürzung qualifiziert.[1355] In beiden Fällen kommt es zur Senkung der Pensionsverpflichtung (defined benefit obligation) bzw. der Pensionsrückstellung (defined benefit liability)[1356] sowie infolgedessen zur unmittelbar erfolgswirksamen Erfassung von nachzuverrechnendem Dienstzeitaufwand (past service

[1351] Strittig ist v. a. unter welchen Bedingungen ein Verzicht durch einen Anteilseigner erfolgswirksam oder -neutral zu erfassen ist, vgl. hierzu WOLF, S., Zuschüsse nach HGB und IFRS, S. 204-206; LÖW, E./THEILE, C., in: Heuser/Theile, IFRS-Handbuch, 5. Aufl., Kap. C.XII, Rn. 3072-3074; GAHLEN, D., Forderungsverzichte HGB und IFRS, S. 2080; BARDENS, A./KLOCKMANN, I./VORBRODT, V., Restrukturierung finanzieller Verbindlichkeiten, S. 1148 f.; HOFFMANN, W.-D./LÜDENBACH, N., Bilanzielle Sanierungsmaßnahmen, S. 1674 f.

[1352] Vgl. hierzu die Nachweise in Fn. 1244.

[1353] Vgl. hierzu Fn. 1357.

[1354] Vgl. NEUFELD, T., Arbeitsrechtliche Sanierung, S. 146; HEINE, M. O./JUNGBLUT, S., Altersversorgung in der Finanzmarktkrise, S. 944; FREIHERR VON BUDDENBROCK, C./RATHJE, M., Neubewertung von Pensionsverpflichtungen, S. 1335. Diese Zahlungswirkungen gehen im Übrigen auch regelmäßig mit dem Schuldbeitritt mit Erfüllungsübernahme einher, vgl. hierzu nur HFA DES IDW, RS HFA 30, Tz. 101; RÄTKE, B., Pensionsrückstellungen, S. 581-583.

[1355] Vgl. IAS 19.BC160 f.; KPMG, IFRS aktuell, S. 163 sowie Fn. 1357. Die formaljuristisch fortbestehende Differenzierung dieser Begriffe verliert auch deshalb an Bedeutung, da es gem. IAS 19.100 nicht mehr erforderlich ist, die GuV-Effekte nach der zu Grunde liegenden Restrukturierungsart zu trennen, vgl. auch IAS 19.BC220; FODOR, J., Sensitivitäten, S. 688.

[1356] Die Pensionsrückstellung ergibt sich gem. IAS 19.8 als Differenz zwischen der Pensionsverpflichtung und dem ggf. vorhandenen Planvermögen (plan assets).

costs)[1357] i. H. d. Differenz zwischen der im Vorfeld und im Anschluss an die Restrukturierung berechneten Pensionsverpflichtung.[1358] Folglich entspricht nicht nur die Berechnungsmethode nach IAS 19 regelmäßig derjenigen nach HGB,[1359] auch die Restrukturierungen von Pensionsanwartschaften schlagen sich grundsätzlich in analoger Weise in den Abschlüssen nach IFRS und nach HGB nieder.

Diese Annäherung gilt grundsätzlich auch für die Berücksichtigung der Rentendynamisierung gem. § 16 BetrAVG, der in Bezug auf die Rückstellungen für laufende Zahlungen an die **Rentner** herausragende Bedeutung zukommt. So basiert die Rentenanpassung auch im Falle von IFRS-Anwendern nach (noch) h. M. weiterhin auf den jeweiligen handelsrechtlichen Jahresabschlüssen.[1360] Zu beachten ist jedoch, dass Änderungen dieses Rententrends entgegen der handelsrechtlichen Vorgehensweise nach IFRS nicht unmittelbar erfolgswirksam, sondern vielmehr erfolgsneutral im OCI zu erfassen sind.[1361] Während diese und weitere Abweichungen zwischen der handelsrechtlichen und der internationalen Bilanzierung von Pensionsrückstellungen – bspw. in Bezug auf den anzuwendenden Diskontierungszinssatz[1362] – auch außerhalb der Unternehmenskrise relevant werden, zeigt sich die unterschiedliche Informationsbereitstellung über die Restrukturierung von Pensionsrückstellungen hingegen (wie bereits einleitend betont) v. a. im Anhang bzw. in den notes.

Die jüngste Überarbeitung der Anhangangaben des IAS 19 war Ausfluss der Tatsache, dass die bisherigen Angaben zwar als umfangreich, jedoch nicht als hinreichend entscheidungsnützlich identifiziert wurden.[1363] Im Zuge dieses prinzipienorientierten Ansatzes orientieren sich die neuen Angabepflichten nunmehr an drei in **IAS 19.135 (a)-(c)** genannten übergeordneten Zielsetzungen.[1364] Für die Erfüllung jeder dieser Zielsetzungen erscheinen bestimmte Angaben zu durchge-

1357 Vgl. IAS 19.103 i. V. m. IAS 19.106; HEGER, H.-J./WEPPLER, T., in: von Wysocki et al., HdJ, Abt. III/7, Rn. 297; PAWELZIK, K. U., in: Heuser/Theile, IFRS-Handbuch, 5. Aufl., Kap. C.XV, Rn. 3661. Im Gegensatz dazu war der nachzuverrechnende Dienstzeitaufwand, der jedoch nur in Folge von Planänderungen vorliegen konnte, nach IAS 19.100 (1998) linear über den Zeitraum, bis die entsprechenden Leistungen unverfallbar wurden, zu verteilen, vgl. zu dieser Regelung IAS 19.BC154-163; SEEMANN, T., in: Bohl/Riese/Schlüter, IFRS-Handbuch, 4. Aufl., § 26, Rn. 88; NEUMEIER, G./HAGEMANN, T., in: Lüdenbach/Hoffmann, Haufe IFRS, 11. Aufl., § 22, Rn. 46; PAWELZIK, K. U., in: Heuser/Theile, IFRS-Handbuch, 5. Aufl., Kap. C.XV, Rn. 3660; WIELENBERG, S./BLECHER, C., in: Hennrichs/Kleindiek/Watrin, MüKo Bilanzrecht Bd. 1, IAS 19, Rn. 92 f.

1358 Vgl. IAS 19.102 f.; SEEMANN, T., in: Bohl/Riese/Schlüter, IFRS-Handbuch, 4. Aufl., § 26, Rn. 87.

1359 Vgl. hierzu bereits die Ausführungen in Abschn. 342.1 und speziell Fn. 738.

1360 Vgl. zur Berücksichtigung von IFRS-Abschlüssen im Rahmen der Beurteilung der wirtschaftlichen Lage gem. § 16 Abs. 1 Hs. 2 BetrAVG WEPPLER, T./STÖCKLER, M., Betriebsrentenanpassung, S. 1067 f.; FÖRSTER, W./ WEPPLER, T., Rentenanpassungsprüfung auf der Basis von IFRS?, S. 781 sowie jüngst BAG (Hrsg.), 21.08.2012 - 3 ABR 20/10, S. 422, welches feststellt, dass Abschlüsse nach IFRS (und US-GAAP) ungeeignet für die Beurteilung der wirtschaftlichen Lage des Arbeitgebers seien. Ob diese Ansicht einerseits vor dem Hintergrund, dass die wirtschaftliche Lage nach § 16 Abs. 1 Hs. 2 BetrAVG zukunftsorientiert zu beurteilen ist (vgl. Abschn. 442.2) und die IFRS gerade ein verstärkt zukunftsorientiertes Regelwerk darstellen, und andererseits mit Blick auf die Annäherung der handelsrechtlichen an die internationale Rechnungslegung – gerade auch im Bereich der betrieblichen Altersversorgung – künftig Bestand haben wird, erscheint zumindest fraglich.

1361 Vgl. IAS 19.108 (b); PAWELZIK, K. U., in: Heuser/Theile, IFRS-Handbuch, 5. Aufl., Kap. C.XV, Rn. 3661 f.

1362 Vgl. neben den Ausführungen in Abschn. 342.1 bspw. PwC, BilMoG-Kommentar, Kap. I, Rn. 83 f.

1363 Vgl. IAS 19.BC203; GOHDES, A.-E./STÖCKER, M., Paradigmenwechsel, S. 371.

1364 Vgl. auch IAS 19.BC207-214; FODOR, J., Sensitivitäten, S. 689; SCHARR, C./FEIGE, P./MAIER, C., Defined benefit plans, S. 13; GOHDES, A.-E./STÖCKER, M., Paradigmenwechsel, S. 371 f.; SEEMANN, T., in: Bohl/Riese/Schlüter, IFRS-Handbuch, 4. Aufl., § 26, Rn. 164.

führten Restrukturierungen von Pensionszusagen geboten, die nachfolgend kurz dargestellt werden sollen.

Zunächst verlangt **IAS 19.135 (a)** i. V. m. IAS 19.139 (c) als Teil der Angaben zu den Merkmalen und Risiken von Pensionsplänen u. a. die Beschreibung von Kürzungen dieses Plans. An dieser Stelle erscheint es sachgerecht, die Kürzungen in Anlehnung an die beschriebene arbeitsrechtliche Drei-Stufen-Theorie zu erläutern.[1365] Neben der Art der Eingriffe in die Pensionszusagen erscheint es außerdem zweckmäßig, gleichermaßen die betragsmäßigen Auswirkungen der Restrukturierungsmaßnahmen transparent zu machen.[1366] Diese quantitative Informationsbereitstellung geht zumindest teilweise auch aus **IAS 19.135 (b)** i. V. m. IAS 19.141 (c) (iv) hervor, da hier gefordert wird, den aus der Restrukturierungsmaßnahme resultierenden nachzuverrechnenden Dienstzeitaufwand offenzulegen.[1367] Außerdem ist gem. IAS 19.144 die Rentendynamisierung, nach hier vertretener Auffassung differenziert nach kurz- und langfristiger Form,[1368] anzugeben. Zusätzlich ist der Einfluss aller wesentlichen versicherungsmathematischen Annahmen – u. a. also des Rententrends – auf die Höhe der Pensionsverpflichtung durch entsprechende Sensitivitätsanalysen zu verdeutlichen (IAS 19.145).[1369] Schließlich spielt die Restrukturierung von Pensionszusagen eine entscheidende Rolle für die Erläuterung des Betrags, der Fälligkeit und der Unsicherheit der mit dem jeweiligen Versorgungsplan verbundenen künftigen Zahlungsströme **(IAS 19.135 (c))**, da die Restrukturierungsmaßnahmen gerade an diese Zahlungen anknüpfen. Zu diesem Zweck sind neben den obigen Sensitivitätsanalysen, welche in ähnlicher Form bereits in IAS 19.120A (o) (1998) kodifiziert waren, nach IAS 19.147 (c) erstmalig Angaben zum Fälligkeitsprofil der Pensionsverpflichtungen vorgeschrieben.[1370] Wie bereits mehrfach betont wurde, sind diese Angaben v. a. in der liquiditätsmäßig angespannten Unternehmenskrise von essentieller Bedeutung.[1371] Als Mindestanforderung gilt dabei lediglich die Offenlegung der durchschnittlichen Duration der Pensionsverpflichtungen (IAS 19.147 (c)).[1372] Die Verpflichtung zu dezidierteren Angaben zur Verteilung der Fälligkeiten der Versorgungszahlungen hatte das IASB zwar erwogen, letztlich wurde mit Verweis auf die

---

1365 Weniger genau fordert SEEMANN, T., in: Bohl/Riese/Schlüter, IFRS-Handbuch, 4. Aufl., § 26, Rn. 165, dass die den Planänderungen, -kürzungen und -abgeltungen zu Grunde liegenden „auslösenden Maßnahmen selbst zu beschreiben" sind. Eine verbale Umschreibung (ohne diese jedoch zu konkretisieren) fordert auch FODOR, J., Sensitivitäten, S. 689.

1366 So auch SEEMANN, T., in: Bohl/Riese/Schlüter, IFRS-Handbuch, 4. Aufl., § 26, Rn. 165.

1367 Zu beachten ist jedoch, dass der nachzuverrechnende Dienstzeitaufwand gem. IAS 19.100 i. V. m. IAS 19.141 (d) nicht nach einzelnen Restrukturierungsmaßnahmen aufgegliedert werden muss. Gleichermaßen ist jedoch zu beachten, dass im Falle wesentlicher Restrukturierungsarten in Anwendung des IAS 19.136 (d) hier auch zusätzliche, nicht explizit in IAS 19 angelegte Angaben geboten sein können, um den angesprochenen Zielsetzungen zu genügen, vgl. in diesem Kontext auch SCHARR, C./FEIGE, P./MAIER, C., Defined benefit plans, S. 13; SEEMANN, T., in: Bohl/Riese/Schlüter, IFRS-Handbuch, 4. Aufl., § 26, Rn. 164; BISCHOF, S./STAß, A., Prüfungsschwerpunkte, S. 2755.

1368 So auch THURNES, G./VAVRA, R./GEILENKOTHEN, A., Betriebliche Altersversorgung 2009, S. 2674.

1369 Vgl. IAS 19.BC235-239; FODOR, J., Sensitivitäten, S. 690; ZANELLA, P./WELSER, M., IAS-19-Änderungen, S. 436; GOHDES, A.-E./STÖCKER, M., Paradigmenwechsel, S. 373; FODOR, J./GOHDES, A.-E., Sensitivitätsanalyse, S. 1771; SCHARR, C./FEIGE, P./MAIER, C., Defined benefit plans, S. 13; SEEMANN, T., in: Bohl/Riese/Schlüter, IFRS-Handbuch, 4. Aufl., § 26, Rn. 171.

1370 Vgl. OBERMÜLLER, P./ROWOLDT, M., Ausgewählte Fragen, S. 90; GOHDES, A.-E./STÖCKER, M., Paradigmenwechsel, S. 373.

1371 Vgl. Abschn. 443.1 sowie grundlegend bereits die Abschn. 22 und 23.

1372 Vgl. GOHDES, A.-E./STÖCKER, M., Paradigmenwechsel, S. 373; SEEMANN, T., in: Bohl/Riese/Schlüter, IFRS-Handbuch, 4. Aufl., § 26, Rn. 172.

Kosten der Informationsbereitstellung diesbezüglich jedoch nur ein Wahlrecht kodifiziert.[1373] Nichtsdestotrotz wird im Schrifttum zu Recht die Vorteilhaftigkeit dieser Angaben, die m. E. gerade in der hier einschlägigen Sanierungssituation zu Tage tritt, betont. So stellt bspw. FODOR fest, dass eine vollständige Angabe des zeitlichen Anfalls der Cashoutflows (Versorgungszahlungen) und der Cashinflows (Erträge des Planvermögens) „tatsächlich die Intention des Boards war“[1374].[1375] Abstrahiert man von der wohl unstrittigen Vorteilhaftigkeit dieser Angaben, kann im Übrigen auch das Gegenargument der Kosten der Informationsbereitstellung nicht überzeugen. Es ist nämlich festzustellen, dass die heutigen Pensionsgutachten regelmäßig bereits eine Prognose der Versorgungszahlungen zumindest für das folgende Geschäftsjahr enthalten.[1376] Darüber hinaus verliert das Kostenargument speziell in der Sanierungssituation an Gewicht, da die erforderlichen Prognoserechnungen in aller Regel bereits vor dem Hintergrund der Rentenanpassungsprüfung gem. § 16 BetrAVG für einen dreijährigen Prognosezeitraum vorliegen werden. Folgerichtig wäre die Angabe der in den kommenden drei Geschäftsjahren erwarteten Cashoutflows und -inflows wünschenswert – wenn sie nicht zur Erfüllung der übergeordneten Zielsetzungen aus IAS 19.135 sogar als zwingend erforderlich gelten muss. Als zu weitgehend erscheint hingegen eine Orientierung an der einschlägigen US-GAAP Vorschrift,[1377] die für die nachfolgenden fünf Geschäftsjahre eine jährliche und im Anschluss daran eine in Fünf-Jahreszeiträume zu aggregierende Cashflow-Prognose fordert.[1378] Falls das Unternehmen indes über derart langfristige Planungsunterlagen verfügt, erscheint deren Offenlegung durchaus sinnvoll.

444.2 Zweckmäßigkeit der handelsrechtlichen Abbildung von Verzichten

In den vorhergehenden Abschnitten wurde gezeigt, dass die verschiedenen Restrukturierungsmaßnahmen in Bezug auf die bestehenden Pensionsrückstellungen zwar umfangreiche arbeitsrechtliche und bestimmte technische Fragestellungen aufwerfen, aus bilanzrechtlicher Perspektive implizieren diese Eingriffe, mit Ausnahme derjenigen in die dritte Besitzstandsstufe,[1379] jedoch im Ergebnis sowohl nach HGB (wie auch nach IFRS) eine Neuberechnung und hier regelmäßig eine Herabsetzung der passivierten Pensionsrückstellung.[1380] Es gilt indes zu beachten, dass in der Sanierungssituation vor dem Hintergrund der erläuterten Rentenanpassungsprüfung (§ 16 BetrAVG) zwischen kurz- und langfristig einschlägigen Rententrends unterschieden werden sollte.

[1373] Vgl. IAS 19.BC243. Auf dieses Argument wird in Abschn. 444.2 noch zurückzukommen sein.

[1374] FODOR, J., Sensitivitäten, S. 690. Anzumerken ist, dass FODOR in diesem Zusammenhang lediglich allgemein von Cashflows spricht. Vgl. zur Konkretisierung in Cashoutflows und -inflows GOHDES, A.-E./STÖCKER, M., Paradigmenwechsel, S. 375 f.

[1375] Vgl. zur Vorteilhaftigkeit dieser Angaben auch SCHARR, C./FEIGE, P./MAIER, C., Defined benefit plans, S. 13 und ausführlich GOHDES, A.-E./STÖCKER, M., Paradigmenwechsel, S. 375 f.

[1376] Vgl. PAWELZIK, K. U., in: Heuser/Theile, IFRS-Handbuch, 5. Aufl., Kap. C.XV, Rn. 3654 und REICHEL, C./ SCHMANDT, E., Betriebliche Altersversorgung, Kap. E, Rn. 609, die u. a. mit Hilfe der Pensionsgutachten sogar eine Prognose für die nächsten 3-5 Jahre für möglich halten.

[1377] Vgl. US GAAP ASC 715-20-50, lit. f.

[1378] Im Gegensatz dazu schlägt FODOR, J., Sensitivitäten, S. 690 diese US-GAAP-Regelung wohl grundsätzlich auch für deren Anwendung in IFRS-Abschlüssen vor.

[1379] Wie in den Abschn. 342.1 und 443.1 dargelegt wurde, wirken sich diese Eingriffe zumindest nicht unmittelbar auf die bilanziell erfassten Pensionsrückstellungen aus.

[1380] Vgl. hierzu die Abschn. 443.1 bzw. 444.1.

Im Zusammenhang mit dieser Differenzierung, die in aller Regel primär für die derzeitigen Rentenempfänger relevant ist, ergab sich bereits in Abschn. 443.1 die Frage, ob die Verpflichtung zur Versorgung der Rentner als Verbindlichkeit oder als Rückstellung zu erfassen ist. Diese Unterscheidung ist v. a. deshalb bedeutend, da die bereits erläuterten, groben Fristigkeitsangaben gem. §§ 268 Abs. 5 S. 1, 285 Nr. 1 lit. a HGB im **Anhang** nur für bilanzierte Verbindlichkeiten einschlägig sind. Während diese Angabepflichten im Falle eines Rückstellungsausweises formaljuristisch insofern obsolet werden, ist jedoch gem. § 285 Nr. 24 HGB gewissermaßen im Austausch dazu zumindest der kurz- und langfristig unterstellte Rententrend anzugeben.[1381] Aufgrund der Zwischenstellung der zur Rede stehenden Rentenverpflichtung[1382] ist es nach hier vertretener Auffassung geboten, die ohnehin groben Angaben zur Fristigkeit der Rentenverpflichtung sowie zur Rentendynamisierung gleichermaßen zu verlangen. Zwar mag dies expressis verbis nicht aus dem Gesetzeswortlaut hervorgehen, nach meinem Dafürhalten gebietet jedoch der (subjektive und objektive) Gesetzeszweck[1383] von § 285 Nr. 1 lit. a HGB, der darauf abzielt, die in den jeweiligen Zeiträumen erwarteten Liquiditätsabflüsse zu verdeutlichen,[1384] die Offenlegung der besagten Fristigkeitsangaben. Gleiches gilt in analoger Weise für die Angabe des Rententrends, da dieser unvollständig bzw. undifferenziert offengelegt würde, wenn der Anhang keine Informationen zur Rentendynamisierung der Rentner enthielte.

Daneben ist zu diskutieren, inwieweit der **Lagebericht** die genannten, groben Anhangangaben ergänzt bzw. zu ergänzen hat. Wie in Abschn. 342.3 dargelegt wurde, adressieren weder DRS 20 noch das einschlägige Schrifttum die Berichterstattung über Restrukturierungen von Pensionsrückstellungen in angemessener Weise. Statt der allgemeinen Einlassungen im Sozialbericht wird hier die Meinung vertreten, dass die Eingriffe in die Pensionszusagen vor dem Hintergrund ihrer, in der Unternehmenskrise in aller Regel wesentlichen Bedeutung für die Finanz- und die Liquiditätslage auch in weiteren Teilen des Lageberichts zu adressieren sind. Die Berichterstattung über Restrukturierungen von Pensionsrückstellungen könnte sich zunächst im Wirtschaftsbericht niederschlagen. Zwar fordert DRS 20 inzwischen expressis verbis keine Erläuterung von für die Kapitalausstattung wesentlichen Rückstellungen mehr,[1385] jedoch ist weiterhin die Kapitalstruktur darzustellen und zu analysieren (DRS 20.81). Da Pensionsrückstellungen zweifelsohne einen (wesentlichen) Teil dieser Kapitalstruktur darstellen und deren Darstellung und Analyse ohne die Thematisierung der hier zur Rede stehenden Restrukturierungsmaßnahmen nicht hinreichend erscheint, muss der Bilanzierende m. E. als Teil des Wirtschaftsberichts auf eben diese Maßnahmen eingehen. In Anlehnung an die Ausführungen zur IFRS-Rechnungslegung[1386] sind die Eingriffe anhand der arbeitsrechtlichen Drei-Stufen-Theorie transparent zu machen. Daneben könnte die Berichterstattung über die Modifikation der Pensionszusagen auch unter DRS 20.85 subsumiert werden, nach

[1381] Vgl. hierzu bereits Abschn. 342.2 und die dort zitierten Nachweise.

[1382] Wie bereits in Abschn. 423.22 erläutert wurde, ergibt sich diese daraus, dass die Verpflichtung zwar mit versicherungsmathematischen Risiken behaftet ist, jedoch Höhe und Fälligkeit der Zahlungen vertraglich festgelegt sind und somit eine im Vergleich zu „typischen" Rückstellungen weniger weitgehende Unsicherheit der Verpflichtung besteht.

[1383] Vgl. grundlegend Abschn. 252.

[1384] Vgl. hierzu bereits die ausführlichen Nachweise in den Fn. 612 und 613.

[1385] Vgl. hierzu bereits die Ausführungen am Ende des Abschn. 342.3.

[1386] Vgl. Abschn. 444.1.

dem Änderungen bedeutsamer Kreditkonditionen darzustellen und zu erläutern sind. Zwar ist zu vermuten, dass sich diese Forderung gem. DRS 20.82 nur auf Verbindlichkeiten bezieht, jedoch sind nach den Ausführungen in Abschn. 333. auch Versorgungsberechtigte letztlich als Kreditgeber des Unternehmens einzustufen. Außerdem ist zu vermuten, dass Rückstellungen im Rahmen der Analyse und Darstellung der Finanzlage inzwischen v. a. deshalb nicht mehr aufgeführt werden, da „typische" Rückstellungen in aller Regel nicht als Restrukturierungsobjekt in Betracht kommen.[1387] Dieser Schluss gilt jedoch in Bezug auf Pensionsrückstellungen – wie in Abschn. 441. und Abschn. 442. erörtert wurde – nicht bzw. mit Blick auf die einschlägigen arbeitsrechtlichen Rahmenbedingungen nur eingeschränkt. Darüber hinaus sollten die Eingriffe nach Möglichkeit nicht nur qualitativ, sondern auch hinsichtlich ihrer quantitativen Folgen analysiert werden, um dem Adressaten die entsprechenden Wirkungszusammenhänge deutlich zu machen.[1388] Während diese Erläuterungen primär für Pensionsanwartschaften angezeigt sind, sind Eingriffe in die laufenden Rentenzahlungen in Folge ihrer unmittelbaren Liquiditätswirkungen als Maßnahmen zur Behebung von (potenziellen) Liquiditätsengpässen anzusehen und folglich gem. DRS 20.95 im Lagebericht darzustellen. Aufgrund der Tatsache, dass die Rentenanpassungen ihre Liquiditätswirkungen ausschließlich in künftigen Perioden entfalten,[1389] mag es im Einzelfall sachgerecht sein, die Angaben zur Rentendynamisierung in den Prognosebericht zu verlagern.

Zwar erscheint es grundsätzlich nicht zweckmäßig, die umfangreichen Angaben nach IAS 19 in gleicher Form für den handelsrechtlichen Lagebericht zu fordern. Andererseits kann die große Bedeutung der in Abschn. 444.1 diskutierten Fristigkeitsangaben für die Beurteilung der Liquiditätslage auch im Rahmen des handelsrechtlichen Jahresabschlusses nicht negiert werden. Darüber hinaus werden auch dem nach HGB bilanzierenden Unternehmen auf Basis der Pensionsgutachten oder in Folge der Rentenanpassungsprüfung die erforderlichen Prognoserechnungen regelmäßig vorliegen. Vor diesem Hintergrund ist es im Ergebnis in dieser Situation auch handelsrechtlich geboten, die Entwicklung der künftigen Altersrentenzahlungen als Teil der (stark verbesserungswürdigen[1390]) Darstellung der künftigen Liquiditätslage zu erläutern. Sofern diese Prognoserechnungen, wie in der Unternehmenskrise regelmäßig zu vermuten ist, für einen dreijährigen Prognosezeitraum vorliegen,[1391] sind die entsprechenden Informationen auch zu veröffentlichen. Genauer sind nach hier vertretener Auffassung, in Abhängigkeit von der jeweils – für die Rentenanpassungsprüfung bzw. in Gestalt der Pensionsgutachten – vorliegenden Datenbasis, die jährlich zu erwartenden zahlungswirksamen Belastungen aus den Pensionsrückstellungen anzugeben. Nach hier vertretener Auffassung spricht auch die (heftig umstrittene[1392]) Beschränkung des Prognosehorizonts auf

---

[1387] Vgl. hierzu bereits die entsprechenden Ausführungen in Abschn. 331.

[1388] Da die entsprechenden quantitativen Implikationen in aller Regel bereits aus den entsprechenden Pensionsgutachten hervorgehen werden, sollte die Offenlegung dieser Daten dem Bilanzierenden regelmäßig keine zusätzlichen Kosten auferlegen.

[1389] Wie bereits in Abschn. 442.2 deutlich wurde, werden die Rentenanpassungen zwar auf Basis der letzten Jahre geprüft, die letztliche Rentenerhöhung wirkt jedoch erst im Anschluss an die Anpassungsentscheidung (also ex nunc), vgl. hierzu neben den Ausführungen und Nachweisen in Abschn. 442.2 speziell HÖFER, R., in: Höfer/Reinhard/Reich, BetrAVG, § 16 BetrAVG, Rn. 5296-5300; HÖFER, R., Betriebsrentenanpassung, S. 54.

[1390] Vgl. hierzu bereits die ausführlichen Nachweise in den Fn. 685 und 686.

[1391] Vgl. Abschn. 442.2 und speziell Fn. 1302.

[1392] Vgl. hierzu bspw. EWELT-KNAUER, C./FLOTTMEYER, M./KNAUER, T., Novellierung der Konzernlageberichterstattung, S. 2719 m. w. N.

ein Jahr (DRS 20.127) nicht gegen diese Offenlegung. Zwar sinkt mit zunehmender Reichweite der Prognose deren Verlässlichkeit und es steigen die Schwierigkeiten ihrer Erstellung.[1393] Jedoch laufen diese Argumente an dieser Stelle ins Leere, da einerseits die besagte abnehmende Verlässlichkeit (für den Adressaten) offensichtlich ist sowie andererseits die Prognosen ohnehin vorliegen und deren Offenlegung das Unternehmen somit nicht vor zusätzliche Herausforderungen stellt. Lediglich für den Fall, dass diese prognostischen Rechnungen nicht bereits in Folge des § 16 BetrAVG angefertigt wurden, kann eine entsprechende Angabepflicht als Konkretisierung der Vorgaben des DRS 20.95 nicht verpflichtend abgeleitet werden. Abschließend ist im Prognosebericht zudem auf die Eingriffe in die erläuterte dritte Besitzstandsstufe[1394] einzugehen, da sich diese zwar zum Restrukturierungszeitpunkt nicht auf die bestehenden Pensionsrückstellungen (ergo auf die bestehende Kapitalstruktur), jedoch durch die künftig wirksame Beschränkung der erdienbaren Versorgungsansprüche auf die künftigen Pensionsrückstellungen und damit die künftige Kapitalstruktur auswirken. Um den Adressaten das Ausmaß des Eingriffs zu verdeutlichen und v. a. eine intertemporale Vergleichbarkeit des Pensionsaufwands zu ermöglichen, sollten, wie bereits in Bezug auf die anderen Besitzstandstufen gefordert, hier neben qualitativen auch quantitative Analysen durchgeführt werden. Auch diese quantitativen Angaben stehen indes unter dem Vorbehalt, dass diese Daten bereits im Unternehmen verfügbar sind.

45 Verzicht mit Besserungsabreden

451. Anwendbarkeit und Charakter von Verzichten mit Besserungsabreden

451.1 Anwendbarkeit von Verzichten mit Besserungsabreden

In logischer Folge der **Anwendbarkeit** des unbedingten Verzichts auf Verbindlichkeiten aus Lieferungen und Leistungen bzw. gegenüber Kreditinstituten sowie auf Pensionsrückstellungen ist auch der mit verschiedenen Besserungsabreden versehene Verzicht auf diese Restrukturierungsobjekte anwendbar.[1395] Im Folgenden wird von einem Verzicht auf Bankverbindlichkeiten unter gleichzeitiger Vereinbarung einer Besserungsabrede ausgegangen. Da diese Ausführungen aus bilanzrechtlicher Sicht regelmäßig gleichermaßen auf Verbindlichkeiten aus Lieferungen und Leistungen und auf Pensionsrückstellungen übertragbar sind, gelten die folgenden Ausführungen grundsätzlich auch für diese Restrukturierungsobjekte.

1393 Aufgrund dieser Argumente wurde primär auf Betreiben der Unternehmen der besagte einjährige Prognosehorizont kodifiziert, vgl. hierzu bspw. RWE AG, Stellungnahme E-DRS 27, S. 11; BMW AG, Stellungnahme E-DRS 27, S. 7; DEUTSCHE POST AG, Stellungnahme E-DRS 27, S. 3 f.; RWE AG, Stellungnahme E-DRS 27, S. 8; SIEMENS AG, Stellungnahme E-DRS 27, S. 6; LINDE GRUPPE, Stellungnahme E-DRS 27, S. 6; EVONIK INDUSTRIES AG, Stellungnahme E-DRS 27, S. 3.

1394 Vgl. im Detail Abschn. 442.1.

1395 Im Schrifttum finden sich neben dem Begriff des Verzichts mit Besserungsabrede auch der des Verzichts mit Besserungsschein, mit Besserungsvereinbarung oder mit Besserungsklausel. Obwohl es aus rechtlicher Perspektive streng genommen Unterschiede zwischen diesen Termini geben müsste (bspw. bedürfte ein Besserungs*schein* grundsätzlich einer *Verbriefung*, vgl. SCHRADER, N., Die Besserungsabrede, S. 3), folgt weder das Schrifttum noch die Unternehmenspraxis einer systematischen und einheitlichen Terminologie. Der Gesetzgeber spricht in diesem Zusammenhang von Besserungsscheinen und ähnlichen Rechten (§ 160 Abs. 1 Nr. 6 AktG). Da bilanzrechtlich im Ergebnis der konkret vereinbarte Inhalt des Besserungszusatzes entscheidend ist, werden die Begriffe im Folgenden synonym verwandt. Vgl. weiterführend zur Terminologie SCHRADER, N., Die Besserungsabrede, S. 2-5; HERLINGHAUS, A., Forderungsverzichte und Besserungsvereinbarungen, S. 85 f., jeweils m. w. N.

451.2 Wirtschaftlicher Charakter von Verzichten mit Besserungsabreden

Zum Verständnis des Verzichts mit Besserungsabreden und damit v. a. für einen besseren Einblick in den wirtschaftlichen Charakter dieses Sanierungsinstruments könnte zunächst erneut die Einordnung in das bereits bewährte, allgemein in Abschn. 31 eingeführte, Schema zur Charakterisierung von Kapitalüberlassungsverhältnissen herangezogen werden. Diese Einordnung fällt jedoch für dieses Sanierungsinstrument v. a. deshalb schwer, da die Vertragsparteien im Rahmen ihrer Vertragsfreiheit nicht nur diverse Arten von Besserungsabreden vereinbaren können, sondern weil diese im rechtswissenschaftlichen Schrifttum zudem divergierend interpretiert werden. Vor diesem Hintergrund wird im Folgenden zunächst der Versuch unternommen, die gemeinsamen **wirtschaftlichen Charakterzüge** der unterschiedlichen Besserungsvereinbarungen zu isolieren. Während die Existenz der Rückzahlungs- und Vergütungspflichten[1396] beim einfachen Verzicht[1397] entfallen, führt ein Verzicht mit Besserungsschein aus wirtschaftlicher Perspektive dazu, dass diese Pflichten nunmehr von der verbesserten wirtschaftlichen Situation des Unternehmens abhängen.[1398] Bereits an dieser Stelle werden die Unterschiede zwischen dem wirtschaftlichen und dem rechtlichen Charakter einer Besserungsabrede evident. So wird im weiteren Verlauf dieses Abschnitts gezeigt, dass bei entsprechender Gestaltung ein Verzicht mit Besserungsschein als *unbedingter* Verzicht zzgl. der Begründung einer neuen aufschiebend bedingten (Besserungs-)Verbindlichkeit angesehen werden kann. Vor dem Eintritt des Besserungsfalls existiert rechtlich daher keine Verbindlichkeit. Aus wirtschaftlicher Sicht liegt hingegen der Fokus auf dem Gesamtkonstrukt dieses Sanierungsinstruments, sofern die Existenz der Rückzahlungs- und Vergütungspflichten von der wirtschaftlichen Lage des Unternehmens abhängig macht.

Auch der Zeitpunkt sowie die Höhe dieser Pflichten werden durch die wirtschaftliche Lage des Unternehmens bestimmt, wobei die Höhe der Rückzahlungspflicht nach Eintritt des Besserungsfalls grundsätzlich durch den Nominalbetrag der ursprünglichen Verbindlichkeit beschränkt ist. Wird für den Zeitraum der Krise (hier also zwischen Verzicht und Eintritt des Besserungsfalls) eine Verzinsung des überlassenen Kapitals vereinbart, erhöht sich selbstredend die Rückzahlungspflicht um die entsprechende Zinsschuld. Im Ergebnis führt der Verzicht mit Besserungsschein insofern zu einer Verlagerung der Rückzahlungs- und Vergütungspflichten in eine bessere Zukunft[1399] und damit – vergleichbar mit einem Zahlungsaufschub[1400] – zu einer verbesserten Liquiditätssituation bis zum

1396 Analog zum bisherigen Vorgehen wird auch in diesem Abschnitt unterstellt, dass sich der Forderungsverzicht mit Besserungsschein gleichermaßen auf beide Verpflichtungen bezieht. Dies basiert darauf, dass zahlreiche Autoren davon ausgehen, dass eine Verzinsung während der Krise die Sanierung behindert und in praxi somit nur selten vorkommt, so HERLINGHAUS, A., Forderungsverzichte und Besserungsvereinbarungen, S. 136; MARX, A., Natur des Besserungsscheins, S. 56 und SIEBERT, J./LICKERT, D., Forderungsverzicht, S. 10. Sollte sie dennoch vereinbart werden, wovon SCHRADER, N., Die Besserungsabrede, S. 36 f. und KNEBEL, A., Forderungsverzicht, S. 1095 ausgehen, werden die Parteien mit Blick auf eine erfolgreiche Sanierung in aller Regel zumindest vereinbaren, dass die Zinszahlungen denselben Bedingungen wie die Kapitalrückzahlung unterliegen, wodurch die Verpflichtungen zumindest bilanzrechtlich analog zueinander zu behandeln sind.

1397 Vgl. hierzu v. a. Abschn. 441.

1398 Vgl. SCHRUFF, L., Verpflichtungen aus Besserungsscheinen, S. 155.

1399 Vgl. SCHRUFF, L., Verpflichtungen aus Besserungsscheinen, S. 155; SCHRADER, N., Die Besserungsabrede, S. 1 f. und S. 26-28; WIELENBERG, S., Bedingte Zahlungsversprechen, S. 271; DRUKARCZYK, J./SCHÖNTAG, S., § 3 Außergerichtliche Sanierungsentscheidungen, Rn. 91.

1400 Vgl. BRANDSTÄTTER, J., Prüfung der Sanierungsfähigkeit, S. 263; HÄUSELMANN, H., Rangrücktritt vs. Forderungsverzicht, S. 1552.

Eintritt der Besserungsbedingung.[1401] Der Unterschied zwischen dem Verzicht mit Besserungsschein und den bis dato thematisierten Zahlungsaufschüben besteht darin, dass letztere (speziell Stundungen) für eine (ex ante) exakt bestimmte Zeitspanne gelten, während Verzichte mit Besserungsabreden – wie auch entsprechend ausgestaltete Rangrücktritte[1402] – ihre positiven (Liquiditäts-)Wirkungen bis zum Eintritt der verbesserten wirtschaftlichen Lage entfalten. Da die angesprochenen Pflichten somit nur verlagert, jedoch nicht endgültig aufgehoben werden und der Gläubiger insofern als Gegenleistung für seinen Verzicht ein Recht auf Partizipation an der künftigen Vermögensverbesserung erhält, kommt dem Verzicht mit Besserungsschein im Vergleich zum unbedingten Verzicht in der Unternehmenspraxis eine erheblich größere Bedeutung zu.[1403] Wie bereits angedeutet, zeichnen sich die vereinbarten Besserungsabreden durch ihre große Flexibilität aus.[1404] In der Unternehmenspraxis finden sich neben Vereinbarungen, die ein Wiederaufleben der ursprünglichen Verbindlichkeit von künftigen Jahresüberschüssen,[1405] der Eröffnung des Insolvenzverfahrens[1406] oder einem Liquidationsüberschuss[1407] abhängig machen v. a. auch solche, die auf bestimmte Performance-Kennzahlen[1408] (z. B. Umsatzgrenzen oder Earnings-before-Kennzahlen) oder auf (Bilanz-)Gewinne[1409] abstellen. Neben diesen Besserungsabreden waren in der Vergangenheit zudem solche verbreitet, die lediglich auf eine allgemeine Verbesserung der wirtschaftlichen Lage des Unternehmens abstellten.[1410] Aus Gründen der Rechtssicherheit dürfte derartigen Vereinbarungen im Gegensatz zu den obigen Abreden heute (wenn überhaupt) nur noch eine unter-

---

1401 Vgl. BECKER, B./PAPE, M./WOBBE, C., Besserungsschein, S. 508; WIELENBERG, S., Bedingte Zahlungsversprechen, S. 271; DRUKARCZYK, J./SCHÖNTAG, S., § 3 Außergerichtliche Sanierungsentscheidungen, Rn. 96; SCHRADER, N., Die Besserungsabrede, S. 2 und S. 21-24; KAHLERT, G./RÜHLAND, B., Sanierungs- und Insolvenzsteuerrecht, Teil A, Rn. 63-65.

1402 Vgl. hierzu Abschn. 433.3.

1403 Vgl. KNEBEL, A., Forderungsverzicht, S. 1094; SCHWENKER, J./FISCHER, C., Restrukturierungsmaßnahmen, S. 1119; HERLINGHAUS, A., Forderungsverzichte und Besserungsvereinbarungen, S. 5 und S. 83; DRUKARCZYK, J./ SCHÖNTAG, S., § 3 Außergerichtliche Sanierungsentscheidungen, Rn. 91; WIELENBERG, S., Bedingte Zahlungsversprechen, S. 271; HORST, A., Entschuldungsinstrumente, S. 657 f. und FRANKE, G./HAX, H., Finanzwirtschaft, S. 573.

1404 Vgl. SCHRADER, N., Die Besserungsabrede, S. 5-9.

1405 Vgl. bspw. SCHUBERT, W. J., in: Förschle et al., BeBiKo, 9. Aufl., § 247 HGB, Rn. 237; SCHRUFF, L., Verpflichtungen aus Besserungsscheinen, S. 155; BECKER, B./PAPE, M./WOBBE, C., Besserungsschein, S. 507, an der praktischen Relevanz dieser Tilgungsbestimmung zweifelnd SCHULZE-OSTERLOH, J., Rangrücktritt, Besserungsschein, eigenkapitalersetzende Darlehen, S. 102.

1406 Vgl. FÖRSCHLE, G./HEINZ, S., in: Budde/Förschle/Winkeljohann, Sonderbilanzen, 4. Aufl., Q. Sanierungsmaßnahmen, Rn. 49; ADS, § 246, Rn. 124 und Rn. 155; HÜTTEMANN, U., in: von Wysocki et al., HdJ, Abt. III/8, Rn. 58.

1407 Vgl. nur SCHUBERT, W. J., in: Förschle et al., BeBiKo, 9. Aufl., § 247 HGB, Rn. 237; IDW, WP-Handbuch 2012, Bd. I, Kap. F, Rn. 446.

1408 Vgl. DRUKARCZYK, J./SCHÖNTAG, S., § 3 Außergerichtliche Sanierungsentscheidungen, Rn. 96; BECKER, B./PAPE, M./WOBBE, C., Besserungsschein, S. 507; DANIELEWSKY, M./SCHULZ, D., Sanierung durch Gläubigerbanken, S. 76.

1409 Vgl. bspw. SCHRUFF, L., Verpflichtungen aus Besserungsscheinen, S. 155; CASPER, W., Rücklagendotierung, S. 148; HÄUSELMANN, H., Rangrücktritt vs. Forderungsverzicht, S. 1552; BECKER, B./PAPE, M./WOBBE, C., Besserungsschein, S. 507, an der praktischen Relevanz dieser Tilgungsbestimmung zweifelnd SCHULZE-OSTERLOH, J., Rangrücktritt, Besserungsschein, eigenkapitalersetzende Darlehen, S. 102.

1410 Vgl. SCHRADER, N., Die Besserungsabrede, S. 123; HERLINGHAUS, A., Forderungsverzichte und Besserungsvereinbarungen, S. 130.

geordnete Bedeutung zukommen.[1411] Gleiches dürfte darüber hinaus für zeitlich befristete Besserungsabreden gelten, deren Abschluss WINNEFELD vorschlägt, um die Gesellschaft nicht unbegrenzt mit der Rückzahlungsverpflichtung zu belasten.[1412] Eine derartige Besserungsvereinbarung stellt lediglich eine Stundung der zu Grunde liegenden Verbindlichkeit dar und ist nach hier vertretener Auffassung analog zur Bilanzierung befristeter Rangrücktritte zu behandeln.[1413] Obgleich der wirtschaftliche Charakter dieser Besserungsabreden zusammenfassend grundsätzlich vergleichbar ist, sei an dieser Stelle nochmals betont, dass sie, wie weiterführend auch in Abschn. 453. thematisiert wird, zu teils divergierenden bilanzrechtlichen Implikationen führen.

451.3 Rechtlicher Charakter von Verzichten mit Besserungsabreden

Wenngleich das Wesen des Verzichts mit Besserungsabrede aus der wirtschaftlichen Warte weitestgehend klar ist, kann dies für den **rechtlichen Charakter** dieses Sanierungsinstruments nicht bestätigt werden. Wie sich in diesem und v. a. in Abschn. 453.22 zeigen wird, wird eine rechtlich eindeutige Interpretation des Forderungsverzichts mit Besserungsschein nicht zuletzt dadurch erschwert, dass das Schrifttum diesbezüglich (mit divergierender Gewichtung) neben rein zivilrechtlichen auch bilanzrechtliche sowie wirtschaftlich orientierte Argumente bemüht. Weit verbreitet ist die Ansicht, dass es sich bei einem Forderungsverzicht mit Besserungsschein um einen unter einer auflösenden Bedingung stehenden Erlassvertrag nach § 397 Abs. 2 BGB[1414] handelt.[1415] Sobald und soweit die Besserungsbedingung eintritt, wird der Verzicht gem. § 158 Abs. 2 BGB so behandelt, als sei er von Anfang an nicht vereinbart worden.[1416] Als (gleichwertige) Alternative zu dieser Einordnung geht das Schrifttum davon aus, dass der Forderungsverzicht mit Besserungsschein bei entsprechender Formulierung auch als unbedingter Verzicht bei gleichzeitiger Vereinbarung einer aufschiebend bedingten (Besserungs-)Verpflichtung i. S. v. § 158 Abs. 1 BGB angesehen werden kann.[1417]

1411 Vgl. DRUKARCZYK, J./SCHÖNTAG, S., § 3 Außergerichtliche Sanierungsentscheidungen, Rn. 92; BECKER, B./PAPE, M./WOBBE, C., Besserungsschein, S. 507; HORST, A., Entschuldungsinstrumente, S. 658; WIELENBERG, S., Bedingte Zahlungsversprechen, S. 271.

1412 Vgl. WINNEFELD, R., Bilanz-Handbuch, 4. Aufl., Kap. N, Rn. 645.

1413 Vgl. hierzu bereits Abschn. 433.3.

1414 Nicht ausreichend ist nach deutschem Recht im Übrigen die einseitige Erklärung seitens des Gläubigers (und selbstredend auch nicht des Schuldners), vgl. GRÜNEBERG, C., in: Palandt et al., BGB, 73. Aufl., § 397 BGB, Rn. 5 f.; BLAAS, U./SCHWAHN, A., Steueroptimierte Restrukturierung, S. 2353.

1415 Vgl. SCHWENKER, J./FISCHER, C., Restrukturierungsmaßnahmen, S. 1119; KNEBEL, A./SCHMIDT, T., Eigenkapital-Optimierung, S. 431; KAHLERT, G./RÜHLAND, B., Sanierungs- und Insolvenzsteuerrecht, Rn. 75; HÄUSELMANN, H., Rangrücktritt vs. Forderungsverzicht, S. 1554; NERLICH, J./RHODE, H., in: Nerlich/Kreplin, Münchener Anwaltshandbuch, 2. Aufl., § 4 Gesellschaftrechtliche Fragestellungen, Rn. 113; DRUKARCZYK, J./SCHÖNTAG, S., § 3 Außergerichtliche Sanierungsentscheidungen, Rn. 91; HERLINGHAUS, A., Forderungsverzichte und Besserungsvereinbarungen, S. 110.

1416 Vgl. KÜTING, K./KESSLER, H./REUTER, M., in: Küting/Pfitzer/Weber, HdR-E, 5. Aufl., § 272 HGB, Rn. 221; HÄUSELMANN, H., Rangrücktritt vs. Forderungsverzicht, S. 1553; KNEBEL, A., Forderungsverzicht, S. 1095.

1417 Vgl. SCHUBERT, W. J., in: Förschle et al., BeBiKo, 9. Aufl., § 247 HGB, Rn. 237; KÜTING, K./KESSLER, H./REUTER, M., in: Küting/Pfitzer/Weber, HdR-E, 5. Aufl., § 272 HGB, Rn. 221; KAHLERT, G./RÜHLAND, B., Sanierungs- und Insolvenzsteuerrecht, Rn. 76; KNEBEL, A., Forderungsverzicht, S. 1095; HÄUSELMANN, H., Rangrücktritt vs. Forderungsverzicht, S. 1553; KESSLER, H., Eigenkapitalähnliche Mittel, S. 2109 f. Daneben erkennen ADS, § 246, Rn. 65; OBERMÜLLER, M., Insolvenzrecht, Rn. 1.1336; PETERSEN, K./HEINRICHS, K./WOHLGEMUTH, M., Die Abschlussposten, Rn. 1688K; GROSS, D. G./FINK, J. U., Besserungsscheine, S. 1379 im Forderungsverzicht mit Besserungsschein *stets* einen unbedingten Verzicht zzgl. einer aufschiebend bedingten Verbindlichkeit.

Zwar kann das auflösend bzw. aufschiebend bedingte Rechtskleid durchaus zu divergierenden *zivilrechtlichen* Implikationen führen. Zu Unterschieden kann es so z. B. kommen, wenn eine Verzinsung nur für den Zeitraum des Bestehens einer Verbindlichkeit vorgesehen ist. Wie bereits erläutert, besteht beim Forderungsverzicht mit aufschiebend bedingter Vereinbarung einer neuen Verbindlichkeit (im Gegensatz zum auflösend bedingten Erlass), bis zum Bedingungseintritt gerade keine Verbindlichkeit. Liegt keine ausdrückliche Zinsvereinbarung für den Zeitraum der Krise vor, erwächst dem Gläubiger für diese aufschiebend bedingte Verbindlichkeit folglich auch kein Zinsanspruch.[1418] *Wirtschaftlich* und, für diese Arbeit noch relevanter, *bilanzrechtlich* werden diese Interpretationen indes nach überwiegender Auffassung als austauschbar erachtet.[1419] Die *wirtschaftliche* Äquivalenz zeigt sich dabei bspw. anhand eines Studienkredits, der entweder unmittelbar nach dessen Gewährung unter der auflösenden Bedingung erlassen wird, dass der Studierende das Studium mit einem Prädikat abschließt oder für den ein unbedingter Verzicht i. V. m. einer aufschiebend bedingten (neuen) Verbindlichkeit vereinbart wird, die ihrerseits nur auflebt, sofern der Studierende kein Prädikatsexamen erreicht. Es wird deutlich, dass der Studierende in beiden Fällen in exakt gleicher Weise in Abhängigkeit seiner Abschlussnote durch die Rückzahlung des Darlehens belastet wird.[1420] Entgegen der besagten *bilanzrechtlichen* Austauschbarkeit[1421] macht NEUMANN die Passivierungsentscheidung davon abhängig, ob die Zahlungspflicht als aufschiebend bedingt (keine Passivierung) bzw. der Verzicht als auflösend bedingt (Passivierung) anzusehen ist.[1422] Auch die Ansicht von FÖRSCHLE, dass bei einem auflösend bedingten Verzicht die erlassene Verbindlichkeit bei Bedingungseintritt sofort in voller Höhe, die aufschiebend bedingte Verbindlichkeit im Gegensatz dazu nur ratierlich wieder auflebe,[1423] hat sich in der Literatur nicht durchgesetzt und ist mit HERLINGHAUS weder zivilrechtlich[1424] noch vor dem Hintergrund der angesprochenen wirtschaftlichen Äquivalenz bilanzrechtlich begründbar.[1425] Vielmehr erübrigt sich – soweit es nicht ausdrücklich anderweitig vereinbart wurde[1426] – der auflösend bedingte Erlass in gleicher ratierlicher Weise wie die aufschiebend bedingte Verbindlichkeit ratierlich wieder auflebt.[1427]

Neben den bis dato vorgestellten Auslegungen vertreten SCHRUFF und darauf aufbauend HÜTTEMANN die Ansicht, dass (bestimmte) Forderungsverzichte mit Besserungsscheinen als Stundung

1418 Vgl. weiterführend zu diesem Thema SCHRADER, N., Die Besserungsabrede, S. 36 f.; HERLINGHAUS, A., Forderungsverzichte und Besserungsvereinbarungen, S. 136 f.; KÜTING, K./KESSLER, H./REUTER, M., in: Küting/Pfitzer/Weber, HdR-E, 5. Aufl., § 272 HGB, Rn. 221; SIEGEL, T., Verbindlichkeiten, S. 134; HÄUSELMANN, H., Rangrücktritt vs. Forderungsverzicht, S. 1553.

1419 Vgl. ADS, § 246, Rn. 149; HÄUSELMANN, H., Rangrücktritt vs. Forderungsverzicht, S. 1553; BFH (Hrsg.), 30.05.1990 - I R 41/87, S. 588; SCHRADER, N., Die Besserungsabrede, S. 38.

1420 Vgl. zu diesem Beispiel und der wirtschaftlichen Äquivalenz SIEGEL, T., Verbindlichkeiten, S. 134; PAULICK, H., Aktivierungs- und Passivierungsverbote, S. 595; SCHRADER, N., Die Besserungsabrede, S. 38.

1421 Vgl. die Nachweise in Fn. 1419.

1422 Vgl. NEUMANN, H., Unhaltbarkeit, S. 551 f.

1423 Vgl. FÖRSCHLE, G./HEINZ, S., in: Budde/Förschle/Winkeljohann, Sonderbilanzen, 4. Aufl., Q. Sanierungsmaßnahmen, Rn. 49.

1424 Vgl. ausführlich hierzu HERLINGHAUS, A., Forderungsverzichte und Besserungsvereinbarungen, S. 135-137.

1425 So neben HERLINGHAUS, A., Forderungsverzichte und Besserungsvereinbarungen, S. 135-137 auch ADS, § 246, Rn. 124.

1426 Vgl. KAHLERT, G./RÜHLAND, B., Sanierungs- und Insolvenzsteuerrecht, Teil A, Rn. 77.

1427 Vgl. allgemein zur Behandlung aufschiebend bzw. auflösend bedingter Verbindlichkeiten THIELE, S., in: Baetge/Kirsch/Thiele, Bilanzrecht, § 246 HGB, Rn. 119-124; SCHUBERT, W. J., in: Förschle et al., BeBiKo, 9. Aufl., § 247 HGB, Rn. 224 f.; BAIERL, H., in: Böcking et al., Beck HdR, B 234, Rn. 24-27; ADS, § 246, Rn. 121 f.

anzusehen seien.[1428] SCHRUFF definiert in diesem Zusammenhang vier, hinsichtlich ihres wirtschaftlichen Gehalts und ihrer (vorgeschlagenen) Bilanzierung z. T. divergierende Besserungsscheintypen.[1429] Eine Stundung nimmt er dabei für jene Besserungsscheinverpflichtung an, deren Fälligkeit sich nach Maßgabe künftiger Gewinne bestimmt[1430] – eine rechtliche Einordnung der praktisch relevanteren, aus künftigen Jahresüberschüssen zu bedienenden Besserungsscheine liefert er hingegen nicht. Infolgedessen konstatiert HERLINGHAUS in diesem Zusammenhang, dass sich die (wirtschaftlich orientierte) Argumentation von SCHRUFF (und auch von HÜTTEMANN) v. a. „wegen ihrer rechtlichen Begründungsmängel in Rechtsprechung und Literatur“[1431] bisher nicht durchsetzen konnte. Über die Erkenntnisse von SCHRUFF hinausgehend gelangt HÜTTEMANN zu dem Ergebnis, dass es sich bei einem Forderungsverzicht mit Besserungsschein allgemein um eine Stundung der betroffenen Verbindlichkeit handele und nur die Zahlungsmodalitäten aufschiebend bedingt seien.[1432] Beide Autoren begründen ihre Ansicht letztlich mit dem, oben bereits erläuterten, wirtschaftlichen Gehalt dieses Sanierungsinstruments. Zwar erkennt letztlich auch HERLINGHAUS im Forderungsverzicht mit Besserungsschein eine Stundung, jedoch fußt dessen Argumentation weniger auf dieser wirtschaftlich orientierten Würdigung, sondern v. a. auf den zivilrechtlich relevanten Parteiwillen des Schuldners und des Gläubigers. So würde es regelmäßig dem Willen des Gläubigers entsprechen, „die bereits fällige Forderung bestehen zu lassen und [...] lediglich [...] die Fälligkeit der Forderung hinaus[zuschieben] [...] Ein solches Hinausschieben der Fälligkeit wird rechtlich als *Stundung* bezeichnet“[1433].[1434]

In diesen Kontext ist auch der Einwurf von SCHULZE-OSTERLOH einzuordnen, der feststellt, dass die Rechtsnatur des Forderungsverzichts mit Besserungsschein nur einzelfallabhängig mit Rekurs auf den jeweiligen Parteiwillen festgelegt werden könne, jedoch zumindest dann eine Stundung zu vermuten sei, wenn die bestellten Sicherheiten vom Forderungsverzicht unberührt bleiben sollen.[1435]

Daneben analysiert auch SCHRADER dezidiert die Parteiwillen von Schuldner und Gläubigern um den Verzicht mit Besserungsschein rechtsdogmatisch einzuordnen. Er gelangt zu dem Ergebnis, dass es sich bei diesem vornehmlich um ein pactum de non petendo handeln müsse, da so einerseits

---

1428 Vgl. SCHRUFF, L., Verpflichtungen aus Besserungsscheinen, S. 153-164; HÜTTEMANN, U., in: von Wysocki et al., HdJ, Abt. III/8, Rn. 58 (vormals dies noch ablehnend HÜTTEMANN, U., GoB für Verbindlichkeiten, S. 28). Diese Ansicht vertraten in der Vergangenheit zudem bereits v. a. MARX, A., Natur des Besserungsscheins, S. 47 f. und JUNKERS, W., Natur des Besserungsscheins, S. 51-56 m. w. N. Weitere Nachweise zu diesem älteren Schrifttum finden sich zudem bei SCHRADER, N., Die Besserungsabrede, S. 30.

1429 Vgl. SCHRUFF, L., Verpflichtungen aus Besserungsscheinen, S. 157-163.

1430 Vgl. SCHRUFF, L., Verpflichtungen aus Besserungsscheinen, S. 161.

1431 HERLINGHAUS, A., Forderungsverzichte und Besserungsvereinbarungen, S. 113.

1432 Vgl. HÜTTEMANN, U., in: von Wysocki et al., HdJ, Abt. III/8, Rn. 58 sowie in diesem Kontext auch SIEGEL, T., Verbindlichkeiten, S. 137.

1433 HERLINGHAUS, A., Forderungsverzichte und Besserungsvereinbarungen, S. 122, Erg., Ausl. und Hervorh. durch den Verf.

1434 Mit dem Hinweis, dass die rechtliche Einordnung stets Ergebnis der Auslegung der abgeschlossenen Besserungsabrede sein muss, nehmen zudem auch FREITAG, R./MÜLBERT, P. O., in: von Staudinger, BGB, § 488 BGB, Rn. 349 eine Stundung an. So wohl auch GRÜNEBERG, C., in: Palandt et al., BGB, 73. Aufl., § 271 BGB, Rn. 14; BITTNER, C., in: von Staudinger, BGB, § 271 BGB, Rn. 11; BERGER, K.-P., in: Säcker, MüKo BGB, 6. Aufl., § 488 BGB, Rn. 49.

1435 Vgl. SCHULZE-OSTERLOH, J., Rangrücktritt, Besserungsschein, eigenkapitalersetzende Darlehen, S. 102 f.

aus Sicht des Schuldners v. a. der angestrebte Zahlungsaufschub erreicht werde.[1436] Andererseits werde durch ein pactum de non petendo aus Sicht des Gläubigers die Verjährung der zur Rede stehenden Forderung gehemmt sowie gleichzeitig deren Verzinsung ermöglicht, da die Forderung für den Zeitraum der Krise schließlich nicht erlösche.[1437]

Zusammenfassend führt ein Forderungsverzicht mit Besserungsschein aus wirtschaftlicher Perspektive zu einem, bis zum Eintritt der Besserungsbedingung wirksamen liquiditätsschonenden Zahlungsaufschub der Zahlungspflichten aus der Verbindlichkeit. Hinsichtlich der zivilrechtlichen Einordnung des Forderungsverzichts mit Besserungsschein beschränkt sich die überwiegende Meinung zwar auf die Unterscheidung zwischen auflösend bedingtem Erlass und unbedingtem Erlass i. V. m. der Schaffung einer neuen, aufschiebend bedingten Verbindlichkeit, jedoch finden sich im Schrifttum auch Stimmen, die in diesem Sanierungsinstrument analog zur wirtschaftlichen Perspektive – indes nur teilweise argumentativ auf dieser basierend – eine Stundung bzw. ein pactum de non petendo erkennen.

Aufgrund der engen wirtschaftlichen und rechtlichen Verwandtschaft zwischen dem Forderungsverzicht mit Besserungsschein und dem Rangrücktritt, auf die verbreitet auch in der bilanzrechtlichen Diskussion Bezug genommen wird, soll diese Verwandtschaft nachfolgend kurz erläutert werden. Erschwerend wirkt sich in diesem Kontext jedoch aus, dass zwar sowohl Rangrücktritte wie auch Forderungsverzichte regelmäßig mit Besserungsabreden versehen werden, diese jedoch im Einzelfall (stark) divergieren können.[1438] Eine Vergleichbarkeit dieser Sanierungsinstrumente kann insofern nur dann bestehen, wenn der Rangrücktritt und der Forderungsverzicht mit den gleichen Besserungsabreden – bspw. der Tilgung aus künftigen Jahresüberschüssen oder einem Liquidationsüberschuss – versehen werden.[1439] Liegt dieser durchaus praxisrelevante Fall vor,[1440] ist es offensichtlich, dass beide Sanierungsinstrumente aus wirtschaftlicher Sicht (des zu sanierenden Unternehmens) gleichermaßen einen Zahlungsaufschub der betroffenen Verbindlichkeit bis zur Realisation besagter Jahresüberschüsse bzw. des Liquidationsüberschusses implizieren.[1441] Neben dieser wirtschaftlichen Unterscheidung von Rangrücktritten und Forderungsverzichten ist auch die Differenzierung mittels des zivilrechtlichen Charakters des jeweiligen Sanierungsinstruments üb-

1436 Vgl. SCHRADER, N., Die Besserungsabrede, S. 53-56.

1437 Vgl. SCHRADER, N., Die Besserungsabrede, S. 53-59. Vor dem Hintergrund, dass die Sanierungsinstrumente Stundung und pactum de non petendo zwar nicht zivilrechtlich, jedoch hinsichtlich ihrer wirtschaftlichen und v. a. bilanzrechtlichen Implikationen als deckungsgleich erscheinen (vgl. ausführlich zu dieser Feststellung bereits die Abschn. 421.2, 422. und 423.), kann die Unterscheidung zwischen diesen Einordnungen hier dahingestellt bleiben.

1438 Vgl. bzgl. der Rangrücktritte die Abschn. 431.2 und 431.3 und in Bezug auf die Forderungsverzichte die einleitenden Ausführungen in diesem Abschnitt.

1439 Vgl. SCHUBERT, W. J., in: Förschle et al., BeBiKo, 9. Aufl., § 247 HGB, Rn. 238.

1440 Vgl. hierzu die Ausführungen in Abschn. 431.3. A. A. offensichtlich SCHUBERT, W. J., in: Förschle et al., BeBiKo, 9. Aufl., § 247 HGB, Rn. 238, der davon ausgeht, dass Rangrücktritte im Gegensatz zum Forderungsverzicht mit Besserungsschein regelmäßig eine Tilgung aus sonstigem freien Vermögen vorsehen. Diese Ansicht berücksichtigt indes nicht, dass eine solche Tilgungsbestimmung inzwischen weder insolvenz- noch steuerrechtlich zwingend angezeigt ist, vgl. hierzu bereits Abschn. 431.3.

1441 Diese wirtschaftliche Äquivalenz ebenso feststellend HEERMA, J. D., Passivierung bei Rangrücktritt, S. 543; BÖCKING, H.-J., Verbindlichkeitsbilanzierung, S. 61 f.; SCHRADER, N., Die Besserungsabrede, S. 117; BFH (Hrsg.), 30.03.1993 - IV R 57/91, S. 502; HERLINGHAUS, A., Forderungsverzichte und Besserungsvereinbarungen, S. 86 f. m. w. N.

lich.[1442] Folgt man der h. M., ist ein Rangrücktritt demnach als pactum de non petendo, ein Forderungsverzicht mit Besserungsschein hingegen entweder als auflösend bedingter Erlass oder als unbedingter Erlass zzgl. einer neuen, aufschiebend bedingten Verbindlichkeit anzusehen.[1443] Dieser Ansatz stößt indes an seine Grenzen, wenn man berücksichtigt, dass weder die Rechtsnatur des Rangrücktritts noch diejenige des Forderungsverzichts mit Besserungsschein zweifelsfrei feststehen.[1444] Neben den Schwierigkeiten der jeweiligen rechtsdogmatischen Einordnung trifft die Unternehmenspraxis zudem die Herausforderung, das vereinbarte Sanierungsinstrument daraufhin zu untersuchen, ob der Parteiwille auf einen Rangrücktritt oder einen Forderungsverzicht gerichtet war.[1445]

Als problembehaftet erscheint m. E. auch der Versuch, die Sanierungsinstrumente über deren bilanzielle Abbildung abzugrenzen. So sollte diese Bilanzierung nach hier vertretener Auffassung Ausfluss des rechtlichen und v. a. des wirtschaftlichen Gehalts des jeweiligen Instruments sein[1446] und kann folglich nicht rekursiv als Abgrenzungsmerkmal zwischen den Sanierungsinstrumenten dienen.[1447] Schließlich muss wohl eine Differenzierung von Rangrücktritt und Forderungsverzicht nach ihrem zeitlichen Anwendungsbereich inzwischen als überholt eingestuft werden. So wurde in der Vergangenheit (noch) darauf hingewiesen, dass Rangrücktritte vor Eröffnung des Insolvenzverfahrens, Forderungsverzichte mit Besserungsscheinen hingegen erst danach vereinbart würden.[1448] Inzwischen ist hingegen dieser Forderungsverzicht auch als Maßnahme der außergerichtlichen Sanierung anerkannt.[1449] Folgt man zusammenfassend der jeweiligen, bereits diskutierten[1450] bzw. noch zu diskutierenden[1451] h. M., so unterscheiden sich die angesprochenen Sanierungsinstrumente im Ergebnis ihrem zivilrechtlichen Charakter und ihrer Bilanzierung nach – ihr wirtschaftlicher Gehalt kann bei entsprechender Ausgestaltung jedoch exakt deckungsgleich sein. Auf diesen offensichtlichen Widerspruch, der bereits häufig als Anlass für die Forderung einer Angleichung der

[1442] Dieser zivilrechtlichen Unterscheidung folgen bspw. ADS, § 246, Rn. 146; OBERMÜLLER, M., Insolvenzrecht, Rn. 1.1336 f.; DÖLLERER, G., Kapitalersetzendes Darlehen, S. 203 und wohl auch SCHUBERT, W. J., in: Förschle et al., BeBiKo, 9. Aufl., § 247 HGB, Rn. 237 f.

[1443] Vgl. hierzu die Verweise in Fn. 1438.

[1444] Vgl. hierzu die entsprechenden Diskussionen in Abschn. 431.2 sowie diejenigen im vorliegenden Abschnitt.

[1445] Auf diese Auslegungsschwierigkeiten hinweisend SCHUBERT, W. J., in: Förschle et al., BeBiKo, 9. Aufl., § 247 HGB, Rn. 238; ADS, § 246, Rn. 147; HERLINGHAUS, A., Forderungsverzichte und Besserungsvereinbarungen, S. 86 f.

[1446] So auch SIEBERT, J./LICKERT, D., Forderungsverzicht, S. 8.

[1447] So aber z. B. BRAUN, N., Gesellschafterdarlehen, S. 1361. Kritisch in diesem Zusammenhang auch SCHULZE-OSTERLOH, J., Rangrücktritt, Besserungsschein, eigenkapitalersetzende Darlehen, S. 98. In diesen Kontext sind im Übrigen auch die Hinweise mancher Autoren einzuordnen, die den Rangrücktritt vom Forderungsverzicht abgrenzen, indem sie darauf hinweisen, dass im Gegensatz zum Rangrücktritt der Forderungsverzicht mit der Rechtsfolge des Fortfalls der u. U. bestellten Sicherheiten einhergehe, vgl. HEERMA, J. D., Passivierung bei Rangrücktritt, S. 543; MARTINEK, M./OMLOR, S., Nicht-akzessorische Sicherheiten, S. 618-620; HOFFMANN, W.-D./LÜDENBACH, N., NWB-Kommentar, § 246, Rn. 94; DÖLLERER, G., Kapitalersetzendes Darlehen, S. 203.

[1448] So HERLINGHAUS, A., Forderungsverzichte und Besserungsvereinbarungen, S. 146 f. und SCHULZE-OSTERLOH, J., Rangrücktritt, Besserungsschein, eigenkapitalersetzende Darlehen, S. 98.

[1449] Vgl. nur PETERSEN, K./HEINRICHS, K./WOHLGEMUTH, M., Die Abschlussposten, Rn. 1688K; BECKER, B./PAPE, M./WOBBE, C., Besserungsschein, S. 506.

[1450] Vgl. Abschn. 433.

[1451] Vgl. Abschn. 453.

Bilanzierung von Rangrücktritten und Forderungsverzichten mit Besserungsscheinen verwandt wurde,[1452] wird in Abschn. 453. noch zurückzukommen sein.

452. Abbildung von Verzichten mit Besserungsabreden nach HGB

452.1 Auswirkungen von Verzichten mit Besserungsabreden auf die Bilanz und die GuV

Im vorherigen Kapitel wurde ausgeführt, dass der überwiegende Teil des Schrifttums im Forderungsverzicht mit Besserungsschein entweder einen auflösend bedingten Erlass oder einen unbedingten Verzicht unter Schaffung einer aufschiebend bedingten Verbindlichkeit erkennt. Folgt man der Annahme einer neuen, aufschiebend bedingten (Besserungs-)Verpflichtung[1453] *und* wurde diese außerdem bis zum Bilanzstichtag wirtschaftlich verursacht, ist diese Verpflichtung **bilanziell** so lange als Verbindlichkeit zu passivieren, wie der Eintritt der aufschiebenden Bedingung als sicher gilt.[1454] Bei einer entsprechend geringeren Wahrscheinlichkeit des Bedingungseintritts wäre diese Verpflichtung handelsrechtlich in aller Regel als Rückstellung zu erfassen.[1455] Die Tatsache, dass die h. M. – entgegen dieser grundsätzlichen Behandlung aufschiebend bedingter Verbindlichkeiten – die Passivierung von Besserungsverpflichtungen zurückweist, folgt vorrangig daraus, dass die eingangs unterstellte, wirtschaftliche Verursachung dieser Verpflichtungen vor dem Bilanzstichtag gemeinhin verneint wird.[1456] Vergleichbar mit den entsprechenden Ausführungen zum Rangrücktritt,[1457] gestaltet sich hingegen die Prüfung der bereits erläuterten Passivierungskriterien als weniger problematisch. Obgleich der rechtliche Charakter der Besserungsverpflichtung umstritten ist,[1458]

1452 Vgl. hierzu die Nachweise in Fn. 1182.

1453 Soweit erkennbar thematisiert das Schrifttum im Kontext bedingter Verbindlichkeiten zwar die Bilanzierung auflösend und aufschiebend bedingter Verpflichtungen (vgl. die Fn. 1427, 1454 und 1455), jedoch nicht den auflösend bedingten Verzicht. Dies könnte darauf zurückzuführen sein, dass eine Passivierung der mit dem auflösend bedingten Verzicht einhergehenden Besserungsverpflichtung aufgrund ihrer mutmaßlich fehlenden wirtschaftlichen Verursachung bis zum Bilanzstichtag von der h. M. abgelehnt wird, vgl. Abschn. 453.2. Im Ergebnis kann jedoch vor dem Hintergrund der wirtschaftlichen Äquivalenz des auflösend bedingten Erlasses und des unbedingten Verzichts unter Schaffung einer aufschiebend bedingten Verbindlichkeit auf das einschlägige Schrifttum zu aufschiebend bedingten Verbindlichkeiten rekurriert werden, vgl. in diesem Sinne auch KRUMM, M., in: Heuermann/Ebling, EStG, § 5 EStG, Rn. 761a.

1454 Vgl. BAETGE, J./KIRSCH, H.-J./THIELE, S., Bilanzen, S. 392; BAIERL, H., in: Böcking et al., Beck HdR, B 234, Rn. 24; SIGLOCH, J./WEBER, S., in: Michalski, Komm. GmbHG, 2. Aufl., §§ 41-42a Rechnungslegung der GmbH, Rn. 880; THIELE, S., in: Baetge/Kirsch/Thiele, Bilanzrecht, § 246 HGB, Rn. 122 und Rn. 124.

1455 Vgl. BAETGE, J./KIRSCH, H.-J./THIELE, S., Bilanzen, S. 392; ADS, § 246, Rn. 121; SCHUBERT, W. J., in: Förschle et al., BeBiKo, 9. Aufl., § 247 HGB, Rn. 224; SIGLOCH, J./WEBER, S., in: Michalski, Komm. GmbHG, 2. Aufl., §§ 41-42a Rechnungslegung der GmbH, Rn. 880; PETERSEN, K./HEINRICHS, K./WOHLGEMUTH, M., Die Abschlussposten, Rn. 1682K; WINNEFELD, R., Bilanz-Handbuch, 4. Aufl., Kap. D, Rn. 1450; HÜTTEMANN, U., in: von Wysocki et al., HdJ, Abt. III/8, Rn. 66; THIELE, S., in: Baetge/Kirsch/Thiele, Bilanzrecht, § 246 HGB, Rn. 122 und Rn. 124.

1456 Vgl. zu diesem Standpunkt v. a. IDW, WP-Handbuch 2012, Bd. I, Kap. F, Rn. 343; SCHUBERT, W. J., in: Förschle et al., BeBiKo, 9. Aufl., § 247 HGB, Rn. 237; FÖRSCHLE, G./HEINZ, S., in: Budde/Förschle/Winkeljohann, Sonderbilanzen, 4. Aufl., Q. Sanierungsmaßnahmen, Rn. 44; KÜTING, K./KESSLER, H./REUTER, M., in: Küting/Pfitzer/Weber, HdR-E, 5. Aufl., § 272 HGB, Rn. 222; DUSEMOND, M./HEUSINGER-LANGE, S./KNOP, W., in: Küting/Pfitzer/Weber, HdR-E, 5. Aufl., § 266 HGB, Rn. 176; ADS, § 246, Rn. 150; MOXTER, A., Bilanzrechtsprechung, S. 119; SCHULZE-OSTERLOH, J., Rangrücktritt, Besserungsschein, eigenkapitalersetzende Darlehen, S. 99; HÄUSELMANN, H., Finanzverbindlichkeiten, S. 948; GROSS, D. G./FINK, J. U., Besserungsscheine, S. 1379; PETERSEN, K./HEINRICHS, K./WOHLGEMUTH, M., Die Abschlussposten, Rn. 1688K; SCHRADER, N., Die Besserungsabrede, S. 61 m. w. N.

1457 Vgl. hierzu Abschn. 433.2.

1458 Vgl. ausführlich hierzu bereits Abschn. 451.3.

besteht sowohl bei der Interpretation des Forderungsverzichts mit Besserungsschein als Stundung, als pactum de non petendo sowie als auflösend bedingter Erlass eine rechtliche Verpflichtung des Schuldners. Diese Feststellung gilt, vor dem Hintergrund der bilanzrechtlichen Austauschbarkeit des auflösend bedingten Erlasses und des unbedingten Erlasses unter Schaffung einer aufschiebend bedingten (Neu-)Verbindlichkeit, auch für die letztgenannte aufschiebend bedingte Verbindlichkeit. Darüber hinaus stellt die Besserungsverpflichtung eine Belastung dar, da im Rahmen der hier behandelten Sanierungssituation und damit unter einer positiven Fortführungsannahme die Mindestwahrscheinlichkeit z. B. des Eintritts künftiger Jahresüberschüsse und damit der tatsächlichen Inanspruchnahme aus der Besserungsverpflichtung in aller Regel zu bejahen sein wird. Schließlich ist die Schuld in Form des Nennbetrags der Verbindlichkeit, auf die gegen Gewährung des Besserungsscheins verzichtet wurde, auch quantifizierbar. Die Ansicht, dass die Nicht-Passivierung der, in praxi wohl relevantesten, nur aus künftigen Jahresüberschüssen und ggf. einem künftigen Liquidationsüberschuss[1459] zu bedienenden, Besserungsverpflichtungen auf deren fehlende wirtschaftliche Verursachung bis zum Bilanzstichtag zurückzuführen sei, blieb jedoch nicht unwidersprochen. Im Folgenden sollen daher die diesbezüglichen Diskussionen im Schrifttum kurz nachgezeichnet werden.

Zunächst ist in diesem Zusammenhang die Position von SCHRUFF zu nennen, nach der derartige Besserungsverpflichtungen letztlich in Abhängigkeit von der Wahrscheinlichkeit des Bedingungseintritts zu passivieren seien. Demnach ist in der hier betrachteten, vorinsolvenzlichen Sanierungssituation mit Verweis auf das Vorsichtsprinzip bereits dann die Passivierung einer Rückstellung geboten, wenn „völlig offen ist, ob das Unternehmen künftig Gewinne erzielen wird oder nicht"[1460]. Sofern die Wahrscheinlichkeit so weit gestiegen ist, dass der Bedingungseintritt fast sicher zu erwarten ist, ist für die Besserungsverpflichtung anstatt dieser Rückstellung eine Verbindlichkeit zu erfassen.[1461] Während SCHRUFF die Frage des Ansatzes eines Passivpostens ausführlich diskutiert, stellt er in Bezug auf dessen Bewertung nur relativ knapp fest, dass diese regelmäßig durch den Erlassbetrag festgelegt sei.[1462] Wie bereits in Abschn. 451.3 betont wurde, gelangt auch HÜTTEMANN zum Ansatz eines Passivpostens für die Besserungsverpflichtung. Er argumentiert, dass es sich beim Forderungsverzicht mit Besserungsschein (wirtschaftlich) um eine Stundung handelt sowie die künftige Gewinnerzielung unter dem Gesichtspunkt des going-concern-Prinzips „zumindest nicht ausgeschlossen werden könne"[1463] und insofern der Ansatz einer Rückstellung oder einer Verbindlichkeit angezeigt ist. Zwar geht auch HÜTTEMANN nicht dezidiert auf die Bewertung dieses Schuldpostens ein, jedoch weist er darauf hin, dass für diesen zumindest „eine Abzinsung in Frage komme"[1464]. Schließlich votieren auch HERLINGHAUS und SCHRADER für die Erfassung eines Pas-

---

1459 Wie bereits in Abschn. 433.2 hinreichend diskutiert wurde, wirkt sich der *zusätzliche* Rekurs auf diesen Liquidationsüberschuss nicht auf die Bilanzierung des hier angesprochenen Besserungsscheins aus. So auch SCHRUFF, L., Verpflichtungen aus Besserungsscheinen, S. 157 (Fn. 9).

1460 SCHRUFF, L., Verpflichtungen aus Besserungsscheinen, S. 159, ähnlich auch BÖCKING, H.-J., Verbindlichkeitsbilanzierung, S. 80.

1461 Vgl. SCHRUFF, L., Verpflichtungen aus Besserungsscheinen, S. 160.

1462 Vgl. SCHRUFF, L., Verpflichtungen aus Besserungsscheinen, S. 164. Darüber hinaus weist er richtigerweise darauf hin, dass sich dieser Betrag noch um eine u. U. für den Krisenzeitraum vereinbarte Verzinsung (vgl. Fn. 1396) sowie die latente Ertragssteuerlast erhöhen würde.

1463 HÜTTEMANN, U., in: von Wysocki et al., HdJ, Abt. III/8, Rn. 58.

1464 HÜTTEMANN, U., in: von Wysocki et al., HdJ, Abt. III/8, Rn. 58.

sivpostens in Folge des Forderungsverzichts mit Besserungsschein.[1465] Im Gegensatz zu den beiden erstgenannten Autoren basiert deren Meinung ausnahmslos darauf, dass sie in diesem Sanierungsinstrument *rechtlich* eine Stundung (HERLINGHAUS) bzw. ein pactum de non petendo (SCHRADER) erkennen und in Folge dieser rechtlichen Einordnung eine fortgesetzte Passivierung der ursprünglichen (durch den Besserungsschein modifizierten) Verbindlichkeit als geboten ansehen.[1466] Aufgrund dieses, auf den Parteiwillen von Gläubiger und Schuldner basierenden Votums zu Gunsten eines fortgesetzten Verbindlichkeitsausweises entfällt in diesem Zusammenhang insofern (de lege lata[1467]) die Frage nach der Bewertung des Passivpostens, der in logischer Folge unverändert i. H. d. Nennwerts der ursprünglichen Verbindlichkeit zu bilanzieren ist. Ob dieser (pauschalen) Ansicht gefolgt werden kann, wird dezidierter v. a. in Abschn. 453.3 analysiert werden.

Neben den bislang thematisierten Besserungsabreden können die Vertragsparteien auch anderweitige Besserungsverpflichtungen vereinbaren.[1468] Deren bilanzielle Abbildung ist separat zu behandeln, da v. a. deren wirtschaftliche Verursachung von den bislang thematisierten Besserungsverpflichtungen teilweise divergiert. So können in der Praxis bspw. auch Besserungsverpflichtungen bestehen, die neben den bisher vorgestellten Tilgungsmodalitäten zusätzlich zu Beginn des Insolvenzverfahrens in voller Höhe wieder aufleben. Nach übereinstimmender Auffassung ist eine Verbindlichkeit, die durch eine derartige Besserungsabrede restrukturiert wird, weiterhin in voller Höhe zu passivieren, da der Eintritt einer der Bedingungen (Erzielen von Jahresüberschüssen oder Eröffnung des Insolvenzverfahrens) unausweichlich ist und daher lediglich eine Stundung der zu Grunde liegenden Verbindlichkeit vorliegt.[1469] Des Weiteren kann auch das Erreichen bestimmter Performance-Kennzahlen konstituierendes Merkmal von Besserungsverpflichtungen sein. Zwar geht das bilanzrechtliche Schrifttum nicht detailliert auf diese speziellen Verpflichtungen ein,[1470] jedoch wird man regelmäßig zu dem Ergebnis gelangen, dass sie einerseits bis zum Bilanzstichtag wirtschaftlich verursacht wurden, da bei Erreichen der entsprechenden Performance das gegenwärtige Vermögen belastet wird bzw. werden kann,[1471] und dass sie andererseits gem. der oben dargestell-

[1465] Vgl. zu dem Ergebnis HERLINGHAUS, A., Forderungsverzichte und Besserungsvereinbarungen, S. 155; SCHRADER, N., Die Besserungsabrede, S. 76 f.

[1466] Vgl. ausführlich HERLINGHAUS, A., Forderungsverzichte und Besserungsvereinbarungen, S. 121-129 und S. 139-155; SCHRADER, N., Die Besserungsabrede, S. 48-59 und S. 60-77 sowie die Ausführungen in den Abschn. 451.3 und 453.22.

[1467] Vgl. hierzu jedoch bereits die Diskussion zur de lege ferenda Abzinsung in Abschn. 423.3 sowie die nachfolgenden Erörterungen in Abschn. 453.3.

[1468] Vgl. zur Mannigfaltigkeit möglicher Besserungsabreden Abschn. 451.2.

[1469] Vgl. neben SCHRUFF, L., Verpflichtungen aus Besserungsscheinen, S. 160 f.; FÖRSCHLE, G./HEINZ, S., in: Budde/Förschle/Winkeljohann, Sonderbilanzen, 4. Aufl., Q. Sanierungsmaßnahmen, Rn. 49; ADS, § 246, Rn. 124 und Rn. 155; HÜTTEMANN, U., in: von Wysocki et al., HdJ, Abt. III/8, Rn. 58; HÄUSELMANN, H., Rangrücktritt vs. Forderungsverzicht, S. 1557; KÜTING, K./KESSLER, H./REUTER, M., in: Küting/Pfitzer/Weber, HdR-E, 5. Aufl., § 272 HGB, Rn. 223.

[1470] Eine bemerkenswerte Ausnahme bildet die Untersuchung einnahmeabhängiger (also umsatzbezogener) Besserungsverpflichtungen durch SIEGEL, T., Verbindlichkeiten, S. 134-136. Im Ergebnis stimmen die Vorschläge von SIEGEL mit der in Abschn. 453.4 entwickelten Auffassung, dass derartige Besserungsverpflichtungen letztlich gem. der allgemeinen Bilanzierung aufschiebend bedingter Verpflichtungen abzubilden sind, überein.

[1471] Vgl. hierzu ADS, § 246, Rn. 149, die betonen, dass es immer entscheidend sei, „ob die Besserungsabrede zu einer Belastung des gegenwärtigen Vermögens führt" sowie bereits die Ausführungen zur Tilgung aus dem sonstigen Vermögen in Abschn. 433.2 und diejenigen zur (problematischeren) wirtschaftlichen Verursachung von Besserungsverpflichtungen, die an das Erreichen künftiger Jahresüberschüsse gebunden sind in Abschn. 453.3.

ten, allgemeinen Behandlung aufschiebend bedingter Verpflichtungen zu bilanzieren sind.[1472] Dieses Vorgehen ist darüber hinaus auch für die Behandlung von Besserungsverpflichtungen, die unsauber auf künftige Gewinne rekurrieren, einschlägig, sofern diese Verpflichtungen bis zum Bilanzstichtag wirtschaftlich verursacht wurden.[1473]

Zusammenfassend führen die mit Forderungsverzichten verbundenen Vereinbarungen von Besserungsabreden in Abhängigkeit von ihrer Ausgestaltung und der vom Bilanzierenden präferierten Position des Schrifttums im Ergebnis entweder zu keiner, einer teilweisen oder einer vollständigen Ausbuchung des ursprünglichen Schuldpostens. Ob und in welcher Form diesbezüglich Verbesserungen der Bilanzierung angezeigt sind, wird dezidierter in Abschn. 453. analysiert. Analog zu den Erörterungen in Abschn. 443.1 ist der im Rahmen der Ausbuchung u. U. entstehende Unterschiedsbetrag in der **GuV** als außerordentlicher Ertrag oder – sofern es sich bei dem Verzichtenden um einen Gesellschafter des Unternehmens handelt – wahlweise als andere Zuzahlung in der Kapitalrücklage zu erfassen. Dieses Vorgehen wird damit nicht nur für den unbedingten Forderungsverzicht,[1474] sondern inzwischen übereinstimmend auch für denjenigen gegen Gewährung eines Besserungsscheins präferiert.[1475] Soweit die Besserungsbedingung eintritt, ist die wieder auflebende Verbindlichkeit zzgl. der unter Umständen für den Krisenzeitraum vereinbarten Zinsverpflichtung[1476] aufwandswirksam zu passivieren.[1477] Selbstredend entfällt diese Aufwandswirksamkeit (teilweise), wenn nach hier vertretener Auffassung (aber entgegen der h. M.) die Ausbuchung der Verbindlichkeit in Folge des Verzichts mit Besserungsschein (teilweise) abgelehnt wird.[1478] In diesem Fall ist die Verbindlichkeit bei Bedingungseintritt (teilweise) regulär auszubuchen (Verbindlichkeit an Kasse/Bank).[1479]

452.2 Erläuterungen zu Verzichten mit Besserungsabreden im Anhang

Neben Auswirkungen auf die Bilanz und die GuV schlagen sich Forderungsverzichte mit Besserungsscheinen zudem im Anhang und Lagebericht nieder. Auch wenn der wirtschaftliche Zahlungs-

---

1472 Vgl. Siegel, T., Verbindlichkeiten, S. 134-136; ADS, § 246, Rn. 123 und Rn. 149.

1473 Vgl. in diesem Kontext bereits die Ausführungen in Abschn. 433.2.

1474 Vgl. Abschn. 443.1.

1475 Vgl. IDW, WP-Handbuch 2012, Bd. I, Kap. F, Rn. 343; Förschle, G./Hoffmann, K., in: Förschle et al., BeBiKo, 9. Aufl., § 272 HGB, Rn. 197; Förschle, G./Heinz, S., in: Budde/Förschle/Winkeljohann, Sonderbilanzen, 4. Aufl., Q. Sanierungsmaßnahmen, Rn. 45. A. A. Winnefeld, R., 4. Aufl., Bilanz-Handbuch, Kap. N, Rn. 645 und (noch) Ellrott, H./Ring, M., in: Berger et al., BeBiKo, 5. Aufl., § 246 HGB, Rn. 237, die eine Einstellung in die Kapitalrücklage vor dem Hintergrund des nur aufschiebend bedingten Schulderlasses verneinten, so wohl auch Siebert, J./Lickert, D., Forderungsverzicht, S. 12.

1476 Vgl. Häuselmann, H., Rangrücktritt vs. Forderungsverzicht, S. 1553; Eppler, G., Quasi-Eigenkapital, S. 195; Becker, B./Pape, M./Wobbe, C., Besserungsschein, S. 508 sowie die Ausführungen und Nachweise in Fn. 1396.

1477 Vgl. IDW, WP-Handbuch 2012, Bd. I, Kap. F, Rn. 343; Schubert, W. J., in: Förschle et al., BeBiKo, 9. Aufl., § 247 HGB, Rn. 237; Förschle, G./Hoffmann, K., in: Förschle et al., BeBiKo, 9. Aufl., § 272 HGB, Rn. 197; Gahlen, D., Forderungsverzichte HGB und IFRS, S. 2079; Häuselmann, H., Finanzverbindlichkeiten, S. 948; Becker, B./Pape, M./Wobbe, C., Besserungsschein, S. 508. A. A. Küting, K./Kessler, H./Reuter, M., in: Küting/Pfitzer/Weber, HdR-E, 5. Aufl., § 272 HGB, Rn. 225, die im Falle der ursprünglichen Einstellung des Ausbuchungsertrags in die Kapitalrücklage, neben dieser aufwandswirksamen Passivierung der Besserungsverpflichtung, eine direkte Umbuchung von der Kapitalrücklage in die Verbindlichkeiten als zulässig erachten.

1478 Vgl. ausführlich hierzu die Abschn. 453.23 und 453.3.

1479 Vgl. auch Schrader, N., Die Besserungsabrede, S. 141.

aufschubcharakter dieses Sanierungsinstruments es vermuten ließe,[1480] wirken sich Forderungsverzichte mit Besserungsabreden nicht auf den Fristigkeitsspiegel im **Anhang** aus, da es in Folge dieser Verzichte nach h. M. in aller Regel nicht mehr zu einem Verbindlichkeitsausweis kommt.[1481] Stattdessen findet sich im Gegensatz zur Berichterstattung zu den bislang thematisierten Sanierungsmaßnahmen in § 160 Abs. 1 Nr. 6 AktG (bzw. in § 285 Nr. 15a HGB-Neu[1482]) die explizite Verpflichtung, Art und Zahl der bestehenden und der im Geschäftsjahr neu entstandenen Rechte aus Besserungsscheinen offenzulegen. Wohl als Ergebnis dieser explizit kodifizierten Verpflichtung finden sich im Schrifttum dezidierte Vorschläge, wie dieser Berichtspflicht nachzukommen ist.

Da die Angabe der bloßen Zahl der hier thematisierten Besserungsscheine für den Adressaten typischerweise keinen Informationsmehrwert generiert,[1483] wird diese Angabepflicht bereits durch die Offenlegung des Nennbetrags der erlassenen Forderung, für die der Besserungsschein vereinbart wurde, erfüllt. Eine weitaus detailliertere Erläuterung der Besserungsverpflichtungen leitet das Schrifttum hingegen verbreitet aus der Pflicht zur Angabe der Art der Besserungsscheine ab. Um den „wesentliche[n] Inhalt der Rechte“[1484] zu verdeutlichen, sind demnach v. a. der Zweck, der Ausgabezeitpunkt, die Laufzeit, gewährte Sicherheiten und die Tilgungsvereinbarungen der Besserungsverpflichtungen anzugeben.[1485] In diesem Kontext ist indes darauf hinzuweisen, dass manche dieser Angaben obsolet erscheinen – bspw. wird es dem Adressaten bereits ohne einen expliziten Hinweis klar sein, dass ein Forderungsverzicht mit Besserungsschein zum Zweck der Sanierung abgeschlossen wurde. Daneben erscheinen bestimmte Angaben redundant zu anderen Vorschriften. Dies gilt z. B. für die teilweise geforderte Angabe von im Zusammenhang mit dem Forderungsverzicht gewährten Sicherheiten.[1486] Diese sind (im Gegensatz zu externen Kreditsicherheiten[1487]) bereits gem. § 285 Nr. 3 HGB – nicht hingegen gem. § 285 Nr. 1 lit. b HGB, der nur auf bilanzierte Verbindlichkeiten abzielt – angabepflichtig.[1488] Vor diesem Hintergrund ist als Richtschnur für die Berichterstattung zu fordern, dass die in Frage stehende Angabe immer dann zu veröffentlichen ist, wenn sie der Einschätzung des künftigen Ausschüttungspotenzials und v. a. der künftigen Finanz- und Liquiditätslage dienlich ist.[1489] Eine optimale Berichterstattung könnte, wie bereits in Abschn. 432.3 angeregt, die relevanten Passagen der vereinbarten Besserungsabrede(n) veröffentli-

[1480] Vgl. hierzu Abschn. 451.2.

[1481] Stattdessen kommt es in Folge dieses Forderungsverzichts, mit Ausnahme der Besserungsverpflichtungen die in der Insolvenz wieder aufleben, entweder zur kompletten Ausbuchung der Schuldposition oder zur Erfassung einer Rückstellung (vgl. Abschn. 452.1).

[1482] Vgl. Fn. 1501.

[1483] Vgl. WACLAWIK, E., in: Hölters, Aktiengesetz, 2. Aufl., § 160 AktG, Rn. 38. A. A. wohl FÖRSCHLE, G./HEINZ, S., in: Budde/Förschle/Winkeljohann, Sonderbilanzen, 4. Aufl., Q. Sanierungsmaßnahmen, Rn. 47, nach denen dieser Nennbetrag *zusätzlich* zur Zahl und Art der Rechte aus Besserungsscheinen offenzulegen ist.

[1484] ADS, § 160 AktG, Rn. 58.

[1485] Vgl. zur Forderung dieser (und teilweise weiterer) Angaben IDW, WP-Handbuch 2012, Bd. I, Kap. F, Rn. 1037; ADS, § 160 AktG, Rn. 58; SCHRADER, N., Die Besserungsabrede, S. 66 f.; EULER, R./WIRTH, O., in: Spindler/Stilz, Komm. AktG, 2. Aufl., § 160 AktG, Rn. 27 f.

[1486] So EULER, R./WIRTH, O., in: Spindler/Stilz, Komm. AktG, 2. Aufl., § 160 AktG, Rn. 27.

[1487] Vgl. weiterführend Abschn. 46.

[1488] Vgl. hierzu GROTTEL, B., in: Förschle et al., BeBiKo, 9. Aufl., § 285 HGB, Rn. 28 f.; MORCK, W., in: Koller/Roth/Morck, Komm. HGB, 7. Aufl., § 285 HGB, Rn. 4; KESSLER, M., in: Hennrichs/Kleindiek/Watrin, MüKo Bilanzrecht Bd. 2, § 285 HGB, Rn. 29.

[1489] Vgl. zu diesem Ansatz auch SCHRADER, N., Die Besserungsabrede, S. 66 f.; HÄUSELMANN, H., Rangrücktritt vs. Forderungsverzicht, S. 1554; GROSS, D. G./FINK, J. U., Besserungsscheine, S. 1379 f.

chen. Zwar kann in der praktischen Sanierungssituation eine Vielzahl von Gläubigern, mit denen Forderungsverzichte mit Besserungsabreden vereinbart wurden, existieren. Gleichzeitig ist jedoch anzunehmen, dass das Unternehmen bereits aus verhandlungstaktischen Gründen und vor dem Hintergrund der Agency-Konflikte zwischen den Gläubigern (zumindest mit vergleichbaren Gläubigergruppen) vergleichbare Besserungsabreden vereinbaren wird. Insofern erscheint es in diesem Fall möglich bspw. eine repräsentative Besserungsabrede zu veröffentlichen und etwaige Abweichungen von dieser separat zu adressieren. Da der Adressat in Bezug auf dieses Sanierungsinstrument typischerweise vorrangig an dessen wirtschaftlichem Gehalt interessiert sein wird, sind konkret insbesondere die vorgesehenen Tilgungsbestimmungen offenzulegen. Daneben ist anzugeben, inwieweit es sich bei dem Verzichtenden um einen Gesellschafter des Unternehmens handelt. Diese Forderung resultiert letztlich daraus, dass hier mit SCHRADER vermutet wird, dass externe Gläubiger bei Eintritt der Besserungsbedingung tendenziell eher ihre Forderungen geltend machen werden als dies von Gesellschaftern des Unternehmens erwartet werden muss und eine Besserungsverpflichtung gegenüber Gesellschaftern insofern grundsätzlich weniger „bedrohlich“ erscheint.[1490] Vor dem Hintergrund, dass die bzgl. der Besserungsscheine insofern geforderten Angaben sich zu großen Teilen mit denjenigen in Bezug auf mezzanine Finanzierungsformen decken,[1491] zeigt sich hier im Übrigen, dass dieses Sanierungsinstrument zur Schaffung von Quasi-Eigenkapital führt.[1492]

Die Angabepflichten gem. § 160 Abs. 1 Nr. 6 AktG entfallen im Übrigen auch nicht dadurch, dass auf absehbare Zeit keine Gewinne erwartet werden.[1493] In diese Richtung argumentieren jedoch ADLER/DÜRING/SCHMALTZ, die davon ausgehen, dass eine Angabe entbehrlich sei „wenn mit einiger Sicherheit ein Gewinn nicht zu erwarten ist“[1494]. Diese Ansicht erscheint bereits vor dem Hintergrund der oben erläuterten Zwecksetzung dieser Vorschrift sowie mit Verweis auf § 264 Abs. 2 HGB fraglich.[1495] Zu präferieren ist vielmehr die Auffassung des IDW, das eine Angabepflicht nur verneint, wenn „mit an Sicherheit grenzender Wahrscheinlichkeit kein Gewinn zu erwarten ist“[1496]. Diesem Fall wird indes im Rahmen der vorinsolvenzlichen Sanierung gewinnorientierter Unternehmen in praxi wohl keine Bedeutung zukommen.[1497] Gleichermaßen entfallen die Angabepflichten auch nicht in den Fällen, in denen die Besserungsabrede zu einem (fortgesetzten) Ausweis eines bilanziellen Passivpostens führt.[1498] Fraglich könnte indes sein, ob diese Angabepflichten neben Aktiengesellschaften für alle hier behandelten Kapitalgesellschaften, v. a. also für GmbHs, gelten. Zwar widerspricht prima facie die Verortung des § 160 Abs. 1 Nr. 6 AktG diesem

---

1490 Vgl. SCHRADER, N., Die Besserungsabrede, S. 71 und in diesem Kontext zudem die Ausführungen in Abschn. 465.

1491 So auch EULER, R./WIRTH, O., in: Spindler/Stilz, Komm. AktG, 2. Aufl., § 160 AktG, Rn. 26; KESSLER, M., in: Hennrichs/Kleindiek/Watrin, MüKo Bilanzrecht Bd. 2, § 285 HGB, Rn. 52 f.; ADS, § 160 AktG, Rn. 55.

1492 Vgl. bereits Abschn. 251.2. Gleiches gilt darüber hinaus auch für entsprechend ausgestaltete Rangrücktritte, vgl. hierzu die Abschn. 432.2 und 432.3.

1493 Vgl. HÄUSELMANN, H., Rangrücktritt vs. Forderungsverzicht, S. 1554.

1494 ADS, § 285, Rn. 50.

1495 Vgl. hierzu Fn. 1500.

1496 IDW, WP-Handbuch 2012, Bd. I, Kap. F, Rn. 786.

1497 Vgl. in diesem Sinne auch SCHRUFF, L., Verpflichtungen aus Besserungsscheinen, S. 159.

1498 Vgl. HERLINGHAUS, A., Forderungsverzichte und Besserungsvereinbarungen, S. 155 sowie HÜTTEMANN, U., in: von Wysocki et al., HdJ, Abt. III/8, Rn. 217, der davon ausgeht, dass im Falle passivierter Besserungsverpflichtungen „die Bilanzpositionen und ihre Bewertung zu erläutern“ seien. Dieser Erläuterungspflicht sollte zweckmäßigerweise ebenso mit den, in diesem und z. T. in Abschn. 453.3 vorgeschlagenen Angaben nachgekommen werden.

Ansinnen. Jedoch besteht Konsens darüber, dass Besserungsverpflichtungen als sonstige finanzielle Verpflichtungen sowohl unter die Angabepflichten des § 285 Nr. 3a HGB fallen,[1499] als auch deren Erläuterung vor dem Hintergrund der Generalnorm des § 264 Abs. 2 HGB geboten ist.[1500] Eine gesetzliche Klarstellung wird im Übrigen voraussichtlich durch das BilRUG bzw. durch § 285 Nr. 15a HGB-Neu erfolgen, der die Berichterstattung explizit auf alle Kapitalgesellschaften ausweiten wird.[1501] Nicht einschlägig war bzw. ist hingegen § 251 S. 1 HGB, da diese Vorschrift nur auf Rechtsverhältnisse ausstrahlt, aufgrund derer der Bilanzierende nicht mit einer Inanspruchnahme rechnet. Die Verneinung einer solchen Inanspruchnahme wird jedoch im Fall von Besserungsverpflichtungen vor dem Hintergrund der unternehmerischen Gewinnerzielungsabsicht und der unterstellten Unternehmensfortführung regelmäßig nicht möglich sein.[1502] Da §§ 285 Nr. 3a, 264 Abs. 2 HGB letztlich analog zu § 160 Abs. 1 Nr. 6 AktG auf eine zweckgerechte, den tatsächlichen Verhältnissen entsprechende Darstellung der „gegenwärtige[n] Finanz- und [der] zukünftige[n] Liquiditätslage“[1503] abzielen, ist nach hier vertretener Auffassung davon auszugehen, dass die Angabepflicht gem. § 285 Nr. 3a HGB am sachgerechtesten durch die oben vorgeschlagenen Angaben erfüllt werden kann.[1504] In diese Berichterstattung könnten außerdem die (weniger weitreichenden) Angaben zum außerordentlichen Ertrag, der mit dem Forderungsverzicht mit Besserungsschein u. U. einhergeht, eingebunden werden.[1505]

452.3 Berichterstattung über Verzichte mit Besserungsabreden im Lagebericht

Da die für Besserungsverpflichtungen vorgeschriebenen Anhangangaben signifikant über die entsprechende Informationsbereitstellung für andere Sanierungsmaßnahmen hinausgeht, kann die Berichterstattung im **Lagebericht** dementsprechend knapper ausfallen. Während insofern v. a. die im Wirtschaftsbericht typischerweise angezeigten Informationen (Nennbetrag, Art der erlassenen Verbindlichkeit, Bedingungen ihres Wiederauflebens) bereits regelmäßig aus dem Anhang hervorgehen werden, hat der Prognosebericht nach hier vertretener Auffassung weiterführende – nämlich zukunftsorientierte – Informationen bereitzustellen. Analog zu den bisherigen Ausführungen erscheint es auch hier zweckmäßig jene Verbindlichkeiten zu benennen, die bereits Gegenstand lau-

---

1499 Vgl. FÖRSCHLE, G./HEINZ, S., in: Budde/Förschle/Winkeljohann, Sonderbilanzen, 4. Aufl., Q. Sanierungsmaßnahmen, Rn. 47; OSER, P./HOLZWARTH, J., in: Küting/Pfitzer/Weber, HdR-E, 5. Aufl., § 284-288 HGB, Rn. 154; KESSLER, M., in: Hennrichs/Kleindiek/Watrin, MüKo Bilanzrecht Bd. 2, § 285 HGB, Rn. 39; ADS, § 285, Rn. 50; KÜTING, K./KESSLER, H./REUTER, M., in: Küting/Pfitzer/Weber, HdR-E, 5. Aufl., § 272 HGB, Rn. 226; SCHRADER, N., Die Besserungsabrede, S. 68-70 und S. 141 f.; WITTIG, A., Rolle der Banken, Rn. 2.261.

1500 So bspw. KÜTING, K./KESSLER, H./REUTER, M., in: Küting/Pfitzer/Weber, HdR-E, 5. Aufl., § 272 HGB, Rn. 226; GROSS, D. G./FINK, J. U., Besserungsscheine, S. 1380; HÄUSELMANN, H., Rangrücktritt vs. Forderungsverzicht, S. 1554; KESSLER, H., Eigenkapitalähnliche Mittel, S. 2110; SCHRADER, N., Die Besserungsabrede, S. 141 f.; WITTIG, A., Rolle der Banken, Rn. 2.261 und wohl auch ADS, § 285, Rn. 50.

1501 Vgl. BMJV (Hrsg.), RefE BilRUG, S. 11 lit. j).

1502 Vgl. hierzu GROTTEL, B., in: Förschle et al., BeBiKo, 9. Aufl., § 285 HGB, Rn. 2; GROSS, D. G./FINK, J. U., Besserungsscheine, S. 1379; SCHRADER, N., Die Besserungsabrede, S. 67 f. und S. 141 f.

1503 HÄUSELMANN, H., Rangrücktritt vs. Forderungsverzicht, S. 1554, Erg. durch den Verf. So auch SCHRADER, N., Die Besserungsabrede, S. 68-70; GROSS, D. G./FINK, J. U., Besserungsscheine, S. 1379; ADS, § 285, Rn. 32.

1504 So (wohl) auch BECKER, B./PAPE, M./WOBBE, C., Besserungsschein, S. 508; SCHRADER, N., Die Besserungsabrede, S. 71 f.; GROSS, D. G./FINK, J. U., Besserungsscheine, S. 13810; HÄUSELMANN, H., Rangrücktritt vs. Forderungsverzicht, S. 1554; KÜTING, K./KESSLER, H./REUTER, M., in: Küting/Pfitzer/Weber, HdR-E, 5. Aufl., § 272 HGB, Rn. 226; KESSLER, H., Eigenkapitalähnliche Mittel, S. 2110.

1505 Vgl. zu diesen Angaben gem. § 277 Abs. 4 HGB bereits Abschn. 443.1.

fender Sanierungsverhandlungen sind.[1506] Darüber hinaus könnte der Bilanzierende im Prognosebericht darauf hinweisen, dass eine einseitige Kündigung der Besserungsabrede[1507] nur unter den restriktiven Möglichkeiten des § 162 Abs. 1 BGB – also im Falle des langjährigen Missmanagements – möglich ist,[1508] um den Adressaten die Einschätzung der künftigen Liquiditätslage und der Gefahr des Kapitalentzugs zu verdeutlichen. Anders könnte der Fall hingegen liegen, falls der Forderungsverzicht mit Besserungsschein im Rahmen einer expliziten Sanierungsvereinbarung abgeschlossen wurde, wodurch die Aufrechterhaltung des Verzichts i. d. R. an bestimmte Sanierungsmilestones geknüpft ist[1509] und der Verbleib der Mittel aus der erlassenen Verbindlichkeit im Unternehmen im Einzelfall als Sanierungskredit qualifiziert. Sofern zweifelsohne ein, mit den bereits erläuterten speziellen Kündigungsmodalitäten versehener, Sanierungskredit vorliegt, hat der Bilanzierende dies (im eigenen Interesse) mit Blick auf die Darstellung der Gefahren des künftigen Kapitalentzugs analog zu den bisherigen Forderungen[1510] zwingend im Lagebericht zu verdeutlichen. Anzumerken ist an dieser Stelle jedoch, dass die Vereinbarung derartiger milestones im Zweifel zu nicht intendierten bilanzrechtlichen Implikationen führen kann. Aufgrund der Tatsache, dass die Bedienung des Besserungsscheins u. U. nicht mehr nur an künftige Jahresüberschüsse, sondern bspw. an bestimmte Performance-Kennzahlen gekoppelt ist, wäre ein derartiger Besserungsschein – analog zur regulären Behandlung aufschiebend bedingter Verpflichtungen und zu den obigen Ausführungen zu kennzahlengebundenen Besserungsscheinen – regelmäßig als Rückstellung zu erfassen. Abschließend sollte der Prognosebericht Aufschlüsse darüber erlauben, zu welchem Zeitpunkt das Unternehmen in Bezug auf die wesentlichen Besserungsverpflichtungen mit dem jeweiligen Bedingungseintritt rechnet. Analog zur Informationsvermittlung über die (wirtschaftlich vergleichbaren) Rangrücktritte kann es sich im Einzelfall auch hier anbieten, entsprechende Szenario- oder Sensitivitätsanalysen (inkl. der relevanten Planungsprämissen) bereitzustellen.[1511]

453. Beurteilung der Zweckmäßigkeit der Abbildung von Verzichten mit Besserungsabreden

453.1 Bilanzierung von Verzichten mit Besserungsabreden nach IFRS

Wie im vorstehenden Abschn. 452.1 herausgearbeitet wurde, werden Besserungsverpflichtungen, die an künftige Jahresüberschüsse gebunden sind, nach h. M. nicht passiviert. Um diese Bilanzierung handelsrechtlich adäquat würdigen zu können, bietet sich zunächst an, das entsprechende Vorgehen nach IFRS zu beleuchten, da dieses eine Passivierung dieser Verpflichtung gerade vor-

1506 Vgl. hierzu bereits Abschn. 422.3.

1507 Da in Folge einer einvernehmlichen Kündigung die zu Grunde liegende Verbindlichkeit sofort in voller Höhe fällig wird (vgl. SCHRADER, N., Die Besserungsabrede, S. 133), wird der Bilanzierende dieser Kündigung in aller Regel nur bei hinreichender Besserung der Unternehmenssituation zustimmen. In diesem Fall wird indes die ursprüngliche Verbindlichkeit gerade „regulär" wieder aufleben.

1508 Vgl. BERGER, K.-P., in: Säcker, MüKo BGB, 6. Aufl., § 488 BGB, Rn. 227; FREITAG, R./MÜLBERT, P. O., in: von Staudinger, BGB, § 488 BGB, Rn. 349 sowie ausführlich hierzu SCHRADER, N., Die Besserungsabrede, S. 127-134, der dem Gläubiger erst dann das Recht zur Kündigung aus wichtigem Grund einräumt, wenn sich die wirtschaftliche Lage des Unternehmens fünf Jahre nach Einräumung des Besserungsscheins (noch) nicht verbessert hätte.

1509 Vgl. hierzu Abschn. 422.3.

1510 Vgl. ausführlich zu diesem Aspekt Abschn. 422.3.

1511 Vgl. detaillierter hierzu bereits Abschn. 422.3.

sieht. Vor dem Hintergrund, dass die bilanzielle Abbildung der Restrukturierung finanzieller Verbindlichkeiten nach IFRS einheitlich durch ein wirtschaftlich orientiertes, bereits ausführlich dargestelltes overarching principle normiert wird,[1512] sind Forderungsverzichte mit Besserungsabreden nach hier vertretener Auffassung[1513] weitgehend analog zu den wirtschaftlich vergleichbaren (bzw. z. T. deckungsgleichen) Rangrücktritten zu bilanzieren. Demnach ist in einem ersten Schritt zu evaluieren, ob der Forderungsverzicht mit Besserungsschein zu einer substanziellen Vertragsänderung der zu Grunde liegenden Verbindlichkeit i. S. v. IAS 39.40 führt. Zu diesem Zweck ist erneut der bereits diskutierte Barwerttest durchzuführen, der – wie bereits im Falle des Rangrücktritts – hier regelmäßig eine substanzielle Vertragsänderung anzeigen wird.[1514] Infolgedessen ist die ursprüngliche Verbindlichkeit zu Gunsten der zum fair value (im Fall der substanziellen Vertragsänderung) oder i. H. d. mit dem ursprünglichen Effektivzinssatz diskontierten Barwerts (im Fall der nicht substanziellen Vertragsänderung) bewerteten Besserungsverbindlichkeit auszubuchen. Analog zur Bewertung der im Zuge eines Rangrücktritts abgeschlossenen Besserungsverpflichtung ist auch die hier anzusetzende Rückstellung (mangels aktiver Märkte für derartige Besserungsverpflichtungen) mittels eines Barwertkalküls zu bewerten.[1515] In den Folgeperioden ist die Besserungsverpflichtung zu fortgeführten Anschaffungskosten fortzuführen und basiert in ihrer Höhe letztlich auf den jeweiligen Gewinnerwartungen der Unternehmensleitung.[1516] Fraglich ist hingegen die Behandlung des hierbei entstehenden Unterschiedsbetrags zwischen der ursprünglichen und der restrukturierten Verbindlichkeit. Wie bereits in Abschn. 444.1 erläutert und begründet wurde, ist hier analog zur bilanziellen Abbildung des unbedingten Verzichts im Ergebnis wohl von einem faktischen Wahlrecht zwischen der erfolgswirksamen und -neutralen Erfassung des Unterschiedsbetrags auszugehen. Abgesehen von dieser Frage führt der Forderungsverzicht mit Besserungsschein indes, seinem wirtschaftlichen Gehalt und dem beschriebenen substance-over-form-Grundsatz[1517] entsprechend, nach h. M. weiterhin zum Ansatz eines Passivpostens. Dieser Auffassung wird jedoch z. T. entgegen gehalten, dass Besserungsverpflichtungen als Eventualverbindlichkeiten i. S. v. IAS 37.10 anzusehen seien, da deren Existenz durch die künftige Gewinnerzielung erst noch bestätigt werden müsse und IAS 37.27 insofern eine Passivierung der Besserungsverpflichtung verbiete.[1518] Dieser Ansicht ist indes zunächst formalrechtlich entgegen zu halten, dass Besserungsverpflichtungen als finanzielle Verbindlichkeit i. S. v. IAS 32.11 in den Anwendungsbereich des IAS 39 fallen und die Vorschriften des IAS 37 für diese Finanzinstrumente gerade nicht einschlägig sind (IAS 37.2).[1519] Darüber hinaus wird zu Gunsten der Passivierung der Besserungsverpflichtung eingewandt, dass Gläubiger und Schuldner auch im Anschluss an den Forderungsverzicht mit Besserungsschein

---

1512 Vgl. Abschn. 423.321.

1513 Vgl. jedoch die abweichende Position der in Fn. 1518 zitierten Autoren.

1514 So bspw. auch GAHLEN, D., Forderungsverzichte HGB und IFRS, S. 2080; WOLF, S., Zuschüsse nach HGB und IFRS, S. 207.

1515 Vgl. zu diesem (DCF-)Bewertungsverfahren, das letztlich auf den Gewinnerwartungen der Unternehmensleitung beruht, GAHLEN, D., Forderungsverzichte HGB und IFRS, S. 2080; LÜDENBACH, N., in: Lüdenbach/Hoffmann/Freiberg, Haufe IFRS, 12. Aufl., § 28, Rn. 201.

1516 Vgl. GAHLEN, D., Forderungsverzichte HGB und IFRS, S. 2080; LÖW, E./THEILE, C., in: Heuser/Theile, IFRS-Handbuch, 5. Aufl., Kap. C.XII, Rn. 3073; LÜDENBACH, N., in: Lüdenbach/Hoffmann/Freiberg, Haufe IFRS, 11. Aufl., § 28, Rn. 200.

1517 Vgl. Fn. 1163.

1518 So ADS International, Abschn. 18, Rn. 28 und TELLER, H./STEFFAN, B., Rangrücktrittsvereinbarungen, Rn. 569.

1519 So auch GAHLEN, D., Forderungsverzichte HGB und IFRS, S. 2080.

Vertragsparteien mit vertraglichen Verpflichtungen bleiben und insofern eine fortgesetzte Passivierung angezeigt sei.[1520]

Im Ergebnis ist der h. M. nach meinem Dafürhalten auch deshalb zuzustimmen, da das beschriebene overarching principle gerade eine wirtschaftlich orientierte Bilanzierung von Sanierungsmaßnahmen forciert, der Forderungsverzicht mit Besserungsschein folglich als Gesamtkonstrukt zu würdigen ist[1521] und es aus wirtschaftlicher Perspektive zudem unverständlich erscheint, einen unbedingten Forderungsverzicht bilanziell in gleicher Weise abzubilden wie einen Forderungsverzicht mit Besserungsschein.[1522]

453.2 Ansatz der an künftige Jahresüberschüsse geknüpften Besserungsverpflichtung

453.21 Einleitung in die Analyse der Ansatzfrage

Während Forderungsverzichte in der Unternehmenspraxis mit einer Vielzahl von Besserungsabreden kombinierbar sind,[1523] scheint aus diesem Kreis v. a. derjenige Besserungsschein diskussionswürdig, der ein Wiederaufleben der zu Grunde liegenden Verbindlichkeit an die Erzielung künftiger Jahresüberschüsse knüpft. Diese Schwerpunktsetzung resultiert in erster Linie daraus, dass die Vereinbarung einer derartigen Besserungsabrede nach (noch) h. M. sowohl im Vergleich zu anderen Besserungsscheinen als auch in Relation zu wirtschaftlich deckungsgleichen Rangrücktritten eine diametral unterschiedliche Bilanzierung impliziert. Darüber hinaus besteht im Schrifttum hinsichtlich der Bilanzierung derjenigen Besserungsverpflichtungen, die an künftige Jahresüberschüsse gebunden sind, eine im Vergleich zu anderweitigen Besserungsverpflichtungen weit größere Uneinigkeit. Vor diesem Hintergrund bildet daher die Frage nach der Passivierung der an künftige Jahresüberschüsse gebundenen Besserungsverpflichtung den Schwerpunkt der folgenden Analyse.

453.22 Kritische Würdigung der bisher vertretenen Auffassungen hinsichtlich der Ansatzfrage

Wie bereits in Abschn. 251.2 allgemein akzentuiert, soll die handelsrechtliche Bilanzierung das betriebliche Geschehen innerhalb der Grenzen des handelsrechtlichen Zweck- und GoB-Systems möglichst den tatsächlichen Verhältnissen entsprechend, also möglichst realitätsnah, darstellen. Zwar mag mit Blick auf diese Realitätsgerechtigkeit klar sein, dass ein Forderungsverzicht mit Besserungsschein wirtschaftlich als Zahlungsaufschub anzusehen ist und der Gläubiger diesem Verzicht in praxi regelmäßig nur dann zustimmen wird, wenn ihm gleichzeitig der besagte Besserungsschein eingeräumt wird. Jedoch schlägt sich diese wirtschaftliche Realität, wie bereits gezeigt wurde bzw. im Folgenden weiter diskutiert wird, nur teilweise in der handelsrechtlichen Bilanzierung nieder.[1524] Dies ist zum einen dadurch begründet, dass manche Autoren, namentlich SCHRA-

---

1520 So mit Rekurs auf SCHULZE OSTHOFF, H.-J., in: Bohl/Riese/Schlüter, IFRS-Handbuch, 4. Aufl., § 14, Rn. 36 und WOLF, S., Zuschüsse nach HGB und IFRS, S. 207.

1521 Ähnlich auch WOLF, S., Zuschüsse nach HGB und IFRS, S. 208-210.

1522 Vgl. weiterführend hierzu auch die Ausführungen im folgenden Abschn. 453.2.

1523 Vgl. Abschn. 451.2.

1524 Vgl. hierzu v. a. Abschn. 452.1. Im Gegensatz dazu wird der Forderungsverzicht mit Besserungsschein (durch die Passivierung der Besserungsverpflichtung) nach IFRS tendenziell realitätsgerechter dargestellt, vgl. Abschn. 453.1. und die Ausführungen im vorliegenden Abschnitt.

DER und HERLINGHAUS, ihre Bilanzierungsauslegung nicht unmittelbar auf Basis des wirtschaftlichen Gehalts des abzubildenden Forderungsverzichts mit Besserungsschein, sondern über den „Umweg" der rechtlichen Einordnung dieses Sachverhalts ableiten.[1525] Zu diesem Zweck suchen sie aus dem Kreis möglicher rechtlicher Einordnungen dieses Sanierungsinstruments jene, welche die Parteiwillen von Gläubiger und Schuldner möglichst umfassend berücksichtigt.[1526] Als Ergebnis dieser Untersuchung stelle der Forderungsverzicht mit Besserungsschein rechtlich ein pactum de non petendo (SCHRADER) bzw. eine Stundung (HERLINGHAUS) dar, wodurch die zu Grunde liegende Verbindlichkeit schließlich nach der diesbezüglich jeweils h. M.[1527] weiterhin in voller Höhe zu passivieren sei.[1528] Dieser Ansatz der Herleitung der Bilanzierung von Besserungsverpflichtungen über den Umweg der rechtlichen Einordnung, wird hier zwar nicht grundsätzlich zurückgewiesen, er stößt jedoch im vorliegenden Fall schon deshalb an seine Grenzen, da die besagte Einordnung nicht eindeutig feststeht. So konstatiert SCHRADER bereits selbst, dass ein Forderungsverzicht mit Besserungsschein zwar vorrangig als pactum de non petendo auszulegen sei, jedoch – bis auf die Verzinsung während des Krisenzeitraums – auch der auflösend bedingte Erlass die Interessenlage von Gläubiger und Schuldner hinreichend berücksichtige.[1529] Dieser auflösend bedingte Verzicht führt indes nach herrschender Auffassung[1530] gerade nicht zur Passivierung der Besserungsverpflichtung. Daneben lässt auch die obige Unterscheidung zwischen pactum de non petendo und Stundung erkennen, dass eine eindeutige rechtliche Einordnung des Forderungsverzichts mit Besserungsschein nicht existiert. Während diese Unterscheidung (pactum de non petendo vs. Stundung) für bilanzrechtliche Zwecke entscheidungsunerheblich[1531] und insofern nur mittelbar von Interesse ist, finden sich im Schrifttum auch Stimmen, die selbst für die (ebenso nicht eindeutigen) Positionen der h. M. (auflösend bedingter Verzicht vs. unbedingter Verzicht mit Begründung einer aufschiebend bedingten Neuverbindlichkeit[1532]) unterschiedliche bilanzielle Implikationen fordern.[1533]

Schließlich wird die Problematik des beschriebenen Umwegs auch anhand der Ausführungen von SCHULZE-OSTERLOH deutlich. Dieser stellt fest, dass ein Forderungsverzicht mit Besserungsschein dann als Stundung anzusehen sei, wenn infolgedessen die bestellten Kreditsicherheiten bestehen bleiben sollen.[1534] Während dieser Ansatz für die rechtliche Einordnung des Sanierungsinstruments durchaus sachgerecht erscheint, führt er mit Blick auf obigen Umweg dazu, dass letztlich die Be-

[1525] Vgl. SCHRADER, N., Die Besserungsabrede, S. 19-77; HERLINGHAUS, A., Forderungsverzichte und Besserungsvereinbarungen, S. 83-155 sowie die Erläuterungen in Abschn. 451.3.

[1526] Zusammenfassend ist der Schuldner v. a. an der Verbesserung seiner Liquiditätssituation interessiert, während der Fokus des Gläubigers darauf gerichtet ist seine Rechtsposition in möglichst geringem Maße zu schwächen und seine Verbindlichkeit v. a. nicht endgültig zu erlassen, vgl. hierzu neben Abschn. 451.2 SCHRADER, N., Die Besserungsabrede, S. 19-29.

[1527] Vgl. hierzu die Nachweise in Fn. 842 und weiterführend die Analyse in Abschn. 423.

[1528] Vgl. zu diesen Ergebnissen SCHRADER, N., Die Besserungsabrede, S. 58 f. und S. 75-77; HERLINGHAUS, A., Forderungsverzichte und Besserungsvereinbarungen, S. 129 und S. 155.

[1529] Vgl. SCHRADER, N., Die Besserungsabrede, S. 58 f. und S. 65-77 sowie speziell zur angesprochenen Verzinsung Fn. 1396.

[1530] Vgl. Abschn. 452.1 i. V. m. Abschn. 451.3 und speziell die Nachweise in Fn. 1456.

[1531] Vgl. Abschn. 422. i. V. m. Abschn. 421.2.

[1532] Vgl. Abschn. 451.3.

[1533] Vgl. NEUMANN, H., Unhaltbarkeit, S. 551 f. und in diesem Kontext auch Fn. 1419.

[1534] Vgl. SCHULZE-OSTERLOH, J., Rangrücktritt, Besserungsschein, eigenkapitalersetzende Darlehen, S. 103.

stellung von (bilanziell grundsätzlich irrelevanten[1535]) Kreditsicherheiten über die bilanzielle Abbildung des Forderungsverzichts mit Besserungsschein entscheiden würde. Zusammenfassend kann die Ableitung der bilanziellen Abbildung dieser Sanierungsmaßnahme über den beschriebenen Umweg der rechtlich nicht eindeutigen Einordnung derselbigen insofern nicht überzeugen.

Vor diesem Hintergrund erscheint das Vorgehen v. a. von SCHRUFF vorzugswürdig,[1536] der die Besserungsverpflichtung unter wirtschaftlichen Gesichtspunkten analysiert und dessen Passivierung letztlich von der Eintrittswahrscheinlichkeit der Besserungsbedingung, auf die in vergleichbarer Weise bereits im Rahmen der Rentenanpassungsprüfungen abgestellt wurde, abhängig macht.[1537] Gegen diesen Ansatz wird zwar z. T. eingewandt, dass dieser „die auch für das Handelsrecht maßgebliche zivilrechtliche Ausgangslage“[1538] ignoriere. Dieser Einwurf ist indes zumindest zu relativieren. So ist festzuhalten, dass die hier vorgeschlagene Bilanzierung des Besserungsscheins keineswegs dessen zivilrechtliche Einordnung völlig ignoriert, da sie bspw. in Bezug auf den Fortbestand bestellter Kreditsicherheiten[1539] oder hinsichtlich der angesprochenen Verzinsung der Verbindlichkeit im Krisenzeitraum weiterhin relevant bleibt und dementsprechend berücksichtigt wird.[1540] Außerdem sollte die handelsrechtliche Bilanzierung nach hier vertretener Auffassung (grundsätzlich und) jedenfalls in Zweifelsfällen einer wirtschaftlichen Betrachtungsweise folgen,[1541] wodurch diese Kritik letztlich verfehlt erscheint. Eine Stärkung dieser Position kann wohl auch darin gesehen werden, dass der wirtschaftlichen Betrachtungsweise seit dem BilMoG eine größere Bedeutung zukommt bzw. zukommen soll.[1542] So geht aus dem Referentenentwurf des BilMoG hervor, dass mit der Neufassung des § 246 Abs. 1 Satz 1 HGB „eine Annäherung an die auch nach den IFRS übliche wirtschaftliche Betrachtungsweise („substance over form“) erreicht werden soll, und dass es letztlich darum ginge, „Geschäftsvorfälle und andere Ereignisse nicht allein entsprechend ihrer rechtlichen Form, sondern auch gemäß ihrem wirtschaftlichen Gehalt zu beurteilen“[1543]. Zwar wird die wirtschaftliche Betrachtungsweise im BilMoG-RegE und im finalen § 246 Abs. 1 S. 2 HS 2 HGB – mit dem IDW und dem AWV bedauernswerterweise[1544] – nicht

[1535] Vgl. weiterführend hierzu Abschn. 46.

[1536] Neben SCHRUFF argumentiert schließlich auch HÜTTEMANN, U., in: von Wysocki et al., HdJ, Abt. III/8, Rn. 58 in diese Richtung. Jedoch ist in diesem Zusammenhang festzustellen, dass HÜTTEMANN zwar – mit Bezugnahme auf SCHRUFF, L., Verpflichtungen aus Besserungsscheinen, S. 161 – ebenso wirtschaftlich orientiert argumentiert, er jedoch auch (zumindest implizit) auf den Ansatz von HERLINGHAUS, A., Forderungsverzichte und Besserungsvereinbarungen, S. 129 und S. 139-155 zurückgreift, wenn er feststellt, dass es in Folge des Forderungsverzichts mit Besserungsschein nicht zu einer Ausbuchung kommen könne, da in diesem Fall nur eine Stundung vorläge.

[1537] Vgl. SCHRUFF, L., Verpflichtungen aus Besserungsscheinen, S. 157-163 sowie Abschn. 452.1.

[1538] HÄUSELMANN, H., Rangrücktritt vs. Forderungsverzicht, S. 1553.

[1539] Vgl. bereits Fn. 1534 sowie weiterführend Abschn. 46.

[1540] Vgl. zu dieser Verzinsung bereits Fn. 1396.

[1541] So auch BÖCKING, H.-J., Verbindlichkeitsbilanzierung, S. 61 f. und S. 86-89, vgl. zudem BEISSE, H., Bilanzrecht und Betriebswirtschaftslehre, S. 10-14.

[1542] Vgl. HOFFMANN, W.-D./LÜDENBACH, N., in: Lüdenbach/Hoffmann/Freiberg, Haufe IFRS, 12. Aufl., § 1, Rn. 49 und Rn. 81.

[1543] BilMoG-RefE, S. 93, vgl. zu diesem Themenkomplex auch ZENTRALER KREDITAUSSCHUSS, Stellungnahme RefE, Anlage S. 1 f.

[1544] Vgl. IDW, Stellungnahme zum RegE, S. 3; ARBEITSGEMEINSCHAFT FÜR WIRTSCHAFTLICHE VERWALTUNG E.V. (AWV), Stellungnahme RefE, S. 2, vgl. hierzu auch ZENTRALER KREDITAUSSCHUSS, Stellungnahme RefE, Anlage S. 1 f.

mehr allgemein sondern nur noch in Bezug auf Vermögensgegenstände angeführt. Obgleich zwischenzeitlich zu erhoffen war, dass die EU-Bilanzrichtlinie zu einer Revision dieser Beschränkung beitragen könnte, wird deren Umsetzung durch das BilRUG wohl zu keiner Ausweitung der wirtschaftlichen Betrachtungsweise führen. So führt die EU-Bilanzrichtlinie in begrüßenswerter Weise zwar an, dass der wirtschaftlichen Realität bzw. dem wirtschaftlichen Gehalt des zur Rede stehenden Geschäftsvorfalls bei sämtlichen Posten des Abschlusses Rechnung zu tragen ist,[1545] im Referentenentwurf zum BilRUG finden sich diesbezüglich jedoch keine expliziten Ausführungen.

Trotz alledem konnte sich die dezidierte und in weiten Teilen überzeugende Untersuchung von SCHRUFF bisher nicht gegen die h. M. durchsetzen, die eine Passivierung der zur Rede stehenden Besserungsverpflichtung weiterhin ablehnt. Die Unvereinbarkeit der Positionen basiert nach meinem Dafürhalten v. a. darauf, dass die (noch) h. M. die Argumentationslinien der oben genannten Autoren[1546] nicht direkt adressiert, sondern stattdessen eine Passivierung der Besserungsverpflichtung im Ergebnis mit Verweis auf dessen fehlende wirtschaftliche Verursachung bis zum Bilanzstichtag zurückweisen.[1547] Die wirtschaftliche Verursachung wird ihrerseits jedoch wiederum von den Befürwortern[1548] einer Passivierung der Besserungsverpflichtung nicht oder nur unzureichend berücksichtigt. Vor diesem Hintergrund wird im Folgenden untersucht, inwieweit die wirtschaftliche Verursachung dieser Verpflichtung bis zum Bilanzstichtag und damit deren Passivierungspflicht tatsächlich zu verneinen ist. Im Ergebnis weniger kritisch erscheint hingegen die Frage, ob die Besserungsverpflichtung die in Abschn. 253.42 ausführlich erläuterten Kriterien der Verpflichtung, wirtschaftlichen Belastung und Quantifizierbarkeit erfüllt. So ist es m. E. unstreitig, dass die Besserungsverpflichtung einen hinreichend konkreten Leistungszwang gegenüber einem dritten Gläubiger begründet, da diese Verpflichtung rechtlich vereinbart ist und – jedenfalls im Rahmen der hier behandelten vorinsolvenzlichen Krisenphase – mehr Gründe für als gegen ihr Bestehen sprechen. Darüber hinaus stellt die Besserungsverpflichtung zweifelsohne auch eine wirtschaftliche Belastung für das Unternehmen dar, da sie mit einer vorhersehbaren künftigen Bruttovermögensminderung einhergeht. Schließlich ist die Besserungsverpflichtung zumindest in einer Bandbreite quantifizierbar, da sie nach oben regelmäßig durch den Nennbetrag der zu Grunde liegenden Verbindlichkeit begrenzt ist. Zusammenfassend ist im Kontext des Ansatzes der an künftige Jahresüberschüsse geknüpften Besserungsverpflichtung insofern – wie bereits betont – vorrangig der Passivierungszeitpunkt umstritten. Dies berücksichtigend und vor dem Hintergrund, dass der dargestellte wirtschaftliche Gehalt des Forderungsverzichts mit Besserungsschein wohl unstrittig für eine Passivierung der Besserungsverpflichtung spricht,[1549] wird im Folgenden die, für den Passivierungszeitpunkt entscheidende wirtschaftliche Verursachung dieser Verpflichtung genauer unter-

1545 Vgl. EUROPÄISCHES PARLAMENT/RAT (Hrsg.), Richtlinie 2013/34/EU, S. 21, Rn. 16 und jüngst NAUMANN, K.-P., EU-Bilanzrichtlinie, S. I.

1546 Gemeint sind neben SCHRUFF die in diesem und in Abschn. 451.3 erläuterten Ansätze von HÜTTEMANN, SCHRADER und HERLINGHAUS.

1547 Vgl. hierzu ebenso die Nachweise in Fn. 1456.

1548 Vgl. die in Fn. 1546 genannten Autoren.

1549 Vgl. hierzu bereits Abschn. 451.2.

sucht. Maßgeblich für diese Analyse sind die Wesentlichkeits- und die Alimentationstheorie, die zur Konkretisierung der wirtschaftlichen Verursachung entwickelt wurden.[1550]

453.23 Eigener Vorschlag zum Ansatz der an künftige Jahresüberschüsse geknüpften Besserungsverpflichtung

453.231. Beurteilung vor dem Hintergrund der Wesentlichkeitstheorie

Nach der **Wesentlichkeitstheorie** gelten Verpflichtungen dann als bis zum Bilanzstichtag wirtschaftlich verursacht, wenn sie so eng mit dem betrieblichen Geschehen des Geschäftsjahres verbunden sind, dass eine Zuordnung der Verpflichtung zu dieser Periode gerechtfertigt erscheint.[1551] Davon sei auszugehen, wenn die wirtschaftlich wesentlichen Tatbestandsmerkmale der Verpflichtung bis zum Bilanzstichtag verwirklicht wurden und die (rechtliche) Entstehung nur noch von unwesentlichen Tatbestandsmerkmalen abhängt.[1552] Wendet man die Wesentlichkeitstheorie auf die Besserungsverpflichtung an, ist Folgendes festzuhalten: Zwar wird die Besserungsverpflichtung aufgrund der Abhängigkeit von künftigen Gewinnen häufig eben diesen künftigen Geschäftsjahren zugerechnet.[1553] Andererseits erscheint es m. E. unzweifelhaft auch möglich, die Besserungsverpflichtung dem betrieblichen Geschehen des Geschäftsjahres, in dem der Forderungsverzicht vereinbart wird, zuzuordnen, da die Einräumung des Besserungsscheins in praxi schließlich regelmäßig Bedingung für den Forderungsverzicht sein wird.[1554] Ebenso uneindeutig erscheint das Urteil nach hier vertretener Auffassung hinsichtlich der Verwirklichung der wesentlichen Tatbestandsmerkmale, deren Abgrenzungsschwierigkeiten an dieser Stelle exemplarisch deutlich werden.[1555] So wird in der bisherigen Diskussion m. E. nur unzureichend beachtet, dass das Erreichen des Zugeständnisses des Gläubigers zum Forderungsverzicht mit Besserungsschein auch als wesentlich(st)es Tatbestandsmerkmal in Frage kommt[1556] und insofern für die wirtschaftliche Verursachung der Besserungsverpflichtung bis zum Bilanzstichtag spricht. Gegen diesen Einwurf könnte jedoch eingewandt werden, dass die künftige Gewinnerzielung nach der Logik des BFH nicht als unwesentliches Tatbestandsmerkmal gelten könne.[1557] Hierzu ist jedoch wiederum anzumerken, dass SCHÖN feststellt, dass die wirtschaftliche Verursachung dann nur noch von unwesentlichen Tatbestandsmerkmalen abhängt, wenn sich der Bilanzierende der zur Rede stehenden Verpflichtung nicht mehr einseitig entziehen könne.[1558] Diese Entziehbarkeit wird indes gewinnorientierten, unter der Prämisse der Unternehmensfortführung bilanzierenden Unternehmen in aller Regel gerade nicht offenstehen.

1550 Vgl. zur detaillierten Darstellung und Diskussion dieser Theorien bereits Abschn. 253.52.

1551 Vgl. ausführlich bereits Abschn. 253.52 und die dortigen Nachweise.

1552 Vgl. hierzu ebenso bereits Abschn. 253.52 und die dortigen Nachweise.

1553 So v. a. MOXTER, A., Bilanzrechtsprechung, S. 119.

1554 Vgl. bereits die Nachweise in Fn. 1403.

1555 Vgl. Abschn. 253.52 und speziell Fn. 425, in denen bereits herausgestellt wurde, dass die Wesentlichkeitstheorie v. a. deshalb kritisch erscheint, da die Abgrenzung der wesentlichen Tatbestandsmerkmale wenn überhaupt nur einzelfallabhängig möglich ist.

1556 Als zu eng wird hier insofern die Ansicht von DÖLLERER angesehen, nach der die künftige Gewinnerzielung „*das* wirtschaftlich wesentliche Tatbestandsmerkmal der Verpflichtung sei" (DÖLLERER, G., Kapitalersetzendes Darlehen, S. 203, Hervorh. durch den Verf.). Vgl. in diesem Kontext auch KÜTING, K./KESSLER, H./REUTER, M., in: Küting/Pfitzer/Weber, HdR-E, 5. Aufl., § 272 HGB, Rn. 223 und KESSLER, H., Eigenkapitalähnliche Mittel, S. 2110, der die Gewinnerzielung nur als *ein* wesentliches Tatbestandsmerkmal anführt – ohne jedoch weitere zu nennen.

1557 Vgl. BFH (Hrsg.), 01.08.1984 - I R 88/80, S. 47 sowie jüngst BFH (Hrsg.), 08.09.2011 - IV R 5/09, S. 126.

1558 Vgl. SCHÖN, W., BFH und Rückstellungen, S. 4 und bereits die Erörterungen in Abschn. 253.52.

Dieser Argumentation folgt auch HÜTTEMANN, der sich für die Passivierung der Besserungsverpflichtung ausspricht, da „unter dem Gesichtspunkt des Going-Concern-Prinzips zukünftige Gewinne i. d. R. zumindest nicht ausgeschlossen werden können“[1559]. Neben dieser Interpretation spricht schließlich auch der Vorstoß von KIRSCH/HOFFMANN/SIEGEL bzgl. der Erfassung einer Rückstellung für latente Steuern gem. § 249 Abs. 1 S. 1 HGB für die wirtschaftliche Verursachung der Besserungsverpflichtung bis zum Bilanzstichtag. So stellen diese fest, dass eine Rückstellung für latente Steuern anzusetzen sei, wenn „sich die (künftig entstehende) Verpflichtung aus Handlungen ergibt, die vor dem Bilanzstichtag stattgefunden haben“[1560]. Überträgt man diese Argumentation auf den hier vorliegenden Fall, wird deutlich, dass sich die an künftige Gewinne gebundene Besserungsverpflichtung (wie bereits mehrfach betont) häufig zwangsläufig aus dem bis zum Bilanzstichtag vereinbarten Forderungsverzicht ergibt. Zusammenfassend spricht insofern die konsequent angewandte Wesentlichkeitstheorie für die Passivierung der Besserungsverpflichtung, zumindest kann jedoch mit Verweis auf die Wesentlichkeitstheorie eine Passivierung nach hier vertretener Auffassung nicht generell zurückgewiesen werden.[1561]

453.232. Beurteilung vor dem Hintergrund der Alimentationstheorie und des Ziels einer periodengerechten Erfolgsermittlung

Daneben gilt es zu analysieren, inwiefern die Besserungsverpflichtung gem. der **Alimentationstheorie** als bis zum Bilanzstichtag wirtschaftlich verursacht und damit als passivierungspflichtig einzustufen ist.[1562] Nach dieser Theorie sind in einer Periode nur jene Aufwendungen zu erfassen, die entweder unmittelbar bereits realisierte Erträge (statt künftiger Erträge) alimentiert haben oder die mittelbar weder bereits realisierte noch künftig zu realisierende Erträge alimentieren.[1563] Die Beachtung der Alimentationstheorie soll dazu führen, dass den in einer bestimmten Periode realisierten Erträgen verursachungsgerecht jene Aufwendungen zugeordnet werden, die i. S. e. finalen Mittel-Zweck-Beziehung für die Realisation eben dieser Erträge erforderlich waren.[1564] Die Erfassung der in diesem Sinne zu den Erträgen „passen[den]“[1565] Aufwendungen soll im Ergebnis zu einem periodengerechten Erfolgsausweis führen,[1566] wobei im Zweifel vor dem Hintergrund der Kapitalerhaltungsgrundsätze eine tendenziell frühe Aufwandserfassung zumindest als zulässig erachtet wird.[1567] Wie bereits angedeutet, lehnt die derzeit noch h. M. die Passivierung der hier thematisierten Besserungsverpflichtung ab, da die Aufwendungen aus dieser Verpflichtung künftigen Erträgen zuzuord-

1559 HÜTTEMANN, U., in: von Wysocki et al., HdJ, Abt. III/8, Rn. 58. Dieser Ansicht explizit, jedoch ohne Begründung widersprechend ADS, § 246, Rn. 150.

1560 KIRSCH, H.-J./HOFFMANN, T./SIEGEL, D., Latente Steuern, S. 1292.

1561 So aber KÜTING, K./KESSLER, H./REUTER, M., in: Küting/Pfitzer/Weber, HdR-E, 5. Aufl., § 272 HGB, Rn. 222.

1562 Wie bereits ausgeführt wird die Alimentationstheorie der Wesentlichkeitstheorie z. T. generell vorgezogen, da auf diesem Wege die erheblichen Abgrenzungsschwierigkeiten der Wesentlichkeitstheorie vermeidbar sind, vgl. hierzu die Nachweise in den Fn. 425 und 1185.

1563 Vgl. MOXTER, A., Bilanzrechtsprechung, S. 119. Die mittelbare Alimentation, die sich bspw. auf Schadenersatzansprüche bezieht, ist für die nachfolgende Analyse nicht relevant.

1564 Vgl. die Nachweise in Fn. 412.

1565 HOFFMANN, W.-D., Wirtschaftliche Verursachung, S. 120, Erg. durch den Verf., so auch DZIADKOWSKI, D., Nicht-Passivierung, S. 502.

1566 Vgl. hierzu bereits die ausführlichen Nachweise in den Fn. 412, 431 und 432.

1567 Vgl. hierzu bereits die Erörterungen am Ende des Abschn. 253.52 und speziell die Nachweise in Fn. 444.

nen seien, respektive diese alimentierten.[1568] In Folge dieser Ansicht sei die Besserungsverpflichtung zum Zeitpunkt des Verzichts, genau wie ein unbedingter Forderungsverzicht, in voller Höhe ertragswirksam auszubuchen und erst mit dem Eintritt der Besserungsbedingung wieder zu passivieren.[1569] Diese Ansicht erscheint jedoch aus folgenden Gründen nicht sachgerecht bzw. unzweckmäßig. So wurde bereits mehrfach betont, dass sich die Gläubiger in der Unternehmenspraxis häufig nur gegen Gewährung des besagten Besserungsscheins zu einem Forderungsverzicht bereit erklären werden.[1570] Mit Blick auf diese Begründung des Besserungsscheins erscheint es hier, analog zur Bilanzierung der entsprechend ausgestalteten Rangrücktrittsvereinbarungen[1571] und der analysierten IFRS-Regelungen,[1572] angezeigt, den Forderungsverzicht mit Besserungsschein im Rahmen der, durch das BilMoG gestärkten, wirtschaftlichen Betrachtungsweise[1573] als Gesamtkonstrukt zu würdigen. Vor diesem Hintergrund wird hier die These vertreten, dass die (erwarteten) Aufwendungen aus dem Besserungsschein zumindest teilweise bereits realisierte Erträge (in Form des erfassten Ausbuchungsertrags) alimentieren. So erscheint es unstrittig, dass der Besserungsverpflichtung wirtschaftlich ein Wert größer null zukommt, da ansonsten (mangels vorhandener Aussichten auf die Erzielung von Jahresüberschüssen) die Parteien von vornherein keine Besserungsabrede vereinbaren würden.[1574] In Höhe des Barwerts der diskontierten Aufwendungen aus der Besserungsverpflichtung alimentiert diese Verpflichtung den vereinnahmten Ausbuchungsertrag und muss damit als wirtschaftlich verursacht gelten. Auch die jüngst von MOXTER/ENGEL-CIRIC eingebrachte Interpretation der Alimentationstheorie, nach der eine Verpflichtung als wirtschaftlich verursacht gilt, wenn diese im Rahmen des Kaufpreiskalküls eines gedachten Erwerbers berücksichtigt würde, spricht für den Ansatz der Besserungsverpflichtung, da dieser Erwerber die besagte Verpflichtung wohl zweifelsohne in seine Betrachtung inkorporieren würde.[1575] In Folge des bisher Gesagten und mit Blick auf das Gebot des vollständigen Schuldenausweises (§ 246 Abs. 1 S. 1 HGB)[1576] ist hier folglich die Passivierung der Besserungsverpflichtung geboten.

Auch im Hinblick auf die **periodengerechte Erfolgsermittlung** erscheint diese Passivierung nach meinem Dafürhalten vorzugswürdig. So leuchtet es nicht ein, einen Verzicht gegen Besserungsschein ebenso wie einen unbedingten Verzicht zum Zeitpunkt seiner Vereinbarung in voller Höhe ertragswirksam zu vereinnahmen. Diese Feststellung basiert primär darauf, dass dieser in Folge des Verzichts mit Besserungsschein verbuchte außerordentliche Ertrag im Sinne von SCHRUFF „als

1568 Vgl. hierzu bereits Abschn. 452.1 und speziell die Nachweise in Fn. 1456.

1569 Vgl. hierzu ebenso die Nachweise in Fn. 1456.

1570 Vgl. zu dieser Interessenlage neben den Nachweisen in Fn. 1403 auch SCHRADER, N., Die Besserungsabrede, S. 26.

1571 Vgl. hierzu Abschn. 433.2.

1572 Vgl. Abschn. 453.1.

1573 Vgl. hierzu bereits Fn. 1543.

1574 So auch GAHLEN, D., Forderungsverzichte HGB und IFRS, S. 2080 und BÖCKING, H.-J., Verbindlichkeitsbilanzierung, S. 80, der diese Position zudem damit unterstreicht, dass auch „ein potenzieller Erwerber diese Tilgungsvereinbarung als wirtschaftliche Vermögensbelastung ansehen und kaufpreismindernd berücksichtigen [würde]" (BÖCKING, H.-J., Verbindlichkeitsbilanzierung, S. 86, Erg. durch den Verf.), vgl. in diesem Zusammenhang auch die Fn. 440 und Fn. 442.

1575 Vgl. ENGEL-CIRIC, D./MOXTER, A., Umstrittenes Rückstellungskriterium, S. 1145 und bereits Fn. 440. So auch BÖCKING, H.-J., Verbindlichkeitsbilanzierung, S. 80 (siehe Fn. 1574).

1576 Vgl. auch Abschn. 253.2.

nicht realisiert angesehen werden"[1577] kann und in den Worten von ADLER/DÜRING/SCHMALTZ ein Verzicht mit Besserungsschein im Gegensatz zum unbedingten Verzicht und zum Rangrücktritt „eben keinen endgültigen Sanierungsbeitrag"[1578] darstellt. Vielmehr erscheint es insofern sachgerecht, zum Zeitpunkt der Vereinbarung des Verzichts mit Besserungsschein nur die Differenz zwischen dem Nennbetrag der Verbindlichkeit und dem geschätzten Wert der Besserungsverpflichtung – der wie gesagt in aller Regel größer Null sein wird – ertragswirksam zu vereinnahmen. Neben dieser dynamischen Betrachtung spricht im Übrigen auch die Fortführungsstatik für den Ausweis der Verpflichtung, da diese unter der Prämisse des going-concern-Prinzips künftig zu bedienen sein wird. Gegen die Passivierung der Besserungsverpflichtung könnte nur die Zerschlagungsstatik sprechen, da im Falle der Zerschlagung künftige Jahresüberschüsse ausgeschlossen wären. Da der Bilanzierende indes aufgrund des explizit in § 252 Abs. 1 Nr. 2 HGB kodifizierten going-concern-Prinzips nicht ohne zwingenden Grund von der Zerschlagungsfiktion ausgehen darf, kommt ihr in der hier behandelten Sanierungssituation keine Relevanz zu.[1579] In die Richtung der oben vorgeschlagenen Aufwandserfassung argumentiert auch SCHRUFF, der fordert, dass der Aufwand aus der, von ihm ebenso goutierten, Passivierung der Besserungsverpflichtung gleichmäßig über einen Zeitraum von zehn Jahren zu verteilen sei.[1580] Wie in Abschn. 453.3 noch dezidierter diskutiert wird, ist diese pauschale Aufwandsperiodisierung zwar nach meinem Dafürhalten zu Gunsten einer (von SCHRUFF selbst genannten) „betriebsindividuellen Rechnung"[1581] aufzugeben, da diese aufgrund der Änderungen des BilMoG in Bezug auf die Bilanzierung latenter Steuern inzwischen als möglich respektive zweckmäßig erscheint. In jedem Fall wird an dieser Stelle deutlich, aus welchem Grund die oben angeführten Befürworter der Passivierung der Besserungsverpflichtung[1582] weder allgemein auf die wirtschaftliche Verursachung noch speziell auf den Ausbuchungsertrag rekurrieren:

Entgegen der hier vertretenen Ansicht gehen diese Autoren mehrheitlich davon aus, dass die Besserungsverpflichtung in Höhe des (vollen) Nennbetrags der erlassenen Verbindlichkeit zu passivieren sei.[1583] Diese Ansicht ist jedoch gleichermaßen wie der völlige Verzicht auf eine Passivierung vor dem Hintergrund der oben ausgeführten Argumente zurückzuweisen.[1584] Schließlich könnte gegen die hier präferierte, im Ergebnis nur teilweise Ausbuchung der erlassenen Verbindlichkeit sprechen,

---

1577 SCHRUFF, L., Verpflichtungen aus Besserungsscheinen, S. 161.

1578 ADS, § 246, Rn. 146. Der Vollständigkeit wegen sei darauf hingewiesen, dass ADLER/DÜRING/SCHMALTZ diese Aussage im Zusammenhang mit der bilanziellen Abbildung von Rangrücktrittserklärungen formulieren. Diese Position gilt jedoch m. E. gleichermaßen auch für den wirtschaftlich mit dem Rangrücktritt vergleichbaren Verzicht mit Besserungsschein, vgl. hierzu auch BÖCKING, H.-J., Verbindlichkeitsbilanzierung, S. 80.

1579 Vgl. ausführlich hierzu statt aller und jeweils m. w. N. BAETGE, J./KIRSCH, H.-J./THIELE, S., Bilanzen, S. 125 f.; BÖCKING, H.-J., Bilanzrechtstheorie und Verzinslichkeit, S. 53-79.

1580 Vgl. SCHRUFF, L., Verpflichtungen aus Besserungsscheinen, S. 164 sowie zum positiven Effekt einer derartigen Gewinnglättung auch STREIM, H., Meinungsspiegel Realisationsprinzip, S. 46.

1581 SCHRUFF, L., Verpflichtungen aus Besserungsscheinen, S. 164.

1582 Vgl. die Nachweise in Fn. 1546.

1583 Vgl. SCHRADER, N., Die Besserungsabrede, S. 76 f. und S. 117-119; HERLINGHAUS, A., Forderungsverzichte und Besserungsvereinbarungen, S. 155 und grundsätzlich auch HÜTTEMANN, U., in: von Wysocki et al., HdJ, Abt. III/8, Rn. 58, der jedoch eine Abzinsung zumindest als möglich erachtet. Unklar äußert sich insofern SCHRUFF, L., Verpflichtungen aus Besserungsscheinen, S. 157-163, der sich zwar in Bezug auf die hier behandelte Besserungsverpflichtung für die Passivierung einer Rückstellung ausspricht, diese jedoch anscheinend i. H. d. (vollen) Erlassbetrags bewerten möchte.

1584 Vgl. weiterführend zudem Abschn. 453.3.

dass diese der Sanierungswirkung dieses Instruments entgegenstehe.[1585] Nach hier vertretener Auffassung lassen v. a. die Ausführungen von MATHIAK die (bilanzpolitische) Zweifelhaftigkeit dieser Position erkennen, wenn er feststellt, dass es trotz ihrer wirtschaftlichen Austauschbarkeit „wirtschaftlich sinnvoll [sei], Rangrücktritt und Schulderla[ss] gegen Besserungsschein nicht gleichzubehandeln, damit den Beteiligten zwei Gestaltungsinstrumente (mit gegenläufigen Rechtsfolgen) zur Verfügung stehen, deren Einsatz ihnen wahlweise einen Fortbestand oder einen Wegfall der Schuld sichert“[1586]. Meines Erachtens entbehrt diese Ansicht einer hinreichenden Grundlage, da die handelsrechtliche Bilanzierung (unter Berücksichtigung der Kapitalerhaltungsgrundsätze) die rechenschaftsorientierte Aufgabe zukommt, das betriebliche Geschehen den tatsächlichen Verhältnissen entsprechend und nicht etwa möglichst sanierungsfreundlich abzubilden. Gestärkt wird diese Ansicht im Übrigen auch durch die inzwischen herrschende Ansicht, dass eine Berichterstattung nicht durch die damit möglicherweise verbundenen negativen Publizitätseffekte eingeschränkt werden sollte.[1587]

Als **Zwischenfazit** ist damit festzuhalten, dass die, konsequent auf den wirtschaftlichen Gehalt des Forderungsverzichts mit Besserungsschein abstellende, Auslegung sowohl der Wesentlichkeits- wie auch der Alimentationstheorie für die Passivierung der Besserungsverpflichtung sprechen. Selbst wenn man diesem Urteil nicht folgen sollte, so ist doch offenkundig, dass die Ablehnung der Passivierung der Besserungsverpflichtung auf Basis obiger Theorien zumindest als zweifelhaft gelten muss. Im Falle derartiger Zweifel gebietet indes zuletzt auch das handelsrechtliche Vorsichtsprinzip die Annahme einer wirtschaftlichen Verursachung der Verpflichtung bis zum Bilanzstichtag und infolgedessen deren Passivierung.[1588]

453.233. Beurteilung vor dem Hintergrund des Bedeutungszusammenhangs zu § 274 HGB

In Bezug auf die Passivierung der Besserungsverpflichtung dem Grunde nach ist abschließend auf einen speziellen Aspekt des **Bedeutungszusammenhangs**, in den diese Passivierungsentscheidung einzubetten ist, einzugehen. So erscheint der im Zuge des BilMoG weitreichend überarbeitete § 274 HGB nicht nur für bestimmte Bewertungsfragen,[1589] sondern potenziell auch hinsichtlich der besagten Passivierungsentscheidung relevant. Für die Anwendbarkeit bzw. Übertragbarkeit des § 274 HGB spricht insbesondere, dass diese Ausnahmevorschrift einem mit der Bilanzierung der Besserungsverpflichtung vergleichbaren Gesetzeszweck zu dienen bestimmt ist und nach den Ausführungen in Abschn. 252. Ausnahmevorschriften im Rahmen ihres Gesetzeszwecks auf vergleichbare Sachverhalte übertragen werden können.[1590] Die Abbildung latenter Steuern dient – genau wie

---

1585 So SIEGEL, T., Verbindlichkeiten, S. 137; HÖFER, R., Betriebsrentenanpassung, S. 55 und MATHIAK, W., Rechtsprechung und Bilanzsteuerrecht, S. 261.

1586 MATHIAK, W., Rechtsprechung und Bilanzsteuerrecht, S. 261, vgl. hierzu auch SCHRADER, N., Die Besserungsabrede, S. 119 f.; SCHRUFF, L., Verpflichtungen aus Besserungsscheinen, S. 162; HOFFMANN, W.-D., Gesellschafterdarlehen I, S. 1058 f.

1587 Vgl. weiterführend zur Problematik dieser self-fulfilling-prophecy bereits Abschn. 341.3 und die dort zitierte Literatur.

1588 Vgl. in diesem Zusammenhang neben den Nachweisen in Fn. 444 SCHRUFF, L., Verpflichtungen aus Besserungsscheinen, S. 159; SIGLOCH, J./WEBER, S., in: Michalski, Komm. GmbHG, 2. Aufl., §§ 41-42a Rechnungslegung der GmbH, Rn. 880.

1589 Vgl. hierzu die jeweiligen Ausführungen in den Abschn. 423.34, 433.3 und 453.3.

1590 Vgl. neben Abschn. 252. speziell Fn. 251.

die hier angeregte Bilanzierung von Besserungsverpflichtungen – allgemein der „zutreffenden Darstellung der Vermögens-, Finanz- und Ertragslage“[1591] des Unternehmens. Genauer sollen durch die Bilanzierung latenter Steuern nach übereinstimmender Auffassung im Schrifttum allgemein künftige Forderungen und Verbindlichkeiten gegenüber dem Fiskus und speziell durch die Bilanzierung aktiver latenter Steuern aufgrund von Verlustvorträgen „Steuerminderungsansprüche“[1592] zum Ausdruck gebracht werden.[1593] Überträgt man diesen Gesetzeszweck auf die Besserungsverpflichtung, so wird deutlich, dass auch diese auf die Abbildung künftiger Verbindlichkeiten abzielt. Dieser Übertragbarkeit steht m. E. auch nicht entgegen, dass sich § 274 HGB nur auf Forderungen bzw. Verbindlichkeiten gegenüber dem Fiskus bezieht, da es sich beim Fiskus aus wirtschaftlicher Sicht des Unternehmens letztlich um einen „normalen“ Schuldner bzw. Gläubiger handelt.

Gegen die Übertragbarkeit der Bilanzierung (aktiver) latenter Steuern (auf Verlustvorträge) auf die hier diskutierte Besserungsverpflichtung spricht jedoch, dass der Gesetzgeber durch § 274 (Abs. 1 S. 4) HGB eine Spezialregelung geschaffen hat, die grundsätzlich nur eingeschränkt auf andere Sachverhalte übertragbar erscheint. Dieses Argument wird v. a. dadurch bestärkt, dass der Gesetzgeber in aktiven latenten Steuern auf Verlustvorträge statt eines Vermögensgegenstands oder eines Rechnungsabgrenzungspostens ausdrücklich einen „Sonderposten eigener Art“[1594] erkennt. In diesem Kontext stellte bereits COMMANDEUR zur inzwischen abgeschafften Bilanzierungshilfe für Aufwendungen für die Ingangsetzung und Erweiterung des Geschäftsbetriebs (§ 269 HGB a. F.) fest, dass Ausnahmevorschriften nicht mit den übrigen handelsrechtlichen Vorschriften „kompatibel“ sein müssen und ferner vom „Zwecksystem des Jahresabschlusses unabhängig“ sind.[1595] Genauer führte COMMANDEUR diesbezüglich aus, dass die Bilanzierungshilfe gem. § 269 HGB a. F. entgegen dem handelsrechtlichen Zwecksystem z. B. eine Hilfe zur Vermeidung eines Verlustausweises, einer Unterbilanz, einer Überschuldung oder auch der Pflicht zur Einberufung einer außerordentlichen Hauptversammlung darstellte.[1596] Zwar zeigt sich an dieser Stelle ein gewichtiger Unterschied zwischen den Zwecken des § 269 HGB a. F. und der Bilanzierung latenter Steuern, da § 269 HGB a. F. auf die genannten bilanzfremden Zwecke, die Bilanzierung latenter Steuern hingegen (genau wie die hier angeregte Bilanzierung von Besserungsverpflichtungen) gerade allgemein auf eine zutreffende Darstellung der Unternehmenslage[1597] abzielt. Trotzdem erscheint die Übertragbarkeit der Bilanzierung (aktiver) latenter Steuern (auf Verlustvorträge) auf die Passivierung der Besserungsverpflichtung vor dem Hintergrund des speziellen Charakters des § 274 HGB de lege lata als zweifelhaft. Im Gegensatz dazu kann § 274 HGB, mit Blick auf die

[1591] SIEGEL, D., Latente Steuern, S. 75.

[1592] WENDHOLT, W./WESEMANN, M., Latente Steuern, S. 67. Vgl. hierzu auch DEUTSCHER BUNDESTAG (Hrsg.), BT-Drucks. 16/10067, S. 67, in der betont wird, dass nur durch die Berücksichtigung von Verlustvorträgen im Rahmen der Bilanzierung latenter Steuern eine „den tatsächlichen Verhältnissen entsprechende Darstellung der Vermögens-, Finanz- und Ertragslage“ gewährleisten könne.

[1593] Vgl. SIEGEL, D., Latente Steuern, S. 75 f.; VAN HALL, G./KESSLER, H., Latente Steuern, S. 465 f.; MAIER, M. T./WEIL, M., Latente Steuern, S. 2731; KESSLER, H./LEINEN, M./PAULUS, B., BilMoG und latente Steuern, S. 716.

[1594] DEUTSCHER BUNDESTAG (Hrsg.), BT-Drucks. 16/10067, S. 67, vgl. auch PWC, BilMoG-Kommentar, Kap. M, Rn. 3; CLAUßEN, L./STEINBACH, T., Latente Steuern in der Krise, S. 2410 sowie ausführlich SIEGEL, D., Latente Steuern, S. 88-92.

[1595] Vgl. COMMANDEUR, D., Aufwendungen für die Ingangsetzung, S. 46 f. und S. 156 (Zitate: ebenda S. 156).

[1596] Vgl. ausführlich hierzu COMMANDEUR, D., Aufwendungen für die Ingangsetzung, S. 47-77.

[1597] Vgl. SIEGEL, D., Latente Steuern, S. 75.

bereits erläuterte Zweckäquivalenz der Bilanzierung latenter Steuern und der Passivierung der Besserungsverpflichtung, die Diskussion um die Passivierung der Besserungsverpflichtung zumindest de lege ferenda unterstützen. Der Vollständigkeit wegen sei nochmals betont, dass diese Zweckäquivalenz darin zum Ausdruck kommt, dass sowohl die Bilanzierung latenter Steuern als auch die Passivierung der Besserungsverpflichtung der möglichst realitätsgerechten Darstellung der Unternehmenslage zu dienen bestimmt sind. Darüber hinaus ist die Berücksichtigung des § 274 HGB im Rahmen der hier einschlägigen Ansatzfrage auch aufgrund der nachfolgend dargestellten Inkonsistenzen in Bezug auf die Bilanzierung aktiver latenter Steuern auf Verlustvorträgen einerseits und der Passivierung der Besserungsverpflichtung andererseits, angezeigt.

In der Sanierungssituation allgemein[1598] sowie speziell in Bezug auf den Bedeutungszusammenhang der bilanziellen Abbildung von Besserungsverpflichtungen kommt der Bilanzierung aktiver latenter Steuern auf Verlustvorträge eine entscheidende Bedeutung zu, da diese die Schwächen der derzeit noch überwiegend abgelehnten Passivierung der Besserungsverpflichtung verdeutlicht. Ohne die im Rahmen des Gesetzgebungsprozesses geführte Diskussion der Bilanzierung dieser aktiven latenten Steuern in Gänze nachzeichnen zu können, ist für die Zwecke der vorgenommenen Untersuchung hier v. a. folgendes festzuhalten. Trotz teilweiser Kritik[1599] hat der Gesetzgeber mit § 274 Abs. 1 S. 4 HGB eine Regelung geschaffen, die in Gestalt der Aktivierung besagter latenter Steuern zu einem Verstoß gegen das Realisationsprinzip führt.[1600] Dieser Nachteil wird allgemein in Kauf genommen, um die Vermögens-, Finanz- und Ertragslage den tatsächlichen Verhältnissen entsprechend abzubilden und damit die Informationsfunktion des handelsrechtlichen Jahresabschlusses zu stärken.[1601] Um die Probleme des Ansatzes aktiver latenter Steuern auf Verlustvorträge, also die Unsicherheit im Rahmen ihrer Bewertung und den mit ihrer Bilanzierung einhergehenden Verstoß gegen das Realisationsprinzip, zumindest teilweise auszugleichen, ist indes einerseits die Berücksichtigung von Verlustvorträgen auf einen Zeitraum von fünf Jahren beschränkt (§ 274 Abs. 1 S. 4 HGB).[1602] Andererseits unterliegt der aktivierte Überschuss der aktiven über die passiven latenten Steuern gem. § 268 Abs. 8 S. 2 HGB einer Ausschüttungssperre.[1603]

Zusammenfassend sollten im Sinne von KARRENBROCK und SIEGEL latente Steuern allgemein und speziell aktive latente Steuern auf Verlustvorträge immer dann bilanziert werden, „wenn ihre Ermittlung hinreichend objektiviert werden und der Ausweis dem Bilanzleser einen besseren Einblick in die Vermögens-, Finanz- und Ertragslage vermittelt als die Unterlassensalternative“[1604]. Die praktische Umsetzung dieses Leitbildes zeigt jedoch gerade die Unzulänglichkeit der bisher vertretenen Bilanzierung von Besserungsverpflichtungen. So kann es in Sanierungssituationen, in denen

---

1598 Vgl. hierzu die Nachweise in Fn. 1605.

1599 Vgl. nur HOFFMANN-BECKING, M., BilMoG, S. 4; BUNDESSTEUERBERATERKAMMER, Stellungnahme zum RefE, S. 7; BIEG, H., ET AL., Stellungnahme Rechtsausschuss, S. 3 f.; BUNDESSTEUERBERATERKAMMER, Stellungnahme RegE, S. 4; DIHK/BDI, Stellungnahme zum RegE, S. 9 f.

1600 Vgl. SIEGEL, D., Latente Steuern, S. 76; CLAUßEN, L./STEINBACH, T., Latente Steuern in der Krise, S. 2412; KARRENBROCK, H., Latente Steuern, S. 330; HENNRICHS, J., Stellungnahme RegE, S. 9.

1601 Vgl. BMJ (Hrsg.), RefE BilMoG, S. 138; DEUTSCHER BUNDESTAG (Hrsg.), BT-Drucks. 16/10067, S. 67.

1602 Vgl. detailliert hierzu SIEGEL, D., Latente Steuern, S. 132-151 m. w. N.

1603 Vgl. hierzu DEUTSCHER BUNDESTAG (Hrsg.), BT-Drucks. 16/10067, S. 67; SIEGEL, D., Latente Steuern, S. 194-205 m. w. N.

1604 KARRENBROCK, H., Latente Steuern in Bilanz und Anhang, S. 38. Vgl. auch SIEGEL, D., Latente Steuern, S. 77.

der Anreiz zur Aktivierung latenter Steuern besonders hoch sein kann,[1605] zu der Situation kommen, dass einerseits aufgrund der (bloßen) „Hoffnung auf künftige Erträge“[1606] ein Aktivum – genauer der obige „Sonderposten eigener Art“[1607] – bilanziert wird, während andererseits diese Hoffnungen auf der Passivseite keine Rolle spielen sollen. Dies erscheint verwunderlich, da die aktiven latenten Steuern ebenso wie die Besserungsverpflichtung an künftige Gewinne anknüpfen. Und als wäre dies nicht bemerkenswert genug, basieren die Aufwendungen aus der nach h. M. nicht zu passivierenden Besserungsverpflichtung sogar auf wahrscheinlicheren bzw. vorsichtiger geschätzten Gewinnen. Denn vor dem Hintergrund, dass die Besserungsverpflichtung zum Zeitpunkt des Bedingungseintritts wieder zu Lasten des Gewinns zu passivieren ist, kann es zum Ansatz eines Überhangs aktiver latenter Steuern auf Verlustvorträge nur kommen, soweit der Bilanzierende betraglich eine, noch über die Verpflichtung aus dem Besserungsschein hinausgehende Gewinnerzielung unterstellt.[1608] In diesem Zusammenhang ist zudem auf die in Abschn. 443.1 dargelegte Rentendynamisierung zu verweisen. Wie dort bereits ausgeführt wurde, ist diese zwar ebenso von künftigen Erträgen abhängig, jedoch führt sie gleichermaßen zu einer Erhöhung des Schuldausweises bzw. genauer der passivierten Pensionsrückstellung. Nicht zuletzt ist zudem darauf hinzuweisen, dass die aktiven latenten Steuern auf Verlustvorträge (und die Rentendynamisierung gem. § 16 BetrAVG) ausschließlich auf künftigen Erträgen beruhen,[1609] während sich die Besserungsverpflichtung nach hier vertretener Ansicht zumindest teilweise auf den bereits realisierten Ausbuchungsertrag bezieht und vor diesem Hintergrund a maiore ad minus die Passivierung der Besserungsverpflichtung geboten ist. Abschließend erscheint diese Passivierung auch in Folge des handelsrechtlichen Vorsichts- und v. a. des Imparitätsprinzips geboten,[1610] da letzteres bei Nichterfassung der Besserungsverpflichtung und gleichzeitiger Aktivierung der latenten Steuern auf Verlustvorträge gewissermaßen vollkommen ins Gegenteil verkehrt würde.

453.3 Bewertung der an künftige Jahresüberschüsse geknüpften Besserungsverpflichtung

Gelangt man aufgrund der bisherigen Erkenntnisse zu einer Passivierung der Besserungsverpflichtung, ergibt sich infolgedessen zwangsläufig die Frage nach deren **Bewertung**. Wie bereits hergeleitet, muss die Zugangsbewertung dieser Verpflichtung im Ergebnis und im Übrigen weitestgehend analog zum Vorgehen nach IFRS[1611] den Wert der diskontierten Gewinn- bzw. Jahresüberschusser-

[1605] Vgl. CLAUßEN, L./STEINBACH, T., Latente Steuern in der Krise, S. 2413; HAAKER, A., Valuation allowance, S. 266; SCHULZE-OSTERLOH, J., Ausgewählte Änderungen, S. 68. Zu beachten ist indes auch, dass die so aktivierten latenten Steuern andererseits auch „zum Mühlstein am Halse“ (SCHILDBACH, T., Latente Steuern, S. 945, so auch ZWIRNER, C./KÜNKELE, P., Latente Steuern in unruhigen Zeiten, S. 184; BUNDESSTEUERBERATERKAMMER, Stellungnahme zum RefE, S. 7) werden können, wenn sich die wirtschaftliche Lage in der Krise weiter verschlechtert und die aktiven latenten Steuern insofern (auf Druck des Wirtschaftsprüfers) aufgelöst werden müssen.

[1606] ARBEITSKREIS BILANZRECHT DER HOCHSCHULLEHRER RECHTSWISSENSCHAFT, Stellungnahme zum BilMoG, S. 215, so auch HENNRICHS, J., Stellungnahme RegE, S. 9.

[1607] DEUTSCHER BUNDESTAG (Hrsg.), BT-Drucks. 16/10067, S. 67.

[1608] Die genauen steuerlichen Auswirkungen sind dabei von der Behandlung des Forderungsverzichts mit Besserungsschein zum Zeitpunkt seines Wirksamwerdens abhängig. Entscheidend ist v. a. wie groß der werthaltige Teil der Forderung zum Zeitpunkt des Verzichts war und ob dieses Zugeständnis des Gläubigers betrieblich oder gesellschaftsrechtlich veranlasst war, vgl. hierzu speziell die Nachweise in Fn. 1310.

[1609] Vgl. hierzu, im Rahmen des Ansatzes passiver latenter Steuern gem. § 249 Abs. 1 S. 1 HGB, auch BRÖSEL, G./HAAKER, A., Wirtschaftliche Verursachung, S. 236.

[1610] Vgl. zu diesen Prinzipien bereits Abschn. 251.3.

[1611] Vgl. hierzu Abschn. 453.1.

wartungen widerspiegeln. In diesem Kontext erscheint es sowohl aus praktischen, wie auch aus konzeptionellen Gründen zweckmäßig, auf die bereits für die Steuerlatenzierung erforderliche und in Gestalt ihres beschränkten Prognosezeitraums objektivierte Planungsrechnung zurückzugreifen. Die darin enthaltenen prognostizierten Jahresüberschüsse wären dann de lege lata gem. § 253 Abs. 2 S. 1 HGB unter Verwendung objektivierter, laufzeitspezifischer Bundesbankzinssätze zu diskontieren und die Besserungsverpflichtung im Ergebnis als Rückstellung i. H. d. abgezinsten Erfüllungsbetrags zu passivieren. Dieses Vorgehen stößt indes an seine Grenzen, wenn die Prognose der künftigen Jahresüberschüsse (zur Deckung der Besserungsverpflichtung) in Gänze oder zumindest teilweise nicht möglich erscheint. Analog zur Argumentation in Abschn. 433.3 wird diese Situation indes praktisch nur relevant werden, wenn ein Teil der Besserungsverpflichtung erwartungsgemäß erst jenseits des fünfjährigen Prognosehorizonts gem. § 274 Abs. 1 S. 4 HGB aufleben wird. Auch wenn die Sanierung eines Unternehmens mit derart schlechten Gewinnaussichten wohl in vielen Fällen entweder nicht begonnen oder zu Gunsten einer Insolvenz abgebrochen würde, kann sich diese Situation zumindest in Einzelfällen[1612] und in Bezug auf Teile der Besserungsverpflichtung einstellen. Zwar mag, wie bereits betont wurde,[1613] der Abzinsungseffekt für diesen Teil der Verpflichtung erheblich sein, wobei das genaue Ausmaß des Abzinsungseffekts selbstredend durch den (regelmäßig geringen) Umfang des Teils der Besserungsverpflichtung, dessen Eintritt jenseits des fünfjährigen Prognosehorizonts erwartet wird, determiniert wird. Allerdings sollte diese Prognoseunsicherheit vor dem Hintergrund des handelsrechtlichen Vorsichtsprinzips grundsätzlich in einer vollständigen, undiskontierten Passivierung dieses Teilbetrags der Besserungsverpflichtung münden. Von dieser Vorgehensweise darf m. E. – analog zu den Ausführungen in Abschn. 433.3 – nur abgewichen werden, sofern das Unternehmen über valide Planungsunterlagen auch jenseits des besagten Fünf-Jahreszeitraums verfügt. Geht das Unternehmen, wie gesagt ausnahmsweise, von der (teilweisen) Befriedigung der Besserungsverpflichtung jenseits des jeweils verwendeten Planungshorizonts aus, sind im Anhang schließlich die jeweiligen Teile der Besserungsverpflichtung anzugeben, die erwartungsgemäß im besagten Prognosezeitraum bzw. voraussichtlich jenseits desselbigen erfüllt werden. Darüber hinaus erscheinen hier die gleichen Angaben wie in Bezug auf Rangrücktrittsvereinbarungen mit entsprechenden Besserungsabreden, v. a. also die Angabe des Nennbetrags der Besserungsverpflichtung, zweckmäßig.[1614] Die gleiche Vorgehensweise, also die Passivierung der Besserungsverpflichtung i. H. d. Barwerts der zur Bedienung dieser Verpflichtung jeweils in den nächsten grundsätzlich fünf Jahren erwartungsgemäß zur Verfügung stehenden Gewinne bzw. Jahresüberschüsse sowie die entsprechenden Angabepflichten, sollte nach hier vertretener Auffassung gleichermaßen auch für die Folgebewertung gelten.

[1612] Zu denken ist in diesem Kontext bspw. an ein Pharma-Unternehmen, dessen Unternehmenszweck und -erfolg ausschließlich von der Entwicklung eines bestimmten Medikaments abhängt. Ein derartiges Unternehmen wird in aller Regel über einen vergleichsweise langen Zeitraum große Verluste (und damit Verlustvorträge) ansammeln, bevor es in relativ weit entfernter Zukunft schließlich (große) Gewinne realisieren kann.

[1613] Vgl. Abschn. 433.3.

[1614] Vgl. hierzu bereits die entsprechenden Ausführungen in Abschn. 433.3 sowie die Erörterungen zur Konkretisierung der Angabepflicht nach § 160 Abs. 1 Nr. 6 AktG in Abschn. 452.1.

453.4 Bilanzierung weiterer Besserungsverpflichtungen

Zwar werden im Schrifttum vorrangig die bilanziellen Folgen der bis dato thematisierten Besserungsabrede behandelt, jedoch können in der Unternehmenspraxis diverse **weitere Besserungsverpflichtungen** auftreten.[1615] Zu nennen ist zunächst jene, die nicht nur in Abhängigkeit künftiger Jahresüberschüsse, sondern auch bei Eröffnung eines Insolvenzverfahrens wieder auflebt.[1616] Die Vereinbarung einer derartigen Besserungsabrede wird übereinstimmend als Stundung der zu Grunde liegenden Verbindlichkeit angesehen, wodurch eine unveränderte Passivierung dieser Verbindlichkeit angezeigt sei.[1617] Durch den Vergleich mit dieser nach h. M. unverändert zu passivierenden Besserungsverpflichtung wird nochmals die Unzweckmäßigkeit der zurückgewiesenen Passivierung der obigen Besserungsverpflichtung deutlich. So erscheint es erstaunlich, dass der Bezug auf ein Insolvenzverfahren, welches im Zweifel weder geplant noch absehbar ist und dessen Berücksichtigung auch vor dem Hintergrund des handelsrechtlichen going-concern-Prinzips als (äußerst) zweifelhaft erscheint,[1618] zu einer Passivierung in höchstmöglichem Umfang führen soll, während die Gewinnerzielung als im Regelfall deutlich wahrscheinlicherer Grund des Wiederauflebens der Verbindlichkeit unberücksichtigt bleiben soll.[1619] Diesem, nicht zuletzt vor dem Hintergrund des Vorsichtsprinzips bedenklichen, Problem ist m. E. einerseits durch die im vorherigen Absatz erarbeitete grundsätzliche Passivierungspflicht für Besserungsverpflichtungen, die auf künftige Jahresüberschüsse rekurrieren, im Zeitpunkt ihrer Vereinbarung Rechnung zu tragen. Andererseits ist diesem Problem durch eine veränderte Bewertung derjenigen Besserungsverpflichtung, die zusätzlich im Insolvenzverfahren wieder aufleben soll, zu begegnen. Die letztgenannte Bewertungsänderung erscheint nach hier vertretener Auffassung de lege lata geboten, da im Rahmen der Bewertung der Besserungsverpflichtung nach obigen Erkenntnissen nicht auf das (unwahrscheinliche) Insolvenzverfahren, sondern vielmehr auf die erwartete Gewinnerzielung abzustellen ist. Zum gleichen Ergebnis gelangt man zudem, wenn die besagte Besserungsverpflichtung als Zahlungsaufschub (bzw. Stundung) der ursprünglichen Verbindlichkeit aufgefasst und der bereits ausführlich disku-

[1615] Vgl. hierzu bereits Abschn. 451.2.

[1616] Diese Besserungsabrede wird im Gegensatz zu den sonstigen in diesem Abschnitt behandelten Besserungsverpflichtungen in praxi nur im Rahmen der Restrukturierung von Verbindlichkeiten relevant werden, da Pensionsrückstellungen im Insolvenzfall vom PSVaG übernommen werden (vgl. hierzu nur BERENZ, C., in: Kemper et al., Komm. BetrAVG, 5. Aufl., § 7 BetrAVG, Rn. 25-33) und eine Besserungsabrede, die sich auf dieses Insolvenzverfahren bezöge, insofern ins Leere liefe.

[1617] Vgl. SCHRUFF, L., Verpflichtungen aus Besserungsscheinen, S. 160 f.; FÖRSCHLE, G./HEINZ, S., in: Budde/Förschle/Winkeljohann, Sonderbilanzen, 4. Aufl., Q. Sanierungsmaßnahmen, Rn. 49; ADS, § 246, Rn. 124 und Rn. 155; HÜTTEMANN, U., in: von Wysocki et al., HdJ, Abt. III/8, Rn. 58; KÜTING, K./KESSLER, H./REUTER, M., in: Küting/Pfitzer/Weber, HdR-E, 5. Aufl., § 272 HGB, Rn. 223.

[1618] So auch GROH, M., Eigenkapitalersatz, S. 1884. Vgl. hierzu zudem bereits die Ausführungen zur Berücksichtigung des Liquidationsüberschusses im Rahmen der bilanziellen Abbildung von Rangrücktrittsvereinbarungen in Abschn. 433.2 und speziell Fn. 1192.

[1619] Darüber hinaus zeigen KÜTING, K./KESSLER, H./REUTER, M., in: Küting/Pfitzer/Weber, HdR-E, 5. Aufl., § 272 HGB, Rn. 223 und KESSLER, H., Eigenkapitalähnliche Mittel, S. 2110 in diesem Zusammenhang (wohl ungewollt) die Unzweckmäßigkeit der nach h. M. vorgesehenen bilanziellen Abbildung von Rangrücktritten (vgl. Abschn. 432.1). So betonen sie, dass Besserungsverpflichtungen, die im Insolvenzfall wieder aufleben zwar grundsätzlich, indes dann nicht zu passivieren seien, wenn der Anspruch nur bei Liquidation oder erst nach allen anderen Gläubigeransprüchen geltend gemacht werden könne. In diesem Fall liegt aber aus wirtschaftlicher Perspektive gerade eine „übliche" Rangrücktrittsvereinbarung vor, die jedoch im Gegensatz zur beschriebenen Besserungsverpflichtung nach h. M. gerade weiterhin in voller Höhe zu passivieren wäre, vgl. Fn. 1585.

tierten de lege ferenda Abzinsung[1620] dieser Verbindlichkeit gefolgt wird. Diese Bilanzierung entspräche außerdem der bereits nach h. M. goutierten Passivierung jener Besserungsverpflichtungen, die v. a. an das Erreichen künftiger Performance-Kennzahlen anknüpfen. In Bezug auf diese Verpflichtungen sei hier lediglich angemerkt, dass, analog zu den Ausführungen in Abschn. 423.34, auch hier erwogen werden sollte, den Ertrag aus der Restrukturierung der zu Grunde liegenden Verbindlichkeit in eine Ausschüttungssperre einzustellen. So könnte vermieden werden, dass dieser Restrukturierungsertrag unmittelbar nach dem Zugeständnis des Gläubigers ausgeschüttet werden könnte und bei Wiederaufleben der Verbindlichkeit (bspw. in Folge des Erreichens eines bestimmten Umsatzniveaus) keine hinreichenden Mittel zur Befriedigung dieser Gläubigeransprüche mehr zur Verfügung stünden.[1621] Der Vollständigkeit wegen sei außerdem angemerkt, dass eine derartige Ausschüttungssperre im Gegensatz dazu bei denjenigen Besserungsverpflichtungen, die nur auf künftige Jahresüberschüsse abstellen, nicht angezeigt ist, da in diesem Fall die beschriebene Gläubigerschädigung ausgeschlossen ist.[1622]

453.5 Zusammenfassung

Zusammenfassend ist zur bilanziellen Abbildung des Forderungsverzichts mit Besserungsschein Folgendes festzuhalten: Für die auf künftige Jahresüberschüsse rekurrierende Besserungsverpflichtung, die praktisch am bedeutendsten und theoretisch am umstrittensten ist, sollte nach hier vertretener Auffassung dem Grunde nach ein Passivierungsgebot gelten. Dies ergibt sich zunächst aus der Tatsache, dass die Besserungsabrede in praxi in aller Regel die notwendige Voraussetzung für den vereinbarten Forderungsverzicht ist und aufgrund dessen der Forderungsverzicht mit Besserungsschein – vergleichbar mit der IFRS-Bilanzierung – bilanziell als Gesamtkonstrukt zu würdigen ist. Darüber hinaus wurde gezeigt, dass diese Verpflichtung wohl nach der Wesentlichkeitstheorie, aber jedenfalls gem. der Alimentationstheorie als wirtschaftlich verursacht gelten muss und zudem das Gebot des vollständigen Schuldenausweises sowie das Ziel der periodengerechten Erfolgsermittlung die Passivierung der Besserungsverpflichtung erfordern. Zuletzt spricht auch der zeitgemäße Bedeutungszusammenhang dieser Passivierungsentscheidung zu § 274 HGB und gewissermaßen als Nebeneffekt die Angleichung der Bilanzierung wirtschaftlich deckungsgleicher Forderungsverzichte und Rangrücktrittsvereinbarungen[1623] für den Ansatz der Besserungsverpflichtung.

Die Bewertung der Besserungsverpflichtung nach HGB wurde zudem, vor dem Hintergrund der Kapitalerhaltungsgrundsätze und ausgehend von ihrer Behandlung nach IFRS, v. a. um die bereits in § 274 Abs. 1 S. 4 HGB angelegten Objektivierungen sowie unter bestimmten Umständen um eine Ausschüttungssperre ergänzt. Abschließend wurden zudem anderweitige Besserungsabreden adressiert, die – soweit dies nicht bereits nach h. M. vorgesehen ist – nach hier vertretener Auffas-

---

[1620] Vgl. hierzu die Abschn. 423.3 und 433.3.

[1621] Vgl. hierzu auch GROH, M., Eigenkapitalersatz, S. 1884.

[1622] Vgl. hierzu bereits die entsprechenden Ausführungen in Abschn. 433.3.

[1623] Diese Angleichung ist jedoch nicht als Selbstzweck aufzufassen, sondern erscheint vielmehr geboten, da die wirtschaftlichen Gehälter dieser Sanierungsmaßnahmen bei entsprechender Gestaltung als austauschbar erscheinen und diese Maßnahmen folgerichtig auch die gleichen Bilanzierungsfolgen implizieren sollten, vgl. hierzu neben den Ausführungen im vorliegenden Abschnitt, Abschn. 433.3 und speziell Fn. 1585.

sung einer mit der Behandlung jahresüberschussbezogener Besserungsverpflichtungen vergleichbaren Bilanzierung zugeführt werden sollten.

46 Kreditsicherheiten im Rahmen der Unternehmenskrise

461. Anwendbarkeit und Charakter von Kreditsicherheiten

Bezugnehmend auf Abbildung 3-1 sollen Kreditsicherheiten gewährleisten, dass die Vergütungs- und Rückzahlungsansprüche des Kreditgebers vereinbarungsgemäß erfüllt werden. Während den Versorgungsberechtigten eine derartige Absicherung in Bezug auf ihre Pensionszusagen bereits qua legem durch den PSVaG zukommt (§ 7 Abs. 1 S. 1 BetrAVG), können die sonstigen Unternehmensgläubiger ihre Ansprüche vorrangig mit Hilfe der im Folgenden erläuterten Kreditsicherheiten gegen einen Ausfall schützen. Vor diesem Hintergrund sind diese Kreditsicherungsmittel – mit Ausnahme des Schuldbeitritts[1624] – primär auf Lieferanten- und Bankverbindlichkeiten **anwendbar**. Wurde ein Sicherungsmittel bestellt und kommt der Schuldner seinen vertraglichen Verpflichtungen aufgrund seiner angespannten Unternehmenslage nicht vollständig nach,[1625] wird der Kreditgeber in der Unternehmenskrise, spätestens jedoch nach Eröffnung des Insolvenzverfahrens auf die Kreditsicherheit zugreifen, um daraus Befriedigung zu erlangen.[1626] Letztlich ist die Kreditbesicherung damit Ausfluss des Misstrauens des Kreditgebers gegenüber dem Kreditnehmer bzw. genauer gegenüber dessen Fähigkeit zur künftigen vertragskonformen Bedienung seiner Ansprüche.[1627] Da dieses Misstrauen regelmäßig auch außerhalb der akuten Unternehmenskrise bestehen wird, werden Lieferanten- und Bankkredite in der heutigen Unternehmenspraxis in aller Regel nur gegen Gewährung von Sicherheiten ausgereicht.[1628] In der hier behandelten Unternehmenskrise rückt die Kreditbesicherung speziell in den Fokus, da die Inanspruchnahme der Sicherheit mit fortschreitender Unternehmenskrise zunehmend wahrscheinlicher wird. Außerdem werden die Kapitalgeber in dieser Situation einerseits – individualrechtlich oder auf Basis allgemeiner Geschäftsbedingungen – in aller Regel eine Nachbesicherung ihrer Ansprüche und damit eine Restrukturierung des ursprünglichen Kapitalüberlassungsverhältnisses fordern.[1629] Andererseits kann auch der Kreditnehmer eine modifizierte Kreditbesicherung anstreben, um im Rahmen seines Sicherheitenmanagements den Austausch bestehender Kreditsicherheiten zu erreichen und damit die Liquiditätssituation des Unternehmens zu verbessern.[1630] So könnte der Schuldner bspw. versuchen, die Sicherungsübereignung des Lagerbestands durch eine Gesellschafterbürgschaft zu ersetzen, um durch den (teilweisen) Verkauf des Lagerbestands Liquiditätsverbesserungen herbeizuführen.[1631] Obgleich die Absicherungsfunktion gegen den Ausfall der Gläubigeransprüche die verschiedenen Sicherungsmittel

---

[1624] Vgl. hierzu nur HFA DES IDW, RS HFA 30, Tz. 101; RÄTKE, B., Pensionsrückstellungen, S. 581-583.

[1625] Daneben zielen bestimmte Kreditsicherungsmittel auch auf die Absicherung des Risikos der Zahlungsunwilligkeit, vgl. BÜLOW, P., Recht der Kreditsicherheiten, Rn. 981. Von dieser Zwecksetzung wird indes im Folgenden abstrahiert.

[1626] Vgl. WEBER, H./WEBER, J.-A., Kreditsicherungsrecht, S. 6 f.; BÜLOW, P., Recht der Kreditsicherheiten, Rn. 2 und Rn. 10; MUSCHELER, K./SCHEWE, A., Kreditsicherungsrecht, Rn. 3.

[1627] Vgl. BÜLOW, P., Recht der Kreditsicherheiten, Rn. 1.

[1628] Vgl. bereits die Nachweise in Fn. 562.

[1629] Vgl. HÄUSELMANN, H., Finanzverbindlichkeiten, S. 944; BECKMANN, R., Kreditsicherung, S. 584 sowie ausführlich KULKE, U., § 11 A Sicherheitenverstärkung, Rn. 1-11.

[1630] Vgl. ausführlich zum Sicherheitentausch KNOPS, K.-O., § 11 B Sicherheitenaustausch, Rn. 1-16.

[1631] Vgl. KNOPS, K.-O., § 11 B Sicherheitenaustausch, Rn. 2 und Rn. 16.

eint,[1632] unterscheiden sich der wirtschaftliche und v. a. der rechtliche **Charakter** der einzelnen Kreditsicherheiten z. T. erheblich. Um die Bedeutung der einzelnen Sicherheiten für das zu sanierende Unternehmen zu verdeutlichen, werden daher in den folgenden Abschnitten die Charakterzüge der jeweiligen Sicherungsmittel sowie die Möglichkeiten und Konsequenzen ihrer Verwertung analysiert. Erst im Anschluss an diese Ausführungen und die Thematisierung der einschlägigen IFRS-Regelungen[1633] erscheint eine Darstellung und Diskussion der Abbildung der, in Abbildung 4-1 kategorisierten, Kreditsicherheiten im handelsrechtlichen Jahresabschluss der zu sanierenden Gesellschaft zielführend.

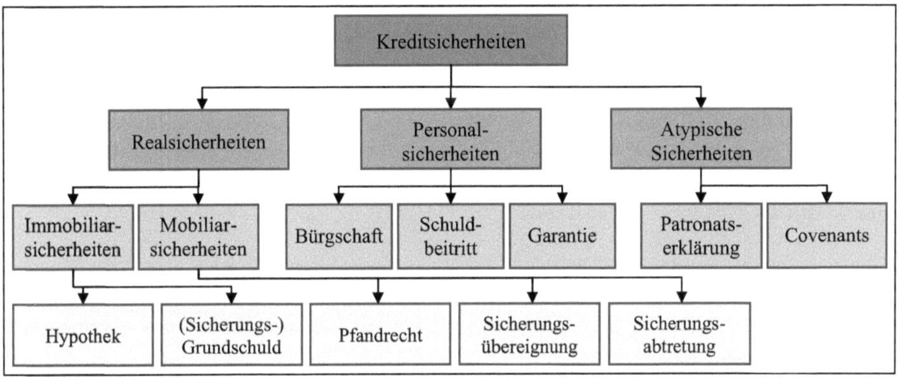

Abbildung 4-1: Arten von Kreditsicherheiten

462. Arten von Kreditsicherheiten

462.1 Realsicherheiten

Wie in Abbildung 4-1 dargestellt, lassen sich Kreditsicherheiten in Realsicherheiten, Personalsicherheiten und atypische Sicherheiten unterteilen. Durch eine Realsicherheit räumt das Unternehmen oder ein Dritter (bspw. ein Gesellschafter) dem Gläubiger ein dingliches Recht an einem bestimmten Vermögensgegenstand ein, aus dem sich dieser bei Eintritt des Sicherungsfalls (der Verwertungsreife) befriedigen kann.[1634] Als Vermögensgegenstände kommen sowohl unbewegliche als auch bewegliche Sachen sowie Rechte in Betracht.[1635] Im Rahmen der **Immobiliarsicherheiten** kommt der (Sicherungs-)Grundschuld, die neben der Hypothek und der Rentenschuld[1636] unter die sogenannten Grundpfandrechte (§§ 1113-1203 BGB) zu subsumieren ist, die größte praktische

[1632] Vgl. WEBER, H./WEBER, J.-A., Kreditsicherungsrecht, S. 1; MUSCHELER, K./SCHEWE, A., Kreditsicherungsrecht, Rn. 3.

[1633] Vgl. Abschn. 464.

[1634] Vgl. WEBER, H./WEBER, J.-A., Kreditsicherungsrecht, S. 7; MUSCHELER, K./SCHEWE, A., Kreditsicherungsrecht, Rn. 11.

[1635] Vgl. GANTER, H. G., § 90. Allgemeines, Rn. 22; WEBER, H./WEBER, J.-A., Kreditsicherungsrecht, S. 7; MUSCHELER, K./SCHEWE, A., Kreditsicherungsrecht, Rn. 11.

[1636] Da der Rentenschuld in praxi nur eine untergeordnete Bedeutung zukommt (vgl. bspw. RIMMELSPACHER, B., Kreditsicherungsrecht, Rn. 658; WEBER, H./WEBER, J.-A., Kreditsicherungsrecht, S. 177), wird diese im Folgenden nicht weiter behandelt.

Bedeutung zu.[1637] Sowohl durch die Grundschuld als auch durch die Hypothek kann ein Grundstück in der Weise belastet werden, dass an den Sicherungsnehmer im Sicherungsfall eine bestimmte Geldsumme aus dem Grundstück zu zahlen ist (§§ 1113 Abs. 1 bzw. 1191 Abs. 1 BGB).[1638] Der Unterschied zwischen der Sicherungsgrundschuld – als spezieller Form der Grundschuld zur Besicherung einer Forderung (§ 1192 Abs. 1a BGB)[1639] – und der Hypothek liegt in der Akzessorietät dieser Kreditsicherheiten. Während die Existenz und die Höhe der Hypothek von der zu Grunde liegenden Forderung abhängig ist (akzessorisches Sicherungsrecht), ist die (Sicherungs-) Grundschuld dinglich von dieser losgelöst und stellt somit ein nicht akzessorisches bzw. fiduziarisches Sicherungsrecht dar.[1640] Für das Unternehmen birgt diese Unabhängigkeit v. a. den Vorteil, dass die Sicherungsgrundschuld im Zeitablauf für die Besicherung unterschiedlicher Forderungen verwandt werden kann.[1641] Kommt der Schuldner – sprich das zu sanierende Unternehmen – seinen vertraglichen Zahlungspflichten nicht fristgemäß nach, ist der Sicherungsnehmer der Sicherungsgrundschuld bzw. Hypothek außerhalb der Insolvenz regelmäßig zur Zwangsvollstreckung in das Grundstück bzw. nach Eröffnung des Insolvenzverfahrens zur abgesonderten Befriedigung (§ 49 InsO) seiner Ansprüche berechtigt.[1642] Neben Immobilien können auch **bewegliche Sachen** und **Rechte** als Kreditsicherheiten dienen.

Obgleich sich die verschiedenen Arten der Sicherheitenbestellung (Pfandrecht, Sicherungsübereignung, Sicherungsabtretung, Eigentumsvorbehalt) in rechtlicher Hinsicht z. T. erheblich voneinander unterscheiden, sind aus der hier maßgeblichen Sicht des sanierungsbedürftigen Unternehmens neben der Akzessorietät[1643] primär die eigentliche Existenz der Sicherheit sowie deren Verwertungsmöglichkeiten relevant. Diese Verwertungsmöglichkeiten determinieren im Falle der Stellung einer unternehmensinternen Sicherheit, ob und unter welchen Bedingungen dem Unternehmen der Sicherungsgegenstand zur Tilgung der besicherten Verbindlichkeit entzogen werden kann. Vergleichbar mit der Sicherungsgrundschuld und der Hypothek, wird der Gläubiger nach Eintritt der Verwertungsreife – typischerweise also in Folge des Zahlungsverzugs des Schuldners – das Siche-

1637 Vgl. bspw. SPIECKERMANN, S., Kreditsicherheit, S. 94; KRONENBURG, R., § 11 D Sicherheitenverwertung, Rn. 5; LETTL, T., Sicherungsgrundschulden, S. 788; EPP, W., § 94. Grundpfandrechte, Rn. 1; RIMMELSPACHER, B., Kreditsicherungsrecht, Rn. 658.

1638 Vgl. WEBER, H./WEBER, J.-A., Kreditsicherungsrecht, S. 221; EPP, W., § 94. Grundpfandrechte, Rn. 21; MUSCHELER, K./SCHEWE, A., Kreditsicherungsrecht, Rn. 325.

1639 Vgl. WEBER, H./WEBER, J.-A., Kreditsicherungsrecht, S. 221; MUSCHELER, K./SCHEWE, A., Kreditsicherungsrecht, Rn. 337.

1640 Vgl. RIMMELSPACHER, B., Kreditsicherungsrecht, Rn. 659-662; EPP, W., § 94. Grundpfandrechte, Rn. 4 und Rn. 21; WEBER, H./WEBER, J.-A., Kreditsicherungsrecht, S. 178 und S. 223 f.; MUSCHELER, K./SCHEWE, A., Kreditsicherungsrecht, Rn. 246 und Rn. 330.

1641 Vgl. EPP, W., § 94. Grundpfandrechte, Rn. 23; MUSCHELER, K./SCHEWE, A., Kreditsicherungsrecht, Rn. 328. Aufgrund dessen ist, wie oben bereits angesprochen, die Sicherungsgrundschuld in praxi wesentlich relevanter als die hypothekarische Besicherung.

1642 Vgl. WEBER, H./WEBER, J.-A., Kreditsicherungsrecht, S. 199-204 und S. 230 f.; EPP, W., § 94. Grundpfandrechte, Rn. 494; BÜLOW, P., Recht der Kreditsicherheiten, Rn. 401-465 sowie ausführlich ECKARDT, D., Grundpfandrechte im Insolvenzverfahren, Rn. 12-34.

1643 Während es sich beim Pfandrecht um ein akzessorisches Sicherungsmittel handelt, stellen die Sicherungsübereignung (von Sachen) bzw. die Sicherungsabtretung (von Rechten) sowie der Eigentumsvorbehalt nicht-akzessorische Kreditsicherheiten dar, vgl. nur WEBER, H./WEBER, J.-A., Kreditsicherungsrecht, S. 8; MUSCHELER, K./SCHEWE, A., Kreditsicherungsrecht, Rn. 16-24.

rungsgut im Wege der Zwangsvollstreckung verwerten bzw. in der Insolvenz die Stellung als absonderungsberechtigter[1644] Gläubiger gem. §§ 50 f. InsO[1645] beanspruchen.[1646]

Sofern die Kreditsicherheit von einem Dritten gestellt wird, resultiert aus deren Inanspruchnahme aus Sicht des sanierungsbedürftigen Unternehmens statt des besagten Vermögenseingriffs ein Gläubigerwechsel zu einer, dem Unternehmen regelmäßig näher stehenden Person. Dies ist darauf zurückzuführen, dass unternehmensexterne Kreditsicherheiten in aller Regel nur von Personen bereitgestellt werden, die, bspw. aufgrund ihrer Gesellschafterstellung oder ihrer Geschäftsführungsfunktion, eng mit dem Unternehmen und dessen wirtschaftlichem Schicksal verbunden sind. Für das Unternehmen ist dieser Gläubigerwechsel aus wirtschaftlicher Perspektive v. a. von Bedeutung, da von den neuen Gläubigern tendenziell eher und weitreichendere Sanierungszugeständnisse zu erwarten sind.[1647] Während dieser Aspekt das Unternehmen und die sonstigen Gläubiger primär im Vorfeld des Insolvenzverfahrens zu begünstigen vermag, birgt der regelmäßig stattfindende Austausch der Verbindlichkeiten gegenüber Dritten durch Verbindlichkeiten gegenüber Gesellschaftern in der Insolvenz zudem den Vorteil, dass der neue Gläubiger bzw. dessen Rückgriffsansprüche nur nachrangig aus der Insolvenzmasse zu bedienen sind (§ 39 Abs. 1 Nr. 5 InsO).[1648]

Wie in Abschn. 463. weiterführend analysiert wird, erscheint die Abbildung der unternehmensinternen Realsicherheiten im handelsrechtlichen Jahresabschluss wenig diskussionswürdig. Im Gegensatz dazu wird indes ebenda gleichermaßen offensichtlich, dass die handelsrechtliche Bilanzierung unternehmensexterner Real- und v. a. Personalsicherheiten stark verbesserungswürdig ist. Vor diesem Hintergrund gilt es im folgenden Abschnitt die verschiedenen Personalsicherheiten, mit dem Schwerpunkt auf dem gesetzlichen Regelfall der Bürgschaft, genauer zu untersuchen.

462.2 Personalsicherheiten

Neben den obigen Vermögensgegenständen können auch Personen in ihrer Rolle als Vermögensträger zur Kreditsicherung herangezogen werden. Obgleich Personalsicherheiten theoretisch auch vom Schuldnerunternehmen selbst bereitgestellt werden können, kommt in aller Regel nur ein Dritter als Sicherungsgeber in Betracht, da nur durch den (potenziellen) Zugriff auf einen, vom Schuldnervermögen verschiedenen Vermögensbestand die Rechtsposition des Gläubigers effektiv verbessert wird.[1649] Infolgedessen resultiert aus der Vereinbarung einer Personalsicherheit in aller Regel ein Dreiecksverhältnis zwischen dem Hauptschuldner, dem Sicherungsgeber und dem Gläu-

1644 Sofern dem Gläubiger ein einfacher (nicht hingegen ein verlängerter) Eigentumsvorbehalt zusteht, ist er im Gegensatz dazu nicht nur absonderungs- sondern aussonderungsberechtigt (§ 47 InsO) und der zur Rede stehende Vermögensgegenstand wird in der Insolvenz von vornherein kein Teil der Insolvenzmasse, vgl. hierzu SCHMIDT, J. M., § 31 Sicherungsrechte in der Insolvenz, Rn. 11-42 m. w. N.

1645 Erleidet der Gläubiger bei dieser Verwertung einen Ausfall, steht ihm darüber hinaus gem. § 52 InsO eine anteilige Befriedigung aus der Insolvenzmasse zu.

1646 Vgl. zu dieser Verwertung von Sachen bzw. Rechten innerhalb und außerhalb des Insolvenzverfahrens bspw. die entsprechenden Ausführungen bei WEBER, H./WEBER, J.-A., Kreditsicherungsrecht und BÜLOW, P., Recht der Kreditsicherheiten.

1647 Vgl. bspw. KÜTING, K./KAISER, T., Liquiditätsanalyse (Teil II), S. 1180; SCHRADER, N., Die Besserungsabrede, S. 71.

1648 Vgl. weiterführend zu diesem Aspekt die Ausführungen in Abschn. 462.2.

1649 Vgl. GANTER, H. G., § 90. Allgemeines, Rn. 20; BÜLOW, P., Recht der Kreditsicherheiten, Rn. 829 und Rn. 1542, der hingegen feststellt, dass Personalsicherheiten notwendigerweise das Hinzutreten eines Dritten erfordern.

biger bzw. Sicherungsnehmer. Als Personalsicherheiten gelten gemeinhin die Bürgschaft, die (Forderungs-)Garantie und der Schuldbeitritt.[1650] Vor dem Hintergrund, dass nur die Bürgschaft gesetzlich kodifiziert ist (§§ 765-777 BGB),[1651] sie gemeinhin als „meistverbreitete und wirtschaftlich bedeutsamste“[1652] Personalsicherheit angesehen wird und v. a. die Erkenntnisse zu diesem Sicherungsmittel aus bilanzrechtlicher Perspektive[1653] im Wesentlichen analog auf die anderen Personalsicherheiten übertragbar erscheinen, beschränken sich die folgenden Ausführungen auf die Bürgschaft.[1654]

Während der Hauptschuldner und der Bürge über das sogenannte Deckungsverhältnis verbunden sind,[1655] verpflichtet sich der Bürge im eigentlichen Bürgschaftsvertrag gegenüber dem Gläubiger[1656] für die Erfüllung der Verbindlichkeit des Hauptschuldners einzustehen (§ 765 Abs. 1 BGB).[1657] Es handelt sich insofern um einen einseitig den Bürgen verpflichtenden Vertrag,[1658] der neben den eigentlichen Kreditvertrag tritt und akzessorische – also von der Hauptschuld abhängige – Einstandspflichten des Bürgen (§ 767 Abs. 1 BGB) begründet.[1659] Sowohl für den Bürgen und den Gläubiger als auch – mit Blick auf das in Abschn. 462. akzentuierte Argument des Gläubigerwechsels – für den Hauptschuldner ist von primärem wirtschaftlichen Interesse, unter welchen Bedingungen und in welcher Höhe die Bürgschaft virulent zu werden vermag. Dies hängt entscheidend von der Art der vereinbarten Bürgschaft ab.

Während selbstschuldnerische Bürgschaften[1660] und solche auf erstes Anfordern[1661] im Vergleich zum Grundtypus der Bürgschaft tendenziell eine schnellere Inanspruchnahme des Bürgen (und

[1650] Vgl. nur HABERSACK, M., in: Säcker, MüKo BGB, 6. Aufl., § 765 BGB, Rn. 1; BÜLOW, P., Recht der Kreditsicherheiten, Rn. 12.

[1651] Vgl. BÜLOW, P., Recht der Kreditsicherheiten, Rn. 831; NOBBE, G., § 91. Bürgschaft, Rn. 1.

[1652] NOBBE, G., § 91. Bürgschaft, Rn. 1.

[1653] Vgl. hierzu die Ausführungen in den Abschn. 463. und 465.

[1654] Vgl. zur Abgrenzung der Bürgschaft zur Garantie NOBBE, G., § 92. Garantie, Rn. 1-11; ALLSTADT-SCHMITZ, G., in: Joost/Strohn, HGB/2, 2. Aufl., IV. Kreditgeschäft und Kreditsicherung, Rn. IV357-359 bzw. zum Schuldbeitritt FÜLLER, J. T., in: Joost/Strohn, HGB/2, 2. Aufl., IV. Kreditgeschäft und Kreditsicherung, Rn. IV447.

[1655] Vgl. hierzu BÜLOW, P., Recht der Kreditsicherheiten, Rn. 836 und Rn. 856; WEBER, H./WEBER, J.-A., Kreditsicherungsrecht, S. 59 f.

[1656] Vgl. ausführlich zum Zustandekommen des Bürgschaftsvertrags NOBBE, G., § 91. Bürgschaft, Rn. 17-34; FÜLLER, J. T., in: Joost/Strohn, HGB/2, 2. Aufl., IV. Kreditgeschäft und Kreditsicherung, Rn. IV451-490.

[1657] Vgl. FÜLLER, J. T., in: Joost/Strohn, HGB/2, 2. Aufl., IV. Kreditgeschäft und Kreditsicherung, Rn. IV446; BÜLOW, P., Recht der Kreditsicherheiten, Rn. 832; KRONENBURG, R., § 11 D Sicherheitenverwertung, Rn. 46; WEBER, H./WEBER, J.-A., Kreditsicherungsrecht, S. 43; MUSCHELER, K./SCHEWE, A., Kreditsicherungsrecht, Rn. 48.

[1658] Vgl. FÜLLER, J. T., in: Joost/Strohn, HGB/2, 2. Aufl., IV. Kreditgeschäft und Kreditsicherung, Rn. IV446; MUSCHELER, K./SCHEWE, A., Kreditsicherungsrecht, Rn. 48.

[1659] Vgl. BÜLOW, P., Recht der Kreditsicherheiten, Rn. 837 f.; HABERSACK, M., in: Säcker, MüKo BGB, 6. Aufl., § 765 BGB, Rn. 61; NOBBE, G., § 91. Bürgschaft, Rn. 2; WEBER, H./WEBER, J.-A., Kreditsicherungsrecht, S. 60 f.; RIMMELSPACHER, B., Kreditsicherungsrecht, Rn. 14.

[1660] Der selbstschuldnerische Bürge verzichtet im Gegensatz zur regulären Bürgschaft auf die Einrede der Vorausklage bzw. genauer der Vorausvollstreckung (§ 773 Abs. 1 Nr. 1 BGB). Der Sicherungsnehmer kann insofern bereits ohne eine erfolglose Zwangsvollstreckung auf den Bürgen zugreifen, vgl. weiterführend WEBER, H./WEBER, J.-A., Kreditsicherungsrecht, S. 86; BÜLOW, P., Recht der Kreditsicherheiten, Rn. 1003.

[1661] Im Rahmen dieser Bürgschaft muss der Bürge unabhängig von etwaigen Einwendungen und Einreden auf erstes Anfordern sofort an den Sicherungsnehmer leisten und kann erst im Rahmen der u. U. angezeigten Rückforderungsklage akzessorietätskonform gegen den Gläubiger vorgehen, vgl. WEBER, H./WEBER, J.-A., Kreditsicherungsrecht, S. 63 f.

damit einen schnelleren Gläubigerwechsel) bedingen,[1662] bewirkt eine Ausfallbürgschaft[1663] isoliert betrachtet regelmäßig das Gegenteil. Entscheidend ist in diesem Zusammenhang außerdem, ob es sich bei der Bürgschaft um eine Teil-, Höchstbetrags- oder Zeitbürgschaft[1664] handelt und inwiefern sie lediglich aktuelle Verpflichtungen des Hauptschuldners oder auch künftig noch entstehende Verbindlichkeiten umfasst. Zu beachten ist in diesem Kontext, dass Bürgschaften zum Schutz des Bürgen keine überraschenden Klauseln enthalten dürfen (§ 305c Abs. 1 BGB) und insofern die sogenannten Globalbürgschaften für künftige Verbindlichkeiten regelmäßig nur zulässig sind, sofern sie von „Geschäftsführern […], von einflussreichen Gesellschaftern oder von Personen, die auf sonstige Weise Einfluss auf den Hauptschuldner haben“[1665] gewährt werden oder es sich um sogenannte Kontokorrentbürgschaften handelt.[1666] Gemein ist den verschiedenen Bürgschaftsformen, dass sie grundsätzlich[1667] erst relevant werden, sofern sich das Schuldnerunternehmen nicht vertragsgemäß verhält – sprich in der hier einschlägigen Sanierungssituation seinen Zahlungspflichten nicht nachkommt.

Bedient der Bürge infolgedessen den Gläubiger **vor Eröffnung des Insolvenzverfahrens**, geht dessen Forderung insoweit gesetzlich auf ihn über (§ 774 Abs. 1 S. 1 BGB)[1668] und es findet aus Sicht des zu sanierenden Unternehmens der bereits angesprochene Gläubigerwechsel statt. Dieser Wechsel zu einem dem Unternehmen in aller Regel enger verbundenen Gläubiger impliziert vor der Insolvenzeröffnung für das Unternehmen und die sonstigen Gläubiger einerseits die obigen, wahrscheinlichen jedoch nicht zwingenden Vorteile der Sanierungszugeständnisse. Andererseits führt der besagte Gläubigerwechsel dazu, dass die Rückgriffsansprüche des vormaligen Gesellschafter-

1662 Dies basiert darauf, dass der *selbstschuldnerische* Bürge im Gegensatz zur regulären Bürgschaft auf die Einrede der Vorausklage bzw. der Vorausvollstreckung (§ 773 Abs. 1 Nr. 1 BGB) verzichtet und der Sicherungsnehmer insofern bereits ohne eine erfolgslose Zwangsvollstreckung auf den Bürgen zugreifen kann, vgl. WEBER, H./WEBER, J.-A., Kreditsicherungsrecht, S. 86; BÜLOW, P., Recht der Kreditsicherheiten, Rn. 1003; MUSCHELER, K./SCHEWE, A., Kreditsicherungsrecht, Rn. 88. Im Rahmen der Bürgschaft *auf erstes Anfordern* muss der Bürge auf erstes Anfordern des Sicherungsnehmers und damit unabhängig von etwaigen Einwendungen und Einreden sofort an den Sicherungsnehmer leisten und kann erst im Rahmen der u. U. angezeigten Rückforderungsklage akzessorietätskonform gegen den Gläubiger vorgehen, vgl. WEBER, H./WEBER, J.-A., Kreditsicherungsrecht, S. 63 f.; BÜLOW, P., Recht der Kreditsicherheiten, Rn. 975.

1663 Der Ausfallbürge kann nur dann in Anspruch genommen werden, wenn der Gläubiger nicht auf andere Weise „beim insolventen Hauptschuldner oder aus anderen Sicherheiten“ (BÜLOW, P., Recht der Kreditsicherheiten, Rn. 1006) Befriedigung erlangen kann, vgl. RIMMELSPACHER, B., Kreditsicherungsrecht, Rn. 73; WEBER, H./WEBER, J.-A., Kreditsicherungsrecht, S. 93; MUSCHELER, K./SCHEWE, A., Kreditsicherungsrecht, Rn. 87.

1664 Vgl. zur Teil- und Höchstbetragsbürgschaft, welche die Bürgschaftsschuld der Höhe nach begrenzen BÜLOW, P., Recht der Kreditsicherheiten, Rn. 1028 f.; WEBER, H./WEBER, J.-A., Kreditsicherungsrecht, S. 88-91 sowie zur Zeitbürgschaft, welche entweder bestimmt, dass die Einstandspflicht bis zu einem bestimmten Zeitpunkt geltend gemacht werden muss oder dass sich die Einstandspflicht nur auf Verpflichtungen bezieht, die bis zu einem bestimmten Zeitpunkt entstanden sind HORN, N., in: von Staudinger, BGB, § 777 BGB, Rn. 1-23; HABERSACK, M., in: Säcker, MüKo BGB, 6. Aufl., § 777 BGB, Rn. 1-15; BÜLOW, P., Recht der Kreditsicherheiten, Rn. 1037-1040; WEBER, H./WEBER, J.-A., Kreditsicherungsrecht, S. 91 f.

1665 HORN, N., in: von Staudinger, BGB, § 765 BGB, Rn. 58 m. w. N. u. a. zum Tatbestand der Überraschung.

1666 Vgl. weiterführend zur (Global-)Bürgschaft für künftige Verbindlichkeiten HORN, N., in: von Staudinger, BGB, § 765 BGB, Rn. 44-58; HABERSACK, M., in: Säcker, MüKo BGB, 6. Aufl., § 765 BGB, Rn. 66 f.; RÜßMANN, M., Patronatserklärungen und Liquiditätszusagen, S. 98-101.

1667 Vgl. aber die Fn. 1662.

1668 Vgl. NOBBE, G., § 91. Bürgschaft, Rn. 338-368; WEBER, H./WEBER, J.-A., Kreditsicherungsrecht, S. 71 f.; BÜLOW, P., Recht der Kreditsicherheiten, Rn. 1013-1017.

bürgen[1669] im Insolvenzverfahren grundsätzlich[1670] nachrangig zu bedienen sind (§ 39 Abs. 1 Nr. 5 InsO).[1671] Eben diese Nachrangigkeit gereicht den übrigen Unternehmensgläubigern zum Vorteil, wie anhand des nachfolgenden Beispiels kurz verdeutlicht werden soll. Angenommen ein Lieferant (bzw. Kapitalgeber) L unterhält mit zwei Unternehmen A und B äquivalente Geschäftsbeziehungen. In Folge von Produktionsengpässen und der angespannten Unternehmenslage des L ist er gezwungen, die Belieferung eines Kunden einzustellen. Dabei versucht er c. p. jenen Kunden zu wählen, der seine Verbindlichkeiten künftig mit einer höheren Wahrscheinlichkeit (und u. U. früher) begleichen wird. Während die wesentlichen Verbindlichkeiten des Unternehmens A über Bürgschaften eines zweifelsohne solventen Gesellschafters abgesichert sind, verfügt das Unternehmen B über keinerlei unternehmensexterne Kreditsicherheiten. Geraten beide Unternehmen schließlich in eine Unternehmenskrise und werden im Extremfall mit Ausnahme von L alle Kreditgeber durch den Gesellschafterbürgen bedient, sinkt effektiv auch das Ausfallrisiko des L. Dies ist darauf zurückzuführen, dass einzig seine Ansprüche in besagtem Extremfall vorrangig zu bedienen sind, während die Rückgriffsforderungen des Gesellschafters lediglich nachrangig aus der Insolvenzmasse zu tilgen sind (§ 39 Abs. 1 Nr. 5 InsO). Folglich birgt die umfangreiche Besicherung der Verbindlichkeiten des Unternehmens durch dessen Gesellschafter nicht nur außerhalb des Insolvenzverfahrens wahrscheinliche Vorteile für die sonstigen Gläubiger, sie vermag auch das Ausfallrisiko bzw. genauer die Höhe des Forderungsausfalls im Risikoextremfall der Insolvenz zu verringern.[1672]

Gleiches gilt im Übrigen auch für den Fall, dass der Bürge den Gläubiger erst **nach Eröffnung des Insolvenzverfahrens** befriedigt. Dabei gilt es jedoch zu beachten, dass die Teilnahme des Bürgen am Insolvenzverfahren und damit die Geltendmachung von dessen (nachrangigen) Rückgriffsforderungen nur möglich ist, sofern der Bürge den Gläubiger vollständig befriedigt.[1673] Sofern der Bürge

---

1669 Während der Bürge bei vollständiger Befriedigung des Gläubigers vor Eröffnung des Insolvenzverfahrens in voller Höhe am Insolvenzverfahren teilnehmen darf, kann er im Falle der nur teilweisen Leistung im Vorfeld der Insolvenz auch nur den jeweils geleisteten Teil in einem später u. U. eröffneten Insolvenzverfahren als Insolvenzforderung anmelden (während der ursprüngliche Gläubiger den Restbetrag geltend machen kann), vgl. BÜLOW, P., Recht der Kreditsicherheiten, Rn. 1061; NOBBE, G., § 91. Bürgschaft, Rn. 446 f.; BITTER, G., in: Kirchhof/Eidenmüller/Stürner, MüKo InsO, 3. Aufl., § 44 InsO, Rn. 26-28; HORN, N., in: von Staudinger, BGB, Vorbemerkungen zu §§ 765-778 BGB, Rn. 183 m. w. N.

1670 Von dieser Nachrangigkeit ausgenommen sind selbstredend jene Bürgschaften, die von Gesellschaftern gewährt werden und entweder unter das Sanierungsprivileg (§ 39 Abs. 4 S. 2 InsO) oder unter das Kleinbeteiligungsprivileg (§ 39 Abs. 5 InsO) fallen, vgl. WEBER, H./WEBER, J.-A., Kreditsicherungsrecht, S. 44 sowie weiterführend zu diesen Privilegien bspw. SELZNER, H./LEUERING, D., § 7 Gesellschafterdarlehen in der Insolvenz, Rn. 101-112; ALTMEPPEN, H., in: Altmeppen/Roth, GmbHG, 7. Aufl., Anh. §§ 32 a, b GmbHG, Rn. 32-47.

1671 Vgl. zur Nachrangigkeit der Rückgriffsforderungen, die ihrerseits auf der, mit der Gewährung von Gesellschafterdarlehen vergleichbaren Rechtshandlung der Bürgschaft beruhen SCHMIDT, N. M., Besicherung eines Darlehens, S. 70; ANDRES, D., in: Nerlich/Römermann, InsO II, § 44a InsO, Rn. 4 und Rn. 22; LEITHAUS, R., in: Andres/Leithaus/Dahl, InsO, 3. Aufl., § 44a InsO, Rn. 1 und Rn. 14; HORN, N., in: von Staudinger, BGB, Vorbemerkungen zu §§ 765-778 BGB, Rn. 182; BITTER, G., in: Kirchhof/Eidenmüller/Stürner, MüKo InsO, 3. Aufl., § 44a InsO, Rn. 25; HIRTE, H., in: Uhlenbruck/Hirte/Vallender, InsO, 13. Aufl., § 44a InsO, Rn. 1.

1672 Da der Gesellschafter-Bürge diese Nachrangigkeit im Vorfeld der Insolvenzeröffnung antizipieren wird, steigert diese Nachrangigkeit wiederum den vorinsolvenzlichen Sanierungswillen des Bürgen und damit potenziell dessen Sanierungszugeständnisse gegenüber den verbliebenen Gläubigern.

1673 Vgl. BITTER, G., in: Kirchhof/Eidenmüller/Stürner, MüKo InsO, 3. Aufl., § 44 InsO, Rn. 21 f. und Rn. 34; NOBBE, G., § 91. Bürgschaft, Rn. 448; BITTER, G., in: Kirchhof/Eidenmüller/Stürner, MüKo InsO, 3. Aufl., § 44a InsO, Rn. 27.

hingegen nach Verfahrenseröffnung nur teilweise an den Gläubiger leistet, bleibt letzterer i. H. d. vollen, ursprünglich angemeldeten Betrags Insolvenzgläubiger (§ 43 InsO), während der Regressanspruch des Gesellschafters vollständig von der Anmeldung ausgeschlossen bleibt (§ 44 InsO).[1674] Abschließend ist darauf hinzuweisen, dass die für die übrigen Gläubiger vorteilhafte Nachrangigkeit der Rückgriffsforderungen des Bürgen auch nicht umgangen werden kann, indem das Schuldnerunternehmen (kurz) vor Eröffnung des Insolvenzverfahrens an den Gläubiger leistet und insofern der Bürge von seiner Schuld frei wird (Akzessorietät). Dies resultiert daraus, dass derartige Zahlungen bis zu einem Jahr vor der Insolvenzeröffnung durch den Insolvenzverwalter anfechtbar sind (§ 135 Abs. 2 InsO i. V. m. § 143 Abs. 3 S. 1 InsO) und der Bürge die entsprechenden Zahlungen (zum Vorteil der übrigen Gläubiger) in die Insolvenzmasse zu erstatten hätte.[1675] Wie einleitend betont wurde, sind die anderen Personalsicherheiten, sprich der Schuldbeitritt und die Garantie, zwar nicht gesetzlich normiert, jedoch gelten die oben angeführten wahrscheinlichen Vorteile außerhalb der Insolvenz und die Vorteile aufgrund der Nachrangigkeit der Rückgriffsansprüche – in diesem Fall des Schuldbeitretenden (Sicherungsgesamtschuldners) bzw. des Garanten – grundsätzlich auch für den Schuldbeitritt und die Forderungsgarantie eines Gesellschafters.[1676]

462.3 Patronatserklärungen

Neben den obigen Real- und Personalsicherheiten kommen die Vereinbarung von Covenants und die sogenannten Patronatserklärungen als atypische Formen der Kreditbesicherung in Betracht. Aufgrund der Vielfältigkeit atypischer Kreditsicherheiten und vor dem Hintergrund ihrer nicht eindeutigen Abgrenzbarkeit[1677] können im Rahmen dieser Arbeit lediglich die beiden besagten, praktisch besonders relevanten[1678] atypischen Sicherungsmittel untersucht werden. Vergleichbar mit den Ausführungen zum Schuldbeitritt und zur Garantie sind indes v. a. die Ausführungen zu den Patronatserklärungen für bilanzrechtliche Zwecke analog auf wirtschaftlich vergleichbare Kreditsicherheiten wie bspw. die Liquiditätsgarantie, die wirtschaftlich ohnehin der internen Patronatserklä-

---

1674 Vgl. HORN, N., in: von Staudinger, BGB, Vorbemerkungen zu §§ 765-778 BGB, Rn. 185; BITTER, G., in: Kirchhof/Eidenmüller/Stürner, MüKo InsO, 3. Aufl., § 44 InsO, Rn. 1 und Rn. 23 f.; BITTER, G., in: Kirchhof/ Eidenmüller/Stürner, MüKo InsO, 3. Aufl., § 44a InsO, Rn. 26; NOBBE, G., § 91. Bürgschaft, Rn. 449; BÜLOW, P., Recht der Kreditsicherheiten, Rn. 1062.

1675 Vgl. hierzu HORN, N., in: von Staudinger, BGB, Vorbemerkungen zu §§ 765-778 BGB, Rn. 184 und Rn. 192; ANDRES, D., in: Nerlich/Römermann, InsO II, § 44a InsO, Rn. 23; HIRTE, H., in: Uhlenbruck/Hirte/Vallender, InsO, 13. Aufl., § 44a InsO, Rn. 6; LEITHAUS, R., in: Andres/Leithaus/Dahl, InsO, 3. Aufl., § 44a InsO, Rn. 14.

1676 Vgl. zu den (bis auf die Akzessorietät, vgl. Fn. 1654) grundsätzlich mit denjenigen der Bürgschaft vergleichbaren Haftungswirkungen des Schuldbeitritts BÜLOW, P., Recht der Kreditsicherheiten, Rn. 1580 und Rn. 1598-1604; NOBBE, G., § 92. Garantie, Rn. 57-60 bzw. der Garantie SCHULZ, M./METTKE, S., Garantie auf erstes Anfordern, S. 55-58; BÜLOW, P., Recht der Kreditsicherheiten, Rn. 1556-1563a; HORN, N., in: von Staudinger, BGB, Vorbemerkungen zu §§ 765-778 BGB, Rn. 277-279. Vgl. zu den (weitgehend) analogen Implikationen des Schuldbeitritts und der Garantie im Rahmen des Insolvenzverfahrens NOACK, U./BUNKE, C., Mithaftende im Insolvenzverfahren, S. 354-358; OBERMÜLLER, M./KUDER, K., § 97. Kreditgeschäft bei Insolvenz, Rn. 69-72 (zum Schuldbeitritt), bzw. OBERMÜLLER, M., Drittsicherheiten, S. 229; BÜLOW, P., Recht der Kreditsicherheiten, Rn. 1564-1566 (zur Garantie).

1677 Vgl. zur Abgrenzung der atypischen Kreditsicherheiten nur MERKEL, H./TETZLAFF, C., § 98. Atypische Sicherheiten, Rn. 1 f.; GERTH, A., Atypische Kreditsicherheiten, S. 19 f.

1678 Vgl. zur Praxisrelevanz von Patronatserklärungen bspw. HAUCK, R./VON RUMOHR, K., Haftung aus Patronatserklärung, S. 1250; TETZLAFF, C., Aufhebung Patronatserklärungen, S. 1016; LIMMER, P., Patronatserklärungen, S. 1750 bzw. von Covenants z. B. ZIMMERMANN, J./WERNER, J. R./KILIAN, J.-P., Covenants, S. 5 f.; HAGHANI, S., ET AL., Financial Covenants, S. 14 f.

rung nahesteht,[1679] übertragbar.[1680] Die Atypizität von Patronatserklärungen und damit ihre Abgrenzung gegenüber den sonstigen Personalsicherheiten (Bürgschaft, Schuldbeitritt, Garantie) basiert darauf, dass diese Erklärung den Gläubiger grundsätzlich nicht direkt begünstigt,[1681] sondern sich vielmehr der Patron dazu verpflichtet, dafür einzustehen, dass der Schuldner seinen Verpflichtungen vertragskonform nachkommt.[1682] Ein weiterer Unterschied zwischen der Patronatserklärung[1683] und den sonstigen Personalsicherheiten erwächst aus der Flexibilität, innerhalb derer der Patron seine Einstandspflicht erfüllen kann. Diese wird verbreitet auch als entscheidender Vorteil dieser Kreditsicherheit angeführt.[1684] Sie kommt darin zum Ausdruck, dass es dem Patron freisteht, ob er dem zu sanierenden Unternehmen z. B. Eigen- oder Fremdkapital zuführt, Verbindlichkeiten erlässt, günstige Lieferkonditionen einräumt[1685] oder an Stelle des Hauptschuldners direkt an den Gläubiger leistet. Die direkte Zahlung an den Gläubiger dient aus Sicht des Patrons primär dem Ausschluss des sogenannten Weiterleitungsrisikos. Dieses Risiko erwächst daraus, dass der Patron letztlich für die vertragskonforme Bedienung des Gläubigers Sorge zu tragen hat, der Hauptschuldner die vom Patron bereitgestellten Mittel indes auch anderweitig verwenden kann und die Ver-

---

1679 Vgl. zur Liquiditäts(hilfe)garantie bspw. MERKEL, H./TETZLAFF, C., § 98. Atypische Sicherheiten, Rn. 136-141 und grundlegend GERTH, A., Atypische Kreditsicherheiten, S. 270-330. Vgl. zur bilanzrechtlichen Übertragbarkeit zudem Abschn. 465.

1680 Vgl. die nachfolgenden Ausführungen sowie MERKEL, H./TETZLAFF, C., § 98. Atypische Sicherheiten, Rn. 137; MAIER-REIMER, G./ETZBACH, P., Patronatserklärung, S. 1110 f. m. w. N.

1681 Wie nachfolgend gezeigt wird, gilt diese Aussage indes nicht, wenn der Schuldner seinen Zahlungspflichten nicht nachkommt und der Gläubiger bzw. Sicherungsnehmer einer harten, externen Patronatserklärung infolgedessen direkt vom Patron Schadensersatz verlangt, vgl. Fn. 1702.

1682 Vgl. RAESCHKE-KESSLER, C., Patronatserklärung, S. 1361; BÜLOW, P., Recht der Kreditsicherheiten, Rn. 1621; KÖHLER, H., Patronatserklärungen, S. 1344; HAUCK, R./VON RUMOHR, K., Haftung aus Patronatserklärung, S. 1252; WEBER, H./WEBER, J.-A., Kreditsicherungsrecht, S. 108 sowie MERKEL, H./TETZLAFF, C., § 98. Atypische Sicherheiten, Rn. 24-26; ARHOLD, C./SPALINGER, A./MASKE-REICHE, B., Kap. 1, Rn. 133-135 und ALLSTADT-SCHMITZ, G., in: Joost/Strohn, HGB/2, 2. Aufl., IV. Kreditgeschäft und Kreditsicherung, Rn. IV668-IV671, die u. a. auch auf die Abgrenzung der Patronatserklärung zu den in Abbildung 4-1 skizzierten Personalsicherheiten eingehen. Der Vollständigkeit wegen sei erwähnt, dass dieser Unterschied indes nicht zwingend ist, da selbstredend auch ein Bürge direkt an den Gläubiger leisten kann, vgl. MAIER-REIMER, G./ETZBACH, P., Patronatserklärung, S. 1112.

1683 Streng genommen, müsste im Übrigen stets von einem Patronatsvertrag gesprochen werden, da die Patronierung in aller Regel statt auf einer einseitigen Erklärung auf einem Vertrag basiert, vgl. MAIER-REIMER, G./ETZBACH, P., Patronatserklärung, S. 1112. Aufgrund der großen Verbreitung des Terminus Patronats*erklärung* wird im Rahmen dieser Arbeit jedoch eben dieser Begriff verwandt.

1684 Vgl. EMMERICH, V., in: Emmerich/Habersack, AktG, 7. Aufl., § 302 AktG, Rn. 8a; RÜßMANN, M., Patronatserklärungen und Liquiditätszusagen, S. 46 f.; PESCH, J., Patronatserklärungen, S. 1610; MAIER-REIMER, G./ETZBACH, P., Patronatserklärung, S. 1112. Nicht mehr relevant für die Abgabe von Patronatserklärungen ist hingegen, dass diese früher der Vermeidung einer Vermerkpflicht gem. § 151 Abs. 5 Nr. 3 AktG a. F. (inzwischen: § 251 S. 1 HGB) dienten. Inzwischen ist unbestritten, dass diese Erklärungen beim Patron angabepflichtig sind, vgl. hierzu nur HFA DES IDW, RH 1.013, Tz. 11-22; RÜßMANN, M., Patronatserklärungen und Liquiditätszusagen, S. 36-38; HAUCK, R./VON RUMOHR, K., Haftung aus Patronatserklärung, S. 1250; MAIER-REIMER, G./ETZBACH, P., Patronatserklärung, S. 1112 und S. 1116 und ausführlich bereits MOSCH, W., Patronatserklärungen und Rechnungslegung, S. 169-196.

1685 Vgl. WEBER, H./WEBER, J.-A., Kreditsicherungsrecht, S. 108 f.; VON ROSENBERG, O./KRUSE, T. W., Patronatserklärungen, S. 641; WOLF, T. C., Kündigung und Bilanzierung von Patronatserklärungen, S. 448; SCHMIDT, J. M., § 31 Sicherungsrechte in der Insolvenz, Rn. 144; BÜLOW, P., Recht der Kreditsicherheiten, Rn. 1622; MAIER-REIMER, G./ETZBACH, P., Patronatserklärung, S. 1113.

pflichtung des Patrons insoweit nicht erlischt. Das Weiterleitungsrisiko führt insofern auch zur Einschränkung der grundsätzlichen Akzessorietät der Patronatserklärung.[1686]

Trotz dieser Unterschiede sind zumindest harte Patronatserklärungen in vieler Hinsicht, speziell im Hinblick auf den besonders relevanten Haftungsumfang dieser Kreditsicherheit, insgesamt der Bürgschaft (und der Garantie) sehr ähnlich bzw. sogar mit ihr (ihnen) deckungsgleich.[1687] Gleichfalls ist jedoch zu konstatieren, dass Patronatserklärungen nicht gesetzlich normiert sind und sich infolgedessen in der (Kautelar-)Praxis eine große Vielfalt von Erklärungen herausgebildet hat, die – wie das IDW zutreffend feststellt – einer abschließenden Kategorisierung nicht zugänglich erscheinen.[1688]

Dennoch hat sich im Schrifttum v. a. die Differenzierung zwischen harten und weichen sowie zwischen (konzern-)internen und (konzern-)externen Patronatserklärungen durchgesetzt.[1689] Obgleich die Abgrenzung zwischen harten und weichen Patronatserklärungen fließend ist,[1690] besitzen eindeutig als weich identifizierte Erklärungen keinen rechtsgeschäftlichen Charakter, sie begründen daher keine rechtlich zwingenden Liquiditätsausstattungspflichten des Patrons[1691] und ihnen kommt

---

1686 Vgl. weiterführend zum Weiterleitungsrisiko und der Einschränkung der Akzessorietät WEBER, H./WEBER, J.-A., Kreditsicherungsrecht, S. 109; VON ROSENBERG, O./KRUSE, T. W., Patronatserklärungen, S. 641; KÜFFNER, T., Patronatserklärungen, S. 148 f.; MERKEL, H./TETZLAFF, C., § 98. Atypische Sicherheiten, Rn. 25; MAIER-REIMER, G./ETZBACH, P., Patronatserklärung, S. 1112 f.

1687 Vgl. hierzu bspw. GROTTEL, B./HAUßER, J., in: Förschle et al., BeBiKo, 9. Aufl., § 251 HGB, Rn. 41; EMMERICH, V., in: Emmerich/Habersack, AktG, 7. Aufl., § 302 AktG, Rn. 10a; KIETHE, K., Risiken bei Patronatserklärungen, S. 647-649; ARHOLD, C./SPALINGER, A./MASKE-REICHE, B., Kap. 1, Rn. 121; HAUCK, R./VON RUMOHR, K., Haftung aus Patronatserklärung, S. 1251 f.; KNOF, B., in: Uhlenbruck/Hirte/Vallender, InsO, 13. Aufl., § 43 InsO, Rn. 7; KÜPPER, N./HEINZE, F.-R., Patronatserklärung, S. 913; HEEG, V., Patronatserklärungen, S. 1161; KÜFFNER, T., Patronatserklärungen, S. 148 f.

1688 Vgl. HFA DES IDW, RH 1.013, Tz. 8. Zur Mannigfaltigkeit von Patronatserklärungen bspw. auch RÜßMANN, M., Patronatserklärungen und Liquiditätszusagen, S. 19 und S. 22 f.; KÜPPER, N./HEINZE, F.-R., Patronatserklärung, S. 913; EMMERICH, V., in: Emmerich/Habersack, AktG, 7. Aufl., § 302 AktG, Rn. 8 und ROHE, M., in: Bamberger/Roth, Beck OK BGB, 31. Ed., § 415, Rn. 57, der die Patronatserklärung infolgedessen als „schillernde[n] Begriff" (Erg. d. Verf., im Orig. hervorgehoben), bezeichnet.

1689 Vgl. zu diesen Unterscheidungen statt aller nur MERKEL, H./TETZLAFF, C., § 98. Atypische Sicherheiten, Rn. 8; EMMERICH, V., in: Emmerich/Habersack, AktG, 7. Aufl., § 302 AktG, Rn. 8; HABERSACK, M., in: Säcker, MüKo BGB, 6. Aufl., Vorbemerkungen Titel 20. Bürgschaft, Rn. 49; KRÜGER, S./PAPE, M., Patronatserklärungen, S. 617 f.; SCHMIDT, J. M., § 31 Sicherungsrechte in der Insolvenz, Rn. 144-146; FLEISCHER, H., Patronatserklärung, S. 667.

1690 Vgl. HABERSACK, M., in: Säcker, MüKo BGB, 6. Aufl., Vorbemerkungen Titel 20. Bürgschaft, Rn. 49; LIMMER, P., Patronatserklärungen, S. 1751 f. Um den Inhalt der zur Rede stehenden Erklärung zu bestimmen, ist anhand der Auslegung derselbigen gem. §§ 133, 157 BGB der wirkliche Wille, sprich die von den Parteien beabsichtigten Rechtsfolgen, zu ergründen, vgl. RÜßMANN, M., Patronatserklärungen und Liquiditätszusagen, S. 25 f. und S. 54; KÖHLER, H., Patronatserklärungen, S. 1341-1343; EMMERICH, V., in: Emmerich/Habersack, AktG, 7. Aufl., § 302 AktG, Rn. 10; ARHOLD, C./SPALINGER, A./MASKE-REICHE, B., Kap. 1, Rn. 120. Vgl. zu Beispielen harter und weicher Erklärungen bspw. WITTIG, A., Moderne Patronatserklärungen, S. 1987 f.; RÜßMANN, M., Patronatserklärungen und Liquiditätszusagen, S. 23 f. und S. 26; WEBER, H./WEBER, J.-A., Kreditsicherungsrecht, S. 107 f. Zu beachten ist jedoch, dass es sich in Folge der jüngsten BGH-Rechtsprechung im Rahmen harter interner Erklärungen (aus Sicht des Patrons) u. U. anbietet, explizit den Charakter der Erklärung als Überbrückungsvereinbarung zu vermerken, vgl. hierzu die nachfolgenden Ausführungen zur Kündbarkeit interner Erklärungen und speziell Fn. 1725.

1691 Lediglich in Ausnahmefällen können Gläubiger aus weichen Patronatserklärungen Ansprüche geltend machen, vgl. hierzu TETZLAFF, C., Aufhebung Patronatserklärungen, S. 1016 f.; LIMMER, P., Patronatserklärungen, S. 1750-1752; KIETHE, K., Risiken bei Patronatserklärungen, S. 648; HECKSCHEN, H., in: Reul/Heckschen/Wienberg, Insolvenzrecht, N. Gesellschaftsrecht und Insolvenz, Rn. 215.

infolgedessen im Rahmen der hier behandelten Sanierungssituation keine Bedeutung zu. Dieser Schluss wird im Übrigen auch dadurch gestärkt, dass Gläubiger weiche Patronatserklärungen in praxi nur akzeptieren werden, wenn sie über eine relativ geringe Verhandlungsmacht verfügen.[1692] Im Rahmen der Sanierung muss die Machtposition der Gläubiger im Gegensatz dazu als gefestigt gelten. Im Unterschied zu diesen weichen (bloßen Absichts-)Erklärungen,[1693] von denen im Folgenden abstrahiert werden soll,[1694] begründen harte Patronatserklärungen die rechtlich verbindliche Pflicht des Patrons, das patronierte Unternehmen finanziell so auszustatten, dass dieses seine Verbindlichkeiten jederzeit bedienen kann.[1695]

Als Patron tritt zwar häufig das Mutterunternehmen eines patronierten (Tochter-) Unternehmens auf,[1696] die Erklärung kann indes auch von einem Gesellschafter außerhalb eines Konzernzusammenhangs oder bspw. auch von einem Lieferanten abgegeben werden.[1697] Neben der inhaltlichen Differenzierung können Patronatserklärungen nach ihren Adressaten unterschieden werden. Praktisch relevant sind externe Erklärungen[1698] gegenüber einzelnen Gläubigern des zu sanierenden Unternehmens sowie interne Erklärungen gegenüber dem Unternehmen selbst.[1699] Vergleichbar mit der Trennung zwischen harten und weichen Erklärungen verschwimmen in praxi auch die Grenzen zwischen externen und internen Erklärungen. Dazu kommt es in der hier behandelten Sanierungssituation bspw. wenn das zu sanierende Unternehmen (mit oder ohne Wissen des

1692 Vgl. RÜßMANN, M., Patronatserklärungen und Liquiditätszusagen, S. 46; KÖHLER, H., Patronatserklärungen, S. 1341; BÜLOW, P., Recht der Kreditsicherheiten, Rn. 1620.

1693 Vgl. EMMERICH, V., in: Emmerich/Habersack, AktG, 7. Aufl., § 302 AktG, Rn. 12; HECKSCHEN, H., in: Reul/Heckschen/Wienberg, Insolvenzrecht, N. Gesellschaftsrecht und Insolvenz, Rn. 215.

1694 Vgl. zu diesen Patronatserklärungen HABERSACK, M., in: Säcker, MüKo BGB, 6. Aufl., Vorbemerkungen Titel 20. Bürgschaft, Rn. 54; BÜLOW, P., Recht der Kreditsicherheiten, Rn. 1627 f.; und ausführlich MERKEL, H./TETZLAFF, C., § 98. Atypische Sicherheiten, Rn. 39-46.

1695 Vgl. neben den Nachweisen in Fn. 1682 HFA DES IDW, RH 1.013, Tz. 10; HABERSACK, M., in: Säcker, MüKo BGB, 6. Aufl., Vorbemerkungen Titel 20. Bürgschaft, Rn. 50; MAIER-REIMER, G./ETZBACH, P., Patronatserklärung, S. 1111; WITTIG, A., Moderne Patronatserklärungen, S. 1987; RÜßMANN, M., Patronatserklärungen und Liquiditätszusagen, S. 23; KRÜGER, S./PAPE, M., Patronatserklärungen, S. 617 f.; HORN, N., in: von Staudinger, BGB, Vorbemerkungen zu §§ 765-778 BGB, Rn. 455 mit weiteren (Rechtsprechungs-)Nachweisen.

1696 Vgl. HFA DES IDW, RH 1.013, Tz. 2; LIMMER, P., Patronatserklärungen, S. 1750; HABERSACK, M., in: Säcker, MüKo BGB, 6. Aufl., Vorbemerkungen Titel 20. Bürgschaft, Rn. 49; ALLSTADT-SCHMITZ, G., in: Joost/Strohn, HGB/2, 2. Aufl., IV. Kreditgeschäft und Kreditsicherung, Rn. IV663; HORN, N., in: von Staudinger, BGB, Vorbemerkungen zu §§ 765-778 BGB, Rn. 451; WOLF, T. C., Kündigung und Bilanzierung von Patronatserklärungen, S. 448.

1697 Vgl. KRONENBURG, R., § 11 D Sicherheitenverwertung, Rn. 50; MAIER-REIMER, G./ETZBACH, P., Patronatserklärung, S. 1110; RÜßMANN, M., Patronatserklärungen und Liquiditätszusagen, S. 30; KIETHE, K., Risiken bei Patronatserklärungen, S. 646; MERKEL, H./TETZLAFF, C., § 98. Atypische Sicherheiten, Rn. 6; HORN, N., in: von Staudinger, BGB, Vorbemerkungen zu §§ 765-778 BGB, Rn. 451.

1698 Da Patronatserklärungen typischerweise in Konzernzusammenhängen gewährt werden, spricht das Schrifttum in aller Regel analog dazu von *konzern*internen und *konzern*externen Erklärungen. Da dieses Begriffspaar wie eben gezeigt zu enge Grenzen setzt, soll im Folgenden allgemeiner von externen und internen Patronatserklärungen gesprochen werden.

1699 Vgl. hierzu bereits die Nachweise in Fn. 1689. Von den Patronatserklärungen, die sich an die Allgemeinheit (ad incertas personas) richten, wird hier aufgrund ihrer geringen praktischen Bedeutung abstrahiert, vgl. zu dieser Form der Patronatserklärung HABERSACK, M., Patronatserklärungen ad incertas personas, S. 257-263; FÖRSCHLE, G./HEINZ, S., in: Budde/Förschle/Winkeljohann, Sonderbilanzen, 4. Aufl., Q. Sanierungsmaßnahmen, Rn. 79; HABERSACK, M., in: Säcker, MüKo BGB, 6. Aufl., Vorbemerkungen Titel 20. Bürgschaft, Rn. 53; HORN, N., in: von Staudinger, BGB, Vorbemerkungen zu §§ 765-778 BGB, Rn. 458.

Patrons) eine interne Patronatserklärung im Rahmen von (Sanierungs-)Verhandlungen externen Gläubigern zur Kenntnis bringt.[1700]

Obgleich sich in Bezug auf externe und interne Patronatserklärungen diverse rechtliche Fragestellungen, bspw. hinsichtlich der Rechtsnatur dieser Erklärungen,[1701] ergeben, ist aus der hier relevanten wirtschaftlichen Perspektive des zu sanierenden Unternehmens primär relevant, unter welchen Bedingungen und in welcher Höhe der Patron seiner Ausstattungsverpflichtung nachkommen muss und es im Ergebnis insoweit zu dem bereits in Abschn. 462.2 dezidiert erläuterten Gläubigerwechsel kommt. Dabei ist zwischen externen Erklärungen, die in aller Regel direkt dem Gläubiger als Anspruchsgrundlage dienen, und internen Erklärungen, aus denen grundsätzlich nur der Hauptschuldner (Ausstattungs-)Ansprüche herleiten kann, zu unterscheiden. Kommt der Hauptschuldner aufgrund seiner Zahlungsunfähigkeit seinen Zahlungspflichten nicht nach und verletzt der Patron damit seine Ausstattungsverpflichtung aus der **externen** Erklärung, wird der Gläubiger in aller Regel unmittelbar vom Patron[1702] Schadensersatz wegen dieser Pflichtverletzung verlangen (§ 280 BGB).[1703] Da dabei jeder Nachweis der Zahlungsunfähigkeit genügt,[1704] kann der Gläubiger bereits vor der Insolvenz, spätestens jedoch nach Insolvenzeröffnung grundsätzlich sämtliche Rückzahlungs- und Vergütungsansprüche aus der Kreditbeziehung[1705] mit dem Hauptschuldner gegenüber dem Patron geltend machen.[1706] Infolgedessen wird der Patron seinerseits einen Regressanspruch (§ 670 BGB) i. H. d. zugeführten Mittel gegenüber dem zu sanierenden Unternehmen geltend machen.[1707] Aus Sicht des sanierungsbedürftigen Unternehmens resultiert daraus, analog zu

1700 Vgl. hierzu MERKEL, H./TETZLAFF, C., § 98. Atypische Sicherheiten, Rn. 11.

1701 Vgl. hierzu nur VON ROSENBERG, O./KRUSE, T. W., Patronatserklärungen, S. 641-643; RÜßMANN, M., Patronatserklärungen und Liquiditätszusagen, S. 60-80, jeweils m. w. N.

1702 Statt Schadensersatz könnte der Gläubiger vom Patron (theoretisch) auch die Erfüllung der Ausstattungsverpflichtung verlangen. Dieser Weg birgt indes v. a. das Problem, dass aufgrund der erläuterten Flexibilität der Ausstattungsverpflichtung nach wohl überwiegender Auffassung kein inhaltlich hinreichend bestimmter Klageantrag formulierbar wäre (so bspw. HORN, N., in: von Staudinger, BGB, Vorbemerkungen zu §§ 765-778 BGB, Rn. 461; KÖHLER, H., Patronatserklärungen, S. 1344 f.; MAIER-REIMER, G./ETZBACH, P., Patronatserklärung, S. 1114; VON ROSENBERG, O./KRUSE, T. W., Patronatserklärungen, S. 642 m. w. N. A. A. (Einklagbarkeit des Ausstattungsanspruchs bejahend) ALLSTADT-SCHMITZ, G., in: Joost/Strohn, HGB/2, 2. Aufl., IV. Kreditgeschäft und Kreditsicherung, Rn. IV714; MICHALSKI, L., Die Patronatserklärung, S. 1238-1240; RIMMELSPACHER, B., Kreditsicherungsrecht, Rn. 116 sowie ausführlich RÜßMANN, M., Patronatserklärungen und Liquiditätszusagen, S. 123-131). Jedenfalls ist REINICKE, D./TIEDTKE, K., Kreditsicherung, Rn. 608 zuzustimmen, die die Einklagung der Ausstattungsverpflichtung als umständlich beschreiben, da der Gläubiger durch die Schadensersatzklage auf kürzerem Wege Befriedigung vom Patron erlangen könne.

1703 Vgl. REINICKE, D./TIEDTKE, K., Kreditsicherung, Rn. 608 f.; RÜßMANN, M., Patronatserklärungen und Liquiditätszusagen, S. 54 und S. 130; MICHALSKI, L., Die Patronatserklärung, S. 1240; MERKEL, H./TETZLAFF, C., § 98. Atypische Sicherheiten, Rn. 21; EMMERICH, V., in: Emmerich/Habersack, AktG, 7. Aufl., § 302 AktG, Rn. 10; KÖHLER, H., Patronatserklärungen, S. 1344-1346; PAUL, U., Patronatserklärungen in der Insolvenz, S. 1330.

1704 Vgl. WOLF, T. C., Kündigung und Bilanzierung von Patronatserklärungen, S. 448; KÖHLER, H., Patronatserklärungen, S. 1346, jeweils m. w. N. sowie BGH (Hrsg.), 30.01.1992 - IX ZR 112/91, S. 2095 und jüngst OLG DÜSSELDORF (Hrsg.), 28.12.2010 - I-16 U 28/09, S. 608.

1705 Vgl. MICHALSKI, L., Die Patronatserklärung, S. 1239; OLG DÜSSELDORF (Hrsg.), 28.12.2010 - I-16 U 28/09, S. 608.

1706 Vgl. VON ROSENBERG, O./KRUSE, T. W., Patronatserklärungen, S. 642; WOLF, T. C., Kündigung und Bilanzierung von Patronatserklärungen, S. 448; OLG DÜSSELDORF (Hrsg.), 28.12.2010 - I-16 U 28/09, S. 608 und MERKEL, H./TETZLAFF, C., § 98. Atypische Sicherheiten, Rn. 13 und Rn. 21, die jedoch konstatieren, dass die Gläubiger regelmäßig erst nach der Insolvenzeröffnung gegen den Patron vorgehen werden.

1707 Vgl. BÜLOW, P., Recht der Kreditsicherheiten, Rn. 1626 und Rn. 1629; RÜßMANN, M., Patronatserklärungen und Liquiditätszusagen, S. 139-141 m. w. N.

den Ausführungen zur Bürgschaft, der Wechsel zu einem, in der Insolvenz nachrangig zu bedienenden Gesellschaftergläubiger.[1708] Der Höhe nach betrifft dieser Gläubigerwechsel regelmäßig jene Verbindlichkeiten, die aus der Kreditbeziehung des Hauptschuldners mit dem (vormaligen) Sicherungsnehmer bzw. Erklärungsempfänger herrühr(t)en. Selbstredend fällt der Gläubigerwechsel geringer aus, wenn der Hauptschuldner seine Verbindlichkeiten gegenüber dem von der Patronatserklärung adressierten Gläubiger zumindest teilweise selbst bedient. Auf der anderen Seite kann die Einstandspflicht des Patrons und damit der Gläubigerwechsel auch über die Verbindlichkeiten des Erklärungsempfängers hinausgehen. Dazu kommt es, wenn der Patron nicht direkt an den Gläubiger leistet und infolgedessen das bereits genannte Weiterleitungsrisiko Platz greift[1709] oder sofern der Patron nicht nur Liquidität für die Erfüllung der Verbindlichkeiten des Erklärungsempfängers, sondern auch für andere, früher fällige Verbindlichkeiten bereitstellt, um die eigentlich erst später erforderliche Zahlungsfähigkeit nicht zu gefährden. Trotz dieser grundsätzlichen Variabilität des Haftungsumfangs des Patrons führt die externe Erklärung zumindest im Risikoextremfall der Insolvenz in aller Regel dazu, dass sich mindestens die Forderungen des Erklärungsempfängers in nachrangige (Regress-)Forderungen des Patrons verwandeln.

Hat der Patron statt einer externen eine **interne** Patronatserklärung, die verbreitet als aufschiebend bedingtes Darlehensversprechen eingestuft wird,[1710] abgegeben, kann aus dieser grundsätzlich nur der Hauptschuldner Erfüllungsansprüche ableiten.[1711] Im Gegensatz dazu kann der Gläubiger den Patron auf Basis der internen Erklärung grundsätzlich nicht haftbar machen, es sei denn ihm wurde die Erklärung im Rahmen seiner Kreditverhandlungen mit dem Schuldner vorgelegt bzw. die Kreditierung wurde mit Verweis auf die bestehende Patronatserklärung erlangt.[1712] Obwohl die Gläubiger den Patron insofern häufig nicht unmittelbar in Anspruch nehmen können, sind dessen Ausstattungspflichten für die Gläubiger von evidenter Bedeutung, da diese das Unternehmen bestimmungsgemäß vor der Zahlungsunfähigkeit schützen sollen und in logischer Folge die Gläubiger vor einem Ausfall bewahren können. Dieser Zusammenhang gilt insbesondere für den Fall der unmittelbaren Liquiditätszufuhr durch den Patron. Wie oben bereits ausgeführt wurde, kann der Patron die Zahlungsfähigkeit zwar auch anderweitig gewährleisten,[1713] jedoch wird es mit fortschreitender Unternehmenskrise zunehmend erforderlich, effektiv Liquidität zur Verfügung zu stellen.[1714] Ent-

---

1708 Vgl. BÜLOW, P., Recht der Kreditsicherheiten, Rn. 1629; RÜßMANN, M., Patronatserklärungen und Liquiditätszusagen, S. 141.

1709 Vgl. hierzu bereits Fn. 1686.

1710 Vgl. bspw. MERKEL, H./TETZLAFF, C., § 98. Atypische Sicherheiten, Rn. 30; KIETHE, K., Risiken bei Patronatserklärungen, S. 649 f.; KRÜGER, S./PAPE, M., Patronatserklärungen, S. 618; SCHMIDT, J. M., § 31 Sicherungsrechte in der Insolvenz, Rn. 148.

1711 Vgl. MERKEL, H./TETZLAFF, C., § 98. Atypische Sicherheiten, Rn. 30; MAIER-REIMER, G./ETZBACH, P., Patronatserklärung, S. 1115.

1712 Vgl. KIETHE, K., Risiken bei Patronatserklärungen, S. 649 f.; VON ROSENBERG, O./KRUSE, T. W., Patronatserklärungen, S. 642 f. und MERKEL, H./TETZLAFF, C., § 98. Atypische Sicherheiten, Rn. 30, die feststellen, dass derartige Fälle in der Praxis „recht häufig“ vorkommen werden. Neben dieser Konstellation kann eine direkte Inanspruchnahme des Patrons in Frage kommen, sofern der Hauptschuldner seine Ausstattungsansprüche gegenüber dem Patron an den Gläubiger abgetreten hat, vgl. hierzu TETZLAFF, C., Aufhebung Patronatserklärungen, S. 1018; MERKEL, H./TETZLAFF, C., § 98. Atypische Sicherheiten, Rn. 30; MAIER-REIMER, G./ETZBACH, P., Patronatserklärung, S. 1115; VON ROSENBERG, O./KRUSE, T. W., Patronatserklärungen, S. 643 f.

1713 Vgl. hierzu bereits die Nachweise in Fn. 1685.

1714 So auch RÜßMANN, M., Patronatserklärungen und Liquiditätszusagen, S. 57.

scheidend ist in diesem Kontext, wie bereits bei den externen Erklärungen, v. a. der Haftungsumfang des Patrons im Risikoextremfall der Insolvenz.[1715] Dieser wird seinerseits vorrangig durch die Kündbarkeit der Patronatserklärung determiniert. Sofern die Kündigungsmöglichkeiten (oder bspw. auch die Befristung der Einstandspflichten[1716]) explizit in der Erklärung niedergelegt sind – wie es in aller Regel bei externen Erklärungen der Fall ist[1717] – erwachsen hinsichtlich der Ausstattungspflichten des Patrons regelmäßig keine Auseinandersetzungen, da v. a. die Kündigung der Erklärung nur gemäß dieser ausdrücklichen Vereinbarungen erfolgen kann.[1718] Im Gegensatz dazu ist der Zeitpunkt zu dem interne Patronatserklärungen, aus denen die Kündigungsmodalitäten häufig nicht explizit hervorgehen, gekündigt werden können z. T. heftig umstritten.[1719] So sorgte jüngst ein BGH-Urteil[1720] für Diskussionen, welches die Kündigungsmöglichkeiten von in der Krise (nach Eintritt der Überschuldung) gewährten Patronatserklärungen nach Meinung von MERKEL/TEZLAFF „in bedenklicher Weise ausgeweitet“[1721] hat. In besagtem Urteil war letztlich die Frage zu klären, ob eine Patronatserklärung, die nach dem Willen des Hauptschuldners und des Patrons nur für den Zeitraum der Sanierungsprüfung gelten sollte, jedoch die Kündigungsmöglichkeiten des Patrons nicht ausdrücklich adressierte, nach dem Abschluss dieser Prüfung ex nunc (s. u.) kündbar sei.[1722] Während dies positiv beschieden wurde, weist RAESCHKE-KESSLER zutreffend darauf hin, dass diese Kündbarkeit auf zeitlich früher getroffene Erklärungen, die expressis verbis ebenfalls keine Kündigungsbestimmungen enthielten, nicht anwendbar sei.[1723] Nicht zuletzt vor dem Hintergrund dieses Urteils und der Folgen von Patronatserklärungen für die Rechnungslegung bzw. genauer für die Fortführungs- und Fortbestehensprognose[1724] wird inzwischen im Interesse der Rechtssicherheit darauf hingewiesen, dass auch die interne Patronatserklärung die Kündigungsbefugnisse des Patrons explizit adressieren sollte.[1725] Während die Kündigungsmöglichkeiten insofern umstritten sind, besteht zumindest darüber weitestgehende Einigkeit, dass die Kündigung ihre Wirkung lediglich ex

1715 Vgl. zur Geltendmachung der Ansprüche (nach § 280 BGB) des Hauptschuldners gegenüber dem Patron MERKEL, H./TETZLAFF, C., § 98. Atypische Sicherheiten, Rn. 31-33; VON ROSENBERG, O./KRUSE, T. W., Patronatserklärungen, S. 649; MAIER-REIMER, G./ETZBACH, P., Patronatserklärung, S. 1115; TETZLAFF, C., Aufhebung Patronatserklärungen, S. 1019.

1716 Vgl. zur befristeten und bedingten Einstandspflicht des Patrons bspw. MAIER-REIMER, G./ETZBACH, P., Patronatserklärung, S. 1115; HORN, N., in: von Staudinger, BGB, Vorbemerkungen zu §§ 765-778 BGB, Rn. 464; EMMERICH, V., in: Emmerich/Habersack, AktG, 7. Aufl., § 302 AktG, Rn. 11.

1717 Vgl. TETZLAFF, C., Aufhebung Patronatserklärungen, S. 1022 f.; MERKEL, H./TETZLAFF, C., § 98. Atypische Sicherheiten, Rn. 23.

1718 Vgl. TETZLAFF, C., Aufhebung Patronatserklärungen, S. 1022.

1719 Vgl. hierzu statt aller RÜßMANN, M., Patronatserklärungen und Liquiditätszusagen, S. 132-136 und S. 173-177; HEEG, V., Patronatserklärungen, S. 1160-1164; TETZLAFF, C., Aufhebung Patronatserklärungen, S. 1021-1023; MAIER-REIMER, G./ETZBACH, P., Patronatserklärung, S. 1115 f.; TETZLAFF, C., Patronatserklärungen, S. 184-187; VON ROSENBERG, O./KRUSE, T. W., Patronatserklärungen, S. 645 f.

1720 Vgl. BGH (Hrsg.), 20.09.2010 - II ZR 296/08, S. 3442-3445.

1721 MERKEL, H./TETZLAFF, C., § 98. Atypische Sicherheiten, Rn. 23.

1722 Vgl. BGH (Hrsg.), 20.09.2010 - II ZR 296/08, Rn. 16-19 m. w. N.

1723 Vgl. RAESCHKE-KESSLER, C., Patronatserklärung, S. 1365 f., so wohl auch HEEG, V., Patronatserklärungen, S. 1163.

1724 Vgl. hierzu neben den Ausführungen in Abschn. 463. HORN, N., in: von Staudinger, BGB, Vorbemerkungen zu §§ 765-778 BGB, Rn. 464; HEEG, V., Patronatserklärungen, S. 1162-1164.

1725 Vgl. RAESCHKE-KESSLER, C., Patronatserklärung, S. 1365; HEEG, V., Patronatserklärungen, S. 1163; HECKSCHEN, H., in: Reul/Heckschen/Wienberg, Insolvenzrecht, N. Gesellschaftsrecht und Insolvenz, Rn. 221, ARHOLD, C./SPALINGER, A./MASKE-REICHE, B., Kap. 1, Rn. 142.

nunc entfalten kann.[1726] Konkret resultiert daraus, dass sich der Patron durch die Kündigung von der Einstandspflicht nur für künftige, nicht hingegen für die bis zum Kündigungszeitpunkt bereits begründete[1727] Verbindlichkeiten entziehen kann.[1728] Für die Gläubiger der sanierungsbedürftigen Unternehmung folgt daraus, dass die Erfüllung ihrer Ansprüche bei gegebener Solvenz des Patrons soweit gesichert erscheint, wie diese vor einer eventuellen Kündigung der Erklärung begründet wurden. Das Ausfallrisiko künftig entstehender Forderungen der bestehenden und potenziellen Gläubiger hängt hingegen entscheidend von den Kündigungsmodalitäten der Patronatserklärung ab, die sich nach den obigen Ausführungen entweder aus der Erklärung selbst oder u. U. aus der Zwecksetzung und dem Zeitpunkt der Abgabe der Erklärung ergeben. Abschließend ist anzumerken, dass die obigen Ausführungen zur Nachrangigkeit der Regressforderungen des Patrons hier analog in Bezug auf die, aus der erfüllten Ausstattungsverpflichtung resultierenden Forderungen des Patrons gegenüber dem Hauptschuldner gelten.

462.4 Covenants

Neben Patronatserklärungen werden im Schrifttum auch Covenants als atypische Form der Kreditbesicherung angeführt.[1729] Dieses, bei der Kreditvergabe inzwischen weit verbreitete,[1730] Sicherungsmittel dient der Überwachung und Steuerung des Kreditengagements durch den Kreditgeber, indem es individualvertragliche Nebenleistungspflichten[1731] des Kreditnehmers kodifiziert.[1732] Nach dem Inhalt dieser Nebenabreden lassen sich nicht-finanzielle (positive und negative) und finanzielle Covenants unterscheiden.[1733] Positive (affirmative) Covenants verpflichten den Kreditnehmer zu

---

1726 Vgl. HORN, N., in: von Staudinger, BGB, Vorbemerkungen zu §§ 765-778 BGB, Rn. 464; EMMERICH, V., in: Emmerich/Habersack, AktG, 7. Aufl., § 302 AktG, Rn. 11; RÜßMANN, M., Patronatserklärungen und Liquiditätszusagen, S. 136; WEBER, H./WEBER, J.-A., Kreditsicherungsrecht, S. 109; TETZLAFF, C., Aufhebung Patronatserklärungen, S. 1020; HEEG, V., Patronatserklärungen, S. 1164; WOLF, T. C., Kündigung und Bilanzierung von Patronatserklärungen, S. 449; RAESCHKE-KESSLER, C., Patronatserklärung, S. 1364; VON ROSENBERG, O./KRUSE, T. W., Patronatserklärungen, S. 645 sowie die umfangreichen Nachweise in folgendem Urteil BGH (Hrsg.), 20.09.2010 - II ZR 296/08, Rn. 17.

1727 Selbstredend kann die Patronatserklärung u. a. in diesem Punkt von der typischen Erklärung (vgl. zu Beispielen die Nachweise in Fn. 1690) abweichen. So vereinbarten die Parteien, die Gegenstand des besagten BGH-Urteils waren, dass sich die Einstandspflicht lediglich auf, zum Kündigungszeitpunkt fällige Verbindlichkeiten beziehen solle (vgl. BGH (Hrsg.), 20.09.2010 - II ZR 296/08, Rn. 10 und Rn. 42). Vorbehaltlich derartiger Vereinbarungen wird sich die Erklärung indes, wie oben beschrieben, in aller Regel auf die zum Kündigungszeitpunkt begründeten Verbindlichkeiten beziehen, so auch, neben den in Fn. 1726 genannten Autoren, speziell MERKEL, H./TETZLAFF, C., § 98. Atypische Sicherheiten, Rn. 37.

1728 Vgl. hierzu bereits die Nachweise in Fn. 1726.

1729 Vgl. statt aller MERKEL, H./TETZLAFF, C., § 98. Atypische Sicherheiten, Rn. 175 und RUNGE, J. C., Covenants in Kreditverträgen, Rn. 2.51 m. w. N.

1730 Vgl. hierzu bereits die Nachweise in Fn. 1678.

1731 Über die Rechtsnatur von Covenants besteht im Schrifttum keine Einigkeit, vgl. hierzu statt aller RUNGE, J. C., Covenants in Kreditverträgen, Rn. 2.1-2.15 m. w. N.

1732 Der konkrete Inhalt der Covenants unterliegt stets der Vertragsfreiheit, vgl. SERVATIUS, W., Covenants, S. 15; ZIMMERMANN, J./WERNER, J. R./KILIAN, J.-P., Covenants, S. 3; MAESCH, S. C./VOß, A., Second Lien, S. 3 f.

1733 Obgleich diese Kategorisierung weit verbreitet ist (vgl. nur ZIMMERMANN, J./WERNER, J. R./KILIAN, J.-P., Covenants, S. 3; KROLAK, T./MORZFELD, K./REMMEN, J.-D., Financial Covenants, S. 1419; RUNGE, J. C., Covenants in Kreditverträgen, Rn. 1.12; BANTLEON, U./FENGLER, P./PETER, A., Covenants, S. 751 f.), existieren hierzu im Schrifttum diverse weitere Ansätze, auf deren ausführliche Thematisierung hier verzichtet wird. Vgl. zu diesen Ansätzen bspw. ZÜLCH, H./KRETZMANN, C., Prospektive Covenants, S. 1977; VATER, H., Financial Covenants, S. 129; SCHACKMANN, M./BEHLING, N., Akquisitions- und Unternehmensfinanzierung, S. 789 f.; STAUBER, J., Finanzinstrumente, S. 50.

verschiedenen Handlungen wie z. B. zur regelmäßigen[1734] Übermittlung bestimmter Informationen,[1735] zur Einhaltung gesetzlicher Vorschriften oder dem Abschluss einschlägiger Versicherungen.[1736] Im Gegensatz dazu zielen negative Covenants auf die Einschränkung oder Untersagung bestimmter Handlungen.[1737] In der hier relevanten Sanierungssituation sind in diesem Zusammenhang v. a. das Verbot der weiteren Kreditaufnahme und die Beschränkungen hinsichtlich der Stellung zusätzlicher Kreditsicherheiten (Gleichstellungsverpflichtung bzw. pari-passu-Klausel[1738]) zu nennen.[1739]

Weitgehend übereinstimmend wird die Gruppe der finanziellen Covenants als bedeutendste Untergruppe identifiziert.[1740] Sie verpflichten den Kreditnehmer zur Einhaltung verschiedener, durch absolute und relative Kennzahlen operationalisierte, „Mindestanforderungen an die Vermögens-, Finanz- und Ertragslage"[1741]. Als Kennzahlen werden hier bspw. die hinreichend klar zu definierende[1742] Eigenkapitalquote, Verschuldungsquote oder verschiedene Cashflow- und Earnings-Before-Kennzahlen verwandt,[1743] die allesamt grundsätzlich[1744] unmittelbar oder mittelbar auf den Daten der externen Rechnungslegung beruhen.[1745] Letztgenannte Tatsache führt dazu, dass sich die Covenants-Kennzahlen c. p. lediglich durch die (Weiter-)Entwicklung der Rechnungslegungsvor-

1734 Üblich ist die Überwachung der vereinbarten Covenants im vierteljährlichen Turnus, vgl. HAGHANI, S., ET AL., Financial Covenants, S. 20; ZÜLCH, H./KRETZMANN, C., Prospektive Covenants, S. 1977; HANNEN, I., Financial Covenant Management, S. 2235; ZWIRNER, C., Financial Covenants, S. 60; RUNGE, J. C., Covenants in Kreditverträgen, Rn. 1.118 f. m. w. N.

1735 Diese auch als reporting oder monitoring covenants bezeichneten Pflichten umfassen bspw. die Übermittlung von Jahresabschlüssen, Cashflow-Prognosen, Sitzungsprotokollen u. Ä. und sind als Mindestanforderungen zu erfüllen, um eine Überwachung überhaupt erst zu ermöglichen, vgl. VATER, H., Financial Covenants, S. 129; HANNEN, I., Financial Covenants, S. 2233; RUNGE, J. C., Covenants in Kreditverträgen, Rn. 1.70 und Rn. 1.115 f.; BANTLEON, U./FENGLER, P./PETER, A., Covenants, S. 751; MAESCH, S. C./VOß, A., Second Lien, S. 4 m. w. N.

1736 Vgl. zu diesen und weiteren Verpflichtungen RUNGE, J. C., Covenants in Kreditverträgen, Rn. 1.54-1.66; BANTLEON, U./FENGLER, P./PETER, A., Covenants, S. 751 f.; HANNEN, I., Financial Covenant Management, S. 2233; VATER, H., Financial Covenants, S. 129; ZIMMERMANN, J./WERNER, J. R./KILIAN, J.-P., Covenants, S. 3.

1737 Daneben können bestimmte Handlungen auch unter einen Genehmigungsvorbehalt des Kreditgebers gestellt werden, vgl. BANTLEON, U./FENGLER, P./PETER, A., Covenants, S. 752; RUNGE, J. C., Covenants in Kreditverträgen, Rn. 1.13; SCHACKMANN, M./BEHLING, N., Akquisitions- und Unternehmensfinanzierung, S. 790.

1738 Vgl. hierzu RUNGE, J. C., Covenants in Kreditverträgen, Rn. 1.29-1.40; BANTLEON, U./FENGLER, P./PETER, A., Covenants, S. 752.

1739 Vgl. zu möglichen negativen Covenants RUNGE, J. C., Covenants in Kreditverträgen, Rn. 1.13-1.52; BANTLEON, U./FENGLER, P./PETER, A., Covenants, S. 752; ZIMMERMANN, J./WERNER, J. R./KILIAN, J.-P., Covenants, S. 3; VATER, H., Financial Covenants, S. 129; HANNEN, I., Financial Covenant Management, S. 2233.

1740 Vgl. VATER, H., Financial Covenants, S. 129; HANNEN, I., Financial Covenants, S. 2234; ZWIRNER, C., Financial Covenants, S. 59; MAESCH, S. C./VOß, A., Second Lien, S. 4; HAGHANI, S., ET AL., Financial Covenants, S. 9.

1741 HANNEN, I., Financial Covenants, S. 2234, so auch HAGHANI, S., ET AL., Financial Covenants, S. 9.

1742 Die transparente Auswahl und Definition der Kennzahlen anmahnend VATER, H., Financial Covenants, S. 131; HANNEN, I., Financial Covenant Management, S. 2234 f.; BANTLEON, U./FENGLER, P./PETER, A., Covenants, S. 751.

1743 Vgl. zu möglichen Kennzahlen bspw. RUNGE, J. C., Covenants in Kreditverträgen, Rn. 1.75-1.114; HAGHANI, S., ET AL., Financial Covenants, S. 9 f.; HANNEN, I., Financial Covenant Management, S. 2234 f.; SCHACKMANN, M./BEHLING, N., Akquisitions- und Unternehmensfinanzierung, S. 790 f.

1744 Neben diesen eher vergangenheitsorientierten Covenants können die Parteien auch zukunftsorientierte Covenants vereinbaren, vgl. RUNGE, J. C., Covenants in Kreditverträgen, Rn. 1.118; ZÜLCH, H./KRETZMANN, C., Prospektive Covenants, S. 1977-1979.

1745 Vgl. ZÜLCH, H./KRETZMANN, C., Prospektive Covenants, S. 1977 f.; ZWIRNER, C., Financial Covenants, S. 59 f.; BANTLEON, U./FENGLER, P./PETER, A., Covenants, S. 751; RUNGE, J. C., Covenants in Kreditverträgen, Rn. 1.117.

schriften verändern.[1746] Abstrahiert man von diesem (lösbaren) Problem,[1747] werden die Funktionen der unterschiedlichen Arten von Covenants evident. Da v. a. die nicht finanziellen Covenants das Verhalten des Kreditnehmers beschränken respektive steuern, schützen sie den Kreditgeber auf diesem Weg erstens vor dessen opportunistischem Verhalten.[1748] Zweitens kodifizieren Covenants regelmäßig weitreichende Informationspflichten und bewirken so offensichtlich die „Kompensation asymmetrischer Informationen“[1749]. Die Auswertung der kennzahlenbasierten finanziellen Covenants dient insofern als „Frühwarnsystem“[1750] für Unternehmenskrisen des Kreditnehmers und ermöglicht eine frühzeitige Reaktion des Kreditgebers auf selbige.[1751] Zwar werden Covenants grundsätzlich individualrechtlich zwischen einem Kreditgeber und dem Unternehmen abgeschlossen, aus ihnen erwächst indes eine „gewisse Ausstrahlungswirkung auch für Dritte“[1752]. So profitieren regelmäßig alle Gläubiger von der Einhaltung der ausfallrisikosenkenden Covenants, wenngleich im Fall des Covenant-Bruchs (covenant breach) die vereinbarten Reaktionsmöglichkeiten lediglich dem jeweiligen Kreditgeber zustehen.[1753] Gleichermaßen wirken sich diese Reaktionsmöglichkeiten auch negativ – schlimmstenfalls in Form des Kapitalentzugs und damit einer Belastung der Liquiditätslage des Unternehmens – auf die verbliebenen Kreditgeber aus. Wie bereits in Abschn. 332. angedeutet, reichen die konkreten Reaktionsmöglichkeiten von der Kündigung des Kredits bis zum Stillhalten und damit dem weitgehenden Reaktionsverzicht. Die Wirkung auf den Kreditnehmer ist ebenso nicht eindeutig positiv. So mag die Vereinbarung von Covenants zwar den Risikoaufschlag bei der Kreditaufnahme und damit die Zinsbelastung senken,[1754] jedoch schränken sie auch den unternehmerischen Spielraum ein und können in der Unternehmenskrise gar als „Brandbeschleuniger“ wirken.[1755]

Zusammenfassend dienen Covenants insofern zunächst den unmittelbar betroffenen Gläubigern als Frühwarninstrument und als Grundlage für etwaige Möglichkeiten der Restrukturierung des ursprünglichen Kapitalüberlassungsvertrags in Folge eines covenant breach. Darüber hinaus tangieren die mit bestimmten Gläubigern vereinbarten Covenants indes auch die restlichen Gläubiger, da sie einerseits ebenso von der besagten Frühwarnfunktion profitieren und sie andererseits auf Basis der veröffentlichten Covenants die Gefahr des Kapitalentzugs – die selbstredend auch für das zu sanierende Unternehmen von existentieller Bedeutung ist – evaluieren können. Aus wirtschaftlicher Sicht

1746 Vgl. ZWIRNER, C., Financial Covenants, S. 60; RUNGE, J. C., Covenants in Kreditverträgen, Rn. 1.117.

1747 Typischerweise werden die Vertragsparteien in diesen Fällen die Datenbasis bzw. die Kennzahlen anpassen, um zu vergleichbaren Werten zu gelangen, vgl. nur RUNGE, J. C., Covenants in Kreditverträgen, Rn. 1.117.

1748 Vgl. ZIMMERMANN, J./WERNER, J. R./KILIAN, J.-P., Covenants, S. 5; SERVATIUS, W., Covenants, S. 15; GABER, C./ KANDEL, A., Financial Covenants, S. 9.

1749 SERVATIUS, W., Covenants, S. 15, vgl. auch ZIMMERMANN, J./WERNER, J. R./KILIAN, J.-P., Covenants, S. 5; PERRIDON, L./STEINER, M./RATHGEBER, A. W., Finanzwirtschaft, S. 426 sowie bereits die Ausführungen in Abschn. 21.

1750 HANNEN, I., Financial Covenant Management, S. 2233.

1751 Vgl. VATER, H., Financial Covenants, S. 129; RUNGE, J. C., Covenants in Kreditverträgen, Rn. 1.11 und Rn. 1.68 f.; HANNEN, I., Financial Covenant Management, S. 2233; MAESCH, S. C./VOß, A., Second Lien, S. 3; ZIMMERMANN, J./WERNER, J. R./KILIAN, J.-P., Covenants, S. 2 sowie SERVATIUS, W., Covenants, S. 15, der hier von einer „Marktwirtschaftliche[n] Alternative zum staatlichen Insolvenzverfahren“ spricht, vgl. hierzu auch BURGER, A./BUCHHART, A., Financial Covenants, S. 100-104.

1752 ZIMMERMANN, J./WERNER, J. R./KILIAN, J.-P., Covenants, S. 5, im Orig. mit Hervorh.

1753 Vgl. ZIMMERMANN, J./WERNER, J. R./KILIAN, J.-P., Covenants, S. 5.

1754 So bspw. ZIMMERMANN, J./WERNER, J. R./KILIAN, J.-P., Covenants, S. 2.

1755 Vgl. VATER, H., Financial Covenants, S. 131 f. (Zitat ebenda, S. 132).

wird hier insofern eine Parallele zu der bereits in Abschn. 422.3 diskutierten Offenlegung der im Rahmen der Sanierungskreditvergabe vereinbarten milestones deutlich, deren Verletzung zur Kündigung des Sanierungskredits und insofern vergleichbar mit dem covenant breach ebenso zum Kapitalentzug berechtigt.

463. Kreditsicherheiten nach HGB

Nachdem in den vorherigen Ausführungen bereits die Vielfältigkeit möglicher Kreditsicherheiten offenkundig wurde, wird auch nachfolgend deutlich werden, dass die von der h. M. vorgeschlagene Abbildung dieser Sicherungsmittel im handelsrechtlichen Anhang und Lagebericht teils erheblich voneinander divergiert. Für die folgende Analyse nicht relevant erscheinen grundsätzlich die **Bilanz** und die **GuV**. Dies liegt darin begründet, dass sich die Kreditbesicherung selbst in diesen Berichtselementen des sanierungsbedürftigen Unternehmens nicht niederschlägt. Stattdessen wirkt sich erst die Inanspruchnahme des Sicherungsmittels durch den Sicherungsnehmer häufig in Gestalt des oben bereits eingehend erläuterten Gläubigerwechsels auf die Bilanz des zu sanierenden Unternehmens aus.[1756] Dieser Gläubigerwechsel wird sowohl bei der Inanspruchnahme von extern gestellten Realsicherheiten, von Personalsicherheiten als auch von Patronatserklärungen relevant. Im Gegensatz dazu führt der Zugriff auf eine unternehmensinterne Realsicherheit zum Entzug dieses Vermögensgegenstands bzw. der covenant breach – als Form der Inanspruchnahme dieser atypischen Kreditsicherheit – bspw. zur Kündigung des betroffenen Kredits und damit u. U. zum Abfluss liquider Mittel.

Weitergehende Implikationen birgt die Kreditbesicherung hingegen für den handelsrechtlichen **Anhang**. Wie bereits ausführlich in Abschn. 341.2 dargestellt wurde, ist gem. § 285 Nr. 1 lit. b i. V. m. Nr. 2 HGB für jede bilanzielle Verbindlichkeitskategorie des vorgeschriebenen Gliederungsschemas der Betrag der Verbindlichkeiten, die durch Pfandrechte oder ähnliche Rechte gesichert sind sowie die Art und Form dieser Sicherung, anzugeben. Diese Angabepflicht bezieht sich auf die unternehmensinternen **Realsicherheiten**, die das Unternehmen zur Besicherung seiner Verbindlichkeiten den jeweiligen Gläubigern eingeräumt hat.[1757] Nicht angabepflichtig sind in diesem Zusammenhang hingegen Realsicherheiten, die von Dritten (v. a. von Gesellschaftern) zur Besicherung von Verbindlichkeiten des zu sanierenden Unternehmens gewährt wurden[1758] sowie u. U. bestehende Übersicherungen.[1759] Analog dazu spiegeln sich nach h. M. auch **Personalsicherheiten**, die in praxi nur relevant werden, sofern sie von externen Dritten – typischerweise von (hinreichend solventen) Gesellschaftern – gewährt werden,[1760] im Anhang des sanierungsbedürftigen Unternehmens nicht wieder.[1761] Im Gegensatz dazu erachtet zumindest ein Teil des Schrifttums die

[1756] Sofern der Sicherungsgeber in Bezug auf seine Rückgriffsforderungen gegenüber dem zu sanierenden Unternehmen bspw. einen Rangrücktritt ausspricht, gelten die obigen, entsprechend einschlägigen Ausführungen (bspw. in Abschn. 43) analog. Vgl. hierzu mit Bezug zur Patronatserklärung FÖRSCHLE, G./HEINZ, S., in: Budde/Förschle/Winkeljohann, Sonderbilanzen, 4. Aufl., Q. Sanierungsmaßnahmen, Rn. 80; WOLF, T. C., Kündigung und Bilanzierung von Patronatserklärungen, S. 451 f.

[1757] Vgl. weiterführend bereits Abschn. 462.

[1758] Vgl. bereits die Nachweise in Fn. 642.

[1759] Vgl. die Nachweise in Fn. 636.

[1760] Vgl. hierzu bereits die einleitenden Ausführungen in Abschn. 462.2 und speziell Fn. 1649.

[1761] Vgl. ebenso die Nachweise in Fn. 642.

atypische Kreditbesicherung mit Hilfe von **Patronatserklärungen** (in grober Form) als Berichtsgegenstand im Anhang. So wurde in Abschn. 253.3 zwar darauf hingewiesen, dass in den hier behandelten Krisenphasen[1762] zwar typischerweise von der Unternehmensfortführung auszugehen ist, gleichzeitig werden in diesen Stadien indes regelmäßig Umstände vorliegen, die zu Zweifeln am going-concern-Prinzip führen und eingehende diesbezügliche Untersuchungen erforderlich machen.[1763] Als derartige Umstände werden vom IDW und dem einschlägigen Schrifttum bspw. die Existenz von ungünstigen finanziellen Schlüsselkennzahlen, von Betriebsverlusten oder von Schwierigkeiten bei der Refinanzierung auslaufender Kredite genannt.[1764] Die besagten Untersuchungen müssen dabei neben Umständen, die den Fortbestand des Unternehmens bedrohen (können), auch entsprechende Gegen- bzw. Sanierungsmaßnahmen berücksichtigen.[1765] Als Sanierungsmaßnahmen benennt das Schrifttum aus dem Bereich der Kreditsicherheiten soweit erkennbar lediglich die Patronatserklärungen.[1766] Für den handelsrechtlichen Anhang ist dies wiederum relevant, da zumindest bedeutende Teile der Fachwelt davon ausgehen, dass im Falle der hier vorliegenden Zweifel am going-concern-Prinzip eine Begründung der Annahme der Unternehmensfortführung gem. § 264 Abs. 2 S. 2 HGB geboten ist, da der Jahresabschluss ansonsten kein den tatsächlichen Verhältnissen entsprechendes Bild der Vermögens-, Finanz- und Ertragslage vermittele.[1767] Obgleich dieser Ansicht m. E. zu folgen ist, kann es mit Blick auf die in dieser Arbeit untersuchten Unternehmen[1768] dahingestellt bleiben, ob die, vom Schrifttum im Übrigen nicht weiter konkretisierte, Thematisierung abgegebener Patronatserklärungen bereits im Rahmen der besagten Begründung im Anhang oder, wie alternativ gefordert wird,[1769] im Lagebericht stattfinden soll. Eine ähnliche Gemengelage ergibt sich in Bezug auf vereinbarte **Covenants**. Während vereinzelt gefordert wird, dass über diese als Teil der Begründung der Unternehmensfortführungsannahme zu berichten ist,[1770] wird andererseits vertreten, dass die diesbezüglichen Informationen aus dem Lagebericht hervorgehen sollten.[1771]

1762 Vgl. hierzu Abschn. 22.

1763 Nach Ansicht des IDW sind diese eingehenden Untersuchungen angezeigt, sofern das Unternehmen in der Vergangenheit keine nachhaltigen Gewinne erzielt hat, nicht leicht auf finanzielle Mittel zurückgreifen kann, eine bilanzielle Überschuldung vorliegt oder keine ausreichenden stillen Reserven vorliegen (vgl. HFA DES IDW, PS 270, Tz. 9 f.). Die Durchführung besagter Untersuchungen basiert in der hier behandelten Sanierungssituation v. a. darauf, dass der leichte Zugriff auf finanzielle Mittel zweifelhaft erscheint.

1764 Vgl. ausführlich v. a. HFA DES IDW, PS 270, Tz. 11; LILIENBECKER, T./LINK, R./RABENHORST, D., Going-Concern-Prämisse, S. 262 f.; WILLEKE, C., Fortführungsannahme und Fortbestehensprognose, S. 857; LÜCK, W., Going-Concern-Prinzip, S. 1947.

1765 Vgl. WILLEKE, C., Fortführungsannahme und Fortbestehensprognose, S. 857-859; LÜCK, W., Going-Concern-Prinzip, S. 1947; ADS, § 252, Rn. 25.

1766 Vgl. ADS, § 252, Rn. 25; LILIENBECKER, T./LINK, R./RABENHORST, D., Going-Concern-Prämisse, S. 264; LÜCK, W., Going-Concern-Prinzip, S. 1948.

1767 Vgl. WINKELJOHANN, N./BÜSSOW, T., in: Förschle et al., BeBiKo, 9. Aufl., § 252 HGB, Rn. 15; ADAM, S., Going-Concern-Prinzip, S. 30; LÜCK, W., Going-Concern-Prinzip, S. 1948; ERLE, B., Bestätigungsvermerk des Abschlußprüfers, S. 110; WÖLK, A., Generalnorm, S. 176, wohl auch LILIENBECKER, T./LINK, R./RABENHORST, D., Going-Concern-Prämisse, S. 265 und LEFFSON, U., Going-Concern, S. 604. A. A. (keine Angabe im Anhang, jedoch Ausführungen im Lagebericht) IDW, WP-Handbuch 2012, Bd. I, Kap. F, Rn. 1059; ADS, § 264, Rn. 118; MERKT, H., in: Baumbach/Hopt, HGB, 36. Aufl., § 252 HGB, Rn. 7.

1768 Vgl. hierzu bereits Fn. 611.

1769 Vgl. die Nachweise zur a. A. in Fn. 1767.

1770 So HANNEN, I., Financial Covenants, S. 1433.

1771 Vgl. die Ausführungen und Nachweise im folgenden Absatz.

In diesem Zusammenhang ist abschließend darauf hinzuweisen, dass den entsprechenden Ausführungen im Anhang oder Lagebericht auch im Rahmen der Abschlussprüfung Bedeutung zukommt. Schließlich hat der Abschlussprüfer nicht nur die Angemessenheit der Fortführungsannahme zu beurteilen,[1772] sondern auch sicherzustellen, dass die bestandsgefährdenden Tatsachen und die entsprechenden Gegenmaßnahmen im Anhang bzw. im Lagebericht[1773] angemessen dargestellt werden[1774] und die Adressaten die Unsicherheit hinsichtlich der Unternehmensfortführung erkennen können.[1775] In der Praxis wird der Abschlussprüfer seiner Berichtspflicht gem. § 322 Abs. 2 S. 3 HGB,[1776] der eine gesonderte Adressierung bestandsgefährdender Risiken im Bestätigungsvermerk vorschreibt, in aller Regel durch einen Verweis auf die entsprechenden Ausführungen im Anhang oder Lagebericht[1777] nachkommen,[1778] wodurch die Relevanz dieser Berichterstattung (nochmals) verdeutlicht wird. Zusammenfassend enthält der Anhang Informationen über die Gewährung unternehmensinterner Realsicherheiten, über abgegebene Patronatserklärungen und vereinbarte Covenants, während er dem Adressaten hinsichtlich der Bestellung externer Real- und Personalsicherheiten nach h. M. keinerlei Informationen liefert.

Neben dem Anhang kommt dem **Lagebericht** eine bedeutende(re) Rolle hinsichtlich der Berichterstattung über gewährte Kreditsicherheiten zu. Explizit im Schrifttum thematisiert wird indes primär die Informationsbereitstellung über **Patronatserklärungen** und über Covenants. Wie bereits im vorherigen Absatz angedeutet, wird verbreitet verlangt, dass im Zusammenhang mit dem Liquiditätsrisiko und damit als Teil des Risikoberichts auf eingeleitete Sanierungsmaßnahmen, u. a. also auf abgegebene Patronatserklärungen, einzugehen ist.[1779] Während zwar nach den Ausführungen in Abschn. 341.3 diese Berichterstattung auch an anderen Stellen im Lagebericht vertretbar erscheint,[1780] die bloße Verortung jedoch für den Adressaten grundsätzlich nur von untergeordneter Bedeutung sein wird, geht das Schrifttum insgesamt nur wenig dezidiert auf die konkrete Informationsbereitstellung hinsichtlich abgegebener Patronatserklärungen ein. In diesem Zusammenhang wird (soweit erkennbar) zudem in keiner Weise auf vergleichbare Sicherungsmittel – insbesondere

1772 Vgl. HFA DES IDW, PS 270, Tz. 13-31.

1773 Vor dem Hintergrund, dass das IDW die Erläuterungen zur Fortführungsannahme nicht im Anhang sondern im Lagebericht verortet, geht HFA DES IDW, PS 270 folgerichtig auch nur auf die Berichterstattung im Lagebericht ein.

1774 Vgl. HFA DES IDW, PS 270, Tz. 34-36.

1775 Vgl. HFA DES IDW, PS 270, Tz. 35 f.

1776 Daneben ist der Abschlussprüfer verpflichtet, im Prüfungsbericht (ausführlicher als im Bestätigungsvermerk) Stellung zur Lagebeurteilung der gesetzlichen Vertreter zu nehmen und unter Berücksichtigung des Lageberichts insbesondere auf die Beurteilung des Unternehmensfortbestands einzugehen (§ 321 Abs. 1 S. 2 HGB). Da sich der Prüfungsbericht nur an einen kleinen Adressatenkreis richtet, wird von diesem Berichtsinstrument in dieser Arbeit abstrahiert. Vgl. weiterführend zur Berichterstattung im Prüfungsbericht bspw. BAETGE, J./LINßEN, T., Beurteilung durch Abschlußprüfer, S. 371-373; LILIENBECKER, T./LINK, R./RABENHORST, D., Going-Concern-Prämisse, S. 265 f.; ADAM, S., Going-Concern-Prinzip, S. 55-57.

1777 Vgl. indes Fn. 1773.

1778 Vgl. LILIENBECKER, T./LINK, R./RABENHORST, D., Going-Concern-Prämisse, S. 265; ADAM, S., Going-Concern-Prinzip, S. 59 und wohl auch HFA DES IDW, PS 270, Tz. 38, der – in Abgrenzung zur Berichterstattung im Prüfungsbericht – von einem Hinweis innerhalb des Bestätigungsvermerks spricht.

1779 Vgl. WINNEFELD, R., Bilanz-Handbuch, 4. Aufl., Kap. M, Rn. 104; ADAM, S./QUICK, R., Going-Concern-Prinzip, S. 251-254 und speziell zur Forderung nach der diesbezüglichen Berichterstattung über Patronatserklärungen gem. § 289 Abs. 1 S. 4 HGB bspw. WINKELJOHANN, N./BÜSSOW, T., in: Förschle et al., BeBiKo, 9. Aufl., § 252 HGB, Rn. 15; IDW, WP-Handbuch 2012, Bd. I, Kap. F, Rn. 1059.

1780 Vgl. weiterführend hierzu auch Abschn. 465.

die Bürgschaft – eingegangen. Folgerichtig erscheinen hier bestimmte Erweiterungen bzw. Konkretisierungen der Berichtspflichten über Patronatserklärungen sowie über externe Real- und Personalsicherheiten angezeigt, auf die dezidierter in Abschn. 465. eingegangen werden soll.

Vergleichsweise ausführlich adressiert das Schrifttum hingegen die Informationsbereitstellung hinsichtlich vereinbarter **Covenants**. So sind nach DRS 20.82 die wesentlichen Konditionen der Verbindlichkeiten des zu sanierenden Unternehmens anzugeben, worunter KOHL/MEYER richtigerweise auch die Angabe der vereinbarten Covenants subsumieren.[1781] Daneben wird gefordert, dass im Risikobericht über das Risiko des covenant breach, genauer über deren Liquiditätsfolgen zu berichten ist.[1782] Trotzdem die vereinbarten Covenants insofern für die Lageberichterstattung als relevant eingestuft werden, ist festzustellen, dass sich das Schrifttum eher auf die diesbezügliche Berichterstattung in der internationalen Rechnungslegung konzentriert.[1783] Aufgrunddessen sollen diese Angabepflichten nach IFRS 7, deren detaillierte(re) Thematisierung nicht zuletzt auf die (historisch) größere Bedeutung von Covenants im angloamerikanischen Rechtskreis zurückzuführen ist,[1784] im folgenden Abschnitt ausführlicher analysiert werden. Erst auf Basis dieser Erkenntnisse erscheinen konkretisierende bzw. in Bezug auf die oben erläuterten Kreditsicherheiten ergänzende Vorschläge zu den derzeitigen Angabepflichten im handelsrechtlichen Anhang und Lagebericht als sachgerecht.

464. Kreditsicherheiten nach IFRS

Bevor die Abbildung der verschiedenen Formen der Kreditbesicherung nach HGB gewürdigt werden kann, sind im vorliegenden Abschnitt zunächst die wesentlichen Abweichungen zwischen der handelsrechtlichen und der internationalen Bilanzierung von Kreditsicherheiten zu erläutern. Keine wesentlichen Unterschiede ergeben sich hinsichtlich der Abbildung von **Realsicherheiten**. So sind, weitestgehend analog zu den handelsrechtlichen Angabepflichten, gem. IFRS 7.14 die Buchwerte der Vermögenswerte, die als Realsicherheiten für Verbindlichkeiten des Unternehmens gestellt wurden, sowie die Vertragsbedingungen für diese Besicherung anzugeben. Auch in Bezug auf **Personalsicherheiten**, die in der internationalen Rechnungslegung in aller Regel einen Garantievertrag i. S. v. IAS 39.9 begründen,[1785] zeigen sich keine Abweichungen zwischen der Bilanzierung nach HGB und nach IFRS. Folglich ist v. a. die Angabe unternehmensexterner Personalsicherheiten zu Gunsten des sanierungsbedürftigen Unternehmens auch nach internationalen Vorschriften nicht

---

1781 Vgl. KOHL, T./MEYER, M., Anleihen und Schuldscheindarlehen, S. 183, so wohl auch VATER, H., Financial Covenants, S. 133, der zwar im Rahmen der Beschreibung der Auswirkungen von Covenants auf die Rechnungslegung nach HGB auf die besagte Regelung aus DRS 20.82 (bzw. der gleichlautenden gem. DRS 15.62) eingeht, es jedoch versäumt explizit eine Berichterstattung über die vereinbarten Covenants zu fordern.

1782 Vgl. VATER, H., Financial Covenants, S. 133; ZWIRNER, C., Financial Covenants, S. 61 und zur praktischen Umsetzung dieser Berichterstattung innerhalb des Risikoberichts LENZ, H./DIEHM, J., Risikoberichterstattung, S. 392.

1783 Vgl. hierzu die Ausführungen im nachfolgenden Abschn. 464.

1784 Vgl. zur historischen Entwicklung von Covenants bspw. RUNGE, J. C., Covenants in Kreditverträgen, Rn. 1.71-1.74; SERVATIUS, W., Covenants, S. 14; ZIMMERMANN, J./WERNER, J. R./KILIAN, J.-P., Covenants, S. 2 und S. 5.

1785 Durch einen Garantievertrag wird der Garantiegeber (z. B. ein Bürge) zur Leistung bestimmter Zahlungen verpflichtet, die den Garantienehmer (Gläubiger) für einen Verlust entschädigen, der entsteht, weil ein bestimmter Schuldner (Hauptschuldner) seinen Zahlungsverpflichtungen nicht vertragsgemäß nachkommt (vgl. IAS 39.9).

vorgesehen.[1786] Eine vergleichbare Berichterstattung sollte sich schließlich in Bezug auf **Patronatserklärungen** einstellen. Dies ergibt sich daraus, dass auch gem. IAS 1.25 f. unter Berücksichtigung bspw. potenzieller Refinanzierungsquellen (z. B. in Form von Patronatserklärungen) Unsicherheiten hinsichtlich der Unternehmensfortführungsannahme anzugeben sind.[1787] Die größten Abweichungen ergeben sich hinsichtlich der Berichterstattung über vereinbarte **Covenants**. Es sei jedoch bereits an dieser Stelle darauf hingewiesen, dass sich diese Unterschiede in der Form relativieren, dass die IFRS-Berichtspflichten für handelsrechtliche Zwecke nicht nur zu großen Teilen zweckmäßig, sondern vor dem Hintergrund der geltenden Vorschriften zum Lagebericht als zwingend geboten erscheinen.[1788]

Zunächst ist in diesem Kontext gem. IFRS 7.19 i. V. m. IFRS 7.18 über covenant breaches zu berichten, die während der Berichtsperiode *eingetreten* sind[1789] und den Kreditgeber zur Kündigung des Kapitalüberlassungsverhältnisses berechtigen.[1790] Dies gilt indes nicht, sofern die Verstöße bis zum Bilanzstichtag behoben oder die entsprechenden Darlehenskonditionen neu verhandelt wurden.[1791] Wurde der covenant breach hingegen bis zum Bilanzstichtag nicht behoben, sind gem. IFRS 7.18 (a) Angaben zu den Einzelheiten des Verstoßes zu machen. Nach hier vertretener Auffassung hat der Bilanzierende daher v. a. offenzulegen, gegen welche konkrete Bestimmung in welchem Ausmaß er verstoßen hat und welche Folgen aus diesem Verstoß bereits resultiert sind. Darüber hinaus sind die Buchwerte der von dem covenant breach betroffenen Verbindlichkeiten anzugeben (IFRS 7.18 (b)). Außerdem hat der Bilanzierende offenzulegen, ob der Verstoß im Aufstellungszeitraum behoben wurde oder die Darlehenskonditionen neu verhandelt wurden (IFRS 7.18 (c)).[1792] Sofern der covenant breach zwar zum Bilanzstichtag noch *nicht eingetreten* ist, jedoch ein wahrscheinliches Risiko für die Liquiditätslage des Unternehmens darstellt, ist über dieses Risiko in quantitativer und qualitativer Hinsicht zu berichten.[1793] Die quantitativen Angaben

---

[1786] Soweit erkennbar geht auch das einschlägige Schrifttum, welches sich im Zusammenhang mit Garantieverträgen nahezu ausschließlich mit der Bilanzierung beim Garanten befasst, nicht auf die Bilanzierung dieser Kreditsicherheiten ein. Vgl. zur Bilanzierung von Garantieverträgen v. a. KIRSCH, H.-J./EWELT-KNAUER, C., Finanzgarantien, S. 337-341; SCHARPF, P./WEIGEL, W./LÖW, E., Finanzgarantien, S. 1492-1504; WEIGEL, W./BARZ, K., Finanzgarantien nach IFRS, S. 606-611; GRÜNBERGER, D., Finanzgarantien, S. 81-82.

[1787] Anzumerken ist, dass Patronatserklärungen im Schrifttum übereinstimmend nicht als Garantievertrag eingestuft werden, vgl. SCHARPF, P./WEIGEL, W./LÖW, E., Finanzgarantien, S. 1494 (Fn. 9); WEIGEL, W./BARZ, K., Finanzgarantien nach IFRS, S. 607.

[1788] Vgl. weiterführend hierzu Abschn. 465.

[1789] Ereignete sich der covenant breach im Aufstellungszeitraum, also zwischen Bilanzstichtag und Veröffentlichung des Abschlusses, stellt der Verstoß ein Ereignis nach dem Bilanzstichtag dar, deren Art und finanzielle Auswirkungen gemäß IAS 10.21 offenzulegen sind.

[1790] Bei wörtlicher Auslegung des IFRS 7.19 ist in diesem Zusammenhang folglich nur über Verstöße zu berichten, sofern der Kreditgeber infolgedessen zur Kündigung des Vertragsverhältnisses berechtigt ist – nicht unter die Angabepflichten aus IFRS 7.19 i. V. m. IFRS 7.18 ist demnach ein covenant breach zu subsumieren, der bspw. lediglich zu einer Zinsanpassung oder einer Nachbesicherung führen würde, so SCHARPF, P., Disclosures, S. 23; VATER, H., Financial Covenants, S. 132; ZWIRNER, C., Financial Covenants, S. 61 f.

[1791] Vgl. IFRS 7.19; SCHULZE OSTHOFF, H.-J., in: Bohl/Riese/Schlüter, IFRS-Handbuch, 4. Aufl., § 14, Rn. 129.

[1792] Vgl. auch VATER, H., Financial Covenants, S. 132 und ZWIRNER, C., Financial Covenants, S. 61, der richtigerweise anmerkt, dass (bei noch laufenden Verhandlungen) Angaben zum Verhandlungsstand angezeigt sind. Zu beachten ist zudem, dass die Behebung des Verstoßes (ebenso wie ein Verstoß nach dem Bilanzstichtag) ein Ereignis nach dem Bilanzstichtag i. S. v. IAS 10.21 darstellt (vgl. bereits Fn. 1789).

[1793] Vgl. IFRS 7.31 i. V. m. IFRS 7.39; VATER, H., Financial Covenants, S. 132; ZWIRNER, C., Financial Covenants, S. 61; HANNEN, I., Financial Covenants, S. 1435.

betreffen neben der Offenlegung der Fälligkeiten der zu Grunde liegenden Verbindlichkeiten[1794] Informationen über das Ausmaß des mit einem covenant breach einhergehenden Liquiditätsrisikos (IFRS 7.B10A). Neben der Darstellung der Folgen eines Verstoßes und damit der Angabe des maximal drohenden Mittelabflusses[1795] sollte m. E. auch angegeben werden, wie weit das Unternehmen noch von einem covenant breach entfernt ist, also letztlich wie wahrscheinlich der besagte Liquiditätsabfluss ist.[1796] Schließlich ist gem. IFRS 7.39 (c) das Vorgehen zur Steuerung des besagten Liquiditätsrisikos in qualitativer Form darzustellen.[1797]

465. Beurteilung der Zweckmäßigkeit der Abbildung von Kreditsicherheiten

465.1 Einleitung in die Beurteilung

Nachdem in den vorherigen Abschnitten die in praxi relevantesten Kreditsicherungsmittel sowie ihre Bilanzierung nach HGB und IFRS vorgestellt wurde, soll die handelsrechtliche Abbildung dieser Sicherungsmittel im Folgenden gewürdigt werden. Die Ausführungen beziehen sich dabei primär auf jene Sicherungsmittel, die sich nach derzeit noch h. M. gänzlich nicht im handelsrechtlichen Jahresabschluss und Lagebericht niederschlagen oder deren Abbildung einer Konkretisierung bedarf. Folgerichtig bilden die externen Real- und Personalsicherheiten sowie die Covenants den Schwerpunkt der nachfolgenden Untersuchung.[1798] Dabei werden die externen Real- und Personalsicherheiten aufgrund ihrer, für das zu sanierende Unternehmen wirtschaftlich vergleichbaren Konsequenzen im Folgenden gemeinsam erörtert. Zur Erinnerung sei insofern nochmals darauf hingewiesen, dass diese externen Kreditsicherheiten für das sanierungsbedürftige Unternehmen zu einem, je nach Instrument mehr oder minder schnell eintretenden, potenziellen Wechsel zu einem dem Unternehmen näher stehenden Gläubiger führen. Dieser Gläubigerwechsel birgt zum einen außerhalb der Insolvenz potenzielle Vorteile des Unternehmens und der übrigen Gläubiger. Zum anderen impliziert er nach Eröffnung des Insolvenzverfahrens Vorteile der übrigen, nicht unmittelbar durch das konkrete Sicherungsmittel begünstigten Gläubiger, sofern es sich bei dem Bürgen um einen Gesellschafter handelt.[1799] Im Folgenden wird generell auf diese Gesellschafterbürgschaft abgestellt, da diese sowohl Vorteile vor als auch nach der Insolvenzeröffnung verspricht.[1800] Wie in Abschn. 463. ausgeführt wurde, findet eine Informationsvermittlung über die externe Kreditbesicherung und die mit ihr verbundenen Vorteile nach herrschender Auffassung handelsrechtlich bislang nicht statt.

1794 Vgl. hierzu IFRS 7.39 (a) und speziell zu den zu verwendenden Laufzeitbändern IFRS 7.B11 sowie bereits Fn. 1032.

1795 Vgl. HANNEN, I., Financial Covenants, S. 1435 sowie DPR, Tätigkeitsbericht 2009, S. 6.

1796 So auch ESMA, Report, S. 16 (Rn. 88). Vgl. auch ZÜLCH, H./KRETZMANN, C., Prospektive Covenants, S. 1978, die in diesem Zusammenhang zudem auf den Einsatz der Szenarioplanung, der Sensitivitätsanalyse und Stresstests verweisen. Anzumerken ist jedoch, dass ZÜLCH/KRETZMANN die entsprechenden Informationen anscheinend nur für interne Zwecke und damit wohl nicht zur Veröffentlichung vorsehen.

1797 Vgl. auch ZWIRNER, C., Financial Covenants, S. 61; ZÜLCH, H./KRETZMANN, C., Prospektive Covenants, S. 1978.

1798 Wie bereits einleitend in Abschn. 462.2 erläutert wurde, kommt internen Personalsicherheiten (also solchen, die dem Gläubiger vom zu sanierenden Unternehmen selbst eingeräumt werden) in der Unternehmenspraxis im Grunde keine Bedeutung zu, während die Abbildung interner Realsicherheiten bereits adäquat geregelt erscheint (vgl. hierzu Abschn. 463.).

1799 Vgl. ausführlich bereits die jeweiligen Ausführungen in den Abschn. 462., 462.2 und 462.3.

1800 Diese Ausführungen gelten analog für jene Realsicherheiten, die von Gesellschaftern gestellt wurden.

465.2 Erläuterungen zu Kreditsicherheiten im Anhang

Gegen diese fehlende Offenlegung externer Kreditsicherheiten könnte zunächst der im Rahmen des BilMoG eingeführte § 285 Nr. 3 HGB sprechen. Demnach sind im Anhang Art und Zweck sowie Risiken und Vorteile von nicht in der Bilanz enthaltenen Geschäften anzugeben, sofern dies für die Beurteilung der Finanzlage notwendig ist. Fraglich ist, ob bspw. eine von einem Gesellschafter für bestimmte Verbindlichkeiten des zu sanierenden Unternehmens abgegebene Bürgschaft unter die Angabepflicht aus § 285 Nr. 3 HGB fällt.

Hierzu müsste die Bürgschaftsübernahme nach dem Wortlaut dieser Vorschrift zunächst ein **Geschäft** darstellen. Nach dem Willen des Gesetzgebers (subjektive ratio legis) ist der Begriff des Geschäfts in einem „weiten, funktionalen Sinn zu verstehen“[1801] und umfasst insofern „alle Transaktionen rechtlicher und wirtschaftlicher Art, die sich auf die gegenwärtige und künftige Finanzlage eines Unternehmens auswirken können“[1802]. Mit Bezug zur Bürgschaft könnte eingewandt werden, dass sich die Bürgschaft zwar außerhalb der Insolvenz auf die künftige Finanzlage des Unternehmens auswirken kann, sie nach der Insolvenzeröffnung indes nicht das Unternehmen, sondern primär die Gläubiger (unmittelbar oder mittelbar) begünstigt.[1803] Zwar berechtigen bereits die wahrscheinlichen Vorteile der Bürgschaft für die Finanzlage des Unternehmens im Vorfeld des Insolvenzverfahrens dazu, die Bürgschaft als Transaktion im obigen Sinne anzusehen. Zusätzlich ist in diesem Kontext jedoch festzuhalten, dass letztlich (die Passivseite) ein(es) Unternehmen(s) plakativ als die Summe der gegen selbiges gerichteten Ansprüche charakterisiert werden kann und dass die Darstellung der Finanzlage wie die Information über die Kreditbesicherung denselben Informationszwecken, nämlich aus Sicht der Gläubiger der Bewertung des Ausfallrisikos ihrer Ansprüche, dient. Gegen die Annahme der hier relevanten Gesellschafterbürgschaft könnte außerdem sprechen, dass das Schrifttum übereinstimmend davon ausgeht, dass die Angabepflicht nur jene Geschäfte betrifft, die zwischen dem bilanzierenden Unternehmen und einem Dritten (auch einem verbundenen Unternehmen) abgeschlossen wurden.[1804] In diesem Zusammenhang könnte insofern eingewandt werden, dass die Bürgschaft lediglich das Außenverhältnis zwischen Gläubiger und Bürgen, nicht jedoch den Hauptschuldner betrifft. Nach meinem Dafürhalten wird dieser Einwand indes dadurch entkräftet, dass die Bürgschaftsübernahme nicht nur häufig Ergebnis eines Geschäftsbesorgungsvertrages (§ 675 Abs. 1 BGB)[1805] zwischen Gläubiger und Hauptschuldner ist, sondern diese Parteien in rechtlicher Hinsicht über das sogenannte Deckungsverhältnis verbunden sind.[1806] Darüber hinaus zielt die Bürgschaft gerade auf die Besicherung von Verbindlichkeiten des zu sanieren-

---

[1801] DEUTSCHER BUNDESTAG (Hrsg.), BT-Drucks. 16/10067, S. 69. Vgl. auch HFA DES IDW, RS HFA 32, Tz. 4; KESSLER, M., in: Hennrichs/Kleindiek/Watrin, MüKo Bilanzrecht Bd. 2, § 285 HGB, Rn. 29; GROTTEL, B., in: Förschle et al., BeBiKo, 9. Aufl., § 285 HGB, Rn. 24; POELZIG, D., in: Schmidt/Ebke, MüKo HGB, 3. Aufl., § 285 HGB, Rn. 33.

[1802] HFA DES IDW, RS HFA 32, Tz. 4. Vgl. hierzu auch PWC, BilMoG-Kommentar, Kap. O, Rn. 16 und Rn. 138; POELZIG, D., in: Schmidt/Ebke, MüKo HGB, 3. Aufl., § 285 HGB, Rn. 33.

[1803] Vgl. die Verweise in Fn. 1799.

[1804] Vgl. PWC, BilMoG-Kommentar, Kap. O, Rn. 14; KESSLER, M., in: Hennrichs/Kleindiek/Watrin, MüKo Bilanzrecht Bd. 2, § 285 HGB, Rn. 29; POELZIG, D., in: Schmidt/Ebke, MüKo HGB, 3. Aufl., § 285 HGB, Rn. 35.

[1805] Vgl. NOBBE, G., § 91. Bürgschaft, Rn. 5 f. und Rn. 48; BÜLOW, P., Recht der Kreditsicherheiten, Rn. 1014 und Rn. 1035.

[1806] Vgl. hierzu bereits die Nachweise in Fn. 1655.

den Unternehmens. Zusammenfassend kann die Gesellschafterbürgschaft damit als Geschäft i. S. d. § 285 Nr. 3 HGB gelten.

Problematischer als der bloße „Geschäftscharakter" der Bürgschaft ist hingegen, ob dieses Geschäft als ein solches gelten kann, das **nicht in der Bilanz enthalten** ist. Wie das IDW konkretisierend ausführt, liegt ein derartiges nicht in der Bilanz enthaltenes Geschäft nur vor, „wenn der Bilanzierende durch ein Rechtsgeschäft bzw. eine Maßnahme Vorteile oder Risiken übernimmt, ohne dass dies zum Ansatz von Vermögensgegenständen oder Schulden führt"[1807]. Strittig könnte zunächst sein, ob die Bürgschaft durch einen Gesellschafter bereits zum Zeitpunkt ihrer Übernahme zu Vorteilen des Bilanzierenden führt. Wie bereits ausgeführt, entfaltet die Gesellschafterbürgschaft ihre Vorteile grundsätzlich erst nachdem der erläuterte Gläubigerwechsel tatsächlich stattgefunden hat. Jedoch könnte auch argumentiert werden, dass dem Unternehmen mit Wirksamwerden des Bürgschaftsvertrags wirtschaftlich betrachtet die Möglichkeit erwächst, bei künftigen Zahlungsschwierigkeiten die Drittverbindlichkeiten in Verbindlichkeiten gegenüber einem Gesellschafter (Regressansprüche) zu tauschen.[1808] Folgt man diesem Argument nicht, könnte gegen die Qualifikation der Bürgschaft als nicht in der Bilanz enthaltenes Geschäft außerdem sprechen, dass sich die Verbindlichkeit für die sich der Gesellschafter verbürgt sehr wohl in der Bilanz zu passivieren ist. Dieser Vorstoß wäre jedoch zurückzuweisen, da sich die Gesellschafterbürgschaft selbst vor der Inanspruchnahme des Bürgen nicht im handelsrechtlichen Jahresabschluss und speziell nicht in der Bilanz (in Form einer Verbindlichkeit gegenüber einem Gesellschafter bzw. verbundenen Unternehmen) niederschlägt.[1809] Problematisch erscheint jedoch die Feststellung des Gesetzgebers, dass ein nicht in der Bilanz enthaltenes Geschäft i. S. v. § 285 Nr. 3 HGB nur vorliegt, sofern die Transaktion von vornherein dauerhaft keinen Eingang in die Handelsbilanz findet.[1810] Zwar liegt die Dauerhaftigkeit streng genommen nur vor, sofern der Bürge endgültig nicht in Anspruch genommen wird, jedoch führt das IDW aus, dass es für die Beurteilung des fehlenden bilanziellen Eingangs des Geschäfts ohne Bedeutung sei, dass sich das Geschäft ggf. zu einem späteren Abschlussstichtag in der Bilanz widerspiegelt.[1811] Insofern verhindert die besagte Dauerhaftigkeit nicht zwingend die Angabe der Bürgschaft nach § 285 Nr. 3 HGB. Es gilt jedoch zu beachten, dass das Schrifttum verbreitet aus dem obigen Zusatz „von vornherein" ableitet, dass unter die Angabepflicht nur solche Transaktionen fallen, die bewusst und aufgrund besonderer Vereinbarungen auf eine Bilanzunwirksamkeit abzielen.[1812] Die Sinnhaftigkeit dieser Ansicht erscheint jedoch zweifel-

1807 HFA DES IDW, RS HFA 32, Tz. 5.

1808 Je nach Ausgestaltung des Sicherungsmittels kann dieser Tausch schnell (Bürgschaft auf erstes Anfordern) oder c. p. eher langsam (Ausfallbürgschaft) seine Wirkung entfalten, vgl. hierzu bereits Abschn. 462.2.

1809 Vgl. hierzu die Ausführungen in Abschn. 463.

1810 Vgl. DEUTSCHER BUNDESTAG (Hrsg.), BT-Drucks. 16/10067, S. 69.

1811 Vgl. HFA DES IDW, RS HFA 32, Tz. 6. Als Mindestzeitraum, in dem das Geschäft keinen Eingang in die Handelsbilanz finden darf, nennt KESSLER, M., in: Hennrichs/Kleindiek/Watrin, MüKo Bilanzrecht Bd. 2, § 285 HGB, Rn. 28 einen Zeitraum von zwei Bilanzstichtagen. In Bezug auf die Berichterstattung über Gesellschafterbürgschaften erscheint diese (willkürliche) Grenze hingegen wenig zweckmäßig, da mit fortschreitender Unternehmenskrise die Inanspruchnahme des Bürgen und damit aus Sicht des zu sanierenden Unternehmens der Gläubigerwechsel immer wahrscheinlicher und die entsprechende Informationsbereitstellung für die (übrigen) Gläubiger gleichermaßen immer relevanter wird.

1812 So PHILIPPS, H., Anhangangaben, S. 126 f.; GROTTEL, B., in: Förschle et al., BeBiKo, 9. Aufl., § 285 HGB, Rn. 25; KESSLER, M., in: Hennrichs/Kleindiek/Watrin, MüKo Bilanzrecht Bd. 2, § 285 HGB, Rn. 28.

haft, da diese explizit weder durch den Wortlaut des Gesetzestextes, die Verlautbarungen des Gesetzgebers (oder des IDW) noch durch die objektive ratio legis der Vorschrift gedeckt erscheint. So sollen die Angaben gem. § 285 Nr. 3 HGB eine vollständigere und auch die künftige Entwicklung besser erfassende Abbildung der Finanzlage gewährleisten.[1813] Vor dem Hintergrund dieser objektiven Zwecksetzung der Vorschrift ist die Tatsache, dass mit dem zur Rede stehenden Geschäft bewusst eine Bilanzunwirksamkeit intendiert wurde m. E. nicht als konstitutives Merkmal einer Angabepflicht nach § 285 Nr. 3 HGB einzustufen – zumal diese Intention u. U. nicht immer leicht zu identifizieren sein wird.[1814] Folgt man dieser Ansicht hingegen nicht, wird die Angabe von Gesellschafterbürgschaften gem. § 285 Nr. 3 HGB in aller Regel an der Voraussetzung der bewusst intendierten Bilanzunwirksamkeit scheitern.[1815]

Als letzte Voraussetzung der Angabe der Gesellschafterbürgschaft muss diese schließlich **für die Beurteilung der Finanzlage notwendig** sein. Nach der Gesetzesbegründung ist demnach über solche Vorteile zu berichten, die erwarten lassen, dass sie die künftige Liquiditätslage des Unternehmens oder die Fähigkeit des Unternehmens zur Erfüllung seiner Verpflichtungen wesentlich verbessern.[1816] Wie bei allen anderen Geschäften i. S. v. § 285 Nr. 3 HGB ist auch die Notwendigkeit zur Angabe der hier zur Rede stehenden Bürgschaften (bzw. allgemein der externen Kreditsicherheiten) „in jedem Einzelfall gesondert zu beurteilen und vorrangig von den finanziellen Auswirkungen des […] Geschäfts abhängig"[1817]. Folgerichtig ist zwar nicht jede externe Kreditbesicherung für die Beurteilung der Finanzlage notwendig, jedoch kommt v. a. die beispielhaft in Abschn. 462.2 vorgestellte weitreichende Besicherung der Verbindlichkeiten des Unternehmens durch einen Gesellschafter für eine Angabepflicht in Betracht. Wie bereits mehrfach akzentuiert wurde, verhindert diese Bürgschaft bzw. der damit einhergehende Gläubigerwechsel im Vorfeld des Insolvenzverfahrens typischerweise Mittelabflüsse und wirkt sich damit positiv auf die Liquiditätslage aus. Außerdem sollen die Angaben nach § 285 Nr. 3 HGB – wie oben ausgeführt wurde – Informationen darüber vermitteln, ob das Unternehmen seinen Zahlungsverpflichtungen künftig nachkommen kann. Es erscheint offensichtlich, dass das diesbezügliche Informationsinteresse der Gläubiger so lange fortbesteht, bis ihre Ansprüche (vollumfänglich) befriedigt wurden. Daher werden die Gläubiger zumindest an Anhaltspunkten hinsichtlich ihrer Befriedigung auch im Risikoextremfall der Insolvenz interessiert sein. Vor diesem Hintergrund und ihrer vorinsolvenzlichen und insolvenz-

---

[1813] Vgl. Deutscher Bundestag (Hrsg.), BT-Drucks. 16/10067, S. 69; Poelzig, D., in: Schmidt/Ebke, MüKo HGB, 3. Aufl., § 285 HGB, Rn. 29; Grottel, B., in: Förschle et al., BeBiKo, 9. Aufl., § 285 HGB, Rn. 21; Kessler, M., in: Hennrichs/Kleindiek/Watrin, MüKo Bilanzrecht Bd. 2, § 285 HGB, Rn. 27.

[1814] Auch Poelzig, D., in: Schmidt/Ebke, MüKo HGB, 3. Aufl., § 285 HGB, Rn. 47 lässt es dahingestellt, ob durch § 285 Nr. 3 HGB lediglich Geschäfte, denen „bewusste Gestaltungsüberlegungen zugrunde liegen", erfasst werden sollen.

[1815] Zu beachten wäre in diesem Fall jedoch, dass – wie Fey ausführt – eine Gesellschafterbürgschaft u. U. auch mit dem bewussten Ziel gewährt wird, den Ausweis von Verbindlichkeiten gegenüber verbundenen Unternehmen zu verhindern, indem statt eines direkten Gesellschafterdarlehens lediglich eine (nicht angabepflichtige) Sicherheit gestellt wird und es insofern zum Ausweis von Verbindlichkeiten gegenüber Kreditinstituten kommt, vgl. Fey, G., GoB für Haftungsverhältnisse, S. 301 f.

[1816] Vgl. Deutscher Bundestag (Hrsg.), BT-Drucks. 16/10067, S. 69 sowie HFA des IDW, RS HFA 32, Tz. 9 f.; PwC, BilMoG-Kommentar, Kap. O, Rn. 35 f.; Kessler, M., in: Hennrichs/Kleindiek/Watrin, MüKo Bilanzrecht Bd. 2, § 285 HGB, Rn. 31; Poelzig, D., in: Schmidt/Ebke, MüKo HGB, 3. Aufl., § 285 HGB, Rn. 39.

[1817] Deutscher Bundestag (Hrsg.), BT-Drucks. 16/10067, S. 69, Ausl. durch den Verf. Vgl. auch HFA des IDW, RS HFA 32, Tz. 11.

rechtlichen Implikationen erscheint die Angabe zumindest der wesentlichen Gesellschafterbürgschaften daher als notwendig für die Beurteilung der Finanzlage des Unternehmens.

Zusammenfassend ist damit die Berichterstattung über Gesellschafterbürgschaften und vergleichbare Kreditsicherheiten nach hier vertretener Auffassung unter die Angabepflicht gem. § 285 Nr. 3 HGB zu subsumieren. Die konkrete Berichterstattung sollte in diesem Fall die Art (bspw. Bürgschaft auf erstes Anfordern eines Gesellschafters[1818]), den Zweck (Kreditsicherung)[1819] sowie die Vorteile des jeweiligen Sicherungsmittels umfassen. Die Darstellung der Vorteile sollte v. a. adressieren, unter welchen Bedingungen die Kreditsicherheit in Anspruch genommen werden kann und es somit zum erläuterten Gläubigerwechsel kommt sowie in welcher Höhe dieser Gläubigerwechsel maximal möglich ist (also welche Verbindlichkeiten konkret extern besichert sind).[1820]

Folgt man der vorgestellten, zugegebenermaßen extensiven[1821] Auslegung des § 285 Nr. 3 HGB nicht, stellt sich die Frage, ob die Angabe der externen Kreditsicherheiten zumindest im Lagebericht angezeigt ist. Wie bereits ausgeführt wurde,[1822] lehnt die h. M. jedoch die Berichterstattung über externe Kreditsicherheiten wohl grundsätzlich ab.[1823] Anzumerken ist, dass sich eine Begründung dieser Position soweit erkennbar nur bei FEY findet.[1824] Dieser führt aus, dass externe Kreditsicherheiten grundsätzlich nicht anzugeben seien, da diese die Höhe der besicherten Schuldposition aus Sicht des zu sanierenden Unternehmens nicht tangieren, sondern bei Eintritt des Sicherungsfalls nur einen Gläubigerwechsel bewirken, der gesicherte Gläubiger ohnehin über die Sicherung informiert ist und die Besicherung für die „anderen Jahresabschlußinteressenten keine zusätzlichen Chancen“[1825] birgt. Entgegen diesem grundsätzlichen Vorgehen fordert FEY jedoch (de lege ferenda) gleichermaßen die Angabe jener Verbindlichkeiten, die durch verbundene Unternehmen gesichert sind.[1826] Diese scheinbar widersprüchliche Position begründet er damit, dass der Hinweis auf von verbundenen Unternehmen gestellte Sicherheiten erforderlich ist, da ansonsten der Ausweis von Verbindlichkeiten gegenüber verbundenen Unternehmen bspw. zu Gunsten von Verbindlichkeiten gegenüber Kreditinstituten umgangen werden könnte.[1827] Während sich die hier vertretene

---

1818 Vgl. zu den verschiedenen Bürgschaftsarten bereits Abschn. 462.2 und die dortigen Nachweise.

1819 Vgl. allgemein zum anzugebenden Art und Zweck der nicht in der Bilanz enthaltenen Geschäfte HFA DES IDW, RS HFA 32, Tz. 16 f.; PwC, BilMoG-Kommentar, Kap. O, Rn. 39; PHILIPPS, H., Anhangangaben, S. 126-128; WENK, M. O./JAGOSCH, C., BilMoG, S. 2333; GROTTEL, B., in: Förschle et al., BeBiKo, 9. Aufl., § 285 HGB, Rn. 31; KESSLER, M., in: Hennrichs/Kleindiek/Watrin, MüKo Bilanzrecht Bd. 2, § 285 HGB, Rn. 30; POELZIG, D., in: Schmidt/Ebke, MüKo HGB, 3. Aufl., § 285 HGB, Rn. 45.

1820 Anzumerken ist, dass im Schrifttum umstritten ist bzw. war, ob die Vorteile eines nicht in der Bilanz enthaltenen Geschäfts lediglich in qualitativer (so PwC, BilMoG-Kommentar, Kap. O, Rn. 43) oder auch in quantitativer Hinsicht (so PHILIPPS, H., Anhangangaben, S. 129) anzugeben sind. Im Ergebnis ist m. E. – spätestens in Folge der Änderungen durch das BilRUG, vgl. BMJV (Hrsg.), RefE BilRUG, S. 10 – dem IDW zuzustimmen, das eine qualitative Berichterstattung nur zulässt, sofern die Offenlegung quantitativer Informationen nicht möglich ist, vgl. HFA DES IDW, RS HFA 32, Tz. 21 f. Da zu den externen Kreditsicherheiten in aller Regel quantitative Informationen vorliegen, sollten diese folgerichtig auch veröffentlicht werden.

1821 Vgl. allgemein bereits Abschn. 252.

1822 Vgl. die einleitenden Ausführungen in diesem Abschnitt sowie bereits die Abschn. 463. und 341.2.

1823 Vgl. die Nachweise in Fn. 642.

1824 Vgl. FEY, G., GoB für Haftungsverhältnisse, S. 301 f.

1825 FEY, G., GoB für Haftungsverhältnisse, S. 301.

1826 Vgl. FEY, G., GoB für Haftungsverhältnisse, S. 301 f.

1827 Vgl. hierzu bereits die Ausführungen in Fn. 1815.

Auffassung und die Position von FEY im Ergebnis insofern z. T. decken,[1828] basieren sie jedoch auf divergierenden Argumentationen. Die unterschiedliche Argumentationsbasis zeigt sich in obigem Zitat, aus dem hervorgeht, dass bspw. eine Gesellschafterbürgschaft keine zusätzlichen Chancen für die nicht unmittelbar begünstigten Gläubiger impliziere. Dieser Auffassung ist sicherlich für die von FEY untersuchten Phasen, in denen sich das Unternehmen nicht in einer akuten Krise befindet, zuzustimmen. Als erwiesenermaßen[1829] nicht zutreffend erweist sich diese Schlussfolgerung hingegen in Bezug auf die in dieser Arbeit untersuchten Krisenphasen. Dies vorausgestellt gilt es nun zu analysieren, inwieweit externe Kreditsicherheiten im Rahmen der Lageberichterstattung zu veröffentlichen sind.

465.3 Berichterstattung über Kreditsicherheiten im Lagebericht

Während sich bereits in Anspruch genommene externe Kreditsicherheiten unmittelbar in der Bilanz niederschlagen und insofern keine ergänzenden Ausführungen im **Lagebericht** erforderlich machen, findet eine Berichterstattung über die externe Kreditbesicherung im Vorfeld dieser Inanspruchnahme bisher weder im Jahresabschluss noch im Lagebericht statt. Aufgrund des Zukunftsbezugs der potenziellen Inanspruchnahme und des damit potenziell einhergehenden Gläubigerwechsels erscheint eine Informationsvermittlung über externe Kreditsicherungsmittel v. a. im Rahmen des Prognoseberichts zweckmäßig. Im Einzelfall kann die im Folgenden angeregte Informationsbereitstellung indes auch als Teil des Wirtschaftsberichts, genauer im Rahmen der Darstellung der wesentlichen Konditionen der Verbindlichkeiten (DRS 20.82), sinnvoll sein. Unerlässlich ist nach hier vertretener Auffassung eine Berichterstattung über externe Kreditsicherheiten im Rahmen der Erläuterung der künftigen Entwicklung der Kapitalstruktur. Da in diesem Zusammenhang die Prämissen dieser Prognose sowie die Ursachen und Konsequenzen der prognostizierten Entwicklung der Kapitalstruktur (und der damit eng zusammenhängenden Entwicklung der Liquidität[1830]) zu verdeutlichen sind, hat der Bilanzierende im Ergebnis die bereits oben diskutierten Angaben zu machen. Insofern hat er v. a. offenzulegen, welche externen Kreditbesicherungen bestehen, in welcher Höhe und von wem diese gewährt wurden sowie unter welchen Bedingungen es zu deren Inanspruchnahme kommen kann. Diese Berichtsanforderungen sind für die Adressaten erforderlich, um die Wahrscheinlichkeit und das Ausmaß des erläuterten Gläubigerwechsels und damit die möglichen Auswirkungen auf die künftige Kapitalstruktur des Unternehmens beurteilen zu können.[1831] Speziell die Angabe der Person des Sicherungsgebers versetzt die nicht unmittelbar von dem jeweiligen Sicherungsmittel begünstigten Gläubiger zudem in die Lage, ihre Befriedigungsaussichten im Risikoextremfall der Insolvenz besser evaluieren zu können. Obgleich diese Berichtsanforderung letztlich Ausfluss der Tatsache ist, dass die handelsrechtliche Bilanzierung von Sanierungsmaßnahmen u. U. auch ihre insolvenzrechtlichen Implikationen berücksichtigen (und abbilden)

1828 Auch im Ergebnis kommt es hingegen zu Unterschieden. So ist nach hier vertretener Auffassung v. a. die Angabe einer externen Sicherheit bereits angezeigt, sofern diese von einem Gesellschafter (und damit nicht zwingend von einem verbundenen Unternehmen) gewährt wird.

1829 Vgl. die einleitenden Ausführungen in diesem Abschnitt sowie bereits die Abschn. 463. und 341.2.

1830 Vgl. ausführlich bereits Abschn. 251.2.

1831 Auf Basis dieser Argumentation sollte der Bilanzierende im Übrigen auch die Kündigungsmöglichkeiten möglicherweise existenter Patronatserklärungen im Lagebericht (bzw. aus Gründen der Klarheit u. U. im Anhang) explizit veröffentlichen.

muss,[1832] wird hier keinesfalls gefordert, dass die handelsrechtliche Rechnungslegung die Wirkung eines möglichen Insolvenzverfahrens vorwegnehmen sollte.[1833] Wie bereits vom Schrifttum frühzeitig erkannt wurde, ist die objektivierte Ermittlung eines Zerschlagungsvermögens im Vorfeld einer Insolvenzeröffnung regelmäßig nicht möglich.[1834] Nichtsdestoweniger sollte eine rechenschaftsorientierte Rechnungslegung zumindest diesbezügliche Anhaltspunkte bereitstellen, sofern diese hinreichend objektiviert und zu vertretbaren Kosten ermittelt werden können. Dies ist in Bezug auf die hier proponierten Angabepflichten zur externen Kreditbesicherung regelmäßig zu bejahen, da die Sicherungsbeziehung in aller Regel auf klaren vertraglichen Grundlagen beruhen wird und zudem die insolvenzrechtlichen Implikationen der jeweiligen Kreditbesicherung eindeutig gesetzlich normiert sind. Bewertungsprobleme können sich indes hinsichtlich der Werthaltigkeit der externen Real- oder Personalsicherheit ergeben. Zwar wären grundsätzlich auch diesbezügliche Informationen adäquate Anhaltspunkte im beschriebenen Sinne, jedoch kann von dem zu sanierenden Unternehmen nicht grundsätzlich verlangt werden, die Werthaltigkeit der externen Kreditsicherheiten (z. B. die Vermögenssituation eines Gesellschafterbürgen) zu evaluieren und zu veröffentlichen. Nichtsdestotrotz wird die Offenlegung dieser Informationen, v. a. soweit diese mit vertretbarem Aufwand generierbar erscheinen (bspw. sofern für ein als externe Kreditsicherheit gestelltes Grundstück ohnehin ein Wertgutachten vorliegt), hier in Form eines Wahlrechts angeregt.

Abschließend soll die Sinnhaftigkeit und Notwendigkeit der Angabe externer Kreditsicherheiten anhand einer Parallele zu den in Abschn. 462.3 ausführlich erörterten **Patronatserklärungen** verdeutlicht werden. Wie bereits erläutert ist zwar umstritten, ob die Angaben über Patronatserklärungen im Anhang oder im Lagebericht bereitzustellen sind, die Berichterstattung selbst wird jedoch nicht in Zweifel gezogen.[1835] Dies erscheint mit dem Blick auf den vergleichbaren wirtschaftlichen Charakter einer externen Patronatserklärung und bspw. einer externen Gesellschafterbürgschaft verwunderlich. So wurde gezeigt, dass eine externe Patronatserklärung bei deren Inanspruchnahme in aller Regel ebenso einen Gläubigerwechsel impliziert wie die besagte Bürgschaft.[1836] Schließlich werden bei Vorliegen der entsprechenden (vergleichbaren) Anspruchsvoraussetzungen sowohl der Patron als auch der Bürge vom Gläubiger in Anspruch genommen, woraufhin der jeweilige Sicherungsgeber wiederum Rückgriffsansprüche gegenüber dem zu sanierenden Unternehmen geltend machen wird. Ein höherer Sicherungswert der externen Patronatserklärung könnte lediglich aus dem oben erläuterten Weiterleitungsrisiko erwachsen.[1837] Jedoch ist zu beachten, dass der Patron dieses Risiko häufig antizipieren wird und sich seine Haftung insofern im Ergebnis regelmäßig auf die patronierte Verbindlichkeit beschränken wird.[1838] Schließlich wurden durch die jüngste BGH-Rechtsprechung auch die Sicherungswirkungen bestimmter interner Patronatserklärungen weiter an diejenigen einer Gesellschafterbürgschaft angenähert. Da diese, in Abschn. 462.3 eingehend analy-

1832 Vgl. in diesem Zusammenhang bereits die Ausführungen am Ende des Abschn. 23.

1833 Vgl. hierzu bereits Fn. 1089.

1834 Vgl. hierzu nur MOXTER, A., Unternehmensfortführung, S. 348 f. und HATER, A., Fortbestehensprognose und Fortführungsprognose, S. 178 m. w. N.

1835 Vgl. hierzu die einschlägigen Ausführungen und Nachweise in Abschn. 463.

1836 Vgl. zum vergleichbaren Sicherungswert der harten Patronatserklärung und der Bürgschaft (sowie der Garantie) Abschn. 462.3 und speziell die Nachweise in Fn. 1682.

1837 Vgl. Abschn. 462.3.

1838 Vgl. bereits die Ausführungen in Abschn. 462.3 und speziell Fn. 1686.

sierten, Patronatserklärungen nunmehr unter bestimmten Voraussetzungen ex nunc kündbar sind, beschränkt sich die Haftung des Patrons – wie bspw. diejenige aus einer umfangreichen Gesellschafterbürgschaft – auf die zu einem bestimmten Stichtag begründeten Verbindlichkeiten. Zusammenfassend rechtfertigen die in großen Teilen vergleichbaren oder sogar analogen wirtschaftlichen Implikationen von Patronatserklärungen und bspw. Gesellschafterbürgschaften insofern keine diametral unterschiedliche Bilanzierung. Vielmehr stellen externe Kreditsicherheiten, vergleichbar mit Patronatserklärungen, m. E. einen Teil der von LEFFSON beschriebenen potenziellen Liquidität[1839] dar und sollten daher entweder im Anhang oder – sofern der obigen Argumentation nicht gefolgt wird – jedenfalls im Lagebericht in der oben vorgeschlagenen Weise erläutert werden.

Als letztes ist schließlich die Berichterstattung über vereinbarte **Covenants** im handelsrechtlichen Jahresabschluss und Lagebericht zu diskutieren. Wie bereits in Abschn. 463. akzentuiert wurde, wird zwar vereinzelt über die Verortung der diesbezüglichen Angaben im Anhang oder alternativ im Lagebericht diskutiert, die konkreten Berichterstattungspflichten werden indes im Wesentlichen nur mit Bezug zu IFRS 7 thematisiert. Dies erscheint nicht vollends verwunderlich, da die Informationsbereitstellung über Covenants direkt im HGB nicht und auch in DRS 20.82 nur indirekt in Gestalt der Berichterstattung über wesentliche Verbindlichkeitskonditionen adressiert wird. Vor dem Hintergrund, dass der Informationsbereitstellung über vereinbarte Covenants in der Unternehmenskrise essentielle Bedeutung in Bezug auf die Evaluierung der Gefahr von Kapitalentzügen zukommt, erscheinen die detaillierten Angabepflichten nach IFRS 7 im Wesentlichen auch im Rahmen des handelsrechtlichen Lageberichts erforderlich. Während die Dichte der Angabepflichten gem. IFRS 7 für handelsrechtliche Zwecke häufig nicht sachgerecht erscheint,[1840] sollten die Anforderungen in Bezug auf die Covenant-Berichterstattung dem Bilanzierenden keine unverhältnismäßigen Kosten aufbürden.[1841] Konkret sollte der Bilanzierende zunächst gem. DRS 20.82 über die konkret vereinbarten Covenants und die jeweils zu Grunde liegenden Verbindlichkeiten berichten. Darüber hinaus erscheint – analog zu den entsprechenden Regelungen des IFRS 7 – auch die Offenlegung bereits eingetretener covenant breaches, die nicht durch entsprechende Neuverhandlungen vor dem Bilanzstichtag beseitigt wurden,[1842] sachgerecht. Dies basiert v. a. darauf, dass es dem Adressaten durch diese Angaben ermöglicht wird, die Gefahr des Kapitalentzugs in Folge von Verletzungen der covenants einzuschätzen, wodurch letztlich der handelsrechtliche Rechenschaftszweck gestärkt werden kann. Nicht erforderlich erscheint hingegen die Angabe jener covenant breaches, die bereits vor dem Bilanzstichtag geheilt wurden, da derartige Verstöße keine oder nur eine geringe Relevanz für die nicht unmittelbar betroffenen Gläubiger aufweisen und auf deren Angabe daher ausnahmsweise mit Verweis auf die self-fulfilling-prophecy verzichtet werden

1839 Vgl. ausführlicher bereits die Erläuterungen in Abschn. 251.2 und speziell Fn. 159.

1840 Vgl. zur aktuellen, in ihrer Grundtendenz ebenso im Rahmen der handelsrechtlichen Anhangberichterstattung einschlägigen, Diskussion des Umfangs und der konkreten Ausgestaltung einer optimalen (möglichst entscheidungsnützlichen bzw. rechenschaftsorientierten) Informationsbereitstellung im (IFRS-)Anhang KIRSCH, H.-J./ GALLASCH, F./GIMPEL-HENNING, N., Disclosure Framework, S. 86-94 und die dort zitierten Nachweise.

1841 Vgl. zum Grundsatz der Wirtschaftlichkeit bereits die entsprechenden Ausführungen und Nachweise am Ende des Abschn. 253.2.

1842 Sofern der Verstoß im Aufstellungszeitraum behoben wurde, ist dies gem. § 289 Abs. 2 Nr. 1 HGB (bzw. § 285 Nr. 3 HGB-Neu, vgl. Fn. 670) im Nachtragsbericht zu adressieren, vgl. allgemein zum Nachtragsbericht bereits Abschn. 341.3.

kann.[1843] Schließlich hat der Bilanzierende zur Wahrscheinlichkeit eines künftigen covenant breaches Stellung zu nehmen. In diesem Zusammenhang kann er im Idealfall bspw. auf Szenario- oder Sensitivitätsanalysen zurückgreifen. Zu weitgehend erscheint für handelsrechtliche Zwecke hingegen die Forderung gem. IFRS 7.39 (c), nach der das Unternehmen das Vorgehen zur Steuerung des, von einem covenant breach ausgehenden, Liquiditätsrisikos darzustellen hat.

[1843] Vgl. allgemein hierzu bereits Abschn. 341.3.

5 Zusammenfassung der Ergebnisse und Ausblick

Obgleich Unternehmenskrisen einen festen Bestandteil des Lebenszyklusses eines Unternehmens darstellen, wird die Unternehmensleitung unter normalen Umständen danach trachten, diese Phase so schnell als möglich durch entsprechende Sanierungsmaßnahmen zu überwinden. Auf Basis der Abwägung zwischen Vor- und Nachteilen der gerichtlichen Sanierung und der allgemeinen Erkenntnis, dass eine Sanierung so früh wie möglich eingeleitet werden sollte, wurde als (zeitlich) idealer Untersuchungsgegenstand die **vorinsolvenzliche Sanierung** identifiziert. Gleichzeitig wurde festgestellt, dass diese Sanierung nur dann erfolgreich sein kann, wenn die beteiligten Parteien über alle wesentlichen, entscheidungserheblichen Informationen verfügen. Während der hier behandelten Krisenphasen erscheint in diesem Zusammenhang v. a. die Informationsvermittlung hinsichtlich der künftigen Finanz- und Liquiditätslage von essentieller Bedeutung. Diese Finanz- und Liquiditätslage wird ihrerseits maßgeblich durch die in dieser Arbeit behandelten finanziellen, externen Maßnahmen zur Restrukturierung der bestehenden Fremdkapitalpositionen beeinflusst. Als Berichtsrahmen für die handelsrechtliche Informationsbereitstellung in Bezug auf diese Maßnahmen wurde am Ende des zweiten Abschnitts schließlich das handelsrechtliche Zweck- und GoB-System sowie, als methodische Basis der im weiteren Verlauf der Arbeit entwickelten Bilanzierung finanzieller Sanierungsmaßnahmen, die Hermeneutik erläutert.

Im dritten Kapitel wurden, ausgehend von den idealtypischen Eigenschaften von Kapitalüberlassungsverträgen, sowohl das Eigenkapital als auch die unterschiedlichen Fremdkapitalpositionen hinsichtlich ihres Restrukturierungspotenzials untersucht. Dabei wurden neben den Verbindlichkeiten gegenüber Kreditinstituten und den Verbindlichkeiten aus Lieferungen und Leistungen die Pensionsrückstellungen als jene **Restrukturierungsobjekte** identifiziert, von denen potenziell die größten Sanierungsbeiträge zu erwarten sind und die infolgedessen den sachlichen Untersuchungsgegenstand der vorliegenden Arbeit bildeten.

Im Hauptteil der Arbeit wurde schließlich die Bilanzierung der unterschiedlichen Sanierungsmaßnahmen analysiert. Dabei wurde in Abschn. 42 zunächst auf vereinbarte **Zahlungsaufschübe** eingegangen. Während diese zumindest im Rahmen der (groben) Darstellung der Verbindlichkeitsfristen im Anhang berücksichtigt werden, schlagen sich Zahlungsaufschübe in der Bilanz und der GuV nicht und aufgrund der diesbezüglich weniger konkreten Vorgaben erwiesenermaßen[1844] auch im Lagebericht nur in unzureichender Weise nieder. Zwar wurden in diesem Kontext u. a. Vorschläge für eine verbesserte Berichterstattung über vereinbarte Sanierungskredite, denen in der Unternehmenskrise eine große Bedeutung für die künftige Finanz- und Liquiditätslage zukommt, erarbeitet. Den Schwerpunkt der Untersuchung bildete indes die Frage nach der Abzinsung von Verbindlichkeiten, für die eine Stundung bzw. allgemein ein Zahlungsaufschub vereinbart wurde. Da diese Abzinsung zwar (de lege lata) nicht nach HGB, jedoch (innerhalb bestimmter Grenzen) nach IFRS vorgeschrieben ist, erschien ein Vergleich der nationalen und internationalen Vorschriften als logische und sachgerechte Konsequenz. Es wurde ausgeführt, dass Zahlungsaufschübe nach IFRS in aller Regel die, finanzwirtschaftlich und i. S. e. realitätsgerechten Belastungsausweises zweifelsoh-

[1844] Vgl. hierzu die Nachweise in Fn. 686.

ne gebotene, Abzinsung der betroffenen Schuldposition implizieren. Auch wenn der Bedeutungszusammenhang, als Kriterium der in diesem Zusammenhang eingesetzten hermeneutischen Methode, v. a. mit Blick auf die seit dem BilMoG vorgeschriebene allgemeine Abzinsung von Rückstellungen für die besagte Abzinsung spricht, ist diese aufgrund der expliziten Vorgaben des § 253 Abs. 1 S. 2 HGB im Ergebnis de lege lata nicht zulässig. Vor dem Hintergrund der genannten Vorteile einer Abzinsung wurde jedoch erarbeitet, dass die Diskontierung zumindest de lege ferenda zu empfehlen ist. Dabei wurde zunächst festgestellt, dass die international einschlägige (und in praxi bereits etablierte) Abzinsung aufgrund der damit einhergehenden zu großen (und unnötigen) Ermessensspielräume nicht auf die handelsrechtliche Bilanzierung übertragen werden sollte. Stattdessen wurde abschließend vorgeschlagen, gestundete Verbindlichkeiten mittels objektivierter Bundesbank-Zinssätze abzuzinsen und für den daraus erwachsenden Abzinsungsertrag eine Ausschüttungssperre zu kodifizieren. Mit Hilfe dieses Ansatzes könnte nach meinem Dafürhalten der Rechenschaftszweck gestärkt werden, ohne den Kapitalerhaltungszweck bzw. speziell das Realisationsprinzip zu verletzen oder einzuschränken.

Der nachfolgende Abschn. 43 widmete sich den unterschiedlichen Arten von **Rangrücktrittserklärungen**. Dabei wurde zunächst festgestellt, dass Rangrücktritte zwar den rechtlichen Bestand der zu Grunde liegenden Verbindlichkeit unberührt lassen, sie jedoch hinsichtlich ihrer Rangtiefe und in Folge des MoMiG (qua legem) auch in Bezug auf ihre zeitliche Reichweite divergieren können. Da sich Rangrücktritte, vergleichbar mit der Abbildung von Zahlungsaufschüben, im handelsrechtlichen Jahresabschluss nur in geringem Ausmaß niederschlagen und dem Bilanzierenden hinsichtlich der diesbezüglichen Lageberichterstattung erneut (zu) große Ermessensspielräume verbleiben, wurden für die Informationsvermittlung im Lagebericht bestimmte, konkretisierende Mindestangaben erarbeitet. Vor dem Hintergrund, dass ein Rangrücktritt wirtschaftlich im Grunde einen weitreichenden Zahlungsaufschub darstellt, galt es außerdem die Abzinsung der im Rang zurückgetretenen Verbindlichkeit zu diskutieren. Die handelsrechtliche Würdigung führte zwar zu dem Ergebnis, dass die zur Rede stehende Verbindlichkeit mit der h. M. weiterhin zu passivieren ist, hinsichtlich der Bewertung dieser Verbindlichkeit kann der herrschenden Auffassung jedoch nicht uneingeschränkt gefolgt werden. Analog zur Abbildung von Zahlungsaufschüben wurde de lege ferenda auch die Abzinsung von im Rang zurückgetretenen Verbindlichkeiten vorgeschlagen. Es wurde jedoch darauf hingewiesen, dass Rangrücktritte in Relation zu Zahlungsaufschüben regelmäßig mit größeren zeitlichen Unsicherheiten behaftet sind und daher die diesbezügliche Abzinsung strengeren (objektivierenden) Auflagen – konkret in Gestalt der Existenz einer hinreichend validen Datenbasis – unterliegen sollte.

Während die in dieser Arbeit untersuchten Sanierungsmaßnahmen vor dem Hintergrund ihrer praktischen Anwendbarkeit primär mit Bezug zu Bank- und Lieferantenverbindlichkeiten analysiert wurden, wirft der **unbedingte Verzicht** vorrangig dann bilanzrechtliche Fragestellungen auf, wenn sich der Verzicht auf erteilte Pensionszusagen bezieht. Obgleich die Restrukturierung von Pensionszusagen die (künftige) Finanz- und Liquiditätslage häufig wesentlich beeinflusst, finden sich hinsichtlich ihrer Erläuterung, die sich zugegebenermaßen v. a. in Folge der einschlägigen arbeitsrechtlichen Regelungen nicht nur sehr einzelfallbezogen, sondern z. T. auch komplex darstellt, nur wenige konkrete Vorgaben für die Berichterstattung im Anhang und Lagebericht. Dies berücksichtigend und vor dem Hintergrund, dass die jüngste Überarbeitung des IAS 19 u. a. auf ein erhöhtes Verständnis der passivierten Pensionsrückstellung mittels verbesserter Angabepflichten abzielte, wurden zunächst diese international vorgeschriebenen Angaben untersucht. Obgleich diese Angabepflichten nicht in Gänze auf die handelsrechtliche Lageberichterstattung übertragen werden sollten, wurde insbesondere herausgearbeitet, dass über Restrukturierungen von Pensionsanwartschaften in Orientierung an die arbeitsrechtlich einschlägige Drei-Stufen-Theorie berichtet werden sollte. Darüber hinaus wurde vorgeschlagen, die, in der Unternehmenskrise v. a. aufgrund des § 16 BetrAVG häufig vorliegenden, Prognosen der Versorgungszahlungen und damit die Fälligkeitsstruktur der Pensionsrückstellung in Anlehnung an die entsprechende IFRS-Berichterstattung als zwingenden Gegenstand der handelsrechtlichen Lageberichterstattung zu etablieren.

In Abschn. 45 wurde außerdem das Sanierungsinstrument des **Verzichts mit Besserungsabreden** untersucht. Neben der Erarbeitung bestimmter Anhang- und Lageberichtsangaben, die v. a. die Einschätzung der mit der jeweiligen Besserungsabrede einhergehenden Liquiditätsfolgen verbessern sollen, bildete die Frage nach der Passivierung der aus künftigen Jahresüberschüssen zu bedienenden Besserungsverpflichtung den Analyseschwerpunkt dieses Abschnitts. Dabei wurde zunächst herausgearbeitet, dass die in der Diskussion um die Passivierung der Besserungsverpflichtung vertretenen Positionen nur unzureichend aufeinander Bezug nehmen: Während manche Stimmen die Bilanzierung ausschließlich von der rechtlichen Einordnung dieser Sanierungsmaßnahme abhängig machen, rekurrieren andere auf deren wirtschaftlichen Gehalt oder auf das Kriterium der wirtschaftlichen Verursachung der Besserungsverpflichtung. Im vorliegenden Abschnitt wurde daher versucht, diese Positionen zu einer gemeinsamen Lösung zusammenzuführen. Neben weiteren behandelten Problemstellungen galt es in diesem Zusammenhang v. a. die Frage zu klären, inwieweit die Besserungsverpflichtung bis zum Bilanzstichtag wirtschaftlich verursacht wurde. Zur Beantwortung dieser Fragestellung wurde die Besserungsverpflichtung dezidiert vor dem Hintergrund der Wesentlichkeits- und der Alimentationstheorie, die als Konkretisierungen der wirtschaftlichen Verursachung entwickelt wurden, analysiert. Dabei wurde v. a. erarbeitet, dass das Erreichen des Verzichts mit Besserungsabrede, der analog zu den IFRS-Regelungen als Gesamtkonstrukt zu würdigen ist, als wesentlich(st)es Tatbestandsmerkmal gelten muss und die Wesentlichkeitstheorie daher zumindest nicht eindeutig gegen die Passivierung der Besserungsverpflichtung spricht. Darüber hinaus wurde festgestellt, dass die künftigen Aufwendungen zur Bedienung der Besserungsverpflichtung (bzw. der Barwert dieser Aufwendungen) dem Ausbuchungsertrag zuzuordnen sind, und somit die Alimentationstheorie für die besagte Passivierung spricht. Der Ansatz der Besserungsverpflichtung ist außerdem vor dem Hintergrund einer periodengerechten Erfolgsermittlung angezeigt, da es im Ergebnis nicht zweckmäßig erscheint, den unbedingten und den bedingten Verzicht hinsichtlich ihrer Erfolgswirkungen gleich zu behandeln. Dieses Ergebnis wird schlussendlich auch durch den Bedeutungszusammenhang, in den die Passivierung der Besserungsverpflichtung einzubetten ist, gestützt. Konkret offenbart insbesondere der seit dem BilMoG geltende § 274 Abs. 1 S. 4 HGB die Unzulänglichkeiten der derzeit vertretenen Nichtpassivierung der Besserungsverpflichtung. So ist es nunmehr möglich, aufgrund erwarteter Gewinne ein Aktivum (aktive latente Steuern auf Verlustvorträge) zu erfassen, während die mit diesen (oder sogar vorsichtiger geschätzten) Gewinnen zwangsläufig verbundene Besserungsverpflichtung nicht bilanziert wird. Am Ende des Abschnitts wurde schließlich die Bewertung der Besserungsverpflichtung untersucht.

Diese hat nach hier vertretener Auffassung letztlich den Barwert der zur Bedienung der Verpflichtung verfügbaren Jahresüberschüsse widerzuspiegeln.

Abschließend wurde in Abschn. 46 die handelsrechtliche Abbildung der **Kreditbesicherung** analysiert. Diese kommt nicht nur als Gegenstand von Restrukturierungsbemühungen in Betracht, sondern gewinnt gerade im Rahmen der Unternehmenskrise eine besondere Bedeutung, da sie die Gläubiger schließlich vor dem Ausfall ihrer Ansprüche in besagter Krise schützen soll. Im Anschluss an die Erläuterung der in der Unternehmenspraxis relevantesten Sicherungsmittel wurde ihre Bilanzierung nach HGB und IFRS adressiert. Dabei wurde festgestellt, dass in Bezug auf abgegebene Patronatserklärungen und vereinbarte Covenants im Sinne einer rechenschaftsorientierten Rechnungslegung bestimmte Konkretisierungen in Anlehnung an die entsprechenden IFRS-Regelungen erforderlich sind. Ein weiterer Schwerpunkt der Analyse der Kreditbesicherung bildete die Berichterstattung über extern bestellte Kreditsicherheiten. So wurde herausgearbeitet, dass die Angabe wesentlicher externer Kreditsicherheiten unerlässlich für die Beurteilung der künftigen Finanz- und Liquiditätslage ist. Die konkrete Berichtspflicht resultiert dabei entweder aus der (extensiven) Auslegung des § 285 Nr. 3 HGB oder aus § 289 Abs. 1 S. 4 HGB, nach dem im Lagebericht u. a. auf die künftige Entwicklung der Kapitalstruktur einzugehen ist.

Als **Gesamtfazit** der Arbeit kann damit festgestellt werden, dass die allseits gewünschte frühzeitig eingeleitete, geräuschlose und billige Unternehmenssanierung vorrangig einer sachdienlichen Informationsgrundlage bedarf. Sie umfasst in der Unternehmenskrise u. a. die, am handelsrechtlichen Zweck- und GoB-System orientierte, Informationsvermittlung über die durchgeführten Restrukturierungsmaßnahmen an der bestehenden Fremdkapitalbasis. Vor diesem Hintergrund wurden in der vorliegenden Arbeit Vorschläge zur bilanziellen Abbildung finanzieller Sanierungsmaßnahmen entwickelt, die nicht nur konsequenter als die bisherigen Auffassungen den wirtschaftlichen Gehalt dieser Maßnahmen berücksichtigen, sondern stets auch im Auge behalten, dass mit Rekurs auf das Eingangszitat gerade in der Unternehmenskrise eine zukunftsorientierte Wissensvermittlung essentiell ist. Es bleibt abzuwarten, ob die Fachwelt und v. a. die bilanzierenden Unternehmen die Notwendigkeit dieser zweckgerechteren Bilanzierung von Sanierungsmaßnahmen erkennen werden und die hier unterbreiteten Vorschläge insofern zu einer verbesserten Unternehmensberichterstattung und damit potenziell zu verbesserten Sanierungschancen sanierungswürdiger Unternehmen beitragen werden.

Quellenverzeichnis

Verzeichnis der Kommentare

ADLER, HANS/DÜRING, WALTHER/SCHMALTZ, KURT, Rechnungslegung nach internationalen Standards. Kommentar, Stuttgart 2002 ff. (zitiert: ADS International).

ADLER, HANS/DÜRING, WALTHER/SCHMALTZ, KURT, Rechnungslegung und Prüfung der Unternehmen. Kommentar zum HGB, AktG, GmbHG, PublG nach den Vorschriften des Bilanzrichtlinien-Gesetzes, 6. Aufl., Stuttgart 1994/2001 (zitiert: ADS).

ALTMEPPEN, HOLGER/ROTH, GÜNTER H., Gesetz betreffend die Gesellschaften mit beschränkter Haftung (GmbHG). Kommentar, 7. Aufl., München 2012 (zitiert: BEARBEITER, in: GmbHG, 7. Aufl.).

ANDRES, DIRK/LEITHAUS, ROLF/DAHL, MICHAEL, Insolvenzordnung (InsO). Kommentar, 3. Aufl., München 2014 (zitiert: BEARBEITER, in: InsO, 3. Aufl.).

BAETGE, JÖRG/KIRSCH, HANS-JÜRGEN/THIELE, STEFAN, Bilanzrecht. Handelsrecht mit Steuerrecht und den Regelungen des IASB, Bonn/Berlin 2002 ff. (zitiert: BEARBEITER, in: Bilanzrecht).

BAETGE, JÖRG/WOLLMERT, PETER/KIRSCH, HANS-JÜRGEN/OSER, PETER/BISCHOF, STEFAN, Rechnungslegung nach IFRS. Kommentar auf der Grundlage des deutschen Bilanzrechts, 2. Aufl., Stuttgart 2008 ff. (zitiert: BEARBEITER, in: IFRS-Kommentar, 2. Aufl.).

BALLWIESER, WOLFGANG/BEINE, FRANK/HAYN, SVEN/PEEMÖLLER, VOLKER H./SCHRUFF, LOTHAR/ WEBER, CLAUS-PETER, Wiley. Handbuch International Financial Reporting Standards 2011, 7. Aufl., Weinheim 2011 (zitiert: BEARBEITER, in: Wiley Handbuch IFRS, 7. Aufl.).

BAMBERGER, HEINZ GEORG/ROTH, HERBERT, Beck´scher Online-Kommentar BGB, 31. Edition, München 2014 (zitiert: BEARBEITER, in: Beck OK BGB, 31. Ed.).

BAUMBACH, ADOLF/HOPT, KLAUS J., Handelsgesetzbuch. Mit GmbH & Co., Handelsklauseln, Bank- und Börsenrecht, Transportrecht (ohne Seerecht), 36. Aufl., München 2014 (zitiert: BEARBEITER, in: HGB, 36. Aufl.).

BECK, SIEGFRIED/DEPRÉ, PETER, Praxis der Insolvenz. Ein Handbuch für die Beteiligten und ihre Berater, 2. Aufl., München 2010 (zitiert: BEARBEITER, in: Praxis der Insolvenz, 2. Aufl.).

BERGER, AXEL/ELLROTT, HELMUT/BUDDE, WOLFGANG DIETER/HENSE, BURKHARD, Beck´scher Bilanz-Kommentar. Handels- und Steuerrecht. §§ 238 bis 339 HGB, 5. Aufl., München 2003 (zitiert: BEARBEITER, in: BeBiKo, 5. Aufl.).

BLERSCH, JÜRGEN/GOETSCH, HANS-W./HAAS, ULRICH, Berliner Kommentar Insolvenzrecht. InsO. Arbeitshilfen InsVV internationales Insolvenzrecht Steuerrecht, Köln 2010 (zitiert: BEARBEITER, in: Berliner Komm. InsO).

BLOMEYER, WOLFGANG/OTTO, KLAUS/ROLFS, CHRISTIAN, Betriebsrentengesetz. Gesetz zur Verbesserung der betrieblichen Altersversorgung. Kommentar, 5. Aufl., München 2010 (zitiert: BEARBEITER, in: Betriebsrentengesetz, 5. Aufl.).

BÖCKING, HANS-JOACHIM/CASTAN, EDGAR/HEYMANN, GERD/PFITZER, NORBERT/SCHEFFLER, EBERHARD, Beck'sches Handbuch der Rechnungslegung. HGB und IFRS, München 1986 ff. (zitiert: BEARBEITER, in: Beck HdR).

BOHL, WERNER/RIESE, JOACHIM/SCHLÜTER, JÖRG, Beck'sches IFRS-Handbuch. Kommentierung der IFRS/IAS, 4. Aufl., München 2013 (zitiert: BEARBEITER, in: IFRS-Handbuch, 4. Aufl.).

BRAUN, EBERHARD, Insolvenzordnung (InsO). Kommentar, 4. Aufl., München 2014 (zitiert: BEARBEITER, in: Komm. InsO, 4. Aufl.).

BUDDE, WOLFGANG DIETER/FÖRSCHLE, GERHART/WINKELJOHANN, NORBERT, Sonderbilanzen. Von der Gründungsbilanz bis zur Liquidationsbilanz, 4. Aufl., München 2008 (zitiert: BEARBEITER, in: Sonderbilanzen, 4. Aufl.).

CANARIS, CLAUS-WILHELM/STAUB, HERMANN/ULMER, PETER, Handelsgesetzbuch. Großkommentar, 4. Aufl., Berlin 2005 (zitiert: BEARBEITER, in: Großkommentar HGB, 4. Aufl.).

DELOITTE, iGAAP 2014. Volume C. Financial instruments – IAS 39 and related standards, Croydon 2013 (zitiert: iGAAP).

EBENROTH, CARSTEN THOMAS/BOUJONG, KARLHEINZ/JOOST, DETLEV/STROHN, LUTZ, Handelsgesetzbuch. Band 1. §§ 1-342e, 2. Aufl., München 2008 (zitiert: BEARBEITER, in: HGB/1, 2. Aufl.).

EBENROTH, CARSTEN THOMAS/BOUJONG, KARLHEINZ/JOOST, DETLEV/STROHN, LUTZ, Handelsgesetzbuch. Band 2. §§ 343-475 h, Transportrecht, Bank- und Börsenrecht, 2. Aufl., München 2009 (zitiert: BEARBEITER, in: HGB/2, 2. Aufl.).

ELLROTT, HELMUT/FÖRSCHLE, GERHART/GROTTEL, BERND/KOZIKOWSKI, MICHAEL/SCHMIDT, STEFAN/WINKELJOHANN, NORBERT, Beck'scher Bilanz-Kommentar. Handels- und Steuerbilanz. §§ 238 bis 339, 342 bis 342e HGB mit IFRS-Abweichungen, 8. Aufl., München 2012 (zitiert: BEARBEITER, in: BeBiKo, 8. Aufl.).

ELLROTT, HELMUT/FÖRSCHLE, GERHART/KOZIKOWSKI, MICHAEL/WINKELJOHANN, NORBERT, Beck'scher Bilanz-Kommentar. Handels- und Steuerbilanz. §§ 238 bis 339, 342 bis 342e HGB, IFRS-Abweichungen, 7. Aufl., München 2010 (zitiert: BEARBEITER, in: BeBiKo, 7. Aufl.).

EMMERICH, VOLKER/HABERSACK, MATHIAS, Aktien- und GmbH-Konzernrecht. Kommentar, 7. Aufl., München 2013 (zitiert: BEARBEITER, in: AktG, 7. Aufl.).

ERNST & YOUNG, International GAAP 2014. Generally Accepted Accounting Principles under International Financial Reporting Standards, 9. Aufl., Chichester 2014 (zitiert: GAAP).

FLEISCHER, HOLGER/GOETTE, WULF, Münchener Kommentar zum Gesetz betreffend die Gesellschaften mit beschränkter Haftung – GmbHG. Band 2. §§ 35-52. 2. Aufl., München 2014 (zitiert: BEARBEITER, in: Münchener Kommentar).

FÖRSCHLE, GERHART/GROTTEL, BERND/SCHMIDT, STEFAN/SCHUBERT, WOLFGANG J./WINKELJOHANN, NORBERT, Beck´scher Bilanz-Kommentar. Handels- und Steuerbilanz, §§ 238 bis 339, 342 bis 342e HGB mit IFRS-Abweichungen, 9. Aufl., München 2014 (zitiert: BEARBEITER, in: BeBiKo, 9. Aufl.).

GEßLER, HEFERMEHL/ECKARDT, KROPFF, Kommentar zum AktG. Band 3. §§ 148-178, München 1973 (zitiert: BEARBEITER, in: Komm. AktG).

HENNRICHS, JOACHIM/KLEINDIEK, DETLEF/WATRIN, CHRISTOPH, Münchener Kommentar zum Bilanzrecht. Band 1 IFRS. MüKo Bilanzrecht Bd. 1, München 2012 (zitiert: BEARBEITER, in: MüKo Bilanzrecht Bd. 1).

HENNRICHS, JOACHIM/KLEINDIEK, DETLEF/WATRIN, CHRISTOPH, Münchener Kommentar zum Bilanzrecht. Band 2 HGB. MüKo Bilanzrecht Bd. 2, München 2012 (zitiert: BEARBEITER, in: MüKo Bilanzrecht Bd. 2).

HEUERMANN, BERND/EBLING, KLAUS, Einkommensteuergesetz, Körperschaftsteuergesetz, Gewerbesteuergesetz. EStG, KStG, GewStG. Kommentar, 122. Aufl., München 2014 (zitiert: BEARBEITER, in: EStG).

HEUSER, PAUL J./THEILE, CARSTEN, IFRS-Handbuch. Einzel- und Konzernabschluss, 5. Aufl., Köln 2012 (zitiert: BEARBEITER, in: IFRS-Handbuch, 5. Aufl.).

HOFBAUER, MAX A./AMMANN, HELMUT, Bonner Handbuch der Rechnungslegung. Textsammlung – Einführung – Kommentierung, 2. Aufl., Bonn 1986 ff. (zitiert: BEARBEITER, in: Bonner HdR, 2. Aufl.).

HÖFER, REINHOLD/REINHARD, BARBARA/REICH, TORSTEN, Betriebsrentenrecht (BetrAVG). Kommentar, München 2013 (zitiert: BEARBEITER, in: BetrAVG).

HOFFMANN, WOLF-DIETER/LÜDENBACH, NORBERT, NWB-Kommentar Bilanzierung. Handels- und Steuerrecht, 5. Aufl., Herne 2014 (zitiert: BEARBEITER, in: NWB-Kommentar).

HÖLTERS, WOLFGANG, Aktiengesetz, 2. Aufl., München 2014 (zitiert: BEARBEITER, in: Aktiengesetz, 2. Aufl.).

IDW, WP Handbuch 2008. Wirtschaftsprüfung, Rechnungslegung, Beratung. Band II. 13. Aufl., Düsseldorf 2007 (zitiert: WP-Handbuch 2008, Bd. II).

IDW, WP Handbuch 2014. Wirtschaftsprüfung, Rechnungslegung, Beratung. Band II. 14 Aufl., Düsseldorf 2014 (zitiert: WP-Handbuch 2014, Band II).

IDW, WP Handbuch 2012. Wirtschaftsprüfung, Rechnungslegung, Beratung. Band I. 14. Aufl., Düsseldorf 2012 (zitiert: BEARBEITER, in: WP-Handbuch 2012, Bd. I).

JAUERNIG, OTHMAR, Bürgerliches Gesetzbuch. Mit Allgemeinem Gleichbehandlungsgesetz (Auszug). Kommentar, 15. Aufl., München 2014 (zitiert: BEARBEITER, in: Komm. BGB, 15. Aufl.).

KEMPER, KURT/KISTERS-KÖLKES, MARGRET/BERENZ, CLAUS/HUBER, BRIGITTE, BetrAVG. Kommentar zum Betriebsrentengesetz mit Insolvenzsicherung und Versorgungsausgleich, 5. Aufl., Köln 2013 (zitiert: BEARBEITER, in: Komm. BetrAVG, 5. Aufl.).

KINDL, JOHANN/MELLER-HANNICH, CAROLINE/WOLF, HANS-JOACHIM, Gesamtes Recht der Zwangsvollstreckung. ZPO, ZVG, Nebengesetze, Europäische Regelungen, Kosten. Handkommentar, 2. Aufl., Baden-Baden 2013 (zitiert: BEARBEITER, in: Recht der Zwangsvollstreckung, 2. Aufl.).

KIRCHHOF, HANS-PETER/EIDENMÜLLER, HORST/STÜRNER, ROLF, Münchener Kommentar zur Insolvenzordnung, 3. Aufl., München 2013 (zitiert: BEARBEITER, in: MüKo InsO, 3. Aufl.).

KOLLER, INGO/ROTH, WULF-HENNING/MORCK, WINFRIED, Handelsgesetzbuch. Kommentar, 7. Aufl., München 2011 (zitiert: BEARBEITER, in: Komm. HGB, 7. Aufl.).

KPMG, Insights into IFRS. KPMG´s practical guide to International Financial Reporting Standards, 10. Aufl., London 2013 (zitiert: BEARBEITER, in: Insights into IFRS, 10. Aufl.).

KÜTING, KARLHEINZ/PFITZER, NORBERT/WEBER, CLAUS-PETER, Handbuch der Rechnungslegung – Einzelabschluss: Kommentar zur Bilanzierung und Prüfung, 5. Aufl., Stuttgart 2013 (zitiert: BEARBEITER, in: HdR-E, 5. Aufl.).

LÜDENBACH, NORBERT/HOFFMANN, WOLF-DIETER, Haufe IFRS-Kommentar. Das Standardwerk, 11. Aufl., Freiburg 2013 (zitiert: BEARBEITER, in: Haufe IFRS, 11. Aufl.).

LÜDENBACH, NORBERT/HOFFMANN, WOLF-DIETER/FREIBERG, JENS, Haufe IFRS-Kommentar. Das Standardwerk, 12. Aufl., Freiburg 2014 (zitiert: BEARBEITER, in: Haufe IFRS, 12. Aufl.).

MACKENZIE, BRUCE/NJIKIZANA, TAPIWA/COETSEE, DANIE/CHAMBOKO, RAYMOND/COLYVAS, BLAISE/HANEKOM, BRANDON/SELBST, EDWIN, Wiley 2013. Interpretation and application of International Financial Reporting Standards, New York 2013 (zitiert: BEARBEITER, in: Wiley 2013).

MICHALSKI, LUTZ, Kommentar zum Gesetz betreffend die Gesellschaften mit beschränkter Haftung (GmbH-Gesetz), Band 2. 2. Aufl., München 2010 (zitiert: BEARBEITER, in: Komm. GmbHG, 2. Aufl.).

MOLL, WILHELM, Münchener Anwalts-Handbuch Arbeitsrecht, 2. Aufl., München 2009 (zitiert: BEARBEITER, in: Handbuch Arbeitsrecht, 2. Aufl.).

MOLL, WILHELM, Münchener Anwalts-Handbuch Arbeitsrecht, 3. Aufl., München 2012 (zitiert: BEARBEITER, in: Handbuch Arbeitsrecht, 3. Aufl.).

MÜLLER-GLÖGE, RUDI/PREIS, ULRICH/SCHMIDT, INGRID, Erfurter Kommentar zum Arbeitsrecht, 14. Aufl., München 2014 (zitiert: BEARBEITER, in: Komm. Arbeitsrecht, 14. Aufl.).

NERLICH, JÖRG/KREPLIN, GEORG, Münchener Anwaltshandbuch Sanierung und Insolvenz, 2. Aufl., München 2012 (zitiert: BEARBEITER, in: Münchener Anwaltshandbuch, 2. Aufl.).

NERLICH, JÖRG/RÖMERMANN, VOLKER, Insolvenzordnung (InsO). Kommentar, 25. Aufl., München 2013 (zitiert: BEARBEITER, in: InsO II).

PALANDT, OTTO/BASSENGE, PETER/BRUDERMÜLLER, GERD/ELLENBERGER, JÜRGEN/GÖTZ, ISABELL/ GRÜNEBERG, CHRISTIAN/SPRAU, HARTWIG/THORN, KARSTEN/WEIDENKAFF, WALTER, Bürgerliches Gesetzbuch. Mit Nebengesetzen, insbesondere mit Einführungsgesetz (Auszug) einschließlich Rom I-, Rom II- und Rom III-Verordnungen sowie dem Haager Unterhaltsprotokoll, Allgemeines Gleichbehandlungsgesetz (Auszug), Wohn- und Betreuungsvertragsgesetz, BGB-Informationspflichten-Verordnung, Unterlassungsklagengesetz, Produkthaftungsgesetz, Erbbaurechtsgesetz, Wohnungseigentumsgesetz, Versorgungsausgleichsgesetz, Lebenspartnerschaftsgesetz, Gewaltschutzgesetz, 73. Aufl., München 2014 (zitiert: BEARBEITER, in: BGB, 73. Aufl.).

PETERSEN, KARL/BOECKER, CORINNA, Bilanzrechtsmodernisierungsgesetz, BilMoG. Gesetze, Materialien, Erläuterungen, München 2009 (zitiert: BEARBEITER, in: BilMoG).

PETERSEN, KARL/ZWIRNER, CHRISTIAN/BRÖSEL, GERRIT, Systematischer Praxiskommentar Bilanzrecht. Rechnungslegung Offenlegung, 2. Aufl., Köln 2010 (zitiert: BEARBEITER, in: Praxiskommentar Bilanzrecht).

PWC, Rechnungslegung und Prüfung nach dem Bilanzrechtsmodernisierungsgesetz. Kommentar, Düsseldorf 2009 (zitiert: BilMoG-Kommentar).

PWC, IFRS für Banken. Band I. 5. Aufl., Frankfurt am Main 2012 (zitiert: IFRS für Banken, Bd. I).

PWC, Manual of Accounting – IFRS 2014. Volume 1, Haywards Heath 2013 (zitiert: Manual of Accounting).

REUL, ADOLF/HECKSCHEN, HERIBERT/WIENBERG, RÜDIGER, Insolvenzrecht in der Gestaltungspraxis. Immobilien- Gesellschafts- Erb- und Familienrecht, München 2012 (zitiert: BEARBEITER, in: Insolvenzrecht).

ROLFS, CHRISTIAN/GIESEN, RICHARD/KREIKEBOHM, RALF/UDSCHING, PETER, Beck´scher Online-Kommentar Arbeitsrecht, 32. Edition, München 2013 (zitiert: BEARBEITER, in: Beck´scher OK Arbeitsrecht, 32. Ed.).

SÄCKER, FRANZ JÜRGEN, Münchener Kommentar zum Bürgerlichen Gesetzbuch, 6. Aufl., München 2012 (zitiert: BEARBEITER, in: MüKo BGB, 6. Aufl.).

SCHMIDT, KARSTEN/EBKE, WERNER F., Münchener Kommentar zum Handelsgesetzbuch. Band 4. Drittes Buch. Handelsbücher. §§ 238-342e HGB, 3. Aufl., München 2013 (zitiert: BEARBEITER, in: MüKo HGB, 3. Aufl.).

SCHMIDT, LUDWIG/WEBER-GRELLET, HEINRICH/HEINICKE, WOLFGANG, Einkommensteuergesetz. Kommentar, 33. Aufl., München 2014 (zitiert: BEARBEITER, in: Kommentar EStG, 33. Aufl.).

SCHODEN, MICHAEL, BetrAVG, Betriebliche Altersversorgung. Kommentar für die Praxis. Mit arbeitsrechtlicher Einführung, 2. Aufl., Frankfurt am Main 2003 (zitiert: BEARBEITER, in: BetrAVG, 2. Aufl.).

SCHULZE, REINER/DÖRNER, HEINRICH/EBERT, INA/HOEREN, THOMAS/KEMPER, RAINER/SAENGER, INGO/SCHREIBER, KLAUS/SCHULTE-NÖLKE, HANS., Bürgerliches Gesetzbuch. Handkommentar, 8. Aufl., Baden-Baden 2014 (zitiert: BEARBEITER, in: Handkommentar BGB, 8. Aufl.).

SPINDLER, GERALD/STILZ, EBERHARD, Kommentar zum Aktiengesetz. Band 2. 2 Aufl., München 2010 (zitiert: BEARBEITER, in: Komm. AktG, 2. Aufl.).

UHLENBRUCK, WILHELM/HIRTE, HERIBERT/VALLENDER, HEINZ, Insolvenzordnung. Kommentar, 13. Aufl., München 2010 (zitiert: BEARBEITER, in: InsO, 13. Aufl.).

VON STAUDINGER, JULIAS, Kommentar zum Bürgerlichen Gesetzbuch mit Einführungsgesetz und Nebengesetzen, Berlin 2012 (zitiert: BEARBEITER, in: BGB).

VON WYSOCKI, KLAUS/SCHULZE-OSTERLOH, JOACHIM/HENNRICHS, JOACHIM/KUHNER, CHRISTOPH, Handbuch des Jahresabschlusses. Rechnungslegung nach HGB und internationalen Standards, Köln 1984 (zitiert: BEARBEITER, in: HdJ).

WINNEFELD, ROBERT, Bilanz-Handbuch. Handels- und Steuerbilanz, rechtsformspezifisches Bilanzrecht, bilanzielle Sonderfragen, Sonderbilanzen, IAS/US-GAAP, 4. Aufl., München 2006 (zitiert: Bilanz-Handbuch, 4. Aufl.).

Verzeichnis der Aufsätze

ACHLEITNER, ANN-KRISTIN/VOLK, SARAH, Anleihen und Schuldscheindarlehen als Finanzierungsinstrumente, in: CF biz 2013, S. 157-169 (Anleihen).

ADAM, SILKE/QUICK, REINER, Das Going-Concern-Prinzip – Konzeption und praktische Implikationen, in: BFuP 2010, S. 243-258 (Going-Concern-Prinzip).

ALT, STEFANIE/STADELBAUER, DOMINIK, Abfindung von und Verzicht auf Pensionszusagen – Zulässigkeit und Konsequenzen, in: DStR 2009, S. 2551-2556 (Abfindung Verzicht).

ANDERSCH, TAMMO/PHILIPP, SEBASTIAN, Anforderungen an die Erstellung von Sanierungskonzepten – Erste praktische Erfahrungen mit dem neuen Standard IDW S 6, in: CF law 2010, S. 205-208 (Sanierungskonzepte).

ARBEITSKREIS „EXTERNE UND INTERNE ÜBERWACHUNG DER UNTERNEHMUNG“ DER SCHMALENBACH-GESELLSCHAFT FÜR BETRIEBSWIRTSCHAFT (AKEIÜ), Auswirkungen des KonTraG auf die Unternehmensüberwachung. KonTraG und Vorstand -- KonTraG und Interne Revision -- KonTraG und Aufsichtsrat -- KonTraG und Wirtschaftsprüfer, in: DB 2003, S. 1-190 (Beilage 11) (Unternehmensüberwachung).

ARBEITSKREIS „EXTERNE UND INTERNE ÜBERWACHUNG DER UNTERNEHMUNG“ DER SCHMALENBACH-GESELLSCHAFT FÜR BETRIEBSWIRTSCHAFT (AKEIÜ), Probleme der Prognoseprüfung, in: DB 2003, S. 105-111 (Prognoseprüfung).

ARBEITSKREIS BILANZRECHT DER HOCHSCHULLEHRER RECHTSWISSENSCHAFT, Stellungnahme zu dem Entwurf eines BilMoG: Einzelfragen zum materiellen Bilanzrecht, in: BB 2008, S. 209-216 (Stellungnahme zum BilMoG).

BAETGE, JÖRG/BRÜGGEMANN, BENEDIKT, Ausweis von Genussrechten auf der Passivseite der Bilanz des Emittenten, in: DB 2005, S. 2145-2152 (Ausweis von Genussrechten).

BAETGE, JÖRG/HIPPEL, BORIS/SOMMERHOFF, DOMINIC, Anforderungen und Praxis der Prognoseberichterstattung, in: DB 2011, S. 365-372 (Prognoseberichterstattung).

BAETGE, JÖRG/KIRSCH, HANS-JÜRGEN/SOLMECKE, HENRIK, Auswirkungen des BilMoG auf die Zwecke des handelsrechtlichen Jahresabschlusses, in: WPg 2009, S. 1211-1222 (Auswirkungen des BilMoG).

BAETGE, JÖRG/LINßEN, THOMAS, Beurteilung der wirtschaftlichen Lage durch den Abschlußprüfer und Darstellung des Urteils im Prüfungsbericht und Bestätigungsvermerk, in: BFuP 1999, S. 369-389 (Beurteilung durch Abschlußprüfer).

BAETGE, JÖRG/PRIGGE, CORD, Anforderungen an verpflichtende, empfohlene und freiwillige Angaben des Konzernlageberichts, in: DB 2006, S. 401-407 (Konzernlagebericht).

BAETGE, JÖRG/SCHULZE, DENNIS, Möglichkeiten der Objektivierung der Lageberichterstattung über „Risiken der künftigen Entwicklung", in: DB 1998, S. 937-948 (Objektivierung).

BAETGE, JÖRG/THIELE, STEFAN/MATENA, SONJA, Mittelbare Sicherung der Prüfungsqualität durch Enforcement geprüfter Jahres- und Konzernabschlüsse. Überlegungen aus ökonomischer Sicht, in: BFuP 2004, S. 201-218 (Prüfungsqualität).

BALDAMUS, ERNST, Forderungsverzicht als Kapitalrücklage gemäß § 272 Abs. 2 Nr. 4 HGB. Zugleich Anmerkung zum Beschluss des FG Hamburg vom 30.8.2001, VII 105/01, in: DStR 2003, S. 852-854 (Kapitalrücklage).

BALLWIESER, WOLFGANG, Informations-GoB – auch im Lichte von IAS und US-GAAP, in: KoR 2002, S. 115-121 (Informations-GoB).

BANDL, MICHAEL, Verzicht auf den future service einer Pensionsanwartschaft – Aufatmen beim Gesellschafter-Geschäftsführer, in: StuB 2012, S. 782-786 (Verzicht auf den future service).

BANTLEON, ULRICH/FENGLER, PATRICK/PETER, ANITA, Einsatz von Covenants im Firmenkundenkreditgeschäft der Volks- und Raiffeisenbanken, in: FB 2009, S. 751-758 (Covenants).

BARDENS, ANDREA/KLOCKMANN, ISABELLA/VORBRODT, VOLKER, Die Restrukturierung finanzieller Verbindlichkeiten nach IFRS – Aus alt mach neu, oder nur anders?, in: WPg 2013, S. 1143-1152 (Restrukturierung finanzieller Verbindlichkeiten).

BASSEN, ALEXANDER/BASSE MAMA, HOUDOU/KOCH, NICOLAS/ROTHE, SEBASTIAN, Fremdfinanzierung als Teil der Unternehmensfinanzierung im Mittelstand, in: CF biz 2013, S. 146-155 (Fremdfinanzierung).

BECKER, BERNHARD/PAPE, MARKUS/WOBBE, CHRISTIAN, Forderungsverzicht mit Besserungsschein. Ein vermehrt genutztes Instrument zur Überwindung der Krise, in: DStR 2010, S. 506-510 (Besserungsschein).

BECKER, KLAUS/WIECHENS, GERO, Berücksichtigung des eigenen Kreditrisikos bei der Bewertung von Schulden. Analyse des IASB-Diskussionspapiers "Credit Risk in Liability Measurement", in: WPg 2010, S. 228-237 (Credit Risk in Liability Measurement).

BECKMANN, RALPH, Kreditsicherung nach Nr. 19 Abs. 1 AGB-Banken und Gläubigeranfechtung: Licht und Schatten?, in: DB 1991, S. 584-586 (Kreditsicherung).

BECK, MATTHIAS, Sanierung und Krisenstadium, in: WPg 2009, S. 264-272 (Sanierung und Krisenstadium).

BEISSE, HEINRICH, Rechtsfragen der Gewinnung von GoB, in: BFuP 1990, S. 499-514 (Gewinnung von GoB).

BEISSE, HEINRICH, Zum Verhältnis von Bilanzrecht und Betriebswirtschaftslehre, in: StuW, S. 1-14 (Bilanzrecht und Betriebswirtschaftslehre).

BEISSENHIRTZ, VOLKER, Plädoyer für ein Gesetz zur vorinsolvenzlichen Sanierung von Unternehmen, in: ZInsO 2011, S. 57-71 (Vorinsolvenzliche Sanierung).

BERGER, KLAUS-PETER, Finanzkrise und Kreditklemme: Kann das Kreditvertragsrecht helfen?, in: BKR 2009, S. 45-51 (Finanzkrise und Kreditklemme).

BERNDT, THOMAS, Bilanzielle Behandlung von Rangrücktrittsvereinbarungen. Zugleich Besprechung des BMF-Schreibens vom 08.09.2006 – IV B 2-S 2133-10/06, in: BB 2006, S. 2744-2746 (Rangrücktrittsvereinbarungen).

BERTRAM, KLAUS/JOHANNLEWELING, ANDREAS/ROß, NORBERT/WEISER, FELIX, Handelsrechtliche Bilanzierung von Altersversorgungsverpflichtungen nach IDW RS HFA 30, in: WPg 2011, S. 57-69 (Altersversorgungsverpflichtungen).

BEYHS, OLIVER/BARTH, DANIELA, Prognoseberichterstattung in der Praxis. Update 2012: Analyse der Berichtsqualität in Deutschland mithilfe eines gewichteten Disclosure Index-Verfahrens für die Jahre 2004 bis 2011, in: KoR 2012, S. 572-578 (Prognoseberichterstattung (Update)).

BEYHS, OLIVER/BARTH, DANIELA, Prognoseberichterstattung in der Praxis. Analyse der Berichtsqualität in Deutschland mithilfe eines gewichteten Disclosure Index-Verfahrens für die Jahre 2004-2009, in: KoR 2010, S. 560-570 (Prognoseberichterstattung).

BIEG, HARTMUT, Die Kreditfinanzierung (Teil I), in: Der Steuerberater 1997, S. 221-227 (Kreditfinanzierung).

BIEG, HARTMUT, „Man sollte verstärkt auch über den Sinn des Fair-Value-Ansatzes auf der Passivseite nachdenken", in: ZfgK 2008, S. 642-643 (Fair-Value auf Passivseite).

BISCHOF, STEFAN/STAß, ALEXANDER, Prüfungsschwerpunkte der DPR und der ESMA für das Jahr 2014, in: DB 2013, S. 2753-2758 (Prüfungsschwerpunkte).

BITTER, GEORG/ALLES, MATTHIAS, Schadensersatzpflichten bei unberechtigter Kündigung von Sanierungskrediten, in: WM 2013, S. 537-544 (Kündigung von Sanierungskrediten).

BITTER, GEORG/HOMMERICH, CHRISTOPH/REIß, NICOLE, Die Zukunft des Überschuldungsbegriffs. Expertenbefragung im Auftrag des Bundesministeriums der Justiz, in: ZIP 2012, S. 1201-1209 (Zukunft des Überschuldungsbegriffs).

BLAAS, ULRICH/SCHWAHN, ALEXANDER, Steueroptimierte Restrukturierung. Teil 1: Stundung und Kapitalisierung von Kreditforderungen, Rangrücktritt und Forderungsverzicht, in: DB 2013, S. 2350-2357 (Steueroptimierte Restrukturierung).

BÖCKING, HANS-JOACHIM, Der Grundsatz umsatzbezogener Gewinnrealisierung beim Finanzierungsleasing. Zugleich eine Würdigung der BFH-Entscheidung IV R 18/86 vom 8.10.1987, in: zfbf 1989, S. 491-515 (Gewinnrealisierung).

BÖCKING, HANS-JOACHIM/GROS, MARIUS/KOCH, SEBASTIAN/WALLEK, CHRISTOPH, Der neue Konzernlagebericht nach DRS 20, in: Der Konzern 2013, S. 30-43 (Konzernlagebericht nach DRS 20).

BÖCKING, HANS-JOACHIM/STEIN, THOMAS, Prüfung des Konzernlageberichts durch Abschlussprüfer, Aufsichtsräte und Deutsche Prüfstelle für Rechnungslegung. – Neue Anforderungsprofile für Vorstände, Aufsichtsräte und Abschlussprüfer i.S. einer gesetzlichen Konkretisierung der Corporate Governance –, in: Der Konzern 2007, S. 43-54 (Prüfung Konzernlagebericht).

BOEMKE, BURKHARD, Widerruf von Versorgungszusagen wegen wirtschaftlicher Notlage, in: RdA 2010, S. 10-24 (Widerruf wegen wirtschaftlicher Notlage).

BONANNI, ANDREA/HOFELICH, ANDREAS, „Alle Jahre wieder“: Die Betriebsrentenanpassung – Grundlagen der Anpassungsprüfung und -entscheidung nach § 16 BetrAVG 2012, in: ArbRB 2012, S. 253-257 (Betriebsrentenanpassung).

BRAUN, NORBERT, Bilanzielle Behandlung von Gesellschafterdarlehen mit Rangrücktrittsklausel, in: DStR 2012, S. 1360-1362 (Gesellschafterdarlehen).

BRETZKE, WOLF-RÜDIGER, Wann ist ein Unternehmen insolvent?, in: DBW 1985, S. 405-413 (Wann insolvent?).

BRÖSEL, GERRIT/HAAKER, ANDREAS, Zur wirtschaftlichen Verursachung von Verbindlichkeitsrückstellungen, in: BFuP 2013, S. 227-240 (Wirtschaftliche Verursachung).

BUCHALIK, ROBERT, Das Schutzschirmverfahren nach § 270b InsO (incl. Musteranträge). Ein überzeugender Schritt des Gesetzgebers, der Sanierung durch Insolvenz nachhaltig zum Durchbruch zu verhelfen, in: ZInsO 2012, S. 349-363 (Schutzschirmverfahren).

BUCHHEIM, REGINE/KNORR, LIESEL, Der Lagebericht nach DRS 15 und internationale Entwicklungen, in: WPg 2006, S. 413-425 (Lagebericht nach DRS 15).

BUDDE, MATTHIAS, Finanzielle Restrukturierung von Private Equity-Portfoliounternehmen, in: ZInsO 2011, S. 2251-2276 (Finanzielle Restrukturierung).

BUDDE, WOLFGANG DIETER/STEUBER, ELGIN, Rechnungslegung im Spannungsfeld zwischen Gläubigerschutz und Information der Gesellschafter, in: AG 1996, S. 542-550 (Rechnungslegung im Spannungsfeld).

BUETTNER, KERSTIN/LORSON, PETER/MELCHER, WINFRIED, Bilanzierung von Pensionsverpflichtungen und Planvermögen nach BilMoG. Eine Fallstudie zu den Auswirkungen der Umstellung auf das neue HGB, in: KoR 2009, S. 461-472 (Bilanzierung von Pensionsverpflichtungen).

BURGER, ANTON/BUCHHART, ANTON, Financial Covenants statt Insolvenzordnung?, in: FB 2001, S. 99-104 (Financial Covenants).

BUSSE VON COLBE, WALTHER, Aufbau und Informationsgehalt von Kapitalflußrechnungen, in: ZfB 1966, S. 82-114 (Kapitalflußrechnungen).

BUSSE VON COLBE, WALTHER, Die Entwicklung des Jahresabschlusses als Informationsinstrument, in: zfbf 1993, S. 11-29 (Jahresabschluss als Informationsinstrument).

BUTH, ANDREA K./HERMANNS, MICHAEL, Anforderungen an die Erstellung von Sanierungskonzepten nach dem neuen IDW S 6, in: DStR 2010, S. 288-293 (Sanierungskonzepte).

CASPER, WERNER, Rücklagendotierung bei Besserungsscheinverpflichtung?, in: WPg 1983, S. 146-154 (Rücklagendotierung).

CEZANNE, DANIEL/SCHIERECK, DIRK/STREUER, OLAF, Mittelstandsanleihen – Hype oder Zukunftsmodell? Eine empirische Performanceanalyse im Vergleich der Mittelstandssegmente Bondm und Entry Standard, in: CF biz 2013, S. 241-248 (Hype oder Zukunftsmodell?).

CLAUßEN, LISA/STEINBACH, TOM, Die Bilanzierung latenter Steuern bei Unternehmen in der Krise. Besonderheiten im Überschuldungsstatus und Sanierungsfall, in: DStR 2013, S. 2409-2415 (Latente Steuern in der Krise).

CLEMM, HERMANN, Keine Abzinsung unverzinslicher Verbindlichkeitsrückstellungen. Anmerkungen zu den Urteilen des BFH vom 12.12.1990 – I R 18/89 und I R 153/86, BB 1991 S. 503, in: BB 1991, S. 2115-2117 (Abzinsung Verbindlichkeitsrückstellungen).

COENENBERG, ADOLF/STRAUB, BARBARA, Rechenschaft versus Entscheidungsunterstützung: Harmonie oder Disharmonie der Rechnungszwecke?, in: KoR 2008, S. 17-26 (Rechenschaft versus Entscheidungsunterstützung).

COMMANDEUR, ANJA/SCHAUMANN, MICHAEL, Neuere Entwicklungen im Insolvenzrecht. Erste praktische Erfahrungen mit dem ESUG, in: NZG 2012, S. 620-622 (Entwicklungen im Insolvenzrecht).

COOGAN, PETER, Discussion, in: Law and Contemporary Problems 1977, S. 123-177 (Discussion).

DERNBERGER, MATTHIAS, Betriebliche Altersvorsorge und BilMoG – (R)Evolution im deutschen HGB?, in: ZGR 2009, S. 1151-1154 (Betriebliche Altersvorsorge).

DERNBERGER, MATTHIAS/FÖRSTER, WOLFGANG, Zur Bilanzierung zukünftiger Anpassungen von laufenden Betriebsrenten aufgrund unterlassener Anpassungen, in: BB 1993, S. 70-73 (Bilanzierung zukünftiger Anpassungen).

DERNBERGER, MATTHIAS/MATTHIAS, ULRICH, Pensionsrückstellungen nach dem BilMoG: Diskussion der möglichen Bewertungsverfahren und Prämissen, in: BetrAV 2008, S. 571-578 (Pensionsrückstellungen).

DESCH, WOLFRAM, Schutzschirmverfahren nach dem RegE-ESUG in der Praxis, in: BB 2011, S. 841-846 (Schutzschirmverfahren).

DEUSSEN, REINER, Der Lagebericht der Kapitalgesellschaften, in: StuB 2007, S. 795-801 (Lagebericht).

DÖLLERER, GEORG, Ansatz und Bewertung von Rückstellungen in der neueren Rechtsprechung des Bundesfinanzhofs, in: DStR 1987, S. 67-72 (Rückstellungen).

DÖLLERER, GEORG, Anschaffungskosten und Herstellungskosten nach neuem Aktienrecht unter Berücksichtigung des Steuerrechts, in: BB 1966, S. 1405-1409 (AK und HK).

DÖLLERER, GEORG, Handelsbilanz und Steuerbilanz nach den Vorschriften des Bilanzrichtlinien-Gesetzes, in: BB 1987, Beilage Nr. 12, S. 2-16 (Handelsbilanz und Steuerbilanz).

DROBECK, JÖRG/KRAG, JOACHIM, Aufstellung und Prüfung des Lageberichts, in: WiSt 1992, S. 647-653 (Lagebericht).

DRUKARCZYK, JOCHEN, Reorganisation und Gläubigeransprüche, in: DBW 1984, S. 371-391 (Reorganisation).

DRUKARCZYK, JOCHEN/EBINGER, GERHARD/SCHÜLER, ANDREAS, Zur Vorteilhaftigkeit entgeltsubstituierender Direktzusagen aus Arbeitnehmer- und Anteilseignersicht, in: ZBB 2005, S. 237-254 (Direktzusagen).

DZIADKOWSKI, DIETER, Zur Nicht-Passivierung rechtlich entstandener ungewisser Verbindlichkeiten in der Steuerbilanz, in: WPg 2012, S. 500-505 (Nicht-Passivierung).

EGNER, HENNING/GERHARDT, WOLFF, Zur Unbrauchbarkeit des Überschuldungstatbestands als gläubigerschützendes Instrument, in: AG 1978, S. 99-106 (Überschuldungstatbestand).

EHLERS, HARALD, Anforderungen an die Fortführungsprognose, in: NZI 2011, S. 161-166 (Fortführungsprognose).

EHLERS, HARALD, „Notwendig“ frühzeitige Insolvenzverfahren. Ein Beitrag zur Krisencompliance und zur offensiven Nutzung der InsO, in: BB 2013, S. 1539-1547 (Frühzeitige Insolvenzverfahren).

EHLERS, HARALD, Sanierung mit oder ohne Insolvenz, in: ZInsO 2010, S. 257-265 (Mit oder ohne Insolvenz).

EIBELSHÄUSER, MANFRED, Rückstellungsbildung nach neuem Handelsrecht, in: BB 1987, S. 860-866 (Rückstellungsbildung).

EIDEL, ULRIKE/STRICKMANN, MICHAEL, Der Lagebericht im Mittelstand zwischen Anspruch und Realität (Teil 1). Eine empirische Analyse zur Umsetzung der rechtlichen Berichtsanforderungen im Mittelstand, in: DB 2013, S. 1979-1985 (Lagebericht (Teil 1)).

EIDEL, ULRIKE/STRICKMANN, MICHAEL, Der Lagebericht im Mittelstand zwischen Anspruch und Realität (Teil 2). Eine empirische Analyse zur Umsetzung der rechtlichen Berichtsanforderungen im Mittelstand, in: DB 2013, S. 2037-2042 (Lagebericht (Teil 2)).

EIDENMÜLLER, HORST, Die Banken im Gefangenendilemma: Kooperationspflichten und Akkordstörungsverbot im Sanierungsrecht, in: ZHR 1996, S. 343-373 (Gefangenendilemma).

EISENSCHMIDT, KARSTEN/SCHMIDT, MATTHIAS, Die quantitative und qualitative Umsetzung der Prognoseberichterstattung. Eine empirische Analyse der Unternehmen des HDAX und SDAX, in: IRZ 2011, S. 347-354 (Prognoseberichterstattung).

EISOLT, DIRK, Erstellung von Sanierungskonzepten nach dem neuen IDW S 6, in: BB 2010, S. 427-432 (Sanierungskonzepte).

EMMERICH, GERHARD/KÜNNEMANN, MARTIN, Zum Lagebericht der Kapitalgesellschaft, in: WPg 1986, S. 145-152 (Lagebericht der Kapitalgesellschaft).

ENGBROCKS, BENEDIKT/ENGBROKS, HARTMUT, Zu den anerkannten Regeln der Versicherungsmathematik, in: BetrAV 2011, S. 514-525 (Versicherungsmathematik).

ENGBROKS, HARTMUT, BilMoG aus aktuarieller Sicht – erste Überlegungen der Fachvereinigung Mathematische Sachverständige zur Bewertung von Pensionsverpflichtungen, in: BetrAV 2008, S. 568-571 (Bewertung von Pensionsverpflichtungen).

ENGEL-CIRIC, DEJAN/MOXTER, ADOLF, Das umstrittene Rückstellungskriterium der wirtschaftlichen Verursachung in der jüngeren Rechtsprechung, in: BB 2012, S. 1143-1147 (Umstrittenes Rückstellungskriterium).

ENGELS, WOLFGANG, Aktive latente Steuern auf Verlustvorträge – Was erwartet den HGB-Bilanzierer bei Umsetzung des RegE BilMoG?, in: BB, S. 1554-1558 (Latente Steuern auf Verlustvorträge).

EPPLER, GEROLD, Das Quasi-Eigenkapital bei der GmbH als steuerliches Problem, in: DB 1991, S. 195-198 (Quasi-Eigenkapital).

ERGÜN, ISMAIL/JUCHLER, DANIEL/MÜLLER, STEFAN, Prognoseberichterstattung im Umbruch – kritische Würdigung des E-DRS 27 vor dem Hintergrund aktueller empirischer Erkenntnisse, in: BB 2012, S. 435-439 (Prognoseberichterstattung).

ERNST, EDGAR, Lagebericht und Anhang. Häufig unterschätzt!, in: BB 2012, S. I (Häufig unterschätzt!).

EULER HERMES, Rettung aus der Insolvenz, in: Wirtschaft Konkret 2012, Nr. 418, S. 1-31 (Rettung aus Insolvenz).

EULER HERMES, Ursachen von der Insolvenz, in: Wirtschaft Konkret 2006, Nr. 414, S. 1-33 (Ursachen der Insolvenz).

EWELT-KNAUER, CORINNA/FLOTTMEYER, MONA/KNAUER, THORSTEN, Zur Novellierung der Konzernlageberichterstattung gemäß DRS 20. Eine konzeptionelle und empirische Analyse der Auswirkungen auf die Prognoseberichterstattung (Teil I), in: DStR 2013, S. 2714-2720 (Novellierung der Konzernlageberichterstattung).

EXLER, MARKUS W./SITUM, MARIO, Früherkennung von Unternehmenskrisen. Systematische Zuordnung von Krisenfrüherkennungsindikatoren zu den unterschiedlichen Krisenphasen eines Unternehmens, in: KSI 2013, S. 161-166 (Früherkennung).

FACHAUSSCHUSS SANIERUNG UND INSOLVENZ DES IDW, Sanierungen erfolgreich konzipieren. Wesentliche Hintergründe und Neuerungen des IDW S 6, in: DB 2010, S. 1413-1418 (IDW S 6).

FAR (Hrsg.), FAR 1/1996: Empfehlungen zur Überschuldungsprüfung bei Unternehmen, WPg 1997, S. 22-25 (FAR 1/1996).

FENSKE, RALF, Zur Unbrauchbarkeit des Überschuldungstatbestandes, in: AG 1997, S. 554-559 (Unbrauchbarkeit).

FINK, CHRISTIAN/HEIDBREDER, STEFAN/SCHÄFER, HENRY, Informationsbedürfnisse der Gesellschafter von Familienunternehmen, in: KoR 2008, S. 601-608 (Informationsbedürfnisse).

FINK, CHRISTIAN/KUNATH, OLIVER, Bilanzpolitisches Potenzial bei der Rückstellungsbildung und -bewertung nach neuem Handelsrecht, in: DB 2010, S. 2345-2352 (Potenzial bei der Rückstellungsbildung).

FISCHER-BÖHNLEIN, KARIN/KÖRNER, SABINE, Rechnungslegung von Kapitalgesellschaften im Insolvenzverfahren, in: BB 2001, S. 191-199 (Insolvenzverfahren).

FISCHER, THOMAS R./PASKERT, DIERK, Inhalt und Struktur des Anhangs von Kapitalgesellschaften, in: BuW 1991, S. 293-299 (Inhalt und Struktur).

FISSENEWERT, PETER/SCHWARZ, ANDREAS, Pensionsrückstellungen: Hinweise für einen sicheren Umgang in der Krise. Erkennung und Vermeidung von Risiken, in: KSI 2013, S. 206-209 (Pensionsrückstellungen in der Krise).

FLEISCHER, HOLGER, Gegenwartsprobleme der Patronatserklärung im deutschen und europäischen Privatrecht, in: WM 1999, S. 666-676 (Patronatserklärung).

FODOR, JÜRGEN, Das Wichtigste zur Neufassung IAS 19 – Spezialfragen sowie ein Vorschlag zum Umgang mit sog. Sensitivitäten, in: BetrAV 2011, S. 686-693 (Sensitivitäten).

FODOR, JÜRGEN/GOHDES, ALFRED-E., Durchführung der Sensitivitätsanalyse nach IAS 19, in: BB 2013, S. 1771-1775 (Sensitivitätsanalyse).

FÖRSCHLE, GERHART/HILL, ULRIKE, Die Bilanzierung von Anpassungsverpflichtungen nach § 16 BetrAVG aus unmittelbaren Versorgungszusagen, in: DStR 1993, S. 697-702 (Anpassungsverpflichtungen).

FÖRSTER, GUIDO, Steuerliche Aspekte der Entlastung einer Kapitalgesellschaft von Verbindlichkeiten durch ihre Gesellschafter, in: Ubg 2010, S. 758-766 (Entlastung).

FÖRSTER, WOLFGANG/WEPPLER, THOMAS, Beurteilung der wirtschaftlichen Lage bei der Rentenanpassungsprüfung nach § 16 BetrAVG auf der Basis von IFRS?, in: BB 2006, S. 773-781 (Rentenanpassungsprüfung auf der Basis von IFRS?).

FOX, THOMAS/SCHEIDLE, ANDREAS, Steuerliche Aspekte von Gestaltungsmaßnahmen in der Krise, in: GWR 2009, S. 51-55 (Steuerliche Aspekte).

FRANKE, GÜNTER, Zur rechtzeitigen Auslösung von Sanierungsverfahren, in: ZfB 1984, S. 160-179 (Rechtzeitige Auslösung).

FRANKE, GÜNTER/HAX, HERBERT, Pensionsrückstellungen und Steuerersparnisse. Erwiderung zu dem Beitrag von D. Schneider, DB 1989 S. 889, in: DB 1989, S. 1881-1882 (Pensionsrückstellungen und Steuerersparnisse).

FREIDANK, CARL-CHRISTIAN/SEPETAUZ, KARSTEN, (Konzern-)Lageberichterstattung nach DRS 20, in: StuB 2013, S. 54-60 (Lageberichterstattung).

FREIDANK, CARL-CHRISTIAN/STEINMEYER, VOLKER, Fortentwicklung der Lageberichterstattung nach dem BilReG aus betriebswirtschaftlicher Sicht, in: BB 2005, S. 2512-2517 (Fortentwicklung der Lageberichterstattung).

FREIHERR VON BUDDENBROCK, CHRISTIAN/RATHJE, MICHAEL, Neubewertung von Pensionsverpflichtungen nach dem BilMoG: Risiko im Überschuldungsstatusnach § 19 InsO?, in: BB 2010, S. 1331-1335 (Neubewertung von Pensionsverpflichtungen).

FRICK, ROMAN, Verwendungssituation für Covenants – Eine vertragstheoretische Analyse, in: CF biz 2011, S. 324-331 (Vertragstheoretische Analyse).

FRIEDEMANN, LUCIUS/VEIT, ANNEKATRIN, Bilanzierung von Altersversorgungsverpflichtungen in der Handelsbilanz nach IDW ERS HFA 30, in: BB 2010, S. 235-239 (Altersversorgungsverpflichtungen).

FRIEDERICH, ROUVEN/SCHADE, PHILIPP, Vergleichender Überblick über die Bewertungsmethoden von Pensionsrückstellungen und deren Auswirkungen auf die Anhangangaben nach BilMoG, in: Die Steuerberatung 2011, S. 119-127 (Bewertungsmethoden Pensionsrückstellungen).

FRIEDRICH, MARK G./FLINTROP, BERNHARD, Sanierungsprüfung – Herausforderung für Unternehmensführung und Gutachter, in: DB 2003, S. 223-229 (Sanierungsprüfung).

FRIND, FRANK, Probleme bei Bildung und Kompetenz des vorläufigen Gläubigerausschusses, in: BB 2013, S. 265-270 (Gläubigerausschuss).

FRYSTATZKI, CHRISTIAN, Insolvenzrechtliche Anforderungen an Rangrücktrittsvereinbarungen, in: NZI 2013, S. 609-614 (Anforderungen an Rangrücktrittsvereinbarungen).

FUHST, CHRISTIAN, Das neue Insolvenzrecht – ein Überblick, in: DStR 2012, S. 418-423 (Neues Insolvenzrecht).

FUNK, THOMAS, Der Rangrücktritt bei Gesellschafterdarlehen nach MoMiG im Steuerrecht, in: BB 2009, S. 867-870 (Rangrücktritt).

FUNNEMANN, CARL-BERNHARD/GRAF KERSSENBROCK, OTTO-FERDINAND, Ausschüttungssperren im BilMoG-RegE, in: BB 2008, S. 2674-2678 (Ausschüttungssperren).

GABER, CHRISTIAN/KANDEL, ANDREAS, Bilanzierung von Financial Covenants und weiteren Nebenabreden im Kreditgeschäft nach IAS 39, in: KoR 2008, S. 9-16 (Financial Covenants).

GAHLEN, DIETER, Bilanzierung von Forderungsverzichten gegen Besserungsschein und Verlustbeteiligungen aus Mezzanine-Kapital nach HGB und IFRS, in: BB 2009, S. 2079-2082 (Forderungsverzichte HGB und IFRS).

GAIL, WINFRIED, Rechtliche Entstehung und wirtschaftliche Verursachung als Voraussetzung für die Bildung von Rückstellungen, in: ZfB 1987, S. 51-65 (Rechtliche Entstehung und wirtschaftliche Verursachung).

GASSEN, JOACHIM/PIERK, JOACHIM/WEIL, MATTHIAS, Pensionsrückstellungen nach dem BilMoG – Erste empirische Evidenz, in: DB 2011, S. 1061-1067 (Pensionsrückstellungen).

GEHRLEIN, MARKUS, Das Eigenkapitalersatzrecht im Wandel seiner gesetzlichen Kodifikationen, in: BB 2011, S. 3-11 (Eigenkapitalersatzrecht).

GEIB, GERD/WIEDMANN, HARALD, Zur Abzinsung von Rückstellungen in der Handels- und Steuerbilanz, in: WPg 1994, S. 369-377 (Abzinsung von Rückstellungen).

GELHAUSEN, HANS FRIEDRICH, Die Aktienrechtsreform 1997, in: AG 1997, S. 73-82 (Aktienrechtsreform 1997).

GÖBEL, STEFAN/KORMAIER, BENEDIKT, Adressaten und deren Anforderungen an die externe Berichterstattung nicht kapitalmarktorientierter Unternehmen. Ergebnisse ausgewählter Studien, in: KoR 2007, S. 519-532 (Adressaten und deren Anforderungen).

GOHDES, ALFRED-E/STÖCKER, MANFRED, IAS 19: Paradigmenwechsel im Pensions-Risikomanagement, in: BB 2012, S. 371-376 (Paradigmenwechsel).

GREINERT, MARKUS, Weitergehende Anforderungen an den Konzernlagebericht durch E-DRS 20 sowie das Bilanzrechtsreformgesetz, in: KoR 2004, S. 51-60 (Konzernlagebericht E-DRS 20).

GROH, MANFRED, Eigenkapitalersatz in der Bilanz, in: BB 1993, S. 1882-1893 (Eigenkapitalersatz).

GROH, MANFRED, Fragen zum Abzinsungsgebot, in: DB 2007, S. 2275-2280 (Abzinsungsgebot).

GROH, MANFRED, Verbindlichkeitsrückstellungen und Verlustrückstellungen: Gemeinsamkeiten und Unterschiede, in: BB 1988, S. 27-33 (Verbindlichkeitsrückstellungen).

GROSS, DETLEV G./FINK, JÖRN ULRICH, Besserungsscheine im Jahresabschluß der GmbH, in: BB 1991, S. 1379-1387 (Besserungsscheine).

GROß, PAUL J., Das Sanierungskonzept als Grundlage der Insolvenzvermeidung und Insolvenzbewältigung, in: WPg 2011, S. 35-40 (Sanierungskonzept).

GROß, PAUL J., Zur Beurteilung der „handelsrechtlichen Fortführungsprognose“ durch den Abschlussprüfer, in: WPg 2010, S. 119-137 (Fortführungsprognose).

GRÜNBERGER, DAVID, Bilanzierung von Finanzgarantien nach der Neufassung von IAS 39, in: KoR 2006, S. 81-92 (Finanzgarantien).

HAAKER, ANDREAS, Verstärkt der Ausweis einer valuation allowance den Fehlanreiz zur progressiven Aktivierung von latenten Steuern auf Verlustvorträge?, in: KoR 2012, S. 265-268 (Valuation allowance).

HAAS, ULRICH, Die Passivierung von Gesellschafterdarlehen in der Überschuldungsbilanz nach MoMiG und FMStG, in: DStR 2009, S. 326-327 (Überschuldungsbilanz).

HABERSACK, MATHIAS, Patronatserklärungen ad incertas personas, in: ZIP 1996, S. 257-263 (Patronatserklärungen ad incertas personas).

HACHMEISTER, DIRK/GLASER, ANDREAS, Veröffentlichung von E-DRS 27: Konzernlageberichterstattung im Umbruch. Eine kritische Würdigung unter Berücksichtigung ausgewählter Kommentierungsschreiben, in: IRZ 2012, S. 299-304 (E-DRS 27).

HAGEMANN, THOMAS/OECKING, STEFAN/WUNSCH, URSULA, Pensionsverpflichtungen nach dem BilMoG – und was das IDW dazu zu sagen hat. Anmerkungen zur Stellungnahme IDW RS HFA 28 und zum Entwurf der Stellungnahme IDW ERS HFA 30, in: DB 2010, S. 1021-1027 (Pensionsverpflichtungen nach BilMoG).

HALLER, AXEL/DIETRICH, RALPH, Intellectual Capital Bericht als Teil des Lageberichts, in: DB 2001, S. 1045-1052 (Intellectual Capital).

HANNEN, INA, Bilanzierung bei drohendem oder bereits eingetretenem Verstoß gegen Financial Covenants, in: DB 2013, S. 1432-1436 (Financial Covenants).

HANNEN, INA, Financial Covenant Management, Controlling und Compliance, in: DB 2012, S. 2233-2240 (Financial Covenant Management).

HASLER, PETER THILO/KARL, CHRISTOPH, Mittelstandsanleihe-Report 2012: Trends, Entwicklungen, und Ausblick, in: CF biz 2013, S. 140-145 (Mittelstandsanleihe).

HAUCK, RONNY/VON RUMOHR, KARL, Haftung aus einer harten Patronatserklärung. Zugleich eine Anmerkung zu BGH, NJW 2010, 144 und der Frage der Wirksamkeit einer Patronatserklärung durch behördliches Negativattest, in: NJOZ 2010, S. 1250-1254 (Haftung aus Patronatserklärung).

HAUSCHILDT, JÜRGEN, Die Feststellung der Unternehmenskrise. Entscheidungen unter subjektiven Verzerrungen, in: KSI 2008, S. 5-11 (Unternehmenskrise).

HAUSCHILDT, JÜRGEN/GRAPE, CHRISTIAN/SCHINDLER, MARC, Typologien von Unternehmenskrisen im Wandel, in: DBW 2006, S. 7-25 (Typologien von Unternehmenskrisen).

HÄUSELMANN, HOLGER, Rangrücktritt versus Forderungsverzicht mit Besserungsabrede, in: BB 1993, S. 1552-1557 (Rangrücktritt vs. Forderungsverzicht).

HÄUSELMANN, HOLGER, Restrukturierung von Finanzverbindlichkeiten und ihre Abbildung in der Bilanz, in: BB 2010, S. 944-950 (Finanzverbindlichkeiten).

HEEG, VOLKER, Die Kündigung von Patronatserklärungen in der Krise der Gesellschaft, in: BB 2011, S. 1160-1164 (Patronatserklärungen).

HEERMA, JAN DIRK, Passivierung bei Rangrücktritt: Widersprüchliche Anforderungen an Überschuldungsbilanz und Steuerbilanz?, in: BB 2005, S. 537-544 (Passivierung bei Rangrücktritt).

HEGER, HEINZ-JOSEF/WEPPLER, THOMAS, Anmerkungen zur Bilanzierung betrieblicher Altersversorgung nach dem BilMoG-Gesetzentwurf, in: DStR 2009, S. 239-243 (Altersversorgung nach dem BilMoG).

HEINE, MARC OLIVER/JUNGBLUT, SUSANNE, Risikoanalyse und Gestaltung der betrieblichen Altersversorgung in der Finanzmarktkrise, in: BB 2009, S. 942-946 (Altersversorgung in der Finanzmarktkrise).

HEINZ, CARSTEN/SAND, ANDREAS, Bilanzielle Abbildung von Sanierungsmaßnahmen nach dem Bilanzstichtag – Möglichkeit und Grenzen der handelsbilanziellen Rückwirkung, in: BB 2011, S. 2795-2799 (Sanierungsmaßnahmen nach Bilanzstichtag).

HEITHER, FRIEDRICH H., Die Rechtsprechung des BAG zur Beteiligung des Betriebsrats bei der Ausgestaltung der betrieblichen Altersversorgung, in: DB 1991, S. 700-706 (Rechtsprechung BAG).

HERZIG, NORBERT, Rückstellungen wegen öffentlich-rechtlicher Verpflichtungen, insbesondere Umweltschutz, in: DB 1990, S. 1341-1354 (Rückstellungen).

HEUBECK, KLAUS, Betriebliche Versorgungsverpflichtungen nach dem neuen Bilanzrecht (Teil I), in: WPg 1986, S. 317-328 (Betriebliche Versorgungsverpflichtungen).

HEUBECK, KLAUS, Unternehmensfinanzierung durch betriebliche Altersversorgung. – eine kritische Betrachtung –, in: zfbf 1987, S. 908-922 (Unternehmensfinanzierung).

HFA DES IDW, IDW Prüfungsstandard: Beurteilung eingetretener oder drohender Zahlungsunfähigkeit bei Unternehmen (IDW PS 800), in: IDW FN 2009, S. 161-169 (PS 800).

HFA DES IDW, IDW Prüfungsstandard: Die Beurteilung der Fortführung der Unternehmenstätigkeit im Rahmen der Abschlussprüfung (IDW PS 270), in: IDW FN 2010, S. 423-433 (PS 270).

HFA DES IDW, IDW RH HFA 1.012 Externe (handelsrechtliche) Rechnungslegung im Insolvenzverfahren (IDW RH HFA 1.012), in: IDW FN 2011, S. 460-465 (RH 1.012).

HFA DES IDW, IDW RH HFA 1.013 Handelsrechtliche Vermerk- und Berichterstattungspflichten bei Patronatserklärungen (RH HFA 1.013), in: IDW FN 2008, S. 116-119 (RH 1.013).

HFA DES IDW, IDW RS HFA 32: Anhangangaben nach §§ 285 Nr. 3, 314 Abs. 1 Nr. 2 HGB zu nicht in der Bilanz enthaltenen Geschäften, in: IDW FN 2010, S. 478-481 (RS HFA 32).

HFA DES IDW, IDW Standard: Anforderungen an die Erstellung von Sanierungskonzepten (IDW S 6), in: IDW FN 2012, S. 719-741 (S 6).

HFA DES IDW, IDW Stellungnahme zur Rechnungslegung: Einzelfragen zur handelsrechtlichen Bilanzierung von Verbindlichkeitsrückstellungen (IDW RS HFA 34), in: IDW FN 2012, S. 313-321 (RS HFA 34).

HFA DES IDW, IDW Rechnungslegungshinweis: Anhangangaben nach § 285 Nr. 18 und 19 HGB zu bestimmten Finanzinstrumenten (IDW RH HFA 1.005), in: IDW FN 2010, S. 567-570 (RH 1.005).

HFA DES IDW, Rechnungslegungshinweis: Lageberichterstattung nach § 289 Abs. 1 und 3 HGB bzw. § 315 Abs. 1 HGB in der Fassung des Bilanzrechtsreformgesetzes (IDW RH HFA 1.007), in: IDW FN 2005, S. 746-748 (RH 1.007).

HFA DES IDW, St HFA 1993/3: Zur Bilanzierung und Prüfung der Anpassungspflicht von Betriebsrenten, in: WPg 1994, S. 24-26 (HFA 3/1993).

HFA DES IDW, St HFA 1994/1: Zur Behandlung von Genußrechten im Jahresabschluß von Kapitalgesellschaften, in: WPg 1994, S. 419-423 (St HFA 1994/1).

HFA DES IDW (Hrsg.), HFA: Stellungnahme 2/1996: Zur Bilanzierung privater Zuschüsse 1996, WPg, S. 709-713 (Stellungnahme 2/1996).

HFA DES IDW, Stellungnahme zur Rechnungslegung: Handelsrechtliche Bilanzierung von Altersversorgungsverpflichtungen (IDW RS HFA 30), in: IDW FN 2011, S. 545-560 (RS HFA 30).

HIRTE, HERIBERT, Vorinsolvenzliches Sanierungsverfahren – Chancen und Hürden bei dessen Umsetzung! Brauchen wir eine vorinsolvenzliches Sanierungsverfahren?, in: DB 2010, S. 25-26 (Vorinsolvenzliches Sanierungsverfahren).

HÖFER, REINHOLD, Nachholende Betriebsrentenanpassung in Jahresabschluß und Anhang, in: DB 1993, S. 53-55 (Betriebsrentenanpassung).

HÖFER, REINHOLD/HAGEMANN, THOMAS, Betriebliche Altersversorgung im Bilanzrechtsmodernisierungsgesetz (BilMoG), in: DStR 2008, S. 1747-1750 (Altersversorgung im BilMoG).

HÖFER, REINHOLD/RHIEL, RAIMUND/VEIT, ANNEKATRIN, Die Rechnungslegung für betriebliche Altersversorgung im Bilanzrechtsmodernisierungsgesetz (BilMoG), in: DB 2009, S. 1605-1612 (Altersversorgung).

HOFFMANN, WOLF-DIETER, Das Gesellschafterdarlehen mit Rangrücktritt, in: PiR 2009, S. 182-184 (Gesellschafterdarlehen II).

HOFFMANN, WOLF-DIETER, Gesellschafterdarlehen mit Rangrücktritt – Anmerkungen zum BFH–Urteil vom 30. 3. 1993, IV R 57/91, DStR 1993, 871 –, in: DStR 1993, S. 1057-1059 (Gesellschafterdarlehen I).

HOFFMANN, WOLF-DIETER, Rangrücktritt = Forderungsverzicht?, in: StuB 2012, S. 209-210 (Rangrücktritt = Forderungsverzicht?).

HOFFMANN, WOLF-DIETER, Wirtschaftliche Verursachung, in: PiR 2011, S. 120 (Wirtschaftliche Verursachung).

HOFFMANN, WOLF-DIETER/LÜDENBACH, NORBERT, Bilanzielle Sanierungsmaßnahmen im IFRS-Abschluss im Vergleich zum deutschen Handelsbilanz- und Steuerbilanzrecht, in: BB 2005, S. 1671-1673 (Bilanzielle Sanierungsmaßnahmen).

HOFMANN, CHRISTIANE/LORSON, PETER/MELCHER, WINFRIED, Wesentliche Auswirkungen der Wirtschaftskrise auf den Lagebericht, in: DB 2010, S. 233-238 (Wirtschaftskrise und Lagebericht).

HÖLZLE, GERRIT, Eigenverwaltung im Insolvenzverfahren nach ESUG – Herausforderungen für die Praxis, in: ZIP 2012, S. 158-164 (Eigenverwaltung nach ESUG).

HÖLZLE, GERRIT, Unternehmenssanierung außerhalb der Insolvenz – Überlegungen zu einem Sanierungsvergleichsgesetz, in: NZI 2010, S. 207-214 (Unternehmenssanierung).

HOMMELHOFF, PETER/MATTHEUS, DANIELA, Risikomanagementsystem im Entwurf des BilMoG als Funktionselement der Corporate Governance, in: BB 2007, S. 2787-2791 (Risikomanagementsystem).

HOMMEL, MICHAEL/BERNDT, THOMAS, Das Realisationsprinzip – 1884 und heute, in: BB 2009, S. 2190-2194 (Realisationsprinzip).

HORST, ALEXANDER, Überblick über Entschuldungsinstrumente und ihre bilanz- und steuerrechtlichen Auswirkungen, in: DB 2013, S. 656-665 (Entschuldungsinstrumente).

HUBER, HERWART, Großer Wurf oder viel Lärm um nichts?, in: ZInsO 2013, S. 1-11 (Großer Wurf).

IDW, IDW-Mitteilung vom 28.9.2005, in: DB 2006, S. 16 (IDW-Mitteilung 28.9.2005).

JACOBY, FLORIAN, Das vorinsolvenzliche Sanierungsverfahren als Bestandteil der ausstehenden Insolvenzrechtsreform, in: DB 2010, S. 29-30 (Vorinsolvenzliches Sanierungsverfahren).

JANSSEN, BERNHARD, Bilanzierung einer mit Rangrücktritt versehenen Verbindlichkeit in der Handels- und in der Steuerbilanz, in: BB 2005, S. 1895-1897 (Rangrücktritt).

JANSSEN, BERNHARD, Verzicht auf den future service und kein Ende?, in: NWB 2012, S. 508-512 (Verzicht auf future service).

JENSEN, MICHAEL C./MECKLING, WILLIAM H., Theory of the Firm: Managerial Behaviour, Agency Costs and Ownership Structure, in: Journal of Financial Economics 1976, S. 305-360 (Theory of the Firm).

JOHANNLEWELING, ANDREAS, BilMoG aus Sicht der betrieblichen Altersversorgung, in: BetrAV 2008, S. 769-770 (BilMoG).

JONAS, HEINRICH, Die in der aktienrechtlichen Handelsbilanz zulässige Rückstellung für ungewisse Verbindlichkeiten (Teil I), in: DB 1986, S. 337-346 (Rückstellung).

JUNGIUS, TOM/SCHMIDT, ANDRÉ, Nichtigkeit des Jahresabschlusses aufgrund von Bewertungsfehlern (Teil 1). Tatbestandsvoraussetzungen unter besonderer Würdigung des Wesentlichkeitsaspektes, in: DB 2012, S. 1697-1703 (Bewertungsfehler).

KAHLERT, GÜNTER/GEHRKE, DIETER, Der Rangrücktritt nach MoMiG im GmbH-Recht: Insolvenz- und steuerrechtliche Aspekte, in: DStR 2010, S. 227-233 (Rangrücktritt).

KAJÜTER, PETER, Berichterstattung über Chancen und Risiken im Lagebericht. Auswirkungen des Referentenentwurfs für das Bilanzrechtsreformgesetz, in: BB 2004, S. 427-433 (Chancen und Risiken).

KAJÜTER, PETER/BACHERT, KRISTIAN/BLAESING, DANIEL/KLEINMANNS, HERMANN, Die DRS zur Lageberichterstattung auf dem Prüfstand. Empirische Befunde zur Beurteilung und Anwendungspraxis der DRS, in: BB 2010, S. 457-465 (Empirische Befunde).

KALK-GRIESAN, UDO, Wirtschaftsprüfer und Aktuare – neue Herausforderungen bei der Bewertung von Personalverpflichtungen nach dem BilMoG, in: BetrAV 2009, S. 702-705 (Herausforderungen).

KAMMETER, ROLAND/GEIßELMEIER, WERNER, Der Rangrücktritt – Bestandsaufnahme und Auswirkungen des MoMiG im Handelsbilanz- und Steuerrecht, in: NZI 2007, S. 214-220 (MoMiG).

KARRENBROCK, HOLGER, Von der Steuerabgrenzung zur Bilanzierung latenter Steuern – Die Neuregelung der Bilanzierung latenter Steuerzahlungen nach dem Entwurf des Bilanzrechtsmodernisierungsgesetzes (BilMoG), in: WPg 2008, S. 328-337 (Latente Steuern).

KARRENBROCK, HOLGER, Zur Abzinsung von Rückstellungen nach der Neufassung von § 253 Abs. 1 Satz 2 HGB. Änderung der Rechtslage oder Konkretisierung der Grundsätze ordnungsmäßiger Buchführung?, in: DB 1994, S. 1941-1944 (Abzinsung von Rückstellungen).

KAYA, DEVRIMI, Verminderung der Aussagekraft des Lageberichts mittelständischer Unternehmen – Handlungsempfehlungen unter Berücksichtigung empirischer Ergebnisse, in: StuB 2010, S. 483-489 (Aussagekraft des Lageberichts).

KESSLER, HARALD, Eigenkapitalähnliche Mittel in der Handelsbilanz und im Überschuldungsstatus, in: BB 1994, S. 2103-2114 (Eigenkapitalähnliche Mittel).

KESSLER, HARALD/LEINEN, MARKUS/PAULUS, BENJAMIN, Das BilMoG und die latenten Steuern (Teil 1), in: KoR 2009, S. 716-728 (BilMoG und latente Steuern).

KIETHE, KURT, Der Sanierungskredit in der Insolvenz, in: KTS 2005, S. 179-212 (Sanierungskredit).

KIETHE, KURT, Haftungs- und Ausfallrisiken bei Patronatserklärungen, in: ZIP 2005, S. 646-654 (Risiken bei Patronatserklärungen).

KIRSCH, HANS-JÜRGEN/EWELT-KNAUER, CORINNA, Die „unsichtbare“ Finanzgarantie. Die Bilanzierung von Finanzgarantien nach IFRS unter besonderer Berücksichtigung eines möglichen Brutto- oder Nettoausweises sowie Problemen der Folgebilanzierung, in: KoR 2011, S. 337-341 (Finanzgarantien).

KIRSCH, HANS-JÜRGEN/GALLASCH, FLORIAN/GIMPEL-HENNING, NILS, Die formale Gestaltung anhangbezogener Rechnungslegungsvorschriften. Ein Beitrag zur aktuellen Diskussion um die Entwicklung eines „Disclosure Framework“, in: KoR 2014, S. 86-94 (Disclosure Framework).

KIRSCH, HANS-JÜRGEN/HOFFMANN, TIM/SIEGEL, DANIEL, Diskussion der Bilanzierung latenter Steuern nach § 249 Abs. 1 Satz 1 HGB, in: DStR 2012, S. 1290-1295 (Latente Steuern).

KIRSCH, HANS-JÜRGEN/KOELEN, PETER/OLBRICH, ALEXANDER/DETTENRIEDER, DOMINIK, Die Bedeutung der Verlässlichkeit der Berichterstattung im Conceptual Framework des IASB und des FASB, in: WPg 2012, S. 762-771 (Verlässlichkeit der Berichterstattung).

KIRSCH, HANS-JÜRGEN/SCHEELE, ALEXANDER, E-DRS 20: Ausweitung der Lageberichterstattung zum Value Reporting?, in: BB 2003, S. 2733-2739 (Lageberichterstattung).

KIRSCH, HANS-JÜRGEN/SCHEELE, ALEXANDER, Neugestaltung von Prognose- und Risikoberichterstattung durch das Bilanzrechtsreformgesetz, in: WPg 2005, S. 1149-1154 (Prognose- und Risikoberichterstattung).

KNEBEL, ANDREAS, Der Forderungsverzicht als Sanierungsmaßnahme, in: DB 2009, S. 1094-1097 (Forderungsverzicht).

KNEBEL, ANDREAS/SCHMIDT, THOMAS, Gestaltungen zur Eigenkapital-Optimierung vor dem Hintergrund der Finanzkrise, in: BB 2009, S. 430-434 (Eigenkapital-Optimierung).

KNOBBE-KEUK, BRIGITTE, Stille Beteiligung und Verbindlichkeiten mit Rangrücktrittsvereinbarung im Überschuldungsstatus und in der Handelsbilanz des Geschäftsinhabers, in: ZIP 1983, S. 127-131 (Rangrücktrittsvereinbarung).

KNOBLOCH, ALOIS PAUL, Eine modifizierte Verbindlichkeiten-Bilanzierung nach dem Fair-Value-Modell für den IFRS- und den HGB-Abschluss, in: zfbf 2007, S. 87-119 (Verbindlichkeiten).

KÖHLER, HELMUT, Patronatserklärungen als Kreditsicherheit: tatsächliche Verbreitung – wirtschaftliche Gründe – rechtliche Bedeutung, in: WM 1978, S. 1338-1349 (Patronatserklärungen).

KÖHLER, RICHARD, Zum Finanzierungsbegriff einer entscheidungsorientierten Betriebswirtschaftslehre, in: ZfB 1969, S. 435-456 (Finanzierungsbegriff).

KOHL, TORSTEN/MEYER, MARCO, Die Bilanzierung von Anleihen und Schuldscheindarlehen, in: CF biz 2013, S. 170-184 (Anleihen und Schuldscheindarlehen).

KRAUS, STEFAN, Zum Rückstellungsbegriff des Bilanzrichtlinien-Gesetzes, in: StuW 1988, S. 133-148 (Rückstellungsbegriff).

KRAWITZ, NORBERT, Zur Prüfung des Lageberichts nach neuem Recht, in: WPg 1988, S. 225-234 (Prüfung des Lageberichts).

KROLAK, THOMAS/MORZFELD, KURT/REMMEN, JAN-DOMINIK, Financial Covenants als Instrument der Krisenfrüherkennung und der normierten Krisenbewältigung, in: DB 2009, S. 1417-1422 (Financial Covenants).

KRÜGER, STEFAN/PAPE, MAXIMILIAN, Patronatserklärungen und Beseitigung von Zahlungsunfähigkeit, in: NZI 2011, S. 617-619 (Patronatserklärungen).

KÜFFNER, PETER, Rechnungslegung beim Eigenkapitalersatz, in: DStR 1993, S. 180-183 (Eigenkapitalersatz).

KÜFFNER, THOMAS, Patronatserklärungen im Bilanzrecht, in: DStR 1996, S. 145-151 (Patronatserklärungen).

KÜPPER, NORBERT/HEINZE, FRANK-RÜDIGER, Die „harte“ Patronatserklärung in der Insolvenz, in: ZInsO 2006, S. 913-918 (Patronatserklärung).

KUPSCH, PETER, Neuere Entwicklungen bei der Bilanzierung und Bewertung von Rückstellungen, in: DB 1989, S. 53-62 (Neuere Entwicklungen).

KÜTING, KARLHEINZ, Zukunftsbilanzen. Ein Vergleich zukunftsorientierter Rechenwerke, in: WiSt 1981, S. 268-274 (Zukunftsbilanzen).

KÜTING, KARLHEINZ/CASSEL, JOCHEN/METZ, CHRISTIAN, Die Bewertung von Rückstellungen nach neuem Recht, in: DB 2008, S. 2317-2324 (Bewertung von Rückstellungen).

KÜTING, KARLHEINZ/DÜRR, ULRIKE L., Mezzanine-Kapital – Finanzierungsentscheidung im Sog der Rechnungslegung, in: DB 2005, S. 1529-1534 (Mezzanine-Kapital).

KÜTING, KARLHEINZ/ERDMANN, MARK-KEN/DÜRR, ULRIKE L., Ausprägungsformen von Mezzanine-Kapital in der Rechnungslegung nach IFRS (Teil I), in: DB 2008, S. 941-948 (Mezzanine-Kapital (Teil I)).

KÜTING, KARLHEINZ/ERDMANN, MARK-KEN/DÜRR, ULRIKE L., Ausprägungsformen von Mezzanine-Kapital in der Rechnungslegung nach IFRS (Teil II), in: DB 2008, S. 997-1002 (Mezzanine-Kapital Teil II).

KÜTING, KARLHEINZ/HÜTTEN, CHRISTOPH, Die Lageberichterstattung über Risiken der künftigen Entwicklung. Annäherung an die geplante Änderung der §§ 289, 315 HGB durch das KonTraG, in: AG 1997, S. 250-256 (Lageberichterstattung über Risiken).

KÜTING, KARLHEINZ/KAISER, THOMAS, Externe Liquiditätsanalyse auf der Grundlage veröffentlichter Jahresabschlüsse (Teil I), in: DStR 1992, S. 1142-1146 (Liquiditätsanalyse (Teil I)).

KÜTING, KARLHEINZ/KAISER, THOMAS, Externe Liquiditätsanalyse auf der Grundlage veröffentlichter Jahresabschlüsse (Teil II), in: DStR 1992, S. 1180-1184 (Liquiditätsanalyse (Teil II)).

KÜTING, KARLHEINZ/KESSLER, HARALD, Die Problematik der „anderen Zuzahlungen" gem. § 272 Abs. 2 Nr. 4 HGB, in: BB 1989, S. 25-37 (Zuzahlungen).

KÜTING, KARLHEINZ/KESSLER, HARALD/KEßLER, MARCO, Das Bilanzrechtsmodernisierungsgesetz (BilMoG) – Moderne Bilanzierungsvorschriften für die betriebliche Altersversorgung? Auswirkungen auf die bilanzielle Abbildung von Pensionsverpflichtungen deutscher Unternehmen, in: WPg 2008, S. 494-504 (Betriebliche Altersversorgung).

KÜTING, KARLHEINZ/LAUER, PETER, Die Jahresabschlusszwecke nach HGB und IFRS – Polarität oder Konvergenz? – Zugleich eine Würdigung von Wolfgang Stützel –, in: DB 2011, S. 1985-1991 (Polarität oder Konvergenz).

KÜTING, KARLHEINZ/LORSON, PETER/EICHENLAUB, RAPHAEL/TOEBE, MARC, Die Ausschüttungssperre im neuen deutschen Bilanzrecht nach § 268 Abs. 8 HGB, in: GmbHR 2011, S. 1-10 (Ausschüttungssperre).

KÜTING, KARLHEINZ/STRAUß, MARC, Finanzielle und bilanzielle Krisenstrategien im Profifussball, in: DB 2011, S. 2613-2621 (Krisenstrategien im Profifussball).

LANGE, KNUT WERNER, Risikoberichterstattung nach KonTraG und KapCoRiLiG, in: DStR 2001, S. 227-232 (Risikoberichterstattung).

LANGOHR-PLATO, UWE, Die Anpassungsprüfung nach § 16 BetrAVG in der aktuellen Rechtsprechung des BAG, in: NZA 2013, S. 994-998 (Anpassungsprüfung).

LEFFSON, ULRICH, Der Ausbau der unternehmerischen Rechenschaft durch vollständigen Kapitaldispositionsnachweis, in: Neue Betriebswirtschaft und betriebswirtschaftliche Datenverarbeitung 1968, S. 1-17 (Kapitaldispositionsnachweis).

LEFFSON, ULRICH, Die Going-Concern-Prämisse bei Unsicherheit über den Fortbestand der Unternehmung, in: WPg 1984, S. 604-606 (Going-Concern).

LEITHAUS, ROLF/SCHAEFER, THIEMO, Rangrücktrittsvereinbarungen zur Vermeidung der Überschuldung anno 2010 – Unter welchen Voraussetzungen lässt sich eine Rangrücktrittsvereinbarung aufheben?, in: NZI 2010, S. 844-849 (Rangrücktrittsvereinbarungen).

LENZ, HANSRUDI/DIEHM, JOHANNES, Einfluss der Finanz- und Wirtschaftskrise auf die Risikoberichterstattung im SDAX, in: KoR 2010, S. 385-394 (Risikoberichterstattung).

LESCHKE, THOMAS/ROST, JOSEPH, Rechtssicherheit durch Sanierungskonzepte – Neufassung des IDW S 6, in: DB 2013, S. M1 (Sanierungskonzepte).

LETTL, TOBIAS, Das Entstehen des Rückgewähranspruchs bei Sicherungsgrundschulden, in: WM 2002, S. 788-799 (Sicherungsgrundschulden).

LIEBIG, MAX/WITT, PETER, Unternehmenssanierung: Vor oder nach der Insolvenz?, in: DB 2011, S. 1929-1935 (Unternehmenssanierung).

LILIENBECKER, THOMAS/LINK, ROBERT/RABENHORST, DIRK, Beurteilung der Going-Concern-Prämisse durch den Abschlussprüfer bei Unternehmen in der Krise, in: BB 2009, S. 262-266 (Going-Concern-Prämisse).

LIMMER, PETER, „Harte" und „weiche" Patronatserklärungen in der Konzernpraxis, in: DStR 1993, S. 1750-1752 (Patronatserklärungen).

LOITZ, RÜDIGER, Latente Steuern nach dem Bilanzrechtsmodernisierungsgesetz (BilMoG) – Nachbesserungen als Verbesserungen?, in: DB 2008, S. 1389-1395 (Latente Steuern).

LUCKAN, EBERHARD/SCHACHT, KNUT, Gläubigerschutz, Publizität und Haftung. Dargestellt am Beispiel der Behandlung von Gesellschafterdarlehen im Referentenentwurf eines GmbH-Gesetzes, in: DB 1970, S. 1449-1457 (Gläubigerschutz).

LÜCK, WOLFGANG, Das Going-Concern-Prinzip in Rechnungslegung und Jahresabschlussprüfung, in: DB 2001, S. 1945-1949 (Going-Concern-Prinzip).

MAESCH, SCOTT C./VOß, ANDREAS, Second Lien, Covenants und Eigenkapitalersatz, in: FB 2007, S. 1-11 (Second Lien).

MAIER, MICHAEL T./WEIL, MATTHIAS, Latente Steuern im Einzel- und Konzernabschluss: Auswirkungen des BilMoG auf die Bilanzierungspraxis, in: DB 2009, S. 2729-2736 (Latente Steuern).

MAIER-REIMER, GEORG/ETZBACH, PETER, Die Patronatserklärung, in: NJW 2011, S. 1110-1117 (Patronatserklärung).

MAILER, JÖRG, Handelsrechtliche Rechnungslegung insolventer Kapitalgesellschaften. Anpassung der Bilanzierung bei Überschuldung oder Zahlungsunfähigkeit, in: BBK 2013, S. 156-172 (Rechnungslegung).

MARTINEK, MICHAEL/OMLOR, SEBASTIAN, Auswirkungen von gesetzlichem und vertraglichem Rangrücktritt auf nicht-akzessorische Sicherheiten. Teil I, in: WM 2008, S. 617-623 (Nicht-akzessorische Sicherheiten).

MATHIAK, WALTER, Rechtsprechung und Bilanzsteuerrecht, in: DStR 1990, S. 255-263 (Rechtsprechung und Bilanzsteuerrecht).

MAYER, STEFAN, Die Fortentwicklung des Jahresabschlusses in Deutschland nach dem BilMoG, in: DStR 2009, S. 129-134 (Fortentwicklung des Jahresabschlusses).

MEIER, KARIN, Bilanzierung betrieblicher Versorgungsverpflichtungen nach dem BilMoG, in: BB 2009, S. 998-1002 (Versorgungsverpflichtungen).

MEYER, MARCO, Sanierungsbedingte Umstrukturierungen: ein Anwendungsfall für die Ausbuchung passiver latenter Steuern aufgrund künftiger Verluste?, in: BB 2011, S. 2539-2544 (Ausbuchung latenter Steuern).

MICHALSKI, LUTZ, Die Patronatserklärung, in: WM 1994, S. 1229-1240 (Die Patronatserklärung).

MÖHLMANN-MAHLAU, THOMAS/SCHMITT, JENS, Der „vorübergehende" Begriff der Überschuldung, in: NZI 2009, S. 19-24 (Überschuldung).

MOORKAMP, SIMON, Steuerliche Folgen des auf den future service beschränkten Verzichts von Pensionsanwartschaften. Anmerkungen zur Verfügung der OFD Niedersachsen vom 15.6.2011, in: StuB 2011, S. 741-743 (Future service).

MOXTER, ADOLF, Das Realisationsprinzip – 1884 und heute, in: BB 1984, S. 1780-1786 (Realisationsprinzip).

MOXTER, ADOLF, Die Grundsätze ordnungsmäßiger Bilanzierung und der Stand der Bilanztheorie, in: zfbf 1966, S. 28-59 (Stand der Bilanztheorie).

MOXTER, ADOLF, Die Vorschriften zur Rechnungslegung und Abschlußprüfung im Referentenentwurf eines Gesetzes zur Kontrolle und Transparenz im Unternehmensbereich, in: BB 1997, S. 722-730 (KonTraG).

MOXTER, ADOLF, Fremdkapitalbewertung nach neuem Bilanzrecht, in: WPg 1984, S. 397-408 (Fremdkapitalbewertung).

MOXTER, ADOLF, Ist bei drohendem Unternehmenszusammenbruch das bilanzrechtliche Prinzip der Unternehmensfortführung aufzugeben?, in: WPg 1980, S. 345-351 (Unternehmensfortführung).

MOXTER, ADOLF, Rückstellungskriterien im Streit, in: zfbf 1995, S. 311-326 (Rückstellungskriterien).

MOXTER, ADOLF, Ulrich Leffson und die Bilanzrechtsprechung, in: WPg 1986, S. 173-177 (Ulrich Leffson).

MÜLLER, STEFAN/REINKE, JENS, Unterstützungspotenzial der Bilanzierung im Rahmen einer Sanierung. Wahlrechte und Ermessensspielräume nach dem BilMoG, in: KSI 2010, S. 101-107 (Unterstützungspotenzial).

NAUMANN, KLAUS-PETER, Rechtliches Entstehen und wirtschaftliche Verursachung als Voraussetzung der Rückstellungsbilanzierung. Zugleich eine Untersuchung zur Ansammlung von Rückstellungen, in: WPg 1991, S. 529-536 (Rückstellungsbilanzierung).

NAUMANN, KLAUS-PETER, Anpassung des deutschen Bilanzrechts an die EU-Bilanzrichtlinie, in: WPg 2014 (Heft 8), S. I (EU-Bilanzrichtlinie).

NEEF, KLAUS, Die wirtschaftliche Lage des Arbeitgebers gemäß § 16 BetrAVG, in: NZA 2003, S. 993-998 (Wirtschaftliche Lage).

NEUHOF, RUDOLF, Sanierungsrisiken der Banken: Die Vor-Sanierungsphase, in: NJW 1998, S. 3225-3234 (Sanierungsrisiken).

NEUMANN, HORST, Zur rechtlichen Unhaltbarkeit des sog. Darlehens-Erlasses vom 8. Mai 1978. Zugleich eine Erwiderung auf die Ausführungen von Bordewin, Geliert und Uelner, in: FR 1979, S. 545-554 (Unhaltbarkeit).

OBERMÜLLER, MANFRED, Verwertung von Drittsicherheiten im Insolvenzverfahren, in: NZI 2001, S. 225-229 (Drittsicherheiten).

OBERMÜLLER, PHILIPP/ROWOLDT, MAXIMILIAN, Ausgewählte Fragen der internationalen Bilanzierung und aktuelle Entwicklungen beim IASB. Bericht über das IFRS-Forum zur handelsrechtlichen und internationalen Rechnungslegung des Instituts für Unternehmensführung an der Ruhr-Universität Bochum, in: KoR 2012, S. 87-92 (Ausgewählte Fragen).

OSER, PETER, Regierungsentwurf eines Bilanzrechtsmodernisierungsgesetz: Maßvolle Reform des HGB, in: BB 2008, S. M1 (Maßvolle Reform).

OSER, PETER/ROß, NORBERT/WADER, DOMINIC/DRÖGEMÜLLER, STEFFEN, Änderungen des Bilanzrechts durch das Bilanzrechtsmodernisierungsgesetz (BilMoG), in: WPg 2009, S. 573-583 (BilMoG).

OSSADNIK, WOLFGANG, Die Darstellung der Finanzlage im Jahresabschluß der Kapitalgesellschaft, in: BB 1990, S. 813-818 (Finanzlage).

PAULICK, HEINZ, Können steuerrechtliche Aktivierungsverbote und Passivierungsverbote durch eine Verwaltungsanweisung des Bundesministers der Finanzen begründet werden?, in: FR 1978, S. 592-598 (Aktivierungs- und Passivierungsverbote).

PAULUS, CHRISTOPH G., Berufskläger als Sanierungshemmnis, in: BB 2012, S. 1556-1558 (Berufskläger).

PAUL, UWE, Patronatserklärungen in der Insolvenz der Tochtergesellschaft. Zugleich Anmerkung zum Urt. des OLG München v. 22.7.2004 – 19 U 1867/04, ZlnsO 2004, 1040 ff., in: ZInsO 2004, S. 1327-1331 (Patronatserklärungen in der Insolvenz).

PELLENS, BERNHARD/SELLHORN, THORSTEN/STRZYZ, ADAM, Pensionsverpflichtungen nach dem Regierungsentwurf eines BilMoG – Simulation erwarteter Auswirkungen, in: DB 2008, S. 2373-2380 (Pensionsverpflichtungen).

PESCH, JÜRGEN, Patronatserklärungen im Geschäftsbericht von Banken, in: WM 1998, S. 1609-1615 (Patronatserklärungen).

PETERSEN, KARL/ZWIRNER, CHRISTIAN, Rechnungslegung und Prüfung im Umbruch: Überblick über das neue deutsche Bilanzrecht, in: KoR 2009, S. 1-45 (Rechnungslegung im Umbruch).

PETERSEN, KARL/ZWIRNER, CHRISTIAN/FROSCHHAMMER, MATTHIAS, Funktionsweise und Problembereiche der im Rahmen des BilMoG neu eingeführten außerbilanziellen Ausschüttungssperre des § 268 Abs. 8 HGB, in: KoR 2010, S. 334-341 (Ausschüttungssperre).

PETERSEN, OLAF/BECHTOLDT, MARKUS/BIRKEL, STEFAN, Teuerungsanpassung der Betriebsrenten 2012. Anstieg von Lebenshaltungskosten und Nettoeinkommen im Zeitraum 2009/2012 bzw. ab Rentenbeginn, in: DB 2012, S. 230-234 (Teuerungsanpassung).

PHILIPPS, HOLGER, Konkretisierung der Anhangangaben zu außerbilanziellen Geschäften, in: DB 2011, S. 125-130 (Anhangangaben).

PIERK, JOCHEN/WEIL, MATTHIAS, Konvergenz von IFRS und HGB am Beispiel der Pensionsrückstellungen kapitalmarktorientierter Unternehmen, in: KoR 2012, S. 516-521 (Konvergenz).

PLATE, GEORG, Eignung von Zahlungsunfähigkeit und Überschuldung als Indikatoren für Insolvenzreife einer Unternehmung, in: DB 1980, S. 217-222 (Indikatoren für Insolvenzreife).

PRIESTER, HANS-JOACHIM, Gläubigerrücktritt zur Vermeidung der Überschuldung, in: DB 1977, S. 2429-2434 (Gläubigerrücktritt).

PRIESTER, HANS-JOACHIM, Sind eigenkapitalersetzende Gesellschafterdarlehen Eigenkapital?, in: DB 1991, S. 1917-1924 (Gesellschafterdarlehen).

PRINZ, MARKUS, Bilanzierung von Rückstellungen nach dem BilMoG. Überblick über die geplanten Änderungen ab 2009, in: BBK 2008, S. 237-246 (Rückstellungen nach BilMoG).

PRÖBSTL, HEIKE, Die Pflicht zur inflationsausgleichenden Anpassung von Betriebsrenten. Hintergründe, Gestaltungsmöglichkeiten und aktuelle Urteile, in: DStR 2012, S. 1281-1285 (Anpassung von Betriebsrenten).

RAESCHKE-KESSLER, CHRISTOPEIT, Die harte Patronatserklärung als befristetes Sanierungsmittel, in: NZG 2010, S. 1361-1366 (Patronatserklärung).

RÄTKE, BERND, Auflösung von Pensionsrückstellungen aufgrund Schuldbeitritts. Anmerkungen zum BFH-Urteil vom 26.04.2012 – IV R 43/09, in: StuB 2012, S. 580-583 (Pensionsrückstellungen).

RÄTKE, BERND, Gewinnerhöhung durch Rangrücktritt? – BFH erweckt § 5 Abs. 2a EStG zum Leben. Anmerkungen zum BFH-Urteil vom 30.11.2011 – I R 100/10, in: StuB 2012, S. 338-342 (Gewinnerhöhung durch Rangrücktritt).

RAUSER, KLAUS-DIETER/SCHWINGER, REINER, Ausweis nachzuholender Betriebsrentenanpassung, in: BB 1993, S. 1114-1115 (Nachzuholende Betriebsrentenanpassung).

REICHENBACH, RITA/DREGER, NORMAN, Handlungsmöglichkeiten bei der Anpassung von Betriebsrenten. – Kostendruck in der betrieblichen Altersversorgung –, in: BB 2010, S. 2306-2308 (Anpassung).

REINERS, STEPHAN/WIERLING, BARBARA, Nachholende Anpassung von Betriebsrenten im Jahresabschluß, in: BB 1993, S. 2047-2051 (Nachholende Anpassung).

RHIEL, RAIMUND/VEIT, ANNEKATRIN, Auswirkungen des Gesetzes zur Modernisierung des Bilanzrechts (BilMoG) auf Pensionsverpflichtungen, in: DB 2008, S. 1509-1514 (Auswirkungen BilMoG).

RUHWEDEL, FRANCA/SELLHORN, THORSTEN/LERCHENMÜLLER, JULIA, Prognoseberichterstattung in Aufschwung und Krise – Eine empirische Untersuchung der DAX-Unternehmen, in: DB 2009, S. 1305-1313 (Prognoseberichterstattung).

RUND, THOMAS, Zivile Grundlagen bedeutsamer Steuerrechtsfälle bei Kapitalgesellschaft und GmbH & Co. KG – Der Rangrücktritt zur Pensionszusage für beherrschende Gesellschafter-Geschäftsführer, in: GmbHR 2009, S. 1149-1155 (Rangrücktritt Pensionszusage).

SABI, Stellungnahme 3/1986. Zur Darstellung der Finanzlage i.S.v. § 264 Absatz 2 HGB. Stellungnahme 3/1986, in: WPg 1986, S. 670-671 (Stellungnahme 3/1986).

SCHACKMANN, MARKUS/BEHLING, NILS, Die Bedeutung von Covenants bei der Akquisitions- und Unternehmensfinanzierung, in: FB 2004, S. 789-799 (Akquisitions- und Unternehmensfinanzierung).

SCHARPF, PAUL, IFRS 7 Financial Instruments: Disclosures, in: KoR 2006, S. 3-54 (Disclosures).

SCHARPF, PAUL/WEIGEL, WOLFGANG/LÖW, EDGAR, Die Bilanzierung von Finanzgarantien und Kreditzusagen nach IFRS, in: WPg 2006, S. 1492-1504 (Finanzgarantien).

SCHARR, CHRISTOPH/FEIGE, PETER/MAIER, CHRISTIANE, Die Auswirkungen des geänderten IAS 19 auf die Bilanzierung von defined benefit plans und termination benefits in der Praxis, in: KoR 2012, S. 9-16 (Defined benefit plans).

SCHAUB, BERNHARD, Die GmbH in der Krise – Kriterien für die Feststellung von Zahlungsunfähigkeit, Überschuldung und Kreditunwürdigkeit, in: DStR 1993, S. 1483-1489 (Überschuldung).

SCHELLHORN, MATHIAS, Die Bildung von Rückstellungen für ungewisse Verbindlichkeiten nach dem Urteil des BFH vom 27. Juni 2001 im Kontext der Europäisierung und Internationalisierung der Rechnungslegung, in: BFuP 2003, S. 306-328 (Rückstellungen für ungewisse Verbindlichkeiten).

SCHIENSTOCK, ARND/MENTZER, NICOLE, Der vorläufige Gläubigerausschuss – ein Praxisbericht. Stärkung der Gläubigerautonomie gelungen?, in: KSI 2013, S. 274-277 (Gläubigerausschuss).

SCHILDBACH, THOMAS, Latente Steuern auf quasi permanente Differenzen und andere Kuriositäten – Ein Blick in das gelobte Land jenseits der Maßgeblichkeit, in: WPg 1998, S. 939-947 (Latente Steuern).

SCHILDKNECHT, URS, Passivierungsverbote nach Rangrücktrittsvereinbarungen, in: DStR 2005, S. 181-184 (Passivierungsverbote).

SCHLEWING, ANJA, Die aktuelle Rechtsprechung des BAG zur Anpassung der Betriebsrenten an den Kaufkraftverlust, in: RdA 2010, S. 364-372 (Rechtsprechung des BAG).

SCHMALENBACH, EUGEN, Die Werte von Anlagen und Unternehmungen in der Schätzungstechnik, in: Zeitschrift für Handelswissenschaftliche Forschung 1917/1918, S. 1-20 (Werte von Anlagen).

SCHMID, HUBERT, Der erfolgswirksame Rangrücktritt, in: FR 2012, S. 837-845 (Rangrücktritt).

SCHMIDT, KARSTEN, Besinnung auf die Stärken der InsO und der freien Sanierung. Von einem vorgezogenen staatlichen Sanierungsverfahren ist abzuraten!, in: DB 2010, S. 27-28 (Stärken).

SCHMIDT, KARSTEN, Rangrücktritt bei Gesellschafterdarlehen: Problem gebannt? Ein Plädoyer für den unspezifizierten Rangrücktritt im Licht der steuerlichen und zivilgerichtlichen Rechtsprechung, in: DB 2006, S. 2503-2506 (Rangrücktritt bei Gesellschafterdarlehen).

SCHMIDT, KARSTEN, Schöne neue Sanierungswelt: Die Gläubiger okkupieren die Burg!, in: ZIP 2012, S. 2085-2088 (Sanierungswelt).

SCHMIDT, KARSTEN, Überschuldung und Insolvenzantragspflicht nach dem Finanzmarktstabilisierungsgesetz. Geschäftsleiterpflichten im Wechselbad der Definitionen, in: DB 2008, S. 2467-2471 (Überschuldung).

SCHMIDTMEIER, SUSANNE/EISENHARDT, PATRICK/BELLERT, SYBILLE, Pensionsrückstellungen in der Bilanzierungspraxis mittelständischer Konzerne. Ergebnisse einer empirischen Untersuchung, in: DB 2012, S. 2053-2059 (Pensionsrückstellungen).

SCHMIDT, NIKOLAUS M., Die analoge Anwendung des § 44a InsO im Fall der Besicherung eines Darlehens an die Gesellschaft durch Gesellschaft und Gesellschafter, in: ZInsO 2010, S. 70-72 (Besicherung eines Darlehens).

SCHMIDT, REINHARD H., Grundformen der Finanzierung. Eine Anwendung des neo-institutionalistischen Ansatzes der Finanzierungstheorie, in: Kredit und Kapital 1981, S. 186-219 (Grundformen der Finanzierung).

SCHMITT, CHRISTOPH, Die Begebung von Mittelstandsanleihen als Alternative zum Bankkredit – Voraussetzungen und praktische Hinweise, in: BB 2012, S. 1079-1082 (Mittelstandsanleihen).

SCHMITT, CHRISTOPH, Schuldscheindarlehen als Alternative zum Bankkredit – Voraussetzungen und praktische Hinweise, in: BB 2012, S. 2039-2042 (Schuldscheindarlehen).

SCHNEIDER, DIETER, Aktienrechtlicher Gewinn und ausschüttungsfähiger Betrag, in: WPg 1971, S. 607-617 (Gewinn und ausschüttungsfähiger Betrag).

SCHNEIDER, DIETER, Meßbarkeitsstufen subjektiver Wahrscheinlichkeiten als Erscheinungsformen der Ungewißheit, in: zfbf 1979, S. 89-122 (Meßbarkeitsstufen).

SCHNEIDER, DIETER, Steuerersparnisse bei Pensionsrückstellungen allein durch die Aufwandsvorwegnahme – Replik zu der Erwiderung von Frank/Hax, DB 1998, S. 1881 – in: DB 1989, S. 1883-1887 (Steuerersparnisse).

SCHÖNFELDER, MATTHIAS, Gesellschafterdarlehen in der Insolvenz – auch ohne Krise in die Krise?, in: WM 2009, S. 1401-1407 (Gesellschafterdarlehen).

SCHÖNFELDER, MATTHIAS, Sanierungskredite und Verschleppungshaftung – Sinn und Unsinn von Sanierungsgutachten, in: WM 2013, S. 112-119 (Sanierungskredite).

SCHÖN, WOLFGANG, Der Bundesfinanzhof und die Rückstellungen. Eine Analyse der Rechtsprechung seit Inkrafttreten des Bilanzrichtlinien-Gesetzes, in: BB 1994, S. 1-16 (BFH und Rückstellungen).

SCHREHARDT, ALEXANDER, Sind Pensionszusagen Zeitbomben in der Handelsbilanz?, in: Vermögen & Steuern 2009, S. 22-25 (Pensionszusagen als Zeitbomben).

SCHRUFF, WIENAND, Die IFRS-Rechnungslegung im Spannungsfeld zwischen Cashflow-Prognose und Rechenschaft, in: WPg 2011, S. 855-860 (Cashflow-Prognose und Rechenschaft).

SCHULZE-OSTERLOH, JOACHIM, Ausgewählte Änderungen des Jahresabschlusses nach dem Referentenentwurf eines Bilanzrechtsmodernisierungsgesetzes, in: DStR 2008, S. 63-73 (Ausgewählte Änderungen).

SCHULZE-OSTERLOH, JOACHIM, Rangrücktritt, Besserungsschein, eigenkapitalersetzende Darlehen. Voraussetzungen, Rechtsfolgen, Bilanzierung, in: WPg 1996, S. 97-106 (Rangrücktritt, Besserungsschein, eigenkapitalersetzende Darlehen).

SCHULZE-OSTERLOH, JOACHIM, Rückzahlungsbetrag und Abzinsung von Rückstellungen und Verbindlichkeiten Überlegungen zur Reform des HGB-Bilanzrechts, in: BB 2003, S. 351-355 (Abzinsung).

SCHULZ, MARKUS/METTKE, STEFAN, Die Garantie auf erstes Anfordern als Sicherungsinstrument im Kreditgeschäft, in: WM 2014, S. 54-66 (Garantie auf erstes Anfordern).

SCHWENKER, JÖRG/FISCHER, CAROLA, Restrukturierungsmaßnahmen in der Krise der GmbH, in: DStR 2010, S. 1117-1121 (Restrukturierungsmaßnahmen).

SCHWIND, JOACHIM, Die Deckungsmittel der betrieblichen Altersversorgung 2011, in: BetrAV 2013, S. 346-354 (Deckungsmittel der bAV).

SENGER, THOMAS/BRUNE, JENS, DRS 20: neue und geänderte Anforderungen an den Konzernlagebericht, in: WPg 2012, S. 1285-1289 (DRS 20).

SERVATIUS, WOLFGANG, Covenants in der Restrukturierung, in: CF law 2013, S. 14-22 (Covenants).

SIEBERT, JULIAN, Umstrukturierung von Pensionszusagen: Ermittlung steuerlich wirksamer Ausgleichswerte von Past und Future Service, in: DStR 2013, S. 1251-1258 (Past und Future Service).

SIEGEL, THEODOR, Gewinn- und einnahmeabhängige bedingte Verbindlichkeiten als Bilanzierungsproblem, in: FR 1981, S. 134-137 (Verbindlichkeiten).

SIEGEL, THEODOR, Realisationsprinzip als allgemeines Periodisierungsprinzip?, in: BFuP 1994, S. 1-20 (Realisationsprinzip als Periodisierungsprinzip?).

SIEGEL, THEODOR, Umweltschutz im Jahresabschluss. Probleme und Lösungsansätze, in: BB 1993, S. 326-336 (Umweltschutz im Jahresabschluss).

SIKORA, KARL, Die Verlängerung des geänderten insolvenzrechtlichen Überschuldungsbegriffs, in: NWB 2009, S. 3288-3291 (Überschuldungsbegriff).

SIMON, OLIVER/REIN, MICHAEL, Betriebsrentenanpassung im Fokus von Praxis und Öffentlichkeit, in: NZA 2013, S. 169-175 (Betriebsrentenanpassung).

SIMON, STEFAN, Ausschüttungs- und Abführungssperre als gläubigerschützendes Institut in der reformierten HGB-Bilanzierung. Zur Regelung des § 268 VIII HGB n.F., in: NZG 2009, S. 1081-1087 (Ausschüttungs- und Abführungssperre).

SOLFRIAN, GREGOR, Änderungen in der Lageberichterstattung durch das Bilanzrechtsreformgesetz sowie den DRS 15, in: StuB 2005, S. 911-918 (Lageberichterstattung).

SPIECKERMANN, STEPHAN, Forderungen als Kreditsicherheit. Potenzial von den Banken unterschätzt, in: ZfgK 2013, S. 93-95 (Kreditsicherheit).

STAPF, JELENA/ELGG, DOMINIK, Abzinsung von Rückstellungen nach dem BilMoG: Ermittlung und Bekanntgabe der Zinssätze durch die deutsche Bundesbank, in: BB 2009, S. 2134-2138 (Zinssätze).

STEFFAN, BERNHARD, Sicherung des Unternehmensbestands als erste Stufe der Sanierung, in: WPg 2009, S. 273-282 (Unternehmensbestand).

STOBBE, THOMAS, Der Lagebericht, in: BB 1988, S. 303-311 (Lagebericht).

STREIM, HANNES, Stellungnahme im Meinungsspiegel zum Thema „Realisationsprinzip und Rückstellungsbildung“, in: BFuP 1994, S. 39-65 (Meinungsspiegel Realisationsprinzip).

STREIT, GEORG, Erfolgreiche Sanierung – am besten vor der Insolvenz, in: DB 2010, S. 31-32 (Sanierung – am besten vor der Insolvenz).

STÜTZEL, WOLFGANG, Bemerkungen zur Bilanztheorie, in: ZfB 1967, S. 9-36 (Bilanztheorie).

TARASCHKA, FRANZ, Zur bilanzsteuerrechtlichen Behandlung des Rangrücktritts, in: DStR 2006, S. 109-111 (Behandlung Rangrücktritt).

TETZLAFF, CHRISTIAN, Aufhebung von harten Patronatserklärungen, in: WM 2011, S. 1016-1023 (Aufhebung Patronatserklärungen).

TETZLAFF, CHRISTIAN, Kurzfristig kündbare Patronatserklärungen – ein untaugliches Sanierungsinstrument. Zugleich eine Besprechung des BGH-Urteils vom 20.09.2010 – II ZR 296/08, in: DZWIR 2011, S. 181-187 (Patronatserklärungen).

THAUT, MICHAEL, Pensionsverpflichtungen und Rückdeckungsversicherungen im handelsrechtlichen Abschluss, in: DB 2011, S. 1645-1650 (Rückdeckungsversicherungen).

THURNES, GEORG/HAINZ, GÜNTER, Auswirkungen des Bilanzrechtsmodernisierungsgesetzes auf Pensionsrückstellungen, in: BC 2009, S. 212-217 (BilMoG und Pensionsrückstellungen).

THURNES, GEORG/VAVRA, RAINER/GEILENKOTHEN, ANDRÉ, Betriebliche Altersversorgung im Jahresabschluss nach nationalen und internationalen Bilanzierungsgrundsätzen. Bewertungsannahmen zum 31.12.2009, in: DB 2009, S. 2671-2675 (Betriebliche Altersversorgung 2009).

THURNES, GEORG/VAVRA, RAINER/GEILENKOTHEN, ANDRÉ, Betriebliche Altersversorgung im Jahresabschluss nach nationalen und internationalen Bilanzierungsgrundsätzen. Bewertungsannahmen zum 31.12.2012, in: DB 2012, S. 2883-2888 (Betriebliche Altersversorgung 2012).

UHLENBRUCK, WILHELM, Gerichtliche oder außergerichtliche Sanierung? Eine Schicksalsfrage Not leidender Unternehmen, in: BB 2001, S. 1641-1648 (Gerichtlich oder außergerichtlich?).

UHLENBRUCK, WILHELM, Von der Notwendigkeit eines eigenständigen Sanierungsgesetzes, in: NZI 2008, S. 201-206 (Eigenständiges Sanierungsgesetz).

UHLENBRUCK, WILHELM, Widerruf von betrieblichen Versorgungszusagen wegen wirtschaftlicher Notlage? Zur Rechtsstellung des PSVaG im außergerichtlichen Vergleich und im Insolvenzplanverfahren, in: KSI 2006, S. 121-126 (Widerruf wegen wirtschaftlicher Notlage?)

VALLENDER, HEINZ, Insolvenzkultur gestern, heute und morgen, in: NZI 2010, S. 838-844 (Insolvenzkultur).

VALLENDER, HEINZ, Weiterer Reformbedarf aus Sicht eines Insolvenzrichters, in: WPg 2011, S. 31-34 (Reformbedarf).

VATER, HENDRIK, Financial Covenants im IFRS-Abschluss, in: PiR 2010, S. 128-133 (Financial Covenants).

VELDER, FRANZ, Die Abzinsung von Forderungen und Schulden in der Bilanz, in: Der Wirtschaftsprüfer 1934, S. 195-196 (Abzinsung von Schulden).

VISKORF, STEPHAN, Anwendung des § 6 Abs. 1 Nr. 3 EStG auf Kaufpreisverbindlichkeiten – Aufwand aus Aufzinsung als nachträgliche Anschaffungskosten, in: DB 2006, S. 1231-1234 (Kaufpreisverbindlichkeiten).

VOLK, GERRIT, Das Informationsinteresse der Jahresabschlussadresaten, in: BB 1987, S. 723-728 (Informationsinteresse).

VON ROSENBERG, OLIVER/KRUSE, TILMAN W., Patronatserklärungen in der M&A-Praxis und in der Unternehmenskrise, in: BB 2003, S. 641-650 (Patronatserklärungen).

VORMBAUM, HERBERT/BAUMANNS, JOSEPH, Die rechtzeitige Auslösung von Insolvenzverfahren. Ein Kernproblem der Insolvenzrechtsreform, in: DB 1984, S. 1971-1975 (Rechtzeitige Auslösung).

WALLNER, CHRISTOPH/NEUENHAHN, STEFAN, Der Sanierungskredit – ein Überblick, in: NZI 2006, S. 553-561 (Sanierungskredit).

WÄLZHOLZ, ECKHARD, Die GmbH in Krise und Insolvenz nach dem MoMiG – Insolvenzantrag, Rangrücktritt, Haftung, in: GmbH-StB 2009, S. 75-83 (GmbH nach MoMiG).

WEBER, CLAUS-PETER, Risikoberichterstattung nach dem E-DRS 5, in: BB 2001, S. 140-144 (Risikoberichterstattung).

WEHRHAHN, TORSTEN, Unternehmensfinanzierung durch Schuldscheindarlehen, in: BKR 2012, S. 363-368 (Schuldscheindarlehen).

WEHRHEIM, MICHAEL, Krisenprognose mit Hilfe einer Kapitalflußrechnung?, in: DStR 1997, S. 1699-1704 (Kapitalflußrechnung).

WEIGEL, WOLFGANG/BARZ, KATJA, Finanzgarantien als Beispiel für Probleme im Zusammenhang mit der Bilanzierung nach IFRS, in: BankPraktiker 2006, S. 606-611 (Finanzgarantien nach IFRS).

WEIß, DANIEL M., Restrukturierung von Schuldscheindarlehen, in: CF law 2010, S. 64-67 (Schuldscheindarlehen).

WEITNAUER, WOLFGANG, Der Rangrücktritt – Welche Anforderungen gelten nach aktueller Rechtsprechung?, in: GWR 2012, S. 193-198 (Rangrücktritt).

WENDHOLT, WOLFGANG/WESEMANN, MICHAEL, Zur Umsetzung der HGB-Modernisierung durch das BilMoG: Bilanzierung von latenten Steuern im Einzel- und Konzernabschluss, in: DB 2009, S. 64-76 (Latente Steuern).

WENK, MARC OLIVER/JAGOSCH, CHRISTIAN, BilMoG: Praxisleitfaden zum Jahresabschluss 31.12.2009 für nicht kapitalmarktorientierte Unternehmen, in: DStR 2009, S. 2330-2337 (BilMoG).

WENZEL, FRANK, Bankenhaftung bei fehlgeschlagenem Sanierungskredit, in: NZI 1999, S. 294-299 (Bankenhaftung).

WEPPLER, THOMAS/STÖCKLER, MANFRED, Betriebsrentenanpassung nach dem BAG-Beschluss vom 21.8.2012, in: BB 2013, S. 1067-1071 (Betriebsrentenanpassung).

WIECHERS, KLAUS, Entwicklung der Lageberichterstattung (Teil 1). Neue Anforderungen an die Lageberichterstattung, in: BBK 2012, S. 270-281 (Lageberichterstattung (Teil 1)).

WIECHERS, KLAUS, Entwicklung der Lageberichterstattung (Teil 2). Finanzielle und nicht finanzielle Leistungsindikatoren im Lagebericht, in: BBK 2012, S. 363-369 (Lageberichterstattung (Teil 2)).

WIECHERS, KLAUS, Entwicklung der Lageberichterstattung (Teil 3). Risikoberichterstattung nach § 289 Abs. 1 Satz 4 HGB, in: BBK 2012, S. 402-410 (Lageberichterstattung (Teil 3)).

WIECHERS, KLAUS, Entwicklung der Lageberichterstattung (Teil 4). Prognosebericht, in: BBK 2012, S. 454-460 (Lageberichterstattung (Teil 4)).

WIECHERS, KLAUS, Neue Anforderungen bei der Aufstellung und Prüfung des Lageberichts gemäß KonTraG, in: StuB 2000, S. 130-136 (Neue Anforderungen).

WIELENBERG, STEFAN, Bedingte Zahlungsversprechen in der Unternehmenssanierung, in: zfbf 2006, S. 270-296 (Bedingte Zahlungsversprechen).

WILLEKE, CLEMENS, Anmerkung zum Positionspapier des IDW vom 13.08.2012. Das Zusammenwirken von handelsrechtlicher Fortführungsannahme und insolvenzrechtlicher Fortbestehensprognose, in: StuB 2012, S. 856-861 (Fortführungsannahme und Fortbestehensprognose).

WILLEKE, CLEMENS, Der E-DRS 20 „Lageberichterstattung“ – ein Fortschritt?, in: StuB 2004, S. 359-365 (E-DRS 20).

WIMMER, RICHARD, Arbeitsrechtliche Maßnahmen zur Sanierung von Unternehmen, in: DStR 1996, S. 1329-1334 (Arbeitsrechtliche Maßnahmen zur Sanierung).

WITTIG, ARNE, Moderne Patronatserklärungen, in: WM 2003, S. 1981-1988 (Moderne Patronatserklärungen).

WOLF, THOMAS C., Die Kündigung und Bilanzierung von Patronatserklärungen, in: StuB 2011, S. 447-452 (Kündigung und Bilanzierung von Patronatserklärungen).

WOLZ, MATTHIAS, Die Bilanzierung von Pensionsverpflichtungen nach HGB versus US-GAAP/IAS. Ist die deutsche Rechnungslegung besser als ihr Ruf?, in: ZfB 2000, S. 1371-1390 (Pensionsverpflichtungen).

WOLZ, MATTHIAS/OLDEWURTEL, CHRISTOPH, Pensionsrückstellungen nach BilMoG. Informationsnutzen durch Internationalisierung?, in: StuB 2009, S. 424-429 (Pensionsrückstellungen nach BilMoG).

WULF, INGE/BINDICK, FRIEDERIKE, Praxisbeispiele für die neuen Anhangangaben nach § 285 HGB, in: DStZ 2011, S. 752-763 (Anhangangaben).

WÜRDINGER, MARKUS, Ausnahmevorschriften sind analogiefähig, in: JuS 2008, S. 949-951 (Ausnahmevorschriften).

WUSCHEK, THOMAS, Eigenverwaltung gewinnt an Bedeutung. Durch ESUG nimmt Attraktivität der Eigenverwaltung zu, in: ZInsO 2012, S. 110-115 (Eigenverwaltung).

WÜSTEMANN, JENS/BISCHOF, JANNIS, Der Grundsatz der Fair-Value-Bewertung von Schulden nach IFRS: Zweck, Inhalte und Grenzen, in: ZfB 2006, S. 77-110 (Fair-Value-Bewertung).

WÜSTEMANN, JENS/KOCH, CHRISTOPH, Zinseffekte und Kostensteigerungen in der Rückstellungsbewertung nach BilMoG, in: BB 2010, S. 1075-1078 (Zinseffekte).

ZANELLA, PETER/WELSER, MARTIN, IAS-19-Änderungen. Auswirkungen auf die Bilanzierung von Verbindlichkeiten aus Schweizer Vorsorgeplänen, in: Schweizer Treuhänder 2012, S. 432-436 (IAS-19-Änderungen).

ZIMMERMANN, JOCHEN/WERNER, JÖRG R./KILIAN, JAN-PHILIPP, Covenants in der Kreditvergabe, in: WiSt 2012, S. 2-7 (Covenants).

ZÜLCH, HENNING/KRETZMANN, CHRISTIAN, Prospektive Covenant-Kennzahlen: Logische Konsequenz eines vermehrt harmonisierten Rechnungswesens?, in: DB 2013, S. 1977-1979 (Prospektive Covenants).

ZWIRNER, CHRISTIAN, Financial Covenants im IFRS-Abschluss, in: IRZ 2011, S. 59-62 (Financial Covenants).

ZWIRNER, CHRISTIAN/KÜNKELE, PETER, Bedeutung latenter Steuern in wirtschaftlich unruhigen Zeiten, in: IRZ 2009, S. 182-184 (Latente Steuern in unruhigen Zeiten).

Verzeichnis der Monografien

ACHLEITNER, ANN-KRISTIN, Die Normierung der Rechnungslegung. Eine vergleichende Untersuchung unterschiedlicher institutioneller Ausgestaltungen des nationalen und internationalen Standardsetzungsprozesses, Zürich 1995 (Normierung der Rechnungslegung).

ADAM, SILKE, Das Going-Concern-Prinzip in der Jahresabschlussprüfung, Wiesbaden 2007 (Going-Concern-Prinzip).

ADRIAN, REINHOLD/HEIDORN, THOMAS, Der Bankbetrieb. Lehrbuch und Aufgaben, 15. Aufl., Wiesbaden 2000 (Bankbetrieb).

ALPARSLAN, ADEM, Strukturalistische Prinzipal-Agent-Theorie. Eine Reformulierung der Hidden-Action-Modelle aus der Perspektive des Strukturalismus, Wiesbaden 2006 (Prinzipal-Agent-Theorie).

ARMELOH, KARL-HEINZ, Die Berichterstattung im Anhang. Eine theoretische und empirische Untersuchung der Qualität der Berichterstattung im Anhang börsennotierter Kapitalgesellschaften, Düsseldorf 1998 (Anhang).

BAETGE, JÖRG, Bilanzen, Düsseldorf 1991 (Bilanzen).

BAETGE, JÖRG, Möglichkeiten der Objektivierung des Jahreserfolges. Möglichkeiten der Objektivierung, Düsseldorf 1970 (Objektivierung).

BAETGE, JÖRG/FISCHER, THOMAS R./PASKERT, DIERK, Der Lagebericht. Aufstellung, Prüfung und Offenlegung, Stuttgart 1989 (Der Lagebericht).

BAETGE, JÖRG/KIRSCH, HANS-JÜRGEN/THIELE, STEFAN, Bilanzanalyse, 2. Aufl., Düsseldorf 2004 (Bilanzanalyse).

BAETGE, JÖRG/KIRSCH, HANS-JÜRGEN/THIELE, STEFAN, Bilanzen, 12. Aufl., Düsseldorf 2012 (Bilanzen).

BAETGE, JÖRG/KIRSCH, HANS-JÜRGEN/THIELE, STEFAN, Konzernbilanzen, 10. Aufl., Düsseldorf 2013 (Konzernbilanzen).

BAUER, JOACHIM, Die GmbH in der Krise. Rechtsfragen der Unternehmenssanierung, 3. Aufl., Münster 2010 (GmbH in der Krise).

BERENTZEN, CHRISTOPH, Die Bilanzierung von finanziellen Vermögenswerten im IFRS-Abschluss nach IAS 39 und IFRS 9. Eine vergleichende Untersuchung der Entscheidungsnützlichkeit unter besonderer Berücksichtigung des Komplexitätsgrads, Lohmar 2010 (Finanzielle Vermögenswerte).

BIEG, HARTMUT/KUßMAUL, HEINZ, Finanzierung, 2. Aufl., München 2009 (Finanzierung).

BITZ, MICHAEL/HEMMERDE, WILHELM/RAUSCH, WERNER, Gesetzliche Regelungen und Reformvorschläge zum Gläubigerschutz. Eine ökonomische Analyse, Berlin 1986 (Reformvorschläge zum Gläubigerschutz).

BITZ, MICHAEL/SCHNEELOCH, DIETER/WITTSTOCK, WILFRIED, Der Jahresabschluss. Nationale und internationale Rechtsvorschriften, Analyse und Politik, 5. Aufl., München 2011 (Der Jahresabschluss).

BÖCKENFÖRDE, BJÖRN, Unternehmenssanierung, Stuttgart 1991 (Unternehmenssanierung).

BÖCKING, HANS-JOACHIM, Bilanzrechtstheorie und Verzinslichkeit, Wiesbaden 1988 (Bilanzrechtstheorie und Verzinslichkeit).

BÖCKING, HANS-JOACHIM, Verbindlichkeitsbilanzierung. Wirtschaftliche versus formalrechtliche Betrachtungsweise, Wiesbaden 1994 (Verbindlichkeitsbilanzierung).

BÖSCH, MARTIN, Finanzwirtschaft. Investition, Finanzierung, Finanzmärkte und Steuerung, München 2009 (Finanzwirtschaft).

BRANDSTÄTTER, JÖRN, Die Prüfung der Sanierungsfähigkeit notleidender Unternehmen. Grundlagen, Durchführung und Unterstützung durch Expertensysteme, München 1993 (Prüfung der Sanierungsfähigkeit).

BREALEY, RICHARD A./MYERS, STEWART C./ALLEN, FRANKLIN, Principles of Corporate Finance, 10. Aufl., New York 2011 (Corporate Finance).

BREUER, WOLFGANG, Finanzierung. Eine systematische Einführung, 2. Aufl., Wiesbaden 2008 (Finanzierung).

BREZSKI, EBERHARD/BÖGE, HOLGER/LÜBBEHÜSEN, THOMAS/ROHDE, THILO/TOMAT, OLIVER, Mezzanine-Kapital für den Mittelstand. Finanzierungsinstrumente, Prozesse, Rating, Bilanzierung, Recht, Stuttgart 2006 (Mezzanine-Kapital).

BÜLOW, PETER, Recht der Kreditsicherheiten. Sachen und Rechte, Personen, 8. Aufl., Heidelberg 2012 (Recht der Kreditsicherheiten).

BUSCH, FRIEDRICH WILHELM, Grundsätze ordnungsmässiger Bilanzierung für Pensionsverpflichtungen, Münster 1976 (GoB für Pensionsverpflichtungen).

BYDLINSKI, FRANZ, Grundzüge der juristischen Methodenlehre, 2. Aufl., Wien 2012 (Grundzüge der Methodenlehre).

BYDLINSKI, FRANZ, Juristische Methodenlehre und Rechtsbegriff, 2. Aufl., Wien 1991 (Juristische Methodenlehre).

CHRISTIANSEN, ALFRED, Steuerliche Rückstellungsbildung. Darstellung der Systematik aufgrund von Rechtsprechung und Verwaltungsanweisungen, Bielefeld 1993 (Steuerliche Rückstellungsbildung).

COENENBERG, ADOLF G./HALLER, AXEL/SCHULTZE, WOLFGANG, Jahresabschluß und Jahresabschlußanalyse. Betriebswirtschaftliche, handels- und steuerrechtliche Grundlagen, 22. Aufl., Landsberg am Lech 2012 (Jahresabschluß).

COMMANDEUR, DIRK, Die Bilanzierung der Aufwendungen für die Ingangsetzung und Erweiterung des Geschäftsbetriebs, Berlin 1985 (Aufwendungen für die Ingangsetzung).

DAMNITZ, MICHAEL/KLEUTGENS, INGO, Mezzanine-Kapital. Finanzierungsinstrumente für Unternehmen in der Krise, Stuttgart 2011 (Mezzanine-Kapital).

DAMODARAN, ASWATH, Corporate Finance. Theory and Practice, 2. Aufl., New York 2001 (Corporate Finance).

DAVID, SVEN, Externes Krisenmanagement aus Sicht der Banken, Lohmar 2001 (Krisenmanagement).

DOETSCH, PETER A./HAGEMANN, THOMAS/OECKING, STEFAN/REICHENBACH, RITA, Betriebliche Altersversorgung. Ein praktischer Leitfaden, 4. Aufl., Freiburg 2013 (Betriebliche Altersversorgung).

DRUKARCZYK, JOCHEN, Finanzierung. Eine Einführung mit sechs Fallstudien, 10. Aufl., Stuttgart 2008 (Finanzierung).

DRUKARCZYK, JOCHEN, Unternehmen und Insolvenz. Zur effizienten Gestaltung des Kreditsicherungs- und Insolvenzrechts, Wiesbaden 1987 (Unternehmen und Insolvenz).

DRUKARCZYK, JOCHEN/DUTTLE, JOSEF/RIEGER, REINHARD, Mobiliarsicherheiten. Arten, Verbreitung, Wirksamkeit, Köln 1985 (Mobiliarsicherheiten).

DUDENREDAKTION, Duden. Die deutsche Rechtschreibung. Auf der Grundlage der aktuellen amtlichen Rechtschreibregeln., 26. Aufl., Berlin 2013 (Duden).

DÜRR, ULRIKE L., Mezzanine-Kapital in der HGB- und IFRS-Rechnungslegung. Ausprägungsformen, Bilanzierung, Rating, Berlin 2007 (Mezzanine-Kapital).

EBERT, TIM, Stille Gesellschaft, Genussrecht und partiarisches Darlehen als mezzanine Kapitaltitel zur Finanzierung einer GmbH. Eine Analyse der historischen Entwicklung und Abgrenzung dieser Finanzierungsinstrumente sowie der mit diesen verbundenen Kompetenz- und Eigenkapitalersatzfragen im GmbH-Recht, Frankfurt am Main 2010 (Mezzanine Kapitaltitel).

ECKARDT, DIEDERICH, Grundpfandrechte im Insolvenzverfahren, 13. Aufl., Köln 2012 (Grundpfandrechte im Insolvenzverfahren).

EGGER, FLORIAN, Insolvenzauslösung und IFRS. Leisten die International Financial Reporting Standards einen Beitrag zum (Eigen-) Schutz der Gläubiger?, Duisburg 2008 (Insolvenzauslösung).

EGNER, HENNING, Bilanzen, München 1974 (Bilanzen).

EIDENMÜLLER, HORST, Unternehmenssanierung zwischen Markt und Gesetz. Mechanismen der Unternehmensreorganisation und Kooperationspflichten im Reorganisationsrecht, Köln 1999 (Unternehmenssanierung).

EIFLER, GÜNTER, Grundsätze ordnungsmäßiger Bilanzierung für Rückstellungen, Düsseldorf 1976 (GoB für Rückstellungen).

EILENBERGER, GUIDO/ERNST, DIETMAR/TOEBE, MARC, Betriebliche Finanzwirtschaft. Einführung in Investition und Finanzierung, Finanzpolitik und Finanzmanagement von Unternehmungen, 8. Aufl., München 2013 (Finanzwirtschaft).

EKKENGA, JENS, Anlegerschutz, Rechnungslegung und Kapitalmarkt. Eine vergleichende Studie zum europäischen, deutschen und britischen Bilanz-, Gesellschafts- und Kapitalmarktrecht, Tübingen 1998 (Anlegerschutz).

ENGISCH, KARL, Einführung in das juristische Denken, 11. Aufl., Stuttgart 2010 (Juristisches Denken).

ERLE, BERND, Der Bestätigungsvermerk des Abschlußprüfers, Düsseldorf 1990 (Bestätigungsvermerk des Abschlußprüfers).

EWERT, RALF, Rechnungslegung, Gläubigerschutz und Agency-Probleme, Wiesbaden 1986 (Agency-Probleme).

FEY, DIRK, Imparitätsprinzip und GoB-System im Bilanzrecht 1986, Berlin 1987 (Imparitätsprinzip und GoB-System).

FEY, GERD, Grundsätze ordnungsmäßiger Bilanzierung für Haftungsverhältnisse, Düsseldorf 1989 (GoB für Haftungsverhältnisse).

FISCHER, THOMAS, Agency-Probleme bei der Sanierung von Unternehmen, Wiesbaden 1999 (Agency-Probleme).

FOECKING, HANS-DIETER, Die langfristige Finanzierung durch Pensionsrückstellungen, Köln 1960 (Finanzierung durch Pensionsrückstellungen).

FRANKE, GÜNTER/HAX, HERBERT, Finanzwirtschaft des Unternehmens und Kapitalmarkt, 6. Aufl., Berlin 2009 (Finanzwirtschaft).

FREERICKS, WOLFGANG, Bilanzierungsfähigkeit und Bilanzierungspflicht in Handels- und Steuerbilanz, Köln 1976 (Bilanzierungsfähigkeit).

GELHAUSEN, HANS FRIEDRICH, Das Realisationsprinzip im Handels- und im Steuerbilanzrecht, Frankfurt am Main 1985 (Realisationsprinzip).

GELLRICH, KAI M., Konzept der Passivierung ungewisser Verbindlichkeiten in einer eigenständigen Steuerbilanz unter besonderer Beachtung von IAS 37. Beitrag zur Harmonisierung der steuerlichen Gewinnermittlung in Europa, Düsseldorf 2008 (Konzept der Passivierung).

GERTH, AXEL, Atypische Kreditsicherheiten. Liquiditätsgarantien und Patronatserklärungen deutscher und ausländischer Muttergesellschaften, 2. Aufl., Frankfurt am Main 1980 (Atypische Kreditsicherheiten).

GIEBELER, NORBERT, Die Feststellung der Überschuldung einer Unternehmung unter besonderer Berücksichtigung der Beziehungen zur Zahlungsunfähigkeit, Frankfurt am Main 1982 (Feststellung der Überschuldung).

GLESS, SVEN-ERIK, Unternehmenssanierung. Grundlagen – Strategien – Maßnahmen, Wiesbaden 1996 (Unternehmenssanierung).

GÖBEL, ELISABETH, Neue Institutionenökonomik. Konzeption und betriebswirtschaftliche Anwendungen, Stuttgart 2002 (Institutionenökonomik).

GROSSEKETTLER, HEINZ/HADAMITZKY, ANDREAS/LORENZ, CHRISTIAN, Volkswirtschaftslehre, 2. Aufl., Konstanz 2008 (Volkswirtschaftslehre).

GROß, PAUL J., Sanierung durch Fortführungsgesellschaften. Der Weg von der Sanierungsprüfung bis zur Konstituierung und finanziellen Entlastung der Fortführungsgesellschaft in betriebswirtschaftlicher, rechtlicher und steuerlicher Sicht, 2. Aufl., Köln 1988 (Sanierung durch Fortführungsgesellschaften).

GRÜNBERGER, DAVID, IFRS 2012. Ein systematischer Praxis-Leitfaden, 10. Aufl., Herne 2011 (IFRS 2012).

GUTENBERG, ERICH, Einführung in die Betriebswirtschaftslehre, Wiesbaden 1990 (Betriebswirtschaftslehre).

HABERSTOCK, LOTHAR, Kostenrechnung I. Einführung. Mit Fragen, Aufgaben, einer Fallstudie und Lösungen, 13. Aufl., Berlin 2008 (Kostenrechnung I).

HACHMEISTER, DIRK, Verbindlichkeiten nach IFRS. Bilanzierung von kurz- und langfristigen Verbindlichkeiten, Rückstellungen und Eventualschulden, München 2006 (Verbindlichkeiten nach IFRS).

HARTMANN, CHRISTINA, Internationalisierung der Lageberichterstattung. Darstellung und Vergleich des deutschen Lageberichts und der US-amerikanischen MD&A, Marburg 2006 (Internationalisierung der Lageberichterstattung).

HARTMANN-WENDELS, THOMAS/PFINGSTEN, ANDREAS/WEBER, MARTIN, Bankbetriebslehre, 5. Aufl., Berlin 2010 (Bankbetriebslehre).

HARTUNG, SVEN, Anhang und Lagebericht im Spannungsfeld zwischen Bilanztheorie und Bilanzpolitik. Eine theoretische und empirische Analyse, Aachen 2002 (Anhang und Lagebericht).

HARZ, MICHAEL/HUB, HEINZ-GÜNTER/SCHLARB, EBERHARD, Sanierungs-Management. Unternehmen aus der Krise führen, 3. Aufl., Düsseldorf 2006 (Sanierungs-Management).

HATER, ANDRÉ, Insolvenzrechtliche Fortbestehensprognose und handelsrechtliche Fortführungsprognose. Eine vergleichende Untersuchung, Düsseldorf 2013 (Fortbestehensprognose und Fortführungsprognose).

HELPENSTEIN, FRANZ, Wirtschaftliche und steuerliche Erfolgsbilanz, Berlin 1932 (Erfolgsbilanz).

HEMMERDE, WILHELM, Insolvenzrisiko und Gläubigerschutz. Eine ökonomische Analyse gesetzlicher Normen zur Kapitalaufbringung und Kapitalerhaltung, Thun 1985 (Insolvenzrisiko).

HENI, BERNHARD, Interne Rechnungslegung im Insolvenzverfahren, Düsseldorf 2006 (Interne Rechnungslegung).

HENNRICHS, JOACHIM, Wahlrechte im Bilanzrecht der Kapitalgesellschaften. Unter besonderer Berücksichtigung der EG-Bilanz-Richtlinie, Köln 1999 (Wahlrechte im Bilanzrecht).

HERLINGHAUS, ANDREAS, Forderungsverzichte und Besserungsvereinbarungen zur Sanierung von Kapitalgesellschaften. Zivilrechtliche Grundlagen, Bilanz- und Steuerrecht, Köln 1994 (Forderungsverzichte und Besserungsvereinbarungen).

HIPPEL, BORIS, Konzernlagebericht und Kapitalmarkt. Eine empirische Analyse der Berichtspflichten nach HGB und DRS, Düsseldorf 2011 (Konzernlagebericht und Kapitalmarkt).

HÜTTEMANN, ULRICH, Grundsätze ordnungsmäßiger Bilanzierung für Verbindlichkeiten, Düsseldorf 1970 (GoB für Verbindlichkeiten).

JUNKERS, WILHELM, Die rechtliche Natur des Besserungsscheines, Greifswald 1920 (Natur des Besserungsscheins).

KAHLERT, GÜNTER/RÜHLAND, BERND, Sanierungs- und Insolvenzsteuerrecht, Köln 2007 (Sanierungs- und Insolvenzsteuerrecht).

KAISER, DIRK, Treasury Management. Betriebswirtschaftliche Grundlagen der Finanzierung und Investition, 2. Aufl., Wiesbaden 2011 (Treasury Management).

KALL, FLORIAN, Controlling im Turnaround-Prozeß. Theoretischer Bezugsrahmen, empirische Fundierung und handlungsorientierte Ausgestaltung einer Controlling-Konzeption für den Turnaround-Prozeß, Frankfurt am Main 1999 (Turnaround-Controlling).

KARRENBROCK, HOLGER, Latente Steuern in Bilanz und Anhang, Düsseldorf 1991 (Latente Steuern in Bilanz und Anhang).

KLEIN, THOMAS, Handelsrechtliche Rechnungslegung im Insolvenzverfahren, Düsseldorf 2004 (Rechnungslegung in der Insolvenz).

KNABE, MATTHIAS, Die Berücksichtigung von Insolvenzrisiken in der Unternehmensbewertung, Lohmar 2012 (Insolvenzrisiken).

KOELEN, PETER, Investitionstheoretische Bewertungskalküle in der IFRS-Rechnungslegung. Möglichkeiten und Grenzen einer unternehmenswertorientierten Berichterstattung, Köln 2009 (Bewertungskalküle).

KÖHRMANN, HANNES, Die Rechnungslegung kommunaler Gebietskörperschaften. Eine Analyse der Regelungen des NKF und der IPSAS, Lohmar 2009 (Rechnungslegung kommunaler Gebietskörperschaften).

KOLLER, PETER, Theorie des Rechts. Eine Einführung, 2. Aufl., Wien 1997 (Theorie des Rechts).

KPMG, IFRS aktuell. Neuerungen bis 2012: IFRS 10, 11, 12 und 13 Änderungen in IFRS 1, 7 und 9 sowie IAS 1, 12, 19, 28 und 32 annual improvements 2011 sowie IFRIC 20, 5. Aufl., Stuttgart 2012 (IFRS aktuell).

KRAMER, ERNST, Juristische Methodenlehre, 3. Aufl., München 2010 (Methodenlehre).

KRONSTEIN, HEINRICH/CLAUSSEN, CARSTEN PETER, Publizität und Gewinnverteilung im neuen Aktienrecht. Rechtsvergleichende Untersuchung unter Berücksichtigung des amerikanischen Rechts, Frankfurt am Main 1960 (Publizität und Gewinnverteilung).

KRUMBHOLZ, MARCUS, Die Qualität publizierter Lageberichte. Ein empirischer Befund zur Unternehmenspublizität, Düsseldorf 1994 (Qualität publizierter Lageberichte).

KRUSE, HEINRICH WILHELM, Grundsätze ordnungsgemäßer Buchführung. Rechtsnatur und Bestimmung, 2. Aufl., Köln 1976 (GoB).

KUDLA, RALPH, Finanzierung in der Sanierung. Innovative Lösungen für Krisenunternehmen, Wiesbaden 2005 (Finanzierung in der Sanierung).

KÜHN, MANFRED, Insolvenzindikatoren und Unternehmenskrise, Bergisch Gladbach 1991 (Insolvenzindikatoren).

KÜTING, KARLHEINZ/PFITZER, NORBERT/WEBER, CLAUS-PETER, IFRS oder HGB? Systemvergleich und Beurteilung, 2. Aufl., Stuttgart 2013 (IFRS oder HGB?).

KÜTING, KARLHEINZ/WEBER, CLAUS-PETER, Der Konzernabschluss. Praxis der Konzernrechnungslegung nach HGB und IFRS, 13. Aufl., Stuttgart 2012 (Konzernabschluss).

LANGOHR-PLATO, UWE, Betriebliche Altersversorgung, 6. Aufl., Köln 2013 (Betriebliche Altersversorgung).

LARENZ, KARL/CANARIS, CLAUS-WILHELM, Methodenlehre der Rechtswissenschaft, 3. Aufl., Berlin 1995 (Methodenlehre).

LAUER, JÖRG, Notleidender Kredit, 3. Aufl., Köln 1998 (Notleidender Kredit).

LEFFSON, ULRICH, Die Grundsätze ordnungsmäßiger Buchführung, 7. Aufl., Düsseldorf 1987 (GoB).

LIEFMANN, ROBERT, Beteiligungs- und Finanzierungsgesellschaften. Eine Studie über den Effektenkapitalismus, 5. Aufl., Jena 1931 (Beteiligungs- und Finanzierungsgesellschaften).

LÜTHY, MARTIN, Unternehmenskrisen und Restrukturierungen. Bank und Kreditnehmer im Spannungsfeld existentieller Unternehmenskrisen, Bern 1988 (Unternehmenskrisen).

LÜTKESCHÜMER, GERRIT, Die Berücksichtigung von Finanzierungsrisiken bei der Ermittlung von Eigenkapitalkosten in der Unternehmensbewertung, Lohmar 2012 (Unternehmensbewertung).

LÜTZENRATH, CHRISTIAN/PEPPMEIER, KAI/SCHUPPENER, JÖRG, Bankstrategien für Unternehmenssanierungen. Erfolgskonzepte zur Früherkennung und Krisenbewältigung, 2. Aufl., Wiesbaden 2006 (Bankstrategien).

MARX, ALEXANDER, Die rechtliche Natur des Besserungsscheins, Mannheim, Berlin, Leipzig 1927 (Natur des Besserungsscheins).

MEIER-HAYOZ, ARTHUR, Der Richter als Gesetzgeber. Eine Besinnung auf die von den Gerichten befolgten Verfahrensgrundsätze im Bereiche der freien richterlichen Rechtsfindung gemäß Art. 1 Abs. 2 des schweizerischen Zivilgesetzbuches, Zürich 1951 (Richter als Gesetzgeber).

METH, DIRK, Die IFRS als Grundlage der Rechnungslegung mittelständischer Unternehmen, Lohmar 2007 (IFRS für mittelständische Unternehmen).

MILLER, TOBIAS, Die Bilanzierung von Pensionsverpflichtungen nach HGB, IFRS und SME-IFRS. Mögliche Auswirkungen auf die Rechnungslegung von kleinen und mittleren Unternehmen, Hamburg 2009 (Pensionsverpflichtungen).

MINDERMANN, TORSTEN/BRÖSEL, GERRIT, Buchführung und Jahresabschlusserstellung. Band 1, 4. Aufl., Norderstedt 2012 (Jahresabschlusserstellung).

MOSCH, WOLFGANG, Patronatserklärungen deutscher Konzernmuttergesellschaften und ihre Bedeutung für die Rechnungslegung, Bielefeld 1978 (Patronatserklärungen und Rechnungslegung).

MOXTER, ADOLF, Bilanzlehre, 2. Aufl., Wiesbaden 1974 (Bilanzlehre).

MOXTER, ADOLF, Bilanzlehre Band I: Einführung in die Bilanztheorie, 3. Aufl., Wiesbaden 1984 (Bilanzlehre I).

MOXTER, ADOLF, Bilanzlehre Band II: Einführung in das neue Bilanzrecht, 3. Aufl., Wiesbaden 1986 (Bilanzlehre II).

MOXTER, ADOLF, Bilanzrechtsprechung, 6. Aufl., Tübingen 2007 (Bilanzrechtsprechung).

MOXTER, ADOLF, Grundsätze ordnungsgemäßer Rechnungslegung, Düsseldorf 2003 (GoB).

MÜLLER, FRIEDRICH/CHRISTENSEN, RALPH, Juristische Methodik. Band I: Grundlegung für die Arbeitsmethoden der Rechtspraxis, 10. Aufl., Berlin 2009 (Juristische Methodik).

MÜLLER, RAINER, Krisenmanagement in der Unternehmung. Vorgehen, Maßnahmen und Organisation, 2. Aufl., Frankfurt am Main 1986 (Krisenmanagement).

MÜLLER, WERNER A., Bankenaufsicht und Gläubigerschutz. Eine Analyse von Regulierungs- und Aufsichtsvorschriften für Kreditinstitute, Baden-Baden 1981 (Bankenaufsicht).

MÜNSTERMANN, HANS, Wert und Bewertung der Unternehmung, Wiesbaden 1966 (Wert und Bewertung).

MUSCHELER, KARLHEINZ/SCHEWE, ANKE, BGB III: Kreditsicherungsrecht, Stuttgart 2011 (Kreditsicherungsrecht).

NIEHAUS, HANS-JÜRGEN, Früherkennung von Unternehmenskrisen. Die statistische Jahresabschlußanalyse als Instrument der Abschlußprüfung, Düsseldorf 1987 (Früherkennung).

NITSCH, KARL WOLFHART, Bankrecht für Betriebswirte und Wirtschaftsjuristen, 3. Aufl., Bremen 2011 (Bankrecht).

OBENBERGER, THOMAS/VEIT, ANNEKATRIN, Neustrukturierung von Pensionszusagen, München 2012 (Neustrukturierung von Pensionszusagen).

OBERMÜLLER, MANFRED, Insolvenzrecht in der Bankpraxis, 8. Aufl., Köln 2011 (Insolvenzrecht).

OHNESEIT, LUTZ, Kündigungsschranken eines Kreditinstitutes gegenüber einem Unternehmensträger bei einem Sanierungsdarlehen, Hamburg 2010 (Kündigungsschranken).

OLFERT, KLAUS, Finanzierung, 15. Aufl., Herne 2011 (Finanzierung).

PELLENS, BERNHARD/FÜLBIER, ROLF UWE/GASSEN, JOACHIM/SELLHORN, THORSTEN, Internationale Rechnungslegung. IFRS 1 bis 9, IAS 1 bis 41, IFRIC-Interpretationen, Standardentwürfe. Mit Beispielen, Aufgaben und Fallstudie, 8. Aufl., Stuttgart 2011 (Internationale Rechnungslegung).

PERRIDON, LOUIS/STEINER, MANFRED/RATHGEBER, ANDREAS W., Finanzwirtschaft der Unternehmung, 16. Aufl., München 2012 (Finanzwirtschaft).

PETERSEN, JOCHEN, Rechnungslegung für Pensionsverpflichtungen nach HGB, US-GAAP und IAS, Düsseldorf 2002 (Rechnungslegung für Pensionsverpflichtungen).

PORTISCH, WOLFGANG, Sanierung und Insolvenz aus Bankensicht, 2. Aufl., München 2010 (Sanierung und Insolvenz).

PRADL, JÜRGEN, Pensionszusagen an GmbH-Geschäftsführer. Restrukturierung, Auslagerung, Abfindung, Verzicht, Risikobegrenzung, BilMoG, 3. Aufl., Herne 2013 (Pensionszusagen an GmbH-Geschäftsführer).

PRIGGE, CORD, Konzernlageberichterstattung vor dem Hintergrund einer Bilanzierung nach IFRS, Düsseldorf 2006 (Konzernlageberichterstattung).

RAPPAPORT, ALFRED, Creating shareholder value. The new standard for business performance, New York 1986 (Shareholder value).

RAUSCH, WERNER, Gläubigerschutz im Insolvenzverfahren. Eine ökonomische Analyse einschlägiger rechtlicher Regelungen, Bergisch Gladbach 1985 (Gläubigerschutz).

REICHEL, CHRISTIAN/SCHMANDT, ERNST, Betriebliche Altersversorgung bei Unternehmenskauf und Umstrukturierung, München 2006 (Betriebliche Altersversorgung).

REINICKE, DIETRICH/TIEDTKE, KLAUS, Kreditsicherung. Durch Schuldbeitritt, Bürgschaft, Patronatserklärung, Garantie, Sicherungsübereignung, Sicherungsabtretung, Eigentumsvorbehalt, Pool-Vereinbarungen, Pfandrecht an beweglichen Sachen und Rechten, Hypothek und Grundschuld, 5. Aufl., Neuwied 2006 (Kreditsicherung).

RENGER, KLAUS, Finanzmathematik mit Excel. Grundlagen – Beispiele – Lösungen, 3. Aufl., Wiesbaden 2011 (Finanzmathematik).

RIMMELSPACHER, BRUNO, Kreditsicherungsrecht, 2. Aufl., München 1987 (Kreditsicherungsrecht).

RUDOLPH, BERND, Unternehmensfinanzierung und Kapitalmarkt, Tübingen 2006 (Unternehmensfinanzierung).

RUNGE, JULIA C., Covenants in Kreditverträgen. Grenzen der Einflussnahme von Kreditgebern, Köln 2010 (Covenants in Kreditverträgen).

RÜßMANN, MARTIN, Harte Patronatserklärungen und Liquiditätszusagen. Eine vertrags-, gesellschafts-, bilanz- und insolvenzrechtliche Untersuchung der harten Patronatserklärungen und der Liquiditätszusagen, Köln 2006 (Patronatserklärungen und Liquiditätszusagen).

RUSS, WOLFGANG, Der Anhang als dritter Teil des Jahresabschlusses. Eine Analyse der bisherigen und der zukünftigen Erläuterungsvorschriften für die Aktiengesellschaft, 2. Aufl., Bergisch Gladbach 1986 (Anhang).

SCHÄFER, HENRY, Unternehmensfinanzen. Grundzüge in Theorie und Management, 2. Aufl., Heidelberg 2002 (Unternehmensfinanzen).

SCHEELE, ALEXANDER, Strategieorientierte Lageberichterstattung. Eine kritische Analyse internationaler Entwicklungen vor dem Hintergrund des Management Commentary des IASB, Lohmar 2007 (Strategieorientierte Lageberichterstattung).

SCHILDBACH, THOMAS, Der handelsrechtliche Jahresabschluss, 9. Aufl., Herne 2009 (Handelsrechtlicher Jahresabschluss).

SCHMALENBACH, EUGEN, Die Beteiligungsfinanzierung, 9. Aufl., Köln 1966 (Beteiligungsfinanzierung).

SCHMALENBACH, EUGEN, Dynamische Bilanz, 11. Aufl., Köln/Opladen 1953 (Dynamische Bilanz).

SCHMIDT, REINHARD, Ökonomische Analyse des Insolvenzrechts, Wiesbaden 1980 (Ökonomische Analyse des Insolvenzrechts).

SCHOO, LENA, Umsatzrealisierung nach IFRS. Entscheidungsnützlichkeit der Regelungen des Revenue-Recognition-Projektes versus der geltenden Regelungen, Lohmar 2013 (Umsatzrealisierung).

SCHRADER, NIKOLAUS, Die Besserungsabrede. Eine Untersuchung der zivil-, bilanz- und ertragsteuerrechtlichen Probleme, Heidelberg 1995 (Die Besserungsabrede).

SCHULZ, DIETMAR, Risiken und Insolvenz. Die Behandlung von Rückstellungen in der Überschuldungsbilanz, Wiesbaden 2006 (Risiken und Insolvenz).

SCHWACKE, PETER, Juristische Methodik. Mit Technik der Fallbearbeitung, 5. Aufl., Stuttgart 2011 (Methodik).

SEEFELDER, GÜNTER, Unternehmenssanierung. Krisenursachen, außergerichtliche Unternehmenssanierung, Sanierung im Insolvenzverfahren, Arbeitsrecht, Steuerrecht, Haftungs- und Strafrechtsrisiken, 3. Aufl., Stuttgart 2012 (Unternehmenssanierung).

SELCH, BARBARA, Der Lagebericht. Risikoberichterstattung und Aufstellung nach IDW RS HFA 1, Wiesbaden 2003 (Lagebericht).

SELCHERT, FRIEDRICH W./ERHARDT, MARTIN/FUHR, ANNETTE, Prüfung des Lageberichts. Einschließlich Konzernlagebericht nach deutschem und internationalem Recht, Bielefeld 2000 (Lagebericht).

SIEGEL, DANIEL, Die Bilanzierung latenter Steuern im handelsrechtlichen Jahresabschluss nach § 274 HGB, Lohmar 2011 (Latente Steuern).

SMITH, ADAM, An Inquiry into the Nature and Causes of the Wealth of Nations. Vol. 1, Dublin 1776 (Wealth of Nations).

SOLMECKE, HENRIK, Auswirkungen des Bilanzrechtsmodernisierungsgesetzes (BilMoG) auf die handelsrechtlichen Grundsätze ordnungsmäßiger Buchführung, Düsseldorf 2009 (BilMoG und GoB).

SPRENGER, REINHARD, Grundsätze gewissenhafter und getreuer Rechenschaft im Geschäftsbericht. Ein Beitrag zur Interpretation von § 160 IV 1 AktG, Wiesbaden 1976 (Gewissenhafte und getreue Rechenschaft).

STAUBER, JÜRGEN, Finanzinstrumente im IFRS-Abschluss von Nicht-Banken. Ein konkreter Leitfaden zur Bilanzierung und Offenlegung, 2. Aufl., Wiesbaden 2012 (Finanzinstrumente).

STREIM, HANNES, Grundzüge der handels- und steuerrechtlichen Bilanzierung, Stuttgart 1988 (Grundzüge der Bilanzierung).

TELLER, HORST/STEFFAN, BERNHARD, Rangrücktrittsvereinbarungen zur Vermeidung der Überschuldung bei der GmbH, 3. Aufl., Köln 2003 (Rangrücktrittsvereinbarungen).

THIELE, STEFAN, Das Eigenkapital im handelsrechtlichen Jahresabschluß. Rechtsformübergreifende und rechtsformspezifische Grundsätze für Ansatz und Ausweis des gesetzestypischen Eigenkapitals und der hybriden Finanzierungsformen, Düsseldorf 1998 (Eigenkapital).

THIERE, MATHIAS, Chancen- und Risikoberichterstattung, Göttingen 2009 (Chancen- und Risikoberichterstattung).

THOMS-MEYER, DIRK, Grundsätze ordnungsmäßiger Bilanzierung für Pensionsrückstellungen. Unter Berücksichtigung von SFAS 87 und SFAS 106, Düsseldorf 1996 (GoB für Pensionsrückstellungen).

UNSELD, MARTIN, Theoretische Überlegungen zur Erweiterung der Aussagefähigkeit des Lageberichtes im Rahmen der Geschäftsberichterstattung, München 1976 (Aussagefähigkeit des Lageberichtes).

VON POCK, MICHAEL, Grundsätze ordnungsmäßiger Verbindlichkeitsbilanzierung für Arbeitsverhältnisse. Eine systematische am Realisationsprinzip und Imparitätsprinzip orientierte Analyse unter Einbezug der Neuregelungen des BilMoG, Wiesbaden 2012 (Verbindlichkeitsbilanzierung für Arbeitsverhältnisse).

VON SAVIGNY, FRIEDRICH CARL, System des heutigen Römischen Rechts, Berlin 1840 (Römisches Recht).

VUIA, MIHAI, Die Verantwortlichkeit von Banken in der Krise von Unternehmen, Berlin 2007 (Verantwortlichkeit von Banken).

WAGENHOFER, ALFRED/EWERT, RALF, Externe Unternehmensrechnung. Mit 6 Tabellen, 2. Aufl., Berlin 2007 (Unternehmensrechnung).

WAGNER, ANTONIUS, Risiken im Jahresabschluß von Bauunternehmen, Düsseldorf 1989 (Risiken im Jahresabschluß).

WEBER, HANSJÖRG/WEBER, JÖRG-ANDREAS, Kreditsicherungsrecht, 9. Aufl., München 2012 (Kreditsicherungsrecht).

WERNER, HORST S., Mezzanine-Kapital. Mit Mezzanine-Finanzierung die Eigenkapitalquote erhöhen, 2. Aufl., Köln 2007 (Mezzanine-Kapital).

WITTE, EBERHARD, Die Liquiditätspolitik der Unternehmung, Tübingen 1963 (Liquiditätspolitik).

WÖHE, GÜNTER/BILSTEIN, JÜRGEN/ERNST, DIETMAR/HÄCKER, JOACHIM, Grundzüge der Unternehmensfinanzierung, 10. Aufl., München 2009 (Unternehmensfinanzierung).

WOLF, SANDRA, Bilanzierung von Zuschüssen nach HGB und IFRS, Wiesbaden 2010 (Zuschüsse nach HGB und IFRS).

WÖLK, ARMIN, Die Generalnorm für den Einzelabschluss von Kapitalgesellschaften, Frankfurt am Main 1992 (Generalnorm).

ZANTOW, ROGER/DINAUER, JOSEF, Finanzwirtschaft des Unternehmens. Die Grundlagen des modernen Finanzmanagements, 3. Aufl., München 2011 (Finanzwirtschaft).

ZIRENER, JÖRG, Sanierung in der Insolvenz. Handlungsalternativen für einen wertorientierten Einsatz des Insolvenzverfahrens, Wiesbaden 2005 (Sanierung in der Insolvenz).

ZITELMANN, ERNST, Die Rechtsgeschäfte im Entwurf eines Bürgerlichen Gesetzbuches für das Deutsche Reich. Studien, Kritiken, Vorschläge, Berlin 1889 (BGB im Deutschen Reich).

Verzeichnis der Beiträge in Sammelwerken

ARHOLD, CHRISTOPH/SPALINGER, ANDREAS/MASKE-REICHE, BARBARA, Kapitel 1. Gesellschafterleistungen und hybride Kapitalmaßnahmen, in: Praxishandbuch des Restrukturierungsrechts, hrsg. v. Theiselmann, Rüdiger, 2. Aufl., Köln 2013, S. 1-94 (Kap. 1).

BAETGE, JÖRG, Gesellschafterorientierung als Voraussetzung für Kunden- und Marktorientierung, in: Marktorientierte Unternehmensführung. Reflexionen, Denkanstöße, Perspektiven. Festschrift für Heribert Meffert zum 60. Geburtstag, hrsg. v. Bruhn, Manfred/Ahlert, Dieter, 2. Aufl., Wiesbaden 1998, S. 103-117 (Gesellschafterorientierung).

BAETGE, JÖRG, Rechnungslegungszwecke des aktienrechtlichen Jahresabschlusses, in: Bilanzfragen. Eine Festschrift für Ulrich Leffson, hrsg. v. Baetge, Jörg/Moxter, Adolf/Schneider, Dieter, Düsseldorf 1976, S. 11-30 (FS Leffson).

BAETGE, JÖRG, Zur Frage der Reichweite des Passivierungsgrundsatzes, in: Rechnungslegung. Entwicklungen bei der Bilanzierung und Prüfung von Kapitalgesellschaften Festschrift zum 65. Geburtstag von Professor Dr. Dr. h.c. Karl-Heinz Forster, hrsg. v. Moxter, Adolf, Düsseldorf 1992, S. 27-44 (Passivierungsgrundsatz).

BAETGE, JÖRG/COMMANDEUR, DIRK, Vergleichbar – vergleichbare Beträge in aufeinanderfolgenden Jahresabschlüssen, in: Handwörterbuch unbestimmter Rechtsbegriffe im Bilanzrecht des HGB, hrsg. v. Leffson, Ulrich/Rückle, Dieter/Großfeld, Bernhard, Köln 1986, S. 326-335 (Vergleichbar).

BAETGE, JÖRG/FEIDICKER, MARKUS, Prüfung der Vermögens- und Finanzlage, in: Handwörterbuch der Revision, hrsg. v. Coenenberg, Adolf G./von Wysocki, Klaus, 2. Aufl., Stuttgart 1992, S. 2086-2107 (Vermögens- und Finanzlage).

BAETGE, JÖRG/KNÜPPE, WOLFGANG, Vorhersehbare Risiken und Verluste, in: Handwörterbuch unbestimmter Rechtsbegriffe im Bilanzrecht des HGB, hrsg. v. Leffson, Ulrich/Rückle, Dieter/Großfeld, Bernhard, Köln 1986, S. 394-403 (Vorhersehbare Risiken und Verluste).

BAETGE, JÖRG/LIENAU, ACHIM, Der Gläubigerschutzgedanke im Mixed Fair Value-Modell des IASB, in: Kritisches zu Rechnungslegung und Unternehmensbesteuerung. Festschrift zur Vollendung des 65. Lebensjahres von Theodor Siegel, hrsg. v. Schneider, Dieter/Rückle, Dieter/Küpper, Hans-Ulrich/Wagner Franz W., Berlin 2005, S. 65-86 (Gläubigerschutzgedanke).

BAETGE, JÖRG/SCHMIDT, MATTHIAS/HATER, ANDRÉ, 2. Kapitel Determinanten einer Unternehmenskrise, in: Unternehmenssanierung, hrsg. v. Thierhoff, Michael/Müller, Renate/Illy, Thomas/Liebscher, Marc, Heidelberg 2012, S. 19-85 (Determinanten einer Unternehmenskrise).

BAETGE, JÖRG/THIELE, STEFAN, Gesellschafterschutz versus Gläubigerschutz – Rechenschaft versus Kapitalerhaltung. Zu den Zwecken des deutschen Einzelabschlusses vor dem Hintergrund der internationalen Harmonisierung, in: Festschrift zum 70. Geburtstag von Prof. Dr. Dr. h. c. Heinrich Beisse, hrsg. v. Handelsbilanzen und Steuerbilanzen, Düsseldorf 1997, S. 11-24 (Gesellschafterschutz versus Gläubigerschutz).

BALLWIESER, WOLFGANG, Das Anschaffungs- und Höchstwertprinzip für Schulden, in: Rechnungslegung. Entwicklungen bei der Bilanzierung und Prüfung von Kapitalgesellschaften. Festschrift zum 65. Geburtstag von Professor Dr. Dr. h.c. Karl-Heinz Forster, hrsg. v. Moxter, Adolf, Düsseldorf 1992, S. 45-62 (Höchstwertprinzip).

BALLWIESER, WOLFGANG, Die Lageberichte der DAX-Gesellschaften im Lichte der Grundsätze ordnungsmäßiger Lagebeichterstattung, in: Jahresabschluß und Jahresabschlußprüfung. Probleme, Perspektiven, internationale Einflüsse – Festschrift zum 60. Geburtstag von Jörg Baetge, hrsg. v. Fischer, Thomas R./Hömberg, Reinhold, Düsseldorf 1997, S. 153-188 (Lageberichte der DAX-Gesellschaften).

BALLWIESER, WOLFGANG, Ergebnisse der Informationsökonomie zur Informationsfunktion der Rechnungslegung, in: Information und Produktion. Beiträge zur Unternehmenstheorie und Unternehmensplanung. Festschrift zum 60. Geburtstag von Prof. Dr. Waldemar Wittmann, hrsg. v. Stöppler, Siegmar, Stuttgart 1985, S. 21-40 (Informationsfunktion).

BALLWIESER, WOLFGANG, Zum Nutzen handelsrechtlicher Rechnungslegung, in: Rechnungslegung – warum und wie. Festschrift für Hermann Clemm zum 70. Geburtstag, hrsg. v. Ballwieser, Wolfgang/Moxter, Adolf/Nonnenmacher, Rolf, München 1996, S. 1-25 (Nutzen handelsrechtlicher Rechnungslegung).

BALLWIESER, WOLFGANG, Zur Frage der Rechtsform-, Konzern- und Branchenunabhängigkeit der Grundsätze ordnungsmäßiger Buchführung, in: Rechenschaftslegung im Wandel. Festschrift für Wolfgang Dieter Budde, hrsg. v. Förschle, Gerhart, München 1995, S. 43-66 (Rechtsform-, Konzern- und Branchenunabhängigkeit der GoB).

BAUSCH, ANDREAS/MATTHES, MARKUS, 3. Kapitel Unternehmenssanierung als Managementaufgabe, in: Unternehmenssanierung, hrsg. v. Thierhoff, Michael/Müller, Renate/Illy, Thomas/Liebscher, Marc, Heidelberg 2012, S. 87-113 (Unternehmenssanierung als Managementaufgabe).

BECK, MATTHIAS/STANNEK, RÜDIGER, 10. Kapitel Ausgewählte Einzelfragen, in: Unternehmenssanierung, hrsg. v. Thierhoff, Michael/Müller, Renate/Illy, Thomas/Liebscher, Marc, Heidelberg 2012, S. 441-463 (Ausgewählte Einzelfragen).

BEISSE, HEINRICH, Gläubigerschutz – Grundprinzip des deutschen Bilanzrechts, in: Festschrift für Karl Beusch zum 68. Geburtstag am 31. Oktober 1993, hrsg. v. Beisse, Heinrich/Lutter, Marcus/Närger, Heribald, Berlin 1993, S. 77-97 (FS Beusch).

BEZANI, THOMAS/RICHTER, MARCUS, Sanierungsmaßnahmen im Personalbereich. Individual- und kollektivrechtliche Mittel, in: Handbuch Unternehmensrestrukturierung. Grundlagen – Konzepte – Maßnahmen, hrsg. v. Hommel, Ulrich/Knecht, Thomas C./Wohlenberg, Holger, Wiesbaden 2006, S. 1151-1187 (Sanierungsmaßnahmen im Personalbereich).

BILSTEIN, JÜRGEN, Finanzielle Restrukturierung in der Unternehmenskrise, in: Handbuch Krisen- und Restrukturierungsmanagement. Generelle Konzepte, Spezialprobleme, Praxisberichte, hrsg. v. Krystek, Ulrich/Moldenhauer, Ralf, Stuttgart 2007, S. 229-258 (Finanzielle Restrukturierung).

BRUCHNER, HELMUT/KREPOLD, HANS-MICHAEL, § 79. Kündigungsrecht, in: Bankrechts-Handbuch. Band I, hrsg. v. Schimansky, Herbert/Bunte, Hermann-Josef/Lwowski, Hans-Jürgen, 4. Aufl., München 2011 (§ 79. Kündigungsrecht).

BUCHALIK, ROBERT, Restrukturierungs-/Sanierungsmöglichkeiten aus der Sicht der finanzierenden Bank, in: Festschrift für Friedrich Wilhelm Metzeler zum 70. Geburtstag, hrsg. v. van Betteray, Wolfgang/Delhaes, Wolfgang, Köln 2003, S. 225-269 (Restrukturierungs-/Sanierungsmöglichkeiten).

BUCHALIK, ROBERT/RINKER, MIKE, § 4 Restrukturierungs-/Sanierungsmöglichkeiten aus der Sicht der finanzierenden Bank, in: Restrukturierung, Sanierung, Insolvenz. Handbuch, hrsg. v. Buth, Andrea K./Hermanns, Michael, 3. Aufl., München 2009 (§ 4 Restrukturierungsmöglichkeiten).

BUSSE VON COLBE, WALTHER, Rechnungslegungsziele und Ansätze zur internationalen Harmonisierung der Rechnungslegung deutscher Unternehmen, in: US-amerikanische Rechnungslegung, hrsg. v. Ballwieser, Wolfgang, 4. Aufl., Stuttgart 2000, S. 485-508 (Rechnungslegungsziele).

BUSSE VON COLBE, WALTHER, Unternehmenskontrolle durch Rechnungslegung, in: Internationale Unternehmenskontrolle und Unternehmenskultur. Beiträge zu einem Symposium, hrsg. v. Sandrock, Otto/Jäger, Wilhelm, Tübingen 1994, S. 37-57 (Unternehmenskontrolle).

CLEMM, HERMANN, Abzinsung bei der Bilanzierung – Klarheiten, Unklarheiten, Spielräume –, in: Ertragsbesteuerung. Zurechnung, Ermittlung, Gestaltung. Festschrift für Ludwig Schmidt zum 65. Geburtstag, hrsg. v. Raupach, Arndt/Uelner, Adalbert, München 1993, S. 177-193 (Abzinsung bei der Bilanzierung).

CLEMM, HERMANN, Abzinsung von Passiva?, in: Steuerberater Jahrbuch 1987/88, hrsg. v. Fachinstituts der Steuerberater von Curtius-Hartung, R./Herzig, Norbert/Niemann, Ursula, Köln 1988, S. 67-89 (Abzinsung von Passiva?).

DANIELEWSKY, MIKE/SCHULZ, DIETMAR, 3. Kapitel: Sanierung durch Gläubigerbanken und sonstige Maßnahmen zur Beschaffung von Liquidität, in: Restrukturierungspraxis. Sanierung und Liquiditätsbeschaffung, hrsg. v. Schulz, Dietmar, Stuttgart 2010, S. 57-77 (Sanierung durch Gläubigerbanken).

DÖLLERER, GEORG, Bilanzrechtliche Fragen des kapitalersetzenden Darlehens und der kapitalersetzenden Miete, in: Rechnungslegung. Entwicklungen bei der Bilanzierung und Prüfung von Kapitalgesellschaften Festschrift zum 65. Geburtstag von Professor Dr. Dr. h.c. Karl Heinz Forster, hrsg. v. Moxter, Adolf, Düsseldorf 1992, S. 199-213 (Kapitalersetzendes Darlehen).

DRUKARCZYK, JOCHEN, Finanzierung über Pensionsrückstellungen, in: Handbuch des Finanzmanagements. Instrumente und Märkte der Unternehmensfinanzierung, hrsg. v. Gebhardt, Günther/ Gerke, Wolfgang/Steiner, Manfred, München 1993, S. 229-260 (Finanzierung aus Pensionsrückstellungen).

DRUKARCZYK, JOCHEN/SCHÖNTAG, STEFANIE, § 3 Außergerichtliche Sanierungsentscheidungen, in: Insolvenzrechts-Handbuch, hrsg. v. Gottwald, Peter, 4. Aufl., München 2010 (§ 3 Außergerichtliche Sanierungsentscheidungen).

EILENBERGER, GUIDO, Finanzierungsarten, in: Handwörterbuch des Bank- und Finanzwesens, hrsg. v. Gerke, Wolfgang/Steiner, Manfred, 3. Aufl., Stuttgart 2001, S. 778-790 (Finanzierungsarten).

ENGELS, WOLFRAM, Bemerkungen zu den Bilanztheorien von Moxter und Stützel, in: Bilanzfragen. Eine Festschrift für Ulrich Leffson, hrsg. v. Baetge, Jörg/Moxter, Adolf/Schneider, Dieter, Düsseldorf 1976, S. 31-48 (Bilanztheorien).

ENGLERT, JOACHIM/ZIECHMANN, PATRICK, Finanzielle Restrukturierung, in: Restrukturierung und Sanierung von Unternehmen. Grundlagen, Fallstudien und Instrumente für die Praxis, hrsg. v. Evertz, Derik/Krystek, Ulrich, Stuttgart 2010, S. 65-85 (Finanzielle Restrukturierung).

EPP, WOLFGANG, § 94. Grundpfandrechte, in: Bankrechts-Handbuch. Band I, hrsg. v. Schimansky, Herbert/Bunte, Hermann-Josef/Lwowski, Hans-Jürgen, 4. Aufl., München 2011 (§ 94. Grundpfandrechte).

FLECK, HANS-JOACHIM, Die Bilanzierung kapitalersetzender Gesellschafterdarlehen in der GmbH, in: Handelsrecht und Steuerrecht. Festschrift für Dr. Dr. h. c. Georg Döllerer, hrsg. v. Knobbe-Keuk, Brigitte/Klein, Franz/Moxter, Adolf, Düsseldorf 1988, S. 109-131 (Kapitalersetzende Gesellschafterdarlehen).

FREIHERR VON PERFALL, EBERHARD/UHLENDORF, JENS, Operative Umsetzungsbarrieren einer leistungswirtschaftlichen Sanierung, in: Handbuch Unternehmensrestrukturierung. Grundlagen – Konzepte – Maßnahmen, hrsg. v. Hommel, Ulrich/Knecht, Thomas C./Wohlenberg, Holger, Wiesbaden 2006, S. 1189-1216 (Umsetzungsbarrieren).

GANTER, HANS GERHARD, § 90. Allgemeines, in: Bankrechts-Handbuch. Band I, hrsg. v. Schimansky, Herbert/Bunte, Hermann-Josef/Lwowski, Hans-Jürgen, 4. Aufl., München 2011 (§ 90. Allgemeines).

GÖPFERT, BURKHARD/LANDAUER, MARTIN, Arbeitsrechtliche Rahmenbedingungen einer Unternehmenssanierung, in: Unternehmenssanierung, hrsg. v. Thierhoff, Michael/Müller, Renate/Illy, Thomas/Liebscher, Marc, Heidelberg 2012, S. 463-474 (Arbeitsrechtliche Rahmenbedingungen).

GROCHLA, ERWIN, Finanzierung, Begriff der, in: Handwörterbuch der Finanzwirtschaft, hrsg. v. Büschgen, Hans E., Stuttgart 1976, S. 413-431 (Finanzierung).

GUTENBERG, ERICH, Finanzierung und Sanierung, in: Handwörterbuch der Betriebswirtschaft, hrsg. v. Nicklisch, Heinrich, 2. Aufl., Stuttgart 1938, S. 1739-1786 (Finanzierung und Sanierung).

HÄUSER, FRANZ, § 85. Sanierungsdarlehen, in: Bankrechts-Handbuch. Band I, hrsg. v. Schimansky, Herbert/Bunte, Hermann-Josef/Lwowski, Hans-Jürgen, 4. Aufl., München 2011 (§ 85. Sanierungsdarlehen).

HEINEN, EDMUND/KUPSCH, PETER UWE, Zehnter Teil. Rechnungslegung, in: Industriebetriebslehre. Entscheidungen im Industriebetrieb, hrsg. v. Heinen, Edmund/Dietel, Bernhard, 9. Aufl., Wiesbaden 1991, S. 1315-1516 (Rechnungslegung).

HERZIG, NORBERT, Derivatebilanzierung und GoB-System, in: Jahresabschluß und Jahresabschlußprüfung. Probleme, Perspektiven, internationale Einflüsse – Festschrift zum 60. Geburtstag von Jörg Baetge, hrsg. v. Fischer, Thomas R./Hömberg, Reinhold, Düsseldorf 1997, S. 37-63 (Derivatebilanzierung).

HERZIG, NORBERT, Die rückstellungsbegrenzende Wirkung des Realisationsprinzips, in: Ertragsbesteuerung. Zurechnung, Ermittlung, Gestaltung. Festschrift für Ludwig Schmidt zum 65. Geburtstag, hrsg. v. Raupach, Arndt/Uelner, Adalbert, München 1993, S. 209-226 (Wirkung des Realisationsprinzips).

HERZIG, NORBERT, Rückstellungen für Verbindlichkeiten aus Arbeitsverhältnissen, in: Steuerberater Jahrbuch 1985/86, hrsg. v. Fachinstituts der Steuerberater von Curtius-Hartung, R./Herzig, Norbert/Niemann, Ursula, Köln 1986, S. 61-112 (Rückstellungen aus Arbeitsverhältnissen).

HERZIG, NORBERT, Umweltschutzrückstellungen und Bilanzierungsprinzipien, in: Umweltrisiken im Jahresabschluß. Vorträge und Diskussionen aus umwelt-, handels- und steuerrechtlicher Sicht, hrsg. v. Baetge, Jörg, Düsseldorf 1994, S. 67-89 (Umweltschutzrückstellungen).

HOMMEL, ULRICH/KNECHT, THOMAS C./WOHLENBERG, HOLGER, Sanierung der betrieblichen Unternehmenskrise, in: Handbuch Unternehmensrestrukturierung. Grundlagen – Konzepte – Maßnahmen, hrsg. v. Hommel, Ulrich/Knecht, Thomas C./Wohlenberg, Holger, Wiesbaden 2006, S. 27-60 (Sanierung).

ISLER, PETER R., Die kreditgebende Bank, in: Aktuelle Fragen des Bank- und Finanzmarktrechts. Festschrift für Dieter Zobl zum 60. Geburtstag, hrsg. v. von der Crone, Hans-Caspar/Forstmoser, Peter/Weber, Rolf H./Zäch, Roger, Zürich 2004, S. 287-300 (Die kreditgebende Bank).

KIRSCH, HANS-JÜRGEN, Erwartungslücke und Bestätigungsvermerk, in: Jahresabschluß und Jahresabschlußprüfung. Probleme, Perspektiven, internationale Einflüsse – Festschrift zum 60. Geburtstag von Jörg Baetge, hrsg. v. Fischer, Thomas R./Hömberg, Reinhold, Düsseldorf 1997, S. 956-980 (Erwartungslücke).

KNOPS, KAI-OLIVER, § 11 B Sicherheitenaustausch, in: Recht der Sanierungsfinanzierung, hrsg. v. Knops, Kai-Oliver/Bamberger, Heinz-Georg/Maier-Reimer, Georg, Berlin/Heidelberg 2005, S. 237-245 (§ 11 B Sicherheitenaustausch).

KNOPS, KAI-OLIVER, § 7 A Sanierungskredit und Überbrückungsdarlehen, in: Recht der Sanierungsfinanzierung, hrsg. v. Knops, Kai-Oliver/Bamberger, Heinz-Georg/Maier-Reimer, Georg, Berlin/ Heidelberg 2005, S. 125-140 (§ 7 A Sanierungskredit und Überbrückungsdarlehen).

KRONENBURG, ROLF, § 11 D Sicherheitenverwertung, in: Recht der Sanierungsfinanzierung, hrsg. v. Knops, Kai-Oliver/Bamberger, Heinz-Georg/Maier-Reimer, Georg, Berlin/Heidelberg 2005, S. 263-299 (§ 11 D Sicherheitenverwertung).

KRUMBHOLZ, MARCUS, 5. Kapitel Finanzielle und bilanzielle Restrukturierung, in: Unternehmenssanierung, hrsg. v. Thierhoff, Michael/Müller, Renate/Illy, Thomas/Liebscher, Marc, Heidelberg 2012, S. 197-222 (Restrukturierung).

KRYSTEK, ULRICH, Krisenarten und Krisenursachen, in: Krisenmanagement. Grundlagen – Strategien – Instrumente, hrsg. v. Hutzschenreuter, Thomas/Griess-Nega, Torsten, Wiesbaden 2006, S. 41-66 (Krisenarten und Krisenursachen).

KULKE, ULRICH, § 11 A Sicherheitenverstärkung, in: Recht der Sanierungsfinanzierung, hrsg. v. Knops, Kai-Oliver/Bamberger, Heinz-Georg/Maier-Reimer, Georg, Berlin/Heidelberg 2005, S. 219-236 (§ 11 A Sicherheitenverstärkung).

KÜTING, KARLHEINZ/CASSEL, JOCHEN/METZ, CHRISTIAN, Ansatz und Bewertung von Rückstellungen, in: Das neue deutsche Bilanzrecht. Handbuch für den Übergang auf die Rechnungslegung nach dem Bilanzrechtsmodernisierungsgesetz (BilMoG), hrsg. v. Küting, Karlheinz/Pfitzer, Norbert/Weber, Claus-Peter, Stuttgart 2008, S. 307-339 (Ansatz und Bewertung von Rückstellungen).

KÜTING, KARLHEINZ/CASSEL, JOCHEN/METZ, CHRISTIAN, Ansatz und Bewertung von Rückstellungen, in: Das neue deutsche Bilanzrecht. Handbuch zur Anwendung des Bilanzrechtsmodernisierungsgesetzes (BilMoG), hrsg. v. Küting, Karlheinz/Pfitzer, Norbert/Weber, Claus-Peter, 2. Aufl., Stuttgart 2009, S. 321-337 (Rückstellungen).

LANG, JOACHIM, Grundsätze ordnungsmäßiger Buchführung I, in: Handwörterbuch unbestimmter Rechtsbegriffe im Bilanzrecht des HGB, hrsg. v. Leffson, Ulrich/Rückle, Dieter/Großfeld, Bernhard, Köln 1986, S. 221-240 (GoB I).

LANG, JOACHIM, Grundsätze ordnungsmäßiger Buchführung II, in: Handwörterbuch unbestimmter Rechtsbegriffe im Bilanzrecht des HGB, hrsg. v. Leffson, Ulrich/Rückle, Dieter/Großfeld, Bernhard, Köln 1986, S. 240-246 (GoB II).

LEFFSON, ULRICH, Bewertungsprinzipien, in: Handwörterbuch des Rechnungswesens, hrsg. v. Kosiol, Erich, 2. Aufl., Stuttgart 1981, S. 151-160 (Bewertungsprinzipien).

LIESER, JENS, § 9 Schuldenreduktion, in: Recht der Sanierungsfinanzierung, hrsg. v. Knops, Kai-Oliver/Bamberger, Heinz-Georg/Maier-Reimer, Georg, Berlin/Heidelberg 2005 (§ 9 Schuldenreduktion).

LORSON, PETER, Bedeutungsverschiebung der Bilanzierungszwecke, in: Das neue deutsche Bilanzrecht. Handbuch zur Anwendung des Bilanzrechtsmodernisierungsgesetzes (BilMoG), hrsg. v. Küting, Karlheinz/Pfitzer, Norbert/Weber, Claus-Peter, 2. Aufl., Stuttgart 2009, S. 3-34 (Bedeutungsverschiebung).

LÖW, EDGAR/LORENZ, KARSTEN, Ansatz und Bewertung von Finanzinstrumenten, in: Rechnungslegung für Banken nach IFRS. Praxisorientierte Einzeldarstellungen, hrsg. v. Löw, Edgar, 2. Aufl., Wiesbaden 2006, S. 415-604 (Finanzinstrumente).

LUIK, HANS, Das Going-Concern-Prinzip im deutschen Bilanzrecht, in: Der Wirtschaftsprüfer im Schnittpunkt nationaler und internationaler Entwicklungen. Festschrift zum 60. Geburtstag von Prof. Dr. Klaus v. Wysocki, hrsg. v. Gross, Gerhard, Düsseldorf 1985, S. 61-72 (Going-Concern-Prinzip).

MATSCHKE, MANFRED JÜRGEN/SCHELLHORN, MATHIAS, Gibt es einen neuen Verbindlichkeitsbegriff?, in: Unternehmensberatung und Wirtschaftsprüfung. Festschrift für Professor Dr. Günter Sieben zum 65. Geburtstag, hrsg. v. Matschke, Manfred Jürgen/Schildbach, Thomas, Stuttgart 1998, S. 447-472 (Neuer Verbindlichkeitsbegriff?).

MAYR, ALBERT, Insolvenzursachenforschung und -prophylaxe unter besonderer Berücksichtigung der Früherkennungsproblematik, in: Krisenmanagement – Sanierung – Insolvenz. Handbuch für Banken, Management, Rechtsanwälte, Steuerberater, Wirtschaftsprüfer und Unternehmensberater, hrsg. v. Feldbauer-Durstmüller, Birgit/Schlager, Josef, Wien 2002, S. 159-191 (Insolvenzursachenforschung).

MERKEL, HELMUT/TETZLAFF, CHRISTIAN, § 98. Atypische Sicherheiten, in: Bankrechts-Handbuch. Band I, hrsg. v. Schimansky, Herbert/Bunte, Hermann-Josef/Lwowski, Hans-Jürgen, 4. Aufl., München 2011 (§ 98. Atypische Sicherheiten).

MILLER, GARY J., Solutions to Principal-Agent Problems in Firms, in: Handbook of New Institutional Economics, hrsg. v. Shirley, Mary M., Berlin/Heidelberg 2008, S. 349-370 (Solutions to Principal-Agent Problems).

MOXTER, ADOLF, Bilanzrechtliche Abzinsungsgebote und -verbote, in: Ertragsbesteuerung. Zurechnung, Ermittlung, Gestaltung. Festschrift für Ludwig Schmidt zum 65. Geburtstag, hrsg. v. Raupach, Arndt/Uelner, Adalbert, München 1993, S. 195-207 (Abzinsungsgebote und -verbote).

MOXTER, ADOLF, Fundamentalgrundsätze ordnungsmäßiger Rechenschaft, in: Bilanzfragen. Eine Festschrift für Ulrich Leffson, hrsg. v. Baetge, Jörg/Moxter, Adolf/Schneider, Dieter, Düsseldorf 1976, S. 87-100 (FS Leffson).

MOXTER, ADOLF, Zum Passivierungszeitpunkt von Umweltschutzrückstellungen, in: Rechnungslegung. Entwicklungen bei der Bilanzierung und Prüfung von Kapitalgesellschaften Festschrift zum 65. Geburtstag von Professor Dr. Dr. h.c. Karl-Heinz Forster, hrsg. v. Moxter, Adolf, Düsseldorf 1992, S. 427-437 (Passivierungszeitpunkt).

MOXTER, ADOLF, Zum Sinn und Zweck des handelsrechtlichen Jahresabschlusses nach neuem Recht, in: Bilanz- und Konzernrecht. Festschrift zum 65. Geburtstag von Dr. Dr. h. c. Reinhard Goerdeler, hrsg. v. Havermann, Hans, Düsseldorf 1987, S. 361-374 (Sinn und Zweck).

MÜHLHAUPT, LUDWIG, Finanzielles Gleichgewicht, in: Handwörterbuch der Finanzwirtschaft, hrsg. v. Büschgen, Hans E., Stuttgart 1976, S. 401-413 (Gleichgewicht).

MÜLLER, RENATE/LIEBSCHER, MARC, 1. Kapitel Rahmenbedingungen für Unternehmenssanierungen, in: Unternehmenssanierung, hrsg. v. Thierhoff, Michael/Müller, Renate/Illy, Thomas/Liebscher, Marc, Heidelberg 2012, S. 1-17 (Rahmenbedingungen).

MÜLLER, RENATE/LIEBSCHER, MARC, 8. Kapitel Haftungsrisiken in der Krise, in: Unternehmenssanierung, hrsg. v. Thierhoff, Michael/Müller, Renate/Illy, Thomas/Liebscher, Marc, Heidelberg 2012, S. 275-353 (Haftungsrisiken).

NATUSCH, INGO, Wirtschaftliche Grundlagen, in: Mezzanine – Finanzierungsinstrumente. Stille Gesellschaft – Nachrangdarlehen – Genussrechte – Wandelanleihen, hrsg. v. Häger, Michael/Elkemann-Reusch, Manfred, 2. Aufl., Berlin 2007, S. 1-103 (Wirtschaftliche Grundlagen).

NEUFELD, TOBIAS, 5. Kapitel: Arbeitsrechtliche Sanierung, in: Restrukturierungspraxis. Sanierung und Liquiditätsbeschaffung, hrsg. v. Schulz, Dietmar, Stuttgart 2010, S. 119-152 (Arbeitsrechtliche Sanierung).

NOACK, ULRICH/BUNKE, CASPAR, Zur Stellung gesamtschuldnerisch oder akzessorisch Mithaftender im Insolvenzverfahren, in: Insolvenzrecht in Wissenschaft und Praxis. Festschrift für Wilhelm Uhlenbruck zum 70. Geburtstag, hrsg. v. Prütting, Hanns/Vallender, Heinz, Köln 2000, S. 335-363 (Mithaftende im Insolvenzverfahren).

NOBBE, GERD, § 91. Bürgschaft, in: Bankrechts-Handbuch. Band I, hrsg. v. Schimansky, Herbert/Bunte, Hermann-Josef/Lwowski, Hans-Jürgen, 4. Aufl., München 2011 (§ 91. Bürgschaft).

NOBBE, GERD, § 92. Garantie und sonstige Mithaftung, in: Bankrechts-Handbuch. Band I, hrsg. v. Schimansky, Herbert/Bunte, Hermann-Josef/Lwowski, Hans-Jürgen, 4. Aufl., München 2011 (§ 92. Garantie).

OBERMÜLLER, MANFRED/KUDER, KAREN, § 97. Kreditgeschäft bei Insolvenz, in: Insolvenzrechts-Handbuch, hrsg. v. Gottwald, Peter, 4. Aufl., München 2010 (§ 97. Kreditgeschäft bei Insolvenz).

PETERSEN, KARL/HEINRICHS, KRISTINA/WOHLGEMUTH, MICHAEL, B. Die Posten des Jahres- und Konzernabschlusses, in: Beck'sches Steuerberater-Handbuch 2013/2014, hrsg. v. Pelka, Jürgen/ Niemann, Walter, 14. Aufl., München 2013 (Die Abschlussposten).

RAUCH, ISABEL/SCHIMPFKY, PETER/SCHNEIDER, ANNETTE, XI. Stille Beteiligungen, in: Mezzanine-Finanzierung. Betriebswirtschaft – Zivilrecht – Steuerrecht – Bilanzrecht, hrsg. v. Bösl, Konrad/ Sommer, Michael, München 2006, S. 119-169 (Stille Beteiligungen).

RÖDL, HELMUT, Strukturen, Ursachen und Phasen von Unternehmenskrisen, in: Handbuch Unternehmensrestrukturierung. Grundlagen – Konzepte – Maßnahmen, hrsg. v. Hommel, Ulrich/ Knecht, Thomas C./Wohlenberg, Holger, Wiesbaden 2006, S. 1219-1232 (Strukturen, Ursachen und Phasen).

ROSE, GERD, Verachtet mir die Zinsfüß' nicht ! Zinssatzfragen in der Steuerpraxis, in: Steuerberater-Jahrbuch 1973/74. Zugleich Bericht über den XXV. Fachkongreß der Steuerberater der Bundesrepublik Deutschland. Köln, 22. bis 24. Oktober 1973. Herausgegeben im Auftrag des Fachinstituts der Steuerberater, hrsg. v. Fachinstituts der Steuerberater von Zacharias, O. H./Rose, Gerd/Niemann, Ursula, Köln 1974, S. 301-348 (Verachtet mir die Zinsfüß' nicht!).

RÜCKLE, DIETER, Finanzlage, in: Handwörterbuch unbestimmter Rechtsbegriffe im Bilanzrecht des HGB, hrsg. v. Leffson, Ulrich/Rückle, Dieter/Großfeld, Bernhard, Köln 1986, S. 168-184 (Finanzlage).

RÜCKLE, DIETER, Gestaltung und Prüfung externer Prognosen, in: Management und Kontrolle. Festgabe für Erich Loitlsberger zum 60. Geburtstag, hrsg. v. Seicht, Gerhard, Berlin 1981, S. 431-468 (Gestaltung und Prüfung externer Prognosen).

SARX, MANFRED, Grenzfälle des Grundsatzes der Unternehmensfortführung im deutschen Bilanzrecht, in: Rechenschaftslegung im Wandel. Festschrift für Wolfgang Dieter Budde, hrsg. v. Förschle, Gerhart, München 1995, S. 561-579 (Grenzfälle).

SCHEFFLER, WOLFRAM, Rückstellungen in der Steuerbilanz nach dem BilMoG, in: Steuerliche Gewinnermittlung nach dem Bilanzrechtsmodernisierungsgesetz, hrsg. v. Schmiel, Ute/ Breithecker, Volker/Bareis, Peter, Berlin 2008, S. 227-254 (Rückstellungen nach dem BilMoG).

SCHMIDT, JENS M., § 31 Sicherungsrechte in der Insolvenz, in: Restrukturierung, Sanierung, Insolvenz. Handbuch, hrsg. v. Buth, Andrea K./Hermanns, Michael, 3. Aufl., München 2009 (§ 31 Sicherungsrechte in der Insolvenz).

SCHMIDT, KARSTEN, Quasi-Eigenkapital als haftungsrechtliches und als bilanzrechtliches Problem, in: Bilanz- und Konzernrecht. Festschrift zum 65. Geburtstag von Dr. Dr. h. c. Reinhard Goerdeler, hrsg. v. Havermann, Hans, Düsseldorf 1987, S. 487-509 (Quasi-Eigenkapital).

SCHROTH, ULRICH, Philosophische und juristische Hermeneutik, in: Einführung in Rechtsphilosophie und Rechtstheorie der Gegenwart, hrsg. v. Kaufmann, Arthur/Hassemer, Winfried, 4. Aufl., Heidelberg 1985, S. 276-301 (Hermeneutik).

SCHRUFF, LOTHAR, Zur Bilanzierung latenter Verpflichtungen aus Besserungsscheinen, in: Bilanzfragen. Eine Festschrift für Ulrich Leffson, hrsg. v. Baetge, Jörg/Moxter, Adolf/Schneider, Dieter, Düsseldorf 1976, S. 153-164 (Verpflichtungen aus Besserungsscheinen).

SCHULZE-OSTERLOH, JOACHIM, Der Ausweis von Aufwendungen nach dem Realisationsprinzip und dem Imparitätsprinzip, in: Rechnungslegung. Entwicklungen bei der Bilanzierung und Prüfung von Kapitalgesellschaften Festschrift zum 65. Geburtstag von Professor Dr. Dr. h.c. Karl-Heinz Forster, hrsg. v. Moxter, Adolf, Düsseldorf 1992, S. 653-670 (Aufwendungen).

SCHULZE-OSTERLOH, JOACHIM, Die Einschränkung der Rückstellungen für Schutzrechtsverletzungen und für Jubiläumszuwendungen (§ 5 Abs. 3 Satz 2 EStG; §§ 5 Abs. 4, 52 Abs. 6 EStG). Zur Verfassungsmäßigkeit steuerbilanzrechtlicher Vorschriften, in: Staat, Wirtschaft, Steuern. Festschrift für Karl Heinrich Friauf zum 65. Geburtstag, hrsg. v. Wendt, Rudolf/Höfling, Wolfram/Karpen, Ulrich/Oldiges, Martin, Heidelberg 1996, S. 833-847 (Einschränkung der Rückstellungen).

SCHULZE-OSTERLOH, JOACHIM, Die Unentziehbarkeit als Voraussetzung einer Verbindlichkeitsrückstellung, in: Kritisches zu Rechnungslegung und Unternehmensbesteuerung. Festschrift zur Vollendung des 65. Lebensjahres von Theodor Siegel, hrsg. v. Schneider, Dieter/Rückle, Dieter/Küpper, Hans-Ulrich Wagner Franz W., Berlin 2005, S. 185-200 (Unentziehbarkeit).

SCHWINTOWSKI, HANS-PETER, § 43 Betriebliche Altersvorsorge, in: Versicherungsrechts-Handbuch, hrsg. v. Beckmann, Roland Michael/Matusche-Beckmann, Annemarie, 2. Aufl., München 2009 (§ 43 Betriebliche Altersvorsorge).

SELZNER, HARALD/LEUERING, DIETER, § 7 Gesellschafterdarlehen in der Insolvenz – Eigenkapitalersatz nach MoMiG, in: Münchener Anwaltshandbuch GmbH-Recht, hrsg. v. Römermann, Volker, 2. Aufl., München 2009 (§ 7 Gesellschafterdarlehen in der Insolvenz).

SIEBEN, GÜNTER, Offene Fragen bei der Erstellung und Prüfung des Lageberichts, in: Bilanz- und Konzernrecht. Festschrift zum 65. Geburtstag von Dr. Dr. h. c. Reinhard Goerdeler, hrsg. v. Havermann, Hans, Düsseldorf 1987, S. 581-600 (Offene Fragen).

SIEGEL, THEODOR, Metamorphosen des Realisationsprinzips?, in: Rechnungslegung. Entwicklungen bei der Bilanzierung und Prüfung von Kapitalgesellschaften Festschrift zum 65. Geburtstag von Professor Dr. Dr. h.c. Karl-Heinz Forster, hrsg. v. Moxter, Adolf, Düsseldorf 1992, S. 585-605 (Metamorphosen).

STROBL, ELISABETH, Zur Abzinsung von Verbindlichkeiten und Rückstellungen für ungewisse Verbindlichkeiten, in: Handelsrecht und Steuerrecht. Festschrift für Dr. Dr. h. c. Georg Döllerer, hrsg. v. Knobbe-Keuk, Brigitte/Klein, Franz/Moxter, Adolf, Düsseldorf 1988, S. 615-634 (Abzinsung von Verbindlichkeiten).

STÜTZEL, WOLFGANG, Liquidität, betriebliche, in: Handwörterbuch der Betriebswirtschaft, hrsg. v. Grochla, Erwin/Wittmann, Waldemar, 4. Aufl., Stuttgart 1975, S. 2515-2533 (Liquidität).

SWOBODA, PETER, Der Risikograd als Abgrenzungskriterium von Eigen- versus Fremdkapital, in: Information und Produktion. Beiträge zur Unternehmenstheorie und Unternehmensplanung. Festschrift zum 60. Geburtstag von Prof. Dr. Waldemar Wittmann, hrsg. v. Stöppler, Siegmar, Stuttgart 1985, S. 343-361 (Risikograd).

TETZLAFF, CHRISTIAN, § 88. Das Schuldverschreibungsgesetz als Instrument zur Restrukturierung von Anleihen, in: Bankrechts-Handbuch. Band I, hrsg. v. Schimansky, Herbert/Bunte, Hermann-Josef/Lwowski, Hans-Jürgen, 4. Aufl., München 2011 (§ 88. Das Schuldverschreibungsgesetz).

THIERHOFF, MICHAEL, 4. Kapitel Operative und Strategische Sanierung, in: Unternehmenssanierung, hrsg. v. Thierhoff, Michael/Müller, Renate/Illy, Thomas/Liebscher, Marc, Heidelberg 2012, S. 115-195 (Operative und Strategische Sanierung).

UHLENBRUCK, WILHELM, Unternehmenssanierung durch Insolvenzverfahren, in: Handbuch Krisen- und Restrukturierungsmanagement. Generelle Konzepte, Spezialprobleme, Praxisberichte, hrsg. v. Krystek, Ulrich/Moldenhauer, Ralf, Stuttgart 2007, S. 259-278 (Sanierung durch Insolvenz).

UNDRITZ, SVEN-HOLGER, 9. Kapitel Sanierung in der Insolvenz, in: Unternehmenssanierung, hrsg. v. Thierhoff, Michael/Müller, Renate/Illy, Thomas/Liebscher, Marc, Heidelberg 2012, S. 355-440 (Sanierung in der Insolvenz).

VAN HALL, GEORG/KESSLER, HARALD, Latente Steuern, in: Handbuch Bilanzrechtsmodernisierungsgesetz. Die Reform der Handelsbilanz, hrsg. v. Kessler, Harald/Leinen, Markus/Strickmann, Michael, 2. Aufl., Freiburg 2010, S. 465-500 (Latente Steuern).

WEBER-GRELLET, HEINRICH, Zeit und Zins im Bilanzsteuerrecht. Die Abzinsung unverzinslicher Werte als Paradigma für die Eigenständigkeit des Bilanzsteuerrechts, in: Ertragsbesteuerung. Zurechnung, Ermittlung, Gestaltung. Festschrift für Ludwig Schmidt zum 65. Geburtstag, hrsg. v. Raupach, Arndt/Uelner, Adalbert, München 1993, S. 161-176 (Zeit und Zins).

WEIHRAUCH, HELMUT, Finanzierungseffekt der Rückstellungen, insbesondere der Pensionsrückstellungen, in: Finanzierungshandbuch, hrsg. v. Janberg, Hans, Wiesbaden 1964, S. 319-345 (Finanzierungseffekt).

WELLENSIEK, JOBST/SCHLUCK-AMEND, ALEXANDRA, § 23 Die GmbH in der Krise und in der Insolvenz, in: Münchener Anwaltshandbuch GmbH-Recht, hrsg. v. Römermann, Volker/Büsching, Heino, 3 Aufl., München 2014 (§ 23 GmbH in der Krise).

WELLENSIEK, JOBST/SCHLUCK-AMEND, ALEXANDRA, § 23 Die GmbH in der Krise und in der Insolvenz, in: Münchener Anwaltshandbuch GmbH-Recht, hrsg. v. Römermann, Volker, 2. Aufl., München 2009 (§ 23 Die GmbH in der Krise).

WITTIG, ARNE, III. Die Rolle der Banken, in: Die GmbH in Krise, Sanierung und Insolvenz. Gesellschaftsrecht, Insolvenzrecht, Steuerrecht, Arbeitsrecht, Bankrecht und Organisation bei Krisenvermeidung, Krisenbewältigung und Abwicklung, hrsg. v. Schmidt, Karsten/Uhlenbruck, Wilhelm, 4. Aufl., Köln 2009, S. 2.227-2.312 (Rolle der Banken).

WITT, PETER, § 3 Finanzierung und Finanzierungstheorie, in: Recht der Sanierungsfinanzierung, hrsg. v. Knops, Kai-Oliver/Bamberger, Heinz-Georg/Maier-Reimer, Georg, Berlin/Heidelberg 2005, S. 29-44 (§ 3 Finanzierung).

WOERNER, LOTHAR, Zeitpunkt der Passivierung von Schulden und Verbindlichkeitsrückstellungen – Problematik der „wirtschaftlichen Verursachung", in: Bilanzrecht und Kapitalmarkt. Festschrift zum 65. Geburtstag von Professor Dr. Dr. h. c. Dr. h. c. Adolf Moxter, hrsg. v. Ballwieser, Wolfgang/Böcking, Hans-Joachim/Drukarczyk, Jochen/Schmidt, Reinhard, Düsseldorf 1994, S. 483-506 (Zeitpunkt der Passivierung).

WÜSTEMANN, JENS/WÜSTEMANN, SONJA, Das System der Grundsätze ordnungsmäßiger Buchführung nach dem Bilanzrechtsmodernisierungsgesetz, in: Besteuerung, Rechnungslegung und Prüfung der Unternehmen. Festschrift für Professor Dr. Norbert Krawitz, hrsg. v. Baumhoff, Hubertus/Dücker, Reinhard/Köhler, Stefan, Wiesbaden 2010, S. 751-780 (System der GoB nach BilMoG).

ZÖLLER, MIKE, Begriff der Krise und Begriffsabgrenzung, in: Unternehmenskrisen. Ursachen – Sanierungskonzepte – Krisenvorsorge – Steuern, hrsg. v. Blöse, Jochen/Kihm, Axel, Berlin 2006, S. 17-31 (Begriff der Krise).

Verzeichnis der Gesetze und Gesetzesmaterialien

Aktiengesetz (AktG) vom 06.09.1965, BGBl. I 1965, S. 1089-1184, zuletzt geändert durch Gesetz vom 22.12.2011, BGBl. I 2011, S. 3044-3056.

BMF (Hrsg.), Passivierung von Verbindlichkeiten bei Vereinbarung eines einfachen oder qualifizierten Rangrücktritts – Auswirkungen des § 5 Abs. 2a EStG, BStBl II 1985, S. 497 (08.09.2006 - IV B 2 - S 2133 - 10/06).

BMJ (Hrsg.), Referentenentwurf eines Gesetzes zur Modernisierung des Bilanzrechts (Bilanzrechtsmodernisierungsgesetzes – BilMoG) (RefE BilMoG).

BMJV (Hrsg.), Entwurf eines Gesetzes zur Umsetzung der Richtlinie 2013/34/EU des Europäischen Parlaments und des Rates vom 26. Juni 2013 über den Jahresabschluss, den konsolidierten Abschluss und damit verbundene Berichte von Unternehmen bestimmter Rechtsformen und zur Änderung der Richtlinie 2006/43/EG des Europäischen Parlaments und des Rates und zur Aufhebung der Richtlinien 78/660/EWG und 83/349/EWG des Rates (Bilanzrichtlinie-Umsetzungsgesetz – BilRUG)) (RefE BilRUG).

Bürgerliches Gesetzbuch (BGB) in der Fassung der Bekanntmachung vom 02.01.2002, BGBl. I 2002, S. 42-44, zuletzt geändert durch Gesetz vom 10.05.2012, BGBl. II 2012, S. 1084.

DEUTSCHER BUNDESRAT (Hrsg.), BR-Drucksache 326/04 vom 30.04.2004 (BR-Drucks. 326/04).

DEUTSCHER BUNDESRAT (Hrsg.), BR-Drucksache 344/08 vom 04.07.2008 (BR-Drucks. 344/08).

DEUTSCHER BUNDESTAG (Hrsg.), Bericht des Rechtsausschusses (6. Ausschuß). zu dem Gesetzentwurf der Bundesregierung – Drucksachen 12/5587, 12/7586 – Entwurf eines Gesetzes zur Durchführung der Richtlinie des Rates der Europäischen Gemeinschaften über den Jahresabschluß und den konsolidierten Abschluß von Versicherungsunternehmen (Versicherungsbilanzrichtlinie-Gesetz – VersRiLiG) (BT-Drucks. 12/7646).

DEUTSCHER BUNDESTAG (Hrsg.), BT-Drucksache 15/3419 vom 24.06.2004 (BT-Drucks. 15/3419).

DEUTSCHER BUNDESTAG (Hrsg.), BT-Drucksache 16/10067 vom 30.07.2008 (BT-Drucks. 16/10067).

DEUTSCHER BUNDESTAG (Hrsg.), BT-Drucksache 16/12407 vom 24.03.2009 (BT-Drucks. 16/12407).

DEUTSCHER BUNDESTAG (Hrsg.), BT-Drucksache 16/6140 vom 25.07.2007 (BT-Drucks. 16/6140).

DEUTSCHER BUNDESTAG (Hrsg.), BT-Drucksache 17/11385 vom 07.11.2012 (BT-Drucks. 17/11385).

DEUTSCHER BUNDESTAG (Hrsg.), BT-Drucksache 17/5712 vom 04.05.2011 04.05.2011 (BT-Drucks. 17/5712).

DEUTSCHER BUNDESTAG (Hrsg.), Gesetz zur Umsetzung eines Maßnahmenpakets zur Stabilisierung des Finanzmarktes (Finanzmarktstabilisierungsgesetz – FMStG) 17.10.2008, BStBl I 2008, BGBl I, S. 1982-1989 (BT-Drucks. FMStG).

DRSC (Hrsg.), DRS 20. Konzernlagebericht, Berlin 2012.

Einkommensteuergesetz (EStG) in der Fassung der Bekanntmachung vom 19.10.2002, BGBl. I 2002, S. 4210-4211, zuletzt geändert durch Gesetz vom 08.05.2012, BGBl. I 2012, S. 1030 f.

EUROPÄISCHES PARLAMENT UND DES RATES (Hrsg.), Richtlinie 2013/34/EU des Europäischen Parlaments und des Rates vom 26. Juni 2013 über den Jahresabschluss, den konsolidierten Abschluss und damit verbundene Berichte von Unternehmen bestimmter Rechtsformen und zur Änderung der Richtlinie 2006/43/EG des Europäischen Parlaments und des Rates und zur Aufhebung der Richtlinien 78/660/EWG und 83/349/EWG des Rates, in: Amtsblatt der EU Nr. L 182 vom 29.06.2013, S. 19-76.

Gesetz betreffend die Gesellschaften mit beschränkter Haftung (GmbHG) in der Fassung der Bekanntmachung vom 20.05.1898, RGBl. 1898, S. 846, zuletzt geändert durch Gesetz vom 22.12.2011, BGBl. I 2011, S. 3044-3056.

Gesetz zur Modernisierung des Bilanzrechts (Bilanzrechtsmodernisierungsgesetz – BilMoG) vom 25.05.2009, BGBI. I 2009, S. 1102-1137.

Gesetz zur Verbesserung der betrieblichen Altersversorgung (BetrAVG) vom 19.12.1974, BGBl. I 1974, S. 3610-3625, zuletzt geändert am 29.07.2009, BGBl. I 2009, S. 2424-2432.

Handelsgesetzbuch (HGB) vom 10.05.1897, RGBl. 1897, S. 219-436, zuletzt geändert durch Gesetz vom 22.12.2011, BGBl. I 2011, S. 3044-3056.

IASB (Hrsg.), Framework 2010 (Framework 2010).

IASB (Hrsg.), International Financial Reporting Standards, Blue Book 2014, London 2014.

IASB (Hrsg.), International Financial Reporting Standards, Red Book 2014, London 2014.

Insolvenzordnung (InsO) vom 05.10.1994, BGBl. I 1994, S. 2866-2910, zuletzt geändert durch Gesetz vom 20.12.2011, BGBl. I 2011, S. 2854-2926.

Verzeichnis der Rechtsprechung

BAG (Hrsg.), Urteil vom 23.04.1985 – 3 AZR 156/83, in: NZA 1985, S. 496-499.

BAG (Hrsg.), Urteil vom 28.04.1992 – 3 AZR 142/91, in: NZA 1993, S. 69-72.

BAG (Hrsg.), Urteil vom 23.05.2000 – 3 AZR 146/99, in: NZA 2001, S. 1251-1254.

BAG (Hrsg.), Urteil vom 23.05.2000 – 3 AZR 83/99, in: NZA 2002, S. 554-557.

BAG (Hrsg.), Urteil vom 23.01.2001 – 3 AZR 287/00, in: NZA 2002, S. 560-563.

BAG (Hrsg.), Urteil vom 21.08.2001 – 3 AZR 589/00, in: NZA 2003, S. 561-563.

BAG (Hrsg.), Urteil vom 18.09.2001 – 3 AZR 728/00, in: NZA 2002, S. 1164-1170.

BAG (Hrsg.), Urteil vom 18.02.2003 – 3 AZR 172/02, in: BB 2003, S. 2292-2295.

BAG (Hrsg.), Urteil vom 17.06.2003 – 3 AZR 396/02, in: DB 2004, S. 324-326.

BAG (Hrsg.), Urteil vom 30.08.2005 – 3 AZR 395/04, in: NZA-RR 2006, S. 485-490.

BAG (Hrsg.), Urteil vom 27.06.2006 – 3 AZR 255/05, in: NZA 2006, S. 1285-1289.

BAG (Hrsg.), Urteil vom 31.07.2007 – 3 AZR 372/06, in: WM 2008, S. 467-471.

BAG (Hrsg.), Urteil vom 11.03.2008 – 3 AZR 358/06, in: NZA 2009, S. 790-796.

BAG (Hrsg.), Urteil vom 18.11.2008 – 3 AZR 417/07, in: NZA 2009, S. 1112.

BAG (Hrsg.), Urteil vom 10.02.2009 – 3 AZR 727/07, in: NZA 2010, S. 95-99.

BAG (Hrsg.), Urteil vom 26.10.2010 – 3 AZR 502/08, in: NJOZ 2011, S. 560-565.

BAG (Hrsg.), Urteil vom 30.11.2010 – 3 AZR 754/08, in: NZA-RR 2011, S. 593-600.

BAG (Hrsg.), Urteil vom 11.10.2011 – 3 AZR 732/09, in: NZA 2012, S. 337-341.

BAG (Hrsg.), Urteil vom 11.10.2011 – 3 AZR 527/09, in: NZA 2012, S. 454-461.

BAG (Hrsg.), Urteil vom 21.08.2012 – 3 ABR 20/10, in: DStR 2013, S. 419-424.

BFH (Hrsg.), Urteil vom 24.06.1969 – I R 15/68, in: BStBl II 1985 1969, S. 581-584.

BFH (Hrsg.), Urteil vom 06.12.1978 – I R 35/78, in: BStBl 1979 II 1979, S. 262-263.

BFH (Hrsg.), Urteil vom 26.11.1980 – I R 52/77, in: BStBl II 1981 181 1980, S. 181-184.

BFH (Hrsg.), Urteil vom 20.01.1983 – IV R 168/81, in: BStBl 1983 II 1983, S. 375-378.

BFH (Hrsg.), Urteil vom 12.04.1984 – IV R 112/81, in: BStBl 1984 II 1984, S. 554-557.

BFH (Hrsg.), Urteil vom 01.08.1984 – I R 88/80, in: BStBl II 1985, S. 44-47.

BFH (Hrsg.), Urteil vom 05.02.1987 – IV R 81/84, in: BB 1987, S. 731-732.

BFH (Hrsg.), Urteil vom 22.11.1988 – VIII R 62/85, in: BStBl II 1989, S. 359-362.

BFH (Hrsg.), Urteil vom 25.08.1989 – III R 95/87, in: BStBl II 1980 1989, S. 893-896.

BFH (Hrsg.), Urteil vom 18.10.1989 – IV B 149/88, in: NJW 1990, S. 535-536.

BFH (Hrsg.), Urteil vom 30.05.1990 – I R 41/87, in: BStBl II 1985 1991, S. 588.

BFH (Hrsg.), Urteil vom 30.03.1993 – IV R 57/91, in: BStBl. 1993 II, S. 502.

BFH (Hrsg.), Urteil vom 19.08.2002 – VIII R 30/01, in: DStR 2002, S. 2030-2033.

BFH (Hrsg.), Urteil vom 10.11.2005 – IV R 13/04, in: DStR 2006, S. 75-79.

BFH (Hrsg.), Urteil vom 08.09.2011 – IV R 5/09, in: BStBl 2012 II, S. 122-127.

BFH (Hrsg.), Urteil vom 30.11.2011 – I R 100/10, in: DStR 2012, S. 450-452.

BGH (Hrsg.), Urteil vom 12.12.1991 – IX ZR 178/91, in: NJW 1992, S. 967-971.

BGH (Hrsg.), Urteil vom 30.01.1992 – IX ZR 112/91, in: NJW 1992, S. 2093-2095.

BGH (Hrsg.), Urteil vom 14.09.2004 – XI ZR 184/03, in: NJW 2004, S. 3782-3784.

BGH (Hrsg.), Urteil vom 08.01.2001 – II ZR 88/99, in: BB 2001, S. 430-435.

BGH (Hrsg.), Urteil vom 20.09.2010 – II ZR 296/08, in: NJW 2010, S. 3442-3445.

LAG HAMM (Hrsg.), Urteil vom 29.05.2009 – 7 Sa 188/09.

OLG DÜSSELDORF (Hrsg.), Urteil vom 28.12.2010 – I-16 U 28/09, in: WM 2011, S. 601-612.

VG ANSBACH (Hrsg.), Urteil vom 23.10.2007 – AN 1 K 06.02545.

Verzeichnis der Internetdokumente

ALNO AG, Geschäftsbericht 2012, verfügbar unter:
http://www.alno.de/alnosys3/files/media/lib/dld/20130426100123.pdf (Stand: 24.02.2014) (Geschäftsbericht 2012).

ARBEITSGEMEINSCHAFT FÜR WIRTSCHAFTLICHE VERWALTUNG E.V. (AWV), Stellungnahme des AWV-Arbeitskreises „Einfluss internationaler Regelungen auf die Praxis der externen Rechnungslegung“ zum Referentenentwurf eines Gesetzes zur Modernisierung des Bilanzrechts (Bilanzrechtsmodernisierungsgesetz – BilMoG) vom 8.11.2007, verfügbar unter:
http://www.kapitalmarktrecht-im-internet.eu/de/Rechtsgebiete/Gesellschaftsrecht/Artikelgesetze/95/BilMoG.htm (Stand: 24.02.2014) (Stellungnahme RefE).

BIEG, HARTMUT/KÜTING, KARLHEINZ/KUẞMAUL, HEINZ/WASCHBUSCH, GERD, Statement vor dem Rechtsausschuss des deutschen Bundestags am 17.12.2008, verfügbar unter:
http://www.kapitalmarktrecht-im-internet.eu/de/Rechtsgebiete/Gesellschaftsrecht/Artikelgesetze/95/BilMoG.htm (Stand: 24.02.2014) (Stellungnahme Rechtsausschuss).

BMW AG, Stellungnahme E-DRS 27, verfügbar unter:
http://www.drsc.de/docs/press_releases/2012/15_BMW_E-DRS27.pdf (Stand: 27.04.2012) (Stellungnahme E-DRS 27).

BUNDESSTEUERBERATERKAMMER, Stellungnahme zum Referentenentwurf eines Gesetzes zur Modernisierung des Bilanzrechts (Bilanzrechtsmodernisierungsgesetz – BilMoG), verfügbar unter:
http://www.kapitalmarktrecht-im-internet.eu/de/Rechtsgebiete/Gesellschaftsrecht/Artikelgesetze/95/BilMoG.htm (Stand: 24.02.2014) (Stellungnahme zum RefE).

BUNDESSTEUERBERATERKAMMER, Stellungnahme zum Regierungsentwurf eines Gesetzes zur Modernisierung des Bilanzrechts (Bilanzrechtsmodernisierungsgesetz – BilMoG), verfügbar unter:
http://www.kapitalmarktrecht-im-internet.eu/de/Rechtsgebiete/Gesellschaftsrecht/Artikelgesetze/95/BilMoG.htm (Stand: 24.02.2014) (Stellungnahme RegE).

DAV/IVS, DAV/IVS-Richtlinie. Anwendung von IAS 19 „Employee Benefits” (revised 2008) auf die betriebliche Altersversorgung in Deutschland, verfügbar unter:
https://aktuar.de/custom/download/intern/fav/2010-06-11-IAS19_Richtlinie_2010.pdf (Stand: 24.02.2014) (Richtlinie).

DEUTSCHE BUNDESBANK, Monatsbericht Januar 2012, verfügbar unter:
http://www.bundesbank.de/Redaktion/DE/Downloads/Veroeffentlichungen/Monatsberichte/2012/2012_01_monatsbericht.pdf?__blob=publicationFile (Stand: 24.02.2014) (Monatsbericht Januar 2012).

DEUTSCHE BUNDESBANK, Vierteljährliche Kreditnehmerstatistik. gemäß Anordnung der Deutschen Bundesbank vom 21. Juli 2004 (MBBk Nr. 8003/2004, Bundesanzeiger Nr. 144 vom 4. August 2004), verfügbar unter: http://www.bundesbank.de/Redaktion/DE/Downloads/Service/Meldewesen/Bankenstatistik/Vordrucke_Kreditnehmerstatistik/v1.pdf?__blob=publicationFile (Stand: 24.02.2014) (Kreditnehmerstatistik).

DEUTSCHE POST AG, Stellungnahme E-DRS 27, verfügbar unter: http://www.drsc.de/docs/press_releases/2012/11_DPDHL_E-DRS27.pdf (Stand: 24.02.2014) (Stellungnahme E-DRS 27).

DEUTSCHER GEWERKSCHAFTSBUND, Stellungnahme des DGB zum Regierungsentwurf eines Bilanzrechtsmodernisierungsgesetzes (BilMoG), verfügbar unter: http://www.kapitalmarktrecht-im-internet.eu/de/Rechtsgebiete/Gesellschaftsrecht/Artikelgesetze/95/BilMoG.htm (Stand: 24.02.2014) (Stellungnahme).

DIHK/BDI, Stellungnahme des Bundesverbands der Deutschen Industrie und des Deutschen Industrie- und Handelskammertags zum Gesetzentwurf der Bundesregierung für ein Gesetz zur Modernisierung des Bilanzrechts (Bilanzrechtsmodernisierungsgesetz – BilMoG), BR-Drucks. 344/08, verfügbar unter: http://www.kapitalmarktrecht-im-internet.eu/de/Rechtsgebiete/Gesellschaftsrecht/Artikelgesetze/95/BilMoG.htm (Stand: 24.02.2014) (Stellungnahme zum RegE).

DPR, Tätigkeitsbericht 2009, verfügbar unter: http://www.frep.info/docs/jahresberichte/2009/2009_tb.pdf (Stand: 24.02.2014) (Tätigkeitsbericht 2009).

DRSC, Referentenentwurf eines Gesetzes zur Modernisierung des Bilanzrechts (Bilanzrechtsmodernisierungsgesetz – BilMoG) vom 08.11.2007, verfügbar unter: http://www.kapitalmarktrecht-im-internet.eu/de/Rechtsgebiete/Gesellschaftsrecht/Artikelgesetze/95/BilMoG.htm (Stand: 24.02.2014) (Stellungnahme zum RefE).

DVFA, Mezzanine Finanzierungsformen und Bilanzrating, verfügbar unter: http://www.dvfa.de/fileadmin/downloads/Publikationen/Standards/schriftenreihe_05_2007.pdf (Stand: 24.02.2014) (Bilanzrating).

ESMA, Report. 11th Extract from the EECS"s Database of Enforcement, verfügbar unter: http://www.esma.europa.eu/system/files/2011_265.pdf (Stand: 24.02.2014) (Report).

EVONIK INDUSTRIES AG, Stellungnahme E-DRS 27, verfügbar unter: http://www.drsc.de/docs/press_releases/2012/17_Evonik_E-DRS27.pdf (Stand: 24.02.2014) (Stellungnahme E-DRS 27).

HAGHANI, SASCHA/VOLL, STEFFEN/HOLZAMER, MATTHIAS/WARNIG, CLAUDIA, Financial Covenants in der Unternehmensfinanzierung, verfügbar unter: http://www.rolandberger.com/media/pdf/Roland_Berger_Financial_Covenants_20090725.pdf (Stand: 24.02.2014) (Financial Covenants).

HENNRICHS, JOACHIM, Stellungnahme zum Regierungsentwurf eines Gesetzes zur Modernisierung des Bilanzrechts (BilMoG), verfügbar unter: http://www.kapitalmarktrecht-im-internet.eu/de/Rechtsgebiete/Gesellschaftsrecht/Artikelgesetze/95/BilMoG.htm (Stand: 24.02.2014) (Stellungnahme RegE).

HOFFMANN-BECKING, MICHAEL, Gesetz zur Modernisierung des Bilanzrechts (Bilanzrechtsmodernisierungsgesetz – BilMoG). Stellungnahme zur Anhörung des Rechtsausschusses am 17. Dezember 2008, verfügbar unter: http://www.kapitalmarktrecht-im-internet.eu/de/Rechtsgebiete/Gesellschaftsrecht/Artikelgesetze/95/BilMoG.htm (Stand: 24.02.2014) (BilMoG).

IASB, Conceptual Framework for Financial Reporting 2001. Framework, verfügbar unter: http://eifrs.ifrs.org/eifrs/bnstandards/en/2013/conceptualframework.pdf (Stand: 24.02.2014) (Framework 2001).

IASB, Framework Basis for Conclusions 2010, verfügbar unter: http://eifrs.ifrs.org/eifrs/files/359/RBV2013_Conceptual%20Framework.pdf (Stand: 24.02.2014) (BC 2010).

IASB, Press release – 24. July 2014. IASB completes reform of financial instruments accounting, verfügbar unter: http://www.ifrs.org/Alerts/PressRelease/Pages/IASB-completes-reform-of-financial-instruments-accounting-July-2014.aspx (Stand: 24.07.2014) (Press Release – 24. July 2014).

IDW, Stellungnahme zum Regierungsentwurf eines Gesetzes zur Modernisierung des Bilanzrechts (Bilanzrechtsmodernisierungsgesetz – BilMoG), verfügbar unter: http://www.kapitalmarktrecht-im-internet.eu/de/Rechtsgebiete/Gesellschaftsrecht/Artikelgesetze/95/BilMoG.htm (Stand: 24.02.2014) (Stellungnahme zum RegE).

IFO INSTITUT, Die Rettung Griechenlands bedeutet Schuldenschnitt zu Lasten öffentlicher Gläubiger in Höhe von 47 Milliarden Euro. Pressemitteilung vom 30. November 2012, verfügbar unter: http://www.cesifo-group.de/de/ifoHome/presse/Pressemitteilungen/Pressemitteilungen-Archiv/2012/Q4/press_20121130_griechenland/featuredDownloadBinary_de/PM-Griechenland-30112012.pdf (Stand: 24.02.2014) (Impliziter Schuldenschnitt).

LINDE GRUPPE, Stellungnahme E-DRS 27, verfügbar unter: http://www.drsc.de/docs/press_releases/2012/22_Linde_E-DRS27.pdf (Stand: 24.02.2014) (Stellungnahme E-DRS 27).

LOEWE AG, Geschäftsbericht 2012 (Stand: 24.02.2014) (Geschäftsbericht 2012).

RWE AG, Stellungnahme E-DRS 27, verfügbar unter: http://www.drsc.de/docs/press_releases/2012/07_RWE_E-DRS27.pdf (Stand: 24.02.2014) (Stellungnahme E-DRS 27).

SCHWARTZ, MICHAEL/ZIMMERMANN, VOLKER, Unternehmensbefragung 2012. Unternehmensfinanzierung trotz Eurokrise stabil, verfügbar unter: https://www.kfw.de/Download-Center/Konzernthemen/Research/PDF-Dokumente-Unternehmensbefragung/Unternehmensbefragung-2012-LF.pdf (Stand: 24.02.2014) (Unternehmensbefragung 2012).

SIEBERT, JENS/LICKERT, DANIELA, Handels- und steuerrechtliche Behandlung eines Forderungsverzichts mit Besserungsschein und eines Rangrücktritts bei der GmbH. Diskussionsbeiträge 4/2006, verfügbar unter: http://www.dhbw-vs.de/fileadmin/content/01_UEBER_UNS/04_Studienangebot/02_Fakultaet_Wirtschaft/Bachelor/Steuern-und-Pruefungswesen/Diskussionsbeitraege-Dateien/04-06-bavs.pdf (Stand: 24.02.2014) (Forderungsverzicht).

SIEMENS AG, Stellungnahme E-DRS 27, verfügbar unter: http://www.drsc.de/docs/press_releases/2012/01_Siemens_E-DRS27.pdf (Stand: 24.02.2014) (Stellungnahme E-DRS 27).

STATISTISCHES BUNDESAMT, Unternehmen und Arbeitsstätten. Insolvenzverfahren, verfügbar unter: https://www.destatis.de/DE/Publikationen/Thematisch/ UnternehmenHandwerk/Insolvenzen/Insolvenzen2020410131124.pdf?__blob= publicationFile (Stand: 29.04.2014) (Insolvenzverfahren 2013).

TOWERS WATSON, Ausfinanzierungsgrad der DAX-Betriebspensionen in 2012 deutlich gesunken, verfügbar unter: http://www.towerswatson.com/de-DE/Press/2013/02/Ausfinanzierungsgrad-der-DAX-Betriebspensionen-in-2012-deutlich-gesunken (Stand: 24.02.2014) (DAX-Betriebspensionen).

ZENTRALER KREDITAUSSCHUSS, Referentenentwurf eines Gesetzes zur Modernisierung des Bilanzrechts Stellungnahme zu den steuerlichen Implikationen, verfügbar unter: http://www.kapitalmarktrecht-im-internet.eu/de/Rechtsgebiete/Gesellschaftsrecht/Artikelgesetze/95/BilMoG.htm (Stand: 24.02.2014) (Stellungnahme RefE).

Verzeichnis der Zeitungsartikel

o. V., Mit Loewe geht es weiter bergab, in: FAZ, S. 21 (FAZ, 22.03.2013).

o. V., Strenesse muss Löcher stopfen, in: FAZ, S. 15 (FAZ, 22.02.2014).